作者夫妇在书房讨论书稿

分子遗传学原理

The Principles of Molecular Genetics

下册

吴乃虎　　黄美娟　编著

化学工业出版社

·北京·

本书是作者根据科研与教学实践，在深入研读并分析大量有关文献资料的基础上，经过八年多的艰苦努力撰写成的一部崭新的分子遗传学著作。全书共十二章，分上下两册出版。上册主要包括遗传的物质基础、基因的分子结构和遗传信息的传递途径等章节；下册重点涉及基因表达的调节、突变、重组、转位以及表观遗传学和模式生物等内容。在重点讨论分子遗传学基本原理的同时，作者还着力反映当今相关研究领域的许多新内容和最新进展，主要包括双功能密码子及遗传密码的拓展；基因表达的核糖开关调节、RNA分子的调节以及网络调节；朊蛋白的功能，一种基因多种蛋白质，蛋白质的剪接及内含肽与外显肽；遗传信息流的三个层次及表观遗传学等。此外，还纳入了作者多年来学习分子遗传学的心得体会，如"分子遗传学的传承与发展"、"基因概念的演变"等内容。因此，这是一部努力反映分子遗传学最新进展，具有取材新颖、特色鲜明、内容丰富、结构严谨等特点的创新性的学术专著。可供生命科学各领域的本科生、研究生、教师和研究人员阅读使用。

图书在版编目（CIP）数据

　　分子遗传学原理. 下册 / 吴乃虎，黄美娟编著. 一北京：化学工业出版社，2020.4
　　ISBN 978-7-122-35696-3

　　Ⅰ.①分…　Ⅱ.①吴…②黄…　Ⅲ.①分子遗传学
Ⅳ.①Q75

　　中国版本图书馆CIP数据核字（2019）第241865号

责任编辑：傅四周　孟　嘉　叶　露　　　　　　　装帧设计：王晓宇
责任校对：宋　玮

出版发行：化学工业出版社（北京市东城区青年湖南街13号　邮政编码100011）
印　　装：三河市航远印刷有限公司
787mm×1092mm　1/16　印张31½　字数710千字　　2020年5月北京第1版第1次印刷

购书咨询：010-64518888　　　　　　　售后服务：010-64518899
网　　址：http://www.cip.com.cn
凡购买本书，如有缺损质量问题，本社销售中心负责调换。

定　　价：158.00元

序言
Preface

分子遗传学是从分子水平研究生物的遗传与变异的学科。它的迅速发展奠定了现代遗传学的基础。分子遗传学的理论已渗入到生命科学的各个领域，并推动着各个学科的发展，成为生命学科中的带头学科。遗传工程的建立使科学家能够按照科研与生产的需要，有目的地直接改变遗传物质的组成，建立新的遗传性状，为人们所利用。随着分子遗传学的发展，它将对农业和医学的发展产生巨大的影响，也将对人类社会的进步发挥重要的作用。

近年来分子遗传学发展迅速，与之相关的理论与实验技术领域的科研资料和著作非常丰富多样，目前我们想要对分子遗传学的内容有一个清晰的、全面系统的认识是比较困难的。为此，急需要有一本能反映当今分子遗传学发展的全面系统的、高水平的著作，以满足学子们的学习需求，掌握这门学科的基础理论知识和先进的实验技术方法，为生产建设做出有创造性的工作成果。

吴乃虎和黄美娟两位教授具有几十年的教学和科研工作经验，对分子遗传学方面的理论知识和实验技术具有深厚的基础，为了适应国家培养高级人才的需要，他们参阅了大量国内外学者的相关理论和著作，花费八年多的时间，编写完成了《分子遗传学原理》一书。

《分子遗传学原理》全面地对各个命题中众多的具体内容进行了概括和归纳，尽量反映分子遗传学的最新成果，如RNA功能、表观遗传学、蛋白质遗传学等方面。在论述科学概念方面非常严谨，如"基因的概念及分子结构"一章中，把从不同角度和层次研究所得结果严格仔细分类，使初学者对不同的基因概念一目了然，这一点在其他著作中是不易见到的。这种严谨的治学态度在各个章节中都可以看到。在书中他们深入浅出地讲述科学内容，使读者易于接受、理解。基于以上特点，本书适合高等院校学生和科研人员参考阅读。

我希望这本著作能和以前吴乃虎教授编著的《基因工程原理》一书同样在教学、科研、培养高级人才方面起到很好的作用。我期盼着本书早日出版。

吴鹤龄

2019 年 9 月

前言
Foreword

分子遗传学（molecular genetics）是在核酸和蛋白质大分子水平上，研究生命体遗传及变异的规律、基因结构同功能的关系、遗传信息表达与调节的机理等一系列有关遗传分子本质的一门重要的生命科学基础学科。

近四十年来，分子遗传学发生了深刻的变化。在全面继承和发展传统遗传学的基础上，又孕育并催生了基因工程学（genetic engineering）、基因组学（genomics）和表观遗传学（epigenetics）3个相对独立的、现代分子遗传学的分支学科。由此可见，今天的分子遗传学已经不仅是一门纯粹的基础理论科学，而且还是一门具有实际应用价值的技术科学。它的基本原理已被广泛地应用于现代农业科学、生物技术科学、医药卫生科学、环境保护科学，乃至于考古科学和法医科学等诸多领域，成为影响生命科学发展全局的核心学科之一，也是生命科学有关专业本科生和研究生的一门必修的基础课程。

我们在长期为中国农业科学院研究生院、中国科学院研究生院和诸多高校生命科学有关院系讲授"基因工程原理"课程的实践中，深刻地领会到要真正讲好这门课，就必须深入研究并系统掌握分子遗传学的基本理论体系；同时对于学生而言，不具备相应水平的分子遗传学的专业基础知识，要学好这门课程无疑是相当困难的。为此，特将《分子遗传学原理》作为我们先前出版的《基因工程原理》的姊妹书撰写的，故二者在内容上既有所分工又彼此衔接，但并不重叠。同时为了避免交叉，并使本书的容量不至于过大，有关基因工程及基因组学的内容原则上概不纳入。

近年来国内外相继出版了相当数量的涉及分子遗传学方面的著作。在写作本书的过程中，我们仔细地分析比较了其中若干主要版本的章节结构和内容特色，得益良多。在尽可能最大限度地吸收它们优点的同时，也认真地融入了作者数十年科研与教学实践的经验，并充分地考虑到我国生命科学有关专业高年级本科生和研究生的知识结构特点，期望能够编写出一部符合我国实际情况并反映最新研究进展的分子遗传学的基础理论著作。为达到此目的，我们定下了如下五条编写原则。

第一，紧扣分子遗传学的核心主题与最新进展。在资料取舍方面，特别注意科学性、先进性、系统性和条理性。在全面介绍分子遗传学原理的基础上，重点增加了"分子遗传学的传承与发展"、"基因概念的演变"、"基因的分子结构"、"双功能密码子及遗传密码的拓展"、"基因表达的网络调节"、"遗传信息流的三个层次与中心法则的质疑"、"核糖开关的调节作用"以及"非B-型DNA构象与疾病"、"朊病毒蛋白质的自我增殖问题"、"表观遗传学"和"模式生物"、"一种基因多种蛋白质的概念"、"蛋白质剪接"、"内含肽与外显肽"及"miRNA与基因表达的调节"、"真核基因表达的信号调节"等许多新内容和新进展。

第二，重视理论与实践的结合。为此我们竭力将科学理论的叙述同相关实验方法的介绍有机地结合起来，让读者不仅知其然而且知其所以然，以有利于培养学生的创新思维能力。例如在描述DNA双螺旋结构模型的同时，详细介绍奠定这种模型诞生的三大基础实验的重要发现；在讲解乳糖操纵子模型之前，先介绍导致此种模型建立的大肠杆菌部分二倍体的一系列互补实验的结果；在讨论核糖体蛋白质的定位与组装的过程中，辅以介绍相应的实验方法与技术等。

第三，遵循中文写作规范。争取使本书成为一部真正按照中文语法体系写就的有关分子遗传学原理的学术著作。所有参阅的中文译作都尽可能查找原文，经认真校对之后方予参考使用，以便尽可能地把翻译出版过程中因偶然疏忽而造成的失误减少到最低限度。同时努力避免使用英语式中文句子的情况，以期使读者能够顺畅地阅读并理解本书所叙述的科学内容。

第四，增加基础理论部分的比重。本书是为相关专业的高年级本科生、研究生、教师和有关科研人员撰写的。因此作者十分重视对分子遗传学基本原理及概念的叙述，特别是一些容易误解的概念或中文译名容易混淆的术语，均明确指出它们之间的本质差别。其目的在于使相关专业的人员都能方便地使用本书，获得比较广泛而扎实的基础理论知识。

第五，秉承"勤奋、严谨、求实、创新"的编写理念。首先在广泛收集并阅读大量文献资料的基础上，经过认真思考和归纳分析形成了总体写作大纲，力求体例有所创新。然后对每一章节具体内容的安排及组织进行仔细推敲与斟酌，尽量做到重点突出、条理清楚、层次分明、逻辑严谨，并配上大量的精美插图。其中绝大多数都是作者根据有关文献独立设计出草图后，交由出版社电脑绘制。任何一个命题在作者自己没有弄懂之前绝不草率下笔，遇到的所有疑点都不允许轻易放过。全书各章都是数易其稿，至少经过了5次以上的较大范围的删节与补充，个别的甚至推翻重写，至于局部小改或文字润色，连作者自己也记不得有多少次。到全书脱稿之后，还特意送请有关领域的著名专家学者审阅。最后根据审者的意见再作认真的修改。我们的目的是务求本书的写作能严格遵循"为科学负责、为读者负责、为国家负责"的最起码的学术准则和道德规范，尽最大努力减少错误，以免谬种流传贻误后生。

在本书的编写和出版过程中，得到了北京大学吴鹤龄和朱圣庚等老师，香港科技大学谢雍教授及化学工业出版社叶露女士的热情关心、支持和帮助；化学工业出版社的傅四周、孟嘉和叶露担任本书的责任编辑，他们认真勤奋的工作为本书增色不少；不少青年朋友，如中国科学院生物物理研究所王洪云博士，遗传与发育生物学研究所方晓华博士、张方博士，中国农业科学院研究生院吴巍博士等为本书提供了一些参考资料。此外，本书的出版还得到中国科学院新东方公司的赞助。在此谨对他们表示衷心的感谢！

长达八年多的持续笔耕，是一种相当艰辛又充满乐趣的知识更新过程。它不仅使我们"读书、写书、教书"的退休生活富有生气，而且也使我们的科学素养得到了明显的提高。我们为自己离开钟爱的科研舞台之后，尚能静心写作，报答人民的哺育，继续为祖国培养年轻的科学英才贡献绵薄之力，感到由衷的欣慰。

然而由于我们学识有限，对新知识新进展了解不够，因此本书的不足之处实属难免，缺点与错误肯定存在。这绝不是故作谦虚之词，而是真情的表白。衷心希望有关专家学者不吝赐教，诚挚欢迎青年读者批评指正，以使本书日臻完善。倘此，作者不胜感激之至。

吴乃虎　黄美娟
于北京大学博雅西园
2019 年 9 月

鸣 谢
Acknowledgements

在本书的编写过程中，得到了国内许多知名专家学者的热情关心与帮助。他们在百忙中拔冗对有关章节作了认真的审阅，提出了一些宝贵的意见。对此我们表示衷心的感谢，并郑重声明，对书中仍然可能存在的任何缺点乃至错误，均应由编者自己负全部责任，而与审者无关。本书审阅者名单（按年龄排序）：

总审阅者

吴鹤龄，北京大学生命科学学院细胞及分子遗传学系

朱圣庚，北京大学生命科学学院生物化学及分子生物学系

审阅者

茹炳根，北京大学生命科学学院生物化学及分子生物学系

戴灼华，北京大学生命科学学院细胞及分子遗传学系

敖光明，中国农业大学生命科学学院生物化学系

陈受宜，中国科学院遗传与发育生物学研究所

朱作言，北京大学生命科学学院细胞及分子遗传学系

黄秉仁，北京协和医学院，中国医学科学院基础医学研究所

王　斌，中国科学院遗传与发育生物学研究所

朱立煌，中国科学院遗传与发育生物学研究所

朱玉贤，北京大学生命科学学院生物技术学系

黎　家，兰州大学生命科学学院分子遗传学系

刘进元，清华大学生命科学学院分子遗传学系

路铁刚，中国农业科学院生物技术研究所

闫艳春，中国农业科学院研究生院分子遗传学研究室

杨建平，中国农业科学院作物科学研究所

张　博，北京大学生命科学学院细胞及分子遗传学系

焦仁杰，中国科学院生物物理研究所

张　雷，中国科学院上海生物化学与细胞生物学研究所

唐朝荣，海南大学热带作物学院

林同香，福建农林大学植物分子遗传学系

陈建民，国家海洋局第三海洋研究所分子遗传研究室

陶　懿，厦门大学生命科学学院分子遗传学系

梁卫红，河南师范大学生命科学学院分子遗传学系

迟　伟，中国科学院植物研究所分子遗传研究室

张会泳，河南农业大学生命科学学院分子遗传学系

目录
Contents

Chapter Ⅱ

第十一章　表观遗传学 ······································· 333

第七章 原核基因表达活性的调节

第一节
若干基本概念

　　分子遗传学研究表明生命体的遗传信息，主要是以基因的形式贮藏在细胞基因组的 DNA 序列中。而细胞通过 DNA 的转录和 RNA 的翻译等复杂的酶催生化反应，将基因所携带的遗传信息转变为 RNA 转录本或蛋白质多肽链的过程，则叫做基因的表达。不同类型基因表达的终产物是不一样的。一类表达的终产物为 RNA 转录本，叫做 RNA 编码基因，例如 tRNA 基因和 rRNA 基因；另一类表达的终产物是蛋白质多肽链，叫做蛋白质编码基因，在细胞基因组编码的基因当中，这类基因占绝大多数。这两类基因的表达过程不一样，因此也就不难理解为何二者在基因表达的调节方面，也存在着差异。

　　根据中心法则可知，无论是原核细胞还是真核细胞，基因的表达都可区分为 4 个不同的步骤，即 DNA 转录、转录后加工、RNA 翻译和翻译后加工。在基因表达的各个阶段，存在于细胞核或细胞质中的各种不同的调节因子，诸如 RNA 聚合酶、激活蛋白（activator）、阻遏蛋白（repressor）以及转录因子等，都会参与对基因的表达活性及其时空特异性进行严格而细致的控制。我们将这类特殊的涉及蛋白质反式因子同基因顺式元件之间的相互作用，叫做基因表达的调节。

一、原核基因表达的调节方式

　　通过对基因表达过程的大量研究资料的分析发现，大肠杆菌基因表达的调节，尽管可以在 DNA 转录和 RNA 翻译等多种不同的阶段进行，但其中最重要的也是对表型影响最大的一步，却是发生在转录水平这个环节。原核基因主要的转录调节方式有如下 5 种。

1. 操纵子的调节方式

　　有关原核基因，尤其是大肠杆菌基因表达的调节机理，现在已经有了相当深入的了解。1961 年，两位法国的分子遗传学家 F. Jacob 和 J. Monod 提出了操纵子模型（operon model），用来解释发生在大肠杆菌细胞中，参与乳糖（lactose）代谢作用的若干种蛋白酶之生化合成的调节情况。所谓操纵子，是指若干功能相关的基因聚集成簇，形成受同一启动子控制的单一转录单位。整个大肠杆菌染色体基因组，大约存在 600 个以上的不同的操纵子。标准的操纵子结构，是由 1 个或数个调节基因、3～12 个蛋白质编码基因，以及 1 个上游启动子和 1 个下游终止子串联排列而成。其中若干个蛋白质的编码基因，被共同转录成一个多顺反子的 mRNA 分子之后，再翻译成各自编码的蛋白质。

Jacob 和 Monod 将细胞中基本的组成蛋白，例如代谢酶类、转运蛋白和细胞骨架成分等的编码基因，叫做结构基因；编码用以控制其他基因表达活性的 RNA 或蛋白质产物的基因，叫做调节基因；接受调节基因编码的阻遏蛋白的结合作用，使结构基因转录活性受到抑制的特定 DNA 区段，叫做操纵单元（operator）或控制元件。例如著名的乳糖操纵子（lactose operon），就是由启动子、操纵单元和 3 个与乳糖代谢相关的结构基因组成，同时在其上游与启动子相邻的部位，还存在着调节基因。生活的细胞，正是通过这些基因以及调节元件之间的密切而协调的相互作用，才能表现出和谐的代谢活动，使生命体能够很好地适应环境的变化，并在不同的环境条件下表现出不同的代谢特性。

操纵子是原核基因表达调节的独特方式，在真核基因组中极为罕见。这是由于在大多数情况下，大肠杆菌基因的表达活性，不仅同细胞的生长发育过程密切相关，而且还取决于细胞中存在的、可同启动子特定元件相互作用的调节蛋白之可利用性的程度。因此，由调节基因与若干功能相关的基因组成操纵子这种结构形式，使得大肠杆菌这样的原核细胞，可以统一地协调一组功能相关基因的表达活性，从而能够快速而有效地对周围环境条件的剧烈变化，作出适应性反应，以便更好地维持生命的存活。

2. 调节子的调节方式

调节基因的编码产物，能够控制另一个或若干个结构基因的表达活性。例如大肠杆菌乳糖操纵子的 *lac I* 调节基因，它编码的 Lac 阻遏蛋白，便能够控制 *lac* 操纵子中其他蛋白质编码基因的表达活性。在许多例子中，调节基因总是位于所调控的靶启动子的附近；但也有不少例子情况刚好相反，调节基因的位置并不是与相关的启动子相邻的；还有一些例子，调节基因已经进化成能够同时控制多种不同操纵子的表达活性。人们将这种表达活性受同一种调节基因控制的一组操纵子，或是一组不是连续相邻排列的结构基因，叫做调节子（regulon）。

调节子与操纵子一样，也是大肠杆菌基因表达的一种特殊的调节方式。两者之间的主要差别在于，操纵子的结构基因是聚集成簇，彼此相邻排列；而调节子的结构基因则是彼此分开排列，散布在同一条染色体的不同部位，甚至是若干条不同的染色体分子上。例如负责对缺乏无机磷酸的生长培养基作出反应的，大肠杆菌的磷酸调节子（*pho* regulon）所含的基因就至少有 24 个之多。这一组基因虽然是受统一调节协同表达的，但它们的排列并不相邻，而是散布在染色体分子的不同部位。再如，麦芽糖调节子（maltose regulon）（简称 *mal* 调节子）的一组基因，它们的编码产物是一组参与麦芽糖新陈代谢的酶分子。这些基因的表达活性，也是受统一调节协同表达的，然而它们却是分散在若干个不同的操纵子上，受不同的启动子的控制。

3. 适应性效应的调节方式

大肠杆菌不仅能够在不同的环境条件下生存，而且还能够迅速地适应瞬时产生的剧烈的环境变化。这种新陈代谢类型的快捷改变叫做适应性效应（adaptive response），它也是大肠杆菌基因表达的一种重要的调节方式。生活在哺乳动物肠道、城市下水道系统以及污染的江河湖泊等不同的生态环境中的大肠杆菌，是以不同的有机物质作为能源的。因此，合乎逻辑的结果是，细胞的新陈代谢途经也要随之发生变化，如此才能保证大肠杆菌具备灵敏应对各种不同生态环境的惊人的适应能力。

大肠杆菌应对环境剧烈变化的适应性效应，在很大程度上是依赖于操纵子这种特殊的基因排列结构方式。它使得生长在特定环境条件下的细胞，具备了适应"开启"或"关闭"效应基因（response genes）的反应能力。因此，在不同的环境条件下，大肠杆菌能够有效地调节特定基因的表达活性，以便对环境信号的作用作出正确的反应。当大肠杆菌生长的培养基需要某些基因的编码产物时，这些基因的表达活性便被适时开启；而不再需要这些表达产物时，相应基因的表达活性也就随之被关闭了。很显然，大肠杆菌以这种方式调节其基因的表达活性，全面地提高了在不同环境条件下的生存能力。毫无疑问，细胞中基因转录本及翻译产物的合成，是需要花费相当可观的能量的。因此当细胞不再需要某种基因的编码产物时，适时关闭其表达活性，便能避免不必要的能量的浪费，从而能够最省约、最有效地利用能量合成所需要的产物，以获得最佳的生长速率。

4. 正调节和负调节方式

大肠杆菌操纵子的转录作用，是受与其相邻的调节基因控制的，它包括正调节（positive regulation）和负调节（negative regulation）两种方式。究竟是发生何种方式的调节，则是取决于调节蛋白的性质。

（1）调节蛋白的类型

调节基因编码的、用于调节其他基因表达的蛋白质，叫做调节蛋白（regulatory protein），包括正调节蛋白和负调节蛋白两大类。其中正调节蛋白又叫做激活物，亦译作活化子或激活蛋白，它是一类能够同增强子或激活物特异结合位点结合的反式作用蛋白。在原核细胞中，激活物是通过同结合在启动区的 RNA 聚合酶的相互作用，激活启动子开始转录反应。在真核细胞中，激活物的作用则是激活形成转录前起始复合物。

负调节蛋白又叫做阻遏物，也叫抑制子或抑制蛋白。其主要功能是，通过同 DNA或 RNA 上的调节序列，即操纵单元的结合作用，阻止操纵子的转录或翻译反应。所以阻遏物是参与原核基因表达调节的一种负调节蛋白。此外，能够对转录和翻译作负调节的蛋白质或 RNA 分子，通常也叫做阻遏物。

阻遏物和激活物这两类调节蛋白，是以两种相反方式，对操纵子的表达活性进行调节的（图 7-1）。阻遏物通过与操纵单元的结合作用，关闭启动子的表达活性，从而抑制操纵子结构基因的转录作用。与此相反，激活物则是通过同激活位点的结合，开动启动子的表达活性，从而激活操纵子的结构基因进行转录。

（2）正调节与负调节

如果一种调节蛋白处于激活状态时，能够开启操纵子的表达活性，我们说这种操纵子是受调节蛋白的正调节；而如果一种调节蛋白处于激活状态时能够关闭操纵子的表达活性，我们则称这种操纵子是受调节蛋白的负调节。所以说，受激活物调节的操纵子是属于正调节的，因为处于激活状态的激活物，会启动由其控制的操纵子的转录反应；相反地，受阻遏物调节的操纵子是属于负调节的，因为阻遏物的存在，阻止了操纵子的转录。

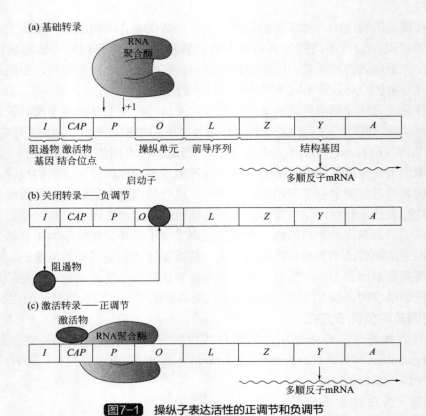

(a) 基础转录

RNA
聚合酶

+1

| I | CAP | P | O | L | Z | Y | A |

阻遏物　激活物　　操纵单元　前导序列　　　结构基因
基因　结合位点

启动子

多顺反子mRNA

(b) 关闭转录——负调节

| I | CAP | P | O | L | Z | Y | A |

阻遏物

(c) 激活转录——正调节

激活物

RNA聚合酶

| I | CAP | P | O | L | Z | Y | A |

多顺反子mRNA

图7-1 操纵子表达活性的正调节和负调节

（a）在没有阻遏物和激活物的情况下，RNA 聚合酶偶尔会自动地同启动子结合，导致基因发生基础水平转录，亦即基础转录；（b）因阻遏物同操纵单元结合，致使 RNA 聚合酶无法加入，结果关闭了操纵子的表达活性，此即负调节；（c）激活物同激活物位点结合后，吸引 RNA 聚合酶加入，从而启动了操纵子的表达活性，此即正调节

（3）阻遏物和激活物对基因转录活性的调节

当大肠杆菌的细胞处于既没有阻遏物也没有激活物的生长条件下，RNA 聚合酶虽然也会偶然地同启动子结合，但这种结合作用的程度是相当微弱的，所以由此启动的转录水平相当低下，通称为基础水平转录（basal level transcription），简称基础转录或本底转录［图 7-1（a）］。但是，原核基因的转录，在许多情况下要受阻遏物或激活物的控制。一旦阻遏物同操纵单元结合之后，便会阻止 RNA 聚合酶加入与启动子中的特定位点结合。这是由于这两个位点之间，存在着部分序列重叠的缘故，于是便使得有关基因的转录活性受到抑制。此即负调节［图 7-1（b）］。

然而激活物则不然。它可用一个表面结合在启动子上游的激活物位点上，同时以其另一个表面与 RNA 聚合酶结合，进而将其牵引到启动子的结合位点上，结果激活启动子启动高水平的转录作用。此即正调节［图 7-1（c）］。文献中将这种通过激活物的作用，促进 RNA 聚合酶（或是转录因子）同启动子结合的过程，叫做募集（recruitment）。另一种特殊的情况是，当细胞中同时存在着有功能的阻遏物和激活物时，一般说来阻遏物活性优于激活物，因此基因仍处于抑制状态。

5. 预程序化环路和快速开关的调节方式

组成型基因的编码产物，包括 tRNA、rRNA、核糖体蛋白、RNA 聚合酶以及参与细胞新陈代谢过程的其他类型的蛋白质等，对所有类型的细胞在任何环境条件下的生长与繁殖，都是必不可少的。与此相反，诱导型基因的编码产物，只是在一定的生存环境条件下才是细胞生长的必需品。因此，这类基因的表达活性必须受到严格的调节控制，方能确保其编码产物只是在细胞生长需要时才进行合成。正是由于这种原因，诱导型基因的表达是随着环境的变化而交替地处于"开启"或"关闭"的状态。

针对这两种不同类型的基因，大肠杆菌细胞中存在着两种不同的转录调节方式。一种叫做预程序化环路机理（preprogrammed circuits mechanism），亦即大肠杆菌按照预先决定的遗传程序，对基因表达进行控制的调节方式。例如，因病毒感染而引发的一组特定基因的表达事例中，一个或数个基因的编码产物，使第一组基因的转录活性关闭，并开启了第二组基因的转录。接着，第二组基因的产物又开启了第三组基因的转录，如此上下衔接，循序渐进。这种类型的基因表达，一般说来都是按照预程序化进行的，因此通常不会发生异常表达的情况。由于绝大多数的这种预程序化顺序，似乎都是一种环路结构，故特称这种基因表达调节方式为预程序化环路机理。

另一种叫做快速开关机理（rapid switch mechanism），亦即大肠杆菌迅速开启和关闭有关基因的表达活性，以适应环境变化的调节方式。此种类型的调节方式，对于大肠杆菌一类的原核生物是十分重要的，因为它们生存的环境条件经常会发生剧烈的变化。这种调节方式，使大肠杆菌具备了极大的"可塑性"（plasticity），能够快速地调整它们的新陈代谢反应，以保证在多变的环境条件下获得最佳的生长及增殖速率。不过这种快速的开关反应，对于高等真核生物而言似乎并不十分重要，因为它们的循环系统使细胞能够有效地应对众多突然发生的环境条件的变化。

二、原核基因表达的诱导与阻遏

大肠杆菌的基因，根据其表达特性可分成组成型基因和诱导型基因两大类。前者是指为所有类型细胞的生存提供必需的基本功能的基因，其表达活性在细胞生命周期过程中是持续进行的，且不受环境因素变化的影响。后者是指其编码产物，只是为了满足在特定环境条件下细胞生长的特殊需要，当环境发生了变化细胞不再需要这类产物时，其表达活性便被适时地关闭。因此对诱导型基因而言，在细胞周期过程中其表达活性存在着诱导与阻遏，亦即开启与关闭的循环交替。

大肠杆菌以及其它大多数细菌，都能够利用葡萄糖、蔗糖、半乳糖、阿拉伯糖和乳糖等多种碳水化合物作为碳源和能源（图 7-2）。如果培养基中存在着葡萄糖，它将被大肠杆菌细胞优先利用。因为这种糖是许多生命体内主要的能源贮存物质，它通过在新陈代谢过程中发生的糖酵解作用释放能量。但如果培养基中没有葡萄糖，大肠杆菌仍然能够利用其他碳水化合物作能源。例如，生长在以乳糖作为唯一碳源的培养基中的大肠杆菌细胞，能够合成出两种乳糖分解代谢酶，即 β-半乳糖苷酶和 β-半乳糖苷透性酶，以及另外一种目前尚不完全清楚其代谢功能的 β-半乳糖苷乙酰基转移酶。在培养基缺乏乳糖时，大肠杆菌细胞就不再合成这些代谢酶。这样便为细胞节省了相当可观的以 ATP 和 GTP 形式提供的能量。由此可见，大肠杆菌已经进化出一种特殊的调节机理，用来控制乳糖分解代谢酶的合成反应。这一机理在培养基中有乳糖时便被开启，没有乳糖时则被关闭。

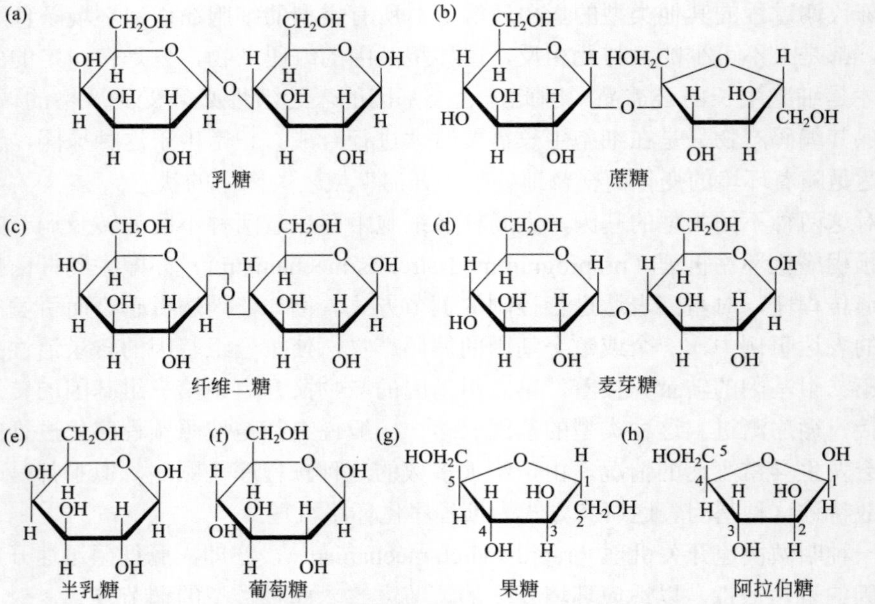

图7-2 若干种碳水化合物的分子结构式

1. 基因表达活性的诱导

在生命科学的文献中，诱导（induction）一词在不同的场合有不同的具体含意。在胚胎水平是指，由于受到胚胎某个区域的影响，而使另一个区域沿着一条新途径的分化过程；在细胞水平上是指，当培养基中存在着某种必需的底物时，细菌或酵母细胞具备了合成某种特定蛋白酶能力的生理生化转变过程；在分子水平上是指，在基因的表达事件中，诱导物与调节蛋白的相互作用，使目的基因的转录作用得以启动的过程。

在天然的条件下，大肠杆菌细胞遇有乳糖而没有葡萄糖的生态环境大概是不多见的。因此在大多数的时间中，大肠杆菌乳糖代谢酶的编码基因，都是处于关闭的非表达的状态。如果将大肠杆菌细胞从无乳糖的培养基转移到以乳糖为唯一碳源的培养基中生长时，它们就会迅速地合成出参与乳糖利用的代谢酶。这种因环境中某种物质的刺激，而使特定基因的表达活性得到开启的过程，显然是属于分子水平的诱导；其表达活性受到如此形式调节的基因，称为诱导型基因（inducible gene）；而那些能引起基因发生诱导反应的物质或分子，例如乳糖，则谓之诱导物（inducer）。

参与诸如乳糖、半乳糖及阿拉伯糖分解代谢途经的酶，在性质上是属于诱导酶，因为它们是在诱导物作用下才由细胞大量合成的。如同酶合成的速率并不等于酶的活性一样，酶的诱导也不能同酶的激活（enzyme activation）相混淆。因为酶的激活，是指由一种小分子同酶结合之后而导致酶活性增加的过程，但并没有影响到酶的合成速率。

2. 基因表达活性的阻遏

基因表达活性的阻遏（repression），系指因环境中化学因素或其他因素的刺激作用，而导致的特定基因甚至基因组的表达活性被关闭的过程。这种现象在大肠杆菌中已经作了相当详细的研究。我们知道，细菌具有合成其生长所需的有机分子（诸如氨基酸、嘌呤及维生素）的代谢能力。例如，大肠杆菌有 5 个基因编码色氨酸生物合成酶。生长在缺乏色氨酸培养基中的大肠杆菌细胞，这 5 个基因就必须表达，才能产生出足够数量的色氨酸生物合成酶，以便参与色氨酸及蛋白质的合成。

但是，当大肠杆菌生长的培养基中，含有足够数量的色氨酸时，使细胞能够维持最佳的生长状态，此时色氨酸生物合成酶的继续合成，无疑是一种能量的浪费。为此，大肠杆菌已经进化出一种相应的调节机理，以便在外界环境中具有色氨酸时，迅速地关闭其生物合成途径。这种一组基因表达活性的"关闭"过程，便是我们本节开头所说的基因表达活性的阻遏，或者也可称之为基因表达活性的抑制。其表达活性已经按这种方式被暂时性关闭而处于抑制状态的基因，叫做被阻遏的基因（repressed gene）；而其表达活性被重新开启而处于表达状态的基因叫做去阻遏的基因（derepressed gene）。由此可见，不论是被阻遏的基因还是去阻遏的基因，它们描述的都是基因的表达状态，而非基因的编码属性。

细胞合成代谢途径上的酶，其编码基因的表达活性往往会被阻遏，因此它们属于阻遏型酶（repressible enzyme）。当细胞中特异性代谢物（如合成的色氨酸）浓度达到一定水平时，这类酶的合成速率便随之降低。阻遏作用与诱导作用一样，都是发生在基因的转录水平。不过我们不要把阻遏作用与反馈抑制（feedback inhibition）相混淆，后者是指生物合成途径中，一种终产物反过来和参与该途径的某种上游酶分子发生结合作用，从而导致该酶活性被抑制的生化过程。但需要指出，反馈抑制的仅是酶的活性，并不影响酶的生物合成；而阻遏作用则是抑制酶的生物合成，因此它与阻遏作用属于不同的概念。

3. 诱导物与辅阻遏物

一种调节蛋白是否有活性，有时要取决于它是否同一种叫做效应物（effector）的小分子量物质的结合。所谓效应物指的是一类通过同蛋白质特定位点的结合作用，调节蛋白质分子活性的特殊物质。它们通常是氨基酸和糖类等小分子量的代谢物。效应物是通过与阻遏物结合或是与阻遏物形成复合物的方式，使后者的性质发生改变而发挥作用的。在后面将会讲到的诱导型操纵子中，这些效应物分子叫做诱导物（inducer）；而在阻遏型操纵子中的效应物，则叫做辅阻遏物（corepressor）。在有些情况下，效应物分子也指与启动子中某些顺式元件特异性结合，参与基因转录活性控制的蛋白质分子。此类效应物分子实质上属于反式作用因子。

在分子遗传学或分子生物学中，所谓诱导物是特指一类能够通过同调节蛋白结合，而启动基因转录的小分子物质，或者说是能够引起诱导反应的物质或分子。例如乳糖便是一种著名的诱导物，可以诱导大肠杆菌细胞大量分泌参与其吸收及代谢活动的相关酶蛋白。因此说，诱导物可能也就是酶作用的底物。

辅阻遏物则是指，一类有助于促进阻遏物同启动子中操纵单元紧密结合的小分子量的代谢物分子，它能通过同调节蛋白的结合作用阻止转录反应。例如在阻遏型的色氨酸操纵子中，辅阻遏物色氨酸便是通过与阻遏物，即色氨酸阻遏蛋白（TrpR）形成复合物的方式，使后者的构型发生变化，而能同操纵单元结合，从而关闭色氨酸操纵子结构基因 *trpE*、*trpD*、*trpC*、*trpB* 及 *trpA* 的表达活性。

三、顺式作用元件和反式作用因子

1. 顺式与顺式作用元件

基因表达的转录调节，从本质上讲是通过反式作用因子（*trans*-acting factor）和顺式作用元件（*cis*-acting element）之间的相互作用进行的。因此，在讲解顺式作用元件和反式作用因子相互关系之前，先要了解什么叫顺式（*in cis*）什么叫反式（*in trans*）这两个概念。在分子遗传学中，所谓顺式是用来描述位于同一条染色体或 DNA 分子上的两个基因，或两个遗传标记之间的状态或关系的一种术语。例如启动子的组成元件，对于它所控制的下游效应基因而言，两者即为顺式关系。因此，顺式作用元件（简称顺式元件），有时也叫做顺式作用控制序列（*cis*-acting control sequence），是指与其控制的效应基因，位于同一条染色体或 DNA 分子上的转录调控区的遗传元件。例如启动子中与转录因子结合的 DNA 序列，便叫做顺式作用元件，它可影响该启动子控制的基因或同一条染色体上另一个基因的表达活性。顺式作用元件的突变是顺式显性（*cis*-dominant）的。因为它只对位于同一条染色体或 DNA 分子上的基因呈显性，而不能被同一细胞内另外一份野生型的拷贝所互补 [图 7-3（a）]。顺式作用元件除了常见的增强子、启动子及操纵子单元外，还有能对外界环境因素作用作出反应的遗传元件（诸如光效应元件和脱落酸效应元件等），以及参与控制效应基因之时空特异表达活性的遗传元件（包括组织特异性元件和发育阶段特异性元件等）。

顺式元件，通常是不编码蛋白质产物的，它们一般都是位于基因编码序列的两侧末端，并且只能对与其位于同一条染色体或 DNA 分子上的效应基因发生作用。我们称这种作用方式为顺式作用。当然也有一些顺式元件（基因）能够编码蛋白质产物，此类蛋白质具有特殊的性质，只能够对与其编码基因位于同一条 DNA 分子上的顺式元件发生作用。我们称这样的蛋白质为顺式作用蛋白。

除了顺式作用元件之外，还存在着另一种不同作用方式的所谓反式作用元件。这种元件虽然在形体上与受其控制的基因是彼此分隔开来的，比如是位于另一条染色体或是染色体外的质粒分子上，但它仍然能够发挥相关的调节作用。

2. 反式与反式作用因子

所谓反式，是用来描述位于不同染色体或不同 DNA 分子上的两个基因或两个遗传标记之间，以及蛋白质因子与 DNA 分子之间的状态或关系的一种术语。例如特异性转录因子蛋白，对与其结合的启动子 DNA 元件而言，两者即为反式关系。反式作用因子亦称反式作用蛋白或反式因子，系指由反式作用基因编码的，能够同特定的顺式元件结合，进而调节效应基因转录反应的扩散性分子（diffusible molecule）。这类蛋白质是由顺式元件以外的另一条染色体或 DNA 分子上的基因编码的，主要包括激活蛋白和阻遏蛋白两大类。反式作用因子的编码基因叫做反式作用基因，它的突变一般是隐性的（recessive）。因为它可被同一细胞中另外一份野生型的拷贝所互补 [图 7-3（b）]。反式作用因子通过同顺式元件、RNA 聚合酶以及通用转录因子等结合形成转录复合物，从而激活或抑制效应基因的转录活性。这种位于独立的另一条染色体或 DNA 分子上的遗传单元，诸如阻遏基因或转录因子编码基因，通过产生一种能够间隔距离地发生作用的扩

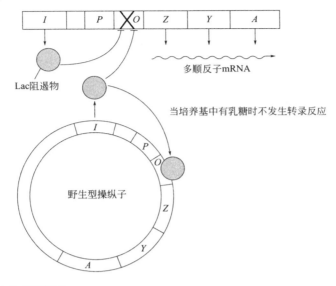

(a) 顺式作用元件

Lac阻遏物

多顺反子mRNA

当培养基中有乳糖时不发生转录反应

野生型操纵子

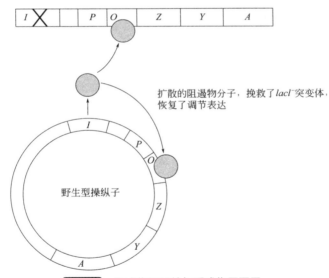

(b) 反式作用因子

扩散的阻遏物分子，挽救了 *lacI⁻* 突变体，恢复了调节表达

野生型操纵子

图7-3 顺式作用元件与反式作用因子

（a）顺式作用元件突变：为顺式显性突变，因为它不能被细胞中另一份野生型拷贝所互补。
（b）反式作用因子基因突变：一般是隐性突变，因为它可被细胞中另一份野生型拷贝所互补

散性物质（如转录因子蛋白、激活物或阻遏物等），而干扰或调节位于另一条染色体或 DNA 分子上的其他基因的表达活性的作用方式，特称为反式作用。

四、原核基因表达调节的原理

1. 调节蛋白的功能作用

前面已经讲过调节蛋白有两种不同的类型：一种是正调节蛋白亦叫激活物或激活蛋白；另一种是负调节蛋白亦叫阻遏物或阻遏蛋白。在一般情况下，这些蛋白都是 DNA

结合蛋白，能够识别位于基因内部或其附近的特定序列（位点）。激活物和阻遏物的功能作用彼此相反，当它们同这些特定位点结合之后，前者便会增强基因的转录活性，发挥转录的正调节作用，导致转录速率上升；而后者则是降低或抑制基因的转录活性，发挥转录的负调节作用。

调节蛋白是如何发挥功能作用的呢？研究表明激活物按照如下四个步骤发挥转录的正调节作用。第一步，RNA 聚合酶募集。激活物以一个表面同启动子激活位点结合，再以另一个表面与 RNA 聚合酶结合的方式，将聚合酶带到启动子上。我们称这种 RNA 聚合酶同启动子 DNA 结合的过程为 RNA 聚合酶募集［图 7-1（c）］。鉴于此时 DNA 仍保持着双螺旋的构型，尚未形成转录泡，故由此形成的 RNA 聚合酶-启动子复合物，特称为闭合式复合物。第二步，复合物构型转换。在闭合式复合物中，位于转录起点的 DNA 发生解旋形成转录泡，同时 RNA 聚合酶定位到转录起点。此时的 RNA 聚合酶-启动子复合物自发地转换成开放式复合物。第三步，转录开始。RNA 聚合酶离开启动子，沿着 DNA 链进行转录。这一步骤也叫做启动子解脱（promoter escape）。第四步，转录延长与终止。在转录延长期中，解脱下来的 RNA 聚合酶，一直沿着 DNA 链持续转录到终止位点。

为了控制此类启动子引发的基因表达，只需将阻遏物结合到与聚合酶结合位点相重叠的部位即可。阻遏物便是按此种竞争结合的方式，阻断 RNA 聚合酶与启动子的结合，从而也就抑制了基因的转录。当然也可以通过其他的方式达到抑制基因转录的目的。在 DNA 序列上，阻遏物结合的特定位点叫做操纵单元［图 7-1（b）］。

在基因转录过程中，究竟是哪一步被激活物激活，又是哪一步被阻遏物抑制，这取决于具体的启动子和实际参与作用的调节蛋白的类型，究竟是激活物还是阻遏物。如果细胞体系中同时存在具有功能活性的激活物和阻遏物，通常的情况是阻遏物的活性会干扰激活物的活性，结果转录被抑制。

2. 调节作用的最佳时段

虽说在基因表达全过程的各个时段都会受到必要的调节，然而由于长期进化和自然选择的结果，对大多数调节蛋白而言，最主要的调节作用都是发生在转录起始阶段。这究竟是由何种原因造成的呢？首先，从转录起始阶段进行调节，是细胞能量利用最合理最有效的时段，因它可确保在基因表达过程中不会出现不必要的能量和物质的浪费。试想如果所有或大部分不进行翻译的 mRNA 分子一开始就都表达出来，那势必会给细胞带来巨大的能量和物质的浪费。其次，在转录起始阶段进行调节，容易达到圆满的结果。其原因在于单倍体细胞中，每一种基因都只有一个拷贝，因此对某一个特定的基因来说，在一条 DNA 分子中只要对一个启动子进行调节，就可有效地控制基因的表达。相反地，如调节发生在翻译阶段，那么由于每一个基因都会转录生成大量拷贝的 mRNA 分子，于是就必须对数量庞大的 mRNA 分子群体同时进行翻译的调节方可达到目的。如此就势必会使细胞徒增巨大的工作量，损耗大量的能量和物质。

既然如此，那为什么在原核生物中并非所有基因的调节作用都是集中在转录起始阶段呢？这是由于在转录起始阶段之后发生的调节作用，可能也具有两方面的优点。第一，在这个时段发生的调节作用，可允许更多的调节步骤参与。如果一个基因的转录过程受到多步骤的调节，这就意味着有更多的信号参与调节或是同样的信号作出更有效的调节。第二，在这个时段发生的调节作用，可以降低反应的时耗。因此当考虑到翻译调节时，如果一种信号解除了对翻译的抑制作用，那么基因编码的蛋白质产物就将直接表达在信号的受体上，如此便降低了反应时耗，具有明显的优越性。

但需指出尽管转录后调节具有一些优点，也发生了有效的作用，然而正如本节开头所说，原核基因的表达调节，主要是发生在转录起始阶段是不争的事实。

3. 蛋白质协同结合的调节作用

调节蛋白的多肽链具有 DNA 结合域和蛋白质–蛋白质相互作用结构域等多种不同的功能域。在大多数情况下，调节蛋白都是以与其他蛋白质协同作用的方式参与同 DNA 分子的结合。这种结合的方式特称为蛋白质协同结合（protein cooperative binding）。无论原核生物还是真核生物，蛋白质协同结合都是调节基因表达的一种重要机理。

RNA 聚合酶的募集，是蛋白质协同结合到 DNA 分子上的一个典型的例子。激活物同 RNA 聚合酶以及同 DNA 之间相互作用，只不过是彼此黏合的过程，并不需要蛋白质或 DNA 发生构象变化。例如分解代谢物基因激活蛋白（catabolite gene activator protein，CAP）具有两个主要的功能域，即一个 DNA 结合域和一个接触 RNA 聚合酶的激活域。化学交联实验表明，CAP 激活域是直接同 RNA 聚合酶 α-亚基的一个 C-端结构域发生作用，并因此把 RNA 聚合酶募集到启动子上。

蛋白质以协同作用方式与 DNA 分子结合有其独特的优越性。研究发现，当反应体系中同时存在 CAP 和 RNA 聚合酶这两种蛋白质的情况下，即便它们的浓度非常低，二者的结合位点也都会更加容易地被这两种蛋白质占据。这是由于它们之间会彼此协助一起参与同 DNA 分子的结合。其原因在于只有一种结合蛋白时，它可容易地从所结合的 DNA 分子上解离下来；但若是还同另一种 DNA 结合蛋白存在着持续的相互作用，这样便难以从所结合的 DNA 分子上扩散开来，从而更容易结合到启动子识别位点上。通过这种协同作用，CAP 和 RNA 聚合酶就能够牢固地结合在启动子上，直至 CAP-RNA 聚合酶复合物自发地从闭合式异构化成开放式，进行有效的转录。

4. 调节蛋白别构作用的调节效应

某些激活物或阻遏物可以通过别构作用（allostery）调节基因的表达。也就是说依靠调节蛋白的不同构象，不同类型的启动子可以行使不同的调节方式。有一类启动子，RNA 聚合酶无须经过募集，也能独立地与之结合成稳定的闭合式复合物。但是此种闭合式复合物不会自发地转换成开放式的复合物，所以不会发生转录反应 [图 7-4（a）]，而必须在激活物的刺激作用下才会发生此种转换，因此这一转换过程便是基因表达的限速步骤。

刺激这种类型的启动子表达活性的激活物，是通过扳动 RNA 聚合酶或 DNA 构象变化而发挥其转录调节作用的。也就是说它们是通过与稳定的闭合式复合物相互作用的方式，诱发构象变化，从而使其转换成开放式复合物 [图 7-4（b）]，进行高水平的转录。这是一种通过调节蛋白的别构作用调节基因表达活性的实例。

别构作用实乃控制蛋白质激活的一种普遍机理。例如 glmA 启动子，激活物 NtrC 通过同闭合式复合物中的 RNA 聚合酶相互作用使之变构，从而刺激闭合式复合物转换成开放式复合物，进行转录；再如 merT 启动子，激活物 MerR 则是通过诱导启动子 DNA 发生构型改变，促使闭合式复合物转换成开放式复合物，进行转录。

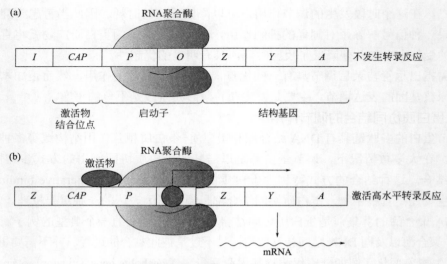

图7-4 RNA聚合酶的别构激活作用

（a）RNA 聚合酶同启动子结合成稳定的闭合式复合物；（b）激活物同 RNA 聚合酶相互作用，扳动闭合式复合物转换成开放式复合物，进行高水平的转录。本图以图解形式展示 RNA 聚合酶-启动子复合物开关情况

5. DNA 成环的调节作用

DNA 结合蛋白系指专门与 DNA 分子中某种专有序列区特异性结合的蛋白质，包括基因表达活性调节蛋白，参与 DNA 复制、重组、修复、转录和降解作用的各类酶，以及维持染色体结构的蛋白质等诸多类型。

上面所述事例都是假定这些 DNA 结合蛋白，如 RNA 聚合酶和激活物，彼此间能够相互作用并结合在相邻的位点上。在生命体中实际情况确实也往往是如此。但是也有些 DNA 结合蛋白，它们在 DNA 分子上的结合位点彼此间相距甚远。为了使这些远距离的结合蛋白发生相互作用，位于两者结合位点之间的 DNA 区段就必须弯曲成环，即 DNA 成环，如此才能使结合在这两个位点上的蛋白质彼此靠近，发生远距离的激活作用（图 7-5）。

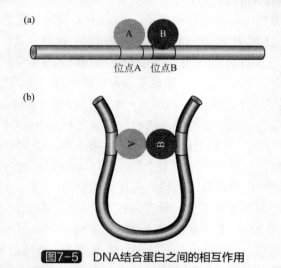

图7-5 DNA结合蛋白之间的相互作用

（a）蛋白质协同结合在相邻的位点；（b）蛋白质协同结合在远距离间隔的位点

在大肠杆菌基因表达中，就存在这种远距离激活现象。例如 NtrC 就是进行远距离激活的一种激活物，它的结合位点一般位于启动子上游 150bp 处，甚至更远。此外还发现在阻遏物中，有形成长达 3kb DNA 环的情况。

同一条 DNA 分子上两个远距离的位点，是通过其间隔序列的环化作用而得以紧密地结合在一起。那么 DNA 序列是如何发生弯曲的呢？原来在细胞中，除了 DNA 结合蛋白之外，还存在着另一类 DNA 弯曲蛋白（DNA-bending protein），其上有一个长 80 个氨基酸的 DNA 结合域。此种蛋白可与 DNA 双螺旋结构上的小沟结合，使 DNA 分子弯曲，导致激活物或阻遏物与远距离的 DNA 位点接触，从而间接地发挥基因表达的调节作用。

例如在大肠杆菌基因组中有这样的情况，在激活物结合位点和启动子之间存在着一个 DNA 弯曲蛋白的结合位点。当 DNA 弯曲蛋白同该位点结合之后，此段 DNA 序列便会弯曲变形，使激活物和 RNA 聚合酶紧密接触，启动基因转录（图 7-6）。现已经知道不仅在原核生物中，而且在真核生物中也都广泛地存在着 DNA 成环的调节机理。它可促使多种远距离的 DNA 结合蛋白同 RNA 聚合酶发生直接的相互作用，在基因表达调节中起着重要的作用。

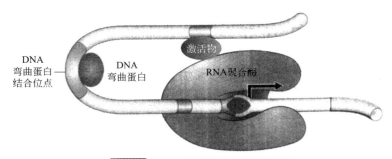

图7-6 DNA弯曲蛋白的调节作用

在激活物结合位点和 RNA 聚合酶结合位点之间，有一个 DNA 弯曲蛋白的结合位点。当此种 DNA 弯曲蛋白结合到该位点之后，便会导致这一段序列发生弯曲。若弯曲的方向正确，便会使结合在两个远距离位点的激活物和 RNA 聚合酶在空间位置上紧密接触；如果弯曲的方向不对，则会起到相反的作用

第二节
大肠杆菌乳糖操纵子的正调节

一、大肠杆菌乳糖的利用

1. 大肠杆菌乳糖的代谢反应

大肠杆菌细胞虽然能够利用许多种糖作为它的碳源和能源，但如果能够任其自由选择的话，则是优先选用葡萄糖。例如将大肠杆菌细胞培养在既含有葡萄糖也含有乳糖（lactose）的培养基中生长时，只有在葡萄糖被耗尽之后，才会吸收乳糖供细胞生长与

增殖之需。但大肠杆菌细胞的新陈代谢类型，并不能够马上适应这种营养来源性质的改变，因此当培养基中葡萄糖被耗尽时，细胞便停止了生长。经过大约一个小时的延滞期（lag phase），在这期间细胞被诱导累积了足够数量的参与乳糖代谢反应的酶蛋白，如此才能够转而利用乳糖作碳源和能源重新开始生长与增殖。这就是所谓大肠杆菌双峰生长现象的原因所在。

那么大肠杆菌细胞是如何从利用葡萄糖转向利用乳糖的呢？乳糖俗称奶糖（milk sugar），系哺乳动物乳汁中的一种由半乳糖和葡萄糖两种单糖组成的二糖。因为这两个六碳的单糖，是通过 β-1,4 半乳糖苷键连接在一起，所以乳糖亦称为 β-半乳糖苷。遗传学实验和生化分析表明，大肠杆菌细胞并不能够直接利用乳糖作为碳源和能源，而需经过将之酶切生成葡萄糖之后才会利用。在这种利用乳糖的新陈代谢过程中，有两种不同的酶蛋白参与。一种是乳糖透性酶，亦称透性酶或 β-半乳糖苷透性酶。它是一种细菌膜蛋白，能够携带诸如乳糖这样的小分子量物质跨越细胞膜，因此其功能是将培养基中的乳糖转运到细胞内。

参与乳糖代谢的另一种酶，叫做 β-半乳糖苷酶。其功能作用是，将从培养基运送到胞内的乳糖分子，水解成半乳糖和葡萄糖两种单糖，满足大肠杆菌生长增殖的营养需求（图 7-7）。β-半乳糖苷酶亦叫做乳糖酶，当其以四聚体形式存在时有功能活性，能够将无色底物吡喃半乳糖苷衍生物（X-gal），切割生成半乳糖和深蓝色的底物靛兰。因此，X-gal 可以作为一种显现 β-半乳糖苷酶活性的指示剂，用于检测大肠杆菌是否具有利用乳糖的能力。

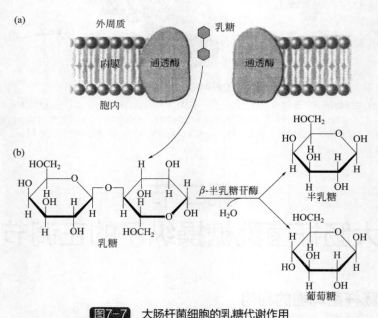

图7-7 大肠杆菌细胞的乳糖代谢作用

（a）在乳糖透性酶的作用下，细胞膜上形成孔洞使培养基中的乳糖进入胞内；
（b）胞内的乳糖被 β-半乳糖苷酶切割成半乳糖和葡萄糖

大肠杆菌利用乳糖所需要的乳糖透性酶和 β-半乳糖苷酶，不属于组成型酶，而是属于诱导型酶。当细胞生长在无乳糖的培养基中时，这些酶的表达水平是相当低的，大约每个细胞仅有1～2个分子；而在向培养基中加入乳糖之后，这些酶的表达水平便可提高 10^5 倍左右。因此乳糖实际上起到了一种诱导物的作用。

2. 乳糖代谢酶体系的发现

大肠杆菌乳糖代谢过程中，存在着 β-半乳糖苷酶和 β-半乳糖苷透性酶两种蛋白质，是由遗传学实验和生化分析发现的。最早在 1940 年法国的微生物遗传学家 J. Monod 在研究大肠杆菌乳糖代谢的诱导性现象时，就已经认识到 β-半乳糖苷酶参与乳糖的新陈代谢活动。而且还通过抗原-抗体反应（antigen-antibody reaction），检测了经乳糖诱导后大肠杆菌细胞中 β-半乳糖苷酶的表达水平。结果显示，经诱导之后细胞中 β-半乳糖苷酶的表达水平迅速上升，从而证明该酶是一种诱导型酶，它可以被培养基中的乳糖和其它的半乳糖苷（如 IPTG 等）所诱导。

那么是否单靠 β-半乳糖苷酶，大肠杆菌就能够利用培养基中的乳糖作为代谢物呢？答案是否定的。因为 Monod 等人在实验中观察到，有些大肠杆菌突变体虽然能够表达 β-半乳糖苷酶，但却不能够利用乳糖，无法在以乳糖为唯一碳源和能源的培养基中生长。这暗示在乳糖利用过程中，可能还需要其他代谢酶的参与。为了验证这种推测是否正确，Monod 等人利用当时刚刚发明不久的放射性同位素示踪技术，将野生型和突变型的大肠杆菌菌株，分别培养在以放射性同位素 ^{14}C 标记的乳糖为唯一碳源和能源的培养基中生长。结果观察到突变体菌株不管诱导与否，均不能从培养基中吸收 ^{14}C 标记的乳糖；但若用溶菌酶处理突变体细胞，使其细胞壁结构受到局部损坏而具备了通透性，此时培养基中的 ^{14}C 标记的乳糖便可进入胞内。而野生型的菌株则不然，未经诱导时一如突变体菌株一样，也不能够吸收 ^{14}C 标记的乳糖，但经过诱导之后则能够吸收此种 ^{14}C 标记的乳糖。这个实验说明，在野生型的大肠杆菌细胞的乳糖代谢过程中，除了已发现的 β-半乳糖苷酶之外，一定还需要另一种酶的参与。它负责将培养基中的乳糖运送到细胞内，而且也是属于一种诱导型酶，并与 β-半乳糖苷酶同时诱导。Monod 将这种酶定名为 β-半乳糖苷透性酶，还正确地指出，在突变型的大肠杆菌菌株中，编码该酶的基因发生了突变（lacY），故无法合成 β-半乳糖苷透性酶，致使这样的菌株丧失了相应的功能（表 7-1）。

表7-1　大肠杆菌 *lacY* 突变对乳糖吸收的影响

基因型	是否加诱导物	是否吸收乳糖
野生型（Z^+Y^+）	不加	不能吸收
野生型（Z^+Y^+）	加	能够吸收培养基中的乳糖
突变型（Z^+Y^-）	不加	不能吸收
突变型（Z^+Y^-）	加	不能吸收

随后在纯化大肠杆菌 β-半乳糖苷酶的实验过程中，Monod 等人又发现了另一种乳糖代谢酶，即 β-半乳糖苷乙酰转移酶。于是在 20 世纪 50 年代后期，Monod 已经认识到了参与乳糖代谢活动的全部三种代谢酶，并假定它们分别由三种不同的基因编码的，即 lacZ（编码 β-半乳糖苷酶）、lacY（编码 β-半乳糖苷透性酶）和 lacA（编码 β-半乳糖苷乙酰基转移酶）。这三种基因的活性都是受乳糖诱导共同表达的。

二、F质粒与大肠杆菌部分二倍体

1. F质粒的分子特性

F质粒又叫做F因子，即致育因子（fertility factor）的简称，是在大肠杆菌细胞中发现的一种最具有代表性的接合型质粒，其分子大小约为94kb。F质粒的分子结构如图7-8所示。它有一个由大约20个转移基因聚集而成的长度约33kb的转移区。这些 *tra* 基因的编码产物，具有完成F质粒转移所需的全部功能：①表面排斥，使质粒不会转移到已经具有F因子的大肠杆菌雄性细胞中去；②控制雄性细胞表面F-性须的合成与组装；③维持雄性细胞和雌性细胞交配期间细胞对的稳定性；④切割解旋的F质粒DNA，并促使其转移链进入受体细胞。

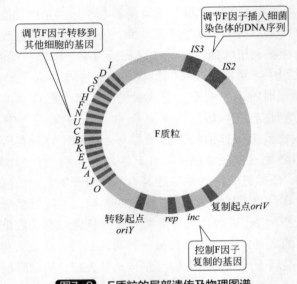

图7-8 F质粒的局部遗传及物理图谱

IS2 和 *IS3* 是插入序列，*oriV* 是 F 质粒 DNA 复制起点

已知有 12 个以上的 *tra* 基因控制着F-性须的形成与装配。其中 *traA* 基因编码的性须蛋白（pilin），是构建性须的亚基单位；*traQ* 基因的编码蛋白，是负责性须的加工；而其他的 *tra* 基因包括 *L、E、K、B、V、C、W、U、F、H* 和 *G* 等的编码产物，则是参与性须的装配。在F质粒的基因组上，除了 *tra* 基因之外，还有其他的基因。有关这些基因的一部分及其相关的功能列于表 7-2。

表7-2 F质粒基因组编码的部分基因及其功能

基因	功能	基因	功能
ccdAB	抑制寄主细胞的分裂	*traABCEFGHKLQUVW*	参与性须的生物合成和组装
incBCE	控制质粒的不相容性	*traGN*	维持交配对细胞的稳定性
oriT	DNA接合转移的起始位点	*traI*	编码 *oriT* 特异的切割酶（DNA解旋酶）
oriV	质粒DNA双向复制的起点	*traY*	辅助切割酶，启动DNA转移
parABCL	控制细胞分裂过程中质粒分子的分配	*traJ、finOP*	参与F质粒DNA转移作用的调节
		traST	排斥F质粒进入F+细胞

具有 F 因子的大肠杆菌细胞，叫做雄性（F⁺）细胞，而不具有 F 因子的大肠杆菌细胞，则叫做雌性（F⁻）细胞。由于当 F⁺ 细胞和 F⁻ 细胞发生接合作用时，前者所携带的 F 因子的 DNA，便会通过连接 F⁺ 细胞和 F⁻ 细胞的性须（pilus）通道，自主地从 F⁺ 细胞转移到 F⁻ 细胞中去，使后者也成为 F⁺ 细胞。所以在有的文献中，也叫 F⁺ 细胞为给体细胞，称 F⁻ 细胞为受体细胞。

在 F⁺ 的大肠杆菌细胞中，F 质粒有三种不同的存在方式：

① 以染色体外环形双链 DNA 形式存在，其中不带任何来自寄主细胞染色体的基因或 DNA 片段。这样的细胞叫做 F⁺ 细胞。

② 以染色体外环形双链 DNA 形式存在，同时在其中还携带寄主细胞染色体基因或 DNA 片段。这样的 F 质粒叫做 F′ 质粒，带有此种质粒的细胞叫做 F′ 细胞。由于 F′ 质粒是整合在寄主染色体 DNA 上的 F′ 原质粒，在删除释放过程中发生了误切作用，而带上了部分的寄主染色体 DNA 片段。因此在有的文献中也叫 F′ 质粒为误切质粒（prime plasmid）。

③ 以线性形式整合在寄主染色体 DNA 上，处于沉默状态。由于 F 质粒不仅能够自主地从 F⁺ 细胞转移到 F⁻ 细胞，而且当其整合到寄主染色体 DNA 之后，还会牵动染色体 DNA 发生高频转移。因此人们称这样的大肠杆菌细胞为高频重组（high-frequency of recombination，Hfr）细胞，或叫做高频重组菌株（图 7-9）。不过在大肠杆菌培养物中发生这种游离 F 因子的整合作用的频率，是相当低的，大约每 10^5 个细胞中才会有一个。

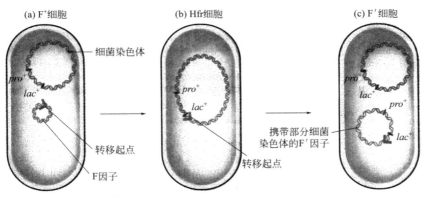

图7-9 具有F质粒的三种不同类型的大肠杆菌细胞

（a）具有 F 质粒的大肠杆菌 F⁺ 细胞；（b）F′ 质粒基因组 DNA 整合到大肠杆菌染色体基因组上的 Hfr 细胞；（c）F′ 质粒基因组 DNA 上带有一段大肠杆菌染色体 DNA 的 F′ 细胞。本图没有严格按照分子大小比例绘制，是示意图

2. F 质粒 DNA 的接合转移

大肠杆菌 F 质粒编码的特异性须，是长在雄性细胞表面的一种长约 2～3μm 的发状结构物。一个典型的大肠杆菌雄性细胞表面有 2～3 条性须，它在受体细胞的识别以及在确立配对细胞之间的表面接触上，起着重要的作用。一旦雄性细胞的性须顶端与雌性细胞表面接触之后，便会迅速地收缩，从而把这两个细胞紧密地牵拉在一起。

性须是由性须蛋白亚基聚合形成的直径约为 8nm 的发状结构，中间有一条直径为 2nm 的孔道，是给体细胞与受体细胞之间唯一的联系桥梁。因此一般认为，它是给体 F 质粒 DNA 进入受体细胞的通道。当细胞交配对建立之后，F 质粒 DNA 便从其转移起点

oriT 开始转移。研究表明，长度为 250bp 的 *oriT* 基因，包含 TraY、TraI、TraM 和整合寄主因子（integration host factor，IHF）等多种蛋白质的结合位点。

TraY 和 TraI 这两种蛋白质首先对 *oriT* 位点作单链切割，接着便与该处 DNA 结合成大分子量的复合物，并使之出现长约 200bp 的解链区。随后在具有 5′→3′ 解旋酶活性的 TraI 蛋白的作用下，从 5′-端开始继续沿着 DNA 分子以每秒约 1200bp 的速度解链，从而保证了缺口链向受体细胞的正常转移。

在受体细胞中，转移过来的质粒缺口链 DNA 之互补链的合成，可能是按照滚环模型进行的。这个过程需要寄主细胞染色体 DNA 编码的 DNA 复制酶（包括 DNA 聚合酶Ⅲ全酶）和 RNA 引物的参与。在质粒 DNA 转移期间，给体细胞中也发生了质粒 DNA 互补链的合成，以取代转移出去的缺口单链。这条互补链的合成，是在 *oriT* 缺口的 3′-OH 引导下开始的，并按 3′→5′ 方向进行。这样，最终两个细胞便都含有了双链 DNA 的 F 质粒，于是细胞对解离，形成两个 F⁺ 细胞（图 7-10）。

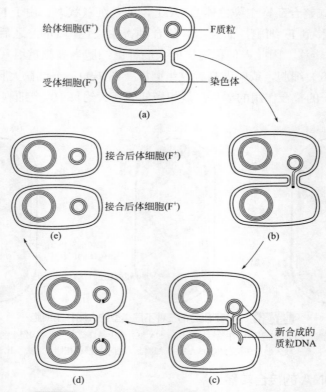

图7-10 接合作用期间F质粒DNA转移的分子机理

（a）给体细胞（F⁺）和受体细胞（F⁻）之间发生接合作用；（b）交配对（mating pairs）的形成，并在 F 质粒 *oriT* 位点发生单链切割；（c）缺口的单链 DNA 在 5′-端引导下，穿过性须孔道进入受体细胞，同时其 3′-端也开始按 3′→5′ 方向的复制；（d）DNA 继续转移，并在受体细胞中复制；（e）交配对细胞分开，形成两个接合后体的雄性（F⁺）细胞

如果给体细胞中质粒 DNA 互补链的合成，是与缺口单链的转移同时发生的，那么 F 质粒无疑会处于滚环复制状态，就不会产生出单体的 F-DNA。在 DNA 接合转移过程中，转移出去的链，的确是按照滚环复制机理取代的。然而我们至今还不明白，这种机

理如何保证只有一个单体的 F-DNA 转移到受体细胞。

3. 大肠杆菌部分二倍体

前面我们已经讲过，在大肠杆菌乳糖的利用过程中，β-半乳糖苷酶和β-半乳糖苷透性酶，是两种必要的蛋白质。为了阐明这些参与乳糖代谢活动的蛋白质的编码基因，即乳糖操纵子基因，包括 *lacZ*、*lacY*、*lacA* 以及 *lacI* 等的调节作用，Jacob 和 Monod 首先分离到了许多可影响乳糖新陈代谢和调节作用的大肠杆菌突变体菌株。根据表型特征，这些突变体可分成 A 和 B 两个不同的功能群。其中 A 群的突变体菌株，不能利用乳糖作为唯一的碳源和能源，其表型为 Lac$^-$。在这一群突变体菌株中，有一部分是染色体基因组中的 *lac* 基因发生了突变，另一部分则是 F′ 质粒基因组中的 *lac* 基因发生了突变。B 群突变体菌株能够合成乳糖代谢酶，而且不管培养基中是否存在乳糖均能生长繁殖，故属于组成型的大肠杆菌突变体，其表型为 Lac$^+$。

显而易见，要深入分析 *lac* 基因的调节作用，需要弄清究竟是哪些反式作用的 *lac* 基因发生了突变，以及发生了这种突变的反式作用的基因有多少个？此外也需要知道是否有少数的顺式作用的 *lac* 基因也发生了突变？为了回答诸如此类的问题，需要通过二倍体的大肠杆菌菌株进行互补测验（complementation test）。然而我们知道，在通常情况下大肠杆菌细胞都是单倍体的，每一种基因都只有一个拷贝。所以，为了研究 *lac* 基因的调节作用，就有必要构建出具有两个拷贝的 *lac* 基因的部分二倍体（partial diploid 或 merodiploid）的大肠杆菌菌株。

部分二倍体又叫做部分合子，特指除了具有一套基因组 DNA 之外，还带有另外一个部分基因组的细菌。也就是说在部分二倍体的细菌中，仅有一部分染色体 DNA 或基因具有两个拷贝，其余的则均为单拷贝。

大肠杆菌部分二倍体菌株的构建，是建立在 F′ 质粒的特殊功能的基础上。在大肠杆菌接合作用过程中，携带有寄主染色体 DNA 片段（例如是 *lac* 基因）的 F′ 质粒，当其转移到受体细胞之后，便产生出了具有两个拷贝 *lac* 基因的部分二倍体菌株。其中一个拷贝位于染色体基因组上，另一个拷贝存在于 F′ 质粒基因组上（图 7-11）。细菌细胞中只要有一份完整的 *lac* 基因，不管其是位于染色体基因组上，还是位于 F′ 质粒基因组上，就能够在以乳糖为唯一的碳源和能源的培养基中生长，呈现出 Lac$^+$ 的表型。

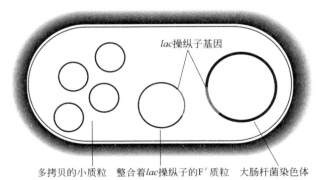

lac操纵子基因

多拷贝的小质粒　　整合着*lac*操纵子的F′质粒　　大肠杆菌染色体

图7-11　含有两个拷贝的*lac*操纵子基因的大肠杆菌部分二倍体细胞

其中一个拷贝的 *lac* 操纵子基因，位于染色体基因组上；另一个拷贝的 *lac* 操纵子基因存在于 F′ 质粒的基因组上。
因此，该大肠杆菌细胞仅仅 *lac* 操纵子基因有两个拷贝，其余的基因均只有一个拷贝，故称之为部分二倍体

将携带着不同的 *lac* 突变基因的 F′ 质粒，导入其染色体 *lac* 基因也发生了不同突变的大肠杆菌受体细胞，便可构建出大量的具不同类型 *lac* 基因的部分二倍体菌株，满足互补测验的需求。

三、乳糖操纵子基因突变的互补测验

检测存在于大肠杆菌细胞中一种特定的 *lac* 基因突变，究竟是显性的还是隐性的，其方法是利用部分二倍体。也就是说，将带有野生型 *lac* 区段的 F′ 质粒，导入其染色体 *lac* 基因发生了突变的大肠杆菌菌株。如果由此产生的部分二倍体菌株的表型是 Lac⁺ 的，能够在以乳糖为唯一碳源和能源的低限平板上长成菌落，那么这种染色体上 *lac* 基因突变，便是隐性的；如果此部分二倍体菌株的表型是 Lac⁻ 的，不能够在乳糖低限平板上长成菌落，那么这种 *lac* 基因突变便是显性的。应用这种检测方法，Jacob 和 Monod 发现，对于野生型而言，绝大多数 *lac* 基因突变都是属于隐性的。所以他们推测，因突变而失活的基因的编码产物，应是参与乳糖代谢活动的必要成分，或许就是一些特定的酶。

1. 反式作用的 *lac* 基因突变——*lacZ* 和 *lacY* 基因的发现

究竟有多少个 *lac* 基因发生了这种隐性突变呢？这个问题可以通过不同 *lac* 基因突变之间的互补测验予以解答。将带有发生了一个 *lac* 基因突变（例如 *lacZ⁻* 或 *lacY⁻*）的 *lac* 区段之 F′ 质粒，导入其染色体基因组发生了另一个 *lac* 基因突变（例如 *lacY⁻* 或 *lacI⁻*）的大肠杆菌菌株构成部分二倍体细胞（图 7-12）。按照习惯，部分二倍体细胞的表型，是通过将 F′ 质粒的表型写在斜线的左边，而将染色体的表型写在斜线的右边的格式表述的，例如 F′ Lac⁻/Lac⁺。在这类互补测验中，如果所产生的部分二倍体细胞具有 Lac⁺ 表型，便说明这两个隐性突变是可以彼此互补的，并且是分属于两个不同的互补群或基因，即 F′ *lacY⁻lacZ⁻*/*lacY⁺lacZ⁻* 和 F′ *lacY⁺lacZ⁻*/*lacY⁻lacZ⁺*。如果部分二倍体细胞的表型是 Lac⁻，说明这两个隐性突变是不能够彼此互补的，而且是属于同一互补群或基因，即 F′ *lacY⁻lacZ⁻*/*lacY⁻lacZ⁺* 和 F′ *lacY⁺lacZ⁻*/*lacY⁺lacZ⁻*。这个互补测验结果说明，参与乳糖利用的代谢系统，至少由两个基因组成，Jacob 和 Monod 将其命名为 *lacZ* 基因和 *lacY* 基因。每个部分二倍体细胞，必须同时具有此两个 *lac* 基因的各一个功能拷贝，才能够发生乳糖的代谢作用。至于我们后来知道的另一个乳糖代谢基因 *lacA*，在 Jacob 和 Monod 的最初工作中并没有发现。因为大肠杆菌对乳糖的利用，并不需要该基因编码产物的参与。

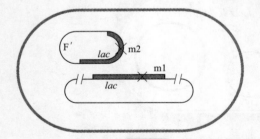

表型	解释
(a) Lac⁺	m1和m2突变是发生在两个不同的基因上，所以能够发生互补作用，表型为 Lac⁺
(b) Lac⁻	m1和m2突变是发生在一个相同的基因上，所以不能够发生互补作用，表型为 Lac⁻

图7-12 两个隐性的 *lac* 基因突变之间的互补测验

其中一个 *lac* 基因突变位于染色体上，另一个存在于 F′ 质粒上。(a) 如果这两个隐性的 *lac* 基因突变能够彼此互补，细胞将呈现出 Lac⁺ 表型，并且能够在以乳糖为唯一碳源和能源的培养基中生长；(b) 如果两个隐性的 *lac* 基因突变存在于同一个基因中，或者说其中有一个突变影响到调节位点或属于极性突变，则这样的两个 *lac* 突变便是无法互补的

2. 顺式作用的 *lac* 突变

实验表明，并不是所有的 *lac* 突变，都会使 *lac* 操纵子结构基因 *lacZ* 和 *lacY* 的编码产物的表达活性受到影响，并且也不会都是可以互补的。例如已经发现，与 *lacZ* 基因突变相比，同 *lacZ* 基因紧密相邻的其他一些 *lac* 基因（或位点）的突变，不仅频率十分低下，而且还具有完全不同的特性。这些 *lac* 基因（或位点）的突变是无法通过互补作用，来使得与其位于同一条 DNA 序列中的 *lac* 基因实现表达，即使是存在着完全的 *lac* 基因拷贝的情况下亦是如此。这种无法被互补的隐性突变，是属于顺式作用的突变，并且推测受该突变影响的仅是存在于同一条 DNA 序列上的一个位点，而不会是编码扩散性分子 RNA 或是蛋白质的结构基因。

为了证明一种 *lac* 突变的效应是顺式作用的，也就是说这种突变只能影响与之位于同一条 DNA 序列上的其他基因的表达活性，我们可以将具有此种可能的顺式作用的 *lac* 突变（*cis*-acting *lac* mutation）的 F′ 质粒，导入在其染色体上存在着 *lacZ* 或 *lacY* 突变基因的大肠杆菌细胞（图 7-13）。由 F′ 质粒野生型的 *lacZ* 或 *lacY* 基因编码的蛋白质产物，理应是可以通过反式作用同染色体基因组上发生突变的 *lacZ* 或 *lacY* 基因实现互补的。然而出人意外的是，由此形成的部分二倍体的大肠杆菌细胞，却具有 Lac⁻ 表型。这就告诉我们，发生在 F′ 质粒 *lac* 操纵子中的这个与 *lacZ* 基因紧挨的 *lac* 突变，必定是阻碍了 F′ 质粒上的 *lacZ* 和 *lacY* 基因的正常表达，从而无法合成出相应的蛋白质。据此我们断定发生在 F′ 质粒 *lac* 操纵子上的这个 *lac* 突变，属于一种顺式作用的突变。

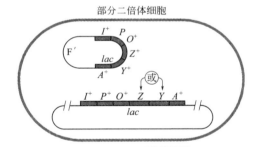

表型	解释
Lac⁻	顺式作用的 *lacP* 基因突变，阻止了 *lac* 操纵子 3 个结构基因 *lacZ*、*lacY* 和 *lacA* 的表达，表型为 Lac⁻

图7-13 无法互补和顺式作用的 *lacP* 突变

位于 F′ 质粒上的 *lacP* 突变，会阻止同样位于该质粒的任何其他基因的表达。所以存在于大肠杆菌染色体上的 *lacZ* 或 *lacY* 基因突变，便无法与之发生互补。于是部分二倍体细胞的表型是 Lac⁻

随后的研究发现，在 *lac* 操纵子中存在两种不同类型的顺式作用的 *lac* 突变。其中头一种类型的顺式作用的 *lac* 突变，是发生在启动区内的突变，会使 *lacP* 位点的功能受到影响。它是通过改变 RNA 聚合酶的 DNA 结合位点，从而阻断 *lacZ* 和 *lacY* 基因的转录作用。由此证明，在 *lac* 操纵子中存在一段启动子序列。

另一种类型的顺式作用的 *lac* 突变，是存在于 *lacZ* 基因中的一种极性突变（polar mutation），使位于其下游的 *lacY* 基因的转录作用被阻断。这说明 *lac* 操纵子中，*lacZ* 和 *lacY* 基因是彼此相邻的，而且 *lacY* 位于 *lacZ* 的下游。

极性突变系指同一个操纵子当中，一种能够使其下游基因表达活性下降的突变。例如在多肽链合成过程中，当一个有义密码子突变成终止密码子时，便会导致多肽分子在成熟前终止合成。如果这个突变位于该基因正常终止密码子的上游相当远的部位，并同下一个 AUG 密码子之间保持着足够大的距离，于是这个翻译的 70S 核糖体将不可避免地同 mRNA 分子分离开来。结果使得处于突变位点下游的基因便不可能进行翻译。这便是极性突变的分子机理。

3. 具显性突变的 Lac⁻ 突变体

已经观察到有些 Lac⁻ 突变体，虽然能够影响结构基因编码产物的表达，但它却不属于隐性突变。由于具有此种突变的大肠杆菌细胞，无法利用培养基中的乳糖进行生长与增殖，即便在细胞中还存在着另一个完整拷贝的乳糖操纵子，不管其存在于 F′ 质粒上还是存在于染色体基因组上，都无法改变这种状况。由此可见，这种 Lac⁻ 突变体所具有的突变，属于显性突变。人们将这种类型的显性突变，叫做乳糖操纵子阻遏基因（*lacI*）突变，简称 *lacI*ˢ 突变，意为超阻遏物（super-repressor）基因突变。

我们在后文将会知道，这些具显性突变的 Lac⁻ 突变体，因其阻遏物编码基因（*lacI*）发生了突变，而这个突变又恰好使阻遏物中同诱导物结合的位点受到影响，故由此合成的阻遏物便不再能够同诱导物乳糖结合，而是不可逆地结合在 *lac* 操纵子的操纵位点上。结果使 *lac* 操纵子处于不可诱导的关闭状态，所以该突变属于显性的超阻遏蛋白基因突变 *lacI*ˢ。

需要指出的是，大肠杆菌乳糖操纵子的阻遏物，其长度为 360 个氨基酸残基，只有在四聚体形式下才能够同 *lac* 操纵子的操纵单元结合，并阻断结构基因的表达活性。而当这些阻遏蛋白四聚体，是由突变亚基和野生型亚基组成时，所表现出的功能活性与突变的阻遏蛋白是一样的。也就是说在有诱导物的情况下，它也仍然同操纵单元保持着结合的状态。

四、组成型突变的互补测验——*lacI* 基因和 *lacO* 操纵单元的发现

有些组成型的 *lac* 突变，不会使大肠杆菌寄主细胞呈现 Lac⁻ 表型，因此在培养基中缺乏诱导物乳糖的情况下，*lacZ* 和 *lacY* 基因能够照样表达。在组成型突变的互补测验中，所构建的部分二倍体要么是染色体或 F′ 质粒中带有组成型突变，要么是二者都带有组成型突变。这样的部分二倍体细胞，随后被用来检测它们是否能组成型地表达 *lac* 基因，或是只有在诱导物乳糖的作用下才会被诱导表达。

如果在培养基中没有诱导物乳糖的条件下，此部分二倍体细胞能够表达 *lac* 基因，这就说明这种组成型突变是显性的。但若是只有在乳糖的诱导作用下，此部分二倍体细胞才能够表达 *lac* 基因，这便说明此组成型突变是隐性的。Jacob 和 Monod 正是应用这种实验方法，发现了一些包括显性和隐性的两种相同的组成型突变。它们可以影响反式作用基因编码的蛋白质或 RNA 产物。隐性的组成型突变之间的互补测验揭示，这些隐性的组成型突变都是位于同一个基因上。这个基因被 Jacob 和 Monod 命名为 *lacI* 基因（图 7-14）。遗传作图实验表明，在 *lac* 操纵子中 *lacI* 基因位于 *lacZ* 基因的上游，而 *lacZ* 基因又位于 *lacY* 基因的上游。于是便确定了三者排列顺序为 *lacI-lacZ-lazY*。

1. 顺式作用的 *lacO*ᶜ 组成型突变

在大肠杆菌细胞中，还发现有一种罕见的顺式作用的组成型突变体 LacOᶜ。这种突变，能够使位于发生了该突变的 DNA 序列上的 *lacZ* 和 *lacY* 基因进行组成型表达，甚至是存在着野生型拷贝的 *lac* DNA 的情况下亦是如此。Jacob 和 Monod 将这些顺式作用的组成型突变，命名为 *lacO*ᶜ 突变，它是一种 *lac* 操纵单元的组成型突变。遗传作图显示

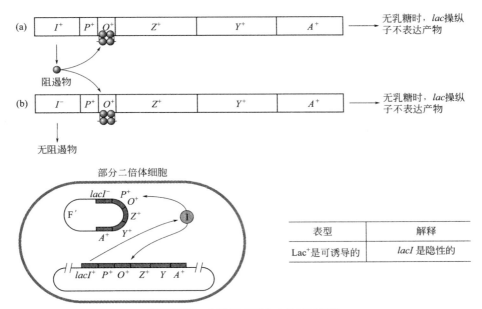

图7-14 隐性组成型突变的互补测验

（a）此部分二倍体细胞的染色体基因组上，有一个野生型的 *lac* 操纵子；（b）在 F′质粒的 *lac* 操纵子上的阻遏基因发生了突变（*lacI⁻*）。由于野生型的阻遏基因（*lacI⁺*）能够产生足够数量的正常的阻遏物蛋白，分别同野生型及突变型的 *lac* 操纵子之操纵单元结合，从而使二者的表达活性均受到了抑制。因此说 *lac⁻* 突变是隐性的

这个 *lacOᶜ* 突变，是定位在 *lacI* 基因和 *lacZ* 基因之间的一个相当短的序列区段上。图7-15 所示的大肠杆菌部分二倍体细胞，便是用于进行此类互补测验的。

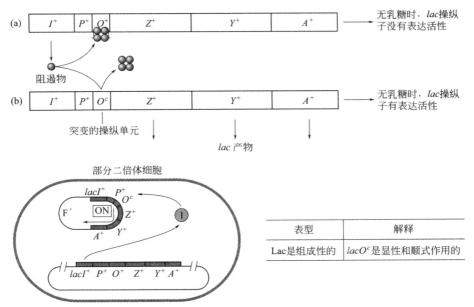

图7-15 显性组成型突变的互补测验

在此部分二倍体细胞中：（a）染色体基因组上有一个野生型的 *lac* 操纵子；（b）F′质粒上有一个操纵单元发生了突变（*lacOᶜ*）的 *lac* 操纵子。由于突变的 *lacOᶜ* 不能同阻遏物结合，故它不会被位于染色体基因组上的野生型的 *lacO* 序列互补，所以是显性突变。同时因为此种突变，只能使与之位于同一操纵子上的基因表达活性受到影响，所以是顺式作用的突变

在该部分二倍体细胞中，位于 F′ 质粒上的 *lac* 操纵子的操纵单元发生了突变（*lacO^c*），而存在于染色体基因组上的 *lac* 操纵子的操纵单元则是野生型的。由于突变的操纵单元 *lacO^c* 已不能结合 LacI 阻遏物，致使具这种突变的 *lac* 操纵子呈开放的状态，无需诱导便能够组成型地表达 *lacZ* 和 *lacY* 基因的编码产物，所以 *lacO^c* 突变是组成型的。还由于只有与突变的操纵单元 *lacO^c* 位于同一操纵子的基因，其表达活性才会受到影响，因此说 *lacO^c* 突变又是顺式作用的。至于部分二倍体细胞染色体基因组上的 *lac* 操纵子，因其操纵单元 *lacO* 没有发生突变，它可以同阻遏物结合，故此是处于阻遏的状态。它只有在乳糖的诱导作用下，才会使 *lacZ* 和 *lacY* 基因表达，合成出相应的乳糖代谢酶。

2. 反式作用的显性的组成型突变

有些乳糖操纵子阻遏物基因的突变，叫做 *lacI^-d* 突变。由这种突变型的 *lacI^-d* 基因表达的异常的阻遏物蛋白，已丧失了同操纵单元结合的能力。因此，乳糖操纵子便处于去阻遏的状态，无需诱导作用便能合成出乳糖代谢所需的各种蛋白酶，呈现出显性的组成型的表达特性。不仅如此，由此种突变型的 *lacI^-d* 基因表达的异常的阻遏蛋白亚基，同由野生型的 *lacI* 基因表达的正常的阻遏蛋白亚基，所联合组成的异源四聚体（heterotetramer）的阻遏蛋白，同样也不能够同操纵单元结合。因此，即便在部分二倍体细胞中存在着完整的 *lac* 操纵子区段，野生型和突变型的 *lac* 操纵子，二者也仍然处于去阻遏的状态。这样的大肠杆菌细胞，能够表达出乳糖代谢所需要的各种酶蛋白。所以这种 *lacI^-d* 突变是一种反式作用的显性突变（图 7-16）。

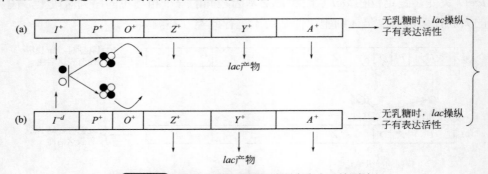

图7-16 反式作用的显性组成型突变之互补测验

（a）该部分二倍体细胞染色体基因组上有一个野生型的 *lac* 操纵子；（b）F′ 质粒上有一个 *lacI^-d* 突变基因的 *lac* 操纵子。*lacI^-d* 基因的阻遏蛋白是异常的，不能同操纵单元结合，即便与 *lacI* 基因的阻遏蛋白组成异源四聚体也同样不能同操纵单元结合。所以 *lacI^-d* 突变是可以发生反式作用的显性的组成型突变

然而因为这种 *lacI^-d* 突变基因所表达的异常的阻遏蛋白，能够破坏野生型 *lacI* 基因表达的正常的阻遏蛋白的功能活性，所以人们也称这种突变为显性负突变（dominant negative mutation）。

五、Jacob和Monod乳糖操纵子模型

综合上述大量有关大肠杆菌乳糖代谢遗传学分析的实验资料，1961 年 Jacob 和 Monod 提出了解释大肠杆菌乳糖基因调节作用的操纵子模型，通称 Jacob 和 Monod 乳糖操纵子模型（Jacob and Monod lactose operon model）。

1. 原核生物操纵子的基本组成

Jacob 和 Monod 认为，原核生物操纵子包括两个基本的组成部分，即转录的控制区和结构基因的转录序列区。其中一组彼此相邻的结构基因的转录，是由控制区的两个元件调节的（图 7-17）。第一个控制元件是调节基因（regulator gene）或称阻遏物基因（repressor gene），所编码的蛋白质叫做阻遏蛋白或阻遏物。它的主要功能是通过同操纵子中的第二个控制元件，即操纵单元（operator）的结合作用，阻止结构基因的转录或翻译作用。所以阻遏物是参与原核基因表达调节的一种负调节蛋白。

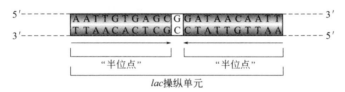

图7-17 大肠杆菌乳糖操纵子的基本组成

该操纵子由三个结构基因（lacZ、lacY、lacA）和相邻的操纵单元（O）及启动子序列组成。RNA 聚合酶必须与操纵子中的启动子序列结合，才能启动结构基因的转录。操纵单元是调节基因编码产物（即阻遏物）的结合位点。调节基因并不需要与操纵子紧密连锁，因为实际上它可以位于基因组的任何位置。调节基因 lacI 的转录是由 RNA 聚合酶同它的启动子结合之后启动的，当阻遏物同操纵单元结合时，就会特异性地阻止 RNA 聚合酶与其相邻的启动子结合，从而使结构基因无法转录

操纵单元亦叫操纵单元序列，在操纵子中它总是处于与结构基因或受其控制的其他基因相毗邻的位置上。这是一段全长 21bp 的双重对称的 DNA 区段，lac 阻遏物的两个亚基能够分别识别它的两个对称的"半位点"，并与之结合（图 7-18）。由于 lac 操纵单元同启动子之间存在着序列的重叠区，因此当阻遏物与操纵单元结合之后，便在空间位置上阻碍了 RNA 聚合酶同启动子位点的结合作用，于是下游的结构基因就不能进行正常的转录。

图7-18 大肠杆菌*lac*操纵单元的核苷酸序列结构

阻遏物能否同操纵单元结合并关闭结构基因的表达，这是由培养基中是否存在着效应物分子（effector molecular）决定的。所谓效应物是指诸如氨基酸和糖类等小分子量的代谢物。它是通过同阻遏物结合形成复合物的方式，使后者的性质发生改变，而发挥其功能作用的。

除了转录控制区之外，操纵子的另一个重要的组成部分是结构基因的编码序列区。它紧挨着转录控制区的 3'-下游，通常携带着整个操纵子全部的蛋白质遗传编码信息。由于是在同一个启动子控制之下共同转录的，因此操纵子的 mRNA 转录本，是由多个结构基因组成的多顺反子。例如大肠杆菌乳糖操纵子的编码序列区，就有三个功能相关的蛋白质基因（lacZ、lacY 和 lacA）；色氨酸操纵子的编码序列区，具有 5 个功能相关的蛋白质基因（trpE、trpD、trpC、trpB 和 trpA）。同一个操纵子上的这些结构基因，通过共转录实现协同表达，使大肠杆菌能够快速地适应环境的变化。

综合上面所述已经明确，操纵子的基本概念是指在诸如大肠杆菌一类原核生物中，功能相关的若干个结构基因，聚集在一起形成受同一操纵单元和启动子控制的单一的转录单位。一个操纵子含有若干个结构基因，以及调节基因转录作用的控制单元（包括操纵单元和启动子）。其中结构基因被转录成一种多顺反子的 mRNA 之后，再分别翻译成各自的蛋白质。

但需要指出的一点是，编码阻遏蛋白的调节基因，例如 *lacZ* 基因，尽管其编码产物参与调节 *lac* 操纵子结构基因的表达，但其位置往往与操纵子之间保持着一段相当的距离，并且与结构基因不受同一个启动子的控制。因此，调节基因一般不属于操纵子的结构组成部分。

2. 诱导型操纵子和阻遏型操纵子

根据激活反应中介分子的差异，可把操纵子分成诱导型和阻遏型两种。当培养基中加入诱导物之后，操纵子的结构基因便会被诱导表达，这样的操纵子叫做诱导型操纵子。乳糖操纵子便是属于一种典型的诱导型操纵子，一旦游离的阻遏物同其操纵单元结合，便会关闭结构基因的转录活性；而加入诱导物时，它同阻遏物结合的结果，便会使其从所结合的操纵单元上释放出来，从而使操纵子中的结构基因恢复转录活性（图 7-19）。这便是人们称这种操纵子为诱导型操纵子的原因。

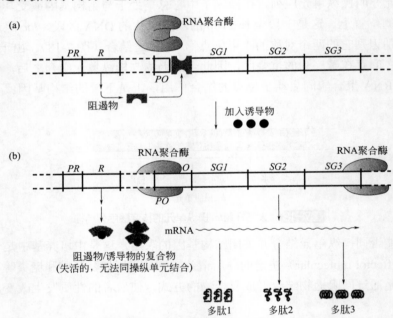

图7-19 诱导型操纵子基因表达的调节模型

（a）调节基因（*R*）的产物——阻遏物，在缺乏效应物分子（对诱导型操纵子而言叫做诱导物）时，便会与操纵单元结合，从而阻止 RNA 聚合酶与操纵子的启动子（*PO*）结合，因此结构基因就不会发生转录；（b）在向培养基中加入诱导物之后，它便会与阻遏物结合，结果导致阻遏物从其结合的启动子上释放出来。这样，RNA 聚合酶就能够同启动子（*PO*）结合，并启动结构基因进行转录。如此形成的多基因的转录物，迅速地被核糖体翻译成三种结构基因（*SG1*、*SG2*、*SG3*）编码的多肽

当培养基中没有效应物分子（辅阻遏物），而阻遏物处于游离状态时，操纵子的结构基因便进入转录状态，这样的操纵子叫做阻遏型操纵子。因为对于这种类型的操纵子

而言，游离的阻遏物不能同操纵单元结合，只有当它同效应物分子（辅阻遏物）结合成复合物之后，才能活跃地同操纵单元结合，从而关闭结构基因的转录活性（图7-20）。

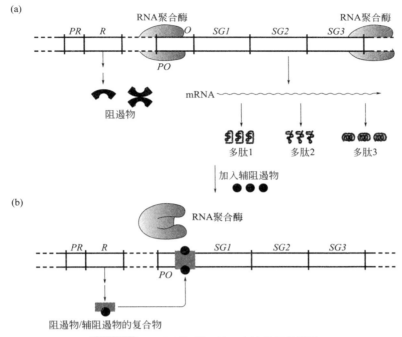

图7-20 阻遏型操纵子基因表达的调节模型

（a）在没有效应物分子时，操纵单元处于游离状态，使得 RNA 聚合酶能够同其相邻的启动子（PO）结合，并启动结构基因的转录；（b）当培养基中加入效应物分子辅阻遏物时，它便同阻遏物结合形成一种复合物，而后此种复合物结合到操纵单元（O）上。于是便阻止了 RNA 聚合酶与 PO 的结合，结果也就阻断了三个结构基因的转录

据此可知，诱导型操纵子和阻遏型操纵子之间唯一的本质差别是，究竟是通过与裸露的阻遏物（naked repressor）的结合作用，还是通过与阻遏物-效应物分子之复合物的结合作用而得到激活的，亦即两者激活反应的中介分子有所不同。

3. Jacob 和 Monod 乳糖操纵子的分子结构

乳糖操纵子是迄今为止研究得最为深入的一种大肠杆菌诱导型操纵子，简称 *lac* 操纵子。它含有三个结构基因 *lacZ*、*lacY* 和 *lacA* 和一个位于 5′-上游与 *lacZ* 基因毗邻的启动子（P）及一个操纵单元（O）。

lacZ 基因的分子长度为 3510bp，编码产物 β-半乳糖苷酶的分子质量为 125×10^3Da，其功能是将运送到胞内的乳糖分子切割成葡萄糖和半乳糖。*lacY* 的分子长度为 780bp，编码产物半乳糖苷透性酶的分子质量约 30×10^3Da，它嵌入细胞膜负责将培养基中的乳糖转运到细胞内。*lacA* 基因的分子长度为 825bp，编码产物半乳糖苷乙酰转移酶的分子质量大约也是 30×10^3Da。在大肠杆菌乳糖利用过程中，此种蛋白的具体功能在相当长的时间内不被人们所了解。现已知道，它可以消除被半乳糖苷酶运入胞内的半乳糖苷对细胞的毒性作用。可能还可在乙酰辅酶 A 的协助下，将半乳糖苷乙酰化。

lacI 调节基因，编码一种长度为 360 个氨基酸残基的阻遏物，它只有聚合成四聚体形式才具有功能活性。在培养基中缺乏诱导物的情况下，活性形式的 LacI 阻遏物，便会

结合到 *lac* 操纵单元的序列上，阻止 RNA 聚合酶同启动子的结合，结果便阻断了结构基因的转录活性。我们称这种抑制基因表达的调节方式为负调节。大肠杆菌细胞，在非诱导状态下合成的少量的 *lacZ*、*lacY* 和 *lacA* 基因的编码产物，提供了低水平的酶活性。这种本底水平的酶活性，是诱导乳糖操纵子表达的基本条件。因为乳糖操纵子的诱导物别构乳糖（allolactose），是由存在于非诱导细胞中的少量的 β-半乳糖苷酶和乳糖透性酶所进行的催化反应中，从少部分乳糖经分子重排而衍生出来的（图 7-21）。因此，别构乳糖实际上是乳糖的另一种分子构型，它一旦形成，便会与阻遏物结合，使后者的构型发生改变，结果便从其操纵单元序列上释放出来，从而诱导操纵子的结构基因进行表达。

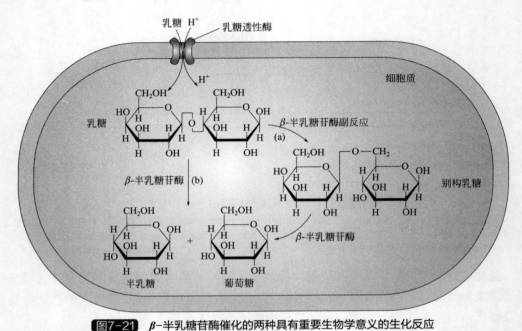

图7-21 β-半乳糖苷酶催化的两种具有重要生物学意义的生化反应

（a）乳糖转变成 *lac* 操纵子的诱导物别构乳糖；（b）乳糖被切割形成单糖，即葡萄糖和半乳糖，这是乳糖降解反应的第一步

  lac 启动子实际上含有两个功能上不同的组分：（a）RNA 聚合酶结合位点；（b）分解代谢物激活蛋白（catabolite activator protein，CAP）的结合位点。CAP 的功能是，在葡萄糖浓度高到足以维持大肠杆菌细胞最佳生长状态时，使 *lac* 操纵子停止转录。当这种第二控制环路确保在培养基中含有可利用的葡萄糖的情况下，大肠杆菌细胞便能优先利用它作为碳源和能源，供生长繁殖之需。

  Jacob-Monod 操纵子模型［图 7-22（a）］的核心内容是，它成功地解释了为什么结构基因只有当培养基中存在乳糖的条件下才会表达。*lacI* 基因的编码蛋白叫做阻遏物。当培养基中缺乏乳糖时，LacI 阻遏物便会同紧挨启动子 *lacP* 的操纵单元 *lacO* 结合。如此便妨碍了 RNA 聚合酶同启动子之间的结合作用，结果阻断了结构基因的转录活性［图 7-22（b）］。与此相反，当培养基中有乳糖供给大肠杆菌细胞利用时，阻遏物由于同诱导物（乳糖）之间发生了结合作用，从而改变了自身的分子构型，所以再也无法同操纵单元结合。

于是 RNA 聚合酶便可以正常地同启动子 *lacP* 结合，促使结构基因 *lacZ*、*lacY* 和 *lacA* 进行转录 [图 7-22（c）]。

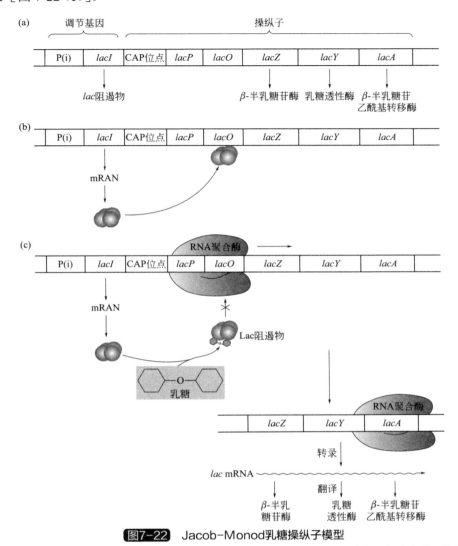

图7-22 Jacob-Monod乳糖操纵子模型

（a）乳糖操纵子及其调节基因模型。（b）阻遏状态：*lacI* 基因合成出阻遏物，它以四聚体形式同操纵单元结合，阻断了结构基因的转录活性。（c）诱导状态：加入诱导物乳糖，使阻遏物转变成失活状态，不能同操纵单元结合。于是结构基因开始转录，合成出三种不同的蛋白酶，即 β-半乳糖苷酶、乳糖透性酶和 β-半乳糖苷乙酰转移酶（本图未按比例绘制，事实上 lac 启动子 *lacP* 和操纵单元 *lacO*，要比其他基因小得多）

事实上 LacI 阻遏物可以十分有效地阻断 *lac* 操纵子结构基因的转录活性。在没有阻遏物的情况下，*lac* 操纵子结构基因的转录活性，要比有阻遏物时高出 1000 倍左右！

4. Jacob-Monod 乳糖操纵子模型的修正

lac 操纵子模型，第一次精巧而简洁地解释了大肠杆菌乳糖代谢体系的调节机理，为人们理解其他生命体基因表达调节的分子机理，提供了良好的范例，在分子遗传学研究中具有开创性的意义。正因为如此，Jacob 和 Monod 两人与他们的同事 Andre Lwoff，分享了 1965 年的诺贝尔生理学及医学奖。尽管这样，Jacob-Monod 的操纵子模型在创立的时

候并不是尽善尽美的，在随后得到了多方面的修正与发展。主要包括如下几个方面：

第一，发现了 Jacob 和 Monod 当时并不知道的 lac 操纵子的第三个结构基因 lacA，而且还纠正了认为 β-半乳糖苷乙酰转移酶是由 lacY 基因编码的错误论断。

第二，阐明了由 Jacob 和 Monod 鉴定的大部分 lacP 突变，事实上并不是启动子突变，而是发生在 lacZ 基因中的强极性突变。这种突变可以抑制全部三个结构基因（lacZ、lacY 和 lacA）的转录活性。

第三，揭示了同 LacI 阻遏物结合的真正诱导物并不是乳糖本身，而是一种乳糖的代谢物——别构乳糖。在许多实验中，人们还创造性地使用一种叫做异丙基硫代 β-D-半乳糖苷（isopropylthio-β-D-galactoside，IPTG）的别构乳糖类似物，取代乳糖，诱导乳糖操纵子结构基因的转录活性。由于 IPTG（图 7-23）在没有乳糖的培养基中，可以诱导大肠杆菌细胞合成乳糖代谢所需的 β-半乳糖苷酶，但它又不是此酶的作用底物，所以人们称 IPTG 为 β-半乳糖苷酶的安慰诱导物。

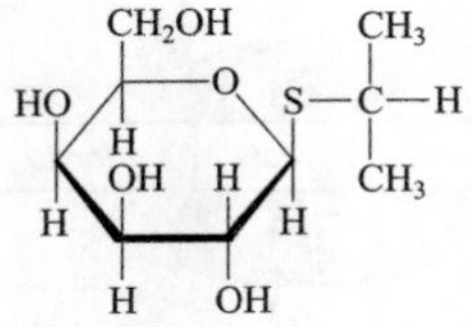

图7-23 异丙基硫代-β-D-半乳糖苷（IPTG）的分子结构式

第四，弄清了 LacI 阻遏物不仅能够同一个操纵单元结合，而且可以与三个不同的操纵单元 lacO₁、lacO₂ 和 lacO₃ 结合（图 7-24）。这是对 Jacob-Monod 操纵子模型的一点最有意义的修正。在这三个操纵单元中，第一个 lacO₁ 位于启动子的 3′-下游，而且紧密相邻。它在 lac 基因转录抑制中似乎起到了最关键的作用，所以又被称为主要操纵单元（major operator）。这个主要操纵单元，也就是通常所说的 Jacob-Monod 操纵子模型中的操纵单元。其余的两个 lacO₂ 和 lacO₃ 称为辅助操纵单元（auxiliary operator），其中第二个 lacO₂ 位于启动子 3′-下游 400bp 处，第三个 lacO₃ 位于启动子 5′-上游 −82bp 处。这两个辅助操纵单元的转录调节功能，虽不及主要操纵单元重要，但也不可忽视。因为如果缺失了它们，lacI 阻遏物对 lac 基因的转录抑制效果将会下降为约 1/50。因此，LacI 阻遏物若要达到最佳的抑制效果，则必须同时与所有三个操纵单元结合，与两个操纵单元结合的抑制效果也不错，但如果只是同一个主要操纵单元结合，则只能起到适度的抑制作用。

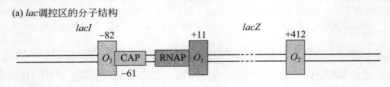

(a) lac 调控区的分子结构

(b) 3 个操纵单元的核苷酸序列比对

O₁ 5′ —— AATTGTGAGCGGATAACAATT ——3′

O₂ 5′ —— AAaTGTGAGCGagTAACAAcc ——3′

O₃ 5′ —— ggcaGTGAGCGcAacgCAATT ——3′

图7-24 lac 操纵单元的核苷酸序列结构

（a）lac 操纵子调节区中 3 个操纵单元的位置关系；（b）3 个 lac 操纵单元的核苷酸序列结构

为什么 *lac* 操纵子需要存在三个不同的操纵单元呢？况且其中 *lacO₃* 距启动子又那么远，它们似乎不太可能阻碍 RNA 聚合酶同启动子的结合作用。对此一种推理解释是，因为活性的 LacI 阻遏物是四聚体，而二聚体形式的 LacI 阻遏物就可以同一个操纵单元结合，所以四聚体形式的 LacI 便可以同时与两个操纵单元 *lacO₁* 和 *lacO₃* 或 *lacO₁* 和 *lacO₂* 结合。如此结合的结果，使得两个操纵单元之间的 DNA 发生向外弯曲，形成环形结构（图 7-25）。于是弯曲的启动子区段，就不再能够同 RNA 聚合酶结合，或者说无法满足转录起始所要求的结构变化，从而抑制了 *lac* 基因的转录活性。电子显微镜观察、DNase 足迹实验，以及凝胶电泳检测三种实验结果，都支持了上述推测的正确性。

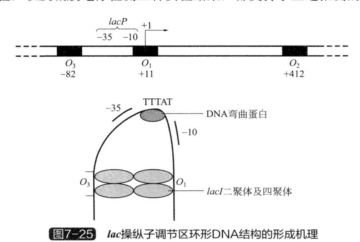

图7-25 *lac*操纵子调节区环形DNA结构的形成机理

LacI 阻遏物以四聚体形式存在时具有功能活性。每个 *lac* 操纵单元同一个二聚体形式的 LacI 阻遏物结合。LacI 阻遏物既可以按本图所示分别与 *lacO₁* 和 *lacO₃* 结合，也可以分别同 *lacO₂* 和 *lacO₃* 结合。位于 *lacO₁* 和 *lacO₃* 之间有一个富含 TA 的 DNA 弯曲蛋白的结合位点（TTTAT）。DNA 弯曲蛋白同该位点的结合，有利于使此段 DNA 发生弯曲，从而使分别结合在 *lacO₁* 和 *lacO₃* 的 LacI 二聚体之间发生作用，形成四聚体

在大肠杆菌细胞中，阻遏物通常以恒定的速率合成。这种合成速率叫做组成型速率，它是阻遏物基因启动子结构的函数。在正常情况下，阻遏物基因启动子的功能是相当低效的，因此每个细胞平均只拥有少数几个拷贝的阻遏物基因的 mRNA 分子。然而也有一些启动子突变体（菌株），其阻遏物基因 mRNA 的合成速率却相当高，与此相应，每个突变体细胞中便拥有相当高拷贝的阻遏物分子。所以，即便在具有高水平的诱导物的生长状况下，这样的突变体细胞，也只能合成出少于正常数量的操纵子结构基因的蛋白质。

1966 年，美国 Harvard 大学的 Walter Gilbert 和 Benno Miiller-Hill，从含有高拷贝数 *lacI* 基因的大肠杆菌细胞中，分离到 LacI 蛋白，经测定其分子量（M_W）为 38000。同时，其他方面的研究显示，LacI 阻遏蛋白具有两个特异性的结合位点：一个是操纵单元 *lacO* 的结合位点，另一个是乳糖样化合物（lactose-like compounds）的结合位点 [图 7-26（a）]。

1966 年，Mitchel Lewis 科学研究小组，应用 X 射线晶体学研究技术，分析了 LacI 阻遏蛋白 -*lacO₁* DNA 复合物的晶体结构。四聚体的 LacI 阻遏蛋白，事实上是以上两个二聚体形式独立地同两个操纵单元 DNA 结合。每个二聚体中的两个亚基，分别结合到操纵单元 DNA 的两个半位点上 [图 7-26（b）]。然后，如此结合着操纵单元 DNA 的两个独立的二聚体，通过彼此间的相互作用而形成四聚体（图未示出）。

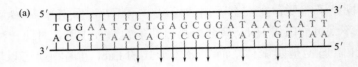

(a) 5′ ── 3′
T G G A A T T G T G A G C G G A T A A C A A T T
A C C T T A A C A C T C G C C T A T T G T T A A
3′ ── 5′

(b)

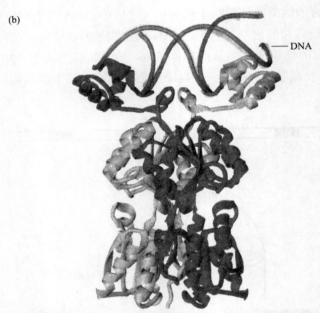

—— DNA

图7-26　LacI阻遏物与操纵单元DNA结合作用的分子模型

（a）*lac* 操纵单元的核苷酸序列结构。浅色示双重对称的回文序列，箭头示核苷酸突变。这些突变的结果导致阻遏物不再能够与操纵单元结合，所以 *lac* 基因呈现组成型表达。（b）同 DNA 结合的 LacI 阻遏蛋白之二聚体结构。上方条带示 DNA 片段，下方灰色和黑色分别表示两个 LacI 阻遏蛋白的亚基。它们以二聚体形式，分别同 *lacO*₁ 操纵单元的一半序列，即半位点结合

5.乳糖操纵子的正调节

（1）*lac* 操纵子的负调节和正调节

前面已经提到原核基因表达的调节，分为正调节和负调节两种不同的类型。能够激活基因表达的调节为正调节，而阻遏基因表达的调节为负调节。在负调节类型中，操纵子的表达是处于阻遏状态，也就是说由于阻遏物同操纵单元结合，阻断了结构基因正常的转录活性。当向培养基中加入诱导物之后，它与阻遏物之间发生了结合作用，而使后者失去了同操纵单元结合的能力，于是操纵子的阻遏状态便被解除了。*lac* 操纵子模型，便是一种典型的负调节例子。

然而进一步研究发现，*lac* 操纵子除了负调节之外，还存在着正调节机理。在大肠杆菌生长培养基中，由诸如乳糖这样具有相对较大分子量的有机化合物，降解形成的小分子量化合物半乳糖和葡萄糖，叫做分解代谢物（catabolite）。而当细胞中累积了高水平的分解代谢物葡萄糖的情况下，乳糖操纵子的表达活性便会明显下降，一般说来此时它的转录速率不会超过无葡萄糖时的 2%，处于本底水平。我们将此种分解代谢物葡萄糖对 *lac* 操纵子表达活性的抑制作用，称为分解代谢物的阻遏作用，或者叫做葡萄糖效应。现在已经知道这种阻遏作用，是发生在转录水平上的，由分解代谢物激活蛋白和环腺苷一磷酸

（cyclic adenosine monophasphate，cAMP）效应物分子介导的一种正调节控制。因此说，*lac* 操纵子既可以是负调节，也可以是正调节。

（2）cAMP-CAP 复合物的正调节作用

环腺苷一磷酸（cAMP）是一种小分子量的有机化合物，在动物的组织中，以及在大肠杆菌等许多种细菌的细胞中，都有着广泛的分布。它是在腺苷酸环化酶（adenylate cyclase）作用下，由 ATP 转变而来的一种其磷酸基团与核糖的 3′- 和 5′- 碳原子双共价连接的环腺苷一磷酸分子（图 7-27）。由 cAMP 与 CAP 结合而成的复合物 cAMP-CAP，在原核细胞中是控制基因转录活性的正调节因子；而在真核细胞中，至少是在哺乳动物细胞中，则是起着第二信使的作用。有趣的是已经发现，在大肠杆菌及其他诸多的细菌细胞中，cAMP 的浓度与葡萄糖浓度水平之间呈负相关。也就是说，当细胞中葡萄糖含量水平上升，cAMP 的浓度便随之下降；反之，如果葡萄糖水平下降，cAMP 的浓度便会上升。由此可见，cAMP 是 *lac* 操纵子活性与胞内葡萄糖浓度之间的一个联系环节，也就是说它是大肠杆菌细胞对环境中的葡萄糖浓度变化作出应答反应的效应物分子。

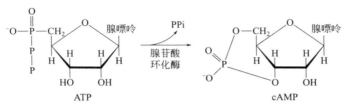

图7-27 环腺苷一磷酸（cAMP）合成的生化过程

PPi 为无机焦磷酸；ATP 为腺苷三磷酸

1970 年 Geoffrey Zubay 及其同事，从加入了 cAMP 的大肠杆菌无细胞提取物中，纯化出了分解代谢物激活蛋白 CAP。因它是 cAMP 的受体蛋白（cAMP receptor protein），故又称之为 CRP。该蛋白质的编码基因，位于与 *lac* 基因非连锁的染色体的其他位点上。实验观察指出，无论是 *crp* 基因突变体还是 *cAMP* 基因突变体，都不能在高葡萄糖条件下单独转录 *lac* mRNA 分子。说明 *lac* mRNA 的合成，既需要 CAP 蛋白的功能作用，也缺少不了 cAMP 效应物分子的参与。事实是 CAP 蛋白只有在与 cAMP 形成复合物的前提下，才能与 *lac* 启动子结合。当细胞中含有高浓度的葡萄糖时，就不会有足够数量的 cAMP，于是 CAP 蛋白就不能单独与 *lac* 启动子结合。因此，cAMP 作为一种效应物分子，决定了 CAP 蛋白对 *lac* 操纵子的转录效应。

我们知道 *lac* 启动子具有两个不同的结合位点，一个是 RNA 聚合酶的结合位点，另一个是 cAMP-CAP 复合物的结合位点。后者位于启动子上游部位，又叫做 CAP 位点或激活位点（activation site，AS）。cAMP-CAP 复合物具有两个结构域，一个与 *lac* 启动子结合，另一个同 RNA 聚合酶结合。因此，当它结合到 *lac* 启动子的激活位点上时，便能募集 RNA 聚合酶参与形成开放的启动子复合物，从而诱发 *lac* 启动子的结构基因进行转录。由此可见，cAMP-CAP 复合物对于 *lac* 操纵子的转录活性，行使了正调节控制。这一点无论是在体内实验还是体外实验，都得到了确切的证据。

（3）cAMP-CAP 和 LacI 两种调节因子的协同作用

在调节 *lac* 基因的转录活性方面，cAMP-CAP 复合物和 LacI 阻遏物恰好起到相反的作用。前者同启动子中的激活位点结合之后，便会促使 *lac* 基因进行表达，因此是正调节因子；而后者一旦与操纵单元结合之后，就会抑制 *lac* 基因的表达活性，所以是负调节因子。但两者之间亦存在着共同之处。CAP 蛋白只有在二聚体形式下，才具有功能活性，这一点显然与 LacI 阻遏物有所类似，它们都是以多聚体形式呈现其功能作用的（图 7-28）。

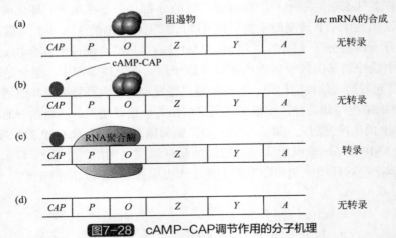

图7-28 cAMP-CAP调节作用的分子机理

（a）LacI 阻遏物同 *lac* 操纵单元结合，占据了 RNA 聚合酶的部分结合位点，使之无法加入，结果抑制了 *lac* 基因的转录。（b）cAMP-CAP 复合物（黑圈）同启动子的激活位点结合，而 LacI 阻遏物同时也同操纵单元结合。在此种情况下，*lac* 操纵子仍处于阻遏状态，*lac* 基因同样无法表达。（c）只有 cAMP-CAP 复合物同启动子的激活位点结合，同时募集 RNA 聚合酶加入，才会形成开放的转录起始复合物，导致 *lac* 基因高水平表达。（d）虽然从 *lac* 操纵单元上撤出了 LacI 阻遏物，但没有 cAMP-CAP 复合物同启动子的激活位点结合，*lac* 基因照样也不能表达

  LacI 和 cAMP-CAP 这两种调节因子，分别介导培养基中乳糖信号和葡萄糖信号，并传递给 *lac* 操纵子。它们按照如下的方式协同调节 *lac* 操纵子的转录活性：

  ① 在缺乏乳糖的情况下，LacI 阻遏物才能同 *lac* 操纵单元结合。由于操纵单元同 RNA 聚合酶结合位点之间存在着序列重叠区，因此 LacI 阻遏物的结合便阻碍了 RNA 聚合酶的加入，使之无法形成开放的转录起始复合物，致使 *lac* 基因的转录活性受到抑制。

  ② 在高浓度的葡萄糖条件下，大肠杆菌细胞中便不可能有足够数量的游离的 cAMP，供给形成 cAMP-CAP 复合物。因此也就不能募集 RNA 聚合酶加入形成开放的转录起始复合物。所以 *lac* 操纵子便无法进行转录。高浓度的葡萄糖使 *lac* 操纵子处于关闭的状态，这对于大肠杆菌细胞合理地利用碳源和能源是十分有利的。因为对大肠杆菌细胞而言，代谢葡萄糖要比乳糖容易得多，故此它总是优先利用葡萄糖。由此可见，在有葡萄糖供给的情况下，关闭乳糖代谢途径，显然可以有效地避免能源的浪费。

  ③ 在培养基中存在乳糖而缺乏葡萄糖的情况下，因诱导物乳糖的结合作用，LacI 阻遏物便失去活性而从操纵单元上撤除下来，结果使 *lac* 操纵子处于去阻遏的状态。同时也由于缺乏葡萄糖，使细胞中游离的 cAMP 含量上升，足以与 CAP 形成 cAMP-CAP 复合物。此复合物通过同启动子的结合进而募集 RNA 聚合酶的加入，从而激活 *lac* 启动子。于是 LacI 和 cAMP-CAP 两者协同配合，促使 *lac* 操纵子进入活跃的表达状态。由此可见，*lac* 操纵子的高水平表达需要两个调节作用：其一是 *lac* 操纵单元的去阻遏作用（LacI 的负调节），其二是 *lac* 启动子的激活作用（cAMP-CAP 的正调节）。光是操纵单元的去阻

遏而没有启动子的激活，是不足以促使 *lac* 操纵子进行转录的。要促使 *lac* 操纵子转录，必需是二者协同进行方可实现。这就好比刹车与油门的关系一样。如果一个司机只踩油门而不松刹车，照样无法使其座驾起动的。

④ 在培养基中既有葡萄糖又有乳糖的情况下，由于细胞中没有 cAMP-CAP 复合物，RNA 聚合酶就不会被募集同启动子结合。因此 *lac* 操纵子就不会被转录，最多也只是发生低水平的本底转录。在此种情况下，即便 *lac* 操纵单元已处于去阻遏状态，*lac* 基因也照样是没有转录活性的。

综上所述可知，*lac* 操纵子的转录活性是受培养基中的乳糖和葡萄糖的两种信号协同调节的。乳糖信号通过调节因子 LacI 阻遏蛋白传递给 *lac* 操纵子，而葡萄糖信号则是通过另一种调节因子 cAMP-CAP 复合物传递给 *lac* 操纵子。因此人们认为，*lac* 操纵子是阐述信号整合（signal integration）的一个良好例子。

<h1 style="text-align:center">第三节
大肠杆菌其他类型操纵子的表达调节</h1>

在第二节中讨论的大肠杆菌乳糖操纵子，是迄今为止所研究过的最简单的一种转录调节体系。除此之外，大肠杆菌还有许多种其他类型的操纵子。它们的转录调节体系，显然都要比乳糖操纵子复杂得多。本节我们选择具有双调节单元的半乳糖操纵子，生物合成型的色氨酸操纵子，以及复杂调节型的阿拉伯糖操纵子为例，作比较详细的讨论，以便加深对原核基因操纵子转录调节概念的认识。

一、半乳糖操纵子的双重表达调节

半乳糖（galactose）是自然界中广泛分布的一种六碳单糖，具有左旋体（L）和右旋体（D）两种不同的构型。它是构成植物和动物的寡聚糖（如棉籽糖和乳糖）和多聚糖（如果胶糖）的基本单位。例如前面所说的乳糖，就是由半乳糖和葡萄糖组成的一种二糖。半乳糖操纵子，简称 *gal* 操纵子，是大肠杆菌细胞利用半乳糖的另外一种负调节的转录调节体系。其表达活性受阻遏物和 cAMP-CAP 复合物调节，同时也受诱导物半乳糖的诱导作用。如同 *lac* 操纵子一样，只有在培养基中没有葡萄糖而只有半乳糖的情况下，*gal* 操纵子才会表达。

1. 半乳糖操纵子的结构特点

在大肠杆菌细胞中，参与半乳糖代谢的分解代谢酶的编码基因，在染色体基因组上的排列并不是完全紧密连锁的。也就是说它们当中有的基因，虽然在大肠杆菌细胞半乳糖利用过程中具有重要的生物学功能，但却并不属于 *gal* 操纵子的组成成员。其中编码葡萄糖-1-磷酸尿苷酰转移酶（glucose-1-phosphate uridyltransferase，GalU），亦叫葡萄糖转移酶的基因 *galU*，是位于染色体基因组上 *gal* 操纵子以外的区段。GalU 在半乳糖代谢中的功能是，负责合成尿苷二磷酸（uridine diphosphate，UDP）葡萄糖，供作细胞能源。同样的，负责将培养基中的半乳糖转运到胞内的半乳糖透性酶的编码基因 *galP*，也不属于 *gal* 操纵子的组成部分。而且半乳糖操纵子的调节基因 *galR*，也与乳糖操纵子的 *lacI* 基因不同，它并不存在于 *gal* 操纵子的附近，而是定位在与它相距很远的位置。

半乳糖操纵子的编码序列区由三个连锁的结构基因 *galE*、*galT* 和 *galK* 组成。它们被共转录到同一个多顺反子的 mRNA 分子上，其编码产物都是参与半乳糖利用的关键的代谢酶。这个操纵子调节区的结构比较奇特，它具有两个，其作用是相辅相成的启动子 P_1 和 P_2，同时它们的转录活性又都可被 *gal* 阻遏物所抑制。除此而外，*gal* 操纵子的调节区还存在着两个操纵单元，它们分别位于启动子两端的外侧，两者之间相隔大约为97bp。其中位于 *gal* 5′-上游的称为外部操纵单元 *galO*$_E$，另一个位于 *gal* 3′-下游的叫作内部操纵单元 *galO*$_I$（图7-29）。

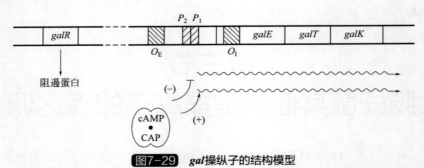

图7-29 *gal* 操纵子的结构模型

gal 操纵子的转录序列区由 3 个连锁的结构基因 *galE*、*galT* 和 *galK* 组成。调节区有两个启动子 P_1 和 P_2，以及两个操纵单元 O_E 和 O_I。cAMP 与 CAP 结合生成 cAMP-CAP 复合物，负责开启 P_1 启动子和关闭 P_2 启动子

因为这两个操纵单元相距甚远又都能够同阻遏蛋白结合，所以分别结合在 *galO*$_E$ 和 *galO*$_I$ 这两个操纵单元上的两个阻遏蛋白单体，彼此间会发生作用形成具功能活性的二聚体分子，因此导致位于两个操纵单元之间的启动子 DNA 发生弯曲而向外成环〔参见图 7-32（b）〕。这种特殊的环形结构，虽然不妨碍 RNA 聚合酶与启动子的结合，但却使结合在操纵单元上的阻遏蛋白，由于空间位置的靠近而有可能与结合在启动子上的 RNA 聚合酶相互作用，从而使后者无法从闭合型的复合物转变为开放型的复合物，故而抑制了 *gal* 操纵子结构基因的转录活性。

gal 操纵子的表达活性，受两个调节基因 *galR* 和 *galS* 的控制。这两个基因编码的阻遏蛋白 GalR 和 GalS，单独都能够同操纵子单元结合，抑制 *gal* 操纵子的转录活性。但就抑制作用的效果而言，GalR 可能要比 GalS 更为有效些。根据上述分析，Gal 阻遏物抑制 *gal* 基因转录活性的分子机理，显然与 LacI 的不同。后者在操纵单元上的结合位点与 RNA 聚合酶在启动子上的结合位点之间，存在着序列重叠区。因此，LacI 阻遏蛋白与 RNA 聚合酶之间存在着结合位点的竞争问题，一旦 LacI 阻遏蛋白得以结合，RNA 聚合酶便无法加入，结果抑制了基因的转录。

2. 半乳糖操纵子的半乳糖代谢作用

大肠杆菌细胞利用半乳糖的代谢过程，主要是由 *gal* 操纵子三个结构基因编码的三种分解代谢酶协作完成的。首先，*galK* 基因的编码产物半乳糖激酶（galactokinase，GalK），在 ATP 分子的参与下，把转运到胞内的半乳糖磷酸化成半乳糖 -1- 磷酸。接着 *galT* 基因

的编码产物半乳糖 -1- 磷酸尿苷酰转移酶（galactose-1-phosphate uridyl transferase），也叫做半乳糖转移酶 GalT，把半乳糖 -1- 磷酸转移给核苷酸衍生物 UDP- 葡萄糖。这个反应的生成物是 UDP- 半乳糖。随后，在 *galE* 基因的编码产物 UDP- 半乳糖 -4- 差向异构酶（UDP-galactose-4-epimerase，GalE）的催化作用下，UDP- 半乳糖转变成为 UDP- 葡萄糖（图 7-30）。

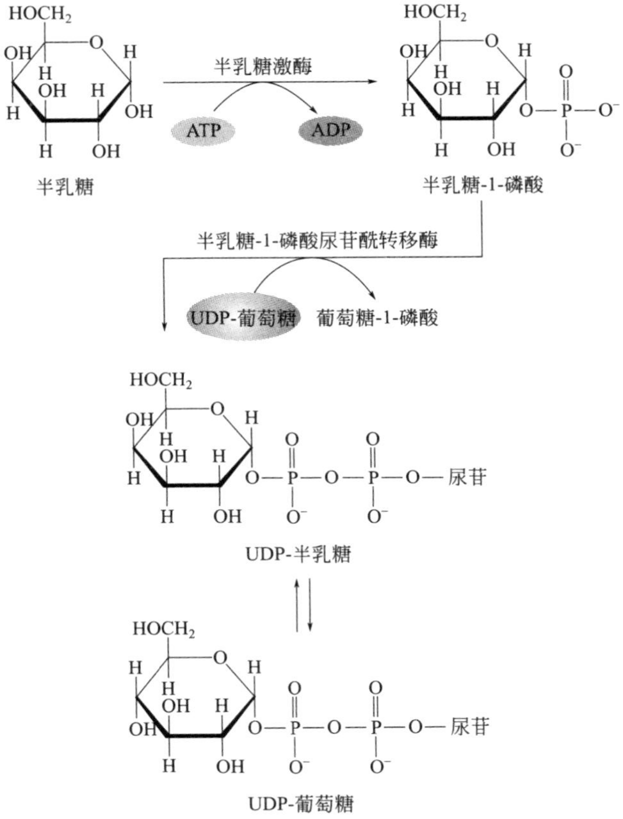

图7-30 大肠杆菌半乳糖代谢途径

gal 操纵子利用半乳糖的代谢途径的核心是，将运送到胞内的半乳糖转变成碳源和能源的葡萄糖。当然取决于细胞生长的需要，半乳糖代谢产物葡萄糖，也可以在 UDP- 葡萄糖焦磷酸化酶的作用下，转变成为葡萄糖 -1- 磷酸，进入糖酵解途径（glycolytic pathway）。

3. 半乳糖操纵子的双重转录调节

大肠杆菌 *gal* 操纵子与 *lac* 操纵子一样，也是一种诱导型的转录调节体系，受 cAMP-CAP 复合物和阻遏物（GalR 及 GalS）两种调节因子的控制。在大肠杆菌细胞中，cAMP-CAP 复合物对 *gal* 启动子 P_1 和 P_2 有不同的结合效应。当其同 P_1 启动子结合时，可激活 *gal* 操纵子的转录活性，而当其同 P_2 启动子结合时，则会抑制 *gal* 操纵子的转录活性。因此，在细胞内含有高浓度的 cAMP-CAP 复合物时，便会从 P_1 启动子起始转录，合成出 *gal* mRNA 分子，P_2 启动子则处于抑制状态。但当细胞中 cAMP-CAP 浓度水平低下时，P_1 启动子便处于抑制状态，而 P_2 启动子则由于撤去了结合的 cAMP-CAP，呈现出去阻遇的状态，因此就改变为从 P_2 启动子起始转录，合成出 gal mRNA 分子。这种双重调节机理，确保细胞无论是生长在半乳糖还是其他糖源的培养基中，都能够合成出半乳糖代谢所需的酶产物。利用 mRNA 体外转录之无细胞体系，并加入各种不同浓度的 cAMP-CAP 复合物，然后检测合成的 gal mRNA 分子的数量。结果表明，从 P_1 和 P_2 启动子开始合成的 gal mRNA 的数量，各自同加入的 cAMP-CAP 浓度水平之间的关系，恰好彼此相反，前者是正相关，后者是负相关。从图 7-31 可以看到，在任何 cAMP-CAP 浓度的条件下，细胞通过 P_1 启动子和 P_2 启动子所合成的 gal mRNA 的相加总量都是恒定不变的。可见对 gal 操纵子而言，cAMP-CAP 复合物也是正调节因子。

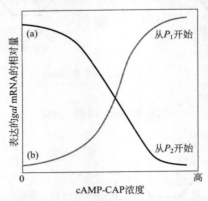

图7-31 双启动子对 *gal* 操纵子转录活性的调节作用

（a）在缺乏 cAMP-CAP 复合物的条件下，主要从 P_2 启动子起始转录，生成 gal mRNA ；
（b）在具高水平 cAMP-CAP 复合物的条件下，主要从 P_1 启动子起始转录，生成 gal mRNA

联系到前面叙述的关于 lac 操纵子的情况，使我们认识到同一种调节蛋白 CAP，可以通过同两种不同的阻遏蛋白配合，调节不同的操纵子结构基因的转录活性。文献中称这种调节方式为组合式调控（combinatorial control）。事实上，在大肠杆菌细胞中，CAP 蛋白可以通过与一系列阻遏蛋白的组合，调节 100 多种基因的转录活性。

控制 gal 操纵子转录活性的阻遏物 GalR 和 GalS，属于负调节因子。它们通过同两个操纵单元 $galO_E$ 和 $galO_I$ 的结合，抑制 gal 操纵子的转录活性。而当大肠杆菌细胞生长在半乳糖培养基中时，半乳糖作为诱导物便会同阻遏物结合，使之从操纵单元上撤除下来。结果导致 gal 操纵子去阻遏，进入开放的转录状态。

首先发现的半乳糖操纵子的阻遏物是 GalR，接着发现另一种阻遏物是 GalS。根据什么说 gal 操纵子的转录活性是由两种阻遏物 GalR 和 GalS 共同调节的呢？因为如果是由 GalR 阻遏物单独负责调节的话，那么 galR 基因发生了失活突变的大肠杆菌突变体，不论其生长的培养基中有无半乳糖存在，gal 操纵子的转录水平都应该是一样的。然而实验结果显示，在此种 galR 基因突变体中，gal 操纵子仍然存在着某些调节效应。当向生长着 galR 突变体的培养基中加入半乳糖时，细胞所合成的 gal 操纵子的酶产物，就要比没有加入半乳糖对照组的多得多。这说明另一个基因 galS 的编码产物 GalS 阻遏蛋白，承担着 GalR 以外的剩余调节作用（residual regulation）。还有实验证据指出，galR 和 galS 两个基因都发生了失活突变的双突变体的大肠杆菌细胞，能够完全组成型地表达 gal 操纵子的酶产物。随后的研究进一步表明，galS 基因的编码产物，同样也是一种 gal 操纵子负调节的阻遏蛋白。

　　GalR 和 GalS 这两种阻遏蛋白，都能够同诱导物半乳糖结合，说明两者关系比较密切。但尽管如此，它们之间在调节功能方面还是有一定的差别。GalR 阻遏物主要在缺乏半乳糖的情况下，抑制 gal 操纵子的转录活性；而 GalS 阻遏物对 gal 操纵子的转录活性仅起到微调作用，况且只是负责控制将半乳糖转运胞内的相关基因的表达活性。

4. 半乳糖操纵子双操纵单元的调节模型

（1）协同调节模型

　　为了解答 gal 操纵子具有两个操纵单元的原因，人们提出了两种模型。第一种称独立效应模型。它主张两个操纵单元的功能是各自独立地阻断 gal 操纵子的转录活性。第二种为协同效应模型。它认为两个操纵单元通过协同作用阻断 gal 操纵子的转录活性。遗传学的证据支持了第二种模型。因为如果两个操纵单元是彼此独立地发挥功能作用，那么发生在这两个操纵单元上的突变的遗传效应，就应该是叠加的。换句话说，在两个操纵单元都发生突变的情况下，gal 操纵子转录的 mRNA 水平，就应该等于此两个操纵单元单突变体的各自 gal mRNA 水平的相加值。然而遗传学实验结果显示，两个操纵单元均发生突变的大肠杆菌双突变体 gal mRNA 的水平，要高于两个操纵单元单突变体的 gal mRNA 水平之和。这就证明了两个操纵单元之间，在功能作用方面显然存在着协同作用的关系。

　　协同效应模型如图 7-32 所示。两个单体的阻遏物分子，分别与两个操纵单元 $galO_E$ 和 $galO_I$ 结合。之后，这两个单体阻遏物彼此间发生相互作用，形成具功能活性的二聚体。在这个过程中，使这两个操纵单元之间的启动子 DNA 序列发生弯曲，并向外突出成环。这种外环结构妨碍了 RNA 聚合酶的结合，结果抑制了 gal 操纵子的转录活性。

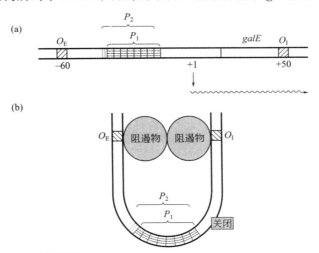

图7-32 *gal* 操纵子的双操纵单元的协同调节模型

（a）在培养基中存在半乳糖的情况下，阻遏物因被半乳糖诱导结合失去了同操纵单元结合的能力，结果 gal 操纵子便处于开放状态，进行转录；（b）当培养基中缺乏半乳糖时，二聚体的阻遏物同时与两个操纵单元结合，结果启动子 DNA 弯曲，RNA 聚合酶无法同启动子结合，致使 gal 操纵子处于关闭状态，无法进行转录

（2）协同调节的分子机理

　　根据双操纵单元协同作用模型可以看出，位于两个操纵单元 $galO_E$ 和 $galO_I$ 之间的 DNA 间隔区，对阻遏作用应该是相当重要的。这种重要性是与这段 DNA 序列的结构相

关的（图 7-33）。根据 DNA 分子结构知道，DNA 区段外表的差异是由它的表面特征，诸如大沟和小沟决定的。据推测这两个阻遏物分子 GalR 和 GalS，是分别识别这两个操纵单元 $galO_E$ 和 $galO_I$ 的同样的表面，因为这两个操纵单元的序列结构几乎是完全一样的。按常理推断，如果要使结合在两个操纵单元上的两个阻遏物，彼此间能够发生相互作用的话，它们就必须是结合在 DNA 螺旋的同一个侧面上。否则此两个操纵单元之间的 DNA 区段，就必定要发生扭转（twisting），方能使结合其上的两个阻遏物分子发生相互作用。然而由于这两个操纵单元 $galO_E$ 和 $galO_I$ 之间的距离十分短小，以致于要使如此短小的双链 DNA 发生扭转作用几乎是不可能的。因为过于短小的双链 DNA 显得相当僵硬（stiffness）。

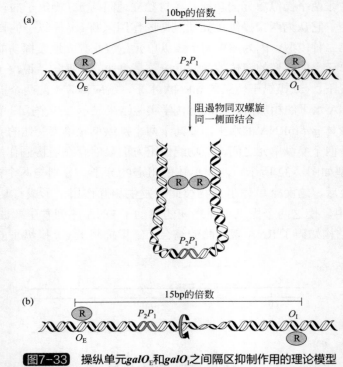

图7-33 操纵单元$galO_E$和$galO_I$之间隔区抑制作用的理论模型

（a）$galO_E$ 和 $galO_I$ 的间隔距离为 10bp 的倍数，$galO_E$ 和 $galO_I$ 两个操纵单元便是位于 DNA 螺旋的同一个侧面上。于是分别结合在两个操纵单元上的两个阻遏物单体之间，便容易发生相互作用，形成外环结构。（b）如果两个操纵单元的距离为 15bp 的倍数，之间的 DNA 必须发生扭转，方能使结合其上的两个阻遏物分子，位于 DNA 螺旋的同一个侧面上

因此，gal 操纵子中两个操纵单元 $galO_E$ 和 $galO_I$ 之间的间隔距离，必须是 10bp 的倍数。因为每隔 10bp，DNA 分子才会旋转一次，如此两个操纵单元才会出现在同一个表面上。因为 10bp 这个间距相当于 DNA 的一个螺旋的长度，所以若两个操纵单元之间的距离超过或是不到 10bp，比如为 15bp，那么同此两个操纵单元结合的两个阻遏物分子，就应该是位于 DNA 螺旋的两个相反侧面上。这样的双链 DNA 分子，只有发生了扭转才能在空间上保证这两个阻遏物之间能够发生相互作用。DNA 核苷酸序列测定的结果，证明了这个理论分析的正确性。在正常情况下，两个操纵单元 $galO_E$ 和 $galO_I$ 之间的实际距离确实是 10bp，同理论模型是完全一致的。

也许有人会怀疑这种情况只是一种偶然的巧合。为了进一步确证两个操纵单元之间

的距离，对 *gal* 操纵子表达活性的抑制作用的真实性，科学工作者们应用 DNA 体外重组技术，在两个操纵单元之间插入额外的 DNA 核苷酸碱基对，以扩大两者之间的间隔距离。实验结果完全符合预期的想法，有力地支持了上述关于间隔区抑制作用的理论模型：如果扩展后两个操纵单元之间隔距离为 10bp 的倍数，*gal* 操纵子仍然具有正常的转录活性；如果扩展后两个操纵单元之间隔距离，是 15bp 的倍数，*gal* 操纵子就处于完全的组成型的表达状态。

二、色氨酸操纵子的弱化调节

根据编码产物生物学功能的差别，可将大肠杆菌操纵子分成如下两种不同的类型。一类如 *lac* 操纵子和 *gal* 操纵子，它们的编码产物都是参与底物降解作用的分解代谢酶。由此产生的分解代谢物，供细胞用作合成其他化合物的原料。因此，这类操纵子称为分解代谢操纵子（catabolic operon），或叫做降解操纵子（degradative operon）。另一类操纵子的编码产物是合成代谢酶，参与合成细胞生命活动所需要的各种化合物，诸如核苷酸、氨基酸以及维生素等。故此类操纵子叫做生物合成操纵子。

色氨酸操纵子（tryptophan operon）简称 *trp* 操纵子，是一种典型的大肠杆菌生物合成操纵子。在色氨酸操纵子转录活性的调节中，其调节基因编码的阻遏物，特称为脱辅阻遏物（aporepressor）。只有当它同小分子量的辅阻遏物结合时，才具有功能活性，能够通过同操纵单元的结合作用，抑制操纵子的转录作用。而没有同辅阻遏物结合的脱辅阻遏物，单独是不能同操纵单元结合的，致使操纵子处于开放的转录状态。

此外，*trp* 操纵子中还存在着一种叫做弱化作用的特殊的转录调节方式。所谓弱化作用，亦叫做衰减作用，它是指在大肠杆菌操纵子中，已经开始的转录作用出现提前终止的现象，也就是说延长中的 mRNA 链发生了成熟前的终止。因此，弱化作用的全称应叫做 mRNA 转录反应弱化作用。其结果只能产生出非全长的短片段的 mRNA 分子，从而降低了基因的表达效率。

1. 色氨酸操纵子的结构特征

大肠杆菌色氨酸操纵子，大概是迄今为止研究得最为深入的一种阻遏型操纵子。它是由 5 个结构基因及其上游的调节区组成的。*trp* 操纵子的阻遏物 TrpR 的编码基因，定位在远离操纵子的染色体的另外位置上。位于第一个结构基因 *trpE* 上游的调节区，包括启动子、操纵单元、前导序列区和弱化子四个组成部分。*trp* 操纵子的操纵单元序列区，整个地存在于主要启动子 P_1 的区段内。此外，*trpD* 基因的远末端还存在一个弱化子 P_2，致使 *trpC*、*trpB* 和 *trpA* 基因的组成型的基础转录水平略有提高。与其他操纵子不同的是，*trp* 操纵子 *trpA* 基因下游有两个转录终止序列区 *t* 和 *t'*（图 7-34）。在总长度为 162bp 长的 *trp* 操纵子前导序列区 *trpL* 中，存在着一个弱化子 *a* 区段，它为操纵子的表达提供了二级水平的调控。P_1 启动子实际上有 18 个核苷酸扩展到 *trpL* 区域内。

trp 操纵子中，相应于 *trpL* 前导序列区的转录本区段，叫做前导 mRNA 序列区。其中有一段由 14 氨基酸密码子组成的前导肽编码序列，和一个具二重对称轴结构的弱化子区，以及两段可分别形成发夹环结构的回文序列（图 7-35）。因此，操纵子的前导 mRNA 序列区，与基因转录本的前导序列区在概念上是不一样的。后者指的是位于 mRNA 分

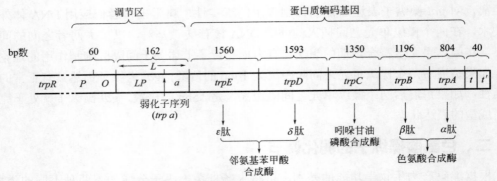

图7-34 大肠杆菌色氨酸（*trp*）操纵子的结构模型

在结构基因上游有一段前导肽编码基因序列区。阻遏物编码基因 *trpR* 不与 *trp* 操纵子本体直接相连，它是位于大肠杆菌染色体的其他位置，图中以虚线示之。为了清楚起见，本图将调节区的比例适当放大。P= 启动子；O= 操纵单元；*trpL*= 前导 mRNA 序列区（图中简称 *L* 序列）；*a*= 弱化子；*t* 和 *t'* = 终子序列区

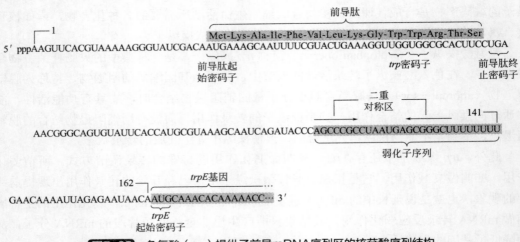

图7-35 色氨酸（*trp*）操纵子前导mRNA序列区的核苷酸序列结构

trp 操纵子前导 mRNA 序列全长 162 个核苷酸。前导肽编码序列共有 14 个氨基酸密码子，其中有两个串联的色氨酸（*trp*）密码子。位于 114~141 区段是弱化子序列区，其中有一个回文序列，即 114~121 和 126~134 可形成发夹环结构。在这段回文序列上游还存在着另一个回文序列，即 74~85 和 108~119，同样也可形成发夹环结构

子 5′-端起始密码子之前的一段不翻译的 RNA 区段，简称 5′-UTR。

2. 色氨酸的生物合成途径

色氨酸操纵子的 5 个结构基因 *trpE*、*trpD*、*trpC*、*trpB* 和 *trpA*，分别编码着参与色氨酸生物合成的各种合成酶。其中 *trpE* 基因编码邻氨基苯甲酸合成酶；*trpD* 编码邻氨基苯甲酸磷酸核糖转移酶；*trpC* 基因编码吲哚甘油磷酸合成酶；而 *trpB* 和 *trpA* 两个基因分别编码色氨酸合成酶的 β 亚基和 α 亚基。

色氨酸是一种芳香族必需氨基酸，分子质量为 204.22Da。在大肠杆菌细胞中，从分支酸（chorismate）开始的色氨酸生物合成途径已经清楚（图 7-36）。第一步，分支酸在邻氨基苯甲酸合成酶的催化作用下，从谷氨酸侧链获得一个氨基，形成色氨酸前体物邻氨基苯甲酸（anthranilate），同时释放出丙酮酸。第二步，邻氨基苯甲酸同磷酸核糖焦磷酸（PRPP）缩合，生成 N-（5′-磷酸核糖）-邻氨基苯甲酸。这一步缩合反应，是由邻氨基苯甲酸磷酸

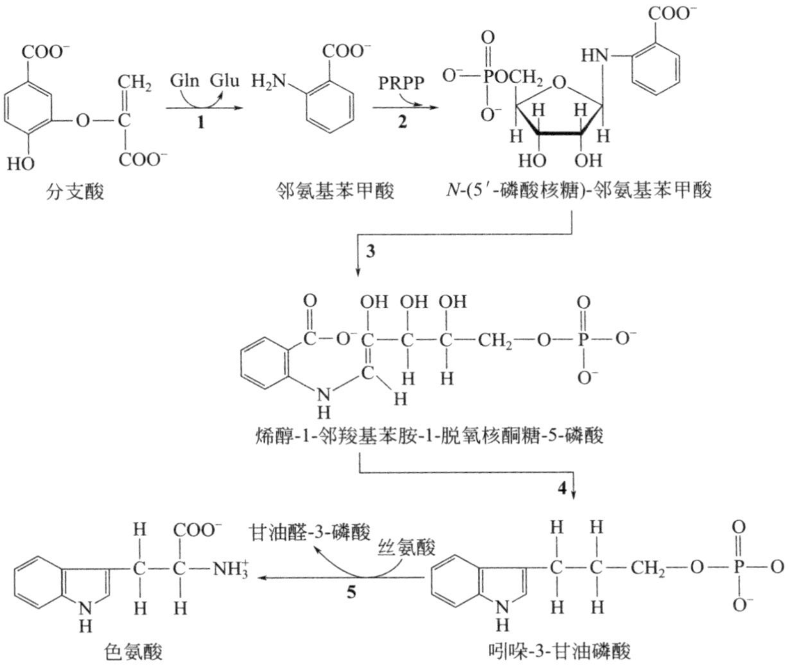

图7-36 从分支酸出发的色氨酸合成途径

核糖转移酶催化进行的。第三步，N-（5′-磷酸核糖）-邻氨基苯甲酸，在 N-（5′-磷酸核糖）-邻氨基苯甲酸异构酶的作用下，N-（5′磷酸核糖）-邻氨基苯甲酸的核糖成分发生重排，生成烯醇-1-邻羧基苯胺-1-脱氧核酮糖-5-磷酸。第四步，烯醇-1-邻羧基苯胺-1-脱氧核酮糖-5-磷酸，在吲哚-3-甘油磷酸合成酶的催化作用下，经过脱水和脱羧作用，转变成吲哚-3-甘油磷酸。第五步，吲哚-3-甘油磷酸在色氨酸合成酶的催化作用下，生成色氨酸。大肠杆菌色氨酸合成酶，是由 2 个 α 亚基和 2 个 β 亚基组成的四聚体，可分成 2 个 α 单亚基和 1 个 β_2 双亚基。α 单亚基也叫做色氨酸合酶 α，它催化吲哚-3-甘油磷酸生成吲哚和甘油醛磷酸，β_2 双亚基也叫做色氨酸合成酶 β，它催化吲哚和丝氨酸缩合形成色氨酸。

3. 色氨酸操纵子转录活性的阻遏物调节

色氨酸是一种必需氨基酸，只能由细胞自己合成。这个任务是由 trp 操纵子承担的。总长度为 7kb 的 trp 操纵子的转录本，系由 5 个结构基因组成的多顺反子。这个 trp mRNA 从头至尾的转录时间共需 4 分钟左右，而且在转录完成之前就已经开始翻译。trp mRNA 的半寿期大约只有 3 分钟，如此短暂的半寿期，使得大肠杆菌细胞能够适时根据其对色氨酸需求量的变化，迅速地作出调整，以满足细胞在不同生理状态下和不同的生命周期中，对色氨酸的实际需求。

已知大肠杆菌 trp 操纵子转录活性的调节控制，有两种不同的方式。第一种方式的调节控制，是通过 TrpR 阻遏物同 trp 操纵单元之间的结合作用实现的。这种调节方式也叫做一级控制。第二种方式的调节控制，是由弱化子途径进行的。这种调节方式也叫做二级控制。有关弱化作用的详细内容，将在下一节专门叙述。

TrpR 阻遏物是由长度为 107 个氨基酸残基的两个亚基构成的二聚体。它单独不能够

同 *trp* 操纵单元结合，只有在与色氨酸组成复合物的情况下，才能够同 *trp* 操纵单元结合。换句话说色氨酸本身就是一种辅阻遏物。这种色氨酸和 TrpR 阻遏物结合形成的复合物，其作用的靶子位点 *trp* 操纵单元，是一段具二重对称（twofold symmetry）的 DNA 序列（图 7-37）。此段 *trp* 操纵单元，同启动子中的转录起始位点彼此重叠。因此，当 TrpR 阻遏物同操纵单元结合之后，便妨碍了 RNA 聚合酶同 *trp* 启动子的结合，使得 *trp* 操纵子无法进行转录。

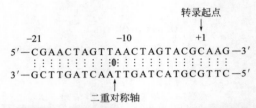

图7-37 *trp*操纵子之*trp*操纵单元的核苷酸序列

黑色星号示二重对称轴（twofold axis）。+1 碱基对表示 *trp* 操纵子的转录起点

trp 操纵子是受 TrpR 阻遏物负调节的。在培养基中缺乏辅阻遏物色氨酸时，TrpR 阻遏物就不会同操纵单元结合，于是 RNA 聚合酶便可结合到启动子上，启动操纵子的结构基因进行正常的转录。而当向培养基中加入辅阻遏物色氨酸时，它就会与 TrpR 阻遏物之间形成复合物，并使之构型发生变化，而能够结合在操纵单元的序列上。结果使 RNA 聚合酶无法与启动子结合，于是结构基因的转录活性便被关闭掉（图 7-38）。

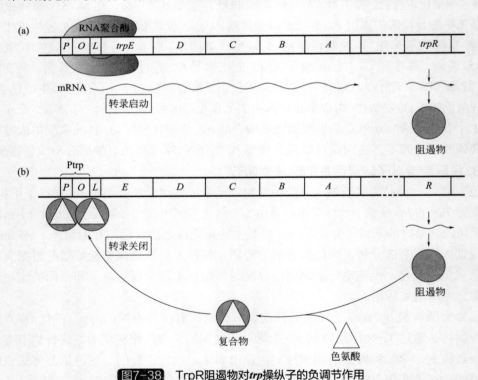

图7-38 TrpR阻遏物对*trp*操纵子的负调节作用

（a）培养基中缺乏辅阻遏物色氨酸，*trp* 操纵子的转录活性处于去阻遏状态；（b）培养基中存在辅阻遏物色氨酸，*trp* 操纵子的转录活性处于阻遏状态

由于缺乏色氨酸而处于去阻遏状态（derepressed state）的 *trp* 操纵子，其转录速率比存在色氨酸而呈现阻遏状态的要高出 70 倍以上。对于无法合成阻遏物的 *trpR* 突变体，在培养基中补加了色氨酸之后，色氨酸生物合成酶（即 *trp* 操纵子结构基因的编码产物）的合成速率，也仍然要下降到原来的 1/10 左右。这种下降是由于调节 *trp* 操纵子表达的二级控制即所谓的弱化作用造成的。

4. 色氨酸操纵子转录活性的弱化作用调节

（1）弱化子的核苷酸序列结构

1981 年，C. Yanofsky 及其合作者在研究 *trp* 操纵子表达时发现，它除了受 TrpR 阻遏物调节之外，还受到弱化作用的调节。弱化作用涉及一个转录终止信号的转录调节，并且是同翻译过程紧密偶联的。在 *trp* 操纵子中，这个转录终止信号是位于主要启动子 P_1 和一个结构基因 *trpE* 之间的前导序列 *trpL* 当中。我们特称这段控制 *trp* 操纵子弱化作用的转录终止信号为 *trp* 弱化子（attenuator，简称 *a*）。

随后的研究发现，在许多种负责氨基酸合成的操纵子当中，都存在着弱化子调节机理。因此弱化子的通用定义是指，在有些 mRNA 分子的前导序列区中，存在的一种能够决定基因表达总量，导致转录提前终止的调节区，亦即发生弱化作用的转录终止信号序列区。它具有转录终止位点全部有用的结构特征，例如其后连着一长串腺嘌呤的一种可能的茎-环结构。

trp 弱化子中有一段特殊的核苷酸序列（图 7-39）。其结构特点基本上是与在大多数细菌操纵子末端发现的转录终止信号相同。它具有一段富含 GC 碱基对的回文序列（palindrome），和位于其后的另一段富含 AT 碱基对的回文序列，在这两段回文序列中，各有一个二重对称轴。由这样的转录终止信号序列转录产生的 RNA 分子，有可能形成其后连着一段多聚尿嘧啶碱基（poly U）的发夹结构。一般认为，当新生的转录本出现这种发夹结构时，会使结合的 RNA 聚合酶在构型上发生变化，从而终止了继续转录的活性。这就是弱化子能够提前终止相关操纵子转录活性的原因所在。

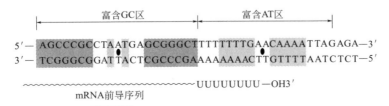

图7-39 *trp*弱化子位点的核苷酸序列结构

富含 GC 碱基对的回文序列用深灰色显示，富含 AT 碱基对的回文序列用浅灰色显示。二重对称轴用黑色符号表示

（2）色氨酸调节弱化作用的分子机理

实验观察表明，*trp* 操纵子转录活性的弱化作用，是同培养基中是否存在色氨酸这一事实密切相关的。那么色氨酸分子为什么能够调节弱化作用呢？

首先，在原核生物的细胞中，基因的转录和翻译是偶联发生的。这就是说，在转录反应产生 mRNA 转录本的同时，核糖体就已经开始利用它来翻译蛋白质多肽分子了。因此，在翻译期间发生的生化事件，同样也有可能影响到转录反应。

其次，在总长为 162 个核苷酸的 *trp* 操纵子 mRNA 前导序列中，有若干区段能够发生碱基配对，形成二级结构。其中之一是位于弱化子区，由核苷酸 114～121 和 126～134 两段序列之间碱基配对形成终止转录的发夹结构 [图 7-40（a）]；之二是由核苷酸 74～85 和 108～119 两段序列之间碱基配对形成的发夹结构 [图 7-40（b）]。显而易见，在同一时间内是不可能同时存在这两种二级结构的，因为核苷酸 114～119 段序列是二者的共有部分。所以，如果序列 74～85 已经同序列 108～119 之间形成碱基配对，那么便不可能再在弱化子区出现另外一个终止转录的发夹环结构。

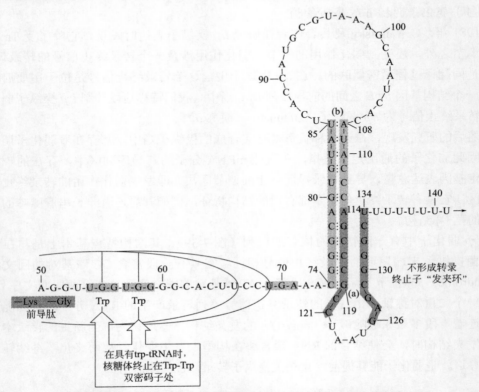

图7-40 *trp*操纵子mRNA前导序列弱化子区中发夹结构的形成

（a）由 114～121 和 126～134 核苷酸序列之间形成的终止转录的发夹结构；（b）由 74～85 和 108～119 核苷酸序列之间形成的发夹结构，它靠近前导肽终止密码子的下游

再次，在前导 mRNA 序列区中，有一个转录起始密码子 AUG，其后紧接着 13 个氨基酸密码子，继之便是一个翻译终止密码子。由此翻译生成的一段 14 个氨基酸的短肽分子，叫做前导肽（图 7-41）。由于已经证明，在 *trp* 操纵子的前导序列区中还存在着一个有效的核糖体结合位点，因此看来此段前导肽很可能是按照如下这种特殊方案合成的。即一般认为弱化作用的结果，使 *trpL* 的转录在第一结构基因（*trpE*）上游某个位点提前终止，产生一种长度只有 141 个核苷酸的 mRNA 分子。它在转录开始后不久便马

Met - Lys - Ala - Ile - Phe - Val - Leu - Lys - Gly - Trp - Trp - Arg - Thr - Ser - Stop

5′—AUG AAA GCA AUU UUC GCA CUG AAA GGU UGG UGG CGC ACU UCC UGA—3′

图7-41 *trp*前导肽的氨基酸序列

在其相应的前导 mRNA 序列上，以方框示出两个相邻色氨酸双密码子 UGG-UGG 的位置

上进行翻译，合成一种由 14 个氨基酸组成的前导肽。由于这种类型的短肽分子，在大肠杆菌细胞中很容易被迅速降解，因此很难检测到这段推测存在的前导肽分子。

前导肽的结构十分有趣，它含有两个毗邻的色氨酸残基。因此，当大肠杆菌细胞缺乏色氨酸或其浓度很低时，携带色氨酸的 tRNA^{Trp} 分子也就相应缺乏，于是核糖体便被阻塞在 *trp-trp* 的双密码子位置上。这样就使得 74～85 核苷酸序列有可能与 108～119 核苷酸序列之间，形成二级结构（图 7-40），从而排除了在弱化子区形成终止转录的发夹环结构的可能性。结果 RNA 聚合酶便能够通读前导肽的终止密码子，并越过弱化子区，继续转录 *trp* 操纵子的结构基因。这种情况叫做弱化作用的失效（overriding attenuation）。

当大肠杆菌细胞中含有丰富的色氨酸的情况下，携带色氨酸的 tRNA^{Trp} 分子也相应充足，于是核糖体便可顺利地通过 *trp-trp* 的双密码子，一直翻译到前导肽的终止密码子。结果前导序列的 74～85 和 108～119 两段核苷酸序列之间碱基配对便被破坏掉。由此游离出来的 114～121 核苷酸序列，再进而同 126～134 核苷酸序列发生碱基配对，形成转录终止发夹环。因此，在具有色氨酸的培养基中，常常会在弱化子位置终止转录，即提前终止转录反应，从而降低了 *trp* 操纵子结构基因全长的 RNA 的数量，最终导致色氨酸合成的中止。这种情况即是所谓转录的弱化作用。

（3）弱化作用调节机理的重要意义

弱化作用调节机理，使得 RNA 聚合酶能够"感知"细胞内色氨酸含量水平的变化情况，并使 *trp* 基因表达水平得到相应的调节。在色氨酸含量丰富的情况下停止色氨酸的合成，显然有利于细胞节省能量。阻遏作用调节 *trp* 操纵子表达活性的幅度为 70 倍，弱化作用调节 *trp* 操纵子表达活性的幅度达 10 倍，两者结合起来则可超过 700 倍。现已知道弱化作用的转录调节效应，并不仅仅局限于 *trp* 操纵子，而且在大肠杆菌的其他操纵子，诸如组氨酸（*his*）操纵子、亮氨酸（*leu*）操纵子、苏氨酸（*thr*）操纵子，以及异亮氨酸（*ile*）操纵子和苯丙氨酸（*phe*）操纵子等，也都存在弱化作用的调节方式。

5. TrpR 阻遏蛋白与网络调节蛋白

有些阻遏蛋白的作用是高度特异的，一种阻遏蛋白只能同一种特定的操纵单元结合，调节该操纵单元控制的结构基因的转录活性。著名的乳糖操纵子的阻遏蛋白 LacI，便是属于此种类型。但也有的阻遏蛋白并不具有作用的特异性，它们能够通过同多种不同的操纵单元的结合作用，调节散在分布于染色体基因组上的、互不连续的若干操纵子或结构基因的转录活性。我们称这种调节蛋白为网络调节蛋白（network regulatory protein），或称全局调节物（global regulator）。而受同一种调节蛋白调节的一组非连续相邻排列的结构基因或操纵子，则叫做调节子。

（1）TrpR 抑制作用的多元性

色氨酸阻遏蛋白 TrpR 是一种典型的网络调节物，它能够抑制如下三种结构基因的转录活性。

其一，TrpR 阻遏蛋白通过同 *trp* 操纵子之操纵单元结合，控制 *trp* 操纵子结构基因 *trpEDCBA* 的转录活性。这些基因编码的代谢酶，催化从分支酸开始合成色氨酸的生化反应。

其二，TrpR 阻遏蛋白通过同 *aro* 基因座位的操纵单元结合，控制 *aroH* 基因的转录活性。*aro* 基因座位共有 3 个基因分别编码催化芳香族氨基酸（aromatic amino acid）生物合成起始反应的三种代谢酶。*aroH* 基因是其中之一。

其三，TrpR 阻遏物通过同其编码基因座位操纵单元的结合，控制该调节基因的转录活性。可见在阻遏蛋白含量丰富的情况下，它会反过来抑制自身的生物合成。这是一种典型的自我控制（autogenous control）的合成回路。除了 *trpR* 基因之外，这种自我控制的合成回路，在其他调节基因的表达控制中，也是十分常见的。它们既有是正调控的，也有是负调控的。

（2）TrpR 抑制作用多元性的分子机理

为什么同一种 TrpR 阻遏蛋白，能够同三种不同基因座位的操纵单元结合呢？ DNA 的核苷酸序列分析显示，这是由于在上述三个操纵子（或基因座位）中，都存在着一段长度为 21bp 的，可被 TrpR 阻遏蛋白特异性识别并结合的、保守的操纵单元（图 7-42）。由此可见，阻遏蛋白抑制作用的分子基础，取决于所识别的操纵单元之核苷酸序列结构的特异性。

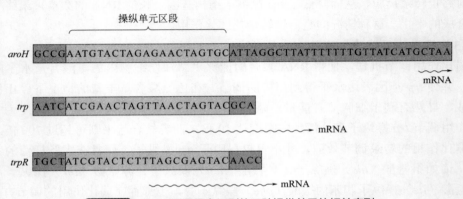

图7-42 TrpR阻遏蛋白识别的三种操纵单元的相关序列

方框以内的序列为操纵单元序列区，深灰色表示的为保守的碱基；波纹箭头表示 mRNA 的起点

核苷酸序列分析的结果还告诉我们，不同来源的操纵单元，与其相关启动子的相对位置关系是不一样的。不仅与不同阻遏蛋白结合的不同的操纵单元的情况是如此，就是与同一种阻遏蛋白结合的不同操纵单元的情况也是如此。这种位置关系有两种不同的方式。一种方式是，操纵单元位于启动子序列的内部。例如由 TrpR 阻遏蛋白识别并结合的三种操纵单元，便是分别位于各自启动子内部的不同部位上。其中控制调节基因 *trpR* 转录活性的操纵单元，位于 −12～+9 之间；控制色氨酸 *trp* 操纵子转录活性的操纵单元，位于 −23～−3 之间；而 *aroH* 基因转录活性的操纵单元，则位于更上游的 −49～−29 之间。另外一种方式是，操纵单元位于启动子序列的外部。例如 *lac* 操纵子的操纵单元是位于启动子的 3′-下游；而 *gal* 操纵子的操纵单元，则是位于与启动子紧密相连的 5′-上游。

同阻遏蛋白结合的操纵单元，与启动子之间的位置关系多样性现象说明，它们的阻遏作用的精确方式可能有所差异。但毋容置疑，它们共同作用的结果都是阻止 RNA 聚合酶同启动子结合，使之无法启动相关基因的转录。

三、阿拉伯糖操纵子的三重调节

大肠杆菌阿拉伯糖操纵子（L-arabinose operon），简称 *ara* 操纵子，编码着参与阿拉伯糖代谢作用的代谢酶。这种操纵子在通常情况下并不表达，而只有当细胞生长在含有阿拉伯糖的培养基中时，才能够表达。因此它也属于诱导型的分解代谢物操纵子。

在 *lac* 和 *trp* 操纵子中，调节基因的产物阻遏蛋白，是以负调节的方式关闭操纵子的转录活性；另一方面，分解代谢物激活蛋白 CAP，又可通过促进 *lac* 操纵子转录的方式，行使正调节作用。然而 *ara* 操纵子的情况则不同，它的调节基因的编码产物 AraC 调节蛋白，则是取决于环境条件的变化，对结构基因的转录活性既可施加正调节，亦可处于负调节。也就是说 AraC 调节蛋白，在一种条件下可起到激活物的作用，在另一种条件下又起到阻遏物的作用。由此可见，*ara* 操纵子的调节模型，显然要比其他细菌操纵子复杂得多，它总括了以大肠杆菌为代表的原核基因转录调节的基本特点。

1. 阿拉伯糖操纵子的结构

大肠杆菌 *ara* 操纵子，系由调节区和结构基因序列区两大部分组成。调节区中有一个编码调节蛋白 AraC 的调节基因（*araC*）、两个操纵单元 *araO*₁ 和 *araO*₂、一个结合位点（其中还存在一个启动子 *araP*_C），以及另外一个调节位点 *araI*。*araI* 实际上可分成两个半位点 *araI*₁（−56～−78）和 *araI*₂（−35～−51）。所有这些结构元件都是位于启动子 *axaP*_BAD 的 5′-上游。操纵单元 *araO*₁ 控制调节基因 *araC* 的转录活性；操纵单元 *araO*₂ 定位在启动子 *araP*_BAD 的 5′-上游 −265～−295 之间，远距离地控制 3 个阿拉伯糖代谢酶基因的转录活性。*araP*_BAD 和 *araP*_C 两个启动子，以相反的方向启动各自效应基因的转录。前者向右转录 *araB*、*aeaA* 和 *araD* 三个结构基因，后者向左转录 *araC* 基因。调节蛋白 AraC 有 4 个结合位点，分别是 *araO*₁、*araO*₂ *araI*₁ 和 *araI*₂。

大肠杆菌 *ara* 操纵子结构基因序列区，共有 *araB*、*araA* 和 *araD* 三个结构基因，所以通常叫做 *araBAD* 操纵子。这三个基因的编码产物分别为核酮糖激酶（ribulose kinase）、阿拉伯糖异构酶（arabinose isomerase）和核酮糖 -5- 磷酸差向异构酶（ribulose-5-phosphate epimerase）。它们都是参与阿拉伯糖降解作用的代谢酶。鉴于 *ara* 操纵子中还有另外一个结构基因 *araC*，所以文献中有时也称之为 *araCBAD* 操纵子（图 7-43）。

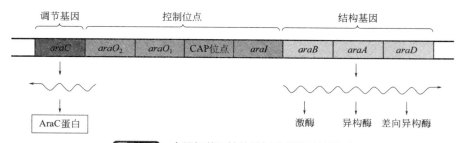

图7-43 大肠杆菌阿拉伯糖操纵子的结构模型

2. 阿拉伯糖的分解代谢

L- 阿拉伯糖是一种五碳糖，或叫戊糖。大肠杆菌细胞是以 *ara* 操纵子的形式，将 L-阿拉伯糖转变成戊糖磷酸，即 D- 木酮糖 -5- 磷酸，而后再转变成戊糖酵解途径的中介物，满足细胞对能源的需求。在这种降解代谢过程中，首先在 *araA* 基因的阿拉伯糖异构酶的催化作用下，将阿拉伯糖变构为 L- 核酮糖（L-ribulose）。接着，经由 *araB* 基因的核酮糖激酶的激活作用，L- 核酮糖进一步磷酸化成 L- 核酮糖 -5- 磷酸。最后，*araD* 基因的核酮糖 -5- 磷酸差向异构酶的参与，使得 L- 核酮糖 -5- 磷酸转变成 D- 木酮糖 -5- 磷酸，进入糖酵解途径（图 7-44）。

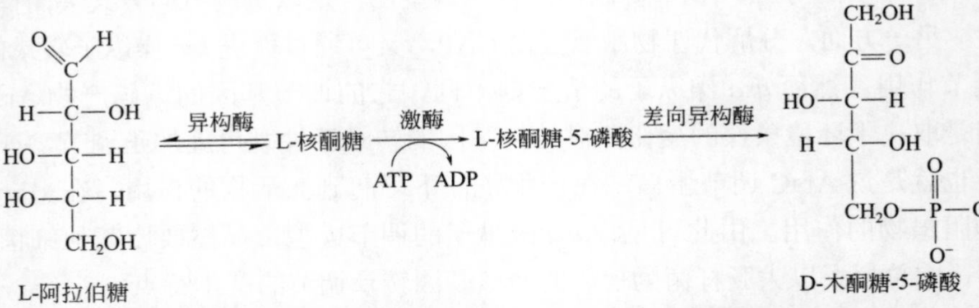

图7-44 L-阿拉伯糖转变成D-木酮糖-5-磷酸的酶催化反应

3. 阿拉伯糖操纵子的三重调节

前面已经提过，依照培养基中是否存在阿拉伯糖的具体情况，调节蛋白 AraC 对 *ara* 操纵子的表达活性可以起到不同的调节效应。当培养基中没有阿拉伯糖时，细胞就不再需要相关的代谢酶，于是调节蛋白 AraC 的特异性结合，便抑制了 *araBAD* 基因的表达活性。在这种情况下 AraC 作为阻遏物，对 *ara* 操纵子的表达活性施展负调节作用。但是，如果培养基中含有阿拉伯糖，它便会与调节蛋白 AraC 结合，使之构型发生变化，失去阻遏作用的功能。于是 *ara* 操纵子便处于去阻遏的状态，有可能启动 *araBAD* 基因进行转录。在这种情况下，AraC 调节蛋白作为激活物，对 *ara* 操纵子的表达活性发挥正调节作用。这说明，同一种调节蛋白如 AraC 的不同构型，既可激活亦可抑制 *ara* 操纵子的转录活性。

然而 AraC 激活物的去阻遏效应，并不足以促使 *ara* 操纵子真正启动转录反应。因为如同其他诱导型的分解代谢物操纵子一样，*ara* 操纵子也是受双重调节因子控制的。它的有效转录需要两种调节因子，即 cAMP-CAP 复合物和与阿拉伯糖结合的 AraC 蛋白的参与。*ara* 操纵子的转录调节，涉及自调节（autoregulation）、负调节和正调节三种不同的类型。

（1）自调节

受自身产物控制的基因表达调节类型，叫做自调节。自调节包括正自调节和负自调节两种类型。前者是指基因表达的产物，能够增强该基因的表达活性；后者则是指基因表达的产物，会反过来抑制该基因的表达活性。例如大肠杆菌 *ara* 操纵子的 *araC* 基因的表达，就是属于负自调节的一种典型例子。当细胞缺乏 AraC 蛋白和 cAMP-CAP 复合物这两种调节因子时，RNA 聚合酶便会从启动子 P_C 开始，向左转录出 AraC 蛋白的mRNA 分子。而后，随着 *araC*-mRNA 的不断翻译，细胞中 AraC 蛋白含量水平便随之逐渐上升。但因为此时仍缺乏 cAMP-CAP 复合物，所以 AraC 便以二聚体形式同操纵单元 *araO₁* 结合，从而抑制了从启动子 P_C 开始的左向转录，阻断了 *araC* 基因的继续表达。因此，*araC* 基因的转录活性是一种负自调节（图 7-45）。

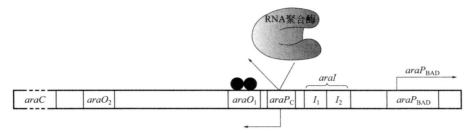

图7-45 *araC* 基因负自调节模型

随着大肠杆菌细胞中 AraC 蛋白表达量的增多，它便有足够的数量以二聚体形式结合在操纵单元 *araO₁* 位点上，于是便阻断了 RNA 聚合酶从启动子 *araP_C* 开始的向左方向转录。其结果自然是抑制了 *araC* 基因的表达活性，细胞便中止了 AraC 蛋白的合成。不管阿拉伯糖与 AraC 蛋白结合与否，这种负自调节都有可能发生

（2）负调节

当细胞中存在的调节蛋白呈现激活状态时，会导致目的基因的表达活性受到抑制，这种类型的转录调节叫做负调节。大肠杆菌 *ara* 操纵子，当其处在含有 AraC 蛋白，但却缺乏 cAMP-ACP 复合物和阿拉伯糖的生长条件下，便会呈现出转录的负调节。因为此时 AraC 蛋白能够以单体形式，分别同操纵单元 *araO₂* 和调节位点 *araI₁* 结合。于是通过此两个单体的 AraC 蛋白之间的相互作用，便可促使位于 *araO₂* 和调节位点 *araI₁* 之间相距 194bp 的 DNA 区段发生向外弯曲，而形成环状的结构。但因为 *araI₂* 激活位点没有结合上单体的 AraC 蛋白，所以便无法激活启动子从封闭状态转变为可以同 RNA 聚合酶结合的开放状态。于是 *araBAD* 基因的转录活性便被抑制，不会合成出阿拉伯糖降解代谢所需的代谢酶（图7-46）。在此种情况下，AraC 是作为阻遏物，对 *ara* 操纵子执行负调节作用。

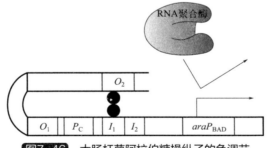

图7-46 大肠杆菌阿拉伯糖操纵子的负调节

在没有阿拉伯糖和 cAMP-ACP 复合物的情况下，激活的 AraC 蛋白以单体形式，分别结合在 *araO₂* 和 *araI₁* 两个位点上，导致中间 DNA 分子弯曲成环。结果使得 RNA 聚合酶无法进入同启动子 *araP_BAD* 结合，抑制了 *ara* 操纵子的转录活性，无法生成 araBAD-mRNA

（3）正调节

只有当细胞中存在的调节蛋白处于活性状态下，才能够激活目的基因进行转录，这样的基因表达调节类型称为正调节。以大肠杆菌 *ara* 操纵子为例，若细胞中 cAMP-CAP 复合物和阿拉伯糖二者含量均较丰富时，就会合成出参与阿拉伯糖分解代谢的 AraBAD 三种代谢酶，实现 *araBAD* 基因表达的正调节。因为在这样的细胞生长状况下，阿拉伯糖与 AraC 蛋白结合的结果，使后者的构型发生了改变而无法同操纵子单元 *araO₂* 结合，但却可以二聚体形式优先同调节位点 *araI₁* 和 *araI₂* 结合。从图 7-47 可以看到，这种结

合作用的直接影响是，使得位于 $araO_2$ 和 $araI_1$ 两个位点之间的 DNA，再也不会向外弯曲成环状结构。而此时结合在 $araI_2$ 激活位点上的 AraC 是具功能活性的二聚体，可激发 $araBAD$ 启动子从闭合型转入开放型，从而与 RNA 聚合酶结合形成转录起始复合物。于是 $araBAD$ 启动子便处于去阻遏状态，而此时细胞中又存在着足够高浓度的 cAMP-CAP 复合物，可以占据 ara 操纵子中的 CAP 结合位点，促进 RNA 聚合酶启动 $araBAD$ 基因转录，合成出参与阿拉伯糖分解代谢的酶蛋白。由此可见，ara 操纵子的正调节，也是在两种正调节因子，即结合着阿拉伯糖的 AraC 蛋白和 cAMP-ACP 复合物的协同作用下实现的。其中阿拉伯糖起到了诱导物的作用。

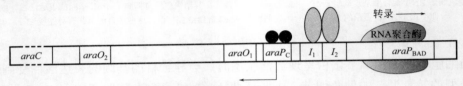

图7-47 大肠杆菌阿拉伯糖操纵子的正调节

在 cAMP-ACP 复合物含量丰富，并存在阿拉伯糖的条件下，阿拉伯糖的结合致使 AraC 蛋白的构型发生改变，从而不能同操纵单元 $araO_2$ 结合，但可以二聚体形式优先同调节位点 $araI_1$ 和 $araI_2$ 结合。结果使 ara 操纵子开放，被进入的 RNA 聚合酶结合上。由于高浓度的 cAMP-ACP 复合物的存在，它占据了 CAP 的结合位点，促进 RNA 聚合酶启动 $araBAD$ 基因转录

鉴于 $araBAD$ 启动子，是一种经由诱导物阿拉伯糖控制的诱导型启动子，而且需要加入大量的阿拉伯糖的情况下才会被诱导表达。因此，该启动子已被用来构建在大肠杆菌中表达外源基因的表达载体。它特别适合于克隆对细胞具毒性作用的毒蛋白的编码基因。因为其转化子细胞只有在培养基中加入适量的阿拉伯糖之后，才会被诱导表达出毒蛋白，而平时则处于关闭状态，因此易于用来开展毒性基因的克隆操作。

第四节
原核基因表达的网络调节

在广袤的自然界中，生态环境条件各种各样千变万化，而且逆境状况无所不在无时不有。因此，为了自身的生存，细菌必须具备能够快速应对环境变化和抵抗逆境的高度适应能力。例如环境中的营养物质往往是相当有限的，甚至于匮缺，所以细菌就应该能够保护自己渡过饥饿的难关，直到重新获得可利用的营养来源。不同的生态环境，在水分以及溶剂的浓度方面，也存在着悬殊的差别，因此细菌也必须具备适应干燥或渗透性差别的独特代谢机理。环境温度的波动，包括高温和寒冷的更替，对细菌的存活同样也是一种经常性的威胁。因为与人类及其他哺乳动物不同，细菌无法维持自身的温度，故它还必须具备特殊的功能，以应对环境温度的激烈变化。

由于长期进化和自然选择的结果，细菌获得了通过调节细胞组分的合成速率，迅速地应对环境生长条件突然变化的能力。例如培养基中的不同碳源和能源，会使细胞呈现出不同的生长速率。与此相应，不同生长速率的细胞，其 DNA、RNA 以及蛋白质等大

分子也应具有不同的合成速率；而且这些细胞大分子合成体系的参与者，诸如核糖体、rRNA 以及 RNA 聚合酶等，也应该存在不同的浓度。除此而外，不同细胞组分的相关合成速率，还必须彼此协调保持平衡，如此细胞才不会累积起超出它正常需求量的多余的某种组分。

由此可见，细菌为了适应环境条件大幅度广范围的变化，单靠一个操纵子作局部的调节显然是不够的，它还需要一种能够同时调节许多个相关操纵子的、特殊的调节体系。这种调节体系特称为网络调节（network regulation）或叫全局调节（global regulation）。已发现在大肠杆菌细胞中，这种全局调节体系是由许多单一的调节途径交织组成的一种复杂的调节网络（regulatory networks）。这种调节网络，使得大肠杆菌在经受外界环境压力的作用时，能够适时快速地作出反应。例如，某种外界信号，可使大肠杆菌中许多种功能不同的基因或操纵子，同时去阻遏进入活化状态。

本节我们仍然以大肠杆菌为例，讨论发生在原核细胞中的若干种常见的网络调节的分子机理。主要是涉及核糖体及 tRNA 合成的协同调节机理、反馈抑制的调节机理以及应急反应的调节机理等有关内容。

一、核糖体蛋白合成的调节

为了有效地同逆境条件作斗争，大肠杆菌显然必须能够最充分地利用所获得的碳源和能源，避免不必要的能量浪费。细胞节省能量的有效方法之一是，调节核糖体和 tRNA 的合成速率，使其产量恰好维持在细胞实际需要量的平衡水平。核糖体和 rRNA 分子数量的多寡，是取决于细胞的生长速率，因此在处于不同生长状态的细胞中，核糖体和 rRNA 的数量事实上有很大的差异。在具优质碳源和能源的培养基中快速生长的大肠杆菌细胞，含有相当大量的核糖体和 rRNA，以保证蛋白质的快速翻译。而在劣质碳源和能源的培养基中，由于营养物质缺乏而处于缓慢生长的细胞，则只需要少量的核糖体和 rRNA。因此，在这样的细胞中，蛋白质的合成速率也是比较缓慢的。实验检测表明，快速生长的大肠杆菌每个细胞，大约含有 70000 个核糖体颗粒；而生长缓慢的大肠杆菌每个细胞，则只有 20000 个左右的核糖体颗粒。鉴于目前我们对大肠杆菌核糖体蛋白以及 rRNA 分子合成的网络调节机理的了解，要比其他原核生物的较为深入，故下面以大肠杆菌为模式，讨论与核糖体蛋白合成调节有关的若干问题。

1. 核糖体蛋白合成的自调节

大肠杆菌拥有 55 种不同的核糖体蛋白。这些蛋白质的编码基因，分别聚集成至少 20 多个不同的操纵子，每个操纵子含有数个乃至于 10 多个结构基因（图 7-48）。然而令人惊奇的是，这些分布在不同操纵子上的核糖体蛋白质的翻译速率，彼此之间却能够保持着精准的平衡关系。对于占细胞蛋白质总干重约 45% 的核糖体蛋白质而言，维持这种严格协调的翻译控制，显然是十分必要的。因为已经知道，与其他蛋白质表达调节相反，核糖体蛋白质合成的调节，主要的不是发生在转录水平上，而是发生在翻译水平上。

此外，有一些核糖体蛋白操纵子，除了核糖体蛋白基因外，还存在着诸如 DNA 引物酶、RNA 聚合酶以及翻译延伸因子等大分子量蛋白质亚基的编码基因。这就从分子结构上保证了在细胞生长过程中，遗传信息的复制、转录和翻译，能够紧密地偶联进行。因

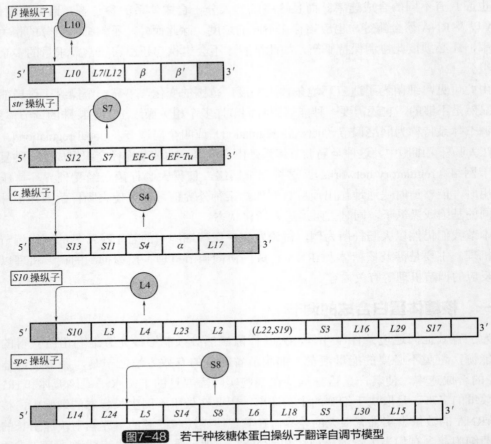

图7-48 若干种核糖体蛋白操纵子翻译自调节模型

本图收集了若干种能够翻译自调节的核糖体蛋白操纵子的结构及其翻译自调节的分子模型。在有些核糖操纵子中，还含有 DNA 引物酶、翻译延伸因子以及 RNA 聚合酶等蛋白质的亚基基因。翻译阻遏蛋白以深色圆圈表示，并以箭头标示其作用位点。α、β、β′ 分别代表 RNA 聚合酶亚基编码基因。*EF-G* 和 *EF-Tu* 为翻译延伸因子。核糖体大亚基（50S）的 34 个组成蛋白，分别命名为 L1～L34；核糖体小亚基（30S）的 21 个组成蛋白，分别命名为 S1～S21

此，这样的核糖体蛋白操纵子的结构特征，对于基因表达的网络调节，显然也是相当重要的。

那么分布在 20 多个操纵子上，多达 55 个核糖体蛋白基因，它们的翻译速率究竟是依靠什么样的分子机理，才能得以协调平衡的呢？研究发现，每一种核糖体蛋白操纵子，都至少有一个基因编码着一种特殊的蛋白质。这种蛋白质叫做翻译阻遏蛋白（translational represor），它的主要功能是通过同自身操纵子 mRNA 的翻译起始区 TIR 的结合作用，阻断该核糖体操纵子所有蛋白质编码基因的翻译活性，其中自然也包括翻译阻遏蛋白自己的基因在内。这种形式的翻译调节作用，叫做核糖体蛋白的翻译自调节（translational autoregulation of ribosomal protein）。它是属于网络调节的典型事例之一。

由于核糖体翻译阻遏蛋白也是核糖体的重要组分之一，它与 mRNA 结合之后，是否会影响到核糖体颗粒的正常组装呢？答案是否定的！因为包括核糖体翻译阻遏蛋白在内的所有核糖体蛋白，同 rRNA 分子结合的牢固程度，都要明显地超过它们同 mRNA 分子结合的牢固水平。所以说，只要细胞中存在着游离的 rRNA 分子，新合成的核糖体蛋白便会优先地与之结合，进行正常的核糖体组装。这样，细胞中也就不会有可用于同操纵子 mRNA 结合的多余的翻译阻遏蛋白。于是核糖体蛋白操纵子 mRNA 的翻译便得以继续进行，并与相应的 rRNA 组装成核糖体。而此时细胞中已没有多余游离的 rRNA 分子，致使新合成的核糖体阻遏蛋白，能够以游离的状态结合到核糖体操纵子 mRNA 分子的翻译起始区 TIR 上，重新抑制核糖体蛋白的合成。大肠杆菌正是通过这种自调节的方式，有效地控制着核糖体蛋白和 rRNA 分子的合成速率，使二者的数量始终保持在恰当的平衡状态，既不会翻译出超量的核糖体蛋白，也不会转录出多余的 rRNA 分子。

根据上述分析可知，只有当大肠杆菌核糖体蛋白的合成速率超过 rRNA 的合成速率，或者是这些核糖体蛋白并没有按照等摩尔的浓度平衡合成时，细胞中才会出现超量的游离的核糖体翻译阻遏蛋白，参与同操纵子 mRNA 之 TIR 序列的结合。因此，也只有在这种特定的代谢状况下，才会发生核糖体蛋白翻译合成的抑制现象。但需要指出，在这种核糖体蛋白合成自调节过程中，每种核糖体操纵子都只有翻译阻遏蛋白一种，是在翻译水平上独立地进行自调节的，其他的核糖体蛋白则不具备这种独立的自调节特性，它们也是受同一种翻译阻遏蛋白调节的。因此，细胞中所有的核糖体蛋白的合成速率，能够维持着彼此均衡协调的状态。

2. 核糖体蛋白合成自调节的实验证据

基因剂量实验（gene dosage experiment），为核糖体蛋白翻译自调节机理提供了直接的证据。所谓基因剂量，指的是一个细胞中所拥有的同一种基因的拷贝数，而基因的剂量实验则是建立在局部二倍体菌株的基础上，专门用来研究（检测）基因拷贝数的增加，对其编码产物合成速率之影响的一种分子遗传学研究技术。

图 7-49 概述了基因剂量实验的基本原理。如果某种特定基因的翻译不是自调节的，那么该基因编码产物的合成速率，就应该大体上与基因的拷贝数成正比。也就是说，随着基因拷贝数的增多，其编码产物的总量也应同步上升 [图 7-49（a）]。但是，如果某种特定基因的翻译是自调节的，那么基因产物的累积就将会抑制其自身的合成。因此在这种情况下，基因编码产物的合成速率就不会随着基因拷贝数增加而上升 [图 7-49（b）]。

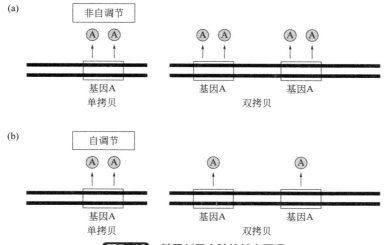

图7-49 基因剂量实验的基本原理

（a）非自调节。蛋白质的编码基因增加为两个拷贝时，其编码产物的合成速率（浓度）也随之成倍上升。（b）自调节。蛋白质 A 的编码基因增加为两个拷贝时，其编码产物的合成速率（浓度）仍维持在原来的水平

用于检测特定基因的翻译，是否是自调节的基因剂量实验的具体步骤是，将带有一个或数个核糖体蛋白编码基因的操纵子，插入在适当的λ噬菌体载体上，然后再导入大肠杆菌寄主细胞。结果观察到，含有两个拷贝的核糖体蛋白基因之转化子细胞，与正常的只含有一个拷贝的细胞相比，两者核糖体蛋白的合成速率（浓度）是相等的。这说明核糖体蛋白的合成，是自调节的。

　　当然，我们还需要进一步检测一下这种自调节，究竟是发生在转录水平还是发生在翻译水平。根据基因表达的常识知道，如果核糖体蛋白的合成速率，是在转录水平上自调节的，那么当基因拷贝数增加的时候，核糖体蛋白基因的转录速率就不会增加；而如果自调节只是发生在翻译水平上，基因的转录速率就应该会相应地增加。实验观察的结果是，当基因剂量成倍增加时，转录的速率也大体上是按倍提升。这说明，自调节并非发生在转录水平上。而如果基因不是在转录水平上发生自调节的，那么它们就必定是在翻译水平上发生自调节的。因此说，核糖体蛋白能够抑制其自身编码基因的翻译活性。

　　再一个问题是，还需要进一步检测究竟是核糖体操纵子的所有蛋白质都能够独立地抑制它们自己基因的翻译活性，抑或是每一种核糖体操纵子中都只有一种特殊的蛋白质能够抑制操纵子的所有基因的翻译活性。为了回答这个问题，研究者们有规律地、按序地从每个核糖体操纵子上缺失掉某种蛋白质编码基因，并克隆在λ载体上，再导入适当的大肠杆菌寄主细胞，然后检测这些基因缺失对其他核糖体蛋白翻译合成的影响。实验结果显示，每个操纵子中缺失的大多数基因，都没有对其他基因的蛋白质合成速率造成影响；但是每个操纵子中都有某一个特定基因，当其缺失时便会导致其他蛋白质的合成速率成倍地上升。现在已经将这种特定基因编码的核糖体蛋白，叫做翻译阻遏蛋白，它既可以抑制自我的翻译，也可抑制同一个操纵子编码的其他蛋白质的翻译。

3. 核糖体蛋白与 rRNA 合成的协同调节

　　核糖体蛋白与 rRNA 分子是彼此分开合成的，然后再组装为成熟的核糖体颗粒。然而在大肠杆菌细胞中，从未检测到超量的处于游离状态的核糖体蛋白和 rRNA 分子，这说明二者的合成是相当协调的。显而易见，核糖体蛋白的合成速率，是被调节成与 rRNA 合成速率相匹配的状态；而 rRNA 的合成速率，也同样被调节成与核糖体蛋白合成速率相协调的水平。只有这样，细胞才不会浪费不必要的能量，用于合成超量的核糖体蛋白或是多余的 rRNA 分子。

　　这里我们以相对简单的核糖体蛋白操纵子 *rplK-rplA* 为例，阐述通过核糖体蛋白合成的自调节机理，控制核糖体蛋白与 rRNA 分子合成速率彼此协调的分子细节。该操纵子的两个结构基因 *rplA* 和 *rplK*，分别编码核糖体大亚基蛋白质 L1 和 L11。L1 蛋白是一种翻译阻遏蛋白，它既可以与游离的 rRNA 分子结合，又可以同 *rplK-rplA* mRNA 之翻译起始区 TIR 结合，具有调节 *rplK-rplA* 操纵子表达活性的功能。

　　由于 *rplA* 和 *rplK* 这两个基因共转录为一条多顺反子的 mRNA 分子，在翻译上也是偶联发生的。因此，L1 蛋白同 *rplK-rplA* mRNA 之 TIR 结合的结果，不仅抑制了 *rplK* 基因的翻译，而且也抑制了自身编码基因 *rplA* 的翻译活性（图7-50）。但是如果细胞中存在着超量游离的 rRNA 分子，L1 蛋白将优先同这样的 rRNA 结合，并从其结合的 *rplK-rplA* mRNA 翻译起始区 TIR 上解离下来，于是 *rplK-rplA* 操纵子的表达活性得到恢复，重新

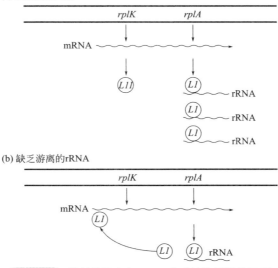

(a) 具超量游离的rRNA

(b) 缺乏游离的rRNA

图7-50 核糖体蛋白与rRNA合成的协同调节机理

（a）细胞中具有超量游离的 rRNA 分子时，*rplK-rplA* 操纵子去阻遏，正常翻译；（b）细胞中缺乏游离的 rRNA 分子时，游离的 L1 蛋白同 *rplK-rplA* mRNA 结合，阻断 *rplK-rplA* 操纵子的表达活性

翻译出 L1 和 L11 核糖体蛋白。这种情况对所有的其他核糖体蛋白操纵子也同样发生，因此它们也全部重新恢复翻译合成，并进行核糖体的组装。

此时细胞中就不再有任何游离的 rRNA 分子，因为它们已完全被捕获用于核糖体的组装。其结果是，细胞又重新出现了游离的 L1 蛋白质的累积，并再次同 *rplK-rplA* mRNA 的 TIR 结合，阻断操纵子的翻译。大肠杆菌细胞就是以这种的调节方式，维持着核糖体蛋白质与 rRNA 分子之间的协同表达。

二、rRNA和tRNA合成的协同调节

每个大肠杆菌细胞，尤其是处于生长旺盛时期的细胞，都含有数万个核糖体颗粒，因此需要合成大量的 rRNA 分子。为满足此种需求，细菌已经进化出了许多种用以增加 *rRNA* 基因表达量的生化途径。首先，许多种不同细菌的细胞，都存在着多拷贝的 rRNA 基因。例如大肠杆菌和鼠伤寒沙门氏杆菌（*Salmonella typhimurium*），就都具有 7 个拷贝的 *rRNA* 基因。其次，许多细菌的 *rRNA* 基因还拥有非常高效的强启动子。某些 *rRNA* 启动子之所以具有高效的转录能力，是因为它具有一段特殊的称为上游启动子元件的序列。这段序列简称 UP 元件，定位在某些细菌强启动子的 −35 元件的上游。其生物学功能是，额外提升 RNA 聚合酶同启动子之间相互作用的强度。再次，在 *rRNA* 操纵子中紧邻启动子的下游，以及位于 16S 和 25S 编码序列之间的间隔区中，都存在着一段抗终止序列。这些抗终止序列降低了 RNA 聚合酶的转录间歇效应，并阻止了在依赖于 ρ 的转录终止位点发生转录终止作用，从而使 RNA 聚合酶能够在较短的时间内转录出完整的全长的 rRNA 分子。因此，多达 50 个拷贝的 RNA 聚合酶分子，能够同时催化所有的 *rRNA* 操纵子一起进行有效的转录。

在大肠杆菌细胞中 rRNA 和 tRNA 的合成，同样也是与其他非核糖体蛋白的合成协调

进行的。已知这些 RNA 分子的合成，至少是受到如下两种不同机理调节的。第一种叫做应急控制（stringent control）机理。在这种机理控制下，当细胞中出现某种氨基酸耗尽时，rRNA 和 tRNA 的合成便会停止。第二种称为生长速率调节（growth rate regulation）机理。在这种机理的控制下，在营养贫瘠的培养基中缓慢生长的细胞，其 rRNA 和 tRNA 的合成速率便会明显地下降。当然这两种不同的调节机理之间，也可能存在着某些共同的特征。

1. 应急控制的分子机理

蛋白质多肽链的生物合成，需要全部 20 种氨基酸的参与。倘若在细胞生长培养基中，缺少了某种细胞本身无法合成的氨基酸，我们便说细胞处于该种氨基酸的饥饿状态。在此种情况下，当新生的多肽链延伸到缺乏该种氨基酸的密码子位点时，因培养基中没有这种游离的备用氨基酸的参入，便无法继续维持多肽链的合成。

生长在营养贫瘠的培养基中，而处于氨基酸饥饿状态的大肠杆菌细胞，不仅会停止蛋白质的翻译，而且还会关闭其 tRNA 和 rRNA 的转录。这种蛋白质合成与 tRNA 及 rRNA 合成相偶联停止的现象，叫做应急控制，或称应急反应（stringent response）。在应急反应期间，细胞仅能发生有限的低水平的基础代谢反应，以维持其生命的存活。一旦环境的营养状况得到了改善，细胞的应急反应便会随之停止，各种有关的新陈代谢活动又会得到重新恢复。因此说，应急反应乃是细菌抵御恶劣环境、保存生命的一种逆境适应性反应。它是细菌经过长期的自然选择和进化，所获得的一种遗传特性。

（1）鸟苷四磷酸和鸟苷五磷酸

当着大肠杆菌处于氨基酸饥饿状态的时候，细胞内便会出现两种异常的核苷酸，而且其含量水平急剧地上升。其中一种叫做鸟苷四磷酸（guanosine tetraphosphate），缩略语为 ppGpp；另一种叫做鸟苷五磷酸（guanosine pentaphosphate），缩略语为 pppGpp（图 7-51）。这两种异常核苷酸原来的名字分别叫做魔点 I（magic spot I，MS I）和魔点 II（MS II）。这是因为最初在某些细胞提取物层析图谱的放射性自显影图片中，它们是以神秘的、一时难以解释的新斑点形式出现，故此得名。

鉴于鸟苷五磷酸也会转变为鸟苷四磷酸，而且大量的实验都表明，它们二者是典型的小分子效应物，具有类似的功能效应。例如当其同目的蛋白结合之后，便会使后者的功能活性发生改变。因此，在文献中统称它们为鸟苷四磷酸，并统一用缩略语 ppGpp 或 (p)ppGpp 表示。

ppGpp 的生物学功能是，在细菌应急反应期间抑制蛋白质的翻译，并阻断 rRNA 和 tRNA 的转录。正因为它们在细菌中所起的作用，与激素在多细胞生物中所起的作用颇为类似，其功能如同警报信号，在胞内起到控制应急反应的效应器作用。所以人们有时也称这两种异常的核苷酸为信号素（alarmone）。

有一种大肠杆菌突变体菌株 relA⁻，失去了合成魔点合成酶（magic spot synthase）的活性。对这种 relA⁻ 突变体菌株的研究发现，该菌株不仅在氨基酸饥饿时不会累积 ppGpp，而且也不会关闭 rRNA 和 tRNA 的合成。这是因为在 relA⁻ 突变体菌株中，rRNA 和 tRNA 的合成并不是同蛋白质合成紧密偶联的。所以这种突变株被特称为松弛菌株（relaxed strain），relA 基因就是据此命名的。而 relA⁻ 突变体菌株遗传学特性的研究，也进一步证明积累的异常核苷酸 ppGpp，的确是细胞应急反应的一种效应物分子。

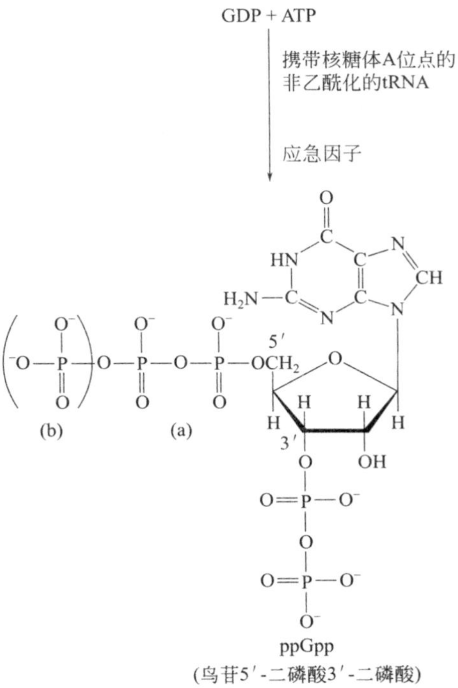

图7-51 鸟苷四磷酸和鸟苷五磷酸的化学结构式

（a）鸟苷四磷酸（ppGpp）的化学结构式。在其鸟苷的 5′和 3′位置各连接着一个从 ATP 转移来的二磷酸基团。

（b）鸟苷五磷酸（pppGpp）的化学结构式。在其鸟苷的 5′和 3′位置，分别连着一个三磷酸基团和一个二磷酸基团

（2）鸟苷四磷酸的生物合成

大肠杆菌细胞中 ppGpp 的生物合成，是由一种叫做应急因子的合成酶催化进行的。所谓应急因子（stringent factor），在中文资料中也有的译成魔点因子或严紧因子，它是由 *relA* 基因编码的、定位在 50S 核糖体中的一种鸟苷四磷酸和鸟苷五磷酸的合成酶，简称 RelA。不过这种核糖体蛋白的数量比较少，大约每 200 个核糖体中只有一个。因此，很有可能在细胞中只有少数的核糖体可以发生应急反应。本书将这种合成酶统一叫做魔点合成酶（magic spot synthase），或称 ppGpp 合成酶，似乎比较简单明了。

魔点合成酶能够将 ATP 分子中的焦磷酸转移给受体鸟苷二磷酸（GDP）或鸟苷三磷酸（GTP）分子的 3′-OH 基团，分别生成 ppGpp 或 pppGpp 两种异常的核苷酸。但魔点合成酶 RelA 的催化反应主要是以 GTP 为底物，因此其合成的产物主要是 pppGpp。随后经由具有去磷酸化作用功能的延伸因子 EF-Tu 和 EF-G 以及其他核糖体蛋白的作用，pppGpp 便会脱去一个磷酸基团转变成 ppGpp（图 7-52）。与从 ATP 转移一个焦磷酸到 GDP 途径相比，从 ATP 转移一个焦磷酸到 GTP 是主要途径。因此在细胞应急反应中，经由 pppGpp 生成 ppGpp 显然是 ppGpp 合成的最常见的形式，而 ppGpp 也是应急反应的常用效应因子。

魔点合成酶在一般情况下处于抑制状态。它只有两种情况下才会被激活。其一，当50S 核糖体是组成 70S 核糖体的一部分，而后者处于与 mRNA 分子结合并进行翻译反应时；其二，当核糖体的 A 位点被一个未携带氨基酸的空载 tRNA 占据时。

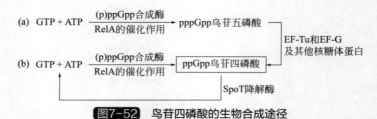

图7-52 鸟苷四磷酸的生物合成途径

（a）主要途径。在魔点合成酶 RelA 的催化作用下，从给体分子 ATP 中转移一个焦磷酸基团，结合在受体分子 GTP 的 3′-OH 位置，生成 pppGpp。然后在包括延伸因子 EF-Tu 在内的各种核糖体蛋白的作用下，pppGpp 脱去一个磷酸基团，间接生成 ppGpp。（b）次要途径。在魔点合成酶 RelA 的催化作用下，从给体分子 ATP 转移一个焦磷酸基团，结合在受体分子 GDP 的 3′-OH 位置，直接生成 ppGpp

图 7-53 以赖氨酸饥饿为例，说明在这种情况下 ppGpp 的合成是如何被激活的。当大肠杆菌细胞出现赖氨酸饥饿时，这种氨基酸的 tRNA 便处于空载的状态。鉴于这种空载的 tRNA 分子无法同延伸因子 EF-Tu 结合，所以也就不能进入核糖体。因为在正常的情况下，氨酰 -tRNA 只有在 EF-Tu 引导下，才能安置在 A 位点。于是当核糖体沿着 mRNA 分子向前移动遇到赖氨酸密码子（本例为 AAA）时，就将停止前进。如果这种停止时间足够长久，一种空载的 tRNA 分子终究便可能进入核糖体的 A 位点，即使它并没有同延伸因子 EF-Tu 结合。由于空载的 tRNA 占据了 A 位点，不仅导致多肽链合成中止，而且还激活了核糖体 A 位点的魔点合成酶 RelA，去催化 ATP 分子将焦磷酸转移给 GDP 或 GTP，最终生成 ppGpp。这就是所谓的空载反应（idling reaction）或叫无效反应。

除了头一种蛋白质魔点合成酶 RelA 之外，在氨基酸饥饿期间胞内 ppGpp 的含量水平，同样也要受到另一种蛋白质 SpoT 的调节。这种蛋白质也叫做魔点降解酶，系由大肠杆菌 *spoT* 基因编码。在正常的情况下，SpoT 的功能是参与鸟苷四磷酸的降解作用，故也称之为 ppGpp 降解酶。该酶可催化 ppGpp 发生快速降解，其半寿期仅有 20s 左右。所以当细胞营养状况恢复正常，ppGpp 停止合成之后，胞内累积的 ppGpp 便会迅速地消失，于是应急反应也就随之撤除。但在细胞出现氨基酸饥饿时，SpoT 酶的降解活性便受到了抑制，结果又促使细胞累积更多的 ppGpp。

根据上述的讨论可知，在氨基酸饥饿后发生的胞内 ppGpp 的累积，取决于如下的两个因素：其一是，魔点合成酶 RelA 催化合成 ppGpp 活性的激活；其二是，魔点降解酶 SpoT 降解 ppGpp 活性的抑制。然而令人惊奇的是，SpoT 酶不仅能够降解 ppGpp，而且在细胞快速生长期间，同样也能够催化 ppGpp 的合成。

（3）鸟苷四磷酸抑制 rRNA 和 tRNA 合成的分子机理

鸟苷四磷酸具有多种不同的生物学功能效应，但其中最重要的一种是特异性地抑制 rRNA 和 tRNA 转录的起始，另一种是降低模板的转录延伸时间。但究竟 ppGpp 是如何抑制 rRNA 和 tRNA 的合成，有关其详尽的分子机理目前尚不十分清楚。已经知道在原核生物核糖体 RNA 操纵子（简称 *rrn* 操纵子）之启动子的 −10~+1 区段，存在着一个 ppGpp 的识别序列。绝大多数实验结果显示，处于氨基酸饥饿状态的大肠杆菌细胞中，新合成的 ppGpp 便是通过直接与识别序列的结合，而抑制 *rRNA* 和 *tRNA* 基因的转录起始作用。例如 *rRNA* 和 *tRNA* 基因启动子的突变，会使之失去对 ppGpp 作用的敏感性；在试管中加入 ppGpp 既会抑制 RNA 聚合酶同 *rRNA* 基因启动子的结合，也可抑制 *rRNA* 的体

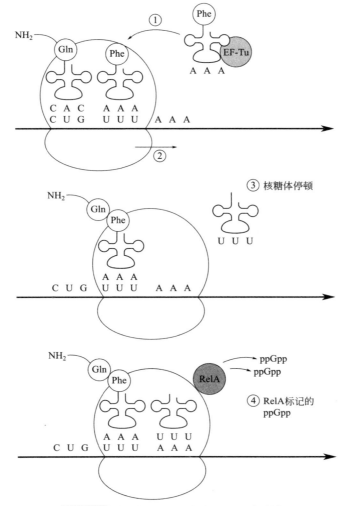

图7-53 氨基酸饥饿诱发的ppGpp合成模型

赖氨酸饥饿的大肠杆菌细胞，其赖氨酸 tRNA 分子处于空载的状态。因此，EF-Tu 延伸因子也就无法同非氨酰化的 tRNA 结合。沿着 mRNA 分子移动的核糖体，当其到达赖氨酸的密码子（本例为 AAA）时，便会停止前进，因为细胞中没有氨酰化的 tRNA 去转移这个密码子。但是，如果核糖体在该密码子处停留足够长的时间，便会有一个 tRNA^LYS（本例的反密码子为 UUU）与核糖体 A 位点结合，即便它并没有与延长因子 EF-Tu 结合。这种结合作用导致魔点合成酶 RelA，催化合成异常的核苷酸 ppGpp

外合成。这些实验结果支持了关于 ppGpp 抑制 *rRNA* 和 *tRNA* 基因转录起始的学术见解。

2. 生长速率调节的分子机理

研究工作早已观察到，在营养丰富的培养基中快速生长的大肠杆菌细胞，比在营养缺乏的培养基中缓慢生长的细胞，含有数量更多的核糖体和浓度更高的 tRNA 分子。可见 rRNA 和 tRNA 的合成，是同细胞生长速率密切相关的。所以人们将这种 rRNA 和 tRNA 合成的调节方式，叫做生长速率调节（growth rate regulation）。它取决于细胞所拥有的未参与翻译的游离核糖体的数量。如果合成的核糖体数量超出了翻译的实际需要，那么便会有一些核糖体停留在没有与 mRNA 分子结合的游离状态。据说这些游离的核糖体会抑制 rRNA 和 tRNA 的合成。由此便可确保在特定的生长速率下，细胞所合成的核糖体及 tRNA 的数量，不会超出实际需要量。但是游离的核糖体究竟是怎样抑制 rRNA 和 tRNA 的合成，仍然是个有待进一步深入研究的问题。

前面已经讲过，异常的核苷酸 ppGpp 能够抑制 rRNA 和 tRNA 的合成，因此它也可能是参与控制这些 RNA 合成的生长速率调节因素之一。例如在劣质碳源培养基中缓慢生长的细胞，由于能够合成异常的核苷酸 ppGpp，故其含量明显地高于在优质碳源培养基中快速生长的细胞的水平。这些核苷酸，通过同编码细胞 rRNA 基因的核糖体 RNA 操纵子之启动子的结合作用，抑制其转录起始，从而阻断了 rRNA 和 tRNA 的合成。而在优质碳源培养基中生长的细胞，因生长速率的加快，ATP 和 GTP 核苷酸的合成速率也随之提高。其结果是提高了 *rrn* 启动子的转录起始速率，使细胞合成出大量的 rRNA 和 tRNA 分子。因此说，大肠杆菌是以核苷酸的水平来控制 rRNA 基因的转录起始。

三、反馈抑制作用的调节

1. 反馈抑制的概念

在大肠杆菌细胞中，各种化合物的生物合成途径，除了受相关操纵子转录活性的调节之外，还会受到另一种全新的调节方式，即反馈抑制的控制。一般认为，所谓反馈抑制系指生物合成途径中的一种终产物，当其浓度超过细胞的实际需要量时，便会反过来与催化该途径开始的一种别构酶分子发生结合作用，从而导致该酶活性被特异性抑制的生化过程。所以，此种抑制方式也叫做终产物抑制。

随后的研究工作进一步发现，在多酶体系的生化合成过程中，后面步骤的合成产物虽然并不一定是反应终产物，但它有时同样也能够对前面步骤的产物合成产生抑制作用。因此有关反馈抑制的概念，更恰当的表述应该是，在多酶体系的生物合成途径中，后面步骤的产物，对催化前面步骤合成反应的特异性酶活性的抑制作用。这种反馈抑制，不仅是调节原核生物基因表达的一种有效的方式，而且也是控制真核生物基因表达的一种常用的调节机理。在大肠杆菌的氨基酸合成途径中，诸如色氨酸、异亮氨酸、赖氨酸以及甲硫氨酸等，都存在着反馈抑制的调节作用。

2. 反馈抑制的主要类型

蛋白质多肽链的翻译反应，对于 20 种标准氨基酸供应量的要求是相当苛刻的，它们必须严格按照蛋白质多肽链的氨基酸组成，以正确的速率和合理的比例合成。因此，细胞不仅要控制各种氨基酸的合成速率，而且还要协调不同氨基酸之间产量的平衡。已知调节氨基酸生物合成速率的最有效而快捷的方式便是反馈抑制。它主要有如下几种不同的类型：

（1）简单反馈抑制

影响氨基酸合成速率的两个主要因素是合成酶（亦叫调节酶）的浓度与活性。其中尤以参与生物合成途径第一步不可逆反应的合成酶最为重要，故此步反应被认为是关键步骤（committed step），或称关键反应。它往往是控制氨基酸生物合成的核心调节点。反应途径的终产物 Z，能够通过直接同催化第一步关键反应（A ⟶ B）的调节酶的结合作用，使之失去活性，从而阻断了氨基酸的生物合成途经。这样的反馈抑制类型，叫做简单反馈抑制（图 7-54）。它在异亮氨酸及色氨酸等生物合成途径中都存在。

图7-54 氨基酸生物合成简单反馈抑制模型

从苏氨酸开始的异亮氨酸的生物合成共分五步。其中头一步为苏氨酸转变为 α- 酮丁酸（α-ketobutyrate），是由苏氨酸脱水酶（threonine dehydratase）催化的关键反应（图 7-55）。这一生物合成途径的终产物是异亮氨酸，当其在细胞中累积到足够高浓度的时候，便会反过来同参与第一步反应的苏氨酸脱水酶结合，使之发生别构效应失去活性，从而阻断了异亮氨酸的合成。于是细胞中的异亮氨酸浓度便逐渐下降，到了一定的低水平后，其反馈抑制作用也就随之解除，结果异亮氨酸的合成途径又得以重新恢复。可见反馈抑制作用是调节氨基酸合成速率的一种有用的方式。

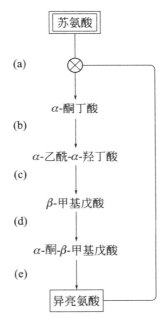

图7-55 异亮氨酸生物合成途径及其简单反馈抑制

（a）苏氨酸脱水酶；（b）乙酰乳酸合成酶；（c）乙酰羟酸异构还原酶（acetohydroxy acid isomeroreductase）；
（d）二羟酸脱水酶；（e）缬氨酸氨基转移酶

调节酶亦叫做定步酶（pacemaker enzyme），它是指参与生物合成途径关键反应的头一种酶，或是分支途径的头一种酶。由于这类酶的功能是参与代谢过程的调节作用，故此得名。调节酶分两类，一类是别构酶，另一类是共价修饰酶（covalent modification enzyme）。

别构酶由多种亚基组成，具有调节域（亦称别构域）和激活域。调节域用于同别构效应物结合，而激活域则是酶作用底物的结合部位，并具有催化作用的功能。当小分子量的别构效应物分子（如异亮氨酸）同调节域结合之后，便会引起别构酶（如苏氨酸脱水酶）的构象（conformation）发生变化，并因此影响到该酶激活域的功能，使之失去了同第三种分子结合的能力。因为效应物同别构酶的结合是非共价的，所以由此引起的酶功能的变化也是可逆的。这种由别构酶催化的反应叫做别构调节，它是反馈抑制调节作用的重要分子基础。

（2）顺序反馈抑制

在细菌的细胞中，有些生物合成具有分支的途径，可以从一种共同的前体物经不同的途径，合成出两种甚至数种不同的终产物。例如从天冬氨酸出发，经过三条由不同的酶催化的反应途径，便可分别合成出赖氨酸、甲硫氨酸和苏氨酸等多种不同的终产物。分支的生物合成途径的特点，头几步反应是共有的，如 A → B → C 这两步反应；而随后的几步反应则是分支进行的，如 C → D → E → Y 和 C → F → G → Z 这两个三步反应（图 7-56）。

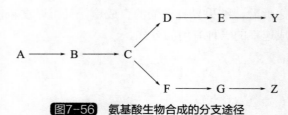

图7-56　氨基酸生物合成的分支途径

根据这样的分支途径，人们容易想象当细胞合成出了高水平的终产物 Y 或 Z 的情况下，便应该能够完全地抑制合成途径中的头一步共同反应（A → B），随后高水平的终产物 Y 便会阻断另一个终产物 Z 的合成，反之亦然。遗憾的是这种想法并不符合实际情况。事实是具分支途径的生物合成的反馈抑制调节机理，要比想象的复杂。在已经发现的有关机理中，主要的包括顺序反馈抑制（sequential feedback inhibition）、酶多重性反馈抑制（enzyme multiplicity feedback inhibition）、协同反馈抑制（concerted feedback inhibition）、以及累积反馈抑制（cumulative feedback inhibition）等多种调节机理。

根据图 7-57 所示可知，催化头一步共反应（A → B）的酶活性，不会被两个分支合成途径的终产物 Y 和 Z 单独地直接抑制。事实上是当细胞中累积了高浓度的 Y 和 Z 时，它们只能分别反馈抑制催化 C → D 反应和 C → F 反应的酶蛋白的活性。这两步反应被阻断的结果，便造成了细胞中 C 产物的累积，于是高浓度的 C 产物便反馈抑制催化头一步共同反应（A → B）的调节酶的活性。结果阻断了整个生物合成途径。由此可见，只有细胞中两种终产物 Y 和 Z 均超量的情况下，A → B 的反应才会被阻断。因为如果只有一种终产物（如 Y）超量，累积的 C 将会被用于合成另一种终产物 Z，反之亦然。

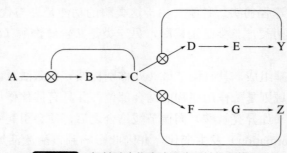

图7-57　氨基酸生物合成顺序反馈抑制模型

已发现在大肠杆菌和枯草芽孢杆菌（*Bacillus subtilis*）的若干氨基酸生物合成途径中，都存在着顺序反馈抑制的调节方式。例如从天冬氨酸出发合成苏氨酸的途径中，就存在着典型的顺序反馈抑制的调节方式。该合成途径的终产物苏氨酸，可以同天冬氨酸激酶（aspartokinase）结合，也可以同高丝氨酸脱氢酶结合，还可以同高丝氨酸激酶结合，从而逐步地依序阻断本合成途径。所以我们称这种方式的氨基酸合成调节作用，为顺序反馈抑制（图7-58）。

在有的文献中，有关作者把顺序反馈抑制模型进一步区分为，分支顺序反馈抑制（图7-57）和非分支反馈抑制（图7-58）两种亚型。但多数的文献似乎并没有采用这样细致的归类。

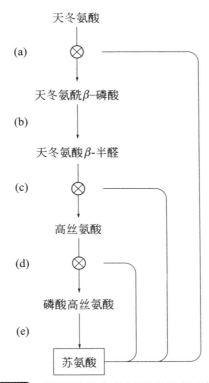

图7-58 苏氨酸生物合成途径及其顺序反馈抑制

（a）天冬氨酸激酶；（b）天冬氨酸β-半醛脱氢酶；（c）高丝氨酸脱氢酶；（d）高丝氨酸激酶；（e）苏氨酸合成酶

（3）酶多重性反馈抑制

有关氨基酸生物合成反馈调节作用的诸多机理中，酶多重性反馈抑制区别于其他反馈抑制最主要的特点是，它的头一步共反应（A ——→ B）是由多种不同的同工酶催化的。我们知道，所谓同工酶（isoenzyme 或 isozyme）系指催化相同反应的同一种酶的不同结构形式。它们在氨基酸序列、底物的亲和性、最大活性，以及调节特性等方面都是彼此互不相同的。

图 7-59 所示的是酶多重性反馈抑制的调节模型，它的头一步关键反应（A ——→ B）是由两种不同的同工酶催化的。其中一种可被反应终产物 Y 直接抑制，另一种可被反应终产物 Z 直接抑制。当细胞中累积了高水平的终产物 Y 或 Z 的情况下，都只能局部地

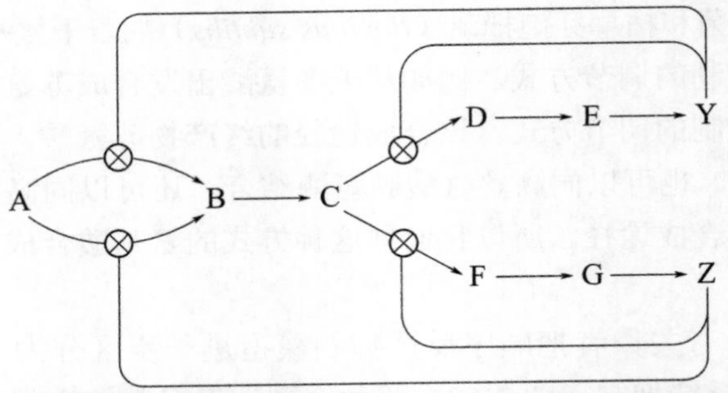

图7-59 氨基酸生物合成酶多重性反馈抑制作用模型

抑制头一步关键反应。因为无论终产物是 Y 还是 Z，都只能特异性地抑制参与头一步关键反应的两种同工酶中的一种。所以只有当细胞同时高水平地累积了这两种终产物的情况下，才能够完全阻断头一步关键反应。这种酶多重性反馈抑制的随后步骤，如同顺序反馈抑制的一样，也是由终产物 Y 抑制 C ⟶ D 反应，终产物 Z 抑制 C ⟶ F 反应（图 7-57 和图 7-59）。

大肠杆菌细胞是通过各种酶的特异性的催化作用，控制着不同氨基酸的生物合成途径。例如芳香族氨基酸的 3 个成员酪氨酸、苯丙氨酸和色氨酸，便是由共同的前体物分支酸（chorismate）经过三个途径，在不同酶的催化下合成的。而分支酸的前体物莽草酸（shikimate），则是由烯醇式丙酮酸磷酸（phosphoenolpyruvate）和赤藓糖 -4- 磷酸（erythrose-4-phosphate）缩合而成（图 7-60）。

这种缩合反应共分 4 步，其中头一步关键反应系由三种同工酶按不同的速率催化的，它们分别受到各自的反应终产物酪氨酸、苯丙氨酸和色氨酸的特异性反馈抑制。正是由于这种参与关键反应的调节酶具有多重性，才使得任何一种终产物的单独反馈抑制作用，都无法完全阻断芳香族氨基酸生物合成途径中的头一步关键反应。从而保证了该代谢途径中其他必需氨基酸的正常合成。

分支酸是芳香族氨基酸生物合成途径中的一种重要的中间物。以它为共同的前体物，出发合成芳香族氨基酸不同成员的三条代谢途径，也会受到各自的终产物的特异性反馈抑制。首先色氨酸合成途径，当细胞累积了足够数量的色氨酸，它便会同邻氨基苯甲酸合成酶结合，使之失去催化活性，从而阻断了色氨酸的合成。此外，分支酸在变位酶的催化作用下，转变为预苯酸之后，又分出了另外两个合成途径。其中酪氨酸合成途径的终产物酪氨酸，当其超量时便会反馈抑制预苯酸脱氢酶的活性，阻断酪氨酸的合成；而当另一途径的终产物苯丙氨酸超量时，也会反馈抑制预苯氨酸脱水酶的活性，阻断苯丙氨酸的合成（图 7-60）。

（4）协同反馈抑制

大肠杆菌等原核生物的另一种氨基酸合成反馈抑制类型，叫做协同反馈抑制（图7-61）。其基本特点是，当细胞中同时累积了高水平的终产物 Y 和 Z 的情况下，只有通过二者的协同作用，方可反馈抑制合成途径中头一步关键反应（A ⟶ B），但不管 Y 还是 Z 的浓度有多高，它们单独均不能反馈抑制此步反应。这一点是区分酶多重性反馈抑制和协同反馈抑制的主要依据。因为在酶多重性反馈抑制作用中，高浓度的终产物无论是 Y 还

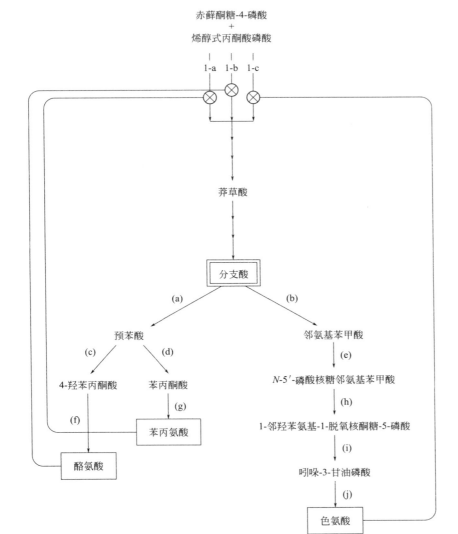

图7-60 大肠杆菌芳香族氨基酸生物合成途径及其酶多重性反馈抑制模型

芳香族氨基酸生物合成途径的头一步关键反应，由一种特殊的磷酸合成酶的三种不同的同工酶（1-a、1-b 和 1-c）共同催化的。分支酸之后的合成酶：（a）分支酸变位酶；（b）邻氨基苯甲酸合成酶；（c）预苯酸脱氢酶；（d）预苯酸脱水酶；（e）邻氨基苯甲酸磷酸核糖转移酶；（f）氨基转移酶；（g）氨基转移酶；（h）N-（5′- 磷酸核糖）- 邻氨基苯甲酸异构酶；（i）吲哚 -3- 甘油磷酸合成酶；（j）色氨酸合成酶

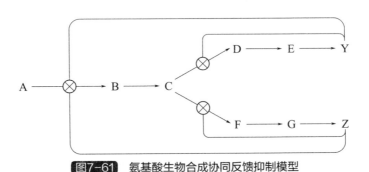

图7-61 氨基酸生物合成协同反馈抑制模型

是 Z，均可单独局部地反馈抑制合成途径中的头一步关键反应。至于随后发生的分支途径中的反馈抑制作用方式，两者则是相同的，都是由终产物 Y 反馈抑制 C —→ D 反应，另一终产物 Z 反馈抑制 C —→ F 反应（图 7-59 和图 7-61）。

大肠杆菌细胞从天冬氨酸出发合成赖氨酸和苏氨酸的代谢途径中，头一步共同的反应是由天冬氨酸激酶催化的。由此生成的产物天冬氨酰 -β- 磷酸，经天冬氨酸 β- 半醛脱氢酶的作用，转变为天冬氨酸 -β- 半醛之后，反应分两支进行（图 7-62）。其中一支经 7 步不同的酶催反应，最后生成赖氨酸；另一支经 3 步不同的酶催反应，最后生成苏氨酸。当细胞中累积了足够数量的赖氨酸和苏氨酸时，两者便会一起同天冬氨酸激酶结合，并通过别构作用使之失去催化活性，结果阻断该代谢途径的头一步关键反应。于是反应终产物赖氨酸和苏氨酸的合成便告终止。当然这种情况只是暂时性的，到了细胞缺乏赖氨

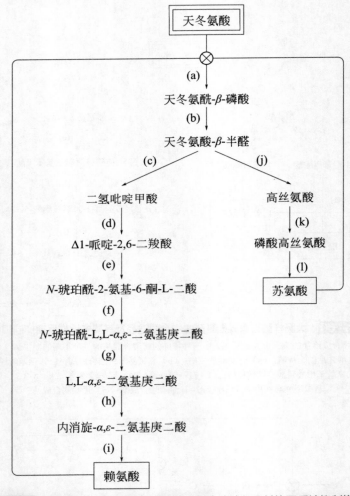

图7-62 大肠杆菌苏氨酸和赖氨酸的生物合成途径及其协同反馈抑制模型

从天冬氨酸出发合成苏氨酸和赖氨酸的途径中，头一步关键反应是由天冬氨酸激酶催化的。反应的两个产物苏氨酸和赖氨酸，通过别构作用使该酶失去活性，从而阻断这两种氨基酸的合成。参与该生物合成途径的酶：（a）天冬氨酸激酶；（b）天冬氨酸 -β- 半醛脱氢酶；（c）二氢吡啶甲酸合成酶；（d）$\Delta 1$- 哌啶 -2,6- 二羧酸脱氢酶；（e）N- 琥珀酰 -2- 氨基 -6- 酮庚二酸合成酶；（f）琥珀酰二氨基庚二酸氨基转移酶；（g）琥珀酰二氨基庚二酸脱琥珀酰酶；（h）二氨基庚二酸差向异构酶；（i）二氨基庚二酸脱羧酶；（j）高丝氨酸脱氢酶；（k）高丝氨酸激酶；（l）苏氨酸合成酶

酸和苏氨酸时，天冬氨酸激酶的失活状态便会被解除，整个代谢途径的活性重新得以恢复，进而合成出新的赖氨酸和苏氨酸，满足细胞蛋白质多肽合成的需要。

（5）累积性反馈抑制

在控制氨基酸生物合成的累积性反馈抑制作用中，每种反应终产物都只能局部地降低头一步关键反应的速率。与协同反馈抑制模型不同，累积性反馈抑制模型中的任何一种终产物，都是独立地发挥其各自的抑制作用，它们之间并不存在相互协调的问题，但其效应却是随着参与的终产物种类的增多而呈现累积性递减的过程。可以设想，如细胞中存在着高水平的终产物 Y 时，可使反应速率从每秒 100 次下降到 60 次；而当细胞中存在着高水平的终产物 Z 时，亦可使反应速率从每秒 100 次下降到 40 次。那么，当细胞中同时存在着高水平终产物 Y 和 Z 时，两者抑制作用的累积性效应就应该是每秒 24 次（0.6×0.4×100/s）。氨基酸生物合成的这种调节方式，特称为累积性反馈抑制模型（图 7-63）。

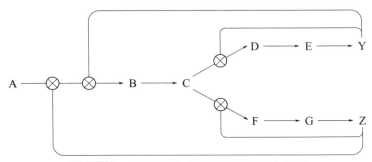

图7-63 氨基酸生物合成累积性反馈抑制模型

人们通常以大肠杆菌谷氨酰胺合成酶（glutamine synthetase）的调节作用为例，讨论氨基酸生物合成之累积性反馈抑制的分子机理。谷氨酰胺合成酶，是由 12 个分子质量为 50kDa 的、相同的多肽亚基构成的一种同型多体蛋白。它在 ATP 提供能量的情况下，能够催化谷氨酸和 NH_4^+ 合成出谷氨酰胺（图 7-64）。这是两种在大肠杆菌生命活动过程中具有重要作用的氨基酸。因为谷氨酸可以通过转氨基反应，为大多数的其他氨基酸的生物合成提供氨基；而谷氨酰胺则是各种化合物，包括其代谢反应的终产物色氨酸、组氨酸、氨甲酰磷酸、氨基葡萄糖 -6- 磷酸以及 AMP 和 CTP 六种之生物合成的氮素的来源。

通过别构作用和可逆的共价修饰，可以调节谷氨酰胺合成酶的催化活性。已知至少上述 6 种谷氨酰胺合成酶新陈代谢的终产物加上甘氨酸和丙氨酸，它们都是该酶的别构效应物。每一种此类别构效应物，都可单独对谷氨酰胺合成酶的催化活性作局部的累积性反馈抑制。只有当细胞中同时存在着这 8 种别构效应物，并且全都参与了同谷氨酰胺合成酶的结合作用时，酶的活性才会几乎被完全关闭。大肠杆菌细胞，正是依靠这种具有连续调节（continuous adjustment）特点的累积性反馈作用机理，使谷氨酰胺的浓度水平维持着连续梯度的波动状态，以应对瞬时代谢变化的实时需要。

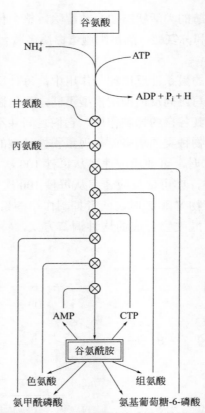

图7-64 谷氨酰胺代谢终产物之累积性反馈抑制模型

谷氨酸在谷氨酰胺合成酶的催化作用下,与 NH_4^+ 合成生成谷氨酰胺。这个反应的能量由 ATP 提供。谷氨酰胺新陈代谢终产物有色氨酸、氨甲酰磷酸、组氨酸、氨基葡萄糖 -6- 磷酸,以及 AMP 和 CTP 六种。它们以及甘氨酸和丙氨酸都能够单独与谷氨酰胺结合,局部地降低其催化活性。8 种别构效应物累积抑制效应的结果,便可基本上完全抑制谷氨酰胺合成酶的活性,从而阻断谷氨酰胺的合成

第五节
原核基因表达的RNA调节

　　随着分子遗传学研究的快速发展,近年来有越来越多的事实表明,不同类型的 RNA 分子,可以通过多种途径调节基因的表达。迄今已发现了数种 RNA 对原核基因表达的调节方式,主要有如下两种。第一,操纵子的转录弱化调节。在大肠杆菌的某些操纵子中,例如色氨酸操纵子 mRNA 前导序列,可以折叠形成不同的二级结构,导致转录提前终止。这种延长中的 RNA 链发生成熟前终止的现象,称为 RNA 转录弱化作用,结果生成非全长的短片段的 mRNA 分子。由此可见,特定的 mRNA 二级结构是调节基因转录效率的一种重要因素。第二,核糖开关的调节作用。这是最新发现的一类参与基因表达调节的特殊的 RNA 分子。研究表明它在原核生物和真核生物中均存在。鉴于转录弱

化调节已在色氨酸操纵子一节作了叙述，故本节集中讨论原核生物基因表达的核糖开关调节作用。

核糖开关，也叫做 RNA 开关（RNA switch），专指一类由基因之间非编码的 DNA 序列转录产生的，兼具蛋白质编码序列和非编码序列的长链 RNA 分子。当这类 RNA 分子折叠成二级结构时，非编码序列端便会成为某种特定的化学物质或目标蛋白的敏感受体；当它同此类化学物质或目标蛋白发生碰撞时，核糖开关便会被打开，结果导致另一端，即某种蛋白质编码序列端发生变形。于是此种核糖开关便随之合成出一种蛋白质，如同正常基因表达蛋白质的情况一样。但只有当核糖开关检测到它的目标化学物质或目标蛋白的情况下，才会合成出它所编码的蛋白质。

大多数基因的表达，都是受蛋白质因子调节的。但是，有一些 mRNA 分子内部的特定结构域可以起到"开关"元件或称之为"核糖开关"的作用，它可选择性地同代谢物结合，并且无需蛋白质转录因子的参与便可调节基因的表达。这些 RNA 核糖开关最明显的特点是具有多种多样信号传感器的功能，诸如温度、盐浓度、金属离子、氨基酸以及其他小分子量的有机代谢物。在细菌中核糖开关分布广泛，然而在真核生物中迄今仅发现一种类型的核糖开关，即硫胺素焦磷酸传感核糖开关［thiamine pyrophosphate (TPP)-sensing riboswitch］。在丝状真菌、绿藻、高等植物中都已发现了此种类型的核糖开关，它在调节 mRNA 剪接和稳定性方面都起到重要的作用。

一、核糖开关的发现

维生素 B_{12}，是所有具氰钴胺素（cyanocobalamin）生物活性的类咕啉化合物的总称，它在细胞中是以两种辅酶的形式存在：其中一种为主要的形式，叫做 $5'$-脱氧腺苷钴胺素（$5'$-deoxyadenosylcobalamin，AdoCbl），亦称为辅酶 B_{12}；另一种为次要形式，叫做甲基钴胺素（methylcobalamin），仅在肝脏细胞中有少量分布。细胞中合成的维生素 B_{12}，由 BtuB 蛋白转运到胞外，以维持其胞内浓度处于正常的生理水平。

大肠杆菌维生素 B_{12} 和转运蛋白 BtuB 的翻译调节，具有异常的特性。例如已发现在 btuB 基因 mRNA 的 $5'$-UTR 中，存在着一种叫做 B_{12} 盒的高度保守序列。这种保守序列在编码维生素 B_{12} 的生物合成酶基因（如 cobC、cobS 及 cobT 等）mRNA 的 $5'$-UTR 中，同样也都存在。更令人奇怪的是，在没有任何蛋白质因子参与的情况下，维生素 B_{12} 的辅酶 AdoCbl 能够直接与 B_{12} 盒结合，引起 mRNA $5'$-UTR 构象发生变化，并导致下游编码基因翻译效率下降。这些现象说明，维生素 B_{12} 对其编码基因的表达活性，具有反馈抑制作用的功能。

鉴于上述这些有趣的发现，并考虑到各类蛋白质因子在基因表达调节中不可或缺的重要作用，因此有些研究者猜想 AdoCbl 可能只是作为一种中介物，先与某种特定的蛋白质因子结合成复合物之后，再与目标基因 mRNA $5'$-UTR 结合，进而调节基因表达活性。然而遗憾的是，这种特定的蛋白质因子始终没有分离到。因此这种 AdoCbl 中介物假说由于缺乏事实的支持，很快便被人们放弃了。2001 年 G. D. Stormo 等人提出了另一种假说，认为 mRNA 可能通过直接与小分子量代谢物结合的方式调节基因的表达。但在当时，此种假说同样也没有得到实验事实的支持。

1990 年，Andrew D. Ellington 等人，从大量人工合成的随机序列的 RNA 群体中，检测到了若干可以同有机染料配体（ligand）特异性结合的 RNA 分子。他们发现这些单链 RNA 在体外可折叠成稳定的多维结构，并将之命名为适配体（aptamer），简称适体。受此概念的启迪，美国 Yale 大学的 R. R. Breaker 推想，在大肠杆菌细胞中一定存在着某些天然的 RNA 适体分子。随后他们在研究大肠杆菌维生素 B_1 和 B_{12} 生物合成的过程中，观察到有一种代谢物分子硫胺素衍生物（thiamine derivative），能够通过与 mRNA 结合的方式直接控制大肠杆菌基因的表达。这一发现从实验上证实了在大肠杆菌细胞中确实存在着天然的 RNA 适体。到了 2002 年 R. R. Breaker 才正式将这种 RNA 适体分子命名为核糖开关。

"riboswitch" 在英语中是由 "ribonucleic acid" 和 "molecular switch" 两个术语缩合而成。其中 "ribo" 代表 mRNA，"switch" 表示能够控制目的基因表达活性的分子开关。因此在相关文献中也常叫核糖开关为 RNA 开关。实验表明，这些核糖开关能够经由与胞内代谢物分子，诸如腺嘌呤和氨基酸等的结合作用，产生适当的反应。因此说，核糖开关这类具有较长核苷酸序列的 RNA 非编码区，是通过感知细胞内部代谢物分子浓度的变化，并以反馈抑制的方式控制下游目的基因的表达活性。它是古老的 RNA 世界的遗留物，不仅广泛地存在于各类细菌中，而且也见诸于古菌、真菌和植物中。

二、核糖开关的分子结构

核糖开关定位在 mRNA 分子的非翻译区，其中原核生物的几乎毫无例外地都是位于 5′- 端非翻译区（5′-UTR），而真核生物的则是位于 3′- 端非翻译区（3′-UTR）或内含子序列中。所有的核糖开关都含有两个不同的功能域：一个是位于 5′- 端的适体域（aptamer domain，AD）；另一个是位于 AD 域下游的表达平台（expression platform，EP），通常也叫做表达域（ED）。这两个功能域之间往往存在着一定程度的重叠关系。在表达域中有一个核糖体结合位点（RBS），在该域的下游，几乎总是直接地连上一个受核糖开关调节的目的基因的读码框，亦即参与该核糖开关代谢物配体分子生物合成与转运的基因。因此，目的基因读码框的编码产物，是与核糖开关适体域特异性结合的代谢物配体分子或其转运蛋白（图 7-65）。

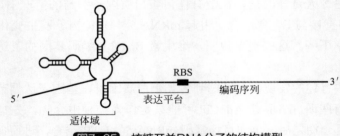

RBS

表达平台 编码序列 3′

5′

适体域

图7-65 核糖开关RNA分子的结构模型

5′- 端序列为高度保守的适体域，它是配体的结合部位；在适体域的下游是表达平台或称表达域（ED）；表达平台的下游连接着目的基因的编码序列，亦即开放读码框；在读码框之后紧接着 mRNA 分子 3′-UTR 序列

1. 适体域

不同物种核糖开关的适体域，核苷酸序列长度变动在 70～200nt 之间，可以折叠成

特定的二级结构，以确保其同靶代谢物配体分子作高度特异性的结合。重要的是这种适体域-配体复合物一旦形成，就会促使相邻的表达域在构象上发生变化，结果便直接地影响到下游目的基因的表达活性，或是上调或是下调。目前已经鉴定出了三十种以上不同类型的天然适体域，它们具有不同复杂程度的二级结构形式。例如腺嘌呤、鸟嘌呤和 2′- 脱氧鸟苷三种核糖开关，它们的适体域折叠成比较简单的三元 RNA 连接体（three way RNA junction），并以环-环相互作用（loop-loop interaction）的方式为两个茎-环结构之间搭起了一个稳定的桥梁。另一些核糖开关，包括 preQ1 和 SAM，它们的适体域可折叠成数种不同形式的二级结构。其中 preQ1- Ⅰ 和 preQ1- Ⅱ 两种适体域的二级结构是类似的；而 SAM- Ⅰ、SAM- Ⅱ 和 SAM- Ⅲ 及 SAM- Ⅳ 这四种适体域的二级结构相差悬殊，有的只是简单的茎-环结构，有的却是复杂的三元 RNA 连接体，甚至是四元 RNA 连接体（four-way RNA junction）。还有的核糖开关，典型的例子是赖氨酸核糖开关，它的适体域折叠形成更为复杂的五元 RNA 连接体（five-way RNA junction）形式的二级结构。在已发现的核糖开关中，甘氨酸核糖开关的性质较为奇特，其适体域的二级结构是由一段接头序列（linker sequence）连接着两个类似的适体域组成的，它们两者共用一个表达域。这两个串联并列的适体域的相互联系和与配体之间的协同结合作用，使得甘氨酸核糖开关能够感知胞内甘氨酸浓度的微小变化，具有极高的敏感性。

2. 表达域

不同类型甚至相同类型的核糖开关的表达域，在核苷酸序列的组成成分、二级结构及长度大小三个方面均存在着明显的差别。除此之外，表达域还具有高水平的可塑性，可形成数种不同形式的二级结构，主要的如内部转录终止子及 SD 屏蔽子。前者的功能是使目的基因的转录作用提前终止，后者的功能是抑制目的基因的翻译起始。因此尽管同一种类型的核糖开关适体域在结构上是高度保守的，但它可以通过与不同形式的表达域的结合，实现对多种生命活动过程的调节，包括调高或降低目的基因的转录与翻译活性。正是由于适体域和表达域具有这种模块性能（modularity），能够按照组件配合的方式形成不同的组合，才使得核糖开关成为了调节细胞代谢活动的重要元件。

三、核糖开关的类型

核糖开关的适体域同配体之间的结合作用，具有高度的特异性和亲和性。两者的结合作用是由适体域独立完成的，它通常并不需要表达域的参与，同时也与蛋白质因子的存在与否没有关系。现已找到了大量的可与相应核糖开关适体域特异性结合的配体分子，诸如腺嘌呤、鸟嘌呤、维生素 B_{12}、黄素单核苷酸（flavin mononucleotide，FMN）、2′- 脱氧鸟苷（2′-deoxyguanosine，dG）、葡萄糖胺 -6- 磷酸（glucosamine-6-phosphate，GlcN6P）、甘氨酸、赖氨酸、钼（Mo）、7- 氨基甲基 -7- 脱氮鸟嘌呤（7-aminomethyl-7-deazaquanine）、S- 腺苷甲硫氨酸（S-adenosylmethionine，SAM）、S- 腺苷高半胱氨酸（S-adenosylhomocysteine，SAH）以及硫胺素焦磷酸（thiamine pyrophosphate，TPP）等。迄今已确定的根据配体成分区分的核糖开关的类型有许多种，本节扼要地介绍其中有代表性的 3 种。

1. 嘌呤核糖开关

嘌呤核糖开关包括两种关系密切的鸟嘌呤核糖开关和腺嘌呤核糖开关。它们选择性地分别同代谢物鸟嘌呤或腺嘌呤结合。在枯草芽孢杆菌（*Bacillus subtilis*）、产气荚膜梭菌（*Clostridium perfringens*）和创伤弧菌（*Vibrio vulnificus*）等多种细菌中，参与嘌呤代谢和转运的相关基因之 mRNA 5′-UTR 序列，都存在着控制嘌呤代谢活动的核糖开关。例如枯草芽孢杆菌编码黄嘌呤磷酸转移酶和黄嘌呤转运蛋白的 *xpt-pbuX* 操纵子，其 mRNA 的 5′-UTR 序列中就存在鸟嘌呤核糖开关；在枯草芽孢杆菌嘌呤输出泵（efflux pump）基因 *ydh1* 及创伤弧菌嘌呤脱氨酶基因 *add* 的 mRNA 5′-UTR 序列中，则发现有腺嘌呤核糖开关。当细胞中鸟嘌呤或其相关成分黄嘌呤和次嘌呤处于高浓度的情况下，这些配体便会与鸟嘌呤核糖开关的适体域结合，从而抑制下游基因的表达活性。像这样抑制型的核糖开关在细菌中分布相当广泛。但腺嘌呤核糖开关的情况与常见的核糖开关不一样，当配体腺嘌呤与其适体域结合之后，不但不会抑制反而会激活其下游基因的表达活性。不过这种激活型的核糖开关是相当罕见的。

这两种嘌呤核糖开关 5′-UTR 的生物化学研究表明，它的适体域可折叠形成高度选择性的、能够鉴别鸟嘌呤和腺嘌呤的结合口袋（binding pocket）。根据 X 射线晶体学研究资料构建的、同鸟嘌呤和次黄嘌呤结合的、枯草芽孢杆菌之 *xpt-pbuX* 核糖开关的结构模型，进一步显示在它的适体域中，的确存在着一个能够完全吞没嘌呤配体的结合口袋。

虽然在鸟嘌呤和腺嘌呤这两种核糖开关之间，适体域核苷酸序列一致性的水平只有 59%，但 X 射线晶体学检测显示两者折叠形成的二级结构却几乎是一样的（图 7-66）。那么它们又是如何鉴别鸟嘌呤和腺嘌呤这两种配体的呢？原来是因为在适体域的核心部位，即第 74 位的核苷酸碱基发生了由 C 到 U 的转换突变。按照标准的 Watson-Crick 碱基配对原则，在鸟嘌呤核糖开关适体域中此位置的碱基是 C，因此它特异性地识别鸟嘌呤配体；而在腺嘌呤核糖开关适体域中此位置的碱基是 U，所以它特异性地识别腺嘌呤配体。由此可见，决定嘌呤核糖开关鉴别鸟嘌呤和腺嘌呤这两种不同配体的分子基础是，其第 74 位核苷酸碱基的类型是 C 还是 U。

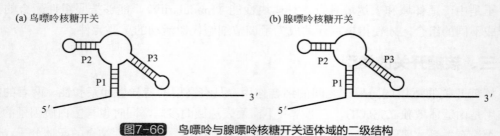

图7-66 鸟嘌呤与腺嘌呤核糖开关适体域的二级结构

（a）鸟嘌呤核糖开关适体域的二级结构；（b）腺嘌呤核糖开关适体域的二级结构

2. 氨基酸核糖开关

（1）*S*-腺苷甲硫氨酸核糖开关

细菌中控制氨基酸代谢作用的核糖开关，已经作了良好鉴定的有 *S*-腺苷甲硫氨酸（SAM）（图 7-67）、赖氨酸以及甘氨酸等多种核糖开关。现已发现，几乎所有的革兰氏阳性细菌基因组编码的参与硫代谢作用的基因，以及控制 SAM、半胱氨酸和赖氨酸等若干种重要代谢物生物合成和转运的基因，它们的 mRNA 5′-UTR 序列中都存在 SAM 核糖开关。同时在少量的革兰氏阴性细菌中也发现有此种类型的核糖开关。

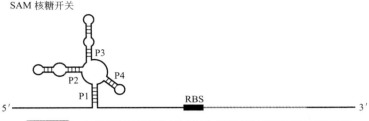

图7-67　*S*-腺苷甲硫氨酸（SAM）核糖开关适体域的二级结构

正如大多数其他核糖开关一样，SAM 核糖开关适体域与配体的结合反应，在化学计量上也要求两者的物质的量之比需达到 1∶1 的水平，并且还严格地依赖于 Mg^{2+} 的参与。实验观察显示，枯草芽孢杆菌 SAM 核糖开关的适体域与 SAM 配体之间不但亲和力强，而且还具有很高的特异性和敏感性。因此，它能够有效地鉴别 SAM 及其密切相关的化合物。例如它与 SAM 结合的敏感性要比与 *S*- 腺苷高半胱氨酸的高出 100 倍，而比与 *S*- 腺苷半胱氨酸的则要高出将近 10000 倍。

尽管 SAM 只是作为一种甲基化酶的辅酶起作用的，但在一些细菌中它似乎也是一种重要的遗传信号。比如枯草芽孢杆菌有 11 个转录单位，炭疽芽孢杆菌有 17 个转录单位，它们的编码基因都是受 SAM 核糖开关控制的。而这些基因的编码产物都参与含硫化合物的新陈代谢活动，包括半胱氨酸、甲硫氨酸及 *S*- 腺苷甲硫氨酸的生物合成过程。SAM 可以抑制这些基因的表达活性，它的作用机理是通过与其核糖开关适体域的结合，促使形成内部终止子，于是转录反应便提前在前导序列区内结束。这些事实说明，SAM 是检测在革兰氏阳性细菌中发生的、许多重要含硫化合物新陈代谢活动的一种胞内指示剂。因此，SAM 浓度的下降，可能是细胞中含硫化合物全面缺乏的一种信号。

（2）赖氨酸核糖开关

此种核糖开关，首先是在枯草芽孢杆菌赖氨酸合成酶基因 *lysC* 的 mRNA 5′-UTR 序列中发现的。随后在多种其他细菌 *lysC* 基因 mRNA 5′-UTR 序列中，也相继发现了这种控制赖氨酸代谢的核糖开关。L 型赖氨酸直接与其核糖开关适体域结合，并以形成内部终止子的方式抑制下游 *lysC* 基因的表达。

鸟嘌呤和腺嘌呤配体都是遵循 Watson-Crick 碱基配对原则，实现与其核糖开关适体域的结合。这种形式的适体-配体识别机理显然是比较简单的。所以说原始 RNA 世界的生命体，若要进化出调节更为复杂的代谢活动的能力，核糖开关适体域的分子识别机理，就必须能够适用于与此类核苷酸碱基没有化学类似性的其他类型的化合物。依赖于赖氨酸的一类核糖开关的适体域，看来便是具备这种识别能力的一种典型的例子。

虽然赖氨酸的分子量比其他大多数的配体分子都要小得多，然而它的核糖开关之适体域的保守序列和二级结构，却是已知的核糖开关适体域当中最长最大的之一（图 7-68）。这是由于在大多数细菌中都含有天然发生的非蛋白质氨基酸如鸟氨酸（ornithine）和高赖氨酸（homolysine.），以及非常见的氨基酸如 5- 羟赖氨酸（5-hydroxylysine）等赖氨酸的类似物。这些氨基酸只是在侧链的长度和结构上与赖氨酸有所差别。因此，赖氨酸核糖开关必须具备极其精确的分子识别机理，才能够有效地从这些类似物当中正确地鉴别出赖氨酸配体。事实上赖氨酸核糖开关适体域的结构确实相当复杂，对靶分子具有非

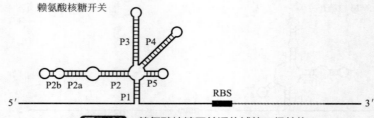

赖氨酸核糖开关

图7-68 赖氨酸核糖开关适体域的二级结构

细线表示碱基配对，粗线代表非保守区。P 表示碱基配对元件（pairing element），不同的 P 元件以数字示之，如 P1、P2 等

凡的选择鉴别能力，不仅能够排除赖氨酸的类似物，而且还能够排除 D- 型赖氨酸，而只同 L- 型赖氨酸结合。

一种例外的情况是，赖氨酸核糖开关能够同另一种赖氨酸类似物氨基乙基半胱氨酸（aminoethyl cysteine，AEC）适度结合。这个发现是十分有趣的，因为 AEC 是一种对许多细菌均有毒性的抗代谢物，而对 AEC 抗性的枯草芽孢杆菌菌株却带有阻断赖氨酸开关功能的突变。虽然说在翻译过程中，AEC 能够像赖氨酸置换反应一样参入到蛋白质多肽链中去，有可能使原本对 AEC 敏感的细菌产生出抗性效应。但是 AEC 同样也能够通过与适体域的结合，启动赖氨酸核糖开关的功能，抑制赖氨酸合成酶基因的表达。这就说明，这种化合物的抗微生物剂作用，至少部分原因是使参与赖氨酸生物合成的基因受到抑制。因此，这种核糖开关有可能在新型抗生素开发中充作新药的靶点。

（3）甘氨酸核糖开关

在许多细菌参与甘氨酸分解代谢与输出活动的基因的 5′-UTR 序列中，都存在着甘氨酸核糖开关。其中典型的是枯草芽孢杆菌甘氨酸切割体系（glycine cleavage system）编码基因的甘氨酸核糖开关。当细胞中甘氨酸超量时，此种切割体系便会将多余的甘氨酸切割断裂并运送出胞外，以使胞内甘氨酸浓度维持在正常的生理水平。

在所有已知的核糖开关中，甘氨酸核糖开关可能是最奇特的一种。首先，甘氨酸核糖开关适体域的二级结构，具有两个串联并列的类似的结构域（图 7-69）。枯草芽孢杆菌和霍乱弧菌（Vibrio cholerae）的甘氨酸核糖开关的生化分析显示，这两种结构域都能同一个甘氨酸分子结合，但不能同诸如丙氨酸、丝氨酸这样的与甘氨酸具有类似结构的化合物结合。其次，当甘氨酸核糖开关适体域中一个结构域同甘氨酸分子结合之后，另一个结构域结合甘氨酸的亲和力便至少提高 1000 倍（图 7-70）。正是依靠这种协同结合机理

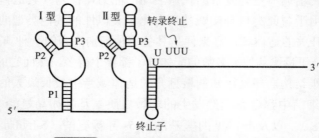

图7-69 甘氨酸核糖开关适体域的二级结构

此种核糖开关最突出的一个特点是，在其适体域的二级结构中，存在着两个类似的串联并列的 I 型和 II 型结构域。当甘氨酸浓度处于较低水平时，II 型结构域便会折叠形成转录终止子，使转录终止，于是不再表达参与甘氨酸分子切割的蛋白质。这样一来甘氨酸浓度便会得到逐步上升（见图 7-70）

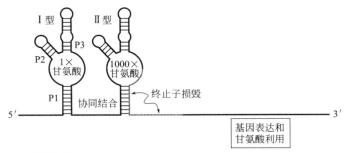

图7-70 I型和II型结构域与甘氨酸协同结合之分子机理

随着甘氨酸浓度上升，便有一定数量的甘氨酸分子同I型结构域结合，从而诱发II型结构域提升了与甘氨酸的结合亲和力超过1000倍以上。结果导致终止子的破坏，使基因转录生成全长 mRNA

（cooperative binding），甘氨酸核糖开关才能感知细胞中发生的甘氨酸浓度的微小变化。

应用这种特殊类型的核糖开关控制甘氨酸代谢的生物体，在系统进化上可能占有相当的优势。因为在甘氨酸的新陈代谢过程中，如果甘氨酸过量表达便会给细胞的生命活动带来有害的影响。而有了这种协同作用的核糖开关，当细胞中的甘氨酸浓度超量时，便会最大限度地表达甘氨酸切割体系的蛋白质，将多余的甘氨酸切割降解并输出到胞外。同样地，当细胞中甘氨酸浓度下降到蛋白质合成所必须维持的临界点时，甘氨酸切割体系的蛋白质编码基因的表达活性，便会受到最大限度的抑制。于是细胞就可以拥有足够数量的甘氨酸，满足蛋白质多肽合成的需求。

3. 维生素核糖开关

（1）辅酶 B_{12} 核糖开关

这是最早发现的一种通称 AdoCbl 的核糖开关。它在诸如埃希氏菌（*Escherichia*）、沙门氏菌（*Salmonella*）、克雷伯氏菌（*Klebsiella*）、耶尔森氏菌（*Yersinia*）、弧菌（*Vibrio*）、巴斯德氏菌（*Pasteurella*）、假单胞菌（*Pseudomonas*）、希瓦氏菌（*Shewanella*）、黄单胞菌（*Xanthomonas*）等许多种细菌中都有广泛的分布。在这些不同的细菌中，此种核糖开关的拷贝数有较大范围的变动，少的每个基因组只含有一个拷贝，多的每个基因组可拥有 13 个拷贝。辅酶 B_{12} 核糖开关主要是用于调节钴胺素合成蛋白（cobalamin synthesis protein）基因的表达活性，此外同样也能够调节卟啉及钴转运蛋白基因的表达活性。体外实验表明分离的辅酶 B_{12} 核糖开关，还能够调节参与谷氨酸和琥珀酸发酵的蛋白质编码基因，以及不依赖于辅酶 B_{12} 的核糖核苷酸还原酶基因的表达活性。

在不同的细菌中，辅酶 B_{12} 核糖开关分别以两种不同的机理控制下游目的基因的表达活性。头一种是转录控制机理，它取决于抗终止子的内部终止子两种二级结构的形成。另一种是翻译控制机理，其核心是依赖于抗-抗RBS茎（anti-anti RBS stem）和抗-RBS茎（anti-RBS stem）两种二级结构的形成。详细内容将在核糖开关的功能一节中叙述。

（2）**硫氨素焦磷酸核糖开关**

硫氨素焦磷酸（TPP）是维生素 B_1（硫胺素）的辅酶形式。控制此种辅酶代谢活动的硫胺素焦磷酸核糖开关，是已知的三种能够同含有磷酸基团配体分子结合的核糖开关中最引人兴趣的一种。它在生物界中的分布相当广泛，多种细菌、热原体属（*Thermoplasma*）的古细菌，以及真菌和植物中都有存在。

比较分析发现，大肠杆菌 *thiC* 基因 TPP 核糖开关的适体域，同硫胺素焦磷酸的结合亲和性（binding affinity）要比同焦磷酸的结合亲和性高出大约 1000 倍。由此可见，TPP 核糖开关对其靶代谢物分子的识别能力，具有高度的敏感性和选择性。根据分子结构式的比对可以看到，硫胺素比硫胺素焦磷酸只是缺少了两个磷酸基团（图 7-71），却引起了它与适体域结合亲和性的激剧下降。据此人们推测，TPP 核糖开关的适体域可能会形成一种可包容磷酸基团的结合口袋。一些实验观察对此种设想提供了有利的事实支持。

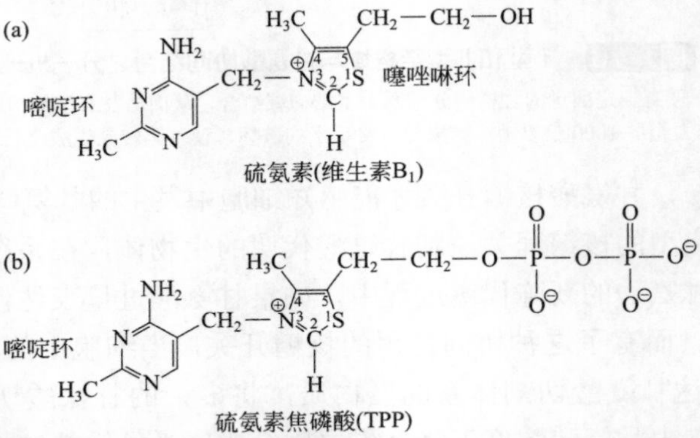

图7-71 硫胺素（维生素B₁）与硫胺素焦磷酸（TPP）的分子结构式
（a）硫胺素的分子结构式；（b）硫胺素焦磷酸的分子结构式

例如对比由硫胺素和硫胺素焦磷酸分别诱导引起的适体域结构变化发现，P4 和 P5 碱基配对元件之间形成的内部环（internal loop）结构，可能便是磷酸基团识别的一个候选位点（图 7-72）。因为只有当硫胺素含有磷酸基团之后，P4/P5 内部环的结构才会发生变化，而且如果在远端位点结合上磷酸基团，同样也会使这个内部环结构发生变化。由此看来，显然有必要作进一步的结构分析，方能确定适体域是否确实能够直接形成可以包容磷酸基团的结合口袋。

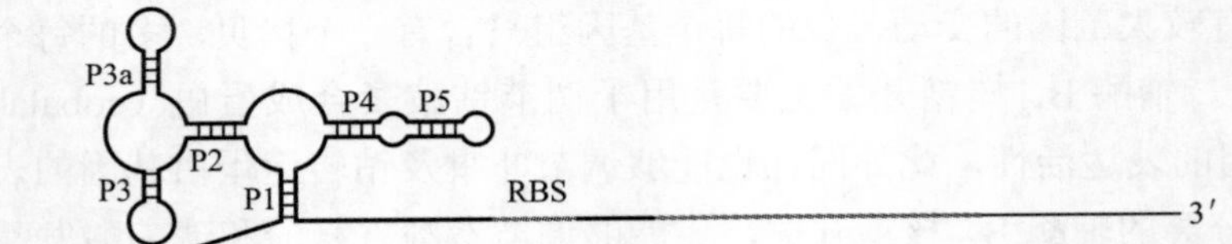

图7-72 TPP核糖开关适体域的二级结构
P= 碱基配对元件；RBS= 核糖体结合位点

细菌的 TPP 核糖开关与 AdoCb1 核糖开关类似，也是通过两种不同的机理调节下游目的基因的表达活性。一种是主要发生于革兰氏阳性细菌中的转录提前终止作用。此类细菌的 TPP 核糖开关，当其适体域同代谢物配体 TPP 结合之后，便会诱发在表达域部位形成 poly（U）内部终止子，结果阻断了转录反应，从而导致 mRNA 合成提前终止。另一种是主要发生于革兰氏阴性细菌中的翻译起始抑制作用。此类细菌的 TPP 核糖开关，当其适体域同配体 TPP 结合之后，便会诱发表达域形成一种屏蔽 RBS 的螺旋结构（或称之为屏蔽子），从而降低了翻译起始效率（图 7-73）。

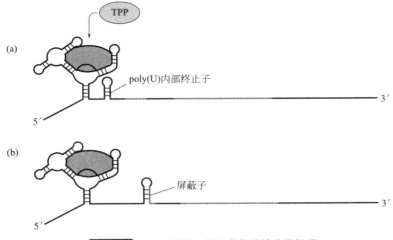

图7-73 TPP核糖开关调节作用的分子机理

（a）转录提前终止的原因是 poly（U）内部终止子结构稳定性，阻断了下游基因的转录活性，导致转录提前终止；（b）翻译抑制作用是由于核糖体结合位点形成屏蔽结构，抑制了下游基因的翻译作用

4. 真核生物核糖开关

核糖开关最初是在原核生物中发现的，随后在若干真核生物诸如真菌的粗糙链孢霉（*Neurospora*）以及高等植物的拟南芥（*Arabidopsis thaliana*）和水稻（*Oriza*）也相继有所报道。其中 TPP 核糖开关，是目前已知的在原核生物和真核生物中都有分布的唯一事例。不过两者存在的部位不一样，比如拟南芥维生素 B_1 生物合成酶基因，它的 TPP 核糖开关是定位在 mRNA 分子的 3′-UTR 序列，而不像原核生物那样定位在 mRNA 分子的 5′-UTR 序列中。在真菌粗糙链孢霉，TPP 核糖开关既不定位在相关 mRNA 分子的 5′-UTR，也不定位在 3′-UTR，而是定位在 pre-mRNA 分子的内含子序列中。

真核生物 TPP 核糖开关的功能作用与原核生物的有所区别。在细菌中，不同物种的 TPP 核糖开关可以分别从转录或翻译两种水平上调节下游目的基因的表达活性。而在真核生物中，TPP 核糖开关则是通过参与 mRNA 的剪接加工或是 3′-末端的修饰作用，实现对目的基因表达活性的调节。

四、核糖开关的功能

定位在 mRNA 分子非翻译区（UTR）的核糖开关，以不同的折叠状态感知（to sense）胞内代谢物配体分子浓度的变化，并作出相应的反应。在大多数情况下，当细胞中配体浓度上升时，它便会与适体域结合使下游目的基因的表达活性受到抑制；同时在极少数的情况下，当适体域同配体结合之后，反而会使其下游目的基因的表达活性受到激活。因此说无论是前者这样的抑制型的核糖开关，还是后者一类的激活型的核糖开关，都是属于一种顺式作用的调节体系。与蛋白质调节因子的作用方式不同，核糖开关的功能作用比较奇特，它只要发生微小的结构变动就可以按照不同的分子机理，对诸如转录弱化、翻译起始、mRNA 剪接加工等多种重要的生命过程发生调节作用。当然核糖开关功能的发挥还会受到许多动力学和热力学因素的影响，包括适体域的折叠和解折叠的速率常数、配体结合和去结合的速率常数、表达域的折叠和解折叠的速率常数、RNA 聚合酶（RNAP）延长转录的速率以及依赖于 ρ（Rho）因子的转录终止的速率等。

1. 代谢物传感器核糖开关

核糖开关控制的基因，通常是编码参与传感作用的代谢物的生物合成蛋白和转运蛋白。在大多数事例中，代谢物传感器核糖开关（metabolite sensors riboswitch），都是使用反馈抑制方式调节基因的表达活性。代谢物与核糖开关结合，起到一种遗传"关闭"的作用，从而降低了用于合成代谢物的基因产物的表达速率。此种基因表达的抑制可通过提前终止转录反应中断全长 mRNA 的合成方式，也可经由在全长 mRNA 合成之后阻止翻译起始的方式得以实现。也有些较为少见的情况，核糖开关亦可起到一种激活基因表达的遗传"开关"作用。例如腺嘌呤或甘氨酸分别同腺嘌呤传感器核糖开关或甘氨酸传感核糖开关结合，便会以阻止形成"终止茎"的方式启动 mRNA 的转录。

图 7-74（a）示出了一种赖氨酸核糖开关的转录机理：在缺少赖氨酸的情况下，此种核糖开关的 mRNA 形成一种抗终止子的 RNA 发夹环，于是转录通过开放读码框（ORF）。在存在（加入）赖氨酸的情况下，适体域中的传感器与赖氨酸结合，结果促使一种叫做 P 螺旋的茎环结构处于稳定状态。它扳动在赖氨酸开关表达平台上形成一个竞争性的、具转录终止子功能作用的发夹结构。如此转录终止作用，有效地关闭了下游基因的表达。

为了控制翻译起始，结合的代谢物阻断了 mRNA 分子的核糖体结合位点，即 Shine-Dalgarno 序列。图 7-74（b）示出了 III 型 *S*- 腺苷甲硫氨酸（*S*-adenosylmethonine，SAM）核糖开关是怎样调节翻译起始的。当反应体系中缺少 SAM 时，Shine-Dalgarno 序列容易接纳核糖体进入，起始翻译；而当反应体系中加入 SAM 时，Shine-Dalgarno 序列碱基配

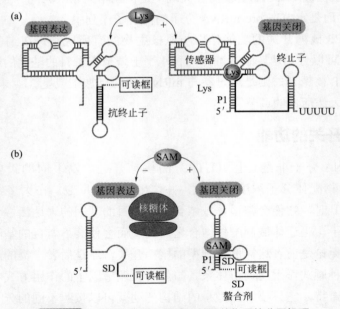

图7-74 代谢物传感器核糖开关调节作用的分子机理

（a）赖氨酸核糖开关转录弱化作用的分子机理。互补的抗终止子序列以黑线表示。

（b）SAM 核糖开关对翻译起始的调节作用。SD＝Shine-Dalgarno 核糖体结合序列

对成一种茎-环结构，于是便阻止了核糖体的结合，无法起始翻译。这两个例子说明可变的 RNA 二级结构，为细菌感应环境变化，并通过调节基因表达快速应对这些变化提供了强有力的手段。

一般认为配体与适体域之间的结合亲和性，是核糖开关调节机理的重要因素之一。目前对予 AdoCbl 这样的抑制型核糖开关调节作用的分子机理，已经有了较为深入的了解。当胞内代谢物配体分子辅酶 B_{12} 匮缺或是处于低浓度状态时，AdoCbl 核糖开关的表达域便会折叠形成一种呈发夹形式的抗终止子（anti-terminator）结构，使得下游目的基因能够启动转录合成出辅酶 B_{12} 的 mRNA 分子。于是经过一段时间之后，细胞中辅酶 B_{12} 的含量便会上升到高浓度的水平，此时适体域中 P5 发夹结构的环序列与表达域中的一段互补序列配对，形成另一种形式的不具发夹结构的抗终止子，促使适体域同其配体分子辅酶 B_{12} 结合。受此影响，表达域序列易于形成一种内部终止子，而不形成抗终止子的结构，结果便导致下游目的基因转录的提前终止。在大多数革兰氏阳性细菌中，AdoCb1 核糖开关都是以这种形成内部终止子的方式，抑制目的基因的转录活性。

激活型的核糖开关比较罕见，一个典型的例子是腺嘌呤核糖开关。它的调节机理与抑制型的鸟嘌呤核糖开关不一样。鸟嘌呤核糖开关的表达域，只有当存在着鸟嘌呤配体分子的情况下，才会折叠形成一个内部转录终止子，使转录反应出现提前终止。而激活型的腺嘌呤核糖开关则相反，在细胞中缺乏腺嘌呤配体分子时，表达域却会折叠形成内部转录终止子，于是使转录反应受到抑制。但到了腺嘌呤配体浓度上升到一定程度时，反而会促使内部转录终止子瓦解，结果目的基因正常表达。因此，鸟嘌呤核糖开关是负调节型的，而腺嘌呤核糖开关是正调节型的。

2. RNA 温度计核糖开关

许多根瘤菌热激基因的表达，都是受一段简称 ROSE 的保守的 RNA 序列元件调节的。ROSE 序列元件系热激基因表达抑制作用（repression of heat-shock gene expression）的英文缩略语。它是一种温度敏感的 "RNA 温度计" 核糖开关（"RNA thermometer" riboswich）。这种 RNA 温度计感应的温度范围在 30～40℃ 之间。在温度下降时，尽管全长的 mRNA 已经合成，翻译起始仍会受阻，核糖体的接纳便会被伸展的 mRNA 二级结构阻断。当温度上升时，这种 mRNA 的二级结构随之发生局部拆解，从而使得 mRNA 容易接纳核糖体的结合。大肠杆菌对热激转录因子 RpoH（σ^{33}）的控制，就是遵循与此类似的机理。编码一种主要的冷激蛋白（cold-shock protein，CspA）的 mRNA 分子，按照与此相反的机理调节基因的表达。该蛋白质的 mRNA 分子在 37℃ 和 15℃ 的环境条件下存在着两种不同的二级结构。这些事例再次说明，RNA 分子可以通过它的折叠模式的变化，敏感并多方面地调节基因的表达。

控制热激基因表达活性的 ROSE 元件，是迄今已发现的结构最简单的核糖开关之一，特称为微小（min）ROSE 元件。它具有温度敏感（thermosensing）特性，并以一种简单的 SD 屏蔽子的形式控制热激基因的表达。在培养物温度下降时，微小 ROSE 元件便会折叠形成 SD 屏蔽子，使核糖体结合位点 RBS 和起始密码子 AUG 失去独立自主的状态，于是热激基因的表达活性被抑制。而当培养温度上升到足以允许热激基因的编码产物得以合成时，SD 屏蔽子便自行消失，核糖体结合位点 RBS 和 AUG 起始密码子又重新恢复成独立自主的状态。此时核糖体颗粒便可以与 RBS 位点结合，启动热激基因起始翻译。因此微小 ROSE 是一种典型的温度感应核糖开关。

3. 核酶核糖开关

如同上面所述的事例，大多数已知的核糖开关的调节机理，都涉及代谢物配体分子与适体域结合之后，引起的表达域结构的变化。但也有一些核糖开关的调节机理比较独特，它们的适体域与代谢物配体分子结合之后，并不会导致表达域结构的变化，而是通过位点特异的自我切割作用使 mRNA 分子失去稳定性，结果造成基因表达水平的下降或抑制。以 GlmS 核酶（ribozyme）为代表的一类细菌的核糖开关，便是常常使用这种自我切割形式的调节机理控制基因的表达活性。

核酶是高度特异的能够自我切割的 RNA 分子，本质上属于一类特殊的核糖开关（图 7-75）。例如在异常球菌属（*Deinococcus*）、芽孢杆菌属、乳杆菌属（*Lactobacillus*）、梭菌属（*Clostridium*）等许多革兰氏阳性细菌的 *glmS* 基因 mRNA 分子的 5′-UTR 序列中，就存在着一种叫做 GlmS 核酶的新型的核糖开关。*glmS* 基因编码的谷氨酰胺-果糖-6-磷酸合成酶（glutamine-fructose-6-phosphate synthetase，GlmS），能够催化果糖-6-磷酸和谷氨酰胺合成为葡萄糖胺-6-磷酸（GlcN6P），所以 GlmS 核酶也叫做 GlcN6P 核糖开关。GlcN6P 是一种参与细胞壁生物合成的代谢前体分子（metabolic precursor），当这种配体同 *glmS* mRNA 分子的 5′-UTR 结合之后，GlmS 核酶的催化活性便会被激活。由于 GlmS

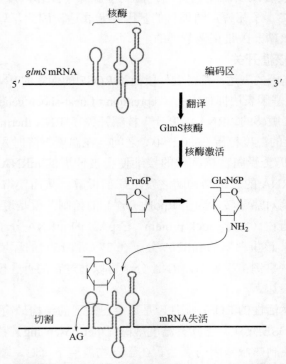

图7-75 GlmS核酶mRNA分子的二级结构及其表达

定位在 *glmS* 基因 mRNA 5′-UTR 序列中的核酶（亦即 GlcN6P 核糖开关），具有 4 个发夹结构。它可以被其代谢产物葡萄糖胺-6-磷酸（GlcN6P）激活，于是此活性的 GlmS 核酶便会从它的切割位点 AC 处断裂 mRNA 分子，使其失去表达活性，结果便阻断了 GlmS 核酶的合成

核酶的催化活性是一种能够切割自己 RNA 的内切核酸酶，于是随着胞内合成出来的配体分子 GlcN6P 的累积，核酶便进入激活状态。如此便能从特异的 AC 位点处切割自身的 RNA 分子，使之失去稳定性，结果阻断了下游目的基因的翻译作用，停止了谷氨酰胺-果糖-磷酸合成酶的合成。

　　glmS mRNA 的自我切割速率，要比自发产生的 mRNA 切割的本底速率高出 10^6 倍。这说明如此具有自我催化调节（autocatalytic regulatory）功能的 RNA，是一种新型的、代谢物传感的（metabolite-sensing）天然核糖开关。迄今在细菌中已经发现了多例 GlmS 核酶类型的核糖开关，但尚不知道它究竟是广泛分布的典型的遗传调节方式，还是一种异常的遗传调节方式。

参考文献

Allison L A, 2012. RNA Processing and Post-Transcriptional Gene Regulation//Fundamental Molecular Biology. 2nd ed. New Jersey: John Wiley and Sons Inc. P403-450.

Bertram R, Schuster C F. 2014. Post-Transcriptional Regulation of Gene Expression in Bactrrial Pathogens by Toxion-antitoxin Systems. Frontiers in Cellular and Inffection Microbiology, 4(6):1-7.

Brooker R J, 2012. Gene Regulation in Bacteria and Bacteriophages//Genetics-Analysis and Principles. 4th ed. New York: The McGraw-Hill Companies, Inc. P359-389.

Green J, Rolfe M D, Smith L J. 2014. Transcriptional Regulation of Bacterial Virulence Gene Expression by Molecular Oxygen and Nitric Oxide. Virulence, 5(8): 794-809.

Hartwell C H , Hood L, Goldberg M L, et al. 2018. Gene Regulation in Prokaryotes//Genetics-From Genes to Genomes. 6th ed. NewYork: McGraw-Hill Education. P547-583.

Holec M. Kuzelka O. Zelezny. 2015. Novel Gene Sets Improve Set-Level Classification of Prokaryotic Gene Expression Data. BMC Bioimformitics, 16(348):1-8.

Jacob F and Monod J. 1961. Genetic regulatory mechanisms in the synthesis of proteins. J Mol Biol, 3: 318-356.

Klug W S, Cummings M R, Spencer C A and Palladino M A. 2010. Regulation of Gene Expression//Essentials of Genetics. 7th ed. New York: Pearson Education Inc. P308-333.

Krebs J E , Goldstein E S, Kilpatrick S T. 2014. Gene Regulation//Lewin's Gene Ⅺ. Bosten:Jones and Bartlett Publiskers. P745-776.

Krebs J E, Goldstein E S, Kilpatrick S T. 2018. The Operon; Noncoding RNA//Lewin's Gene Ⅻ. 北京：高等教育出版社（影印版）. P648-673; 761-767.

Nelson D L, Cox M M, 2013 Regulation of Gene Expression in Bacteria//Lehninger Principles of Biochemistry. 6th ed. New York: W H, Freeman and Company. P1155-1174.

Pierce B A. 2008. Control of Gene Expression in Prokaryotes//Genetics:A Conceptual Approach. 3rd rd. New York：W. H. Freeman and Company. P425-452.

Ren Y Li X, Liu Q et al. 2015. An Improved Tet-on System to Tighly Conditionally Regulate Reporter Gene Expression. Biotechnology and Bioprocess Engineering, 20:44-50.

Snustad D P , Simmons M J. 2010. Regulation of Gene Expression in Prokaryotes and Their Viruses//Principles of Genetics. 5th ed. New Jersey:John Willey and Sons, Inc. P563-592.

Spruijt C G, Vermeulen M. 2014. DNA Methylation:old Dog , New Tricks? Nature Structural & Molecular Biology, 21, 949-954.

Takenaka M, Verbitskiy D, Zehrmann A, et al, 2014, RNA Editing In Plan Mitochondria-Connecting RNA Target Sequences and Acting Proteins. Mitochondria, 19:191-197.

Watson J D, Baker T A, Bell S P, et al. 2014. Transcriptional Regulation in Prokaryotes; Regulatory RNA; Gene Regulation in Development and Evolution//Molecular Biology of the Gene. 7th ed. New York: Cold Spring Harber Laborytery Press. P615-656; 701-732, 733-774.

Watson J D, Caudy A A, Myers R M, Witkowski J A. 2007 . Control of Gene Expression//Recombinant DNA: Genes and Genomes-A Short Course. 3rd ed. New York: W. H. Freeman And Company. P53-106.

Weaver R F. 2012. The Mechanism of Transcription in Bocteria; Operons:Fine Control of Bacterial Transcription; Major Shifts in Bacteral Transcription//Molecular Biology. 5th ed. New York:The McGraw-Hill Companies, Inc. P121-166; 167-195; 96-221.

Yeo C C, Bakar F A, Chan W T, et al. 2016. Heterologous Expression of Toxins From Bacteral Toxin-Antitoxin Systems in Eukaryotic Cell:Strategies and Applications. Toxins, 8(49):1-16.

第八章
真核基因表达活性的调节

基因表达包括转录和翻译两个主要的阶段。鉴于原核生物在细胞、染色体基因组乃至基因三个不同层次的结构方面，都要比真核生物简单得多，因此，有关原核基因表达调节机理的研究，也相对显得比较容易一些。这就是至今我们所掌握的有关知识，主要来源于大肠杆菌及其 λ 噬菌体的研究资料的原因所在。

大量的研究工作都已充分表明，真核生物和原核生物在基因表达的调节机理方面，存在着许多相似的地方，不少在大肠杆菌中发现的基本原理，原则上也同样适用于真核生物。例如两者的转录调节，都是通过特异性 DNA 结合蛋白同启动子的特异性顺式元件的结合作用进行的；再如两者 DNA 结合蛋白的多肽基序，在序列结构上也多是相同的（表 8-1）。

表8-1　真核基因与原核基因表达调节主要特点的比较

特　点	真核基因	原核基因
1. 特异性 DNA 结合蛋白控制转录作用	是	是
2. 不同的 DNA 结合蛋白使用同样的 DNA 结合基序	是	是
激活蛋白	是	是
阻遏蛋白	是	是
3. 调节蛋白同 DNA 结合的特异性	高度特异	特异
结合亲和性	特强	强
染色质结构的作用	有	无
4. 操纵子形式的协调节制	罕见	是
差异剪接	有	无
弱化作用	无	有
mRNA 加工	有	无
多聚腺苷酸化	有	无
5. RNA 从细胞核到细胞质的转运	有	无

注：引自 C. H. Hartwell et al，2018。

但是与单细胞原核生物不同，多细胞真核生物，尤其是高等植物和哺乳动物，不仅其个体存在着数百种功能各异的不同类型的细胞，而且每个细胞都拥有庞大的基因组 DNA，长度要超过原核的 700 多倍。此外，在真核基因组中还包含有数万种不同的基因，其数量相当于原核生物的 20 余倍。然而我们知道，在所有不同类型的真核细胞中，以及从单细胞合子开始的整个胚胎发育过程的各个阶段，都拥有一套同样的基因组。这种情况迄今为止极少例外。正因为如此，在讨论真核基因表达调节机理的时候，必然会涉及一些特殊的问题，诸如基因表达的发育调节和器官组织特异性表达的差异调节（differential regulation）等。其实人们自然会问，同一个受精卵究竟是如何分化出各具特定功能和形态特征的不同类型的组织、器官和细胞？同一个体中不同细胞之间的生命活动，到底是依赖什么样的机理才能维持彼此间的协调和相对稳定？数量多达数万种的不同基因，在复杂的多细胞生命体的发育及分化过程中，表达的顺序性和时空特异性又是怎样调节的呢？相同的基因组为什么在血红细胞前体中会选择性表达编码血红蛋白的基因，而在胰腺细胞中却是选择性表达胰岛素的基因？此种精确控制基因差异表达（differential expression）的分子机理又该如何解释？这些问题既表明了真核基因表达调节机理的复杂性与特殊性，同时也表明了目前我们对真核基因表达调节机理的了解还很不充分，仍有许多问题有待深入研究，甚至是空白。无怪乎它已构成了当前分子遗传学研究的一个热门领域，引发了诸多学者的研究激情。

最近 40 多年以来，随着体外 DNA 重组和转基因技术的发展与应用，尤其是基因组学研究的迅猛发展和新式的基因表达检测法的发明与应用，极大地促进了真核基因表达调节机理的研究，取得了长足的进步。丰富的实验资料揭示，从低等的单细胞真核生物，如酵母，到高等的多细胞真核生物，如高等植物和哺乳动物，它们之间在基因表达调节机理方面，都存在着相当程度的保守性。然而尽管如此，由于不同真核生物在进化水平和结构复杂性程度上的悬殊差别，它们在基因表达调节机理的许多细节方面，也就不可能是完全一致的。认识到这一点十分重要，否则我们将难以理解真核基因表达调节机理的多样性与异质性。

关于基因表达调节机理的研究，长期以来都是以单个基因或若干个相关基因为对象进行的。近年来的发展情况则大不相同，人们已能够通过转录本组和蛋白质组途径，应用 DNA 芯片（DNA chip）及报告基因等先进技术，从基因组整体水平上，研究所有基因表达与调节及其网络联系。如此便大大地加速了基因表达与调节机理的研究，加深了对真核基因表达调节机理的理解。

克隆基因表达调节机理的研究，无疑具有相当重要的意义。因为通过克隆基因体外操作和体内表达活性的分析，人们便有可能深入地研究涉及基因表达调节机理的若干重要的问题。诸如转录因子的功能效应、RNA 剪接和 RNA 编辑的分子机理以及转基因沉默和 RNA 干扰的分子本质等问题。而随着这些问题的深入研究，并配合体外突变与转基因技术，特别是利用植物细胞全能性这一优点，我们就不仅有可能阐明真核基因表达调节的分子机理，而且还有可能从整体水平上研究高等生物发育与分化的复杂过程。

克隆基因表达调节的研究成果，亦有可能为揭示蛋白质结构与功能之间的关系，提供新的研究手段。例如运用重组 DNA 技术，能够获得可以在大肠杆菌细胞中进行有效表达的杂种蛋白质嵌合基因。这样，我们便可以将这种蛋白质分子纯化出来，在体外进行生物学方面的研究。这类工作深入下去，就可以用来检测体外突变所产生的变异氨基酸在蛋白质多肽链中的位置，并测定出因此种改变而对酶的催化功能所造成的效应。

克隆基因表达调节的研究，在实际应用方面，尤其是在农业实践中，也具有不可忽视的重要性。尽管经过长期的努力，在转基因农业实践中，已经取得了相当的成就。然而要使其在农作物性状和品质的改良上面，能够更有效地为农业服务，还有许多理论和实际问题需要进一步的探索。比如外源转基因在转基因植株中的高效表达和诱导性表达、转基因的组织特异性和发育阶段特异性表达、转基因沉默的分子机理、特别是转基因农作物的安全性等诸多方面的问题，都有待深入研究解决。

一旦弄清了真核生物发育过程中基因表达的分子本质，我们便有可能通过体外操作技术，使培养的细胞长期处于去分化的状态或是通过改变基因表达的模式，使培养的细胞长期维持在合成具有商业价值某种特定产品的生理状态。由此可见，基因工程研究的进一步发展，显然是与分子遗传学的研究密不可分的，它离不开基因表达调节机理的基础理论研究。

鉴于活细胞是一种十分复杂的生命结构单位。因此，要了解发生在活细胞中基因表达与调节的分子机理，无疑需要掌握许多相关的实验手段，其范围涉及生化实验和遗传分析，以及显微观察等诸多方面。为了便于理解相关的内容，本章将对若干主要技术手段作简要的介绍。

如同原核基因的表达情况一样，真核基因的表达同样也受到 RNA 分子，特别是 miRNA 和 siRNA 分子的调节。但鉴于这方面的研究工作多属于表观遗传学范畴，故为避免重复，本书特将有关内容安排在第十一章讨论。

第一节
真核基因表达调节概述

一、真核细胞与原核细胞结构的差异

真核细胞和原核细胞之间，无论是在细胞结构还是基因组结构，乃至基因的分子结构等诸多方面，都存在着明显的差别。正是由于这些结构上的异质性，才造成了两者在基因表达的调节机理方面，具有不同的特殊性。

1. 细胞结构的差异

与以大肠杆菌为代表的原核细胞相比，真核细胞最主要的结构特征是，在其细胞内部存在着一个由双重核膜包裹着的、完整有形的细胞核结构。除此之外，在真核细胞的细胞质中，还存在着其他亚细胞结构，诸如线粒体和叶绿体等细胞器。其中高等植物的细胞具有线粒体和叶绿体两种重要的细胞器，而哺乳动物的细胞则只有线粒体一种细胞器（图 8-1）。这些细胞器，连同细胞核在内，都是原核细胞所不具有的。

2. 染色体结构的差异

真核细胞的染色体基因组 DNA，通过与多种蛋白质的结合，并不断地卷曲盘旋，超卷曲超盘旋，从而被包装成高度有序的核蛋白复合物，即所谓的染色质，并以染色体的形式贮藏在细胞核中。每一特定物种的染色体组的成员数目都是恒定的，具有物种的特异性。而正如前面已经讲过的，原核细胞的染色体基因组 DNA，则是处于裸露的状态，以拟核形式存在，并不形成真正意义上的染色体结构。

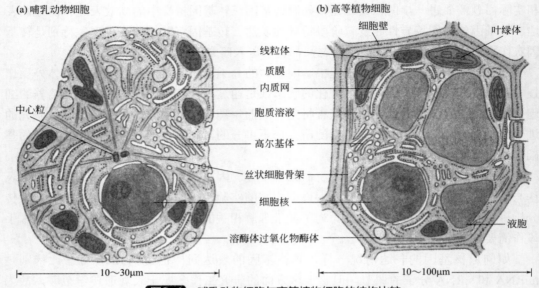

(a) 哺乳动物细胞　　　　　　　　　　　　　　　　(b) 高等植物细胞

细胞壁　　　叶绿体

线粒体
质膜
内质网
中心粒
胞质溶液
高尔基体
丝状细胞骨架
细胞核
液胞
溶酶体过氧化物酶体

—10～30μm—　　　　　　　　　　　　　—10～100μm—

图8-1　哺乳动物细胞与高等植物细胞的结构比较

（转引自 B. Alberts et al，1994）

3. 基因组拷贝数的差异

与单倍体的原核细胞只具有单拷贝的基因组（即一套基因）不同，大多高等真核生物的体细胞都是二倍体的，具有两套分别来自双亲的完整基因组。但性细胞的情况除外，它只具有一套要么来自父本要么来自母本的基因组。而且还有一些高等植物细胞是多倍体的，携带着多拷贝的基因组。至于原核生物，以大肠杆菌细胞为例，除了生长在营养富裕的培养基中，一个细胞有时可拥有多条染色体的特例之外，一般情况下一个细胞都只有一条染色体。

4. 基因组大小及基因数量的差异

真核细胞拥有大型的染色体基因组，编码着数量庞大的各种基因。以我们人类为例，染色体基因组的大小约为 $3.3×10^9$bp，编码的基因总数达 24000 种左右。但原核细胞则不然，它的染色体大小属于中等水平，编码着较少数量的基因。已测定大肠杆菌染色体基因组大小介于 $4.6×10^6$～$5.5×10^6$bp 之间，编码的基因总共为 4200 多种，约为人类的六分之一。而据估计，形成一个活细胞所需的功能基因，大约只要 470～500 种。

5. 基因组 DNA 序列组成的差异

在真核细胞染色体基因组 DNA 序列中，存在着大量甚至达数百万份拷贝的重复序列，同时还存在着高比例的非编码序列。以人类基因组 DNA 为例，其基因的编码序列不到整个基因组 DNA 的 2%，其余 98% 以上的均为非编码序列。但在原核细胞染色体基因组 DNA 序列中，情况则相反，其绝大部分均是基因的编码序列，非编码序列仅占小部分。而且除了 *tRNA* 基因和 *rRNA* 基因等少数特例之外，其他的基本上都不存在重复序列现象。

6. 转录单位结构的差异

转录单位是基因组 DNA 序列中的一段包括转录起始位点和终止位点在内的位于两

者之间的 DNA 序列。它可以被 RNA 聚合酶转录成一条连续的 RNA 链。在真核细胞中，一个转录单位一般都只编码一个基因，由此转录生成的 mRNA 分子叫单顺反子。而在原核细胞中，一个转录单位往往可以编码多个基因，形成操纵子的独特结构形式。由此转录生成的 mRNA 分子叫做多顺反子。

7. 编码区结构的差异

基因组的转录单位也叫做转录序列区，包括 5′- 非翻译区（5′-UTR）、3′- 非翻译区（3′-UTR）和编码区三个组成部分。与原核基因编码区是连续的不同，大多数真核蛋白质编码基因的编码区都是不连续的，分为外显子和内含子两个部分。这样的基因特称为断裂基因，是真核基因区别于原核基因的基本特征之一。

二、真核基因与原核基因表达调节机理的差异

生命体的遗传信息，主要是以基因的形式贮藏在细胞的 DNA 分子中，而 DNA 分子的基本功能之一则是，把所承载的遗传信息转变成 RNA 和蛋白质，进而最终决定生命体的遗传表型。这种遗传信息从 DNA 转移到 RNA、再到蛋白质的过程，叫做基因表达；而阐明这种遗传信息传递途径的理论，称为中心法则。它是现代分子遗传学的重要理论基础之一，无论是对于原核生物，还是真核生物，原则上都是适用的。

根据中心法则，蛋白质编码基因的表达过程，主要包括转录和翻译两个不同的阶段。但仔细分析，还可进一步区分为基因的转录、转录后加工、mRNA 的翻译和翻译后加工 4 个彼此衔接的步骤。但在真核基因的表达过程中，还涉及成熟 mRNA 分子从细胞核向细胞质的转运过程（图 8-2）。

由于真核基因和原核基因在表达方面存在着诸多的不同（表 8-2）。因此，它们在基因活性的调节机理上，也就自然有许多差异。这些差异归根结底是与二者在细胞、基因组以及基因三个层次上的结构区别密切相关的。

1. 源于细胞结构水平的差异

原核细胞并不存在真正意义上的细胞核结构，因此在其基因表达过程中转录和翻译两步反应，是在细胞质中偶联进行的。所合成的 mRNA 前体分子经加工之后，无需更换场所便可直接指导蛋白质多肽链的合成。然而真核细胞则不同，因它具有完整的细胞核结构，所以在细胞核中合成的 pre-mRNA，要经过加工成熟之后才能输送到细胞质，供作合成蛋白质多肽链的模板。由此可见，在真核基因表达的过程中，发生在转录和翻译两个阶段的调节作用，不仅具体内容有所不同，而且在空间和时间上也是分开进行的。

2. 源于染色体结构水平的差异

原核细胞如大肠杆菌，其染色体基因组 DNA 是裸露的，没有形成如同真核细胞那样的染色体结构。如此便有利于细胞质中的反式作用因子，同目的基因启动区中的顺式作用元件的结合过程，以便适时启动基因的转录，从而快捷地应对周围环境条件的变化。但是真核生物，尤其是高等真核生物的细胞，其基因组 DNA 是同组蛋白结合成染色质，进而包装成高级有序的物理结构染色体。这种结构形式，虽然有效地保证了真核染色体基因组 DNA 的高浓缩的贮藏和有序的正常表达，但也给基因的转录调节造成诸多不便。因为存在于细胞质中有关的蛋白质反式因子，需要克服染色质屏障，才能够进

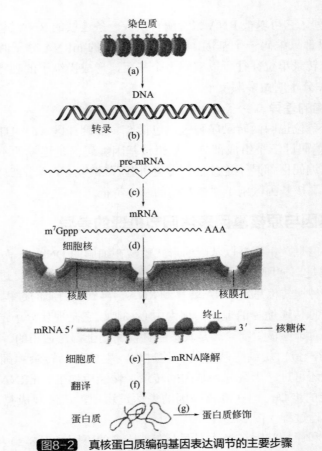

图8-2 真核蛋白质编码基因表达调节的主要步骤

（a）染色质重塑调节；（b）基因的转录调节；（c）RNA 分子的剪接与加工调节；（d）mRNA 的转运调节；
（e）mRNA 的降解调节；（f）蛋白质多肽的翻译调节；（g）蛋白质修饰调节

入染色体内与目的基因调节区之顺式元件结合。如此才能够启动基因的转录。这就要求真核细胞需要一些原核细胞所不具备的、特殊的分子机理，方可有效地调节基因的表达活性。这一点，也是造成真核基因表达调节机理比原核复杂的主要原因之一。

3. 源于基因排列及结构水平的差异

原核基因往往聚集成操纵子结构，而且基因的编码序列是连续的，不存在间隔的区段。这样的结构特征，决定了它的初级转录本是多顺反子，并且其加工过程简单易行。真核基因不会聚集成操纵子结构形式，而且绝大多数都是转录生成的单顺反子的初级转录本。它的基因，特别是蛋白质编码基因的核苷酸编码序列，往往是不连续的，中间被非编码的区段所隔开。因此初级转录本的加工过程就比较复杂，不仅需要进行 5′- 末端加帽和 3′- 末端加尾反应，更重要的是还要通过剪接步骤，除去非编码的内含子序列，并把编码的外显子序列连接起来，这样才能产生出具有连续编码信息的成熟的 mRNA 分子。与此相应，真核细胞自然也就需要比原核细胞更为复杂多样的调节机理，方能维持基因的正常表达。

无论是原核生物还是真核生物，基因的表达都是在高度严谨的调节机理的控制下进行的。只有这样才能一方面确保细胞不会浪费必要的能量用于合成暂时尚不需要的产物；

表8-2　原核基因与真核基因结构及表达的差异

原核基因	真核基因
没有细胞核结构，因此基因表达的转录和翻译反应是在细胞质中偶联进行的	存在着细胞核结构，因此基因表达的转录和翻译反应是分别在细胞核和细胞质中进行的，不可能偶联发生
基因的编码序列是连续不间断的	真核生物的断裂基因的编码序列，由非编码的内含子分开的外显子组成。在转录后的剪接作用过程中，内含子被删除掉，而外显子则连接在一起，形成连续的完整的基因编码序列
只有一种具5个亚基的RNA聚合酶，负责转录所有类型的基因	具有数种不同类型的RNA聚合酶，每种RNA聚合酶含有10个以上的亚基，不同的RNA聚合酶负责转录不同的基因
初级转录本实质上就是mRNA，其5′-末端有一个三磷酸起点，在3′-末端没有poly（A）尾巴	初级转录本即pre-mRNA要经过加工剪接之后，才能转变为成熟的mRNA分子。它的5′-末端有一个甲基化的帽结构，而其3′-末端则存在着poly（A）尾巴
mRNA转录本是编码着多个基因的多顺反子	mRNA转录本是只编码1个基因的单顺反子
起始tRNA携带的是甲酰甲硫氨酸（fMet）	起始tRNA携带的是甲硫氨酸（Met）
mRNA分子上存在着多个核糖体结合位点，因此可以同时指导数种不同的多肽链的合成	mRNA分子上只有一个核糖体结合位点，所以只能指导一种多肽链的合成
核糖体小亚基直接结合在mRNA分子上的核糖体结合位点	核糖体小亚基首先与5′-末端甲基化帽结合，然后沿着mRNA分子扫描，直至发现核糖体结合位点
翻译生成的蛋白质多肽分子，基本上不经过加工修饰即可表现出相应的功能活性	翻译生成的蛋白质多肽分子，要经过复杂的加工修饰作用，诸如剪接、折叠和组装等，才能表现出相应的功能活性

另一方面又能确保在生命体的发育与细胞的分化过程中，一系列不同的基因能够有规律地按序表达，并可被局限在特定的发育阶段和特定类型的组织细胞中表达，或是在某种外界环境因素的刺激下被诱导表达。后者这类基因叫做诱导型基因（inducible gene）。当然也有一些基因在整个生命周期所有类型细胞中，都能够持续进行表达。这类基因特称为组成型基因（constitutive gene）或管家基因（housekeeping gene）。

三、真核基因表达调节的特性

由于上面所述的原因，与原核基因相比，真核基因在表达调节方面具有如下几个方面的基本特性：

第一，RNA聚合酶及转录因子等蛋白质，需克服染色质结构的屏障，才能进入染色体内部与目的基因启动子结合，形成转录起始复合物。因此，为了使转录正常进行，转录区段的染色质在结构上需发生诸多变化，这样才能使DNA从组蛋白中解旋出来，并使外来因子易于触及。

第二，虽然真核基因的表达调节，既可使用正调节机理也可使用负调节机理，然而迄今已鉴定的绝大部分真核启动子，都是正调节的。这表明真核基因转录的基本状态是抑制型的，所以事实上每个真核基因都需要在激活之后才能进行转录。

第三，真核细胞拥有体积更大、结构更加复杂的多体调节蛋白质复合物。这些蛋白质包括RNA聚合酶、转录激活物、辅激活物、转录阻遏物、辅阻遏物及通用转录因子等。

第四，真核细胞先在细胞核中发生染色体基因组DNA转录，生成的pre-mRNA经加工成熟之后再转运到细胞质进行翻译，也就是说两者在空间和时间上都是分开进行的。一般说来，真核生物 mRNA 的半寿期比原核的长，也显得比较稳定。比如在高等动植物中，虽然大多数 mRNA 的半寿期仅 20 多分钟，但有的可达 20 多小时，甚至几个星期。

第五，除少数例外，真核基因不形成操纵子形式的转录单位，它们的结构基因都具有自己的启动子，单独进行转录。故真核基因转录生成的 mRNA 都是单顺反子。

第六，组合式转录调节。在真核生物中，数量庞大的基因间的协同表达，是通过组合式转录调节（combinatorial transcription control）方式实现的。这种转录调节系遵循协同结合（cooperative binding）和转录协同作用（transcriptional synergy）原理运转的。该原理的核心内容是，两个结合在同一条 DNA 相邻位点上的蛋白质，能够借助与 DNA 之间以及蛋白质之间的相互作用，获得比二者各自单独结合的情况下更高的亲和力，于是也就提高了结合的稳定性和下游目的基因的转录效率。组合式转录调节，是造成真核生物复杂性和多样性的核心因素。

第七，时空特异性的表达调节。真核基因表达调节的时空特异性，包括时间特异性（temporal specificity）和空间特异性（spatial specificity）两个方面。前者是指生命体不同基因的表达，是严格遵循特定时间顺序发生的。这种基因表达的时间特异性有时也叫做阶段特异性（stage specificity）。后者是指在个体的生长发育过程中，不同基因的表达是按照不同组织空间依次进行的，这种基因表达的空间特异性，亦称为细胞或组织特异性（cell or tissue specificity）。

第八，复杂的转录后加工体系。无论是原核的还是真核的 RNA 分子，包括 mRNA、rRNA 和 tRNA 等，当其在细胞质或细胞核中合成之后，都要经受一系列的酶催反应或结构修饰，才能转变为有功能活性的成熟的转录本。这样的过程叫做转录后加工或转录后修饰。真核基因转录后加工比原核基因的要复杂得多，主要包括如下 5 个步骤：①pre-mRNA 的剪接作用；②5′-末端的加帽；③3′-末端的加尾；④不同发育阶段和不同组织中 pre-mRNA 的可变剪接；⑤RNA 编辑。所有这些步骤都会影响真核基因的表达活性。

第九，真核 mRNA 的转运是一种严格精细的主动运输过程。加工成熟的 mRNA 分子，经核膜孔从细胞核进入细胞质的过程，叫做 mRNA 的转运。鉴于在细胞核中由 pre-mRNA 加工成的 mRNA 群体，混杂着许多无用的 RNA 片段，包括损伤的 RNA 片段、加工错误的 RNA 以及删除下来的内含子序列等。如让这些 RNA 片段与 mRNA 分子混杂一道进入细胞质，势必给蛋白质合成带来严重的干扰，并会影响细胞正常的代谢活动，甚至造成致命的损伤。因此，mRNA 的转运必须受到严格精细的调节，才能把这些无用的 RNA 滞留在细胞核内逐步降解掉。

第十，真核基因表达的蛋白质，要经过复杂的翻译后加工，才能表现出正确的功能活性。在细胞质中翻译生成的蛋白质多肽链在分子伴侣的参与下，按照正确的方式组装或折叠成复杂的三维结构的过程，叫做蛋白质翻译后加工，也叫做翻译后共价修饰。它主要包括糖基化、甲基化及磷酸化等多种不同的类型。正是由于翻译后加工修饰的结果，产生出了真核生物蛋白质功能的多样性。

四、真核基因表达活性的微调问题

1. 真核基因表达微调的分子机理

多细胞高等真核生物基因表达的调节是相当复杂的。它不单只是控制基因表达的开与关的问题，更重要的是还要涉及基因表达的微调（fine-tuning）细节。主要的有不同类型细胞间基因表达水平的微调、同样器官组织在不同发育阶段基因表达水平的微调，以及其他方面基因表达水平的微调，特别是为应对来自周边细胞持续不断的信号变化所引起的基因表达水平的微调。要实现诸如此类基因表达的微调，多细胞的高等真核生物需要具备如下两个方面的基本条件。

第一，拥有数量庞大的不同的调节蛋白。鉴于多细胞高等真核生物基因组中，存在着大量的转录调节基因。例如总数约为 24000 个人类基因中，就有 2000 个左右编码转录调节蛋白，占人类基因总数的 8% 以上。更何况每一个这样的基因都可表达出许多种可调节其表达活性的蛋白质，而且每一种调节蛋白又能够作用于许多种不同的基因。除此之外，这些调节蛋白之间可能发生重组的数量，则更加惊人。正因为如此，高等真核生物的细胞拥有大量的各类转录调节蛋白，为满足基因表达的微调作用奠定了丰富的物质基础。

第二，具有复杂的调节区结构。真核基因的调节区，在结构上要比原核基因的复杂得多。有些 II 型基因调节区可含有 12 个甚至更多的增强子元件，每个增强子元件都能以不同的亲和力与各自的激活物或阻遏物结合。细胞中存在着相当数量的转录因子，它们能够同 DNA 或多肽分子结合成复合物。以这些复合物为媒介，转录因子便可进一步与激素或其他分子结合。由此形成的此类转录因子的不同组合，便会彼此竞争同基因调节区中的增强子元件结合。另外，不同组合的辅激活物和辅阻遏物，则能相互竞争与激活物或阻遏物结合。全部这种遗传信息的生化整合（biochemical integration），可产生出一种精细的转录激活水平或精细的转录抑制水平。于是细胞便能够实现对受控基因表达活性的微调。

2. 增强体的形成与功能

单个激活物或阻遏物等转录因子蛋白，仅凭它们自己单独同 DNA 分子之间的结合亲和力是相当微弱的。但是，在能使 DNA 回折的特殊的弯曲蛋白（bend protein）的帮助下，多种转录因子蛋白便能够协同地与 DNA 分子结合，形成稳定的 DNA-蛋白质复合物。此时它便会募集通用转录机器加入，引发受控的下游目的基因进行转录。

当转录激活物同增强子元件协同结合之后，便会形成一种称为增强体（enhanceosome）的核蛋白结构（图 8-3）。这是一种大型的多亚基蛋白质复合物，其中除 RNA 聚合酶之外，还含有多种转录因子蛋白质。

增强体的主要功能作用是参与转录调节增强基因的表达活性。这是由于其中的多组分都能够随着细胞需求和环境因素的变化，而适时改变其分子构型。所以当细胞环境发生了微弱的变化，增强体就会迅速地通过信号分子促使细胞中转录因子的平衡状态或是转录因子与 DNA 的相对亲和力以及转录因子彼此间的亲和力等因素发生变化。而这些变化则会依次导致组装形成一种新型的、变化的增强体，从而重新校定基因的表达活性。

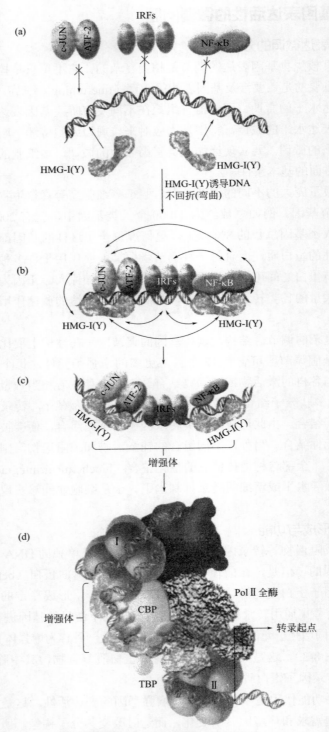

（a）增强体组装的起始阶段；（b）经蛋白质与蛋白质间的相互作用，完成增强体组装；（c）INF-β 增强体的结构模型；
（d）激活物群体同增强体元件协同结合后募集通用转录机器加入，启动下游受控的目的基因协同转录
（转引自 L. A. Allison，2012）

简言之，在真核细胞中，是由一种大型精巧的转录控制机器（controlled machinery），负责决定基因表达的初级转录本的水平。

增强体组装按照两步模型（two-step model）进行（图 8-3）。首先，转录因子以低亲和力与 β- 干扰素（INF-β）启动区上的识别位点结合。这种低亲和力，是由于不适于转录因子结合的内部 DNA 弯曲造成的。其中高迁移率的转录因子 HMG-I（Y），结合在启动区中松弛的 DNA 部位，如此便降低了转录因子结合作用所需的自由能用量。其次，增强体的进一步组装则是通过蛋白质与蛋白质之间的相互作用（箭头所示）得以完成的。增强体以包括组蛋白乙酰转移酶 CBP 在内的核心区，发挥普遍性转录机理作用。核小体 I 和核小体 II 已被一类全局性转录因子 SWI/SNF 复合物重塑，从而影响基因特异性转录的激活。黑色箭头表示基因转录的起点。

增强体模型是与组装在 β- 干扰素基因增强子上的转录复合物相匹配的。这种 INF-β 基因诱导型增强子，含有多种转录因子的结合位点，诸如 k 基因结合的核因子（NF-κB）、干扰素调节因子（IRF1）、激活转录因子 2（ATF-2）和 c-JUN 等的结合位点。虽然这些转录因子的结合位点，各自都能独立地激活基因的转录作用，但是当它们按一定的顺序结合在一起时，便能更加有效地激活相关基因的转录活性。例如高迁移率蛋白质的两种异构体 I 和 Y（HMG-I/Y），对于指导 IFN-β 基因增强子的 DNA 序列发生适当的松弛，以及形成增强体则是必不可少（不可或缺）的因素（图 8-3）。

第二节
研究真核基因表达调节的实验方法

活细胞的生命活动是十分复杂的，因此要了解细胞中发生的基因表达与调节的分子机理，需要借助各种各样的实验手段才能做到。这些实验手段涉及生化实验、遗传分析和显微研究等诸多方面（表 8-3）。本节简单叙述用于研究基因表达与调节的若干有关的实验方法，主要讨论它们的基本原理，至于操作的细节，则要参阅相应的实验指南。

表8-3　研究基因表达的某些通用的方法

研究水平	研究方法	研究水平	研究方法
转录反应	Northern 印迹杂交 原位杂交技术 RNA 酶保护实验（RPA） 反转录 PCR（RT-PCR）	DNA- 蛋白质间的相互作用	电泳迁移率变动实验（EMSA） DNase I 足迹实验 DNA 甲基化干扰实验 染色质免疫沉淀实验（CHIP 实验） 体内足迹实验 交联反应实验
翻译反应	报告基因酶活性检测法 Western 印迹杂交 原位分析 酶联免疫吸附实验（ELISA 实验）	蛋白质-蛋白质间的相互作用	拉下实验（pull-down assay） 酵母双杂交实验 酵母三杂交实验 双分子荧光互补实验 共免疫沉淀实验 荧光共振能量转移（FRET）

一、研究RNA表达与定位的实验方法

基因表达的时空特异性及其 mRNA 转录本的含量水平，可以通过多种不同的方法予以检测。这些方法有 Northern 印迹、原位杂交技术、RNA 酶保护试验，以及反转录 PCR（RT-PCR）等多种。鉴于 RNA 酶保护试验在第六章中已经作了介绍，本节不再重述。

1. Northern 印迹

Northern 印迹（Northern blotting）是一种用于检测 RNA 分子的核酸杂交技术。其实验过程是先将 RNA 分子通过毛细管作用，从变性的电泳凝胶中转移到硝酸纤维素滤膜，或是其他化学修饰的活性滤膜上；接着用具有放射性同位素标记或是其他标记的单链 DNA 或反义 RNA 分子探针进行核酸杂交；随后将杂交滤膜同 X 射线底片在低温下作放射自显影，并检测结果。因其是在 E. Southern 发明的 Southern（南方）印迹杂交技术的基础上发展出来的一种专门用于检测 RNA 分子的方法，但它又不同于 Southern 印迹杂交，故设计者幽默地称之为 Northern（北方）印迹杂交，以与前者相对应。因为 DNA 分子量大，所以 Southern 印迹杂交第一步是用核酸酶切割消化 DNA 分子。而 Northern 印迹杂交则不然，因为 RNA 分子量比较小，典型的情况下不会超过 5kb，所以在进行凝胶电泳之前无需对其作切割消化。

Northern 印迹杂交可用于测定特异性 RNA 转录本的数量及大小，所以这种方法常常用来研究特定基因的表达活性。例如用来分析同一个生命体在不同发育阶段和不同器官组织中，特定基因的表达（转录）情况。也可以用来测定经过剪接加工之后产生的 RNA 剪接产物的分子量大小。但是应用 Northern 印迹杂交方法测定的基因转录本的分子量大小，其精确度是有限的。同时此法灵敏度偏低，不大适用于低丰度 mRNA 的检测。

2. 原位杂交技术

原位杂交（*in situ* hybridization）是一种用于检测在生命体组织或染色体基因组 DNA 中，是否含有某种特定的核苷酸序列或目的基因，并对其进行精确定位的细胞学方法。它涉及一段核苷酸探针与特定的目的核苷酸序列在组织切片中的杂交作用，或是指将目的基因的标记探针同大分子量的 DNA 分子（通常是染色体 DNA）进行杂交，以确定其在染色体上的位置的一种基因定位技术。不过在目前人们习惯上将菌落杂交或噬菌斑杂交也叫做原位杂交。

原位杂交实验的操作程序主要有如下几步：首先，将固定在载玻片上的实验样品（或组织切片）放置在室温下自然干燥后用甲酰胺处理，使染色体基因组 DNA 分子变性解离成单链状态；接着，用放射性同位素或荧光标记的单链 DNA 或 RNA 分子探针，同样品中的单链 DNA 进行杂交；随后，将感光乳胶（photographic emulsion）滴加在组织切片的表面，并涂布展开以进行放射自显影；最后，将曝光的片子置显微镜下观察，确定同杂交探针分子互补的 DNA 或 mRNA 分子在细胞或染色体基因组 DNA 分子中存在的位置（图 8-4）。

由于 mRNA 原位杂交实验能够显现细胞或染色体中 mRNA 分子的精确位置，因此它经常被用来验证 Northern 杂交实验的结果。在 mRNA 原位杂交实验中使用的分子探

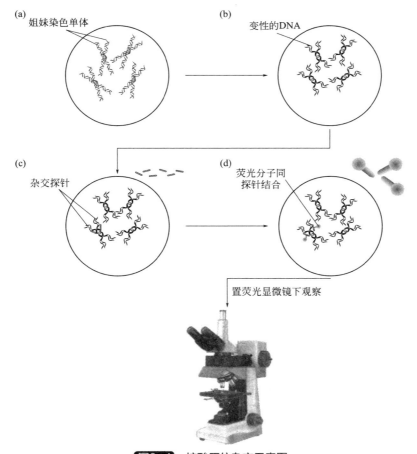

（a）姐妹染色单体

（b）变性的DNA

（c）杂交探针

（d）荧光分子同探针结合

置荧光显微镜下观察

图8-4 核酸原位杂交示意图

（a）将组织切片铺放在载玻片上；（b）固定切片，并使双链 DNA 变性解链；（c）用非同位素标记的地高辛（DIG），或是异硫氰酸荧光素（FITC）标记的以及 ^{3}H 标记的分子探针进行杂交；（d）放射自显影。^{3}H 标记后用光学显微镜检测，FITC 标记的用荧光显微镜检测，DIG 标记的按抗原-抗体法或显色反应法检测

针，往往是用同位素 ^{3}H 标记的。这是因为它的辐射能量要比同位素 ^{32}P 的低，因此 β 射线的径迹范围也就比较小，故可获得更加精确的定位结果。

原位杂交实验中使用的分子探针，除同位素标记的以外，还有非同位素标记的一类。若使用荧光标记的分子探针，这样的非同位素原位杂交技术，叫做荧光原位杂交（fluorescence *in situ* hybridization），简称 FISH。它的基本原理是应用荧光（素）标记的分子探针，同整个染色体基因组杂交。按此法获得的杂交样品，需根据荧光激发反应，应用诸如荧光显微镜这样特殊的设备检测与探针分子互补的 mRNA 的存在部位。当然荧光原位杂交实验同样也可以用来检测目的基因或特定的 DNA 序列，在组织细胞或中期染色体中的存在部位。

3. 反转录 PCR

反转录 PCR，也叫做反转录酶 PCR，全称为反转录聚合酶链式反应，简称 RT-PCR。这是在 PCR 技术的基础上发展出来的，用于扩增已被反转录成 cDNA 形式的特定 mRNA 序列的一种实验程序。RT-PCR 实验的头一步是，利用反转录酶将总 RNA 或总 mRNA 样品反转录成总 cDNA 拷贝。接着一步是，通过 PCR 程序扩增目的基因的 cDNA。最后一步是，按照凝胶电泳分离法检测 PCR 扩增的产物（图 8-5）。

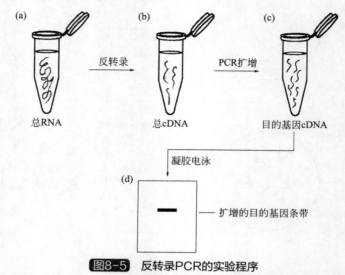

图8-5 反转录PCR的实验程序

（a）提取总 RNA；（b）反转录合成总 cDNA；（c）用特异性引物对扩增目的基因之 cDNA；（d）凝胶电泳检测 PCR 扩增产物。电泳条带的强度，表示在 PCR 起始反应混合物的模板分子数量

RT-PCR 既是检测 RNA 分子的一种良好的方法，也是获取测序用模板 DNA 的有效手段，同时还是克隆 mRNA 之 cDNA 拷贝的重要步骤。因为 RT-PCR 具有高度的敏感性，可检测出微量的 RNA，甚至是单个细胞中的 RNA，所以可以用来分析处于不同发育阶段的同一种组织或是不同组织之间 mRNA 表达状况的相关性，也可以用来研究 Northern 杂交所无能为力的、低表达活性基因的 mRNA 生理变化动态，而此类基因往往是人们感兴趣的研究对象。

如果在 PCR 反应混合物中参入荧光染料，便能够对 PCR 产物进行实时检测（real-time measurement），于是也就可以更加精确地定量检测到起始的 mRNA 的数量。PCR 仪的荧光检测滤片（fluorescence detection filters），能够检测到每一步 PCR 延伸反应终点的荧光信号，并能将有关数据打印出来。这种方法叫做定量 RT-PCR（quantitative RT-PCR，qRT-PCR），或称为实时 PCR。除此之外，RT-PCR 还可以用来分析 mRNA 水平的基因表达的状况。因此可用来临床检测 RNA 病毒，诸如获得性免疫缺陷综合征（AIDS）病毒、麻疹（measls）病毒和腮腺炎（mumps）病毒等。

PCR 定量法所依据的原理是，假定其反应产物的数量是同反应混合物中起始的模板 mRNA 或 DNA 成正比的。因此，根据琼脂糖凝胶电泳中样品条带的强度比较，便能够确定两种 PCR 反应产物之间的数量关系（图 8-6）。而通过同一系列已知数量的 DNA 之 PCR 扩增条带强度的比较分析，亦可估算出在起始样品中 mRNA 的实际数量。如果是在同样试管中应用同样的引物进行 RT-PCR 扩增，那么这种估算的结果则是相当精确的。当然，这种 mRNA 定量测定法的一个重要前提是，所测定的 mRNA 分子必须来自一种具有一个或数个内含子的基因。这样，所扩增的 DNA 样品的片段才会比 mRNA 扩增产物片段长，因此经过凝胶电泳分离之后，两者才会分布在不同的位置上。

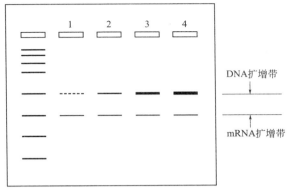

分子量标记

DNA扩增带

mRNA扩增带

图8-6 RT-PCR产物的定量测定

本图示含有等量的 mRNA 和数量递增的 DNA 样品的 PCR 扩增反应。mRNA 分子是由全长的基因片段中编码序列转录生成的，而在供扩增的全长的基因片段中有一个内含子序列。因此，该 DNA 片段的 PCR 扩增产物要比 mRNA 分子长一些。在泳道 2 中，RNA 和 DNA 的条带强度相同，表明此 PCR 扩增产物含有大体上等量的靶序列之 DNA 和 mRNA 的 cDNA 拷贝

二、研究蛋白质表达与定位的实验方法

基因表达的翻译水平，亦即蛋白质合成与定位问题，可以通过蛋白质凝胶电泳和免疫学方法等不同的技术程序进行分析。其中主要有 Western 印迹、原位杂交、ELISA 以及报告基因酶活性检测等若干种常用的实验方法。

1. Western 印迹

Western 印迹（Western blotting），亦叫做蛋白质印迹法或免疫印迹法（immunoblotting），是用来检测在不均一的蛋白质样品中，是否存在目的蛋白的一种有效而敏感的实验方法。由于此法同检测 DNA 的 Southern 印迹法和检测 RNA 的 Northern 印迹法之间存在着相似性，而且在英语中 Southern 和 Northern 两个单词分别为南方和北方之意，故为了与二者的命名习惯保持一致，特称之为 Western（西方）印迹法。

这个方法的操作程序是，首先将蛋白质样品作变性 SDS- 聚丙烯酰胺凝胶电泳分离；接着应用全湿或半干电泳转移法（semidry electrophoretic transfer），将蛋白质电泳谱带原位地转移到诸如硝酸纤维滤膜一类的固体支持物上。完成了这一步印迹转移之后，再用含有目的蛋白抗体（即一级抗体）的溶液与滤膜一道保温，以探测存在目的蛋白的电泳条带。经过充分保温之后，一级抗体便同已经吸附在滤膜上的目的蛋白（抗原）紧密地结合在一起。然后漂洗滤膜除去多余的未结合的一级抗体，再同加有与某种酶（例如碱性磷酸酶）共价结合的二级抗体的溶液继续保温。因为此种酶标记的二级抗体（通称酶标抗体或酶联抗体），是一级抗体的特异性抗体，所以它便会同印迹中存在的免疫复合物（即一级抗体-目的蛋白复合物）中的一级抗体结合。最后一步，在保温的溶液体系中加入显色底物，由酶催化作用而产生的深紫色的沉淀物，将会使存在目的蛋白的电泳条带，呈现出明显的颜色标记。这种检测特定抗原的方法叫做间接酶标法，它为我们提供了可观察的标记，用以确定被一级抗体识别的目的蛋白的存在部位。

因为 Western 印迹法是在变性和还原的条件下进行凝胶电泳的，所以它既可以用来

检测目的蛋白的分子量，也可以用来定量分析目的蛋白的含量。而且该法还具有很高的敏感性，能够检测到含量仅 1～5ng 的目的蛋白。因此 Western 印迹法在分子生物学和基因工程研究工作中，具有广泛的用途。基因表达文库阳性克隆的筛选便是其中的一个实例（图 8-7）。其具体操作程序与上述提及的十分相似。先将文库平板上的菌落或噬菌斑原位复印到硝酸纤维素滤膜上；再对滤膜作适当处理，使转移并吸附在滤膜上的菌落或噬菌斑中的蛋白质裸露出来，并放置在含有可同目的蛋白特异结合的一级抗体的溶液中保温，使抗原-抗体彼此结合；漂洗掉滤膜上游离的多余的一级抗体后，转移到含酶标的二级抗体的溶液中继续保温；最后作放射自显影，检测出阳性克隆。

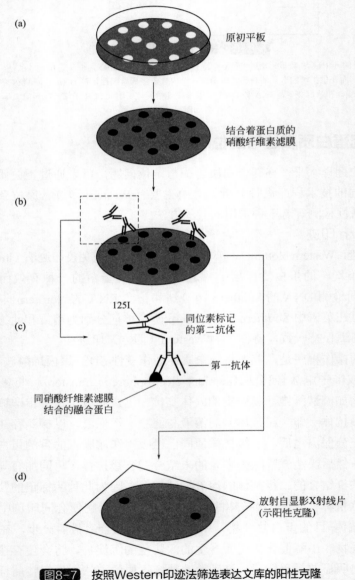

图8-7　按照Western印迹法筛选表达文库的阳性克隆

（a）将原初平板上生长的噬菌斑复印到硝酸纤维素滤膜上；（b）滤膜与含一级抗体溶液一道保温；
（c）漂洗后的滤膜与含有酶标的二级抗体的溶液一道保温；（d）放射自显影

2. 抗体的制备

在现代分子生物学、分子遗传学以及基因工程等有关研究领域中，抗体都是一种十分有用的实验工具，同时在临床医学上也有着广泛的用途。它是一类在抗原刺激下，由脊椎动物免疫系统 B 淋巴细胞产生的多功能糖蛋白，一般也叫做免疫球蛋白（Ig）。抗体通常存在于淋巴液、血液和组织液等体液中，能够特异性地识别相应抗原中的特定抗原决定簇，并与之结合。因此，依赖于这种特异性反应，抗体便可作为一种特异性的生物探针分子，用于抗原蛋白的鉴别、定位、分析和提纯等诸多方面的研究工作。

迄今为止，已发展出三代不同水平的抗体。第一代为多克隆抗体，是用抗原免疫高等脊椎动物（常用的有小鼠、大鼠、家兔和羊等）制备获得。第二代是单克隆抗体，系通过杂交瘤技术产生的，它只特异性地针对某种特定的抗原决定簇。第三代叫基因工程抗体，顾名思义便知它是应用重组 DNA 技术或基因突变方法，改造目的基因所获得的一类新型抗体。

任何一种进入体内之后可诱发免疫反应产生抗体，并可被抗体或 T 细胞受体特异性识别与结合的诱导性物质，统称为抗原或免疫原。抗原分子中，能够与抗体结合位点发生特异性结合作用、并决定抗原特异性的部位，叫做抗原决定簇（antigenic determinant），亦称为表位（epitope）。一种抗原一般都具有若干种不同的抗原决定簇，故所谓抗原的价数，实质上就是抗原决定簇的数目。而一种抗体则只能识别一种特定的抗原决定簇，并且也只能与一种抗原决定簇结合。

（1）单克隆抗体的制备

根据在实验工作中具体使用的情况，可将抗体分为一级抗体（primary antibody）和二级抗体（secondary antibody）。一级抗体又可进一步分为多克隆抗体（polyclonal antibody）和单克隆抗体（monoclonal antibody）两类。我们知道，抗体-抗原结合特异性的分子基础在于，抗体分子上的抗原结合位点是与相应的抗原决定簇彼此严格配对的。据此可知要制备高纯度的抗体，显然首先必须使用高纯度的抗原免疫实验动物。然而这一点在许多情况下，事实上是难以做到的。再说，即便所使用的抗原已经很纯，但由于一般的抗原分子往往含有数个不同的抗原决定簇，故用它免疫实验动物并采集抗血清而制备的常规的抗体制剂，实际上是由针对不同抗原决定簇的不同抗体分子组成的混合物。我们称这种常规抗体为多克隆抗体。

鉴于常规抗体的多克隆性质，因此它无论是用于抗原的鉴别与定位，还是用于病原体的诊断及检测，乃至于用作某些疾病的治疗药剂，在特异性和同质性两个方面都呈现明显的不足。客观事实要求科学工作者尽快地发展出具有高度特异性和同质性的单克隆抗体。

所谓单克隆抗体，是指由来自一个 B 淋巴细胞的单克隆杂交瘤细胞株所分泌的、针对同一抗原决定簇的、分子上同质的抗体制剂。它只含有一种抗体分子，因此具有我们所期望的高度的特异性和同质性。单克隆抗体的制备过程可概括为如下几个步骤（图 8-8）。

第一步，实验动物的免疫。选用纯化的目的蛋白抗原对实验动物（例如小鼠或家兔）做免疫注射，以刺激其表达相应抗体的 B 淋巴细胞进行增殖，产生大量的抗体。经数周后，取出脾脏分离 B 淋巴细胞。我们知道抗体是由 B 淋巴细胞合成的，一种 B 淋巴细胞只能合成出一种类型的抗体分子。脾脏中存在着各种类型的 B 淋巴细胞，但无法将它

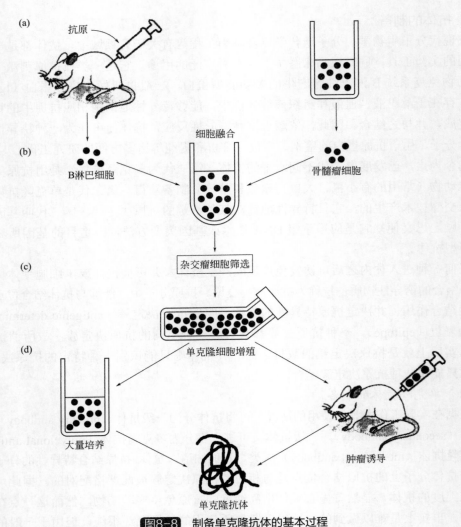

图8-8 制备单克隆抗体的基本过程

（a）用纯化的目的蛋白抗原免疫小鼠；（b）小鼠脾脏 B 淋巴细胞和骨髓瘤细胞融合；
（c）杂交瘤细胞的筛选和单克隆细胞的分离；（d）单克隆细胞的扩增

们分开，况且这些细胞也难以在体外生长。

第二步，细胞融合作用。将所分离的脾脏 B 淋巴细胞，在加入聚乙二醇（PEG）融合剂的条件下，同小鼠的骨髓瘤细胞（myeloma cell）融合，结果产生出杂交瘤细胞（hybridoma cell）。骨髓瘤细胞是由 B 淋巴细胞衍生而来的一种肿瘤细胞系，在体外培养条件下能够无限分裂繁殖。

第三步，杂交瘤细胞的筛选。由于融合后的细胞群体中存在着 3 种不同类型的细胞，即亲本的 B 淋巴细胞和骨原细胞，以及融合后形成的杂交瘤细胞。同时实验中是使用一种嘌呤代谢缺陷的骨髓瘤细胞株（HGPRT⁻）作为融合亲本，所以便可以使用 HAT 培养基（一种含有次黄嘌呤、氨基蝶呤和胸苷三种成分的选择培养基）筛选杂交瘤细胞：没有融合的正常的 B 淋巴细胞能够合成次黄嘌呤-鸟嘌呤磷酸核糖转移酶（hypoxanthine-guanine phosphoribosyl transferase，HGPRT），可在 HAT 培养基上生长，但不能增殖，故只能存活若干天后便告死亡；未融合的骨髓瘤细胞（HGPRT⁻），因为不能合成 HGPRT，虽然可以在 HAT 培养基中增殖，但却不能生长，所以同样不能存活；只有 B 淋巴细胞和骨髓瘤细胞融合产生的杂交瘤细胞，继承了两个亲本细胞分别具有的合成 HGPRT 的能力和连续继代增殖的特性，因而可以在 HAT 培养基中无限期地繁殖下去，并产生大量的抗体。据此，我们便可以从 HAT 培养基中筛选出杂交瘤细胞。

第四步，单克隆细胞的分离。将筛选出来的杂交瘤细胞稀释到平均每一个培养孔不到一个细胞的程度后，加样在多孔培养板上做单克隆繁殖。由此形成的每个克隆都属于单克隆细胞，只分泌一种类型的抗体。于是便把原来混合物中的所有可能产生抗体的杂交瘤细胞逐个地分离开来了。所以说，由这种克隆杂交瘤细胞所分泌的小鼠抗体都是属于单克隆抗体。

第五步，单克隆细胞的扩增。将所分离的单克隆细胞逐一转移到滚瓶中，或是注射到小鼠的腹膜腔内继续培养，使之扩增成小克隆。因为在小鼠的腹腔内含有大量悬液，所以由此扩增的单克隆细胞长成的肿瘤细胞特称为腹水细胞（ascites cell）。

单克隆抗体具有高度的抗原结合特异性和很强的亲和能力，以及效价高、血清交叉反应少等诸多优点，因此在医学及生物学研究中有着广泛的用途。例如某些肿瘤细胞具有独特的表面抗原，故我们可以使用与它特异性结合的单克隆抗体做生物探针，从混合的细胞群体中寻找出肿瘤细胞。此外，单克隆抗体还可以用于组织分型（tissue typing）、血型鉴定、微生物的血清分型以及细胞表面分子的功能探测。特别是由于基因工程技术的发展与应用，更进一步地拓展了单克隆抗体，尤其是新型单克隆抗体的应用前景。这主要包括如下三个方面：其一是生产具有新效应物功能的重组的单克隆抗体；其二是生产人源化单克隆抗体；其三是生产抗体酶。

（2）二级抗体

在 Western 印迹实验中，第一次使用的同目的蛋白抗原特异性结合的抗体，叫做一级抗体；而同此一级抗体-抗原复合物中的一级抗体特异性结合的另一种抗体，则称为二级抗体。在免疫检测实验中，可以使用标记的一级抗体，也可以使用标记的二级抗体。习惯上人们称前者为直接标记，后者为间接标记。但在实际工作中，通常不用标记的一级抗体，而是用标记的二级抗体。

二级抗体可以用放射性同位素 ^{125}I 标记，例如 ^{125}I 标记的抗体结合蛋白 A。在这种情况下通过放射自显影的方式，检测含有目的蛋白的电泳条带、菌落或噬菌斑。不过放射性同位素既会损害操作人员的身体健康，又会给环境造成污染，因此不是研究工作者的首选方案。通常使用的二级抗体是用某种酶，诸如碱性磷酸酶（alkaline phosphatase，AP）或辣根过氧化物酶（horseradish peroxidase，HRP）进行标记的。当把这种酶标的二级抗体同印迹中的一级抗体结合之后，在酶的催化作用下，便会使加入在保温溶液中的无色底物转变成有色的产物（图 8-9）。于是为我们提供了可观察的标记，用以确定目的蛋白的存在部位。除了上述这两种标记方法之外，还可以用荧光染料（fluorochrome）标记二级抗体。如此便可按照化学发光的方法检测目的蛋白的存在部位。因为当在保温溶液中加入化学荧光底物在荧光染料的激发下便会产生出荧光，于是通过荧光显微镜便可容易地检测出目的蛋白。当然在实验中也有使用生物素及其他标记的二级抗体。

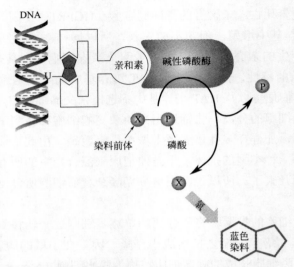

图8-9 碱性磷酸酶标记的二级抗体免疫检测

一级抗体同吸附在硝酸纤维素滤膜上的抗原蛋白结合。与一级抗体结合的二级抗体带有碱性磷酸酶（AP）标记。当保温溶液中加入人工合成的显色底物如 5- 溴 -4- 氯 -3- 吲哚-磷酸（X-PHOS）时，碱性磷酸酶便会将其磷酸基团移去，由此切割产生的染料前体，便会被氧化成蓝色（转引自 D. Clork, 2007）

在免疫检测实验中，使用标记的二级抗体主要有如下三个方面的优点。第一，由于使用了二级抗体，使检测信号得到了进一步的扩增，从而提升了实验的敏感性。第二，标记的二级抗体可适用于各种各样的一级抗体，因为它是直接针对免疫实验动物（例如家兔）的所有一级抗体。这意味着研究者无需逐个标记每一种需要使用的一级抗体。这一优点相当有用，因为抗体的标记既费时又花钱。第三，常用的二级抗体已经商品化生产，可方便地从有关公司订购。比如实验中使用的是一种家兔的一级抗体，那么抗家兔一级抗体的二级抗体，便可从市场上购买到用山羊制备的产品。

3. 原位免疫实验

原位免疫实验（*in situ* immunoassay）是在 20 世纪 60 年代根据抗原-抗体之间特异性结合作用的原理，建立起来的一种用于研究蛋白质翻译与定位的免疫检测技术。其基本特点是既具有免疫反应特异性，又具有示踪分子的灵敏性，故是检测目的蛋白的超微量分析法。这种免疫实验的典型做法是，将放射性同位素或荧光物质同抗原或抗体连接，构成融合蛋白（即示踪分子），用以检测微量的目的蛋白。其灵敏度可达 ng（10^{-9}g）甚至 pg（10^{-12}g）的水平。目前已经发展出许多种原位免疫实验技术，诸如放射性免疫实验、酶联免疫吸附测定、荧光免疫测定以及化学免疫实验和免疫电镜等。

（1）酶联免疫吸附测定

酶联免疫吸附测定（enzyme-linked immunosorbant assay），简称 ELISA 实验，是一种用于检测微量蛋白质的灵敏而快速的免疫学检测技术。它比简单的免疫检测法要灵敏得多，可以检测出含量不到 ng（10^{-9}g）的极微量的蛋白质。因此，ELISA 实验已成为目前最通用的一种免疫检测技术。

ELISA 实验之所以具有如此高的敏感性，是由于它有机地综合了抗原-抗体的特异性免疫反应和酶的有效催化作用于一体。也就是说在 ELISA 实验中，用来检测并同蛋白质抗原（存在着两个抗原决定簇）结合的两种抗体之一，是由抗体工程生产的抗体-酶融合蛋白，即偶联抗体（或叫酶标抗体）。如此便使得检测步骤简单化，只要把待测的样品（抗原）同酶标抗体及酶底物混合后，加到已经与一级抗体偶联的微孔板的加样孔中，重组酶标通过酶与底物的显色反应，便可检测出样品中存在的相应目的蛋白（抗原）。

ELSA 实验的操作过程相对简单（图 8-10）。先将一级抗体，如抗氯霉素乙酰转移酶（CAT）的抗体抗 -CAT 同固体支持物偶联。常用的方法是使之附着在塑料微孔板的加样

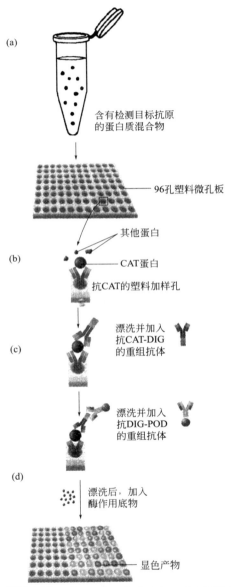

（a）含有检测目标抗原的蛋白质混合物

96孔塑料微孔板

（b）其他蛋白

CAT蛋白

抗CAT的塑料加样孔

（c）漂洗并加入抗CAT-DIG的重组抗体

漂洗并加入抗DIG-POD的重组抗体

（d）漂洗后，加入酶作用底物

显色产物

图8-10 酶联免疫吸附试验（ELISA）程序

（a）一级抗体与固体支持物（如塑料微孔板的加样孔壁）偶联；（b）加入待测样品，使其中的特定抗原与附着在样孔壁上的一级抗体结合；（c）加入酶标抗体（即二级抗体），它与抗原上另一个空闲的抗原决定簇结合；（d）充分漂洗除去重组酶标抗体后，再加入酶作用底物继续保温；于是在酶标抗体中酶活性的作用下，无色底物便转变成有色的产物（转引自 L. A. Allison，2012）

孔壁上，然后再把待测样品加入样品孔。此时，如果样品中存在着可被一级抗体识别的抗原，两者便会迅速彼此结合。经过漂洗除去未结合的一级抗体后，再加入重组抗体，即由二级抗体与适当的酶蛋白（例如碱性磷酸酶）构成的重组蛋白。保温适当时间，重组抗体可识别抗原分子上与一级抗体结合之外的另一个抗原决定簇，并与之结合。经再次漂洗，除去未结合的重组抗体分子之后，加入酶作用底物，于是在酶标抗体酶活性的作用下，无色的底物便转变成有色的产物。于是根据样品显色反应的强度，便可确定样品中存在的抗原及其数量。

如图 8-10 所示的 ELISA 实验，在文献中也叫做夹层 ELISA 实验（sandwich ELISA）。这是一种最通用的 ELISA 实验类型，经常用来检测各种病毒感染，诸如肝炎病毒（hepatitis virus）、Ⅰ型人免疫缺损病毒（HIV-1）、风疹病毒（rubella virus）以及单纯疱疹病毒（herpes simplex virus，HSV）等。

（2）荧光免疫测定

根据所用的标记抗体的差异，可将荧光免疫测定（immunofluorescence assay）法分为直接检测法和间接检测法两种不同的类型。若使用的是荧光标记的一级抗体，叫做直接荧光免疫检测法；而若使用的是荧光标记的二级抗体，则称之为间接荧光免疫检测法。

所谓荧光免疫标记，系指使用带荧光染料（fluorochrome 或 fluorescent dye）标记的特异性抗体，与含有相应抗原的细胞或组织结合。然后通过紫外线照射，激活结合在特异性抗体上的荧光染料，使其在黑色背景下显现荧光，从而确定与此抗体结合的目的蛋白（抗原）的存在部位。这种定位方法叫做荧光标记技术。

图 8-11 示出了间接荧光免疫标记检测法的实验步骤。首先将细胞或组织固定在显微镜载玻片上，并同含有抗目的蛋白的一级抗体的溶液一道保温，使之同细胞核中的目的蛋白结合成抗原-抗体复合物。经适当时间，漂洗除去未结合的一级抗体后，再与带有异硫氰酸荧光素（fluorescein isothiocyanate，FITC）的二级抗体溶液一道保温。FITC 是最常用的一种荧光染料，在紫外线激活下会发射出黄绿色的荧光。在保温过程中，此荧光标记的二级抗体，便与已结合在细胞核目的蛋白上的免疫复合物中的一级抗体结合。随后漂洗除去多余的抗体，并放置在荧光显微镜下观察结果。

4. 免疫亲和层析

免疫亲和层析（immunoaffinity chromatography），是根据抗原-抗体相互作用的原理建立的，用于从多组分的混合物中分离纯化目的蛋白的一种简便而有效的方法。其基本程序是，将任何一对抗原-抗体中的某一组分作为吸附剂，附着在固体支持物上制成免疫亲和层析柱。过柱的蛋白质提取物中，相应的抗体或抗原通过免疫反应便被滞留在柱中。然后经过选择性洗脱才得以从柱床上被分离纯化出来。

这个方法常被用来分离纯化克隆的真核基因在大肠杆菌细胞中表达的融合蛋白。它的主要步骤包括如下几步：①将能够同融合蛋白中标记肽组分结合的单克隆抗体（即标记肽抗体）预先同固体支持物聚丙烯连接，并装填在层析柱内，构成免疫亲和层析柱。②将含有目标蛋白组分之融合蛋白的混合提取物，加入免疫亲和层析柱。在过柱过程中，融合蛋白便经由其标记肽组分（抗原）同抗体结合，从而被滞留在柱床物质中，其

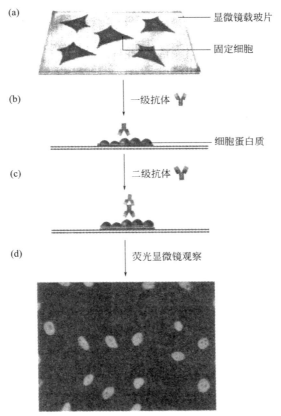

图8-11 间接荧光免疫测定法的实验步骤

（a）将细胞固定在显微镜载玻片上；（b）同一级抗体保温；（c）同具荧光标记的二级抗体保温；
（d）荧光显微镜观察。培养细胞的显微照片显示细胞核蛋白的定位（转引自 L. A. Allison, 2012）

他蛋白质则过柱流出。③向免疫层析柱中加入选择性洗脱液，从柱床中选择性地洗脱出
融合蛋白（图 8-12）。④将收集到的纯化的融合蛋白，经过体外切割后，再过适当的亲
和层析柱，从而最终分离到纯化的目的基因表达的目的蛋白。

三、研究DNA与蛋白质相互作用的方法

在细胞的生命活动过程中，例如 DNA 复制、RNA 转录与加工、蛋白质翻译与修饰
以及病毒的感染与增殖等诸多方面，都涉及 DNA 与蛋白质之间的相互作用。除此而外，
有关真核基因表达调节机理研究的许多课题，包括基因表达的激活与抑制、基因表达的
发育阶段性与器官组织的特异性，以及转录因子对基因转录的调节作用等，所有这些问
题的分子本质的解析都离不开 DNA 与蛋白质之间的相互作用。迄今已发展出的用于研
究 DNA-蛋白质相互作用的实验方法，主要有凝胶阻滞实验、DNA 竞争实验、DNase I
足迹实验、染色体免疫沉淀实验、交联反应实验，以及甲基化干扰实验和体内足迹实验
等多种。本节简要讨论前 5 种。

1. 凝胶阻滞实验

凝胶阻滞实验（gel retardation assay），也叫做电泳迁移率变动试验（electrophoretic

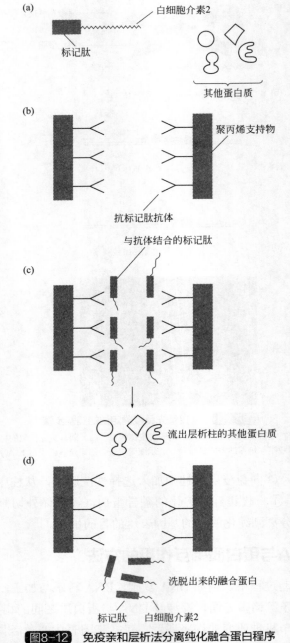

图8-12 免疫亲和层析法分离纯化融合蛋白程序

（a）浓缩的蛋白质混合物；（b）制备免疫亲和层析柱；（c）将蛋白质混合物加入层析柱；
（d）选择性洗脱分离纯化融合蛋白

mobility shift assay，EMSA）或条带阻滞试验（bond retardation assay），是 20 世纪 80 年代初期，在凝胶电泳技术的基础上发展出来的、用于在体外研究 DNA 与蛋白质相互作用的一种特殊的实验方法。

在凝胶电泳中，用以分离电泳分子的支持物，通常是琼脂糖和聚丙烯酰胺两种，它们都是属于无反应活性的稳定的凝胶电泳介质。其中琼脂糖（agarose）是从红色海藻的琼脂中提取的一种线性多糖聚合物，可用于配制核酸电泳凝胶。当琼脂糖溶液被加热至沸点熔化后冷却凝固，便会形成一种基质，其密度（即孔径的大小）是由琼脂糖的浓度决定的。琼脂糖的浓度越高，凝胶的孔径就越小，分辨能力就越强；反之，浓度降低，孔径增大，分辨能力也就随之下降。可以被琼脂糖凝胶电泳分离的 DNA 片段大小范围为 0.2～50kb。

我们知道所谓电泳迁移率（electrophoretic mobility），系指像核酸或蛋白质这样带电荷的大分子化合物（或颗粒），在单位电场强度作用下的迁移速度。在电场的作用下，裸露的 DNA 分子朝正电极移动距离的大小，是同其分子量的对数成反比。也就是说，在同样的电泳条件下，DNA 的分子量越大移动的距离就越短，反之则越长。因此，如果某种 DNA 分子结合上一种特殊的蛋白质多肽，那么由于分子量的加大，其在凝胶中的迁移作用便会受到阻滞，即电泳迁移率发生了变动。于是这样的 DNA- 蛋白质复合物的电泳距离，就比相应的裸露 DNA 的缩短了一些，结果便会在凝胶上呈现比较滞后的条带（图 8-13）。这便是凝胶阻滞实验的基本原理。

但需指出，蛋白质多肽的平均分子量大约是 40000，而一条长度为 1000bp 的 DNA 片段，其分子量便可达到 700000 左右。因此，如果一个典型的蛋白质多肽同长度远远超过 1000bp 的 DNA 片段结合，所引起的电泳迁移率的变动不会大于 5%。如此小的变化，在凝胶电泳中是难以观察到的。所以在凝胶阻滞实验中所使用的 DNA 分子的大小，最好是在 250bp 至数百碱基对之间，最大也不要超出 1000bp。否则就无法观察到阻滞条带的出现。

凝胶阻滞试验的步骤比较简单。第一步，用放射性同位素 ^{32}P 标记待检测的 DNA 片段，制成 DNA 探针，同时制备非变性的聚丙烯酰胺凝胶电泳平板。第二步，将 DNA 探针同细胞的蛋白质提取物混合保温。当然也可以只同纯化的目的蛋白保温。在这个期间，目的蛋白（例如转录因子）便会同特定的 DNA 探针结合成 DMA- 蛋白质复合物。第三步，将此保温后的混合物，加样在非变性的聚丙烯酰胺凝胶平板上，在控制使目的蛋白仍与 DNA 探针保持结合状态的条件下，进行凝胶电泳。第四步，转移电泳凝胶平板，用 X 射线底片作放射自显影。于是，具放射性同位素标记的 DNA 探针的电泳条带的位置，便会被显现出来。

假如所有的放射性同位素标记都集中在凝胶的底部，这就告诉我们在细胞的提取物中，不存在可与 DNA 探针特异性结合的目的蛋白。因此 DNA 探针仍处于自由状态，其电泳迁移率并未发生变动。如果在凝胶的靠后位置或是顶部，出现滞后的放射性同位素标记的条带，这就表明在细胞提取物中，存在着可同 DNA 探针特异性结合的目的蛋白。这是由于 DNA- 蛋白质复合物的形成，改变了 DNA 探针的电泳迁移率。

在分子生物学和分子遗传学等学科的研究工作中，凝胶阻滞实验具有多种不同的用途。它不仅可用来检测与特定蛋白质反式因子结合的 DNA 顺式元件；而且通过利用一组不同的蛋白质缺失突变体多肽序列进行的凝胶阻滞实验，也可以鉴定与某一顺式元件结合的转录因子的 DNA 结合域部位；同时，结合应用氨基酸定点突变技术改变转录因子 DNA 结合域的氨基酸，凝胶阻滞实验亦可以进一步鉴定出转录因子 DNA 结合域中，决定 DNA 结合特性的关键的氨基酸残基；此外，凝胶阻滞实验亦可用来研究形成同源二聚体或异源二聚体的转录因子，与 DNA 结合活性的变化情况。

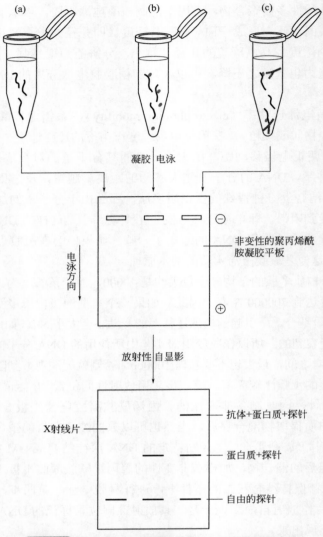

图8-13 检测DNA-蛋白质相互作用的凝胶阻滞实验

将使用同位素 ^{32}P 标记的 DNA 探针和样品，加样在非变性的聚丙烯酰胺凝胶平板中进行电泳分析。实验分三组。（a）组：只加标记的 DNA 探针。（b）组：DNA 探针 + 蛋白质。（c）组：DNA 探针 + 蛋白质 + 特异性抗体。放射性自显影之 X 射线底片显示，没有同蛋白质结合的 DNA 探针电泳迁移率最快，走在凝胶的最前面；同蛋白质结合的 DNA 探针次之，走在凝胶的中间；既同蛋白质又同抗体结合的 DNA 探针分子量最大，电泳迁移率最慢，走在凝胶的最后面

2. DNA 竞争实验

DNA 竞争实验（DNA competitive assay），是在凝胶阻滞实验基础上发展出来的一种用来确定与某种蛋白质特异性结合之 DNA 序列特性的实验方法。其具体做法是，在 DNA- 蛋白质结合反应体系中，加入超量的竞争 DNA。倘若竞争 DNA 和探针 DNA 是与同一种目的蛋白结合的，那么由于竞争 DNA 与探针 DNA 相比是极大超量的，于是反应体系中的绝大部分的目的蛋白都会被其竞争 DNA 结合掉，而探针 DNA 则仍然处于自由的非结合状态。所以在电泳凝胶的放射性自显影图片上，便不会出现滞后的放射性标记的条带（图 8-14）。

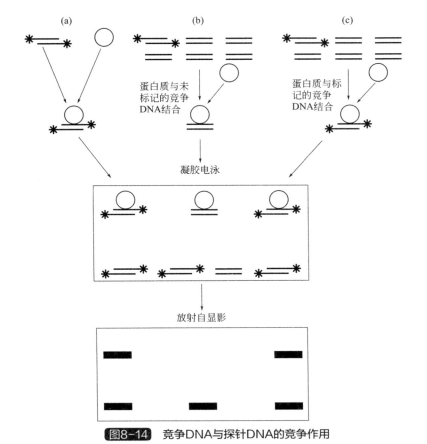

图8-14 竞争DNA与探针DNA的竞争作用

（a）组：样品中没有加入竞争 DNA 的正常的凝胶阻滞实验。探针 DNA 同目的蛋白结合，电泳迁移率变动，出现滞后的放射性标记条带。（b）组：样品中加入超量的竞争 DNA，它与探针 DNA 竞争与同一目的蛋白结合，导致滞后的放射性标记条带的消失。（c）组：竞争 DNA 与探针 DNA 分别与不同的蛋白质结合（非特异性结合），结果出现同 A 组实验一样的电泳谱带模式

　　如果反应体系中加入的竞争 DNA，并不能同探针 DNA 竞争结合同一种目的蛋白，这样探针 DNA 便仍然可以充分地同目的蛋白结合成 DNA- 蛋白质复合物。于是在电泳凝胶之放射自显影的图片上，就会出现阻滞的放射性标记的条带。

　　因此，结合凝胶阻滞实验和 DNA 竞争实验，就可以用来鉴定在某种组织器官特殊类型细胞的蛋白质提取物中，是否存在着目的基因表达的目的蛋白，或说是能够同特定 DNA 元件结合的蛋白质转录因子；也可以用来检测转录因子蛋白质同 DNA 结合的精确的序列部位；还可以通过竞争 DNA 中转录因子结合位点的碱基突变，研究此种突变对竞争性能及其与转录因子结合作用的影响。

3. DNase Ⅰ足迹实验

　　无论是凝胶阻滞实验还是 DNA 竞争实验，都只能说明细胞中是否存在着与 DNA 序列相互作用的特定的蛋白质分子。但它却无法确定这种结合作用的精确部位及其核苷酸序列的结构特征。而随后发展的足迹实验（footprinting assay），又叫做保护试验（protection experiment），则能够准确地回答这个问题。研究工作中常用的足迹试验有 DNase Ⅰ足迹实验、自由羟基足迹实验、菲咯啉铜足迹实验以及硫酸二甲酯（DMS）足

迹实验等多种。

DNase Ⅰ系指作用于 DNA 核苷酸序列当中任何两个相邻核苷酸之间的磷酸二酯键，从而对 DNA 分子进行切割降解的一种脱氧核糖核酸酶。它是从动物的唾腺、肠道、肝脏及胰腺中分离得到的，在中性 pH 值的反应条件下具有最佳活性。

DNase Ⅰ足迹试验的基本原理是，当 DNA 分子中的某一区段（顺式元件）同某种特定蛋白（反式因子）结合之后，便会受到保护而免受 DNase Ⅰ的切割作用。因此也就不可能产生出相应长度的切割片段，于是在凝胶电泳放射性自显影图片上，相应于蛋白质结合的部位是没有放射性标记条带的，呈现出一个空白的区域，俗称"足迹"。通过与没有蛋白质保护的对照 DNA 的核苷酸序列作比较，便可得知蛋白质结合的准确部位及其核苷酸序列的结构特征。DNase Ⅰ足迹实验的步骤如下：

第一步，将含有特定蛋白质结合位点的待测的双链 DNA 样品，在体外用放射性同位素 ^{32}P 作 5′-末端标记。然后再用适当的内切核酸限制酶切去其中的一个末端，这样便得到了只有一条单链末端标记的双链 DNA 分子。

第二步，制备细胞或细胞核蛋白质提取物（也可以用纯化的特定蛋白，如转录因子），并在试管中同标记的 DNA 分子一道保温，使特定的蛋白质充分地缚结在 DNA 分子的结合位点上。

第三步，向反应混合物试管中加入少量的 DNase Ⅰ，并严格控制酶的用量，使之达到平均每条 DNA 分子只随机地发生一次磷酸二酯键的切割作用。

第四步，待反应混合物经离心抽取除去游离的蛋白质之后，加样在核苷酸测序胶上进行电泳分离。然后同 X 射线底片一道作放射自显影，并读片比较、分析试验结果。

如果蛋白质提取物中不存在可同 DNA 分子结合的特定蛋白，那么经 DNase Ⅰ切割消化之后，便会产生出距放射性同位素标记末端 1 个核苷酸、2 个核苷酸、3 个核苷酸等一系列前后长度均仅相差 1 个核苷酸的、不间断的、连续的 DNA 片段梯度序列群体。如果蛋白质提取物中存在着某种可以同 DNA 分子结合的特定蛋白（例如转录因子），这样被结合的 DNA 区段由于受到蛋白质的保护，其相邻核苷酸之间的磷酸二酯键便不会被 DNase Ⅰ切割消化，因而也就不可能产生出相应长度的切割条带（图 8-15）。

第五步，核准 B 泳道及 C 泳道中，与 A 泳道 DNA 测序梯（sequencing ladder）之核苷酸 G 位于同一水平线的核苷酸位置。据此便可依据 B 泳道已测序的样品 DNA 的核苷酸序列结构，准确地推导出 C 泳道足迹区的位置，及其核苷酸序列结构特征。

足迹实验的一个明显的优点是，可以形象地展示出一种特殊的蛋白质因子同特定 DNA 之间的结合区域。如果使用较大分子量的 DNA 片段，通过足迹实验便可确定其中不同的核苷酸序列与不同的蛋白质因子之间的结合位点的分布状况。如同凝胶阻滞实验一样，也可以在足迹实验中加入非标记的竞争 DNA，来消除特定的"足迹"，并据此进一步确证结合部位及其核苷酸序列的特异性。

4. 染色质免疫沉淀实验

染色质免疫沉淀实验（chromatin immunoprecipitation assay），简称 CHIP 实验，是研究活细胞内 DNA- 蛋白质或是 RNA- 蛋白质相互作用的一种重要的方法，可用来检测体内特定 DNA 序列上结合的蛋白质的具体类型。它的基本原理并不复杂，本质上是免

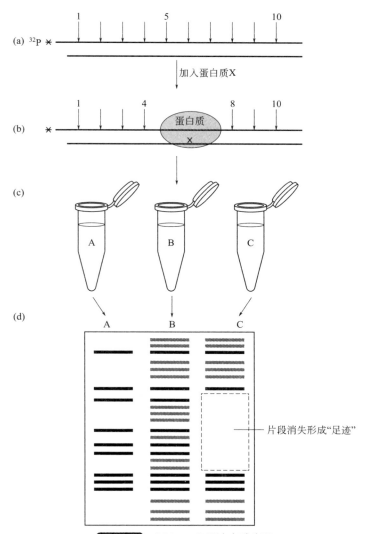

图8-15 DNase I 足迹实验步骤

（a）使用放射性同位素 ^{32}P 对双链样品 DNA 作一条链的 5′- 末端标记。（b）将特异结合蛋白 X 加入，使有关位点受到保护而免受 DNase I 的切割。（c）加入限量的 DNase I。然后将标记 DNA 样品分成三份，分别作不同的处理：第一组（泳道 B），加有样品 DNA 和 DNase I，但没有加蛋白质。第二组（泳道 C），除了样品 DNA 和 DNase I 外，还加有蛋白质。第三组（泳道 A）加样的是 DNA 测序梯 G（sequencing ladder for G），作为确定"足迹"中核苷酸成分的参照。（d）所有的上述三份样品均加在同一块测序胶上，进行电泳分离，然后作放射性自显影。结果显示，C 泳道中由于存在着能够同样品 DNA 特异性结合的蛋白质因子，DNA 的结合部位受到保护而不被 DNase I 消化切割，故出现"足迹"区

疫作用与离心沉淀技术的综合。整个实验过程可归纳如下四步。

第一步，使用诸如甲醛、紫外线、激光以及顺氯氨铂（cisplatin）等一类交联剂或交联促进方式，处理培养的细胞。这一步的目标是使 DNA 分子同任何可与之连接形成共价键的蛋白质多肽，相互交联结合成 DNA- 蛋白质复合物。

第二步，制备细胞提取物，并通过超声波振荡、核酸酶切割或限制酶消化等方法的处理，将高分子量的 DNA（或染色质）分子断裂成平均大小约为 200～300bp 的小分子片段。

第三步，加入抗目的蛋白（抗原）的特异性的一级抗体，与 DNA 片段混合物一道

保温，使抗体同目的蛋白充分结合。由此结合形成的由 DNA、目的蛋白和一级抗体组成的特殊的复合物，由于具有较大的分子量，容易通过离心沉淀的途径将其分离纯化出来，从而选择性地富集了直接或间接地同目的蛋白交联的 DNA 片段。当然也可以使用效果更好的二级抗体-树脂离心沉淀纯化法。此法是将已经同树脂结合的、抗一级抗体的二级抗体加入混合物中，经过充分保温使一级抗体与二级抗体结合完好之后，再进行离心分析。在这个过程中，由目的 DNA、目的蛋白、一级抗体、二级抗体、树脂共 5 种组分结合形成的复合物，便会以小球形式沉淀在离心管底部，而没有同抗体结合的 DNA- 蛋白质复合物，则仍然滞留在离心的上清液中。

第四步，将离心收集到的免疫沉淀物经加热解交联处理，以便脱去结合的蛋白质使 DNA 释放出来。离心回收免疫沉淀中的 DNA，然后再按照 CHIP 克隆、PCR 反应、Southern 印迹，以及 DNase Ⅰ足迹实验等不同的方法，检测 DNA 的分子特性，以确认是否就是研究者所需要的目的 DNA 分子（图 8-16）。

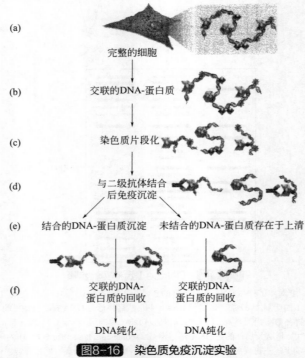

图8-16 染色质免疫沉淀实验

（a）用适当的方法处理培养细胞；（b）制备细胞提取物，并用超声波振荡法使 DNA 或染色体片段化；（c）加入抗目的蛋白质的一级抗体；（d）加入已与树脂结合的、抗一级抗体的二级抗体；（e）离心收集与树脂结合的免疫沉淀物；（f）脱去蛋白质使 DNA 释放出来，并作序列检测（转引自 L. A. Allison, 2012）

5. 交联反应实验

检测 DNA 与蛋白质相互作用的另一种方法叫做交联反应实验（crosslinking reaction assay）。此法最初是用于检测大肠杆菌 RNA 聚合酶与 *lac* 启动子中最紧密接触的核苷酸碱基部位。后来经过改良，便被用于蛋白质定位分析，例如核糖体蛋白质成分的定位检测。关于交联反应法的具体内容，已在第六章有关核糖体蛋白质定位一节中作了比较详细的介绍，故在此不再赘述。

四、研究蛋白质与蛋白质相互作用的方法

1. 拉下实验

拉下实验（pull-down assay），也叫做蛋白质体外结合试验，是一种在试管中检测蛋白质之间相互作用的实验方法。它依据的原理是，将某种小肽分子，例如生物素、6-组氨酸标签（6-His-tag）以及谷胱甘肽 S-转移酶（glutathion S-transferase，GST）等的编码基因，和诱饵蛋白（bait protein）的编码基因重组，并转化到大肠杆菌寄主细胞中表达成融合蛋白。接着将此带有小肽标记的诱饵蛋白附着在磁珠表面使之固相化之后，再与表达猎物蛋白（prey protein）的细胞裂解物混合。保温适当的时间，一般是放置在 4℃环境中过夜，于是猎物蛋白便会与位于磁珠表面融合蛋白中的诱饵蛋白充分结合。再通过离心沉淀洗脱程序，除去其中与诱饵蛋白非特异结合的蛋白质组分。由离心获得的与固相化融合蛋白中的诱饵蛋白相结合的猎物蛋白，经煮沸处理便会自动地从其固体支持物磁珠上脱离下来。收集样品，再与猎物蛋白抗体作 Western 印迹分析，以确证所分离的样品的确就是与诱饵相互作用的猎物蛋白（图 8-17）。

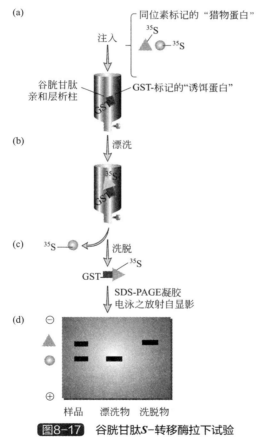

图8-17　谷胱甘肽 S-转移酶拉下试验

本例中用谷胱甘肽 S-转移酶标记诱饵，故特称谷胱甘肽 S-转移酶拉下实验（GST-pull down assay）。（a）将从大肠杆菌表达体系制备的 GST-标记的诱饵，加在谷胱甘肽亲和层析柱中，同时也加入同位素 ^{35}S 标记的猎物蛋白提取物；（b）按漂洗法除去没有与 GST-标记的诱饵结合的 ^{35}S-蛋白质；（c）进一步洗脱收集与 GST-标记的诱饵结合的 ^{35}S-猎物蛋白；（d）收集的样品进行 SDS-PAGE 电泳，并作放射性自显影检测实验结果。◎ = ^{35}S-蛋白；▲ = ^{35}S-猎物蛋白（转引自 L. A. Allison, 2012）

2. 酵母双杂交实验

酵母双杂交实验（yeast two-hybrid assay）或叫做酵母双杂交体系，简称Y2H。这是20世纪90年代初期，在转录因子结构的基础上发展出来的一种用于鉴定和分析体内蛋白质与蛋白质之间相互作用的敏感的方法。同时它也可有效地用来分离能与一种已知的靶蛋白相互作用的另一种或多种蛋白质的编码基因，也是分离与某种特定启动子调节元件结合的特异性转录因子的有效手段。该项实验技术，在真核基因表达调节研究中有广泛的用途。

（1）酵母双杂交实验原理

如同许多转录因子一样，酵母半乳糖苷酶基因的转录因子GAL4，也存在着两个结构上可分开的、功能上相互独立的主要结构域。一个是位于N端1～147位氨基酸区的DNA结合域（DNA-BD），它可识别效应基因的上游激活序列（upstream activiting sequence，UAS），并与之结合。另一个是位于C端768～881位氨基酸区的转录激活域（AD），它可通过同转录起始复合物中的其他成分，如RNA聚合酶的结合作用，启动UAS下游的基因进行转录。

应用DNA重组技术，可以把GAL4转录因子这两个结构域的DNA编码序列分离开来。而后再通过适当的方法把二者共转化到同一个酵母细胞，所表达的GAL4的DNA-BD和AD两种多肽，虽然各自仍分别具有结合与激活的功能，但因为空间隔离，两者之间不可能重新结合成具完整转录因子功能的GAL4，所以不会激活下游基因的转录。但如果应用DNA重组技术，将两个分开的GAL4的DNA-BD和AD，甚至是分别来自两种不同转录因子的DNA-BD和AD，在体内重新结合成一个转录因子，或是经过其他中介蛋白使两者在空间距离上被彼此拉近，则又可以重新获得转录因子的功能活性，从而激活下游效应基因进行表达。这便是酵母双杂交体系赖以建立的基本理论依据（图8-18）。

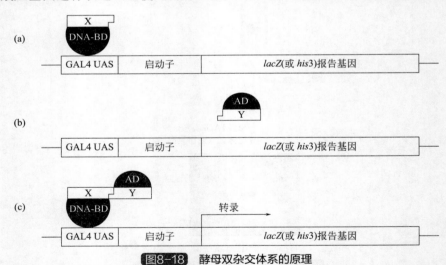

图8-18 酵母双杂交体系的原理

（a）GAL4的DNA-BD和诱饵蛋白结合形成杂种蛋白X，它同效应基因的UAS序列结合，但由于没有同AD结合，故不能启动报告基因转录；（b）GAL4的AD同猎物蛋白结合形成杂种蛋白Y，由于没有同效应基因的UAS序列结合，故也不能启动报告基因转录；（c）通过这两个杂种蛋白X和Y之间的诱饵蛋白B和猎物蛋白P之间的结合作用，使DNA-BD和AD在空间上接近，因而在细胞内重新建立了GAL4的功能，它通过同RNA聚合酶的结合，启动报告基因表达

（2）穿梭质粒载体和寄主菌株

酵母双杂交体系由两种大肠杆菌-酵母穿梭质粒载体和一种特殊的、已经失去了内源 GAL4 转录因子的、专用的酵母寄主菌株组成。第一种穿梭质粒载体叫做 DNA-BD 质粒载体或诱饵载体（bait vector）。它具有色氨酸合成酶基因（trp），并在 DNA-BD 编码序列的 3′下游含有一个多克隆位点。因此，诱饵基因按正确的读码结构和取向插入在多克隆位点上，便可与 GAL4 DNA-BD 编码序列的 3′-端融合，表达出第一种杂种蛋白（X）。第二种穿梭质粒载体叫 AD 质粒载体或猎物载体（prey vector）。它具有亮氨酸合成酶基因（leu），并在其 AD 编码序列的 5′上游有一个多克隆位点。它是构建猎物蛋白基因之 cDNA 表达文库的专用载体，克隆的 cDNA 片段按正确的取向和读码结构插入在多克隆位点上，便会同 GAL4 AD 编码序列的 5′-端融合，表达出第二种杂种蛋白（Y）。这两种杂种蛋白都能够在酵母细胞中高水平表达，而且在核定位序列（nuclear localization sequence）的作用下进入酵母的细胞核内（图 8-19）。

酵母双杂交体系专用的酵母寄主菌株如 SFY526 和 HF7c，都已经丧失表达内源 GAL4 转录因子的能力，但具有大肠杆菌的 lacZ 报告基因或酵母的 His3 报告基因，以及 trp 和 leu 的转化标记，也就是说在缺少 Trp 和 Leu 两种氨基酸的选择性遗漏培养基（selective dropout medium）上是无法生长的。这种培养基通常也叫做遗漏培养基，简称 SD 培养基，是一种特殊设计的供酵母双杂交体系专用的选择性培养基。其基本特点是缺少了亮氨酸（Leu）、色氨酸（Trp）或组氨酸（His）。

（3）检测分析

酵母双杂交实验的检测分析有两种不同的方式。一种是单因子共转化检测分析，其具体操作步骤是，将已知的诱饵蛋白的编码基因，插入在诱饵质粒载体的多克隆位点上，构成第一种杂种质粒载体，并转化给大肠杆菌寄主细胞。同时把猎物基因的 cDNA 插入在猎物质粒载体的多克隆位点上，构成第二种杂种质粒载体，也转化给大肠杆菌寄主细胞，形成 cDNA 表达文库。分别从这两种大肠杆菌转化子细胞提取重组质粒 DNA，共转化给感受态的酿酒酵母寄主菌株，如 HT7c。然后将共转化的酵母细胞混合物涂布在缺少 Leu 和 Trp 氨基酸的 SD 培养基上，以便挑选具有两种杂种质粒的转化子。同时也将共转化的酵母细胞混合物涂布在缺少 Leu、Trp 和 His 三种氨基酸的 SD 培养基上，以便筛选那些能够表达相互作用的杂种蛋白的阳性克隆。

酵母双杂交的另一种检测分析法是，通过两种交配型酵母细胞之间的彼此交配，对酵母全基因组的编码基因（见上册表 2-1）进行大通量的筛选。它的操作特点是，将两种杂种质粒载体 DNA，分别转化 a 交配型和 α 交配型的酵母寄主细胞。于是便获得了两组各约 6000 个转化子的群体。而后使用实验室机器人操作，完成两组之间的所有可能的交配组合（6000×6000）。由此生成的二倍体的酵母细胞，便具有两种不同的杂种质粒，其中一种带有诱饵蛋白的编码基因，另一种带有猎物蛋白的编码基因。如果由此表达的两种杂种蛋白 X 和 Y 能够相互作用，报告基因的表达活性便会被启动。于是二倍体的酵母菌株，便能够在缺乏氨基酸 His 的 SD 培养基中生长。如果报告基因的表达活性没有被启动，二倍体的酵母菌株则不能在缺乏氨基酸 His 的 SD 培养基中生长。如此通过缺乏 His 氨基酸的 SD 培养基，检测了全部的 6000×6000 个交配组合的二倍体酵

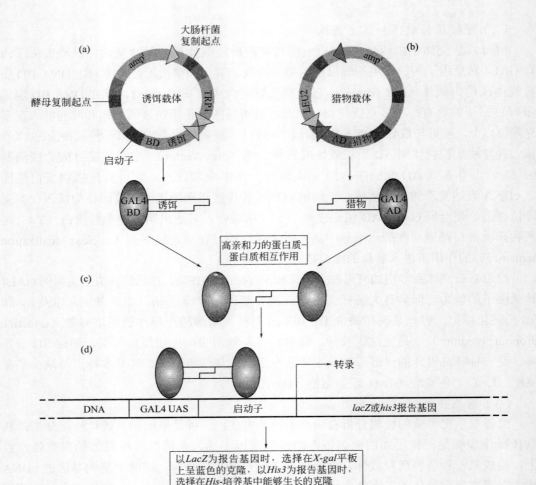

图8-19 酵母双杂交体系的穿梭载体

（a）诱饵载体，具有 DNA-BD 结构域和诱饵蛋白的编码序列，该载体能够表达由 DNA-BD 和诱饵蛋白组成的第一种杂种蛋白（X）。（b）猎物载体，具 AD 结构域和猎物蛋白的编码序列。该载体能够表达由 AD 和猎物蛋白组成的第二种杂种蛋白（Y）。（c）在共转化的同一个酵母寄主细胞中，如果诱饵载体表达的杂种蛋白中的诱饵多肽与猎物载体表达的第二种杂种蛋白的猎物多肽，能够发生相互作用，则会形成具活性的重塑的转录因子 GAL4。（d）用酵母的 *His3* 作报告基因，由于重塑的转录因子 GAL4 的激活作用，它可在转化的酵母细胞中表达出组氨酸，能够在缺少组氨酸的培养基中生长。用大肠杆菌的 *lacZ* 作报告基因，由于重塑的转录因子的激活作用，它可在转化的酵母细胞中表达出 β- 半乳糖苷酶，故能够使培养基中的 X-gal 被切割，呈现蓝色反应

母菌株（图 8-20）。只有杂种蛋白 X 和 Y 能够相互作用的那些交配组合，才能形成可见的菌落。

3. 酵母三杂交实验

酵母双杂交体系近年来有不少的改良与发展，酵母三杂交体系（yeast three-hybrid system，Y3H）和 RNA 酵母三杂交体系（RNA yeast three-hybrid system），便是其中的两个突出的例子，对此本节将作简单的介绍。至于酵母单杂交（yeast one-hybrid system,Y1H），自然也是在酵母双杂交体系的基础上，发展出来的一种有用的体内分析体系。但它是用于分离与下游效应基因启动区顺式元件特异性结合的蛋白质因子及其编码基因。故不属于本节的讨论范围。

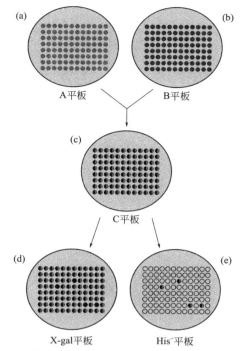

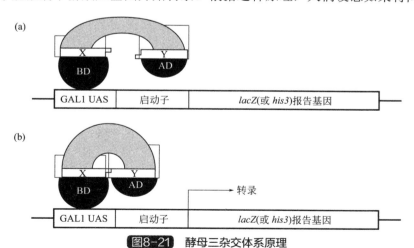

图8-20 酵母双杂交大通量检测分析

（a）用大肠杆菌的诱饵基因之表达文库的 DNA，转化 α 交配型的酵母细胞，构成酵母的诱饵基因的表达文库；（b）用大肠杆菌的猎物基因之表达文库的 DNA，转化 a 交配型的酵母细胞，构成酵母的猎物基因的表达文库；（c）把 A 平板和 B 平板上的两组菌落原位叠加影印到同一个 C 平板上，由此交配生成具有诱饵和猎物两种质粒的二倍体酵母细胞；（d）在 X-gal 培养基上检测二倍体细胞的显色反应；（e）在缺乏 His 氨基酸的 SD 培养基上检测二倍体细胞的生长状况

　　酵母三杂交体系，是在酵母双杂交体系的基础上发展出来的，一种用以研究三种蛋白质因子之间相互作用的方法（图 8-21）。我们已知道真核基因转录因子的 DNA-BD、AD 和启动子顺式元件之间，需要通过共价或非共价的连接作用，建立起一定的空间联系之后，才能激活下游效应基因开始转录。根据这种原理，人们设想如果将两种均能够

图8-21 酵母三杂交体系原理

（a）接头蛋白多肽链的 N 端和 C 端分别与蛋白质 X 和 Y 结合；（b）由于接头蛋白的作用，改变了 AD 与转录机的空间距离，使之能够同 RNA 聚合酶结合，从而启动下游报告基因进行转录

同第三种"接头蛋白"发生相互作用的蛋白质 X 和 Y，以分别与 DNA-BD 及 AD 形成融合蛋白的形式表达在转化的酵母菌株中，并分布在细胞核内。那么通过"接头蛋白"与 BD-X 和 Y-AD 两种融合蛋白之间的相互作用，便可将 DNA-BD 和 AD 两个结构域从空间上拉近，形成有功能活性的转录因子与上游激活序列结合，从而调节报告基因的表达。在 X 及 Y 蛋白质都是已知的情况下，用 Y3H 筛选相应的基因文库时，就可以获得大量的与已知蛋白质因子相互作用的未知的新蛋白质，即所谓的"接头蛋白因子"。这就是酵母三杂交体系的基本原理。

与酵母三杂交体系不同，在 RNA 三杂交体系中（图 8-22），不是以接头蛋白为中介分子，而是通过 RNA 分子作桥梁，把 BD-X 和 Y-AD 这两种融合蛋白连接在一起。这当中 RNA 分子是同 X 蛋白和 Y 蛋白结合的。因此，这种 RNA 酵母三杂交体系可以用来分离与 RNA 结合的蛋白质及其编码基因。

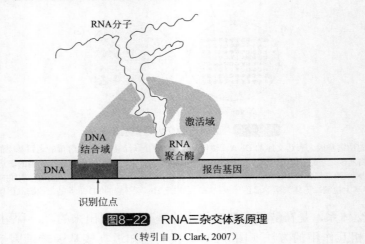

图8-22 RNA三杂交体系原理

（转引自 D. Clark, 2007）

4. 双分子荧光互补实验

检测不同蛋白质分子之间相互作用的另一种方法，叫做双分子荧光互补试验（bimolecular fluorescence complementation assay），简称 BiFC 试验。它具有直观、快速等优点，不仅可以检测相互作用的蛋白质，而且还可以用来分析目的蛋白在活性细胞中的定位。

双分子荧光互补实验，最早由 C. D. Hu、Y. Chinenov 和 K. Kerppola 于 2002 年发展出来的。它的原理是，将绿色荧光蛋白（GFP）的一种突变体黄色荧光蛋白（yellow fluorescent protein，YFP），分割成两个互不重叠的片段后便丧失了产生荧光的活性。而当它们重新组合在一起的时候又恢复了产生荧光的活性。据此科学工作者应用体外 DNA 重组技术，将编码这两个片段的 YFP 基因的核苷酸序列，分别同诱饵蛋白和猎物蛋白的编码基因重组。然后将这两种重组基因共转化到同一寄主细胞中表达。如果表达的两种杂种蛋白中的诱饵和猎物能够彼此发生相互作用，便会结合起来。其结果是把 YFP 蛋白的两个被分开的多肽片段从空间上拉合到一起，于是便恢复了 YFP 蛋白产生荧光的活性。这样便可检测出人们感兴趣的目的蛋白，并可确定其表达的部位。

5. 共免疫沉淀实验

用于检测发生在哺乳动物细胞内的蛋白质之间相互作用真实情况的一种有效的方

法，叫做共免疫沉淀实验（co-immunoprecipitation assay）。事实上此法的原理并不复杂，它主要是依据抗原-抗体之间的特异性反应原理，给目的蛋白的 C 端加上一段免疫反应性短肽为标记。故这种短肽特称标记肽，如 FLAG 和 6His，它可以与特定抗体结合。然后再利用从金黄色葡萄球菌（Staphylcoccus aureus）分离的蛋白质 A 能够与抗体紧密结合这种特性，将它预先包裹在小玻璃珠表面之后，再用来分离具短肽标记的目的蛋白与抗体结合成的复合物。下面通过共免疫沉淀实验操作步骤的详细叙述，读者便可进一步理解此法的分子机理。

第一步，表达载体的构建。如果已有现成可以使用的目的蛋白之特异性抗体，则可将目的蛋白的编码基因直接克隆在表达载体分子上。反之，如果没有这样的特异性抗体，通常的办法是在目的蛋白基因的 3′-下游连接上一段标记肽的核苷酸序列，然后克隆在表达载体分子上。这些插入的外源基因，都是位于哺乳动物启动子的下游，因此当其转染到培养的哺乳动物细胞之后，便能够正常地表达出由目的蛋白和标记肽组成的标记融合蛋白。

常用的标记肽如 FLAG 和 6His。其中 FLAG 是一种由 8 个氨基酸组成的短肽（Asp-Tyr-Lys-Asp-Asp-Asp-Asp-Lys）标签，它可以与抗 FLAG 的抗体结合。6His 也是一种短肽标签，系由 6 个串联的组氨酸构成，所以也称之为多聚组氨酸标签。它可以同抗 6His 的抗体结合，也可以同附着在固体支持物上的镍铁结合。

第二步，抗原-抗体免疫反应。收集经过转化处理的哺乳动物细胞培养物，细胞裂解后进行离心提取细胞质分部。随后向细胞质提取物中加入特异性抗体，使之同标记肽充分结合。接着再加入已预先由蛋白质 A 包裹的玻璃小珠继续混合保温。

第三步，离心收集免疫沉淀复合物。蛋白质 A 能够同抗体分子紧密结合，因此被小玻璃珠固定化的蛋白质 A，便可用来分离任何能够同抗体结合的蛋白质。于是抗原-抗体免疫反应复合物经过离心之后，由目的蛋白标记肽和抗体组成的复合物，因同附着在小玻璃珠表面的蛋白质 A 结合，所以便会随之一道沉淀在离心管底，同时与目的蛋白结合的蛋白质也会沉入管底。而其他的没有结合的蛋白质，则仍然滞留在离心的上清液中。

第四步，免疫沉淀蛋白质的电泳分析。将离心所得的蛋白质沉淀物从小玻璃珠上洗脱下来之后，经浓缩加样在 SDS-聚丙烯酰胺凝胶中进行电泳分离，以鉴定同目的蛋白结合的蛋白质（图 8-23）。由此得到的结合蛋白的性质，可应用氨基酸测序和质谱学（mass spectroscopy）等技术予以鉴定。

共免疫沉淀实验可以用来证实由其他方法，例如 Y2H 体系发现的两种相互作用的哺乳动物蛋白质 X 和 Y，是否反映着它们在哺乳动物细胞中的真实情况。为此需构建两种分别表达 X-FLAG 和 Y-6His 的标记融合蛋白的质粒载体，并共转染给同样的哺乳动物细胞。将分离的无细胞提取物分装成 A 和 B 两管，并在 A 管中加入抗 FLAG 标记肽的抗体，在 B 管中加入抗 6His 标记肽的抗体。待充分保温后，再用包裹着蛋白质 A 的玻璃珠，离心收集抗原-抗体复合物并加样在 SDS-聚丙烯酰胺凝胶电泳中进行电泳分离。电泳结束后将凝胶中的蛋白质谱带原位转移到硝酸纤维素滤膜上，分别用抗 6His 的抗体和抗 FLAG 的抗体探测转膜的结果。如果两种目的蛋白 X 和 Y，在哺乳动物细胞中能够相互作用的话，那么在 Western 印迹中就应存在这两种蛋白质（图 8-24）。

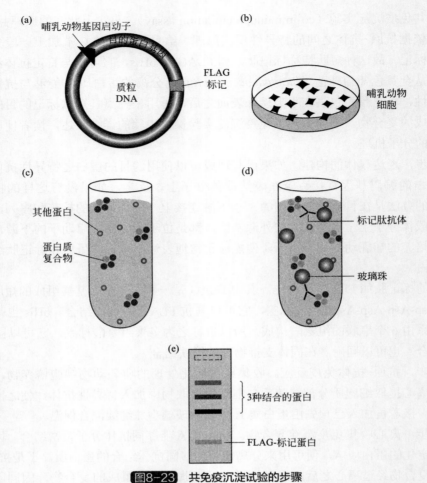

图8-23 共免疫沉淀试验的步骤

（a）构建表达载体。该载体带有哺乳动物启动子、目的蛋白基因及标记肽 FLAG 的核苷酸序列。（b）转染培养的哺乳动物细胞。（c）制备细胞质提取物。（d）加入针对 FLAG 标本的抗体，以及由蛋白质包裹的玻璃珠。（e）离心收集免疫沉淀的蛋白质复合物，并加样在 SDS- 聚丙烯酰胺凝胶中作电泳分析

6. 荧光共振能量转移技术

位于分子一端的短波荧光基团，当其受光照射进入激发态时，便可在适当的条件下通过共振作用，将所发射的能量转移给位于分子另一端的长波荧光基团，结果使前者荧光猝灭（quenching），后者发出荧光。这样的能量转移现象，叫做荧光共振能量转移（fluorescence resonance energy transfer，FRET）（图 8-25）。习惯上将发射荧光的短波荧光基团叫做给体荧光基团（donor fluorophore），而把接收能量的长波荧光基团称为受体荧光基团（acceptor fluorophore）。在生命科学研究中，最常用的两种荧光基团是蓝色荧光蛋白（cyan fluorescent protein，CFP）和黄色荧光蛋白（yellow fluorescent protein，YFP），二者都是绿色荧光蛋白（GFP）的突变体。给体荧光基团激活态的寿命为 10^{-9}s，它所发射的能量可在 10^{-15}s 内被受体荧光基团全部吸收，从而使激发态从给体转移给受体，而后者同样可在 10^{-9}s 内将能量再发射出去。

发生荧光共振能量转移现象是有一定的条件要求的。首先给体荧光基团同受体荧光

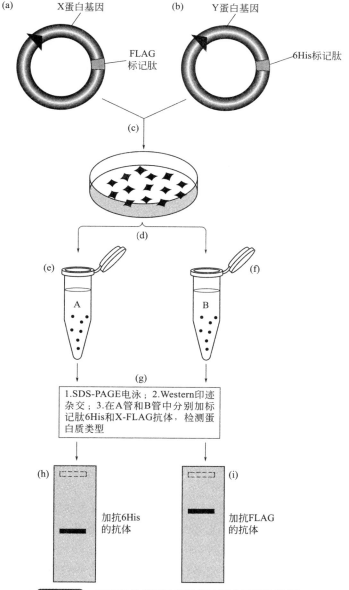

图8-24 应用共免疫沉淀实验证实蛋白质相互作用

（a）表达载体 X，含有 X 蛋白基因和标记肽 FLAG 的核苷酸序列。（b）表达载体 Y，含有 Y 蛋白基因和标记肽 6His 的核苷酸序列。（c）将 X 和 Y 载体共转染给哺乳动物细胞。（d）将制备的无细胞提取物均分成 A 管和 B 管。（e）向 A 管中加入抗标记肽 FLAG 的抗体，向 B 管中加入抗标记肽 6His 的抗体。（f）用包裹着蛋白质 A 的小玻璃珠分别离心收集 A 管和 B 管的抗原-抗体复合物。（g）SDS-PAGE 凝胶电泳分离后，转移到硝酸纤维素滤膜。同时用互换抗体分别同 A 膜和 B 膜作 Western 印迹实验，检测是否存在着另一种目标蛋白质。（h）加标记肽 6His 的抗体检测表明，同 X-FLAG 融合蛋白一道沉淀的另一种蛋白质是 Y。（i）加标记肽 FLAG 的抗体检测表明，同 Y-6His 融合蛋白一道沉淀的另一种蛋白质是 X。总之，本实验结果证实在哺乳动物细胞中，目的蛋白 X 和 Y 是相互作用的两种蛋白质

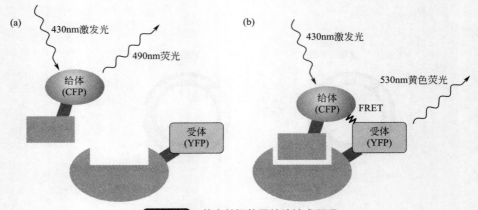

图8-25 荧光共振能量转移技术原理

（a）如果带有给体荧光基团 CFP 标记的融合蛋白，同具有受体荧光基团 YFP 标记的融合蛋白间的距离大于 10nm，两者之间就不会发生 FRET；（b）只有当带有给体荧光基团 CFP 标记的融合蛋白，同具有受体荧光基团 YFP 标记的融合蛋白间的距离小于 10nm 的情况下，两者之间才会发生 FRET

基团之间的距离不能超过 10nm，超过这个距离就不能发生正常的 FRET。其次，受体荧光基团的吸收光谱与给体荧光基团的发射光谱之间，必须是能够彼此重叠的。再次，给体荧光基团和受体荧光基团之间，能量转移偶极子的方向必须接近于平行状态。在满足了这些条件的前提下，给体荧光基团和受体荧光基团之间能量转移速率，与两者之间的间隔距离成反比关系。前者在能量转移出去之后便从激发态返回到基态，同时荧光猝灭；后者所产生的光子，尽管最初是因来自给体的激发作用所引起的，但我们检测到的荧光光谱却是由受体荧光基团自身发射出来的。由于能量转移，在 FRET 过程中，给体荧光基团发射荧光的强度减弱，而受体荧光基团发射荧光的强度则得到加强。基于上述这些原理，我们便可以根据在 FRET 过程中能量转移的速率和效率，检测出两个蛋白质分子之间的距离范围。而且已经知道，在活细胞内，如果两个蛋白质分子之间的距离不到 10nm，一般便可认定这两个蛋白质分子是可以直接发生相互作用的。因此，FRET 是检测活细胞中两个蛋白质分子之间，是否存在着直接相互作用的纳米级距离和纳米级距离变化的一种相当有效的技术手段。

具体的实验操作过程是，应用 DNA 重组技术，把蓝色荧光蛋白 CFP 的编码基因及黄色荧光蛋白 YFP 的编码基因，分别同两种目的蛋白的编码基因在体外重组成两种不同的融合基因。然后共转化到同一寄主细胞中表达。如果这两种融合蛋白之间的距离小于 10nm，那么因光照而激发的给体荧光基团 CFP 所产生的蓝色荧光，便会被受体荧光基团 YFP 所吸收，并激发后者发出黄色荧光。应用特殊的仪器装置检测给体荧光的猝灭和受体荧光的激发，便可得到 FRET 的数值，从而确定待测的两个目的蛋白在活细胞内是否能够直接相互作用。

共免疫沉淀和拉下实验等，虽然可以在一定程度上证明两种蛋白质之间相互作用，但这些方法都不是在细胞正常生理状态下完成的，而且也不能对细胞内蛋白质进行定位。而 FRET 则不然，它是一种非放射性的能量转移过程，不会给细胞的生命活动造成伤害，因此该技术具有诸多方面的优点。它可以直接使用活细胞作体内（*in vivo*）检测，并可原位研究在细胞中正常发生的蛋白质-蛋白质之间相互作用的正确位置。目前荧光共振能量转移技术不仅用于定量测定两个荧光基团之间的距离，而且还被成功地用于研究各种涉及分子间距离变化的生化现象。此外在蛋白质空间构象、蛋白质与蛋白质间的相互作用、核酸与蛋白质间的相互作用，以及其他有关的研究工作中，荧光共振能量转移技术也都有着十分广泛的应用，已被发展成为分子遗传学领域的强有力的研究手段之一。

第三节
染色质与真核基因表达的转录调节

处于分裂间期的真核细胞的细胞核中，一种由基因组 DNA、蛋白质和少量的 RNA 结合组成的核蛋白复合物（nucleoprotein complex），叫做染色质（chromatin），而由染色质包装形成的一种高级有序的物理结构，则称为染色体（chromosome）。真核细胞正是以这种独特的染色质结构形式，使贮藏其中的遗传信息载体 DNA 得到良好的保护，并阻隔 RNA 聚合酶以及其他的蛋白质激活因子的参入与结合作用。从真核基因表达的时空特异性和发育阶段特异性考虑，染色质结构必须既能有效地控制着基因组基因，使之处于完全抑制的关闭状态，而在适当的环境及生理条件下，它又必须能够转变成为开放的可及状态（accessible state）。如此，才能使有关基因的调节区，易于接受 DNA 聚合酶、RNA 聚合酶及其他激活因子的结合作用，并适时开启基因的表达。事实上研究已经发现，转录活跃的染色质与转录阻遏的染色质，在结构上有一定的差别。由此可见，弄清染色质的基本结构及其对基因表达的转录调节作用，对于深入理解真核基因表达调节的分子机理，无疑是十分必要的。

一、染色质的组分

以典型的真核细胞核为例，其直径仅有 10μm 左右，却能按序有效地包裹着总长度约为 1~2m 的 DNA 长链分子。这也就是说真核基因组 DNA，需要缩短为约 1/200000 方可适应细胞核的大小。核蛋白复合物，即染色质的组成成分中，蛋白质的数量要比 DNA 的数量高出两倍，而其 RNA 的含量还不到 DNA 的十分之一。

参与染色质组成的有两类不同的蛋白质，一类是组蛋白，另一类是非组蛋白（nonhistone），后者是指除了组蛋白之外的所有其他的染色质蛋白。就目前所知，组蛋白是真核细胞中与 DNA 相关的丰度最高的蛋白质，是染色质的主要组成成分。而非组蛋白则仅占染色质组分中的一小部分，但其种类却相当繁多。在真核生物的染色质组成成分中，共有 H2A、H2B、H3、H4 和 H1（鸟类中为 H5）5 种不同类型的组蛋白。它们是一类特殊的带正电荷的蛋白质，所以能够与带负电荷的 DNA 分子紧密结合，并维持真核细胞染色体的空间构型。

1. 核心组蛋白

H2A、H2B、H3 和 H4 统称为核心组蛋白（core histone），它们的分子量比较小，仅有 102~135 个氨基酸。这 4 种组蛋白的 C 端，具有诸如缬氨酸和异亮氨酸一类的疏水氨基酸，故能相互作用聚合成多体结构；而其 N 端带有碱性的氨基酸，可以伸出八聚体颗粒而便于同 DNA 结合形成稳定的核小体结构。核心组蛋白也是一类富含碱性氨基酸，尤其是赖氨酸和精氨酸（二者至少占氨基酸总数的 20% 以上）的碱性蛋白（表 8-4）。每个细胞平均拥有 6×10^6 个拷贝的组蛋白分子。在不同的真核生物之间，核心组蛋白，特别是 H3 和 H4 两种，其氨基酸的一级序列结构是高度保守的。例如母牛和豌豆的 H4 组蛋白，总长度 102 个氨基酸序列当中，仅有两个是不同的。但 H1 组蛋白的情况则比较特殊，它除了有一个保守的中央核心（central core）序列外，其余的氨基酸序列在不同物种当中，以及在同一物种内，均呈现出较为明显的异质性。

表8-4　组蛋白的类型及其一般特性

组蛋白类型	组蛋白	分子量大小	赖氨酸及精氨酸含量/%
核心组蛋白	H2A	14000	20
	H2B	13900	22
	H3	15400	23
	H4	11400	24
连接组蛋白	H1	20800	32

2. 连接组蛋白

H1 组蛋白不是核小体的核心成分，它只是一种连接蛋白（linker protein），所以又叫做连接组蛋白。在真核细胞中，4 种核心组蛋白的丰度是等同的，而 H1 的丰度则仅及一种核心组蛋白的一半。典型的体细胞 H1 组蛋白的长度为 220 个氨基酸，其中所含的 66～70 个碱性氨基酸，几乎全是赖氨酸，而没有精氨酸。此种组蛋白具有的三联结构域（tripartite domain），分别是长度约为 80 个氨基酸的中心球状结构域（central spherical domain），以及另外两个分别位于中心球状结构域两侧的短 N 端尾部结构域和长 C 端尾部结构域。中心球状结构域能够识别核小体核心中 H1 组蛋白的结合位点，使 H1 组蛋白结合在自己的核小体上，并封闭 DNA 转角（DNA turns）。N 端尾部结构域的作用，很可能是协助中心球状结构域定位；而 C 端尾部结构域的功能，则可能是参与确定连接 DNA 的取向。除此之外，这两个尾部结构域的主要功能作用则是，将其自身的核小体同相邻的两侧核小体紧密地连接在一起。至于这种核小体准确编排（arrangement）的详细过程，目前尚不清楚。

3. 非组蛋白

非组蛋白的染色质蛋白（nonhistone chromatinal protein，NHP），是一类由多种蛋白质组成的蛋白质群体，包括参与 DNA 复制与转录作用的各种蛋白酶，以及多种多样的结构蛋白。因为这类非组蛋白，主要是指同染色体基因组 DNA 特定序列结合的蛋白质，所以也称之为序列特异性 DNA 结合蛋白（sequence specific DNA-binding protein）。有一些 NHP 蛋白的含量丰度及其分布状态，都如同组蛋白一样，它们有可能起到一般性的结构作用。另有一些 NHP 蛋白，则仅局限于分布在染色质的特定区段。还有一些中等丰度的 NHP 蛋白，它们通常是同那些有能力进行转录的活性染色质（active chromatin）特异性地结合在一起。这当中有一类具有小分子量高电荷特性的 NHP 蛋白，特称高迁移族（high mobility group，HMG）蛋白。现已知道在这类 HMG 蛋白中，至少有一部分就是转录因子。此外，还存在若干其他的 NHP 蛋白，其含量虽然相当稀少，但却都是参与控制特定基因转录的特殊的效应物分子。例如控制非洲爪蟾 5S rRNA 基因转录的 TFⅢA 转录因子，控制 SV40 转录的 Sp1 转录因子，以及控制果蝇热激基因转录的热激转录因子 HSTF 等，便是属于此类 NHP 蛋白。

二、核小体的结构

所有真核生物染色质的基本结构单位都是核小体（nucleosome），所以它也被称为染色质的结构亚基。在核小体的组装过程中，涉及组蛋白分子之间以及组蛋白与 DNA 分子之间的有序结合。首先由两组 4 种组蛋白 H2A-H2B-H3-H4 组成一个圆盘状的蛋白质核心。它叫做组蛋白八聚体（histone octamer），亦称为核小体核心（nucleosome core）。随后，DNA 双螺旋分子以大约 160bp 盘旋 1.8 圈的比例，缠绕在组蛋白八聚体的外周，形成一种左手（负）超盘旋的结构。此即核小体核心颗粒（nucleosome core particle），而此段与八聚体最紧密结合的长度为 160bp 的 DNA，则叫做核心 DNA，其分子长度是恒定的（图 8-26）。

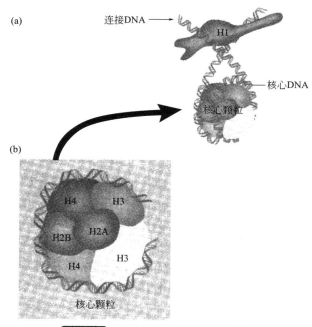

图8-26 核小体核心颗粒的分子结构

（a）核小体核心颗粒的晶体结构。图中仅示出核心颗粒的一半和 73bp DNA，以及至少一分子的各个组蛋白成员。图中示出了缠绕核心颗粒外周的双链 DNA 分子的两条互补链，以及核心组蛋白成员 H2A、H2B、H3 及 H4。
（b）核小体核心颗粒的结构模型。它包括 8 个组蛋白和缠绕外周的一段 DNA 双链分子。H2A-H2B 两个二聚体，图的正面均只示出其中的一个分子 H2A 和 H2B，它们的另一个分子在图的背面无法示出（转引自 D. Clark, 2007）

关于核小体组装的另一种说法是，首先由组蛋白 H3 和 H4 形成的异型四聚体（H3$_2$-H4$_2$）同 DNA 结合成过渡性的中间复合物；然后两个 H2A-H2B 异型二聚体也加入与此复合物结合，最终形成核小体核心颗粒。

连接组蛋白 H1 加上核小体核心颗粒便构成了核小体，或称为核小体重复单元（repeating

unit）。一个核小体叫做单核小体，两个相邻的核小体之间，有一段长度不等的连接 DNA。因此，伸展的染色质看起来就像"一串念珠"（bead on a string）（图 8-27）。平均说来，一个核小体重复单元具有 200bp 长的双链 DNA 分子，除去核心 DNA 160bp 之外，剩下的 40bp 便是连接 DNA。不过这个数字因不同长度的连接 DNA 而有所变动，因为连接 DNA 的长度短的只有 8bp，而长的则可达 114bp。通过 H1 组蛋白与核小体核心颗粒中心部位及连接 DNA 的进出口部位的紧密结合，使得缠绕在组蛋白八聚体外周的大约两圈 DNA 保持稳定，也使得 DNA 进出核小体的角度更为固定。

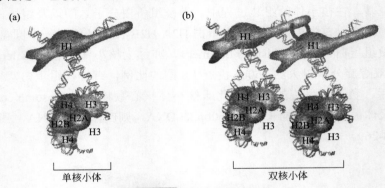

图8-27 核小体的结构

（a）单核小体的结构，包括 8 个核心组蛋白、一个 H1 组蛋白、缠绕的 DNA 和连接 DNA。（b）两个连接的核小体，H1 组蛋白位于缠绕核心颗粒的双链 DNA 的上方。这样相邻的两个 H1 便可以沿着核小体的连接 DNA 彼此结合在一起，从而有助于核小体更为紧密地包装（转引自 D. Clark, 2007）

在失去 DNA 的情况下，组蛋白八聚体便会解离成 1 个异型四聚体（$H3_2$-$H4_2$）和 2 个异型二聚体（H2A-H2B）。已知全部 4 种核心组蛋白，其本体部分长度均约为 80 个氨基酸，同时都具有一个由 20 个氨基酸组成的长 N 端尾部结构域、一个中心球状结构域和一个短 C 端尾部结构域（但在 H4 组蛋白中缺少这个结构域）。中心球状结构域也叫做中心折叠结构域（central-fold domain），负责调节组蛋白中间的组装。例如在四聚体和二聚体中，核心组蛋白之间的相互作用，便是通过此中心折叠结构域实现的（图 8-28）。此外，中心折叠结构域还能够使 DNA 分子弯曲起来，缠绕着组蛋白八聚体的外周盘旋。

三、核小体组蛋白N端尾部结构域的修饰

鉴于组蛋白分子中的一些特定的自由基团，可以同组蛋白以外其他分子发生共价结合，所以全部 4 种核小体之核心组蛋白，都会发生修饰作用。这些修饰作用的结果，增强了真核基因组 DNA 的可及性（accessibility），对于染色质的结构以及基因表达活性的调节，都会发生重要的影响。

泛素（ubiquitin）是真核细胞普遍具有的一种小分子量的蛋白质，故有的作者有时亦译为遍在蛋白。它便是属于一种可以同 H2A 组蛋白共价结合，形成修饰的 uH2A 组蛋白的特殊因子。除此之外，细胞的核心组蛋白还会发生乙酰化（acetylation）、甲基化（methylation）和磷酸化（phosphorylation）等多种翻译后修饰作用。其中关于乙酰化作用的分子机理，目前已经研究得比较深入。这些修饰作用，通常都是与细胞内发生的 DNA 复制、转录、染色质组装，以及 DNA 损伤修复等生理生化过程，有密切的关联。

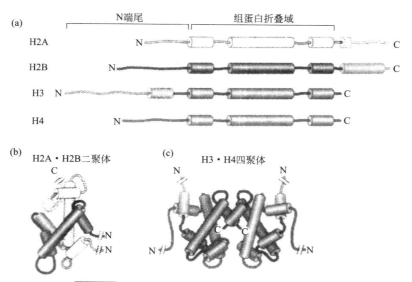

图8-28 核心组蛋白共有的中心折叠结构域的结构

（a）以线性分子表示 4 种不同的核心组蛋白分子。形成 α 螺旋的组蛋白折叠域以方框表示。注意，每种组蛋白均具有结构特异的相邻区域，其中包括其他的 α 螺旋区。（b）H2A 和 H2B 两个组蛋白的折叠结构域结合形成的异型二聚体 H2A-H2B。（c）H3 和 H4 两个组蛋白的折叠结构域结合形成的异型四聚体 $H3_2$-$H4_2$（转引自 J. D. Watson, 2014）

1. 核心组蛋白 N 端尾部结构域的乙酰化作用

前已说过，核心组蛋白除了由大约 80 个氨基酸组成的本体之外，在其 N 端还有一段由 20 个氨基酸组成的尾部结构域。组蛋白的修饰作用位点几乎全部都集中在这个结构域中。尤其是 H3 和 H4 这两种核心组蛋白，其 N 端尾部结构域中的许多赖氨酸都会发生乙酰化作用（图 8-29）。但这是一种可逆的过程，即被加入的乙酰基团在适当的时候又会被移走。实际的情况是，只有在 DNA 复制期间，或是在基因被激活的过程中，组蛋白才会发生乙酰化作用，而当其参入到核小体之后不久，发生了乙酰化的氨基酸中的乙酰基团又会被转移走。因此，活性染色质的核心组蛋白，是高度乙酰化的；而失活染色质的核心组蛋白，它们的绝大多数赖氨酸都是去乙酰化的，或者只有少数的赖氨酸被乙酰化。这说明乙酰化作用，可局部地参与 DNA 包装（packaging）及基因表达的调节过程。

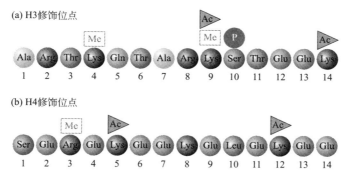

图8-29 组蛋白 H3 和 H4 之 N 端尾部结构域的乙酰化、甲基化（Me）及磷酸化（P）等位点

（a）组蛋白 H3 的乙酰化作用位点；（b）组蛋白 H4 乙酰化位点。为简明起见，本图除乙酰化、甲基化和磷酸化位点外，未示出其他的修饰作用位点

细胞核心组蛋白乙酰化的总体水平，取决于组蛋白乙酰转移酶（histone acetyl transferase，HAT）的活性和组蛋白脱乙酰酶（histone deacetylase，HDAC）活性之间的平衡。前者能够将乙酰基团从乙酰辅酶 A 转移给组蛋白；而后者则是一种能够从乙酰化的组蛋白分子中移走乙酰基团的酰胺水解酶，它具有与转录抑制物结合的功能。

组蛋白乙酰转移酶分为 A 和 B 两种不同的类型。A 型也叫做细胞核型，它可催化核小体中的核心组蛋白发生乙酰化作用，因此能够参与基因表达活性的调节。B 型亦称为细胞质型，它负责在组蛋白 H3 和 H4 未参入核小体之前，先发生乙酰化作用。事实上一些辅激活物（coactivator），例如一些参与细胞周期控制与分化调节的人体蛋白，包括壳多糖结合蛋白（chitin-binding protein，CBP）P^{300} 蛋白等便是属于组蛋白乙酰转移酶。与此类似，也有一些叫做辅阻遏物（corepressor）的蛋白质，则是属于组蛋白脱乙酰酶，具有抑制基因转录活性的功能。

不论是辅激活物还是辅阻遏物，它们本身都不能够同 DNA 分子直接结合。因此，作为辅激活物的组蛋白乙酰转移酶，和作为辅阻遏物的组蛋白脱乙酰酶，都是通过同已经定位在启动子顺式元件上的转录因子之间的结合作用，来发挥其功能效应的。

2. 组蛋白乙酰化作用的功能效应

有实验表明，若在 DNA 复制期间阻止核心组蛋白 H3 和 H4 发生乙酰化作用，酵母细胞便会失去生存能力。这种现象告诉我们，组蛋白的乙酰化作用显然具有重要的生物学意义。它是基因激活和抑制过程中的主要调节机理。现在已经认识到，组蛋白乙酰化作用的功能效应大体上可以概括如下三个方面：其一，为引导核心组蛋白参入核小体的有关蛋白质因子，提供识别组蛋白分子的鉴定性标记。其二，满足新的核小体的组装或组构过程的一些特殊的要求。其三，参与基因转录反应的调节作用。

核心组蛋白 N 端尾部结构域的乙酰化程度，会影响到核小体的聚集作用（aggregation），从而也就会影响到基因的表达活性。非乙酰化的组蛋白形成高浓缩的异染色，不具有转录活性；而乙酰化的组蛋白形成低浓缩的常染色质，则具有转录活性。乙酰化作用的结果是，使核小体之间的聚集状态发生解聚作用，但它并不会使已组装成的核小体溃散（disassembly）。其原因是由于暴露在核小体颗粒周边的、富含碱性氨基酸的 H4 组蛋白之 N 端尾部结构域，会同相邻核小体中的 H2A-H2B 二聚体之酸性区发生强烈的相互吸引作用，从而导致核小体彼此结合，聚集成稳定的紧密包装的状态。当 H4 组蛋白 N 端尾部结构域发生了乙酰化作用之后，就不再能同相邻的核小体结合，于是聚集状态的核小体便随之发生解聚反应（图 8-30）。

为什么组蛋白的修饰作用会成为调节基因表达的一种重要因素呢？我们知道，与原核基因不同，一种特定的真核基因表达与否，首先取决于位于启动子及其周围的染色质的结构状态。而组蛋白中特定氨基酸的修饰作用，会导致其所带的电荷的性质或数量发生改变。例如赖氨酸的乙酰化作用的结果，使其阳性电荷的数量下降；而丝氨酸的磷酸化作用的结果，会在其羟基上以磷酸基团的形式引入负电荷，因此导致了相应组蛋白正电荷总量的下降（图 8-31）。如此下降的结果，使组蛋白 N 端尾部结构域和其他蛋白以及 DNA 之间的结合作用的牢固程度变得松弛。体外实验也表明，转录因子比较容易接近含有乙酰化 N 端尾部结构域的组蛋白八聚体。

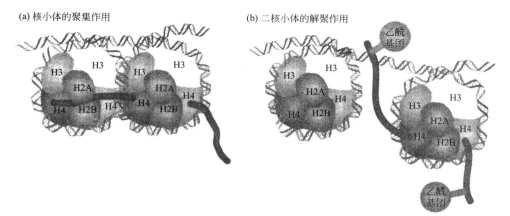

(a) 核小体的聚集作用

(b) 二核小体的解聚作用

乙酰基团

H3　H3　　H3　H3

H2A　　　H2A

H4　H2B　H4　H4　H2B　H4

乙酰基团

H3　　H3

H3　　H3

H2A　　　H2A

H4　H2B　H4　H4　H2B　H4

乙酰基团

图8-30　H4核心组蛋白N端尾部结构域的乙酰化与核小体的解聚

（a）H4 组蛋白 N 端尾部结构域将两个相邻的核小体聚集成二核小体结构；（b）H4 组蛋白 N 端尾部结构域，因发生了乙酰化而失去了结合相邻核小体的能力，结果导致聚集的二核小体发生解聚（转引自 D. Clark, 2007）

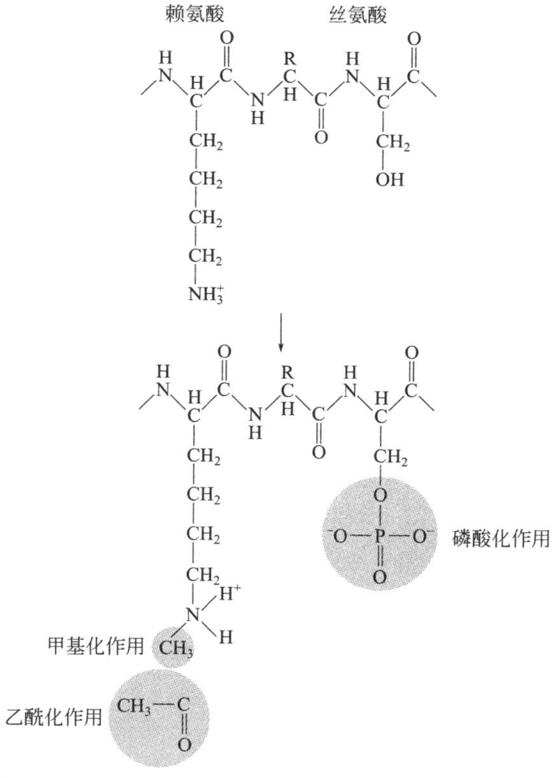

赖氨酸　　　丝氨酸

磷酸化作用

甲基化作用

乙酰化作用

图8-31　赖氨酸的乙酰化和丝氨酸的磷酸化降低了蛋白质的正电荷总量

　　当然上述这些修饰作用都是过渡性的（transient）瞬时现象。因为道理很简单，核心组蛋白分子电荷的变化，自然就必然会导致核小体核心（即组蛋白八聚体）的功能特性发生变化，进而影响到染色质的结构性质。而且近来的研究表明，染色质结构性质的这种变化一旦确立，就有可能通过细胞分裂被持续地保留下去，从而呈现出一种特殊的表观遗传变化（epigenetic change）。这是特指对生命体的表型有影响，但并没有造成基因型变化的一类特殊的遗传现象。

四、染色质的高级物理结构

由染色质折叠包装成的高级物理结构叫做染色体。它的亚基单位是一种超核小体（supernucleosome），在电子显微镜下呈现为直径约 30nm 的高度浓缩的染色质纤维（chromatin fiber），简称 30nm 纤丝。关于它的结构有不同的看法，但大多数人都认为是由核小体聚集成的、直径 10nm 的核小体链（the string of nucleosome，亦即核小体念珠），按照每圈大约 6 个核小体的长度螺旋折叠形成的。电子显微镜和 X 射线衍射的研究结果，都支持了这种结构模型的正确性。并据此推测，30nm 纤维具有螺旋管（solenoid）状的，或说是中空的核小体联结螺旋（hollow contact helix of nucleosomes）状的结构特征（图 8-32）。因此，通常也称 30nm 纤丝的这种结构模型为螺旋管模型（solenoid model），并形象地将 30nm 纤丝叫做螺旋管。螺旋管的内径、外径和螺距分别为 10nm、30nm 和 11nm。

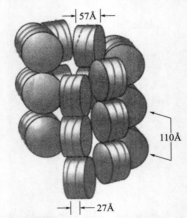

图8-32 染色质折叠的螺旋管模型

一串核小体长链环绕成中空的管状结构或说是螺旋管状结构。浅灰的圆柱体及其外周环绕的线性 DNA 分子（黑色）表示核小体。为简明起见，螺旋管的每圈仅绘出 6 个核小体。核小体与螺旋管的中轴平行（1Å=0.1nm）
（转引自 R. F. Weaver, 2012）

连接组蛋白 H1 在染色质折叠过程中起着重要的作用，是维系 30nm 纤丝结构稳定性的关键因素。它以中心球状结构域与连接 DNA 结合，亲水的 C 端与核小体连接，并通过 N 端的作用，把它们紧密地集结在一起。因此，若是缺乏 H1 组蛋白，30nm 纤丝便无法形成。

鉴于到目前为止，仍然无法获得任何一种其分子量超过核小体核心颗粒的染色质的晶体结构。因此，有关细胞核中的 30nm 纤丝进一步折叠的分子细节，还没有完全弄清楚，存在着不同的见解。但有大量的实验事实支持如下的看法，即在细胞分裂的间期，30nm 纤丝便组织成染色体结构域。这是一种由组蛋白与 20～200kb 的 DNA 分子聚集形成的环状结构，特称为染色质环，然后在各个环的根部通过核骨架将它连接在一起。于是便形成了由染色质环沿着核骨架纵轴，从中央向四周伸展的放射状结构。所以人们特称 30nm 纤丝这种折叠形式为放射环模型（图 8-33）。

一般认为染色质环代表着转录的功能域，一个环含有一个基因或一个相关基因簇的

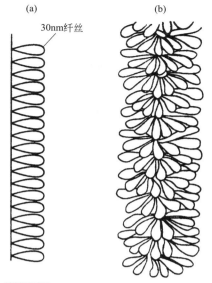

图8-33 30nm纤丝折叠之放射环模型

（a）局部模型。仅示出由 18 个环组成的微带的结构模型。每个环均与同一个中央骨架相连。（b）完整的模型。
示出了染色质环在三维空间中如何围绕着中央骨架成放射状分布（转引自 R. F. Weaver, 2012）

DNA 编码序列区。这些基因的表达活性，原则上是在染色质环结构水平上进行调节的。所以在有的文献中也称染色质环为 DNA 复制环或转录环。来源不同的染色质环的大小相差悬殊，例如果蝇的每个环约为 85kb，哺乳动物的每个环平均大小估计在 35～83kb 之间。平均而言，每个染色质环大约含有 50 个螺旋圈，即约合 300 个核小体（表 8-5）。

表8-5 不同折叠水平的染色体的若干参数

折叠水平	组成成分	每圈碱基对（bp）数
DNA 双螺旋	核苷酸	10
核小体	每个核小体平均拥有 200bp DNA	100
30nm 纤丝	每个螺旋圈含有 6 个核小体	1200
染色质环	平均每环约有 50 个螺旋圈	60000
染色单体	2000 个染色质环	

由 18 个染色质环与核骨架结合成的局部的放射环结构叫做微带（miniband）。它是构成染色体高级结构的亚单位。在染色体高级结构形成的最后一步，便是由这些微带沿着纵轴自我缠绕形成子染色体（图 8-34）。有关染色体形成的精确机理尚不十分清楚。但已知凝聚的有丝分裂染色体中的 DNA，缩短为完全伸展的 DNA 的 1/50000！在染色体的不同部位，这种缠绕的紧密程度是互不相同的，因此在真核生物整个中期染色体分子上，都可以观察到明暗相间的特征性带型（banding pattern）。在特定的染色体分子中这种带型是固定的，它或许能够反映出不同染色体区段之间在功能上存在着差别。

五、活性染色质的结构特征与基因的转录活性

在高等真核生物细胞分裂间期的细胞核中，存在着两种不同类型的染色质，一种是高度浓缩的异染色质（heterochromatin），另一种是浓缩程度较低的常染色质（euchromatin）。

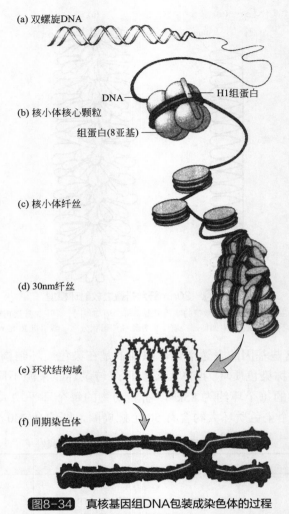

(a) 双螺旋DNA

DNA ——
(b) 核小体核心颗粒 —— H1组蛋白

组蛋白(8亚基) ——

(c) 核小体纤丝

(d) 30nm纤丝

(e) 环状结构域

(f) 间期染色体

图8-34　真核基因组DNA包装成染色体的过程

（a）双螺旋的 DNA 分子；（b）核小体之核心颗粒经连接 DNA 连接，形成染色质的核小体链；（c）核小体链螺旋折叠成 30nm 的染色质纤丝；（d）染色质纤丝进一步浓缩形成长约 20～200kb、高约 30nm 的染色质环；（e）染色质环进一步自我缠绕形成的染色质微带；（f）完整的间期染色体（转引自 G. Karp, 2002）

在典型的细胞分裂间期，大约有 10% 的基因组被包装成异染色质，使得 RNA 聚合酶以及转录因子等调节蛋白难以触及基因的启动子。因此它们在转录上是失活的。常染色质至少可区分为两种不同的类型。10% 属于浓缩程度最低的活性染色质，其余的则属于失活的染色质（inactive chromatin），它的浓缩程度介于活性染色质和异染色质之间。后来的研究进一步发现，失活的染色质含有包括 H1 组蛋白在内的所有 5 种组蛋白，而活性的染色质则缺少了 H1 组蛋白。说明 H1 组蛋白对基因的转录活性有明显的抑制作用。

与失活的染色质相比，活性染色质除了缺少了 H1 组蛋白之外，在生化组成上还具有其他一些特点。诸如核心组蛋白的乙酰化程度比较高，H2B 组蛋白很少被磷酸化，不同物种间 H2A 组蛋白有较少变异性，以及存在着 HMG14 和 HMG17 两种迁移族的蛋白质等。这些生化特点，都与活性染色质的功能作用有关联。

1. 活性染色质的 DNase I 超敏感位点

活性染色质具有特殊的结构特征，因而能够发生有效的转录。最重要的一点是存在着对 DNase I 作用超敏感的位点。在这些位点没有形成受保护的单核小体片段，因此会被 DNase I 降解掉。这些超敏感位点的长度一般为 200bp 左右，这暗示它们的形成有可能涉及单核小体的瓦解或取代反应，以及与普通的转录因子或是激活的转录因子之间的结合作用。

超敏感位点主要位于活性基因的启动子、增强子以及其他调节区段的染色质中。超敏感位点的分布状况，可以作为鉴定组织特异性转录或是发育阶段特异性转录的一种指标。在典型的情况下，对内切核酸酶作用敏感的染色质区段，其范围可延伸上百个千碱基对左右。这段染色质的结构比较开放，而且如同在果蝇热激蛋白基因 hsp70 中所观察到的情况一样，存在着许多没有核小体的区域。显而易见，这种开放性的染色质结构，有利于 RNA 聚合酶及调节蛋白等转录调节因子与 DNA 的结合，因此是转录活跃的区域。

当然，活性染色质对内切核酸酶敏感性的增加，除了不存在核小体这一主要原因之外，还有诸多方面的其他解释。例如，已发现有一些特定的核酸序列区的染色质，遗传上对 DNase I 的切割作用就具有较高的敏感性，而且 DNA 扭曲应力作用也会使其敏感性上升。Z-DNA 的形成降低了扭曲应力，从而也就降低了染色质对 DNase I 作用的超敏感性。

2. H1 组蛋白与染色质的活性

由成串的核小体组成的伸展的染色质，叫做核小体纤丝（nucleosome filament），它进一步折叠便产生出一种直径约为 30nm 的纤维（fiber）。早期实验证据指出，在这种过程中 H1 和 H1 组蛋白之间相互作用是十分关键的，没有 H1 组蛋白的参与，这种高浓缩的纤维就无法形成。据此人们曾经推测在基因激活的起始阶段中，随着染色质的局部伸展，即解折叠（unfolding）的结果，便有可能使结合的 H1 组蛋白丢失。后来证明事实果真如此，在激活的染色质中，H1 组蛋白的含量的确要比失活染色质的少。极其活跃转录的巴尔比亚尼环（Balbiani ring）基因的电子显微照片显示，参与转录反应的 RNA 聚合酶，可诱导核小体局部解折叠或是被取代，而在 RNA 聚合酶通过之后，又会快速地重新复原，于是基因便浓缩成折叠的 30nm 纤维。这些观察告诉我们，转录活性基因具有动态的染色质结构。在细胞核中，含有活性转录单位或潜在活性转录单位的染色质，对 DNase I 的敏感性同样要比凝集染色质或不表达染色质的高得多。这种现象叫做普遍性 DNase I 敏感性（general DNase I sensitivity）。它显然是同核小体结构的改变、H1 组蛋白的局部耗尽，以及非组蛋白 HMG14 和 HMG17 的结合作用有关系。

3. 组蛋白对基因转录活性的效应

有关非洲爪蟾（Xenopus laevis）5S rRNA 基因的表达问题，已经作了比较详细的研究。它是应用现代基因操作技术，研究真核基因表达调节机理的第一个实验体系。

非洲爪蟾 5S rRNA 基因的长度为 120bp，其表达活性主要是受它的内部控制区（internal control region，ICR）控制的。此段 ICR 区定位在基因编码序列区 +41 至 +87 之间（图8-35）。在卵母细胞中，大约含有 20000 个拷贝的 5S rRNA 基因。其中 98% 约 19600 个拷贝的

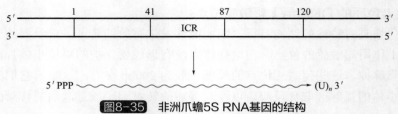

图8-35 非洲爪蟾5S RNA基因的结构

1～120bp 为基因的编码序列区；41～87bp 为内部控制区

表达活性是受发育控制的，能在生长的卵母细胞中表达，而不能在体细胞中表达。这一类基因叫做卵母细胞 5S RNA 基因家族（oocyte 5S RNA gene family）。另外的 2% 约 400 个拷贝，在整个生命周期中均能正常表达，而且既可以在卵母细胞中亦可以在体细胞中表达。这一小类基因叫做体细胞 5S rRNA 基因家族（somatic 5S rRNA gene family）。核苷酸序列分析表明，这两类基因之间仅存在着 6 个核苷酸的差别。

究竟是什么原因使卵母细胞的 5S rRNA 基因，只能在卵母细胞中转录而不能在体细胞中转录呢？为了解答这个问题，Donald Brown 及其合作者在 1984 年进行了一系列实验。

第一个，DNA 体外转录实验。分别从非洲爪蟾的卵母细胞和体细胞中纯化出 5S rRNA 基因的 DNA，进行体外转录研究。结果表明，在体外转录试管中加入了 DNA 聚合酶Ⅲ和 TFⅢA、TFⅢB、TFⅢC 三种转录因子之后，这两种不同细胞来源的 5S rRNA 基因，均能很好地转录。

第二个，染色质体外转录实验。分别从非洲爪蟾卵母细胞和体细胞中缓和地分离染色质，并放置在试管中进行 5S rRNA 基因体外转录。由此获得了非常不同的结果，即在卵母细胞染色质中，5S rRNA 基因有活性；而同样的基因在体细胞染色质中却没有活性。这些事实使科学工作者们相信在体细胞的染色质中，可能存在着某种特殊的物质，能够抑制卵母细胞 5S rRNA 基因的转录活性。

第三个，组蛋白凝胶电泳实验。Brown 及其合作者在实验中观察到一种意外的情况：在某些体细胞染色质制剂中，卵母细胞的 5S rRNA 基因仍然保有剩余的转录活性。为探明其中的分子本质，他们比较分析了活性染色质和失活染色质的组蛋白凝胶电泳谱带（图未示出）。结果显示，在失活的染色质中，含有全部 5 种组蛋白；而在活性的染色质中，则缺少了 H1 组蛋白。这可能是由于在染色质的纯化过程中，发生了局部的蛋白质酶解的缘故。

第四个，染色质去阻遏实验。为了进一步证明第三个实验的发现是正确的，Brown 等人又将体细胞染色质作盐处理（salt treatment）后过 BioRex 树脂柱进行离子交换，以便选择性地除去 H1 组蛋白，使染色质去阻遏。于是体细胞染色质中的卵母细胞 5S rRNA 基因，便重新恢复了转录活性。不过这个实验结果还只是间接地说明在体外实验中，组蛋白 H1 对 5S rRNA 基因的转录活性具有抑制作用。为此，Brown 小组又设计出一个对照实验，将纯化的 H1 加入到已经去阻遏的体细胞染色质中去。结果显示，当加入的浓度达到天然染色质中的水平，即平均每 200bp DNA 有一个 H1 分子时，5S rRNA 基因的转录速率便会迅速下降。从而获得了组蛋白 H1 抑制 5S rRNA 基因体外转录活性的直接证据。

第五个，RNA 酶保护实验。显而易见，单凭第四个实验的结果，我们尚无法判断这些剩余转录合成的 5S rRNA 转录本，究竟是来自卵母细胞的还是体细胞的 5S rRNA 的产物。于是 Brown 及其合作者进一步做了 RNA 酶保护实验，结果令人信服地解答了这个问题。该实验首先用放射性同位素 ^{32}P 标记的 5S rRNA 转录本，同与卵母细胞 5S rRNA 基因 3′- 端部分互补的探针 DNA 杂交；然后再加入只能切割单链 RNA 的 RNase A 或 RNase T 核糖核酸酶消化杂交形成的 5S rRNA- 探针 DNA 双链体分子；接着将此混合物作凝胶电泳分析。由于受探针 DNA 保护的卵母细胞 5S rRNA 的最大片段，即带有同位素标记的双链体分子，其长度达 89bp；而体细胞的 5S rRNA 由于同探针 DNA 之间存在碱基错配，故杂交生成的具同位素标记的双链体分子，其长度仅有 64bp。因此这两种不同长度的、代表不同 5S rRNA 的双链体分子，很容易在凝胶电泳谱带中鉴别出来。结果表明，剩余合成的 5S rRNA 转录本，均是体细胞 5S rRNA 基因的转录产物。

4. 转录因子与组蛋白竞争的理论模型

在综合分析上述系列实验的基础上，Brown 等提出了一个关于转录因子与组蛋白竞争同 5S rRNA 基因控区结合的理论模型。该模型认为，体细胞中含有的转录因子 TFⅢA、TFⅢB 和 TFⅢC，只能同体细胞的 5S rRNA 基因的控制区结合形成稳定的转录前起始复合物，却不能同卵母细胞的 5S rRNA 基因的控制区结合。于是组蛋白便有机会同卵母细胞 5S rRNA 基因中，包括启动子在内的空闲的控制区结合形成核小体。然后 H1 组蛋白进一步按照一种有序的排列方式，将这些核小体交联起来。但因为这些 5S rRNA 基因启动子中的顺式元件已被组蛋白占据，转录因子便无法同它结合，所以基因仍然是处于抑制的状态。

与此相反，转录因子能够同体细胞 5S rRNA 基因之控制区结合，并形成稳定的转录起始复合物。在这种情况下，组蛋白便不能加入同控制区结合，因此不能形成核小体，至少是不可能形成有序交联核小体组合结构。其结果是基因呈现出转录活性的状态。

简而言之，这种理论模型的核心思想是，在转录因子和组蛋白之间存在着一种竞争关系。如果转录因子赢得了同 5S rRNA 基因控制区的结合机会，基因便保持着正常的表达活性。而如果是组蛋白赢得了同 5S rRNA 基因控制区的结合机会，便会形成交联的核糖体结构，于是基因的表达活性便受到抑制。所以人们通常也称这种理论模型为转录因子与组蛋白的竞争模型（competition model）（图 8-36）。

尽管这个竞争模型能够很好地解释 Brown 等人的实验结果，但要证明它是真实存在的，还需要进一步的直接的实验证据。为此他们又进行了如下的实验。首先将分离的体细胞染色质放置在浓度为 0.6mol/L 的 KCl 溶液中保温，并通过凝胶排阻层析柱（gel exclusion chromatography）除去游离的 H1 组蛋白。然后将此去阻遏的染色质分成两组，一组加入卵母细胞的转录因子，另一组加入 H1 组蛋白。经过适当保温后，作凝胶电泳检测 RNA 转录本的合成情况。结果表明，优先加入转录因子的实验组，卵母细胞的 5S rRNA 基因的表达活性确实被激活了。从而证明了竞争模型的正确性。

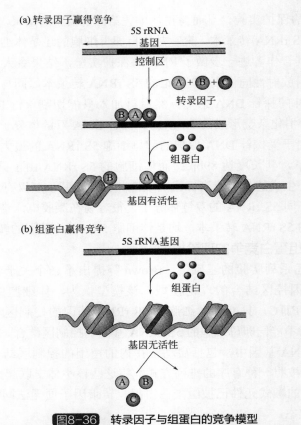

(a) 转录因子赢得竞争

5S rRNA
基因
控制区

A + B + C
转录因子

组蛋白

基因有活性

(b) 组蛋白赢得竞争

5S rRNA基因

组蛋白

基因无活性

A B C

图8-36 转录因子与组蛋白的竞争模型

（a）转录因子赢得了优先同 5S rRNA 基因控制区的结合，形成转录起始复合物，并阻止了组蛋白的加入，因此基因正常转录；（b）组蛋白赢得了优先同 5S rRNA 基因控制区的结合，形成了核小体，而转录因子则被排除在外成为游离因子。由于核小体彼此交联，而转录因子又不能同控制区结合，故基因无法转录Ⓐ、Ⓑ、Ⓒ分别代表 TFⅢA、TFⅢB 和 TFⅢC 三种转录因子（转引自 R. F. Weaver, 2012）

第四节
DNA与真核基因表达的调节

发生在 DNA 水平上的真核基因的表达调节，主要包括基因重排、基因扩增以及 DNA 甲基化三种主要的方式。本节只讨论前两种，而有关 DNA 甲基化对真核基因表达的调节作用，安排在第十一章表观遗传学中叙述。

一、基因重排的调节方式

基因重排（gene rearrangement）是通过改变基因核苷酸序列的结构顺序，来控制基因表达的一种 DNA 水平的调节方式。虽然说在真核生命体细胞基因组 DNA 中，出现基因重排的现象并不多见，但已发现在哺乳动物有些类型细胞的分化过程中，的确存在着基因重排事件。例如人类 B 淋巴细胞的免疫球蛋白（immunoglobulin，Ig）基因的重排现象，就是其中一个典型的例子。

现已知道，不仅在哺乳动物免疫球蛋白基因和 T 细胞受体（T cell receptor）蛋白基因的组装过程中，存在着基因重排的调节方式，而且在低等单细胞真核生物酵母交配型转换（mating-type switch）期间，以及在锥虫抗原的变异过程中，也都发现有基因重排的现象。

真核生物染色体 DNA（或基因）的重排，可分成两种不同的类型。头一种是发生在特殊的细胞类型当中，或是在特殊的刺激下产生的一种高度有序的重排。在诸如此类的情况中，染色体 DNA 重排是作为获得某种特异性调节的一种手段。另一种染色体 DNA 重排是无序的，由重复单元之间的重排事件所产生的染色体 DNA 重排，便是属于这种类型。

1. 免疫球蛋白的分子结构

哺乳动物如人类和小鼠的免疫球蛋白，系 B 淋巴细胞合成的一类流通于血液系统的抗体分子（血清蛋白）。它是由 4 条多肽链，包括两条相同的重链（H）和两条相同的轻链（L），通过二硫键连接形成的多功能的分子（参见图 10-58）。重链只有一种类型，而轻链却有两种不同的类型，分别叫做 kL 型和 λL 型。每一条 L 轻链均具有独特的基因区段排列，而且都能够与一条 H 链结合，但在特定的细胞中，只有一条轻链基因得以表达。

每条 H 链和 L 链均具有可变区（V）和恒定区（C）两个主要的结构域，前者位于多肽链的 N 端，后者位于多肽链的 C 端。L 链可变区 V_L 和 H 链可变区 V_H 这两个结构域配对，构成了抗体蛋白与外来抗原分子的结合部位，特称抗原结合位点（antigen-binding site）。

根据 C 区的差异，免疫球蛋白可分成 IgA、IgD、IgE、IgG 和 IgM 五组，其中 IgG 又可进一步区分为 IgG1、IgG2、IgG3 和 IgG4 四个亚组。各组免疫球蛋白的重链 C 区分别叫做 C_μ、C_γ、C_δ、C_ε 和 C_α。C 区具有相同的一般性结构，因此同一组内所有的免疫球蛋白均有相同的 C 区。然而全部免疫球蛋白的 V 区，则是互不相同的。正是由于这个原因，才形成了各种各样的针对不同抗原的免疫球蛋白（抗体）。这种现象特称为免疫球蛋白的多样性，也就是所谓的抗体多样性（antibody diversity）。

免疫球蛋白的功能是通过同外来的抗原，例如病毒或细菌的表面蛋白之间发生特异性的抗原-抗体结合作用使之失去活性，从而维护生命体的正常的代谢与生理过程。由于免疫球蛋白总是专一地同一种抗原蛋白相互作用，因此在其免疫反应过程中，只有外源蛋白被特异性地失活，而不会使正常的寄主细胞的内源蛋白失活。由此可知，为了达到同抗原之间的这种高度专一性的识别效应，细胞就必须拥有如同抗原一样千变万化的种类繁多的抗体分子。估计总数约有 10^8 种以上的不同的免疫球蛋白分子。

2. 免疫球蛋白的编码基因

免疫球蛋白的三条多肽链 H、kL 和 λL 是分别由三种非连锁的基因族编码的。其中编码人免疫球蛋白 H 链的基因族，定位在第 14 号染色体的 2000～3000kb 的区域内，kL 链基因族定位在第 2 号染色体的 2000～3000kb 的区域内，λL 链基因族定位在第 22 号染色体上，其分子比较小，约为 40～70kb 之间。而编码小鼠免疫球蛋白 H 链、kL 链和 λL 链的基因族，则是分别定位在第 12 号、第 6 号及第 16 号染色体上（表 8-6）。

表8-6　人及小鼠免疫球蛋白基因的染色体定位

物种	H链	kL链	λL链
人	14	2	22
小鼠	12	6	16

哺乳动物免疫球蛋白的每一条多肽链的编码序列，即基因座，都是由多个基因区段组成的。例如在不产生免疫球蛋白的小鼠生殖细胞和体细胞中、免疫球蛋白基因可变区 V、高变区 D（只存在于重链中）连接区 J 和恒定区 C，是按照线性顺序排列的。在小鼠染色体编码免疫球蛋白重链基因的 DNA 序列区中，含有大约 100 多种 V 区、12 种 D 区、4 种 J 区和 5 种 C 区；而在小鼠染色体编码免疫球蛋白轻链基因的 DNA 序列区中，则含有大约 300 种 V 区、4 种 J 区和 1 种 C 区，但不存在 D 区。这些基因区段，显然是通过 DNA 重组和 RNA 剪接等过程才被连接在一起的（图 8-37）。

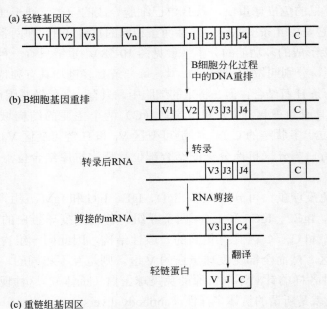

图8-37　小鼠免疫球蛋白轻链和重链基因族的分子结构以及V(D)J重排过程

（a）轻链基因族的分子结构。在生殖细胞（配子）中，该基因座含有多个 V 区、4 个 J 区和 1 个 C 区。（b）在 B 细胞分化过程中发生基因重排。在 B 细胞谱系中，V 区和 J 区重组成具功能的轻链编码区。接着此重组体分子转录成 RNA 分子，并剪除去内含子和未重排的 J 区，产生出具连续轻链编码区的 mRNA 分子。最后 mRNA 翻译生成轻链蛋白。（c）重链基因的分子结构。与轻链的相比，它多出了 D 区的结构，而且还有 5 个不同类型的 C 区，亦即是 C_μ、C_δ、C_γ、C_ε 和 C_α

3. 免疫球蛋白多样性的分子基础

免疫球蛋白的可变区（V）、高变区（D）、连接区（J）以及恒定区（C），分别是由同一基因族的不同基因区段编码的。它们位于同一条染色体 DNA 分子的不同部位，彼此之间存在着一定的间隔距离。在细胞产生抗体分子免疫球蛋白期间，这些区段便会发生基因重排形成一个完整的转录单位。这个过程叫做可变区 -（高变区）- 连接区重排〔variable-(diversity)-joining rearragement〕，简称 V-(D)-J 重排，或叫 V-(D)-J 连接。免疫球蛋白多样性的分子基础是通过 V-(D)-J 重排，使不同的 V、D 和 J 的 DNA 区段随机组合，形成数量庞大的、核苷酸序列结构各异的多肽链编码序列。B 淋巴细胞正是按照这种基因重排的调节方式，合成出丰富多彩、种类繁多的免疫球蛋白分子。

以小鼠免疫球蛋白基因为例，仅编码 L 链的基因族就有 300 多种 V 基因区段，4 种 J 基因区段和 1 个 C 基因区段。这些基因区段通过 V-(D)-J 基因重排，可形成 $300 \times 4 \times 1 = 1200$ 种不同类型的免疫球蛋白轻链编码序列。由此可知，两条 L 链（kL 和 λL）的基因族，便可生成 2400 种不同类型的免疫球蛋白轻链编码序列。编码 H 链基因族的情况要比 L 链的复杂一些，它除了具有 100 多种 V 基因区段和 4 种 J 基因区段之外，在两者之间还有 12 种 D 基因区段。因此，这些基因区段通过 V-(D)-J 基因重排，便可形成至少 4800（$100 \times 12 \times 4$）种不同类型的免疫球蛋白重链编码序列。而且无论 L 链还是 H 链的编码序列转录成的 RNA，经过剪接都会同相应的 C 区的编码序列结合。再考虑到具有功能活性的免疫球蛋白，是由任何一条重链和轻链配对而成。因此免疫球蛋白，亦即抗体的类型，估计可高达 10^8 左右。

4. V-(D)-J 重排的分子机理

在 B 淋巴细胞分化成熟过程中出现的 V-(D)-J 基因重排现象，首先是由 D 和 J 基因区段进行连接，然后连接体分子再与近邻的 V 基因区段连接，并经过进一步的重排最终形成完整的基因编码序列。此种基因重排作用，是在与相关的 V、D、J 基因区段相邻的特定部位发生的。那么细胞究竟是通过什么样的分子机理来控制基因重排的特异性呢？

核苷酸序列分析发现，在生殖细胞中参与 V-(D)-J 重排的基因区段的有关末端，存在着两种反向排列的独特的重组信号序列（recombination signal sequence，RSS）RSS1 和 RSS2。它们的中央部位有一段长度分别为 12bp 和 23bp 的间隔序列。在这两个间隔序列的两侧都存在着一对高度保守的 7bp 和 9bp 基序，前者具回文结构，后者富含 A-T 碱基对（图 8-38）。在 V-(D)-J 基因重排过程中，不同基因区段之间的重排作用，通常是在由两种不同的重排信号序列组成的 RSS1-RSS2 序列对之间发生，而不会在由两种相同的重组信号序列组成的 RSS1-RSS1 或 RSS2-RSS2 序列对之间进行。这也就是说只有当一个基因区段同 RSS1 相连，另一个基因区段同 RSS2 相连，这样的两个基因区段才能发生有功能的重排。这种基因区段重排条件，叫做 12-23 规则（12-23 rule）。

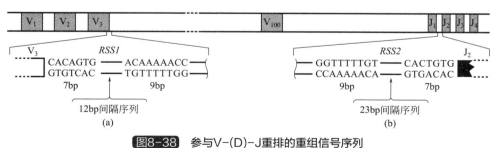

图8-38 参与V-(D)-J重排的重组信号序列

（a）具 12bp 中央间隔区的 RSS1 重组信号序列；（b）具 23bp 中央间隔区的 RSS2 重组信号序列

在免疫球蛋白多肽链基因族中，重排信号序列 RSS1 和 RSS2 定位在基因区段的不同部位。其中 RSS1 是位于紧挨 D 和 J 基因区段的前面，而 RSS2 则是位于紧随 V 和 D 基因区段的后面。这两种重组信号序列彼此间能够互补，而且可以被一种特定的重组酶（recombinase）识别与切割。此重组酶系由重组激活基因（recombination activating gene，*RAG*）编码的，包括 RAG1 和 RAG2 两条多肽亚基，故有时也称之为 RAG1/2 重组酶。

一类具高电泳迁移率的结构核蛋白，俗称高迁移率族（high mobility group，HMG）蛋白。其中有些成员的功能作用是参与基因的转录调节。RAG1/2 重组酶同这种 HMG 蛋白结合形成的重组酶复合物，至少具有三种不同的功能活性：头一种功能是识别并结合免疫球蛋白多肽链 DNA 分子中的重组信号序列，以促使符合 12-23 规则且取向正确的两个基因区段排列在一起。说明该重组酶复合物具有同 DNA 序列结合的活性。第二种功能是在发生重排的部位切割 DNA 分子单链。表明该重组酶复合物也具有切割 DNA 分子的内切酶活性。第三种功能是将切开的两部分 DNA 片段的两对 5′-P 和 3′-OH 末端，共价地连接在一起完成重组反应。证明该重组酶复合物还具有连接酶的活性。

在细胞内发生的 V-(D)-J 基因重排的过程，是分为多个步骤按序进行的。首先是重组酶复合物同 DNA 序列结合，并在重组信号序列 RSS1 和 RSS2 的末端，即 RSS 与基因区段连接点催化切割 DNA 分子的单链，释放出自由的 3′-OH 末端。于是此自由的 3′-OH 便开始攻击 DNA 互补链上 RSS 与间隔序列的连接点，结果导致另一条链发生断裂。由此分离出来的 DNA 编码序列区段，经过重新连接便形成了两个发夹结构的中间体。其中一个具有 V 基因区段，另一个具有 J 基因区段。由于水解作用的缘故，这两个中间体的发夹结构很快便被打开。随后在非同源末端连接酶（nonhomologous end-ligase）的参与下，通过 DNA 非同源末端连接作用（DNA nonhomologous end-joining）使两者融合在一起，形成一个 V 和 J 基因区段的编码区连接体（coding joint）；同时带有重组信号序列 RSS 的两个末端，也会通过碱基互补作用连接成一个环状的信号连接体（signal joint）。在接着发生的过程中，编码区连接体还需发生进一步的重组，而信号连接体则会被细胞抛弃掉。

二、基因扩增的调节方式

1. 体外基因扩增

基因扩增（gene amplication）系指细胞中特定基因拷贝数增加的过程。它包括在体外应用基因工程操作技术，人为造成的基因拷贝数的增加和在细胞新陈代谢过程中自发产生的基因拷贝数的增加。前者在原核生物大肠杆菌中最为常见，后者是控制真核基因表达的一种重要的调节方式。

人为的体外基因扩增主要有两种不同的方法。一种叫做基因克隆扩增法。它是指在体外应用 DNA 重组技术，将目的基因的 DNA 序列插入在具有高拷贝数的载体分子上，构成重组的 DNA 分子群体。然后再转化给诸如大肠杆菌这样的寄主细胞，进行复制与繁殖，使克隆的目的基因的拷贝数得到大量的扩增。这种基因扩增的效果，首先取决于所用的载体分子的拷贝数。例如 pB322 质粒载体平均每个细胞拥有大约 25 个拷贝，而 pUC 载体则平均每个细胞可拥有高达 500 个以上的拷贝数。其次则是取决于转化细胞的繁殖速度。已知 1mL 大肠杆菌肉汤过夜培养物的细胞总数可高达 2×10^9 个。因此若用 pUC 载体，克隆的目的基因的拷贝数便会被扩增 10^{12} 倍以上。由此可见，基因克隆扩增法具有惊人的基因扩增效率（表 8-7）。

表8-7　质粒的拷贝数对克隆基因的扩增效应

质粒载体	质粒的拷贝数	克隆基因的扩增倍数
pUC	500～700	>10^{12}
pB322	约25	>5×10^{10}
ColE1	约25	>3×10^{10}
pSC101	约6	约10^{10}

注：一般认为，接种在肉汤培养基中的大肠杆菌，在37℃下振荡培养16h后，每毫升培养物中的细胞总数可达2×10^{9}。

　　另一种体外基因扩增法叫做聚合酶链式反应（polymerase chain reaction），简称 PCR 技术。这是 1985 年由美国 Cetus 公司的科学家 K. B. Mullis 发明的一种用于在体外扩增特定基因 DNA 序列的技术程序。它包括高温变性、低温退火和适温延长三个步骤组成的多次反复的循环，能在数小时内在一根试管中将一个目的基因或某一特定 DNA 片段扩增数十万倍。PCR 技术是现代分子生物学与分子遗传学研究领域中的一项革命性创新，它不仅在基因表达调节研究方面具有重要的意义，而且对整个生命科学研究而言都具有不可替代的用途。该法具有操作简单、易于掌握、省时快捷、对出发材料的质量要求较低、扩增灵敏度高，以及扩增产物特异性高等优点。自 PCR 发明以来，经过许多人的努力，现已发展出了许许多多的派生技术，其用途越来越广泛。

2. 环境因素诱发的体内基因扩增

　　在细胞内发生的基因扩增，是真核生物控制基因表达的一种相当有效的调节方式。它主要包括如下两种不同的类型。一种是适应性基因扩增，系指在特定外界环境因素的作用下，细胞产生适应性反应，导致相关基因的拷贝数显著上升。另一种是程序性基因扩增。环境因素作用，不仅可以诱发真核基因扩增，而且也可以诱发原核基因扩增。实验发现，如果在大肠杆菌的培养基中加入适量的氯霉素，便可使细胞所携带的某些类型的质粒 DNA 的拷贝数大幅度增加。这是因为氯霉素通过与细胞质中蛋白质合成部位——核糖体 50S 亚基的结合，可降低肽酰转移酶的催化活性，阻止肽键的形成，结果便造成翻译反应的抑制，于是细胞便无法进行蛋白质的合成。因此，当培养基中加入的氯霉素终浓度达到 10～20μg/mL 的水平时，大肠杆菌的染色体 DNA 便停止了复制，细胞的生长与分裂也就因此受到抑制。而细胞所携带的具有野生型 pMB1 或 ColEl 质粒复制起点的"松弛型"质粒，它们的复制活性并不会因细胞停止分裂而受到干扰，仍可正常进行复制直至每个细胞拥有 2000～3000 个拷贝为止。从而使质粒载体基因的拷贝数明显上升。这便是氯霉素诱导质粒 DNA（基因）扩增的原理。

　　氨甲蝶呤（methotrexate，MTX）诱发二氢叶酸还原酶（dihydrofolate reductase，DHFR）基因 dhfr 扩增，是真核细胞在环境因素作用下通过基因扩增作出适应性反应的一种典型事例。已知二氢叶酸还原酶对抑制物氨甲蝶呤的反应是十分敏感的。培养的野生型细胞对氨甲蝶呤药物的敏感浓度约为 0.1μg/mL。应用此种氨甲蝶呤药物诱导法，现已筛选出了一些氨甲蝶呤抗性细胞系。研究表明，这些抗氨甲蝶呤的突变体中，有一部分细胞的转运系统出现了缺陷，因而无法吸收培养基中的氨甲蝶呤；另一部分是因为合成的二氢叶酸还原酶在结构上发生了变化，从而降低了对氨甲蝶呤的亲和力；再一部分则是起因于基因扩增所造成的二氢叶酸还原酶的超量表达。这说明这三种不同的氨甲蝶呤抗性的细胞系，各具有互不相同的抗性机理。

细胞通过基因扩增这种突变方式，获得对氨甲蝶呤的抗性是相当有效的。这种由药物诱发的突变频率比自发的突变频率高，一般可达 $10^{-4} \sim 10^{-6}$ 之间。分析显示，在超量合成二氢叶酸还原酶的突变体细胞中，其 *dhfr* 基因拷贝数明显上升，大多介于 40～400 个拷贝之间，最多的甚至可高达 1000 个拷贝左右（图 8-39）。这些扩增的基因序列有两种不同的存在方式。一种是以多拷贝的重复单位串联排列在染色体分子上。在这种情况下，呈现稳定的遗传，而且重复单位的拷贝数越多，其编码蛋白的表达量也就越多。另一种是以双微染色体（double minute chromosome，DMC）形式存在。从分子本质上讲，所谓双微染色体并不是真正意义上的染色体，而只是一类所携带的基因得到扩增的成对的额外微小染色体，或说是染色体外的遗传元件。在典型的情况下，每条双微染色体编码着 2～4 个拷贝的 *dhfr* 基因。双微染色体能够自主复制，但因为缺少着丝粒，在细胞减数分裂过程中不能结合到纺锤体进行有规律的分离，所以它很不稳定容易从子细胞中丢失，呈现出不稳定的遗传特性。

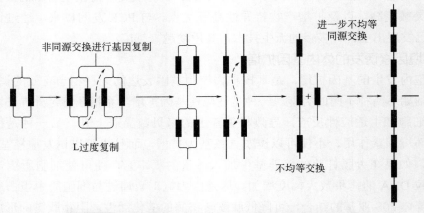

图8-39 二氢叶酸还原酶基因*dhfr*扩增之可能的分子机理

双微染色体在遗传上的不规律性，造成了细胞氨甲蝶呤抗性的不稳定。也就是说，当在此类细胞的生长培养基中，长期地施加氨甲蝶呤药物的选择压力的情况下，只有那些维持着足够数量的 *dhfr* 基因拷贝数的细胞才能存活下来，而那些 *dhfr* 基因拷贝数减少的细胞便会因受氨甲蝶呤的抑制作用而致死。这说明双微染色体的存在，实际上降低了细胞的增殖速度。因此，当培养基中撤去了氨甲蝶呤药物之后，处于无选择压力的生长情况下，缺少 *dhfr* 扩增基因的细胞由于增殖迅速很快就成为优势群体。

3. 程序性的体内基因扩增

程序性基因扩增（programmed gene amplication），包括全基因组扩增和选择性基因扩增两种模式。前者是指通过增加细胞基因组拷贝数，而使特定基因拷贝数得以增加；后者是指因特定发育阶段的需要，临时性地增加对其产物需求量大的编码基因的拷贝数。例如在两栖类动物非洲爪蟾（*Xenopus laevis*）卵母细胞发育过程中，需要合成大量的蛋白质，才能维持受精后出现的旺盛的代谢活动。这就需要卵母细胞聚集大量的核糖体。因此，rRNA 编码基因的拷贝数便会扩增上千倍。这种在卵母细胞发育过程中发生

的 *rRNA* 基因扩增的现象，在一些昆虫、两栖类动物及鱼类中同样也存在。可见程序性基因扩增，有时被真核细胞用来作为在特定的发育阶段表达高水平的基因编码产物的一种有效的调节方式。

在分化的细胞中有许多种含量非常丰富的蛋白质，例如红细胞中的血红蛋白和肌细胞中的肌红蛋白，它们都是由单基因编码合成的。这些蛋白质的含量之所以特别丰富，是因为它们基因可转录产生许多条 mRNA 分子，而每条 mRNA 分子在每分钟内又能翻译出 10 个蛋白质分子。如此算来在标准的情况下，一个细胞世代每条 mRNA 分子便能够合成出超过 10000 个蛋白质多肽分子。但是像这样的基因扩增步骤并不适用于核糖体 rRNA 的合成，因为与 mRNA 不同，rRNA 是基因表达的终产物。

然而处于生长过程的真核细胞中，每个世代都需要合成出数千万个拷贝的各种 rRNA 分子，方能满足构建上千万个核糖体颗粒的需求。那么细胞是如何实现 *rRNA* 基因的扩增的呢？*rRNA* 基因的一个特点是以多拷贝的串联排列的方式散布在染色体的基因组上。例如人单倍体基因组中含有大约 200 个拷贝 *rRNA* 基因，聚集成若干个小基因簇分布在 5 条不同的染色体分子上。非洲爪蟾单倍体基因组含有 600 个拷贝左右的 *rRNA* 基因，并以单基因簇的形式分布在同一条染色体上。这些基因在非洲爪蟾胚胎形成的早期，其拷贝数至少增加 3 个数量级。它们是按照滚环机理（rolling circle mechanism）进行复制扩增的（图 8-40）。首先是基因组中的一个 *rRNA* 重复单元转变成一个滚环结构；由此按照滚环复制机理生成的含有多个 rDNA 单元的单链的多连体分子，再转变成为双链的多连体分子；随后此双链的多连体分子便从复制环上切除下来，经两端连接形成大分子量的扩增的 rDNA 环形分子。这些 rDNA 分子可以染色体外的双微染色体形式存在于细胞核中。

除了 rRNA 基因之外，有些蛋白质编码基因同样也会发生程序性的体内基因扩增。果蝇的绒毛膜蛋白基因（chorion genes）便是其中的一例。此种蛋白是由卵泡细胞（ovarian follicle cells）合成的，因为它存在于胚胎的最外层，所以又叫卵壳蛋白（eggshell proteins）。果蝇绒毛膜蛋白的编码基因聚集成两个基因簇，分别定位在 1 号染色体（即 X 染色体）和 3 号染色体上，总共编码大约 20 种不同的绒毛膜蛋白家族成员。在果蝇卵子发生的末期，卵泡需要大量的绒毛膜蛋白，因此其编码基因需要进行扩增。事实上在绒毛膜基因表达之前，整个卵泡细胞的基因组就已经进行了多轮的额外复制，使其 DNA 的拷贝数增加为单倍体细胞的 16 倍。接着绒毛膜蛋白的编码基因，又进一步选择性地扩增了 10 倍。于是在卵子形成期的卵泡细胞中，绒毛膜蛋白基因的拷贝数实际上共扩增了 160 倍。在肿瘤发生（oncogenesis）和细胞衰老（cellular ageing）过程中，也存在着程序性的体内基因扩增现象。

从中文字面意义上理解，初学者有时会把基因扩增同基因增加（gene addition）相混淆，其实它们是两种本质不同的概念。基因增加是指在体外通过基因工程方法，将一种或若干种外源的新基因或修饰改造的突变基因，导入受体细胞使之基因种类得以增加的过程，它并不涉及基因拷贝数的增多。与基因减少（gene subtraction）一样，基因增加也是一种研究基因功能的实验策略。

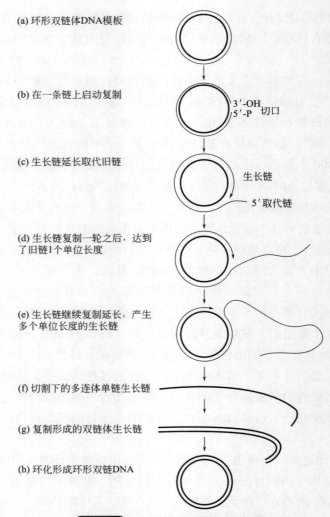

(a) 环形双链体DNA模板

(b) 在一条链上启动复制   3′-OH 5′-P 切口

(c) 生长链延长取代旧链   生长链   5′取代链

(d) 生长链复制一轮之后，达到了旧链1个单位长度

(e) 生长链继续复制延长，产生多个单位长度的生长链

(f) 切割下的多连体单链生长链

(g) 复制形成的双链体生长链

(h) 环化形成环形双链DNA

图8-40　*rRNA*基因扩增的滚环机理

（a）环形双链的 rDNA 分子单元；（b）互补链在复制起点处被切割，释放出自由的 5′-P 和 3′-OH ；（c）DNA 聚合酶自 3′-OH 开始沿着模板链合成新的互补链，并逐步取代原有的互补链（一个 rDNA 单元）；（d）完成一个复制周期之后，释放出一个 rDNA 单元长度的替换链；（e）继续复制新合成的替换链的长度越来越长，形成含多个 rDNA 单元的单链多连体分子；（f）多连体的单链分子整个被切割下来，或者是以一个单元的 rDNA 的单体形式被切割下来；（g）复制形成双链的多连体或单体的分子；（h）环化成环形的双链 DNA

第五节
基因调节蛋白与真核基因的转录调节

　　细胞对蛋白质合成水平的调节，毫无疑问主要是发生在 mRNA 转录的起始阶段。这种方式的转录调节，可以保证细胞能够最有效地利用能量，避免因发生不必要的转录而造成能量浪费。因此很容易理解，控制转录起始的速率对许多基因的表达调节而言，都

是一种重要的、节省能量的方式。影响真核基因转录起始速率的两个关键因素是，染色质的结构和基因调节蛋白的作用。关于前者，我们已在本章的第三节作了比较详细的叙述，故本节集中讨论后者对真核基因转录调节作用的分子机理。

一、真核启动子和转录调节蛋白

1. 增强子元件与上游激活序列

大多数真核生物的 Pol II 启动子中，参与转录调节的顺式元件，除了 TATA 盒和起始子（initiator, Inr）序列之外，还有另外两种调节序列。其中高等真核生物的叫做增强子序列，而低等单细胞真核生物酵母的则称为上游激活序列（upstream activation sequences, UAS）。典型的增强子能够从距目的基因数百甚至数千个碱基对的位置，从上游、下游或基因的内部以不同位置和方向，增强基因的转录活性。酵母中的 UAS 序列，一般必须是从目的基因的上游或内部，离转录起点数百个碱基对的位置，才能发挥增强目的基因转录活性的功能作用。

2. 参与 Pol II 同启动子结合的 5 种转录调节蛋白

活性的 Pol II 聚合酶全酶要同它的目的基因启动子成功地结合，通常需要如下 5 种转录调节蛋白的联合作用：①转录激活蛋白；②回折调节蛋白（architectural regulators）；③染色质修饰和重塑蛋白；④辅激活蛋白；⑤通用转录因子。

3. 转录调节蛋白的功用

RNA 聚合酶 II 与其结合的通用转录因子，在相关启动子的 TATA 盒及 Inr 位点处形成一种预起始复合物。转录激活蛋白通过辅激活蛋白（中介蛋白体和 TF II D 或二者兼有）的作用，促进转录起始复合物的形成 [图 8-41（a）]。

RNA 聚合酶 II（Pol II）羧基端结构域（CTD），是与中介蛋白体（mediator）及其他蛋白质复合物发生相互作用的一种重要部位。组蛋白修饰酶催化甲基化和乙酰化，重塑酶改变核小体的内容（content）和定位（placement）。转录激活蛋白具有不同的 DNA 结合域和激活域。它与 DNA 特定元件结合之后，便可激活目的基因进行转录。高迁移率族（high-mobility group, HMG）蛋白，是回折调节蛋白的一种共同类型。其功能是促使 DNA 环化，从而将结合在两个相距甚远的位点之间的组分连接在一起。

转录阻遏蛋白通过一系列不同的机理发挥其功能作用。有些转录阻遏蛋白直接与 DNA 结合，取代转录激活作用所需的一种蛋白质复合物；还有许多其他的转录阻遏蛋白，参与同转录或激活蛋白复合物不同部分相互作用，从而阻止转录激活。此种相互作用的可能位点以线性箭头表示出 [图 8-41（b）]。

二、真核基因调节蛋白的类型

真核基因调节蛋白，是特指能够调节真核基因表达活性和其他细胞新陈代谢活性的一类特殊类型的蛋白质。它通常包括转录激活蛋白、辅激活蛋白、转录阻遏蛋白、辅阻遏蛋白、通用转录因子以及回折调节蛋白、染色质修饰和重塑蛋白等。这些调节蛋白虽然说并不是酶，但它们得参与同其它分子的结合作用，因此同样也需要具有特定的活性位点以便接纳相关分子的加入。已知有许多调节蛋白既能够同小分子量的信号分子结

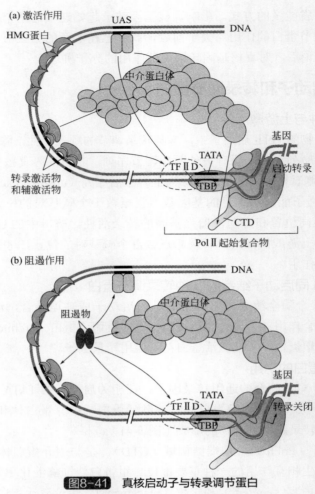

(a) 激活作用

UAS

HMG蛋白

DNA

中介蛋白体

基因

TATA

TF II D

启动转录

TBP

转录激活物
和辅激活物

CTD

Pol II 起始复合物

(b) 阻遏作用

DNA

中介蛋白体

阻遏物

基因

TATA

TF II D

转录关闭

TBP

图8-41 真核启动子与转录调节蛋白

（引自 D. L. Nelson & M. M. Cox, 2013）

合，也能够同 DNA 元件结合；既可以激活相关基因的表达，亦可以抑制相关基因的活性，具有多方面的转录影响效应。

1. 激活蛋白与辅激活蛋白

（1）激活蛋白

激活蛋白，也叫做激活物、激活剂或活化子，它是一类能够同增强子或激活蛋白结合位点（activator-binding site），亦即启动子上游激活位点结合的反式作用正调节蛋白。激活蛋白以其一个表面结构域结合在启动子上游激活位点上；同时以其另一个表面结构域与 RNA 聚合酶结合，进而将其牵引到启动子的结合位点上形成前起始复合物，结果便启动了下游效应基因的转录活性。文献中将这种经过激活蛋白的中介作用，促使 RNA 聚合酶或转录因子蛋白同启动子相关元件结合的过程叫做募集。

在真核基因中，激活蛋白对靶基因转录激活的作用模型，基本上与原核的相似，但它主要是以间接的途径与 RNA 聚合酶结合。这种间接募集 RNA 聚合酶的途径有两种不同的方式。其中的头一种方式叫做转录机器的间接募集模型。在这种模型中，激活蛋白与转录机器中除 RNA 聚合酶 II 以外的其他蛋白复合体，亦即中介蛋白体结合之后，再通过后者把 RNA 聚合酶 II 募集到基因启动子部位。另外一种方式叫做核小体修饰成分的间接募集模型。与前一种模型不同，在本模型中激活蛋白首先与核小体的修饰成分结合，从而改变靶基因附近的染色质的性质，使之有利于 RNA 聚合酶 II 的结合作用。核小体的修饰物，如组蛋白乙酰转移酶 A（histone acetyl transferase A），能够催化核小体中的核心组蛋白发生乙酰化反应，于是便起到了调节基因转录活性的作用。其原因在于，核心组蛋白末端乙酰基团的加入，会使其丧失与邻近核小体之间的相互作用的能力。而这种变化的直接效应便是促使染色质结构松弛，于是最终导致本来处于染色质内部而难以触及的基因，呈现出可及性的转录状态。

已知有少数的转录激活蛋白，可普遍性地促进数百个启动子进行转录，但也有一些其他的转录激活蛋白，只能特异性地促进少数启动子进行转录。有许多激活蛋白对信号分子的结合作用十分敏感，提供了应对细胞环境变化的激活或消（去）激活转录的能力。某些被激活蛋白结合的增强子元件，距离启动子的 TATA 盒相当远。对典型基因而言，多个增强子（往往是 6 个以上）被类似数量的激活蛋白结合，便可对多信号分子的作用提供联合调节。

（2）辅激活蛋白

辅激活蛋白也叫做辅激活物。它是通过蛋白质与蛋白质之间形成复合物的形式，而非直接同 DNA 结合的形式来增强转录活性，因此习惯上也称之为辅激活蛋白复合物。

大多数转录作用，除了转录激活蛋白之外，还需要其他的蛋白质复合物的参与。某些主要的同 Pol II 相互作用的调节蛋白复合物，已经从遗传和生化两个方面进行了鉴定。这些辅激活蛋白复合物，是作为转录激活蛋白和 Pol II 复合物的中介蛋白体发挥作用的。

主要的真核辅激蛋白是由 20～30 条甚至更多的多肽组成的蛋白质复合物，特称为中介蛋白体。从真菌到人类 20 条核心多肽中，有许多都是高度保守的。一种 4 亚基的附加复合物（additional complex）可同中介蛋白体相互作用并抑制转录起始。中介蛋白体同 Pol II 最大亚基的羧基末端结构域（CTD）紧密结合。在许多使用 Pol II 启动子的基础转录和调节性转录中，都需要此种中介蛋白体复合物的参与。此外被基础转录因子 TFl II H 激活的 CTD 的磷酸化作用，同样也需要此种中介蛋白体复合物。转录激活蛋白同中介蛋白体复合物的一个或数个组分发生相互作用。辅激活蛋白复合物是在启动子的 TATA 盒或其附近发挥功能作用的。

可同一个或少数几个基因发挥功能作用的其他的辅激活蛋白也已发现。其中有些可同中介蛋白体联合发挥作用，有些则可在中介蛋白体无法发挥作用的体系中发挥作用。

（3）转录激活蛋白

典型的转录激活蛋白具有一个独特的、专司与特定 DNA 结合的结构域（简称 DNA 结合域），和若干个转录激活域或是与其他调节蛋白相互作用的结构域。两个调节蛋白之间的相互作用，往往是由含有亮氨酸锌指的或螺旋-环-螺旋基序的结构域介导的。一般认为参与转录激活作用的转录激活蛋白有 Ga14p、Sp1 及 CTF1 三种不同的类型（图 8-42）。

Ga14p 激活蛋白的 DNA 结合域中，靠近氨基端部位有一个锌指样结构（zinc finger-like）。Gal4p 激活蛋白除结合域外，还有一个转录激活域，由于该激活域富含酸性氨基酸

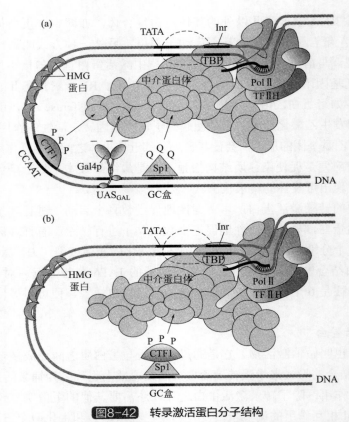

图8-42 转录激活蛋白分子结构

（a）典型的转录激活蛋白如 CTF1、Ga14p 及 Sp1，具有一个 DNA 结合域和一个激活域。这些激活域的性质用不同的符号表示：- - -，酸性的；QQQ，富含谷氨酰胺；PPP，富含脯氨酸。这些蛋白质通常都是通过与如中介蛋白体这样的辅激活蛋白复合物相互作用，而激活下游受控的目的基因进行转录。（b）由 Sp1 之 DNA 结合域和 CTF1 的激活域构成的一种嵌合蛋白，当存在一个 GC 盒的情况下可激活下游受控的目的基因转录（引自 D. L. Nelson & M. M. Cox，2013）

残基，故特称为酸性激活域（acidic activation domain）。取代实验表明，Ga14p 酸性激活域的酸性特质，对其功能而言是相当关键的。

在高等真核生物中，大量基因的转录都需要 Sp1 转录激活蛋白（M_r 80000）的参与。它的 DNA 结合位点 GC 盒（保守序列为 GGGCGG）通常距 TATA 盒相当近。Sp1 的 DNA 结合域离其羧基末端相当近，并含有 3 个锌指。除此之外 Sp1 还有另外两个转录激活域，其（结构）特点是有 25% 的氨基酸残基是谷氨酰胺（Gln）。因此特称为这种结构域为富含谷氨酰胺结构域（glutamine rich domains）。

CTF1 转录激活蛋白，系与 CCAAT 序列结合的转录因子 1（CCAAT-binding transcription factor 1）的缩略语。CTF1 DNA 结合域含有许多碱性氨基酸残基。该结合域既无螺旋-转角-螺旋也无锌指基序，它同 DNA 结合的分子机理至今仍不清楚。CTF1 是一种富含脯氨酸的激活域约占氨基酸残基总数 20% 以上。

正如结构域交换（domain-swapping）实验所证实的，转录调节蛋白的 DNA 结合域和激活域在序列上是分隔开来的，其功能作用往往也是彼此完全独立的。因此应用基因工程技术能够将 CTF1 的富含脯氨酸的激活域同 Sp1 的 DNA 结合域重组，由此产生出一种新型的重组蛋白。

2. 阻遏蛋白与辅助阻遏蛋白

（1）阻遏蛋白

阻遏蛋白也叫做阻遏物或抑制因子，系由阻遏基因编码的产物。其主要功能是通过同 DNA 分子上的调节序列，即操纵单元的结合阻止操纵子的转录或翻译作用。所以阻遏蛋白是控制原核基因表达的一种负调节蛋白。在真核细胞中基因表达的转录抑制作用，一般是通过影响染色质结构的途径实现的。它虽然也存在着阻遏蛋白，但按照大肠杆菌阻遏蛋白那种方式抑制基因转录活性的事例，却是相当罕见的。

能够参与抑制真核基因转录活性的少数阻遏蛋白之一是 NC2/D$_r$1/DRAP1。这种球状阻遏蛋白是一种异源二聚体，它通过与 TATA- 结合蛋白（TATA-binding protein，TBP）之间的结合反应，使后者无法同基础转录复合物中的其他组分发生作用。结果因不能形成具功能活性的基础转录复合物而导致转录活性的抑制。在酵母中发现，编码此种球状阻遏蛋白的基因如发生无效突变（null mutation），便会使细胞致死。这说明该阻遏蛋白对基因转录活性的抑制效应，显然是具有重要的生物学意义的。

（2）辅助阻遏蛋白

辅助阻遏蛋白也称为辅阻遏物或辅抑制蛋白，是不经过与基因调节序列直接结合，而是通过与阻遏物等中介蛋白的相互作用，促使目的基因降低甚至抑制转录活性的一类特殊的真核基因调节蛋白。它可充作支架募集包括转录因子在内的其他蛋白加入，形成染色质重塑复合物（chromatin remodeling coplexes）和染色质修饰复合物（chromatin modification complexes）。在这两种染色质复合物的作用下，染色质结构会发生变化失去可及性，从而使转录因子及 Pol II 等转录调节蛋白无法进入染色质，最终抑制了目的基因的转录活性。

3. 回折调节蛋白

结合在远距离增强子元件上的转录激活蛋白，是如何对位于下游受控的目的基因的转录反应发挥功能作用的呢？对此问题的解答，大多数研究者都认为是由于两者之间的 DNA 区段发生了环化作用，从而使得两种间隔甚远的蛋白质复合物拉近了空间距离，致使彼此之间能够发生直接的相互接触。

这种 DNA 成环作用，是由一种叫做回折调节蛋白（architecture regulator）促成的。这种蛋白通常叫做回折蛋白，或弯曲蛋白。是一类染色质结合蛋白，故在染色质中的含量相当丰富，并可特异性地同 DNA 序列结合，引起双螺旋构象的变化。在回折调节蛋白中，最突出的要算高迁移率族（HMG）蛋白。这种蛋白在染色质重塑和转录激活中，都起到重要的结构组分的作用，例如引起所结合的 DNA 序列发生弯曲现象。

在各种各样的生命体中都发现有回折调节蛋白家族的成员。有许多此类蛋白，都会诱发被结合的 DNA 发生负超螺旋。比如真核细胞核中的 DNA，被回折蛋白包装成核小体。

4. TATA- 结合蛋白

在典型的真核基因启动子之 TATA 元件上，组装预起始复合物（preinitiation complex，PIC）时，头一个加入的组分是 TATA- 结合蛋白（TATA-binding protein，TBP）。一种完全的 PIC 复合物，除了 TBP 蛋白之外，还包括 TF II B、TF II E、TF II F、TF II H 或许还有 TF II A 等多种转录因子以及 RNA 聚合酶 II。但是这种最小的 PIC 复合物往往不足以起始目的基因的转录反应。况且如启动子被掩埋在染色质里，PIC 有可能根本不会形成。导致下游受控目的基因发生转录正调节，是由激活蛋白和辅激活蛋白协同促进的（图 8-43）。

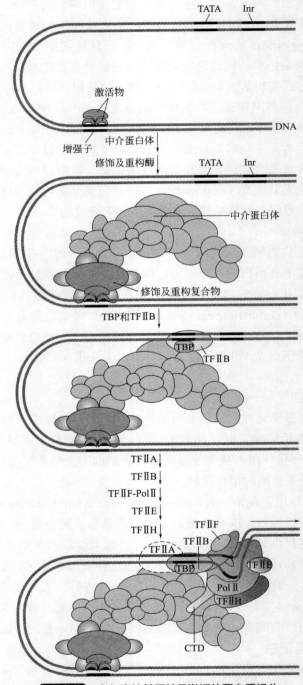

图8-43 参与真核基因转录激活的蛋白质组分

在真核基因转录激活过程中，首先是激活蛋白与增强子元件结合。接着由它募集组蛋白修饰复合物、核小体重塑复合物和辅激活蛋白（如中介蛋白体）相继加入。中介蛋白体促进 TBP 或 TFⅡD 以及 TFⅡB 参与结合。PolⅡ羧基端结构域（CTD）发生磷酸化，导致转录起始（转引自 D. L. Nelson & M. M. Cox, 2013）

TBP 通常是（但并非总是）大型多亚基（约 15 个）复合物 TFⅡD 的组成部分之一。TFⅡD 是一种 RNA 聚合酶ⅡD 的转录因子，系由 TATA- 结合蛋白和 TBP- 结合因子（TAF）两种蛋白质组分构成的。它首先同真核基因启动子 TATA 元件结合成为核心部分，然后其他的蛋白质成分便围绕着这个核心部分组装成起始转录复合物。

三、转录因子的转录调节作用

在前面有关章节我们已经讲过，由 RNA 聚合酶Ⅱ转录的真核蛋白编码基因，其转录的启动和活性的调节，需要许多转录因子的参与。这也是真核基因与原核基因转录调节的重要差别之一。转录因子既可以同启动子的上游元件结合，也可以同距启动子超远位置的增强子结合，而与一种基因结合的转录因子的性质，严格地决定了该基因的转录模式。因此，如果一种基因主要是同在所有类型的细胞中均有激活能力的普遍性转录因子结合，那么这种基因便能够在所有类型的细胞中表达；而如果一种基因是同只能在某一特定类型细胞中合成或有激活能力的特异性转录因子结合，那么该基因也就只能在此特定类型细胞中表达。

真核基因表达的程序、时间和部位，是受不同层次的调节元件控制的。这种控制不仅决定了基因表达的数量，而且也决定了基因表达的时空秩序性。生命体的正常生长、发育与分化，都是源于基因受控而有序表达的结果。因此，真核基因表达的定时和定位，即时间和空间是转录过程中至关重要的事件。基因表达的这种时空特异性，以及应对环境因素刺激或信号作用的特定基因之转录活性的激活，主要都是受到转录因子，尤其是特异性转录因子的调节控制。

虽然大多数转录因子都具有激活基因转录活性的功能，但也有不少转录因子能够有效地抑制基因的转录活性。前者称为激活物转录因子或正激活因子，后者叫做阻遏物转录因子或负激活因子。

1. 转录因子的激活调节

在真核细胞中，RNA 聚合酶单独是无法启动靶基因转录的。它是被一组总称为 TFⅡ转录因子的蛋白质募集到基因转录起点之后，才能够发挥其转录的功能作用。TFⅡ含有诸多的组成成员，在启动靶基因转录的过程中，它们是按照先后次序有规律地同启动子 DNA 结合的。首先是普遍性转录因子 TFⅡD 同靶基因启动子 TATA 盒结合，接着是其他的普遍性转录因子 TFⅡA 和 TFⅡB 按序加入，最后则是 RNA 聚合酶Ⅱ和普遍性转录因子 TFⅡE 相继结合进来，从而形成一种特殊的基础转录装置（basal transcription apparatus），或叫做基础复合物。但此种基础复合物只能够低水平地转录 DNA 分子，若要进行高水平的特异性的 mRNA 的合成，则需要另外的与其他 DNA 位点结合的转录因子的参与。这些转录因子，既可以通过促进基础转录复合物的组装，也可以通过刺激组装后转录复合物的活性两种不同的途径，来启动靶基因的转录。

同远离真核基因启动子的 DNA 元件（如增强子）结合的转录因子，究竟是如何激活基因转录的呢？一种被广泛认可的模型认为，DNA 链通过形成环形结构，使得远距离的转录因子能够同已与启动子结合的基础转录复合物直接接触，从而参与形成一种具功能活性的基础转录复合物（图 8-44）。此种远距离结合的转录因子对基础转录复合物

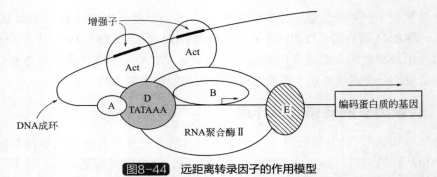

图8-44 远距离转录因子的作用模型

DNA 分子环化作用的结果，使得同远距离增强子结合的转录因子从空间位置上靠近了启动子。于是能够同基础转录复合物相互作用，成为具功能活性的基础转录复合物的组成部分。Act= 激活蛋白（转录因子），A、B、D 和 E 分别代表转录因子 TFⅡA、TFⅡB、TFⅡD 和 TFⅡE

活性的激活作用，可能存在着两种不同的机理。第一种认为，转录因子是直接同复合物中的 RNA 聚合酶Ⅱ本身发生作用，实现对基础转录复合物的激活效应。第二种认为，转录因子是先同复合物中的另一种转录因子，比如 TFⅡD 接触之后再由后者与 RNA 聚合酶Ⅱ发生作用，间接地激活基础转录复合物的活性。

2. 转录因子的抑制调节

图 8-45 概括了转录因子对真核基因转录活性抑制作用的若干种可能的机理。其中前三种属于间接抑制机理，它们都是通过阻遏物转录因子同激活物转录因子之间的结合或竞争作用，间接地对靶基因的转录活性进行抑制。最后一种则是直接抑制机理，它是通过同基础转录复合物之间的相互作用来降低它的活性，从而直接抑制靶基因的转录活性。

第一种叫做竞争结合（competitive binding）机理。该机理认为，由于激活物转录因子的结合位点与阻遏物转录因子的结合位点彼此重叠，致使一旦阻遏物转录因子竞争性地抢先与此重叠位点结合，随后的激活物转录因子便无法参与同其位点结合而处于游离状态。如此一来靶基因的转录反应便不会被启动。

第二种叫做无 DNA 结合复合物（non-DNA-binding complex）形成机理。也就是说，阻遏物转录因子同处于游离状态的激活物转录因子结合，形成一种无 DNA 结合蛋白的蛋白质复合物（non-DNA-binding protein-protein complex）。从而使激活物转录因子不能同 DNA 结合位点结合，导致靶基因转录活性的抑制。

第三种叫做激活物转录因子猝灭（quenching of activator）机理。它的核心论点是，激活物转录因子结合位点与阻遏物转录因子结合位点之间，存在着一定长度的间隔序列区。在此种情况下，阻遏物和激活物的转录因子二者均可同各自的位点结合。但它们位置上彼此靠近，因此新加入的阻遏物转录因子便会同已结合的激活物转录因子相互作用，从而掩盖了后者空闲着的激活域。这种掩盖作用的结果，使激活物转录因子丧失了正常的功能，因而无法激活靶基因的转录活性。所以这个机理有时也叫做掩盖激活域（masking activation domain）机理。在这个机理中，激活物转录因子所具有的激活靶基因转录的功能，可以看作是被另一个与之结合的阻遏物转录因子所具有的抑制靶基因转录效力中和掉了，故又称之为中和（neutralization）机理。

第四种叫做直接抑制（direct inhibition）机理。这个机理的关键之处在于阻遏物转

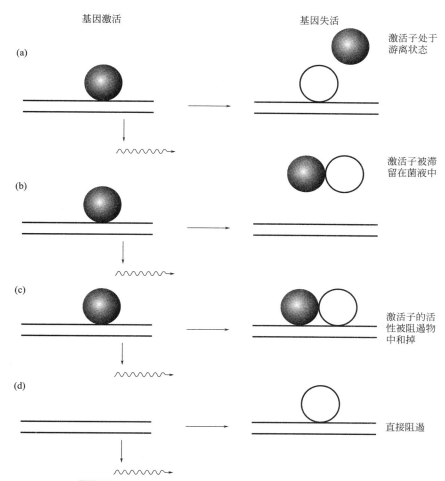

图8-45 阻遏物转录因子抑制靶基因转录活性的可能机理

（a）竞争结合机理；（b）无 DNA 结合复合物形成机理；（c）激活物猝灭机理；（d）直接抑制机理

灰黑色圆圈表示激活物转录因子；白圈表示抑制物转录因子

录因子的结合位点与 TATA 盒之间，存在着一段相当大的间隔序列区。在没有任何激活物转录因子存在的情况下，这段 DNA 序列便能够弯曲过来，使结合在阻遏物位点的阻遏物转录因子可以直接地同基础转录复合物发生作用。这样便达到了抑制靶基因转录反应的效果。

第六节
RNA与真核基因表达的调节

真核细胞与原核细胞在基因表达调节上的另一个不同之处在于，它往往通过转录后加工的途径控制基因的表达活性。已知此种真核基因转录后加工的调节作用，主要有前体 mRNA 分子的可变剪接和反式剪接，以及多聚腺苷酸化作用位点的改变等多种不同的方式。虽然这些内容已在本书其他的有关章节中作了介绍，但考虑到命题的系统性与完整性，故在此节亦作针对性的简要补充。

一、mRNA加工的调节方式

1. mRNA 可变剪接的调节作用

前已提到，某些真核断裂基因的前体 mRNA 分子，在生命体的不同的发育阶段，或是不同类型的组织细胞当中，可以遵循不同的途径进行剪接。结果便生成了具有不同序列结构特征的、编码不同蛋白质多肽链的成熟的 mRNA 分子。这种形式的 pre-mRNA 的剪接叫做可变剪接，也叫做差异剪接。由可变剪接产物翻译合成的一组相关的不同形式的蛋白质，叫做蛋白质异型体（protein isoform）。例如 IgM 类人体免疫球蛋白就有两种不同的异型体。一种是存在于细胞表面的膜结合蛋白，另一种是分泌到血液中的可溶性蛋白。在 B 淋巴细胞的发育过程中，首先表达的是膜结合蛋白异型体，其后随着 B 淋巴细胞分化成血浆细胞（plasma cell），膜结合蛋白异型体便逐渐停止表达，代之产生出可溶性的蛋白质异型体。

根据对这两种 IgM 异型体的结构分析发现，两者的重链在分子量大小上有所不同。随后应用 cDNA 克隆分析又进一步揭示，这种差异是由于重链基因 pre-mRNA 的可变剪接造成的。所以说在生命体的细胞发育分化过程中，前体 mRNA 分子的可变剪接，实质上起到了一种分子开关的作用，它是控制真核基因表达活性的一种相当重要的调节方式。

IgM 类人体免疫球蛋白重链基因的 pre-mRNA 分子，共含有 9 个不同的外显子。经可变剪接加工后在 B 淋巴细胞中生成的成熟的 mRNA 分子，总共 8 个外显子中有两个编码着疏水性（hydrophobic）的氨基酸肽段。故可使在 B 淋巴细胞中表达的膜结合蛋白异型体锚定在 B 淋巴细胞外膜的表面上。而在血浆细胞中生成的成熟的 mRNA 分子，在可变剪接过程中失去了这两个疏水性的外显子，代之的是另一个较短的编码着亲水性（hydrophilic）氨基酸的外显子。因此有助于可溶性的蛋白质异型体分泌到血液中去，这种蛋白质也叫做分泌性异型体（图 8-46）。

2. 反式剪接的调节作用

断裂基因前体 mRNA 分子的可变剪接，按其作用方式可分为顺式剪接（*cis*-splicing）和反式剪接（*trans*-splicing）两种不同的类型。通常情况下的可变剪接，都是在同一条 pre-mRNA 分子链的内部发生的。也就是说把位于同一条 pre-mRNA 分子中的内含子删除掉，使不同外显子按照特定的排列组合方式连接在一起形成成熟的 mRNA 分子。我们将这种方式的剪接作用叫做顺式剪接。上面所说的可变剪接便是属于顺式剪接的一种代表性的例子。

除了顺式剪接之外，在锥虫和秀丽线虫（*Caenorhabditis elegans*）以及少数几种其他真核生物中，还存在着另一种比较罕见的可变剪接方式，即反式剪接。它是通过剪接体的作用，把位于一个基因前体 mRNA 分子中的外显子，同位于另一个基因前体 mRNA 分子中的外显子连接起来形成一条杂合的成熟 mRNA 分子（图 8-47）。反式剪接的基本特点是，能够在两个距离较远的、甚至是位于不同染色体的基因之间发生。因此，通过反式剪接作用，生命体便可以在一定范围内避免基因编码的局限性，从而在一

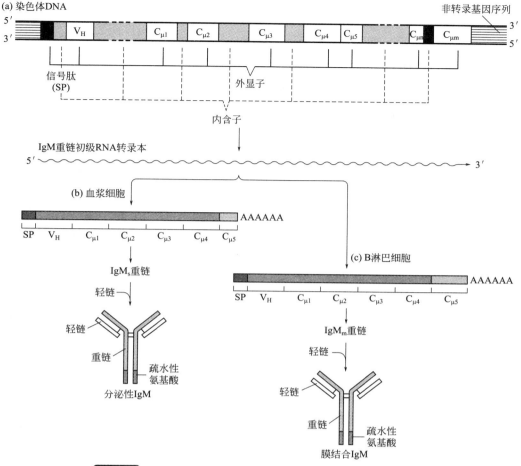

图8-46 可变剪接使同一个基因产生两种IgM异型体蛋白的过程

（a）IgM 重链基因 pre-mRNA 的分子结构。它具有一个信号肽外显子（SP）和一个重链可变区（V_H）外显子，以及 7 个重链恒定区（C_μ）外显子，即 $C_{\mu1}$、$C_{\mu2}$、$C_{\mu3}$、$C_{\mu4}$、$C_{\mu5}$、$C_{\mu6}$ 和 $C_{\mu7}$。这种 IgM 重链基因的 pre-mRNA 分子经可变剪接之后，分别在 B 淋巴细胞和血浆细胞中表达出两种不同的成熟的 IgM-mRNA。（b）在血浆细胞中，IgM 的成熟的 mRNA 共有 SP、V_H、$C_{\mu1}$、$C_{\mu2}$、$C_{\mu3}$、$C_{\mu4}$ 和 $C_{\mu5}$ 七个不同的表达子，其中 $C_{\mu5}$ 外显子编码的是亲水性的氨基酸，所以表达的免疫球蛋白是能够分泌到血液中去的可溶性蛋白异型体。（c）在 B 淋巴细胞中，IgM 的成熟的 mRNA 共有 SP、V_H、$C_{\mu1}$、$C_{\mu2}$、$C_{\mu3}$、$C_{\mu4}$ 和 $C_{\mu5}$ 七个不同的表达子，其中 $C_{\mu5}$ 外显子编码的是亲水性的氨基酸，所以表达的免疫球蛋白是能够分泌到血液中去的可溶性蛋白异型体（转引自 J. D. Watson et al, 2014）

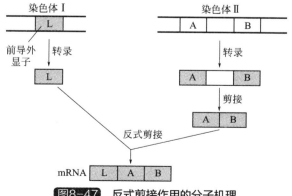

图8-47 反式剪接作用的分子机理

定程度上提高了遗传信息的利用效率。

不过由于反式剪接的事例并不多见，只有少数的基因，如布鲁斯锥虫可变表面糖蛋白（variable surface glycoprotein,VSG）的编码基因，以及秀丽线虫肌动蛋白的编码基因，在其 mRNA 分子转录后加工成熟过程中，发生了反式可变剪接作用。因此说，反式剪接只是控制真核基因表达的一种罕见的特殊方式。有关反式剪接的详细内容，可参阅本书上册第五章第五节的相关节段。

3. 3′-末端多聚腺苷酸化位点的调节作用

pre-mRNA 分子 3′-末端的多聚腺苷酸化作用，是真核生物蛋白质编码基因的一种特有的转录后加工事件。在 pre-mRNA 分子 3′-末端上游大约 20～30 个核苷酸处（许多基因甚至在更上游的位置），有一个多聚腺苷酸化信号序列 -AAUAAA-。在该序列的后面连接着的一段由数百个核苷酸组成的长链中，还存在着一个富含 GU 的切割信号序列 -GUGUGUG-。在这两个信号序列之间，位于多聚腺苷酸化信号序列下游大约 10～20 个核苷酸处，便是多聚腺苷酸化位点，简称 poly(A) 位点。当转录反应终止之后，由切割与多聚腺苷酸化特异因子 CPSF、切割激活因子 CstF，以及限制性内切核酸酶和 poly(A) 聚合酶等组成的蛋白质复合物，便会从 poly(A) 位点处切割 pre-mRNA 分子的核苷酸序列。接着在 poly(A) 聚合酶的催化作用下，于切口的 3′-末端逐个加入腺嘌呤核苷酸，直至达到 100～250 个为止。

有趣的是已经发现在有些基因 pre-mRNA 分子的 3′-末端，间隔式地排列着数个 poly(A) 位点，亦即前体 mRNA 分子 3′-末端的切割位点。因此在多聚腺苷酸化过程中，不同 poly(A) 位点的选择性使用，同样也会影响到 mRNA 分子的 3′-末端及蛋白质羧基末端的结构发生变化，起到一种分子开关的作用。例如在 B 淋巴细胞分化的早期，由于这种分子开关的控制，细胞的翻译类型便会以从产生膜结合型抗体（membrane-bound antibody）的途径，转向合成分泌型抗体（secreted antibody）的途径（图 8-48）。

mRNA 的 poly(A) 尾巴具有多方面的功能。它既可以保护 mRNA 分子免受胞内核酸酶的降解作用，也可以促进 mRNA 分子从细胞核转运到细胞质的过程，此外还可以增加 mRNA 分子的翻译效率。但随着翻译次数的增多，mRNA poly(A) 尾巴长度也跟着逐次递减。所以说 poly(A) 尾巴越长，mRNA 分子的稳定性也就越高，翻译蛋白的机会也就越多，如此也就增强了基因的表达效率。当然，poly(A) 尾巴对 mRNA 翻译效率的促进作用，是依赖于 poly(A) 结合蛋白质（PABP）的功能效应。这些蛋白既可以维持 mRNA 多核苷酸链的稳定性，也可以促进 poly(A) 尾巴的延长。如若没有 poly(A) 结合蛋白的保护作用，那么处于裸露状态的 mRNA 分子的 poly(A) 尾巴，就很容易受到细胞质当中的外切核酸酶的降解作用。

根据以上的讨论可知，poly(A) 位点的选择性使用和 poly(A) 尾巴的分子长度，也是控制真核基因表达活性的一种相当有效的调节因素。

4. 5′-末端加帽反应的调节作用

真核基因 mRNA 分子 5′-末端的帽结构和 3′-末端的 poly(A) 尾巴一样，对于维持 mRNA 分子的稳定性和增进基因的蛋白质合成效率，都是十分必要的。如果脱去 5′-末端的帽结构，mRNA 分子便会在外切核酸酶 Xrn1 的催化切割下，迅速地发生 5′→3′方向

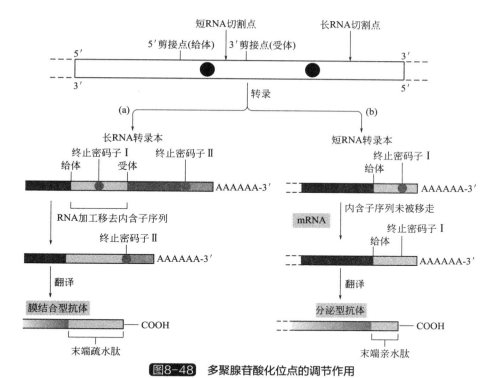

图8-48 多聚腺苷酸化位点的调节作用

（a）未受抗原刺激的 B 淋巴细胞产生长的转录本，并且经过剪接作用移去了一个内含子序列，由此形成的 mRNA 分子的编码产物，是具末端疏水肽的膜结合型抗体蛋白；（b）经过抗原刺激的 B 淋巴细胞，pre-mRNA 的最后一个外显子被剪切掉，产生出短的 mRNA 分子。其编码产物是具末端亲水肽的分泌型抗体蛋白

降解作用。有趣的是已经发现，在单细胞真核生物酿酒酵母中，mRNA 分子 3′- 末端的去磷酸化作用会扳动其 5′- 末端产生脱帽反应，从而共同促进 mRNA 的降解过程。两者之间之所以存在着如此的相关性，是由于 poly(A) 尾巴结合蛋白〔poly(A)-binding protein，PABP〕会阻止脱帽酶（decapping enzyme）同 5′- 末端的结合，这样便保护了 mRNA 分子的稳定性，免于核酸酶的切割降解。但当 poly(A) 尾巴的长度被降解到只剩下不到 10～15 个核苷酸的情况下，PABP 蛋白便失去了结合的部位而处于游离的状态，于是脱帽酶便得以同 5′- 末端结合并切除帽结构。

为什么 PABP 蛋白和 *Xrn1* 外切核酸酶的结合作用，会出现这种逆反的现象呢？其原因在于 mRNA 翻译过程中，它的两端所结合的蛋白质因子在空间上是彼此靠近的，因此 mRNA 分子任何一端的结构修饰，都会使另一端的功能效应受到影响。不仅 3′- 末端 poly(A) 尾巴的 PABP 蛋白质结合与否会影响到 5′- 末端的稳定性，而且 5′- 末端结构的变化同样也与 3′- 末端的降解作用有所关联。

二、核质mRNA转运的调节方式

真核细胞核的外周，是被一种叫做核被膜（nuclear envelope）的双层膜结构包裹着。它是细胞核与细胞质之间的界膜，上面存在着许多核膜孔（nuclear pore）。这种结构为细胞核与细胞质之间的物质分子（诸如 RNA 和蛋白质），按严格的控制机理出入细胞核提供了天然的通道（图 8-49）。

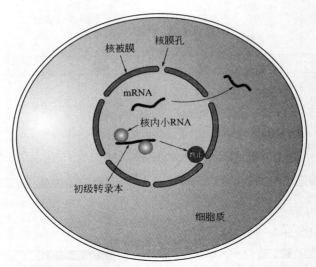

图8-49 真核细胞核的核膜孔与mRNA分子的转运

成熟的 mRNA 分子通过核膜孔转运到细胞质，其余异常的 RNA 则无法通过核膜孔进入细胞质，仍然滞留在核内
（转引自 D. Clark, 2007）

1. 核质 mRNA 主动转运的原因

RNA 转运的调节，涉及 tRNA、rRNA 和 mRNA 三种不同的核酸分子。其中尤以 mRNA 转运的调节最为复杂，是控制真核基因表达的一种重要的方式。真核细胞的断裂基因在细胞核内转录并加工为成熟的 mRNA 分子之后，必须穿过核膜孔进入到细胞质才能够指导蛋白质多肽链的翻译合成。这种成熟的核质 mRNA（nucleocytoplasmic mRNA）从细胞核向细胞质的转移过程，叫做核质 mRNA 的转运，通称 mRNA 转运。它并不是被动发生的自由扩散运动，而是受到特定机理精细调节的一种主动的转移过程，所需要的能量是由谷丙转氨酶（glutamic-pyruvic transaminase，GPT）水解作用提供的。发生 mRNA 主动转运的主要原因包括如下两个方面。

第一个原因是，无论在生命体的哪个发育阶段和何种组织的细胞核内，完成了转录后加工的成熟 mRNA 分子，都仅占 RNA 总量的一小部分；而其余的 RNA，包括损伤的 RNA、加工错误的 RNA，以及剪接过程中被删除下来的内含子 RNA 序列等，则占绝大部分。如果让这些异常的 RNA 随同加工成熟的正常的 mRNA 分子一道进入细胞质，则有可能给细胞的新陈代谢活动造成严重的干扰，甚至是致死性的危害。因此，细胞核必须以特殊的机理，阻止异常的 RNA 进入细胞质。

第二个原因是，mRNA 分子的转运需有一定的前提条件。只有符合这些条件的 mRNA 分子，才能够顺利地从细胞核经核膜孔转运到细胞质。这些条件主要的有如下几点。

① 成熟的 mRNA 分子在发生转运之前，结合在上面的一些转录后加工复合物，即信使核糖核蛋白（mRNP）必须被删除下来，并滞留在细胞核内部。因为这些 mRNP 分子如果进入细胞质，则会干扰 mRNA 的正常翻译反应。

② 在细胞核内加工成熟的 mRNA 分子中，仍然会有一些核内不均一核糖核蛋白（hnRNP）与之保持着结合的状态。这些蛋白质也必须去除，mRNA 分子才能正常转运。其中一部分 hnRNP，是在转运之前就已经从其结合的 mRNA 分子上删除下来；另一部

分则是在转运过程中从 mRNA 分子上解离下来，而后再从细胞质返回细胞核。

③ 5′-末端甲基化的帽结构，是 mRNA 分子进行转运的必要条件。只有存在 5′-末端帽结构的转录本才能发生主动转运；而那些不具 5′-末端帽结构的转录本如 rRNA，则不会发生主动转运，它们可能是按被动扩散的方式进入细胞质的。

④ 剪接体分子的存在会阻断转录本的转运。因此带有剪接体分子而尚未完成全面剪接的 mRNA 分子，是不会进入细胞质进行蛋白质合成的。这显然有利于基因的正常表达。

⑤ 成熟的 mRNA 分子的转运，需具有自主性核输出信号（nuclear export signal，NES）的特殊蛋白因子的参与，并与之结合成信使核糖核蛋白（mRNP）。所谓核输出信号，是指位于多嘧啶片段结合蛋白（polypyrimidine tract-binding protein,PTB）氨基端的一种具有重要功能的结构域，其分子长度为 25 个氨基酸残基。

2. 控制 RNA 转运的选择性调节机理

研究表明，在细胞核存在着一种控制 RNA 转运的选择性调节机理。它以正调节信号从大量的 RNA 群体中，选择出符合条件的成熟的 mRNA 分子转运出细胞核进入细胞质，并以负调节信号阻止未完成加工的 mRNA 前体分子发生错误的转运作用。那么这种 RNA 选择性调节机理究竟是如何运作的呢？根据上面分析可知，在细胞核当中成熟的 mRNA 分子仍然结合着一些加工过程残留的蛋白，包括 hnRNP 和新加入的核输出信号蛋白。正是这一组蛋白质，为成熟的 mRNA 转运出核提供了分子结构基础。当转运受体识别了核输出信号蛋白之后，便会指导成熟 mRNA 分子穿过核膜孔进入细胞质。一旦进入细胞质，hnRNP 便会从 mRNA 分子上解离下来，并返回细胞核。其余的 RNA 分子，不仅缺少转运出核所必需的核输出信号蛋白，而且还结合着另外一组可有效阻止其发生转运的蛋白。因此，这些 RNA 被局限在细胞核内，最终被降解掉。

成熟 mRNA 分子出核转运过程涉及如下两个主要的内容：首先结合着核输出信号蛋白的成熟 mRNA 分子，在其 5′-末端帽结合复合物（CBC）引导下，穿过核孔复合体（NPC）进入细胞质；而没有携带核输出信号蛋白的其它 RNA 分子，滞留在细胞核内。然后进入细胞质的 mRNA 分子去掉所结合的蛋白因子，并与核糖体结合开始翻译。而这些解离下来的蛋白质因子，则重新返回细胞核内。

三、mRNA稳定性的调节方式

与原核基因的情况不同，真核细胞基因组的蛋白质编码基因，其 mRNA 分子比较稳定具有较长的半寿期，因此它的表达活性除了受到转录水平的调节之外，还要受到 mRNA 稳定性的调节，而且后者还具有相当重要的作用。

1. mRNA 分子的半寿期

从细胞核转运到细胞质的各种 RNA 分子，其最终的命运都是要被细胞质中内源核糖核酸酶降解掉。然而不同的 RNA 分子抗降解作用的性能是不一样的，因此具有不同的稳定性。人们用半寿期（half-life）这个概念来表述 mRNA 的稳定性，它指的是在细胞质 mRNA 群体的代谢活动过程中，降解半量某种特定 mRNA 分子所需的时间（$t_{1/2}$）。通常结合在核糖体中的 rRNA 和 tRNA 比较稳定，而 mRNA 则不然，依具体的种类而定，其稳定性的差别程度是相当悬殊的。

原核生物 mRNA 的稳定性差，半寿期短。例如在实验室条件下，大肠杆菌 mRNA 的半寿期短的仅有几秒钟，长的也不过 20min，完成了翻译之后便迅速降解。因此，原核生物能够快捷地从一种基因的翻译转向另一种基因的翻译，从而具备了快速应对环境条件变化的代谢反应能力。

真核生物的 mRNA，在细胞核中合成之后要经过广泛的转录后加工与修饰，才能以成熟的 mRNA 形式运送到细胞质，指导蛋白质多肽链的合成。由于这类 mRNA 分子具有 5′- 末端甲基化帽和 3′- 末端 poly(A) 尾巴的保护性结构，可以在一定程度上抗御核酸酶的降解作用，因此显得比较稳定。不同类型真核基因的 mRNA 分子，具有不同长度的半寿期。其中较不稳定者约有十多分钟，诸如生长因子编码基因以及原癌基因的 mRNA，其半寿期均介于 15～30min 之间；而较稳定者则可长达数小时，例如 β- 珠蛋白基因 mRNA 的半寿期就超过 10h 以上；高等植物细胞中个别 mRNA 的半寿期，甚至可长达数个星期。由此可见，对真核基因而言，mRNA 分子的稳定性是其调节蛋白质合成水平的重要机理之一。

2. mRNA 分子的降解作用

各种不同的 mRNA 分子的降解速率是有差别的。降解速率快的 mRNA 分子的半寿期短，稳定性差；而降解速率慢的 mRNA 分子，其半寿期则较长，稳定性也较好。因此说，mRNA 分子的降解作用，实质上也是调节蛋白质合成水平的一种途径。

在细胞质当中进行的 mRNA 的降解作用并不是随机发生的，而是受到特定机理的严格调节。一般说来一种典型的 mRNA 分子当其离开细胞核进入细胞质时，在 3′- 末端存在有一段长度约为 200 个腺苷酸残基的 poly(A) 尾巴。此时它还不是处于裸露的状态，而是同 poly(A) 结合蛋白 PABP 紧密地结合在一起。每个 PABP 蛋白分子的结合跨度，大约是 30 个腺苷酸残基，因此说，这也是维持 mRNA 稳定性所需要的 poly(A) 长度的最起码的数字。这种 PABP 蛋白具有如下两方面的功能：一方面它可以保护 poly(A) 尾巴免受细胞质中的普通核酸酶的降解作用，另一方面它可以增加 poly(A) 尾巴对一种特异的 poly(A) 核糖核酸酶的敏感性。

那么细胞质中 mRNA 分子是如何进行降解的呢？下面我们以哺乳动物细胞 mRNA 为例，叙述其降解的过程（图 8-50）。细胞质 mRNA 分子的 3′- 末端 poly(A) 尾巴，由于结合着相当数量的 PABP 蛋白而受到保护，处于相对稳定的状态。然而在结合 PABP 蛋白的同时也增加了 poly(A) 尾巴对 poly(A) 核糖核酸酶的敏感性。因此在该酶的消化作用下，poly(A) 尾巴便会发生脱腺苷酸化作用，结果使它的长度逐渐缩短。当 poly(A) 尾巴缩短到大约只剩下不到 30 个腺苷酸残基的水平时，mRNA 分子的稳定性便受到影响。这可能是由于这样长度的 poly(A) 尾巴，对于结合 PABP 蛋白分子大小而言，实在是太短了些。所以，一旦 poly(A) 尾巴缩短到不及 30 个腺苷酸残基的程度，mRNA 分子便会迅速地降解。mRNA 分子 5′- 末端的甲基化帽结构，同其 3′- 末端 poly(A) 尾巴结构之间存在着相当密切的关系，因此，随着 mRNA 分子 3′- 末端移去 poly(A) 尾巴之后，其 5′- 末端也发生了脱帽作用。由此形成的既没有 5′- 末端甲基化帽、也没有 3′- 末端 poly(A) 尾巴的 mRNA 分子，便会在外切核酸酶 XRN1 的作用下，发生自 5′- 末端至 3′- 末端方向的降解反应。

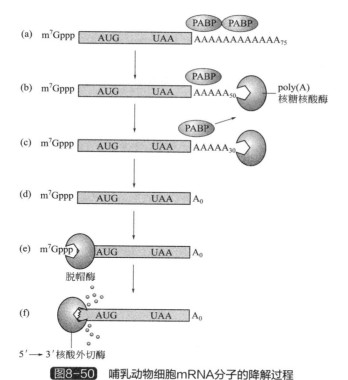

图8-50 哺乳动物细胞mRNA分子的降解过程

（a）poly(A) 尾巴结合着 PABP 蛋白的 mRNA 分子；（b）在 poly(A) 核糖核酸酶催化下 poly(A) 尾巴发生脱腺苷酸反应；（c）当 mRNA 分子的 3′- 末端只剩下 30 个腺苷酸残基时，PABA 蛋白由于无法结合便完全解离下来；（d）3′- 末端的脱腺苷酸化反应继续进行，直至移走所有的腺苷酸残基；（e）poly(A) 尾巴消除后，引发 5′- 末端在一种脱帽酶（decapping enzyme，Dcp1）的作用下发生脱帽反应；（f）脱帽去尾的 mRNA 分子，在外切核酸酶 XRN1 的参与下发生 5′→ 3′方向的降解作用（转引自 G. Karp, 2002）

3. mRNA 分子结构与稳定性的关系

　　mRNA 分子的稳定性是同其分子的结构特征，诸如 5′- 末端甲基化帽、3′- 末端 poly(A) 尾巴以及二级结构等密切相关的。虽然这些分子结构特征的存在，主要是起到稳定 mRNA 分子的作用，但确实也发现有些结构特征的存在，会使 mRNA 分子的稳定性下降。早期科学工作者将缺失了 poly(A) 尾巴和具有 poly(A) 尾巴的同样的 mRNA 分子，同时注入细胞中。结果发现在胞内，没有 poly(A) 尾巴的 mRNA 分子便会迅速地降解掉，而具有 poly(A) 尾巴的 mRNA 分子则比较稳定。此外实验还发现，poly(A) 尾巴越长，mRNA 分子的半寿期也就越长。上述这些实验事实说明，3′- 末端 poly(A) 尾巴确实是影响 mRNA 分子稳定性的结构特征之一。

　　由于发现具有相似长度 poly(A) 尾巴的不同的 mRNA 分子之间，它们的半寿期却有很大的差异。因此人们相信除了 poly(A) 尾巴之外，一定还存在着更为复杂的结构特征，可以影响 mRNA 分子的稳定性。已经发现，mRNA 分子 3′-UTR 核苷序列的结构元件，会影响到 poly(A) 尾巴脱腺苷酸化的速度。例如在长寿命的 α- 珠蛋白 mRNA 3′-UTR 中，存在着以 CCUCC 为基序的重复序列。它是维系 mRNA 分子稳定性的蛋白质分子的结合位点。如果这段序列发生了突变或被缺失掉，α- 珠蛋白 mRNA 分子便会被迅速地降解，丧失了固有的稳定性。这说明这段 CCUCC 五核苷酸基序，是长寿命 mRNA 所具有的一种结构元件，特称之为促稳定序列（stabilizing sequence）。

与此相反，在短寿命的 mRNA 分子的 3′-UTR 中，往往存在着一段长约 50 个核苷酸的、富含 AU 的保守序列，即富含 AU 元件（AU-rich element）特称为 3′-AURE 元件。它是由 5 核苷酸基序（AUUUA）重复排列而成的一种顺式调节元件。如果应用 DNA 重组技术，将此顺式元件转移到长寿命的 β-珠蛋白 mRNA 的 3′-UTR 中，便可使其半寿期由 10 余个小时缩短到几十分钟，变成为短寿命的 mRNA 分子。这说明此段五核苷酸的 AUUUA 序列，是短寿命 mRNA 的一种结构特征，称为去稳定序列（destabilizing sequence）。它是促便 poly(A) 尾巴缩短的特异性核酸切割酶的识别位点。

以参与细胞分裂活性控制的原癌基因 c-fos mRNA 为例，可以进一步说明 3′-UTR 中的去稳定序列的重要性。c-fos mRNA 是一种短寿命的核糖核苷酸，其半寿期只有 10 多分钟。如果应用基因缺失法，将 c-fos mRNA 3′-UTR 中的去稳定序列 AUUUA 删除掉，结果其 mRNA 的半寿期便得以延长，但同时其所在的细胞也往往出现癌变。

4. mRNA 稳定性调节实例

真核细胞存在着调节特定 mRNA 稳定性的分子机理，用以对环境因素刺激或者是生理状态的变化，诸如热激作用、病毒感染以及细胞周期相变（cell cycle phase change）和激素影响等作出适时反应。已知有许多基因 mRNA 的稳定性都是可以调节的，但已经作了详细研究的只是其中少数几例。细胞调节 mRNA 稳定性的分子机理，有两种不同的类型：一种是提高 mRNA 稳定性的调节机理，另一种是降低 mRNA 稳定性的调节机理。

类固醇激素受体（steroid hormone receptor）是一类蛋白质超家族，叫做胞内受体超家族，亦叫作类固醇激素受体超家族。常见的如雄激素受体（androgen receptor，AR）、雌激素受体（estrogen receptor，ER）以及糖皮质激素受体（glucocorticoid receptor，GR）等，都是属于激素依赖型的转录因子。加入在细胞培养物中的类固醇激素，穿过细胞膜进入细胞质之后，便会同存在于其中的特异性的激素受体蛋白，即类固醇激素受体结合。由此形成的激素-受体蛋白复合物，被转运到细胞核内后，类固醇激素受体蛋白便能够识别靶基因启动子中的激素效应元件（HRE），并与之结合而激发靶基因的转录活性（图 8-51）。

分析显示，所有的激素受体蛋白都具有如下三个不同的功能结构域：①一个可变的 N 端结构域，它对每一种激素受体蛋白而言都是特异的；②一个中央结构域，它序列短小且结构保守，是与 DNA 结合的部位；③一个 C 端结构域，系同激素分子结合的部位。在中央结构域有两个锌指结构，激素受体蛋白正是通过这种结构，特异性地识别靶基因启动子中的激素效应元件，并与之结合而激发基因的表达活性。HRE 元件定位在距转录起点上游数百个碱基处，往往以多拷贝形式存在，同时 HRE 元件也经常存在于启动子或增强子序列中。

令人惊奇的是，类固醇激素除了能够参与调节靶基因的转录活性之外，同样还能够促使一些 mRNA 分子延长半寿期，提高稳定性。例如在蛙卵的培养物中加入雌激素受体之后，便可使蛙卵中的主要蛋白质成分，即卵黄原蛋白（vitellogenin，Vg）的 mRNA 分子的稳定性提升 30 倍，于是便显著地增加了卵黄原蛋白的表达量。由此可见，这是一种通过提高 mRNA 稳定性的途径来增强目的基因表达效率的调节机理。

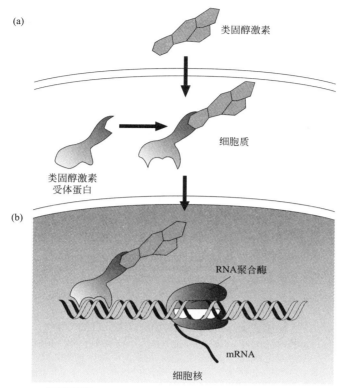

(a)

类固醇激素

细胞质

类固醇激素
受体蛋白

(b)

RNA聚合酶

mRNA

细胞核

图8-51 类固醇激素对基因表达活性的调节作用

（a）进入细胞质的类固醇激素同其特异性的受体蛋白结合，结果导致后者 DNA 结合域的构型发生改变；（b）结合形成的类固醇-受体蛋白质复合物转运进入细胞核后，其行为就如同转录因子一样激发靶基因启动转录（转引自 W. S. Kluy et al, 2010）

运铁蛋白受体（transferrin receptor，TFR），是在利用铁离子的细胞中发现的一种质膜糖蛋白，分子质量为 180kDa。它能够特异性地与携带铁离子的运铁蛋白结合，从而将胞外的铁离子转运到胞内，使胞外的铁离子浓度水平下降，胞内的铁离子浓度水平上升。因此在有的文献中也称运铁蛋白受体为清除铁离子的蛋白，即除铁蛋白。

运铁蛋白受体 mRNA 的稳定性，是同胞内铁离子浓度水平的变化密切相关的。当细胞中铁离子的浓度上升时，运铁蛋白受体 mRNA 的稳定性便随之下降，结果细胞质中运铁蛋白受体的合成水平也就相应减少；当细胞中铁离子浓度的水平下降时，运铁受体 mRNA 的稳定性反而上升，结果细胞质中运铁蛋白受体的合成水平也就相应地提高。那么运铁蛋白受体 mRNA 稳定性的这种依赖于铁离子浓度的周期性变化规律，又是受什么样的分子机理调节的呢？

如图 8-52 所示，运铁蛋白受体 mRNA 稳定性的变化，是直接受铁效应蛋白（iron responsive protein，IRP）介导的。IRP 是一种铁敏感的 RNA 结合蛋白，又叫做顺乌头酸酶（aconitase）。它能够特异性地识别运铁蛋白受体 mRNA 分子 3′-UTR 序列中的茎-环结构。当真核细胞内所含的可溶性铁离子的浓度下降时，铁效应蛋白便同此 3′-UTR茎-环结构中的铁效应元件（iron-response element，IRE）结合。由于受到结合蛋白的保护，poly（A）尾巴就可以免受核酸酶的降解作用，于是 mRNA 分子便处于相对稳定的状态，正常翻译生成运铁蛋白受体，最终使细胞中铁离子的含量上升。然而我们知道铁效应蛋

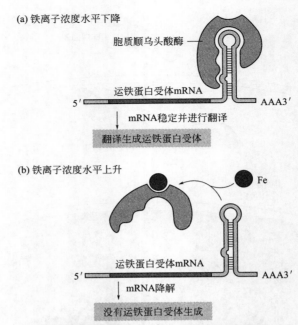

(a) 铁离子浓度水平下降

胞质顺乌头酸酶

运铁蛋白受体mRNA

5′ ———— AAA3′

↓ mRNA稳定并进行翻译

翻译生成运铁蛋白受体

(b) 铁离子浓度水平上升

Fe

运铁蛋白受体mRNA

5′ ———— AAA3′

↓ mRNA降解

没有运铁蛋白受体生成

图8-52 运铁蛋白受体mRNA稳定性的调节

（a）当细胞内铁离子浓度水平下降的情况下，铁效应蛋白（IRP）同运铁蛋白受体 mRNA 分子 3′- 末端的茎-环结构结合，于是 mRNA 分子处于稳定的状态，并翻译生成运铁蛋白受体；（b）当细胞内铁离子浓度水平上升的情况下，铁效应蛋白便从运铁蛋白受体 mRNA 的 3′- 末端茎-环结构上解离下来，于是 mRNA 处于不稳定状态，被迅速降解掉。此时细胞不再合成运铁蛋白受体

白顺乌头酸酶，也是一种能够与铁发生结合作用的蛋白质。因此当细胞内铁浓度水平上升时，顺乌头酸酶便会从运铁蛋白受体 mRNA 分子上释放出来，参与同细胞质中过量的可溶性的铁离子结合。由于顺乌头酸酶的解离，mRNA 分子的稳定性便明显下降，于是细胞便会暂时停止运铁蛋白受体的合成。

四、mRNA翻译的调节方式

在典型的情况下，真核生物的蛋白质编码基因都是以单顺反子的形式转录的，其表达活性可以在转录和转录后加工过程中得到充分的调节。不过真核生物同样也广泛地利用翻译过程对基因的表达活性作进一步的调节。常见的有翻译起始速率的调节和翻译移码调节等多种不同的翻译调节方式。

1. mRNA 负翻译调节

真核生物能够通过降低翻译起始速率的负翻译调节机理，对不同环境因素的刺激作出适应性反应。已知诸如病毒感染、生长因子的丧失以及热激作用等经常遇到的环境因素的刺激作用，都会诱发真核生物基因翻译起始因子 eIF-2 发生磷酸化反应。由于 eIF-2 因子的生物学功能是介导甲硫氨酰起始 tRNA 同 40S 核糖体小亚基结合，而当其发生了磷酸化之后便丧失掉了介导这种结合作用的能力。于是 mRNA 分子的翻译活性便处于抑制状态，无法进行蛋白质的合成。鉴于这是一种在真核生物中普遍存在的控制翻译起始速率的负翻译调节方式，故又称之为普遍性负翻译调节机理。

除了此种普遍性负翻译调节机理之外，在真核生物中还存在着一种特异性负翻译调节机理，其中研究得最为透彻的要数铁蛋白（ferritin）基因的翻译调节体系。铁蛋白也叫做铁蛋白复合物，在动物的肝脏、脾脏以及其他组织的细胞质中，都发现有铁蛋白的存在。此种金属蛋白能够把细胞质中的铁离子包围隔离起来，以免游离状态的铁离子对细胞产生毒害。所以铁蛋白实质上是一种用于贮存细胞质中过量铁离子的铁贮存蛋白（iron storage protein）。

细胞内铁蛋白的浓度不仅是受翻译水平严格控制的，而且还是与胞内铁离子的浓度密切相关的。如果胞内铁离子浓度水平下降不再需要以铁蛋白形式贮存时，铁效应蛋白便会同铁蛋白 mRNA 分子 5′-UTR 中的铁效应元件结合。由于此种结合作用干扰了核糖颗粒同mRNA 分子的结合与移动，于是铁蛋白 mRNA 的翻译活性便被抑制，停止了铁蛋白的合成。但是当细胞中铁离子浓度上升到可以被细胞利用的情况下，铁离子便会同铁效应蛋白因子结合促使其构型发生改变，从而使结合着铁离子的 IRP 因子从所结合的 IRE 元件上解离下来，结果铁蛋白 mRNA 的翻译活性得到激活，合成出铁蛋白质因子（图 8-53）。

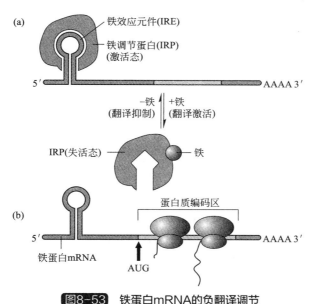

图8-53 铁蛋白mRNA的负翻译调节

（a）当细胞质铁离子浓度下降时，铁蛋白 mRNA 的翻译活性被抑制。这是由于 IRP 蛋白质因子同铁蛋白 mRNA 5′-UTR 中的 IRE 元件结合的结果，抑制了 mRNA 的翻译活性。（b）当细胞质中铁离子浓度上升时，铁蛋白 mRNA 的翻译活性被激活。这是因为 IRP 蛋白质因子同铁离子结合之后改变了构型，并从 IRE 元件上释放出来，从而激活了 mRNA 的翻译活性
（转引自 G. Karp, 2002）

比较铁蛋白基因和运铁蛋白受体基因的翻译调节机理便会发现，由于铁效应元件 IRE 所处的位置不同，细胞中同样的一套翻译调节机理，却起到了彼此相反的调节效应。前者 IRE 元件位于 5′-UTR 的茎-环结构中，当其与 IRP 蛋白质因子结合之后，翻译活性便受到抑制。后者 IRE 元件位于 3′-UTR 的茎-环结构中，一旦与 IRP 蛋白质因子结合，翻译活性便会得到增强。

参与高等真核生物胚胎发育调节的基因，包括母体效应基因和合子基因两大部分。其中母体效应基因的表达产物 mRNA 或蛋白质，是由母体分泌到卵母细胞，它们会对早期胚胎发育产生重要的影响。这些在卵母细胞中堆积的种类繁多数量庞大的 mRNA 群体叫

做母体 mRNA（maternal mRNA），它们是一类在受精作用之前就已经在卵母细胞中存在的 mRNA 分子。在这些 mRNA 当中，有许多在受精作用之前一直保持着非翻译的抑制状态，只是到了受精作用发生之后才被激活进行翻译。由此看来，mRNA 负翻译调节机理，对于高等真核生物的胚胎发育可能是相当重要的。然而由于卵母细胞材料的特殊性和技术上的限制，直至今日为止我们对于母体 mRNA 的翻译调节机理的细节仍然不甚清楚。

2. mRNA 翻译移码调节

一般说来，真核生物蛋白质编码基因的 mRNA 翻译反应一旦启动，就会自动地从起始密码子开始逐个密码子地通读到终止密码子为止，其间不会发生密码子重叠、重读或中断、漏读的情况。但也有一些特殊类型的 mRNA 分子，在其终止密码子 5′- 上游的紧邻部位，似乎存在着一种特殊的结构信息元件。当核糖体沿着 mRNA 分子移动过程中遇到了这个元件，便会使基因的读码结构发生增加一个（+1）或减少一个（−1）碱基的变化。结果使得同一种 mRNA 分子能够翻译出两种以上不同的、但却是相关的蛋白质多肽。我们称这样的翻译调节方式为翻译移码调节。这种现象在反转录病毒和冠状病毒中均存在。

Rous 肉瘤病毒（Rous sarcoma virus），是在 1911 年由 Peyton Rous 发现的一种代表性的反转录病毒。它的基因组共有 gag、pol、env 和 src 四个基因。其中 gag 基因编码产物是组成病毒颗粒内核的糖蛋白抗原。pol 基因的编码产物包括降解 Gag-Pol 多蛋白的蛋白酶、催化病毒 DNA 插入寄主染色体基因组的整合酶，以及反转录酶。env 基因的编码产物是病毒外壳蛋白。src 基因的编码产物是酪氨酸特异的蛋白激酶，它能够影响寄主细胞分裂活性、细胞间的相互作用及通讯联络。在鸡以及包括人类在内的许多真核生物基因组中都发现了这种 src 癌基因。当寄主细胞被 Rous 病毒感染之后，src 癌基因通常便会发生异常高水平的表达，结果使细胞分裂活性处于失控的状态而产生癌症。除了这 4 种基因之外，在 Rous 病毒的线性 RNA 基因组的两端，都连接着一段长度约为数百个核苷酸的长末端重复序列（LTR）。这两段 LTR 序列能促使 dsDNA 形式的病毒基因组整合到寄主染色体基因组上，并且还含有控制病毒基因表达的启动子结构，包括参与转录起始与调节的序列元件（图 8-54）。

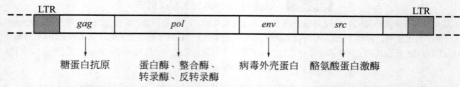

图8-54 已整合的Rous肉瘤病毒基因组的结构及其基因的编码产物

本图表示的是已经整合在寄主染色体基因组上的 Rous 肉瘤病毒的 dsDNA 基因组的结构及基因的表达产物

在 Rous 肉瘤病毒基因组中，gag 和 pol 是两个串联排列的重叠基因。由它们转录形成的融合转录本 gag-pol mRNA 的翻译活性，便是受翻译移码调节机理控制的。实验检测显示，由 gag-pol mRNA 翻译生成的是一种单链多肽的大分子量的 Gag-Pol 多蛋白，经酶切之后可生成 6 种功能不同的蛋白质。其中大部分是糖蛋白，小部分是反转录酶，两者合成概率之比为 19∶1. 这也就是说这个 gag-pol 融合的 mRNA 转录本，由于受到翻译移码调节机理的控制，会按 95% 的概率翻译 gag 基因，按照 5% 的概率翻译反转录酶。但这个 5% 的概率翻译的反转录酶，已足够满足 Rous 肉瘤病毒生命活动的需求，多了反而会造成不必要的物质与能量的浪费。

从图 8-55 可以看到，*gag* 基因的读码结构与 *pol* 基因的读码结构是彼此重叠的。在使用 *gag* 基因读码结构的情况下，核糖体到达终止密码子 UAG 时，翻译反应便会自动终止，合成出糖蛋白抗原。但 *pol* 基因的读码结构则不然，它的相当部分是与 *gag* 基因读码结构重叠的。因此当使用 *pol* 基因读码结构进行翻译时，核糖体在遇到 *gag* 基因终止密码子 UAG 之前，就必须向 5′-上游方向移动一个碱基，形成（−1）碱基的读码结构。如此才能够化解 *gag* 基因终止密码子 UAG 对 *pol* 基因读码结构的翻译终止效应，使核糖体按照（−1）碱基读码框继续向前翻译，合成出 Gag-Pol 多蛋白。然后经蛋白酶的切割作用，此种多蛋白便会释放出成熟的反转录酶。

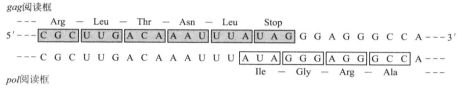

图8-55 Rous肉瘤病毒*gag-pol*基因的重叠关系

使用 *gag* 基因的读码结构时，翻译在终止密码子 UAG 处终止，合成出糖蛋白抗原。使用 *pol* 基因读码结构时，由于它相对于 *gag* 基因的读码结构向 5′-方向移动了一个碱基，亦即使用减少一个（−1）碱基的读码结构。于是核糖体便越过 *gag* 基因读码结构中的终止密码子，而继续按照 −1 读码结构进行翻译合成出长链的多蛋白，或者叫做 Gag-Pol 多蛋白。它经过蛋白酶的切割作用便分离出反转录酶

根据 mRNA 翻译的理论分析，只有在 *gag-pol* mRNA 的重叠区发生一次翻译移码事件，才能使核糖体化解 *gag* 基因终止密码子 UAG 的终止作用；同时也只有在 *gag-pol* mRNA 的重叠区发生一次翻译移码事件，才能够使同一种 mRNA 分子翻译出两种以上不同的蛋白质多肽。这便是 mRNA 翻译移码调节的真谛。

第七节
信号与真核基因表达的调节

生命体基因的表达与否，往往与细胞环境信号的调节作用密切相关。这些信号可分为胞外信号（extracellular signal）和胞内信号（intracellular signal）两大类。胞外信号如一些离子、营养成分浓度的变化以及温度的改变等。一般说来，任何胞外环境信号的变化，都会引起靶细胞内部发生相关的效应。真核细胞以其存在于细胞膜上的特定信号受体（signal receptor）或其他类型的感受器，同胞外信号配体（signal ligand）结合，进而通过信号转导途径（signal transduction pathway）中的级联反应，把有关的信号导入细胞核内，从而启动或抑制目的基因的表达活性。由此可见，信号转导途径是参与真核基因表达调节的一种重要因素。

操控基因表达活性的调节体系多种多样。不同的生命体通过各自特有的信号转导途

径调节基因的表达活性。一般说来，在原核生物中，营养状态（nutritional status）和环境因素（environmental factors）对基因表达活性的影响往往具有决定性的作用。而且在真核生物，特别是高等真核生物中，调节基因表达活性的关键因素是激素水平和发育阶段，至于营养和环境条件则退居次要的地位。

长期以来，分子生物学家和分子遗传学家一直相当重视从胞外到胞内信号转导问题的研究。其重点在于揭示细胞间信号转送（signal transmitting）的方式、信号转导途径的分子组成，以及信号对真核基因表达调节的分子机理三个方面的问题。目前有关科学工作者已经在这些领域，尤其是信号对真核基因表达的调节作用，取得了相当的进展。

一、信号概念

1. 信号配体

信号（signal）系指可以被特定受体检测到，并可转变为化学过程、导致靶细胞出现新陈代谢变化的一类特殊的信息（information）。由信息转变成化学变化的过程叫做信号转导，它是活细胞普遍具有的一种重要的生理生化特性。

在不同学科中，"信号"这个术语有不同的含义。其中生物学信号（biological signal）的总数约有数千种之多。本节所说的信号主要是指一类特殊的诸如蛋白质或糖类物质这样的起始配体（initiating ligand）本身。所谓起始配体，系指信号转导过程中最早与细胞表面受体结合的信号分子（signal molecular）。当其同激素或其他化学物质结合时，便会引起信号转导；而当其同转录因子结合时，则会激发下游目的基因进行转录。

具体地说，信号分子可以是蛋白质、核苷酸、类固醇、视黄酸类、脂肪酸、激素、若干种气体（诸如乙烯、一氧化碳、一氧化氮）、糖类以及无机化合物和光等多种多样的物质或形式。还有，胞外基质成分、营养物质、生长因子、缺氧（低氧）、机械触击、神经递质、清香剂等也都已证明是可引起细胞效应的常见信号分子。能够与特定受体结合并激活下游信号通路的信号分子，特称为信号配体，简称配体（ligand）。参与信号转导途径的主要成分，除了信号配体之外还包括受体、衔接物和效应物三种类型。

2. 信号受体

信号受体通常简称受体，是靶细胞负责接收信号的特殊感受器（sensory receptor）。它们一般是指与信号配体具有高度结合特异性的特殊蛋白质，故有的作者也称之为信号转导蛋白（signal transducers）。为了便于接收来自胞外的信号配体，受体一般位于靶细胞膜的表面或嵌入在膜中，不过也有受体存在于细胞内部。在后者这种情况下，信号配体必须穿过细胞膜，才能与受体结合。结果引发一连串级联反应，导致效应物分子的形成，最后以它为中介将信号的信息转导给细胞核中的目的基因，从而对其表达活性进行调节。

受体的一个重要特点是，能够识别和接受特定信号配体的结合作用，并作出特异性的应答反应。在不同的特化细胞中，同样的一种信号配体可以与不同的受体结合；在类似的细胞中，信号的作用可能并不一样；信号还可通过组合方式起作用，细胞分裂周期的定时（timing）可能会同时涉及好几种信号。

（1）信号受体的类型

信号受体有多种多样不同的类型，主要有如下 4 种。第一种，离子通道（ion channel）

信号受体，也称为递质调节离子通道信号受体，它与神经信号传递有关。第二种，G蛋白偶联受体（G-protein coupled receptor，GPCR）。G蛋白亦即鸟苷酸结合蛋白，系信号转导途径的中介物。它通过偶联的 GDP $\rightleftharpoons$ GTP 的可逆反应，控制信号转导途径的开关。第三种，酶联信号受体（enzyme-linked signaling receptor）。它的活化可直接或间接地导致有关酶分子的激活，从而引起一系列酶催级联反应。第四种，核受体（nuclear receptor），亦称核内受体。它同特定配体如雌激素结合之后，便会引起目的基因转录速率发生变化，从而调节基因的表达活性。

（2）信号受体的结构域

信号转导途径的受体也叫做细胞表面受体，它一般具有3个结构域：①一个胞外结构域（extracellular domain），它伸展到胞外，同信号分子结合。②一个跨膜结构域（transmembrane domain），它穿过细胞膜，将胞外信号转导到细胞的内部。③一个胞内结构域（intracellular domain），它延展在细胞质中，与信号分子结合后，引起分子或构象的变化，并将此变化信息转送给细胞质中信号转导途径的其他分子。

3. 配体和受体的结合类型

在信号转导途径中，起始步骤是发生在信号配体与特定受体之间的结合作用。它有如下3种不同的类型。第一，可溶性配体与细胞表面受体结合。这一类配体往往是蛋白质，尽管其是可溶性的，但由于分子量较大或因电荷因素的影响而无法自由穿过细胞膜［图8-56（a）］。它通过与跨膜蛋白质受体（transmembrane protein receptor）结合之后，促使其胞内结构域进入激活状态。第二，小分子量疏水性配体与胞内受体结合。一些小分子量疏水性的信号分子（hydrophobic signaling molecules），能够直接从胞外穿过细胞

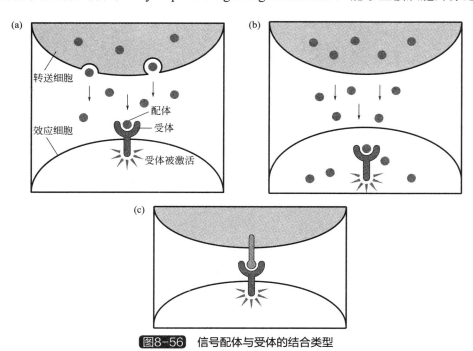

图8-56 信号配体与受体的结合类型

（a）可溶性信号配体与表面受体结合；（b）小分子量疏水性配体与胞内受体结合；（c）转送细胞膜上锚定配体与相邻效应细胞膜上受体结合（引自 T. Strachan & A. Read，2011）

膜进入胞质与受体蛋白结合［图8-56（b）］。此类配体可以是气体（如一氧化氮）或小分子量蛋白质以及类固醇等信号分子。它们的胞内受体通常存在于细胞核，但也有的存在于细胞质。第三，锚定在转送细胞（transmitting cell）膜上的配体和锚定在相邻效应细胞（responding cell）膜上的受体结合［图8-56（c）］。大多数脊椎动物细胞的信号转导往往都涉及信号分子的转移，而后才同位于效应细胞表面的受体分子结合。

4. 信号的功能作用

信号分子同调节蛋白结合之后会导致后者的构型发生改变，使之能够同DNA元件结合，从而引发目的基因进行表达。反之，由于信号分子的撤离，调节蛋白的构型便恢复原样，并失去了同DNA元件的结合能力，结果目的基因便随之消除了表达活性。所以说，信号分子的存在与否，决定了目的基因表达状态的开与关。

二、信号转导的一般特点

1. 超常的特异性

信号转导第一个特点是具有超常的特异性（specificity），这是由于信号与受体之间存在着高度精确的分子水平的互补性所致［图8-57（a）］。研究表明，多细胞真核生物与单细胞原核生物相比，具有更高水平的信号转导特异性。其原因在于前者一种特定信号的受体或是一种特定信号转导途径的胞内受体蛋白，都只存在于一些特定类型的细胞中。例如，促甲状腺素释放素（thyrotropin-releasing hormone，TRH）能够扳动垂体前叶（anterior pituitary）细胞，却不能扳动肝细胞（hepatocytes）产生效应，其原因便是由于后者缺乏TRH激素受体的缘故。再如肾上腺素（epinephrine）能够改变肝细胞但却不能改变脂肪细胞（adipocytes）的糖原（glycogen）代谢。造成二者不同效应的分子基础是，虽然这两种不同类型的细胞都存在着肾上腺素的受体蛋白，然而由于肝细胞不仅具有糖原，而且还存在着可以被肾上腺素激活的糖原代谢酶；而脂肪细胞中既没有糖原也没有糖原代谢酶，故不受肾上腺素影响。

2. 放大作用

信号转导的高度敏感性（sensitivity），系依赖于以下3个因素的综合作用：①信号分子与受体的高亲和力（affinity）；②信号分子配体与受体相互作用的协同性（cooperativity）；③酶级联反应（enzyme cascades）对信号的放大作用。其中放大作用（amplification）是信号转导的第二个重要特点。在信号转导体系中只要信号配体浓度发生微小的变化，就会引起受体活性出现显著的上升。这种变化的分子机理是建立在酶级联反应基础上对信号的放大作用。所谓信号放大作用是指，当一种酶同一种信号结合时便会被激活，于是此种激活的酶便会催化第二种酶的许多分子活化；接着第二种活化酶各自又会继续催化第三种酶的许多分子活化……如此循环不已渐次扩增的现象叫做酶催级联放大作用［图8-57（b）］。这种反应可以在数毫秒（millisecond）极短的时间内，将信号放大许多个数量级。

3. 模块结构

相互作用的信号蛋白之间具有模块（modularity）结构的特点，使得细胞能够结合众多信号分子，形成具有不同功能或细胞定位的复合物。许多信号蛋白都具有多个结构域，这些结构域能够识别位于其他蛋白质或细胞骨架（cytoskeleton）或细胞膜上的特定的特征性结构，从而形成多价模块，使之能够组装出各种各样的多酶复合体。这种相互作用的共同特点是一种模块信号蛋白同另一种伴侣蛋白之磷酸化残基结合。其结果是此蛋白质伴侣（protein partner）的磷酸化或脱磷酸化反应，便会对信号蛋白间的相互作用进行调节［图8-57（c）］。

4. 脱敏作用

信号转导的第四个特点是，受体的敏感性易受其他因素的影响而发生改变。例如当一种信号持续存在时，受体系统的敏感性便会消失，此种现象叫做信号的脱敏作用（desensitization）［图8-57（d）］；而当此种信号激活作用下降到临界值（即阈值 threshold）时，受体系统又会重新恢复敏感性。试想当你从明媚的阳光下步入黑暗的房间，或是反过来从黑暗的房间走到明媚的阳光下，你的视觉转导系统将会发生典型的脱敏／适应反应。

5. 整合作用

信号转导第五个重要特点是整合作用［图8-57（e）］。这是指信号转导系统具有接收多种信号，并产生出唯一的适于细胞或生命体需要的效应的能力。不同的信号途径在多个水平上相互转换，产生出复杂的影响，以维持细胞与生命体内部的稳定。

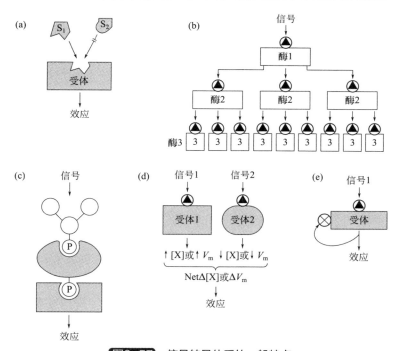

图8-57 信号转导体系的一般特点

（a）特异性：信号分子与其互补受体上的结合位点在结构上彼此匹配。（b）扩增性：在酶的级联反应过程中，当一种酶激活了另一种酶时，受影响的分子数量呈几何级数增加。（c）模块性：具有多价亲和力的蛋白质，形成与可交换部分不同的信号转导复合物。磷酸化作用提供了相互作用的可逆位点。（d）脱敏／适应：受体激活作用扳动了一种反馈环路，结果使受体从表面丢失或移走。（e）整合作用：对同一种新陈代谢特性例如第二信使的浓度和膜电位（V_m），具有相反作用的两种信号，便会通过整合两个受体的输入信号得出输出的调节信号（据 D. Nelson & M. M. Cox, 2013 改绘）

三、信号转导途径

细胞膜主要的功能是阻止细胞内含物外泄和外部环境有害物质及信号分子的进入。

由此可知，细胞膜乃是保护细胞正常生命活动的一道安全屏障。细胞一方面通过相邻细胞间的信号转送来感知周围环境的变化动态，并适时作出相应的新陈代谢及生命行为的更动；另一方面通过信号转导途径克服细胞膜屏障，按级联反应的方式将变化的信息转导给细胞核中的目的基因，并具体作出表达或抑制反应。

在整个生命周期中，细胞中发生的全部生理生化反应的变化，都受到大量的内部和外部信号的影响。外部信号主要有激素和生长因子两类。由于分子量或电荷因素的影响，有些信号分子如类固醇激素，分子量较小可以通过简单的扩散作用，从细胞外进入细胞内；也有些信号分子如肽激素，分子量较大无法自由地穿过细胞膜孔洞，故必须与细胞膜上的受体蛋白结合之后才能被转运到细胞内。不管经由何种途径，进入细胞质的胞外信号分子便会扳动一系列胞内反应，而后将所携带的信号转移到细胞核或胞内其他位点的目的基因，使之处于激活或抑制的状态。这种类型的信号转导过程，即外部信号扳动的一种胞内级联反应，称为信号转导途径。由此可见，在哺乳动物中有两种类型的信号转导途径：一种是扩散性的信号转导途径，另一种是转移性的信号转导途径。

1. 信号转导级联系统

信号分子同存在于细胞膜上或细胞质中的受体结合之后，便会激活信号转导途径中的一种蛋白质。在激活作用过程中，这种被激活的蛋白质，往往是按照加入或移走磷酸基团或者是通过引起蛋白质构象变化的方式，进一步激活信号转导途径中的下一种蛋白质。这种新激活的蛋白质，接着又会再激活信号转导途径中的下一种蛋白质。如此周而复始循环下去，直至有关信号可以对目的基因的表达活性进行调节为止。信号正是通过这样的信号转导级联系统（signal transduction cascade），最终诱发目的基因产生出特定的效应，例如使细胞周期激活或抑制。

2. 细胞间信号转送的原理

在多细胞高等真核生物中，细胞生命活动的方方面面，诸如代谢、移动、增殖和分化等，实际上都是受信号调节的。由转送细胞发送的信号分子被效应细胞识别和接收之后，便会导致后者的生命活动发生变化。此种发生在相邻细胞之间信号联系的方式，叫做信号转送。细胞间的信号转送可以超远距离地进行，例如内分泌激素的信号转送便是属此一例。当然细胞间信号转送也可以按如下 3 种不同方式在短距离内发生：

（1）旁分泌信号转送（paracrine signaling）

这是发生在相邻细胞之间的一种信号转送方式。其中一种转送细胞发送的分泌性信号分子，短距离扩散到邻近的另一种效应细胞。

（2）突触信号转送（synaptic signaling）

这是一种特殊的信号转送类型。它涉及信号跨越一个极其狭窄的间隙，即位于轴突（axon）末端和通讯神经元（communicating neuron）胞体末端之间的突触间隙（synaptic cleft）。

（3）近分泌信号转送（juxtacrine signaling）

这是只有当转送细胞同效应细胞直接接触的情况下，才会发生的一种信号转送类型。其信号分子束缚在转送细胞膜表面，而后被效应细胞膜表面上的一个受体所结合。

当转送细胞产生的信号分子被效应细胞的特异性受体识别并结合时，细胞信号转送便告起始。转送细胞和效应细胞通常属于两种不同的类型。但是自分泌信号转送细胞（autocrine signaling cell）产生的信号分子，能够同位于自身细胞膜表面或位于邻近相同细胞膜表面的受体结合。

绝大多数细胞信号转送的最终结果，都是导致效应细胞目的基因的表达活性和细胞行为发生变化。发生了变化的目的基因，通常是由原本处于抑制状态的一种转录因子的激活作用，而被诱导表达的。

3. 信号转导的分子机理

当一种信号分子（亦即配体）同一种位于细胞表面的受体结合之后，便开始了信号转导。其分子机理有如下三种不同的方式。

（1）蛋白质磷酸化机理

因配体结合而被激活的细胞表面受体，诱导沉默的细胞激酶进行级联反应，最终使细胞核内的 DNA 结合蛋白发生磷酸化作用。这种磷酸化作用的结果，导致调节蛋白激活或抑制目的基因的转录活性［图 8-58（a）］。生成的 mRNA 转运到细胞质翻译出蛋白质。

（2）DNA- 结合蛋白机理

在细胞质中，激活的受体释放出一个沉默的 DNA- 结合蛋白，于是它便可进入细胞核内。一旦进入细胞核，调节蛋白就会激活或抑制目的基因的转录活性［图 8-58（b）］。生成的 mRNA 转运到细胞质翻译出蛋白质。

（3）酶切割机理

在细胞质中，激活的受体被细胞蛋白酶切割除去羧基端部分之后进入细胞核，并同特定的 DNA 结合蛋白相互作用。由此形成的蛋白质复合物激活目的基因进行转录［图 8-58（c）］。生成的 mRNA 转运到细胞质翻译出蛋白质。

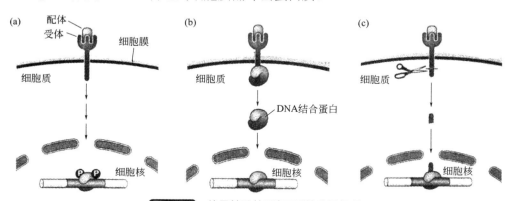

图8-58 信号转导的3种不同的分子机理

（a）激酶引发核中蛋白质磷酸化机理；（b）DNA 结合蛋白释放进入细胞核机理；
（c）细胞质中受体蛋白末端结构域被酶切割机理（转引自 J. D. Watson et al, 2014）

4. 信号转导途径与癌症发生

下面以胰岛素的信号分子 Ras 蛋白为例，说明信号转导途径与癌症发生之间的关系。Ras 蛋白分子质量约为 20kDa，系所有 G 蛋白的原型，是一种极小的信号单位。Ras 信号转导途径在细胞周期调节上起到重要的作用。Ras 蛋白具有内源性的 GTP 水解酶活性，能将 GTP 水解成 GDP，所以可呈现从激活态（active form）到失活态（inactive form）

的周期变化。在失活态时，Ras 蛋白与鸟苷二磷酸（GDP）结合；而激活态时，Ras 蛋白则与鸟苷三磷酸（GTP）结合。所以说，Ras 蛋白是通过偶联的 GDP ⇌ GTP 可逆反应控制信号转导途径的开与关。

当表皮生长因子（epidermal growth factor，EGP）同细胞膜上一种受体结合之后，Ras 信号转导途径便呈现激活状态（图 8-59）。EGF 的结合导致受体构象发生变化，并加入一个磷酸基团。磷酸基团的加入使得接头分子可以同受体结合。这些接头分子通过一个失活态的 Ras 蛋白分子与受体连接。接头分子刺激 Ras 蛋白释放出 GDP 并与 GTP 结合。从而使 Ras 蛋白转变成激活态，于是新形成的激活态的 Ras 蛋白便同另一种失活

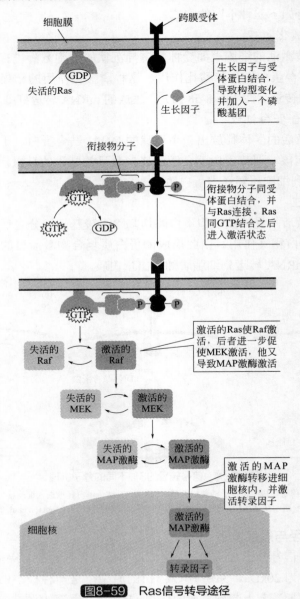

图8-59 Ras信号转导途径

生长因子和激素信号分子通过 Ras 转导途径，转导给细胞核激活细胞周期。Ras 信号转导途径的突变通常会引发癌症。MEK 是 Raf 信号转导途径中的另一种蛋白质（据 B. A. Pierce, 2008 改绘）

态的 Raf 蛋白结合，并使之转变为激活态。激活了 Raf 蛋白之后，激活态的 Ras 蛋白促使 GTP 水解成 GDP，于是 Ras 蛋白便返回失活态。

激活的 Raf 蛋白随后参与级联反应，最终使 MAP 激酶激活。接着激活的 MAP 激酶转移进入细胞核，并激活许多转录因子，这些激活的转录因子进而促使参与细胞周期的有关基因进行转录。外界的信号正是以这种方式启动细胞分裂。迄今为止已经成功地鉴定了许多种影响细胞周期和细胞增殖的其他信号转导途径。

信号转导途径是参与细胞周期调节的重要因素，因此转导途径中某种组分的缺乏，往往会导致癌症的产生。例如 Ras 蛋白的编码基因（*ras*）就常常是癌基因。在癌细胞经常会发现癌基因的突变，例如已检测到 75% 的胰腺肿瘤和 50% 的甲状腺及结肠肿瘤中的 *ras* 基因都发生了突变。这些基因突变产生的突变体 Ras 蛋白可同 GTP 结合，但不会将之水解成 GDP，因此长久地维持着激活状态，从而持续地刺激细胞分裂，导致癌症的发生。

四、激素信号对真核基因表达的调节作用

在多细胞真核生物中，通过激素的分泌可将一种类型细胞的信号转送给另一种类型的细胞。我们特称前者提供信号的细胞为转送细胞，而称后者接受信号的细胞为效应细胞。

在动物中有两种普通类型的激素。头一种是类固醇激素（steroid hormones），它系由胆固醇（cholesterol）派生来的一种小分子量的脂溶性（lipid soluble）分子。因为此类激素具有脂溶性特质，所以它几乎可以毫无困难地穿过细胞膜进入细胞质，并对目的基因发挥调节作用。

类固醇激素通过血液流动（bloodstream）从其分泌组织运送到靶组织，并在此进入靶细胞同细胞核中高度特异性的受体蛋白结合，从而扳动基因表达促使细胞的新陈代谢活动发生变化。激素同其受体蛋白具有极高的亲和性，因此极低浓度的激素（纳摩或更低）就足以引起靶组织发生效应。

另一种是肽类激素（peptide hormones）。系属于长链的氨基酸多肽，主要有胰岛素（insulin）、生长激素（somatotropin）和催乳素（prolactin）。肽类激素分子量较大，无法自由地穿过细胞膜孔洞。因此，这些信号分子必须经由与细胞膜上的受体蛋白的结合作用，才能被转运到细胞内，经信号转导途径中的级联反应，最终与目的基因调节元件结合，起到激活或抑制表达活性的作用。

1. 扩散性信号调节的分子机理

（1）类固醇激素信号转导途径

概括地说，类固醇激素信号转导途径由下述 5 步级联反应组成：

第一，存在于循环系统（circulatory system）中的类固醇激素，经简单扩散作用，穿过细胞膜进入靶细胞内。在细胞质中与相应的受体蛋白结合形成类固醇-受体蛋白复合物。

第二，类固醇-受体蛋白复合物穿过核膜孔，进入细胞核，并与目的基因中的激素效应元件结合，形成 DNA-蛋白质复合物。

第三，DNA-蛋白质复合物，激活目的基因进行转录。

第四，转录生成的 pre-mRNA 经过加工之后，穿过核膜孔转运到细胞质。

第五，加工成熟的 mRNA 分子，在细胞质中翻译生成蛋白质多肽分子。

（2）类固醇激素调节基因表达的分子机理

类固醇激素（steroid hormone）、甲状腺激素（thyroid hormone）、类视黄醇激素（retinoid hormone）3 种激素具有类似的作用模式。它们为研究真核基因调节蛋白，通过直接与信号分子的相互作用发挥其调节效应（modulation），提供了一种良好的范例。与其他类型激素不同，类固醇激素不与细胞膜上的受体（membrane receptors）结合，而是相反地，它能够同作为转录激活蛋白的胞内受体相互作用。由于类固醇激素诸如雌激素（estrogen）、孕酮（progesterone）及皮质醇（cortisol）等都是高度疏水的，不会快速地溶解在血液中，故必须经由特殊的载体蛋白，从它们的释放点分泌组织运送到相应的靶组织。在靶组织中，类固醇激素通过简单的扩散（simple diffusion）方式穿过细胞膜进入细胞。一旦进入胞内，类固醇激素便会同两种类型可与类固醇结合的核受体之一相互作用（图 8-60）。在这两种情况中，激素-受体复合物经与叫做激素效应元件的、高度特异的 DNA 序列结合之后，方能发挥功能作用，或者激活或者抑制目的基因的表达活性。结合在这些位点的受体如同转录激活蛋白一样，会募集辅激活蛋白和 DNA 聚合酶 II 以及与之结合的转

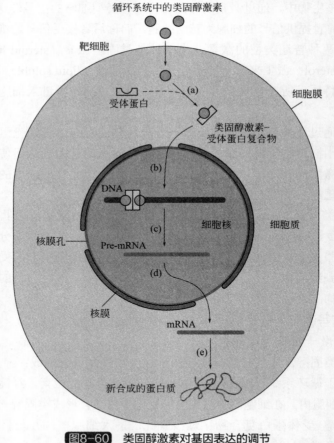

图8-60　类固醇激素对基因表达的调节

（a）血清结合蛋白（serum binding proteins）将激素运送到靶组织，经扩散作用穿过细胞膜进入细胞质和细胞核，与其特定受体蛋白结合；（b）激素的结合改变了受体的构象，并与其他的激素受体复合物结合形成同源或异源二聚体后，再结合到与目的基因相邻的激素效应元件（hormone response elememts，HREs）上；（c）受体募集辅激活蛋白或辅阻遏蛋白一道调节目的基因的转录活性，从而提升或降低 pre-mRNA 的形成速率；（d）pre-mRNA 经过加工之后转运到细胞质；（e）在细胞质中加工成熟的目的基因之 mRNA 翻译生成蛋白质（转引自 D. P. Snustad & M. J. Simmons, 2010）

录因子一道扳动受控的目的基因进行转录。

（3）激素效应元件

激素效应元件（hormone-response element，HRE），是位于基因侧翼的一段特定的 DNA 短序列。它能迅速地对类固醇激素或肽类激素的激活作用作出应答。对各种不同类固醇激素而言，参与同激素-受体复合物结合的 DNA HRE 元件，在长度和排列（arrangement）两方面都是类似的，但彼此间的核苷酸顺序却有所差异。每个目的基因都有一个可与激素-受体复合物稳定结合的、保守的 HRE 序列。每个 HRE 序列均含有两个 6- 核苷酸的短区段，它们可以是连续排列的，也可以是相距 3 个核苷酸间隔排列的；既可以按串联的形式排列，也可以按回文对称形式排列。激素-受体有一个含双锌指的高度保守的 DNA 结合域（图 8-61）。激素-受体复合物以二聚体形式同 DNA 结合，每个单体的锌指结构域识别一个 6 核苷酸的短片段。一种特定的激素，通过激素-受体复合物改变目的基因表达活性的能力，取决于如下两个因素：其一是，同目的基因位置相关的 HRE 的精确序列结构；其二是，同目的基因结合的 HRE 序列的数量。

（4）配体结合区

受体蛋白的配体结合区（ligand-binding region）总是位于受体蛋白的羧基端，它对特定的受体而言是相当特异的。例如糖皮质激素受体（glucocorticoid receptor）与雌激素受体（estrogen receptor），二者配体结合区仅有 30% 的一致性；而糖皮质激素受体与甲状腺激素受体（thyroid hormone receptor），二者配体结合区的一致性则更低，仅达 17%。不同受体的配体结合区的长度相差显著，例如维生素 D 受体中的配体结合区的长度只有 25 个氨基酸残基，而盐皮质激素受体（mineralocorticoid receptor）中的配体结合区的长度则长达 603 个氨基酸残基。在这些区段中改变一个氨基酸的突变，就会使其丧失了对某种特定激素的效应性。具有这种类型突变的某些人类个体，便不能够对皮质醇睾酮、维生素 D 及甲状腺素的作用作出应答。

某些激素受体，包括人体孕酮激素受体在内，是在一种稀有的辅激活物，即类固醇受体 RNA 激活物（SRA）的协助下，促进转录作用的。SRA 作为核糖核蛋白复合物的组成部分起作用。但它却是一种长度约为 700 个核苷酸、参与转录辅激活作用的 RNA 成分。有关 SRA 同这些基因调节系统中其他成分之间相互作用的细节，仍有待深入研究。

这类受体蛋白有一个激素结合域、一个 DNA 结合域和一个激活受控基因（目的基因）转录活性的功能域。高度保守的 DNA 结合域有两个锌指结构。本图示出的是雌激素受体 DNA 结合域的氨基酸顺序，但其中加黑的字母则表示在所有的类固醇激素受体中皆存在的氨基酸残基（图 8-62）。

2. 穿入式信号调节的分子机理

（1）肽类激素信号转导途径

组成肽类激素信号转导途径的级联反应，有 7 步：第一，肽类激素同靶细胞膜上的一种受体蛋白结合，形成激素 / 受体复合物。第二，激素 / 受体复合物激活一种胞质蛋白。第三，被激活的胞质蛋白将信号转送到细胞核。第四，进入细胞核的信号诱导一种转录因子同 DNA 元件结合。第五，结合在 DNA 元件上的转录因子激活下游目的基因进行转录。第六，转录本进行加工，而后转运到细胞质。第七，mRNA 翻译成蛋白质。

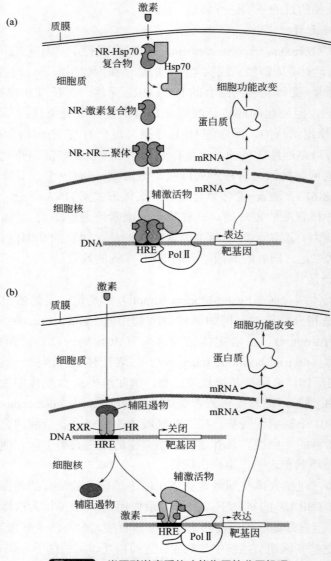

图8-61 类固醇激素受体功能作用的分子机理

与类固醇激素结合的细胞核受体有两种不同的类型：（a）单体的 I 型受体（NR），是在细胞质中发现的，它与热激蛋白
Hsp70 结合成复合物。诸如雌激素受体、孕酮激素受体及糖皮质激素受体等都属于此种 I 型的 NR 受体。当类固醇激素
参与同 NR-Hsp70 复合物结合，Hsp70 便解离出来，同时受体二聚化形成 NR-NR 二聚体，暴露于核定位信号。此种与
激素结合的 NR-NR 二聚体，迁移到细胞核内结合在一个激素效应元件 HRE 上，并起到一种转录激活物的作用。（b）与
I 型受体（NR）相反，II 型受体总是在细胞核内同 DNA 上的一个 HRE 元件及一个辅阻遏物结合，使目的基因的转录
活性受抑。甲状腺激素受体（HR）便是属于此种类型。此激素通过细胞质迁移，并跨过核膜扩散。在细胞核中，此类
激素结合在由甲状腺激素受体和类视黄醇 X 受体（RXR）组成的异源二聚体上。构象的改变导致辅阻遏物的解离，并
使受体作为一种转录激活物行使功能作用（根据 D. L. Nelsom & M. M. Cox，2013 改绘）

（2）肽类激素调节基因表达的分子机理

当肽类激素被位于靶细胞表面的特定受体识别并结合时，便会引起受体蛋白构象发
生改变，从而导致胞内其他相关蛋白也随之发生变化。经过如此变化的级联反应，肽类
激素信号便通过细胞质转运到细胞核，并在此最终实现对目的基因表达活性的调节。

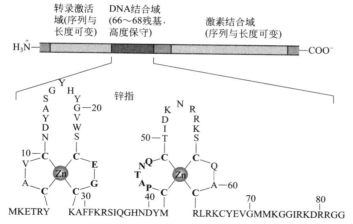

图8-62 典型的类固醇激素受体

（D. L. Nelson & M. M. Cox, 2013）

激素诱导的基因表达，是以基因中叫做激素效应元件的特定的 DNA 序列为媒介的。HRE 元件位于受调节基因的 5′- 上游，当其同激素-受体蛋白复合物结合之后，才能激活下游目的基因进行表达。这种转录效应的活力取决于存在的 HRE 元件的数量。当存在多个 HRE 元件时，激素-受体复合物彼此协同地同 HRE 结合，会明显地提升目的基因的转录速率。这就是说，具有两个 HRE 元件的基因，其转录速率就应比只具一个 HRE 元件的基因高出一倍。

肽类激素的受体往往存在于细胞膜上，即便它已经与肽类激素结合成复合物之后，也仍然如此。所以肽类激素信号是经由其他蛋白质运送到细胞核，这些蛋白质当中有一些是同位于受肽类激素调节的目的基因附近的 DNA 效应元件结合。于是这些结合在 DNA 效应元件上的蛋白质，便作为转录因子参与调节目的基因的表达。

参考文献

Alberts B, Bray D, Watson J D, et al. 1994. The Evolution of the Cell; Control of Gene Expresson//Molelar Biology of the Cell. 3rd ed. New York & London: Garland Publiching, Inc. P3-40; 401-474.

Allison L A. 2012. The Mechanism of Translation//Fundamental Molecular Biology. 2nd ed. New Jersey: JohnWiley and Sons. Inc. P415-478.

Andreeva K, Cooper N G F. 2015. Circular RNAs:New players in gene regulation. Advances in Bioscience and Biotechnology, 6:433-441.

Brooker R J. 2012. Gene Regulation in Eukaryotes//Genetics-Analysis and Principles. 4th ed. New York: The McGraw-Hill Companies, Inc. P390-423.

Clark D, 2007. Regulation of Transcription in Eukaryotes; Proteomics－The Global Analysis of Proteins//Molecular Biology: Understanding the Genetic Revolution 2nd ed. 北京：科学出版社（影印版）. P262-280; 717-744.

Clork D, 2007. Processing of RNA; Nucleic Acids: Isolation, Purification, Detection and Hybridization// Molecular Biolagy. 2nd ed. 北京：科学出版社（影印版）. P302-332; 567-598.

Dominguez A A, Lim W A, Oi L S. 2016. Beyond Eiting:repurposing CRISPR-Cas9 for Pecision Gnome Rgulation and Iterrogation. Nature Reviews / Molecular Cell Biology, 17-15-15.

Fyon F, Cailleau A, Lenormand T, 2015. Enhancer Rnaway and The Evolution of Diploid Gene Expression. PLOS Genetics, 12:1-22.

Hartwell C H, Goldberg M L, Hood L, et al. 2018 Gene Regulation in Eukaryotes//Genetics-From Genes to Genomes. 6th ed. NewYork: McGraw-Hill Eduction, P583-617.

Karp G. 2002. The Cell Nucleus and The control of Gene Expression//Cell and Molecular Biology-Concepts and Experments. 3ed. John Wiley & Sons Inc. 北京：高等教育出版社（影印版）. P494-550.

Kendrew S J. 1994. The Encyclopedia Molecular Biology. Wiley-Blackwell.

Klug W S, Cummings M R, Spencer C A , Palladino M A. 2010. Regulation of Gene Expression//Essentials of Genetics. 7th ed. NewYork:Pearson Education Inc. P308-333.

Krebs J E, Goldstein E S, Kilpatrick S T. 2014. Eukaryotic Transcription regulation//Lewin's Gene XI. Bosteon: Jones and Bartlett Publiskers. P804-837.

Kungyo H, Bhat P J , Marko J F, et al. 2016. Role of Transcription Factormediated Nucleosome Disassembly in PHO5 Gene Expression. Scientific Reports, 6:12.

Lempradl A, Pospisilik A J, Penninger J M. 2015. Exploring the Emerging Eomplexity in Tranacriptional Regulation of Energy Homeostasis. Nature. Reviews/Genetics, 16:665-681.

McManus J, Cheng Z. Vogel C. 2015. Next-genetics Analysis of Gene Eet ession Regulation-comparing the Roles of Synthesis and Degradation. Mol. BioSyst. 11:2680-2689.

Minoche E A, Dohm C J, Himmelbauer H. 2015. Exploiting Single-MoleculeTranscript Sequencing for Eukaryotic Gene Prediction. Genome Biology, 16:(184):1-13.

Nelson D L & Cox M M, 2013. Regulation of Gene Expression//Lehninger' Principles of Biochemistry. 6th ed. New York: W. H. Freemen and Company. P1155-1198.

Pierce B A, 2008. Control of Gene Expression in Eukaryotes//Genetics:A Conceptual Approach. 3rd rd. New York: W. H. Freeman and Company. P453-470.

Reinius B, Sandberg R. 2015. Random Monoallelic Expression of Autosomal Genes: Stochastic Transcription and Allele-level Regulation. Nature Reviews/Genetics, 16:653-664.

Snustad D P, Simmons M J. 2010. Regulation of Gene Expression in Eukaryotes//Principles of Genetics. 5th ed. New Jersey:John Willey and Sons Inc. P593-626.

Strachan T, Read A. 2011. Human Gene Expression//Human Molecularm Genetics. 4th ed. New York: Garland Science, Taylor & Francis Group, LLC. P345-380.

Tarrant D-Haar T. Vonder, 2014. Synonymous Codons Ribosome Sped and Eukaryoitic Gene Expression Regulation Cell. Mol Life Sci, 71-4195-4206.

Watson J D, Baker T A, Bell S P, et al. 2014. Transscriptional Regulation in Eukaryotea;Regulatory RNA;Gene Regulation in Development and Evolution//Molecular Biology of The Gene. 7th ed. New York: Cold Spring Harbor Laborytoryy Press. P657-700; 701-732; 733-774.

Weaver R F. 2012. Transcriptionin in Eukaryotes:Eukaryotic RNA Polymerases and Their Promoters; General Transcription Factors in Eukaryotes;Transcription Activators inEukaryotes;chromatin Struoture and Its Effects on Transcription//Molecular Biology. 5th ed. New York:the McGraw-Hill companies;Inc. 244-272; 273-313; 314-354; 355-393.

Wethmar K. 2014. The Regulation Potential of Upstream Open Reading Frames in Eukaryotic Gene Expression. WIREs RNA, 5-765-778.

Yan C Zhanet D, Garay R, et al. 2015. Decoupling of Divergent Gene Eulation by Sequencs-Specific DNA Binding Factors. Nucleic Acids Research, 10-1-12.

Yue Y, Liu J and He C. 2016. RNA N^6-Methyladenosion Methylation in Post Transcriptiomal Gene Eepression Regulation. Gene & Development, 29: 1343-1355.

第九章 基因突变与修复的分子机理

　　基因具有四个方面主要的功能特性。第一，以遗传密码的方式贮藏生命体的遗传信息。第二，按照半保留复制机理，使所携带的遗传信息得以准确而稳定的遗传。第三，经由一套复杂的调节机理，控制自身的表达活性，使生命体维持正常的生长、分化与发育。第四，通过累积多种碱基的变化形成突变，促使生命的进化。有关头三种基因的功能特性，我们在前面的相应章节中，已经作了介绍。本章集中讨论基因突变的类型及其修复机理。

　　在分子遗传学的研究领域中，突变无疑是一种十分重要的生命现象。因为如果没有突变，那么所有的基因都只能有一种形式，而不可能有等位基因的存在。如此一来，有关的遗传分析也就无法得以进行。更重要的是，如若没有突变，生命体就将失去进化的分子基础，无法提供新的变异以应对环境变化的压力。

　　有关突变研究的近现代历史，最早可以追溯到 1901 年。当时孟德尔定律的重新发现者之一，荷兰植物学家 Hugo de Vries 根据对月见草（*Oenothera*）和金色草（*Antirrhinum*）的研究，首先提出了突变的概念，认为它是一种基本的遗传过程。而有关基因突变的研究，则实际上是从 1909 年摩尔根发现白眼果蝇开始的。因为这种突变是自发产生的，所以人们通常称果蝇的白眼突变为自发突变。摩尔根的学生 H. J. Muller 对突变的研究作出了重要的贡献。他很早就认识到突变的性质是同基因的性质密切相关的，并且首次提出了"突变率"的概念，第一个发现了人工诱发突变的现象。与 Muller 当时主要应用 X 射线及其他电离辐射等物理因素进行突变研究不同，到了第二次世界大战期间，科学工作者们已开始使用化学诱变剂和微生物体系进行突变研究。由此极大地促进了人们对突变本质的认识，导致了突变修复机理的发现。但是，真正有关基因突变分子机理的研究，是在 1953 年 J. D. Watson 和 F. H. C. Crick 提出 DNA 双螺旋结构模型之后开始的。该模型为深入揭示诱变剂同 DNA 相互作用的分子本质奠定了坚实的理论基础，使突变机理的研究出现了一个质的飞跃。在 1959 年，E. Freese 提出了突变的分子理论，并首先使用了碱基转换（transition）和颠换（transversion）这两个术语。他认为基因的突变主要是由于一对核苷酸碱基发生改变的结果，其中尤以碱基转换为主。这个阶段有关突变研究的主要成就，可归结为突变的生化理论或分子理论的系统化。在 20 世纪 70 年代之后，科学工作者们开始注意到，有许多环境因素能使人体细胞产生突变，并造成遗传性危害。特别是癌症与环境诱变因素之间的关系，已成为重要的研究课题。

当前，依赖于分子生物学和基因工程技术的发展，有关基因的诱变技术也获得了极大的进步。尤其是基因定点诱变（site-directed mutagenesis）技术的发明与应用，使得人们能够在体外试管中，通过碱基置换、插入或缺失的方法，使 DNA 核苷酸序列中某一特定的碱基对发生改变。由于基因定点突变技术具有简单易行、重复性高等优点，现已发展成为基因操作的一种基本技术。它不仅可以用来研究基因的结构与功能的关系，而且在蛋白质工程中还可用来改变特定的氨基酸。由此获得的蛋白质突变体，有助于开展催化机理、底物特异性和稳定性等诸多方面的酶学基础研究，以及蛋白质与蛋白质之间的相互作用机理的研究。

第一节
突变的基本特性及分子基础

一、突变的若干概念

1. 突变发生

突变发生（mutagenesis）有时也译作诱变，是指在诱变剂的作用下，生命体被诱发产生突变的过程。但需指出，突变发生并不等于突变形成，因为其间还有可能发生突变的修复作用。因此，只有在突变发生之后并没有出现修复作用，或是在修复过程中出现了错误，如此的"突变发生"才会演变成突变。

2. 突变

英语中突变（mutation）一词来自拉丁文"muture"，系指变化之意。现代分子遗传学中关于突变的定义是，在生命体或细胞的遗传物质 DNA 分子中，发生的任何一种可通过复制而得以遗传的核苷酸碱基的变化，诸如置换、插入、缺失等，都叫做突变。而突变既可以发生在基因之间的核苷酸序列内，也可以发生在基因内部的核苷酸序列当中。前者这种突变特称为基因外突变（extragenic mutation），它往往不会产生表型效应；后者这种突变则叫做基因突变（gene mutation），它有可能导致基因编码产物分子特性的改变，或是干扰基因的表达活性，乃至使生命体的表型特征发生变化。

3. 突变体

凡是在 DNA 分子的核苷酸序列中，存在着一个或数个突变事件的任何生命个体、细胞、病毒或基因等，都叫做突变体（mutant），也可以称为突变型或突变株（mutation strain）。

4. 突变率

突变率（mutation rate），亦叫做突变速率，系指生命个体、细胞、病毒，在一个世代中所发生的突变事件的总数，或是指某种特定的基因在一个世代中所发生的突变事件的总数。从总体上讲，突变率特别是自发的突变率，都是相当低的，而且发生突变的载体分子越小，其突变率也就越低。例如任何一种碱基对的突变率每个世代都只有 $10^{-9}\sim10^{-10}$；而就基因而言，其突变率大约可以达到每个世代 $10^{-5}\sim10^{-6}$ 的水平；至于基因组，因其大小相差悬殊，故难以给出一个统一的突变率数据，以大肠杆菌为例，它的突变率是每个世代 3×10^{-3} 左右（表9-1）。

表9-1　基因组DNA一个世代的突变率

生命体	基因组大小/kb	每kb	每基因组	每个有效的基因组
M13 单链噬菌体	6.4	7.2×10^{-4}	0.005	0.005
λ噬菌体	49	7.7×10^{-5}	0.004	0.004
大肠杆菌	4600	5.4×10^{-7}	0.003	0.003
酿酒酵母	12000	2.2×10^{-7}	0.003	0.003
秀丽隐杆线虫	80000	2.3×10^{-7}	0.018	0.004
果蝇	170000	3.4×10^{-7}	0.058	0.005
人类	3200000	5.0×10^{-8}	0.160	0.004

5. 突变频率

在细胞群体或个体群体中，某种特定基因的突变体所占的比例，叫做该基因的突变频率（mutation frequency）。读者要注意不要把突变频率同突变率相提并论，甚至等同起来。它们两者之间虽有联系，但却是属于两种不同的概念范畴。前者是指在群体中，特定基因的突变体所占的比例，而后者则是指一个世代中发生的突变次数。

6. 增变基因

一类在突变之后能够使生命体的自发突变频率大大提高的基因，叫做增变基因（mutator 或 mutator gene）。由于此类基因通常编码参与修复损伤 DNA 的蛋白质，故其突变的结果使蛋白质失去了修复损伤的功能。例如编码 DNA 聚合酶亚基的基因，当其发生了突变之后，所合成的 DNA 聚合酶亚基突变体，便失去了校正复制错误的 $3'\rightarrow5'$ 的外切活性，从而增加了突变的频率。

7. 突变热点

在讨论突变热点（mutation hotspot）这个术语的基本概念之前，先了解一下热点（hotspot）的具体含义显然是十分必要的。有关资料显示，在生命科学的不同研究领域中，诸如分子生物学、分子遗传学及生物化学等，通常所说的热点事实上有三种不同的情况。其一是指 DNA 分子中对于某种变化，诸如重组的启动优先作出反应的位点或核苷酸序列区。其二是指染色体分子中，容易发生断裂或是进行重组的位点或区域。其三是指 DNA 分子中突变频率特别高的位点或区域，例如大肠杆菌 T4 噬菌体的 rⅡ区。

在基因组的不同区域，发生突变的频率并不是一样的，常常存在着突变热点。一般认为 DNA 核苷酸序列中的某个位点或区域，若其突变频率比其他普通位点的平均突变频率高出百倍以上者，则叫做突变热点。研究表明，在生物界中突变热点是普遍存在的，无论是自发突变还是诱发突变，都发现有此种特殊的现象。

8. 突变热点的分子基础

那么产生突变热点的分子本质是什么呢？这是一种曾使分子遗传学家长期感到困惑的问题。人们曾经从诱变剂作用位点的特异性，以及 DNA 分子存在着重复序列等方面探讨突变热点的分子本质。虽然都取得了一定成功，但终究不能令人十分满意。现在随着分子生物学和分子遗传学的发展，科学工作们已经比较清楚地认识到突变热点的分子基础，是同 DNA 分子中胞嘧啶碱基的甲基化作用所产生的 5- 甲基胞嘧啶（5-mC）密切相关的。

在组成 DNA 核苷酸序列的 4 种正常碱基当中，只有胞嘧啶最容易发生甲基化作用。DNA 分子中大约有 4% 的胞嘧啶是以 5- 甲基胞嘧啶形式存在的。鉴于它的氢键性质并没有发生变化，所以与胞嘧啶一样仍然保持着与鸟嘌呤碱基正常配对的特性。但是，无论是在自然状态下，还是在诱变剂的影响下，5- 甲基胞嘧啶都有可能发生氧化脱氨基作用，变成 5- 甲基尿嘧啶（5-mU），亦即正常的碱基胸腺嘧啶（T）的另一个名称（图 9-1）。因为 5- 甲基胞嘧啶分子结构不稳定，所以由 C 碱基到 T 碱基的转换频率，是其他碱基的 10 倍，至少在 DNA 甲基化的情况下是如此。

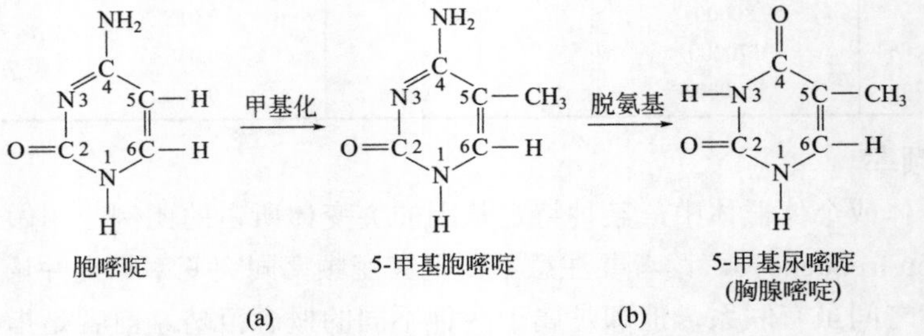

图9-1 胞嘧啶、5-甲基胞嘧啶及5-甲基尿嘧啶的分子结构式

（a）胞嘧啶（C）经甲基化作用转变成 5- 甲基胞嘧啶（5-mC）；（b）5- 甲基胞嘧啶因脱氨作用转变成
5- 甲基尿嘧啶（5-mU），亦即正常的碱基胸腺嘧啶（T）

因此，DNA 分子中胞嘧啶甲基化的 G-mC 碱基对，在 mC 脱氨基之后便转变为 G-T 碱基错对。这个碱基错对在下一轮 DNA 复制过程中，便恢复了正常的碱基配对活性。其中一条子代 DNA 分子具有 G-C 碱基对，另一条子代 DNA 分子则具有 A-T 碱基对，从而导致了 G-C → A-T 的碱基转换突变（图 9-2）。

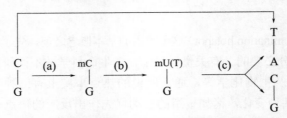

图9-2 5-甲基胞嘧啶的诱变机理

（a）胞嘧啶甲基化转变成 5- 甲基胞嘧啶（5-mC）；（b）5- 甲基胞嘧啶脱氨基变成 5- 甲基尿嘧啶（5-mU），形成 G-T
碱基错对；（c）在 DNA 复制过程中，错配碱基按照碱基配对规则，导致 G-C → A-T 的碱基转换突变

细胞中的碱基错配修复体系，并不一定能够将 5- 甲基胞嘧啶脱氨基生成的 G-T 错对回复成正确的 G-C 碱基对。这是因为 5- 甲基胞嘧啶和胞嘧啶一样，都会发生自发的或诱发的脱氨基作用。但前者脱氨基生成的是 5- 甲基尿嘧啶（5-mU），亦即胸腺嘧啶（T），而后者脱氨基生成的是尿嘧啶（U）。由于胸腺嘧啶是 DNA 分子 4 种正常碱基之一，而且还具有尿嘧啶碱基所没有的甲基（—CH$_3$）标记，因此它不容易被细胞中碱基错配修复体系的尿嘧啶 N- 糖基化酶所识别和完全切割。况且胞内碱基错配修复体系，即便

对 G-T 错对进行修复，也只有当它是处于 DNA 复制期间才有可能。然而实际的情况是，诸如静止期细胞基因组这样处于非复制状态的 DNA，它的 5- 甲基胞嘧啶同样也会发生自发的脱氨基作用，产生出 G-T 碱基错对。非复制的 DNA 两条链的甲基化水平是相同的，在 5- 甲基胞嘧啶及其脱氨基生成的 5- 甲基尿嘧啶之间都具有甲基标记。因此碱基错配修复体系就很难辨别正确的 G-C 碱基对和错误的 G-T 碱基对，故只能随机地切割其中的一种，致使大量的 G-T 错对转换为突变的 A-T 碱基对。这就是 5- 甲基胞嘧啶位点具有很高突变频率，成为突变热点的分子本质。

许多基因以及热点突变体（hot spot mutant）的核苷酸序列的直接检测结果表明，大多数的自发突变热点的分子基础，的确都是 5- 甲基胞嘧啶。例如使用亚硝酸诱变剂处理大肠杆菌 DNA，便会在 5- 甲基胞嘧啶处，明显地呈现出高频率的突变现象。

二、DNA核苷酸序列的碱基变化

如图 9-3 所示，DNA 分子中核苷酸序列的碱基变化，归纳起来主要包括如下 4 种类型。

1. 碱基取代

在 DNA 分子的核苷酸序列中，原有组成的一种核苷酸被另一种核苷酸所取代的现象，叫做碱基置换或碱基取代（base substitution）。由此引发的 DNA 分子核苷酸序列的变化，叫做碱基置换突变或碱基取代突变，它分为转换和颠换两种亚型。如果碱基取代是发生在基因的编码序列区中，就有可能导致所编码的蛋白质多肽链中相应氨基酸的改变 [图 9-3（b）]。

2. 碱基缺失

从 DNA 分子的核苷酸序列中，删除掉一个核苷酸或是若干个核苷酸的现象，叫做碱基缺失（base deletion）。由此产生的 DNA 分子核苷酸序列的变化，叫做碱基缺失突变。如果这种突变是发生在基因的编码区中，就有可能导致密码的可读框发生移动，从而使该基因编码的蛋白质多肽链中相应的氨基酸发生改变 [图 9-3（c）]。

3. 碱基增加

在 DNA 分子的核苷酸序列的某个位点处，参入一个或若干个新的核苷酸的现象，叫做碱基增加（base addition）。由此所造成的 DNA 分子核苷酸序列的变化，叫做碱基增加突变。如果这种突变是发生在基因的编码区中，也同样有可能导致密码的可读框发生移动，从而使该碱基之后的所有密码子及其编码的氨基酸全都发生变化 [图 9-3（d）]。

4. 碱基倒位

在 DNA 分子的核苷酸序列的某个区段，发生了核苷酸排列顺序的颠倒现象，叫做碱基倒位（base inversion）。由此导致的 DNA 分子核苷酸序列的变化，叫做碱基倒位突变。如果这种突变是发生在基因的编码区中，就会导致所编码的蛋白质多肽链之相应氨基酸的改变 [图 9-3（e）]。

三、基因突变的类型

突变的分类是一个比较复杂的问题。不同的研究者根据不同的内涵和各自的观点，提出不同的分类标准，因此并不存在固定的、统一的突变分类体系。

碱基变化类型	相应的核苷酸及多肽序列
(a) 野生型	TGG ATA AAC GAC Trp Ile Asn Asp
(b) 取代	TGG AGA AAC GAC Trp Arg Asn Asp
(c) 缺失	TGG AAA ACG AC– Trp Lys Thr —
(d) 增加	TGG ATG AAA CGA C-- Trp Met Lys Arg
(e) 倒位	TGG AAA TAC GAC Trp Lys Tyr Asp

图9-3 DNA核苷酸序列碱基变化的4种类型

本图以密码子为单位表示一段基因编码区的核苷酸序列，以便说明氨基酸的密码子是如何随着核苷酸碱基的变化而变化的。（a）野生型基因编码区的一段核苷酸序列，及其编码的相应的氨基酸序列；（b）第五位的 T 碱基被 G 碱基取代，密码子 ATA 就变成为 AGA，编码的氨基酸也就由异亮氨酸（Ile）变成为精氨酸（Arg）；（c）第 5 位 T 碱基的缺失，造成了密码子可读框的移动和编码的氨基酸的变化；（d）第 5 位 T 碱基和第 6 位的 A 碱基之间参入了一个 G 碱基，引起了密码子可读框的移动和编码的氨基酸的变化；（e）在第 5 位 T 碱基到第 7 位 A 碱基之间发生了倒位，结果密码子 ATA 和 AAC 分别变为 AAA 和 TAC，编码的氨基酸也分别由异亮氨酸（Ile）和天冬酰胺（Asn）转变为赖氨酸（Lys）和酪氨酸（Tyr）

1. 自发突变和诱发突变

根据生命体产生突变的不同原因，可将突变分为自发突变和诱发突变两大类。凡是在自然界中产生的突变，不管其是由天然的诱变剂（例如紫外线、宇宙射线）引起的，还是因 DNA 复制错误或修复错误造成的，统称为自发突变（spontaneous mutation）。由此产生的突变体叫做自发突变体。而由人工使用诱变剂所造成的突变，叫做诱发突变（induced mutation）。由此产生的突变体叫做诱发突变体。所谓诱变剂（mutagen），是专指一类能够诱发生命体发生突变的特殊物质。包括物理诱变剂，如电离辐射和紫外线等；化学诱变剂，其种类相当繁多，常见的有亚硝酸和溴化乙锭等；生物诱变剂，诸如反转录病毒、可以插入染色体基因组的可移动元件，以及经体外修饰改造的 DNA 片段等。

不同生命体的自发突变率是不一样的，而且具有物种的特异性。例如，噬菌体 DNA 自发突变率为 $7 \times 10^{-5} \sim 1 \times 10^{-11}$，细菌为 $2 \times 10^{-6} \sim 4 \times 10^{-10}$，真菌为 $2 \times 10^{-4} \sim 3 \times 10^{-9}$，植物为 $1 \times 10^{-5} \sim 1 \times 10^{-6}$，果蝇为 $1 \times 10^{-4} \sim 2 \times 10^{-5}$，小鼠为 6.6×10^{-6}，人类为 $1 \times 10^{-5} \sim 2 \times 10^{-6}$。这种物种特异的自发突变率，有时也称之为本底水平（background level）的突变率。

鉴于自发突变率偏低，而且其中多数有害基因的突变，都已在进化过程中通过自然选择被淘汰掉了。所以要想从自然群体中获取大量的自发突变体，供作研究的材料是相当困难的。但诱发突变则不同，由于使用了恰当的诱变剂，能够显著地提高实验材料，尤其是微生物材料的突变率。因此，它可以为研究者提供足够数量的各类突变体，并且还能够为任何基因引入突变，满足研究的需要。

2. 染色体突变与基因突变

若从生命体发生突变的具体水平考察，可将突变区分为染色体突变和基因突变两大类。前者是指因染色体发生断裂与重排，造成缺失、重复、倒位、易位等的染色体结构性的、永久性的、可遗传的变化。后者是指发生在基因内部的核苷酸碱基成分的改变或是排列顺序的错乱，而导致的永久性的、可遗传的变化。这类变化可以发生在基因的编码区，也可以发生在非编码区，但两者的效应是不同的。

3. 体细胞突变和生殖细胞突变

多细胞的高等真核生物的细胞类型，有体细胞和生殖细胞之分。体细胞（somatic cell），是指除了配子（性细胞）以及产生配子的生殖细胞之外的，生命体所有的二倍体细胞。在体细胞中发生的突变，包括染色体突变和基因突变，叫做体细胞突变。体细胞突变虽然能够改变生命体的表型，但这种突变的性状特征却无法遗传给其后代，因为体细胞突变并没有影响到种系细胞。

生殖细胞（generative cell）也叫做性细胞（sex cell），包括雄配子、雌配子，以及产生配子的种系细胞（germ-line cell）。在生殖细胞中发生的突变，叫做生殖细胞突变（germinal mutation），或种系细胞突变（germ-line cell mutation）。与体细胞突变不同，生殖细胞突变所产生的性状特征是能够遗传的，人们已在此基础上发展出一种有希望的基因治疗方式，即种系基因治疗（germ-line gene therapy）。

种系基因治疗也叫做生殖细胞基因治疗，是基因治疗的一种方式。它的基本特点是将野生型的或纠正的基因，转移到遗传病患者的性细胞或受精卵细胞中进行表达，从而纠正或补偿致病基因的缺陷，使患者后代恢复正常的生理功能。从理论上讲，性细胞基因治疗法有可能使突变的致病基因得到纠正，恢复正常的功能，并且能遗传下去。此种方法在动物中已获得成功。

4. 单点突变和多点突变

在 DNA 的核苷酸序列中，只涉及一对碱基变化的突变，叫做单点突变或点突变（point mutation）；而涉及两对甚至数对碱基的突变，叫做多点突变（multiple mutation）。顾名思义，单点突变必定是由 DNA 序列中的一个碱基对发生变化产生的。但实际上这个定义太局限了。因为在 DNA 核苷酸序列测定技术发展之前，要区分一个碱基对的变化（即可能发生的最小的 DNA 分子的变化），同涉及少数几个相邻碱基对的变化，事实上是十分困难的。所以当时是把点突变看成是基因内部发生的一个或少数几个碱基对的增加、缺失或取代。至今仍有一些研究者认为，涉及少数几个连续排列的碱基的突变，也应叫做点突变。

5. 正向突变和反向突变

以野生型性状为标准分析生命体的突变方向，可区分出正向突变和反向突变两种不同的类型。其中使生命体野生型性状发生改变的突变，叫做正向突变（forward mutation）。它产生出不同于野生型等位基因的突变型等位基因（mutation allele）。这种突变基因的编码产物，在性质、数量及分布等方面，均与野生型的有所不同。反向突变（backward mutation 或 back mutation）又叫回复突变（reversion mutation），是指使突变体失去突变性状，而重新恢复成野生型性状特征的突变。一般说来，反向突变比正向突变的难度大，其突变率仅及后者的十分之一。

使正向突变产生的突变体恢复成野生型性状的反向突变，有两种不同的类型。第一种叫做真实的回复突变（true reversion mutation）。它是在基因的突变位点再发生一次突变，使突变基因的核苷酸序列恢复成原先野生型的状态。第二种叫做第二位点回复突变（second-site reversion mutation）。它是在已发生突变的基因的另一个位点，或是在与第一次突变无关的另一个基因的某个位点，再发生一次突变。从而使因第一次突变所丧失的功能，得到完全或局部的恢复。

突变位点回复突变和第二位点回复突变，两者恢复突变体遗传功能的性质互不相同。前者是真实性的恢复，后者是补偿性的恢复。因此人们习惯上又将发生在另外基因上的，第二位点回复突变对正向突变性状的恢复作用，叫做抑制（suppression）；而将这种其突变能够抑制个别基因突变效应的基因，称为抑制基因（suppressor）。

6. 条件突变与非条件突变

根据突变体表型对外界环境条件（诸如光、温度等）敏感性的差异，可将生命体的突变分成条件突变和非条件突变两种不同的类型。条件突变（conditional mutation）是一类对外界环境条件，包括温度和光线等的变化反应敏感的突变。这类突变之所以称为条件突变，是因为它们的表型只有在一定的条件下才能表现出来。而非条件突变（nonconditional mutation）则恰恰相反，它是一类对外界环境条件的变化反应不敏感的突变。已知大多数的突变都属于此类突变。

与非条件突变相比，条件突变虽然相对较为少见，但对分子生物学的研究却是十分有用的。其中一个典型的例子是温度敏感突变（temperature sensitive mutation），它为 DNA 复制机理的研究提供了良好的体系。从本质上讲，温度敏感突变乃是一种条件致死突变（conditional lethal mutation）。

7. 组成型突变和诱导型突变

为了便于理解组成型突变（constitutive mutation）和诱导型突变（inducible mutation）的准确含义，我们首先需要简单地介绍与之密切相关的组成型基因和诱导型基因的概念。

生命体中，有些基因的表达产物，诸如 tRNA 分子、rRNA 分子、核糖体蛋白、RNA 聚合酶，以及参与新陈代谢过程的其他蛋白质类型，几乎都是所有活细胞的基本组分。我们将这些理论上在所有类型的细胞中均表达，并为所有类型细胞的生存提供必需的基本功能的基因，叫做组成型基因。由于这类基因在大多数细胞的生命周期中都在持续地表达，故又称之为组成型表达基因。使用适当的诱变技术，使原本表达活性不受调控的组成型基因，突变成为其表达活性受调控的诱导型基因的过程，叫做诱导型突变。

与组成型基因不同，诱导型基因是指一类其表达活性是在环境诱导物的作用之下而得以改变的基因。例如将大肠杆菌从无乳糖的培养基中，转移到以乳糖为唯一碳源的培养基中生长时，在乳糖的诱导下，与乳糖利用相关的基因便会迅速进行表达，合成出参与乳糖利用的酶。这样的基因便属于诱导型基因。应用适当的诱变技术，使大肠杆菌这些原本表达活性受诱导物乳糖调控的诱导型基因，突变成其表达活性不再受诱导物乳糖调控的组成型基因，这样的突变称为组成型突变。已知这种突变是由于乳糖操纵子中的操纵单元或调节基因发生改变所致。

组成型突变和诱导型突变，已发展成为在基因工程和现代生物技术中两项相当有用的实验手段。

8. 基因非编码序列的突变

上面叙述的都是属于发生在编码序列中的基因突变。这些突变不仅会使多肽链的结构及蛋白质的功能发生变化，有的还会促使生命体的相关表型出现新的性状特征。除了编码序列之外，基因的非编码序列，诸如 5′-UTR 和 3′-UTR 等同样也会发生突变，并影响到基因的表达活性（表 9-2）。这类突变叫做基因非编码序列突变。

在非编码序列突变中，上调突变（up mutation）和下调突变（down mutation）研究得比较清楚。鉴于这两种突变通常是发生在启动子序列中，所以又分别称为启动子上调突变（up promoter mutation）和启动子下调突变（down promoter mutation）。前者突变产生的突变体启动子，其转录速率明显提高，与 RNA 聚合酶的亲和力增强，同野生型启动子相比核苷酸序列一致性上升；后者突变产生的突变体启动子，转录速率放慢，与 RNA 聚合酶的亲和力下降，同野生型启动子相比核苷酸序列一致性降低。

表9-2 基因非编码序列突变的可能效应

发生突变的元件	突变的效应
启动子	可增加或降低基因的转录速率
调节元件/操纵位点	可能扰乱基因正常的调节能力
5′-UTR/3′-UTR	可改变 mRNA 翻译的能力或 mRNA 的稳定性
剪接识别序列	可能改变 pre-mRNA 正常的剪接能力

例如，大肠杆菌乳糖操纵子操纵单元中发生的 $lac0^c$ 突变，会阻止 lac 阻遏蛋白同操纵单元的结合。从而导致 lac 操纵子出现组成型表达，甚至在缺乏乳糖的情况下仍具表达活性。再如，影响 mRNA 分子非翻译区 5′-UTR 和 3′-UTR 的突变，同样也有可能影响基因的表达，因为它们会改变 mRNA 翻译活性及稳定性。还有，真核基因剪接点（splice junction）核苷酸序列的突变，会导致 mRNA 分子中外显子排列顺序和数量发生改变。

9. 体外诱变

体外诱变（in vitro mutagenesis）是在 DNA 分子克隆基础上发展出来的，在体外诱发特定 DNA 序列发生突变的一种新型的基因诱变技术。主要有缺失诱变（deletion mutagenesis）、衔接物扫描诱变（linker-scanning mutagenesis）及定点诱变（site-directed mutagenesis）三种。

（1）缺失诱变

应用限制性内切核酸酶定点切割，再用外切酶扩大切口，可以从克隆的 DNA 分子中移走或删除一段核酸序列。由此获得的中间丢掉一段核苷酸序列的 DNA 片段，其两端的断点通过体外重组可重新连接起来，形成长短不等的缺失的 DNA 突变体。缺失的范围相差悬殊，小的仅有少数几个核苷酸对，大的可涉及数个基因的编码序列。通过 PCR 扩增获取这样的 DNA 缺失突变体，叫做 PCR 缺失诱变（图 9-4）。在分子遗传学及基因工程的研究中，PCR 缺失诱变是一种相当有用的实验技术。例如可用来分析启动子（区）转录调节元件的功能效应，也可用来鉴定调节蛋白中功能域（如 DNA 结合域或转录激活域）的位置等。

（2）衔接物扫描诱变

这同样也是用于鉴定启动子调节元件的一种很有用的突变技术。其基本原理是，先产生一系列不同长度的 5′- 及 3′- 单向缺失（unidirectional deletion）突变体，然后用人工合成的、适当长度的衔接物将两者连接起来，并使缺失端点之间仍维持着固有的正确的空间距离。如此通过结合各种不同的 5′- 及 3′- 单向缺失突变体，便可将衔接物放置在启动子的任何一个期望的位置上，从而使我们能够以扫描的方式，检测启动子任何区段的功能作用。从本质上讲，衔接物扫描突变技术就是一种插入取代突变（图 9-5）。

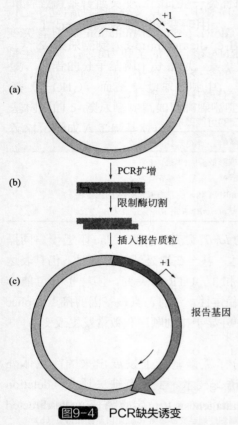

图9-4　PCR缺失诱变

（a）短箭头标记 +1 表示转录起点。较长的一对黑箭头代表寡核苷酸引物（用于 PCR 扩增）。（b）扩增的 PCR 产物经限制酶在切割位点切割，生成的片段插入到质粒载体上。（c）获得的具克隆片段及报告基因的重组质粒（转引自 L. A. Allison, 2012）

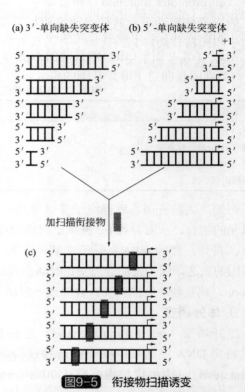

图9-5　衔接物扫描诱变

用一种寡核苷酸衔接物代替野生型序列中缺失的片段，将一组嵌套缺失（nested deletions）之 5′- 及 3′- 单向缺失序列对连接起来。（a）3′- 单向缺失突变体；（b）5′- 单向缺失突变体；（c）用衔接物连接（a）组和（b）组缺失突变体（转引自 L. A. Allison, 2012）

（3）定点诱变

定点诱变又叫位点特异性诱变、寡核苷酸定点诱变或基因定点诱变（图 9-6）。系指在体外试管中通过一段人工合成的寡核苷酸作引物，进行 DNA 复制或片段扩增，借以引入碱基取代、插入或缺失的方法，使克隆的 DNA 序列中的某一特定碱基发生改变的基因工程技术。基因定点诱变技术除了单链噬菌体复制诱变之外，还有盒式诱变和 PCR 诱变。这种技术具有简单易行、重复性高等优点，不仅可用于研究基因的结构与功能的关系，还是开展蛋白质工程研究的一种有用的技术手段。

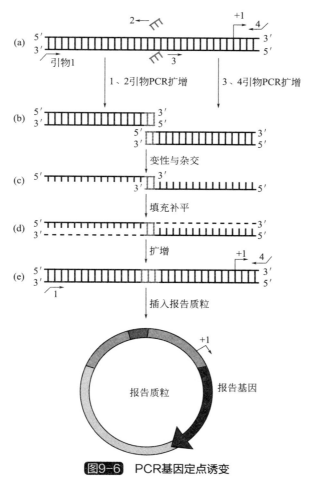

图9-6 PCR基因定点诱变

在本例，PCR 用于在目的基因调节区段内产生一个碱基错配，内部引物 2 和 3 携带的突变以灰色表示。两个侧翼引物 1 和 4 以黑色箭头表示。带有突变的引物 1 和 2 是彼此互补的。（a）用引物对 1 和 2 及引物对 3 和 4 分别对克隆的 DNA 序列之左侧和右侧进行 PCR 扩增；（b）退火与杂交；（c）用 Taq 聚合酶和 dNTPs 填补末端；（d）扩增；（e）插入报告质粒（转引自 L. A. Allison, 2012）

四、基因突变的分子基础

前面已经讲过，因 DNA 序列中发生了一个或是少数几个核苷酸碱基对的变化，所引发的基因突变，都可以叫做基因的点突变。基因的点突变有两种不同的类型，即移码突变和碱基取代突变。

1. 移码突变

由于在 DNA 的编码序列中插入了或缺失了不等于 3 的倍数的核苷酸碱基对所引发的基因突变，叫做移码突变（frameshift mutation）。因为这种突变破坏了基因编码序列区中三联体密码组成的读码框的固有结构，产生了读码错位，结果导致翻译产生的蛋白质多肽链氨基酸序列的改变，从而失去了功能活性，所以特称这种突变为移码突变（图 9-7）。根据核苷酸碱基序列变化情况的差异，移码突变又可进一步区分为碱基插入和碱基缺失两种亚类移码突变。但二者的突变率都明显地低于取代突变的突变率。

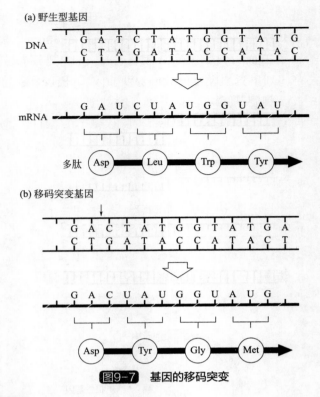

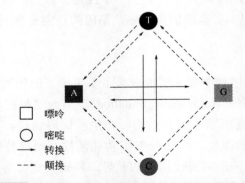

图9-7 基因的移码突变

2. 碱基取代突变

由一种碱基取代另一种碱基的突变叫做碱基取代突变（base substitute mutation），它是最简单的一种基因突变。从 DNA 核苷酸碱基变化的情况考察，碱基取代突变可进一步分成转换突变和颠换突变两种亚类。所谓转换是指核苷酸序列中发生的，一种嘧啶碱基被另一种嘧啶碱基取代，或是一种嘌呤碱基被另一种嘌呤碱基取代的变化方式。由此引发的基因突变叫做转换突变。而颠换突变则是指核苷酸碱基序列中发生的，一种嘌呤碱基被任何一种嘧啶碱基取代，或是一种嘧啶碱基被任何一种嘌呤碱基取代的变化方式。由此引发的基因突变叫做颠换突变（图 9-8）。从图中可以看到，在 DNA 分子发生的碱基取代突变共有 12 种不同的形式。其中有 4 种属于基因转换，另有 8 种属于基因颠换。

图9-8 双链DNA分子中碱基的转换突变与颠换突变

3. 碱基取代突变的类型

依据蛋白质多肽链中氨基酸组成的变化情况，碱基取代突变又可进一步细分成同义突变、错义突变和无义突变三种主要类型（图9-9）。

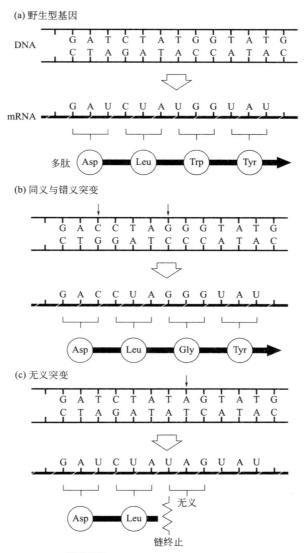

图9-9 不同类型的碱基取代突变

（a）野生型基因的一段核苷酸编码序列，及其相应的 mRNA 分子和多肽链的氨基酸序列；（b）天冬氨酸密码子发生了同义突变，色氨酸密码子发生了错义突变；（c）色氨酸密码子发生了无义突变。图中小箭头表示发生了碱基突变的位置

（1）同义突变

尽管在基因的编码序列中，核苷酸碱基发生了取代反应，但因为密码子简并性，突变的密码子和原先的密码子有可能编码相同的氨基酸，所以蛋白质多肽链氨基酸的组成并没有发生变化。这样的碱基取代突变，叫做同义突变（synonymous mutation）。它通常是无法从表型上识别出来的。

（2）错义突变

在基因的编码序列中，发生了一个碱基取代反应，结果使所在的密码子转变成为编码另一种氨基酸的密码子。这样的碱基取代突变叫做错义突变（missense mutation），它改变了相应的蛋白质多肽链的氨基酸分子结构，并有可能导致生命体表型特征的改变。错义突变还可以进一步细分为致死突变、渗漏突变和中性突变等多种不同的突变类型。

① 致死突变

造成细胞死亡或是生命体发育早期阶段夭折的基因突变，叫做致死突变（lethal mutation）。一些必要基因发生了错义突变的生命个体或细胞，往往是致死的。对于众多生命过程的遗传分析最有用的致死突变，是条件致死突变（conditional lethal mutation）。除了温度敏感突变之外，营养缺陷突变和抑制基因敏感突变，也属于条件致死突变类型。

条件致死突变体，具有在允许的环境条件（permissive condition）下存活，而在限制的环境条件（restrictive condition）下致死的遗传特性。因此分子遗传学的工作者们，便可以利用这样的突变体，对一些特定的条件致死突变基因进行鉴定和研究。其基本原理是根据在限制条件下，条件致死突变基因无法表达具功能活性的编码产物，对细胞的新陈代谢活性及其生理状态造成的影响，来推导该基因的功能信息。

但是，需要着重提醒的一点是，在条件致死突变中，造成条件致死突变体在限制条件下发生致死效应的原因，并不是基因本身，而是所表达的蛋白质产物与野生型的相比，非常容易发生解折叠（unfolding）和降解作用。

② 渗漏突变

有不少发生了错义突变的基因，其编码的蛋白质产物仍然具有部分的生物学活性，结果产生出介于完全突变型和野生型之间的，某种中间类型的性状特征。这样的错义突变特称为渗漏突变（leaky mutation）。例如，腺嘌呤合成酶基因发生了渗漏突变的大肠杆菌细胞，在其生长培养基中不补加腺嘌呤的情况下，仍能缓慢地生长。某些人类遗传性紊乱疾病，也是起因于渗漏突变。已发现某些人类个体，由于编码葡萄糖-6-磷酸脱氢酶的基因中，存在着一个点突变，结果合成出的酶产物极大地降低了催化活性。具有这种渗漏突变的遗传性疾病的患者，当其同葡萄糖-6-磷酸脱氢酶的底物（诸如氨磺酰抗生素、抗疟疾药物等）接触时，便会出现严重的溶血性贫血。

③ 中性突变

有一些错义突变所改变的密码子，虽然同其原来的密码子编码着不同的氨基酸，但两者的分子特性却是相似的。例如谷氨酸（Glu）和天冬氨酸（Asp）都是极性带负电的酸性氨基酸。因此发生了此种错义突变的基因，所编码的蛋白质基本上仍然是有功能活性的，因而也就不会表现出明显的性状改变。这样的错义突变，特称为中性突变（neutral mutation）。

（3）无义突变

在基因的编码序列中，由于碱基突变形成三种无义密码子（UAG、UAA、UGA）之一，从而导致蛋白质多肽链的合成提前终止，产生出失活的多肽片段。这样的碱基取代突变叫做无义突变（nonsense mutation），或者叫做链终止突变（chain termination mutation）。除了碱基取代突变之外，碱基插入突变和缺失突变，同样也能引发无义突变的产生。

4. 其他类型突变

（1）沉默突变

沉默突变系指发生在基因之间的间隔区序列、断裂基因的内含子序列，以及外显子序列内部密码子的 3′- 碱基处（亦即"简并"或"摇摆"部位）的突变。这类突变要么是发生在基因的非编码序列区内，要么是形成编码同一种氨基酸的同义密码子，不会使蛋白质的分子特性受到影响，因此也就不会导致生命体表型特征的改变。所以特称之为沉默突变（silent mutation）。前面讲过的中性突变和同义突变，也都是属于沉默突变的特定类型。当然也有一些沉默突变，偶尔也会从 DNA 的核苷酸序列中，移去或增加某种限制性内切核酸酶的切割位点，从而造成限制片段长度多态性（RFLP）现象。

（2）营养缺陷突变

导致生命体或细胞失去合成诸如氨基酸、嘌呤、嘧啶及维生素等必需代谢物能力的基因突变，叫做营养缺陷突变（auxotrophic mutation）。它是属于条件致死突变的一种特殊的类型。由此种突变产生的突变体，叫做营养缺陷突变体，或营养缺陷型突变体。已经知道，营养缺陷突变主要在微生物中发生，而在高等动植物中，此类突变则十分罕见。

营养缺陷突变体的大肠杆菌菌株，失去了其野生型菌株所具备的从头合成必需代谢物的能力，因此它无法在基本培养基上生长繁殖，而只有在补加它自身无法合成的、相应种类的必需代谢物的培养基中，才能正常地生长和繁殖。微生物的营养缺陷突变体，是遗传学研究的一种非常有用的实验材料。诸如新陈代谢途径的研究、参与特定催化反应的酶蛋白的鉴定，甚至新基因的功能鉴定等，都广泛地应用了微生物的营养缺陷突变体。

（3）抑制基因敏感突变

抑制基因（suppressor gene）也叫做校正基因。有两种不同的情况：其一是指能全部或部分地使其它基因的突变效应发生逆转，亦即恢复因突变而丧失功能的基因；其二是指能够通过再次突变而全部或部分地挽回（恢复）发生在同一基因内的第一次突变所丧失的功能的基因。

这是指微生物致死突变的一种特殊的类型。发生了这种突变的大肠杆菌抑制基因敏感突变体，对其生长培养基中的抑制因子的作用，呈现出敏感效应的表型特征。也就是说，当培养基中存在着抑制因子时，此类突变体能够存活，而当培养基中不存在抑制因子时，它便不能够存活。可见抑制因子的编码基因，即抑制基因，能够纠正或补偿因抑制基因敏感突变（suppressor-sensitive mutation）所产生的表型缺陷。

五、突变的表型效应

基因突变对生命体表型的影响有的比较微弱，只有应用特定的遗传及生化技术才能检测出来，有的则相当激烈，可导致生命体的形态发生显著的变化，甚至死亡。在基因的核苷酸编码序列中，任一碱基对发生突变，都会产生出一种新的等位基因。这类突变基因，有的对其表型不产生影响或是只有通过特定的技术才能检测出它的微弱效应。此类突变基因称为同等位基因（iso-alleles），它与正常的等位基因非常类似。另一类突变产生出无效等位基因（null-alleles），它不会表达出有功能的产物。如果后者这种突变发生在其编码产物是生命体生长发育所必需的基因中，那么携带此类突变的纯合子个体将无法存活。我们称这样的突变为隐性致死突变（recessive lethal mutation）。

突变有隐性和显性两种类型。在单倍性的生命体如病毒和细菌中，隐性和显性突变均可依据其对生命体表型的效应予以检测。在二倍性的生命体如果蝇和人类中，只有在纯合子的情况下，隐性突变才会改变个体的表型。因此在二倍性的生命体中，大多数隐性突变是不可能在其产生的同时就被识别，因为它们会以杂合子的状态出现。X- 连锁隐性突变是一个例外，它可在异配性别（heterogametic sex）的半合子状态（hemizygous state）下表达。X- 连锁隐性致死突变会改变子代的性比例，因为携带致死信息的半合子个体是无法存活的（图 9-10）。

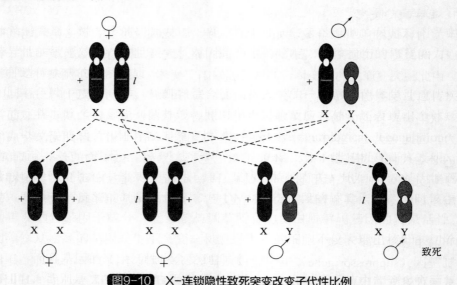

图9-10 X-连锁隐性致死突变改变子代性比例

具有 X- 连锁隐性致死突变的杂合子雌果蝇与雄果蝇交配生下的子代群体中，
雌果蝇与雄果蝇的比例为 2：1。l= 致死突变基因（转引自 D. P. Snustad & M. J. Simmons, 2010）

1. 具表型效应的突变通常都是有害和隐性的

仔细分析已作了遗传学鉴定的数千种具表型效应的突变资料发现，其中绝大部分都是属于有害的隐性突变。其实当我们思考新陈代谢遗传控制这个问题时，就不难理解其中的原因。因为在代谢过程中涉及一系列化学反应，每一步都是由 1 个或数个基因编码的特定酶分子催化的。这些基因的突变，常常会导致代谢途径的阻断（图 9-11）。而这些代谢途径的阻断，是起因于突变基因碱基对的改变所引起的蛋白质多肽链氨基酸的变化（图 9-12）。可见这类突变基因所表达的蛋白质多肽很可能是无功能的产物，是一种常见的容易检测的突变效应。例如一种野生型等位基因编码一种活性的酶，而其突变型等位基因则编码一种活性较低或是完全失活的酶，这就说明了为什么大多数观察到的突变都是隐性的道理。如果一个细胞同时含有同一种酶的活性形式和失活形式，那么情况往往是活性形式的酶会参与相关反应的催化作用。因此说，表达特异性活性形式酶的等位基因通常是显性的，而编码失活形式酶的等位基因则是隐性的。

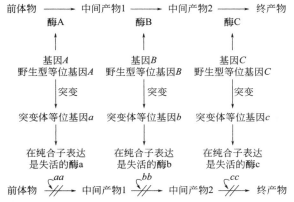

图9-11 隐性突变体等位基因经常会造成代谢途径的阻断

这类代谢途径有的仅涉及少数几步生化反应（如本图所示），有的会涉及许多步生化反应。每一种野生型等位基因的编码产物，通常是参与催化某种特定生化反应的功能酶分子。发生在野生型基因中的大多数突变，其改变形式的酶都降低了活性或者不具有活性。在纯合子状态下，突变体等位基因表达的失活产物会引起代谢途径阻断，因为丧失了所需的酶活性

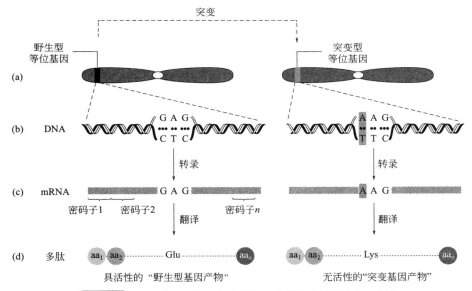

图9-12 关于突变过程及野生型和突变型等位基因的表达概述

突变改变了基因的核苷酸序列，它反过来又引起基因编码产物蛋白质多肽链氨基酸序列的变化。G∶C［碱基对（左边首位）突变成 A∶T 碱基对（右边首位）。这个突变使 mRNA 分子中一个密码子从 GAG 转变成 AAG，多肽中的一个氨基酸相应也从谷氨酸（Glu）转变成赖氨酸（Lys）。（a）染色体；（b）遗传信息贮存在碱基对序列中；（c）以 mRNA 分子中三联密码子形式表达遗传信息；（d）突变基因对表型的效应以其多肽产物中的特定氨基酸顺序表现出来（转引自 D. P. Snustad & M. J. Simmons, 2010）

　　由于遗传密码简并性和排列顺序的缘故，许多突变并不会引起生命体的表型发生变化，这类突变称为中性突变。然而为什么大部分表型可识别的突变，其产物的活性却降低了或者根本就没有活性了呢？这是因为编码一种野生型酶或结构蛋白的基因，它们的野生型等位基因，是在进化过程中按照最佳活性标准被选择出来的。所以，在这种高度适应的氨基酸序列区发生的随机突变，其产物通常都是活性下降或是完全失活的蛋白质多肽。

2. 表型效应有害的血红蛋白基因突变

肌红蛋白（myoglobin）和血红蛋白（hemoglobin），大约是在 10 亿年前由其共同的祖先珠蛋白（globin）进化来的。其中血红蛋白是一种在人类、动物及某些植物中均存在的、负责运送氧的呼吸色素（respiratory pigment）。在血浆中 70% 以上的可溶性蛋白是血红蛋白，故易于分离纯化供氨基酸序列分析使用。因此，血红蛋白的突变型，便成为阐述基因突变对生命体表型呈有害效应的一种易得的良好实验材料。

早在 1959 年，Max Perutz 便测定了成年人血红蛋白（简称血红蛋白 A）的分子结构，发现它是由一对相同的 α-多肽链和一对相同的 β-多肽链及含铁的血红素基团组成。在人体血液循环系统的红细胞（erythrocyte）中，含有大量的血红蛋白，血液正是因此而呈现鲜红的颜色。血红蛋白有正常类型和异常类型之分，前者如成年人血红蛋白及胎儿血红蛋白，后者典型的代表是镰形细胞贫血症患者的血红蛋白。氨基酸序列分析揭示，每条 α-多肽链都含有一段由 141 个氨基酸组成的特定序列，而每条 β-多肽链则有一段由 146 个氨基酸组成的特定序列。由于 α-多肽链和 β-多肽链在氨基酸序列结构上的类似性，科学工作者们相信所有珠蛋白多肽链，亦即它们编码的基因，是从一个共同的祖先基因进化而来的。

在人类群体中已经鉴定出了许多种成体血红蛋白的突变体，一系列这类变异体都存在着严重的表型效应。其中许多变异体最初都是根据其电泳谱带模式的改变而被鉴定出来的。所以说血红蛋白变异体，为鉴定基因突变对编码产物的结构与功能及个体表型的效应，提供了清晰的直观图像。

本书上册第三章第一节已经简单地介绍了 V. M. Ingram 关于血红蛋白氨基酸测序的工作。结果发现，人体正常血红蛋白 A 和镰形细胞贫血症血红蛋白 S，两者 β-多肽链的氨基酸序列之间仅存在一个氨基酸的差别。其中血红蛋白 A β-多肽链氨基末端第 6 位氨基酸，是带负电荷的谷氨酸（Glu），而血红蛋白 S β-多肽链的相同部位则是在中性条件下不带电荷的缬氨酸（Val）。血红蛋白 A 和血红蛋白 S，两者 α-多肽链的氨基酸顺序则完全相同。由此可见，一条多肽链分子中仅一个氨基酸（即一个密码子）的改变，便会对生命体的表型特征发生严重的影响（图 9-13）。

血红蛋白 S β-多肽链氨基末端第 6 位氨基酸，因缬氨酸（Val）取代了谷氨酸（Glu），形成了一个新键。于是蛋白质的构象发生了变化，从而导致血红蛋白分子发生聚集作用（aggregation），最终使血红细胞呈现异常的镰刀形。HbA 等位基因突变成 HbS 等位基因，是由于 T∶A 碱基对取代 A∶T 碱基对所致（图 9-13）。这种由 A∶T → T∶A 的碱基对变化，最初是依据蛋白质氨基酸序列数据间接推导出来的，随后得到 HbA 和 HbS 等位基因核苷酸测序结果的直接证实。

已知在 β-多肽链中存在氨基酸变化的血红蛋白变异体有一百多种。其中大多数变异体与正常的血红蛋白 A 之 β-多肽链相比较，仅有一个氨基酸差异，但也有少数例子出现两个氨基酸的差异。α-多肽链也存在着众多的变异体。

血红蛋白的例子说明，因突变引起的基因结构的变化，通常只涉及一个或少数几个核苷酸碱基对的更动，进而导致基因编码产物多肽链氨基酸序列的变动，最终引起生命体表型改变。

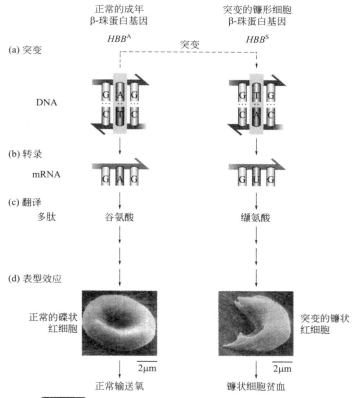

正常的成年   突变的镰形细胞
β-珠蛋白基因   β-珠蛋白基因

HBB^A   *HBB*^S

(a) 突变   突变

DNA

(b) 转录
mRNA

(c) 翻译
多肽   谷氨酸   缬氨酸

(d) 表型效应

正常的碟状   突变的镰状
红细胞   红细胞

2μm   2μm

正常输送氧   镰状细胞贫血

图9-13 人体血红蛋白S之β-链基因突变的表型效应

正常的血红蛋白β-链基因（*HBB*^A）发生了一个碱基对的取代效应，结果生成了突变体镰状细胞血红蛋白β-链基因（*HBB*^S）。此突变基因的转录与翻译生成的血红蛋白S，在其β-多肽链氨基端末端第6位是缬氨酸（Val），而在正常的血红蛋白A之β-多肽链的相同部位则是谷氨酸（Glu）。这种单个氨基酸改变的结果，形成镰状的红细胞，而不是正常的碟状的红细胞，从而导致严重影响人体健康的贫血症（转引自 D. P. Snustad & M. J. Simmons, 2010）

3. 阻断代谢途径的人体突变

生命体新陈代谢途径遗传控制的每一步，都是由特定的酶催化的。如果这种酶的编码基因发生了突变，便会导致代谢途径的阻断，最终使生命体出现异常的表型。新陈代谢遗传控制的这种格局，对包括人类在内的所有生命体而言，都是真实存在的。

下面以芳香族氨基酸——苯丙氨酸和酪氨酸为例，说明基因突变对人体新陈代谢途径的阻断作用。这两种芳香族氨基酸都是参与蛋白质合成的必要成分，因为它们在人体及微生物细胞内都不是从头合成的，所以必须从食物蛋白质降解物中摄取。目前了解最清楚的一种人体苯丙氨酸-酪氨酸代谢途径缺陷的遗传病，是苯丙酮尿症（phenylketonuria，PKU），它是由于缺乏苯丙氨酸羟化酶（phenylalanine hydroxylase）引起的。因为这种酶具有将苯丙氨酸转变成酪氨酸的催化功能（图9-14），所以它的亏缺便会引起肝脏中苯丙氨酸的累积和酪氨酸的缺乏，从而引起苯丙酮尿症。

苯丙酮尿症是一种常染色体隐性疾病（autosomal recessive disease），患此种疾病的新生儿，必须尽早（甚至在胎儿期）限制苯丙氨酸的摄入量，并终生维持这种限制，否则就会严重迟缓智力的发育。已研究的人体苯丙氨酸-酪氨酸代谢途径的头一种遗传病（inherited disorder），是尿黑酸症（alkaptonuria）。它是由于导致尿黑酸氧化酶（homogentisic acid

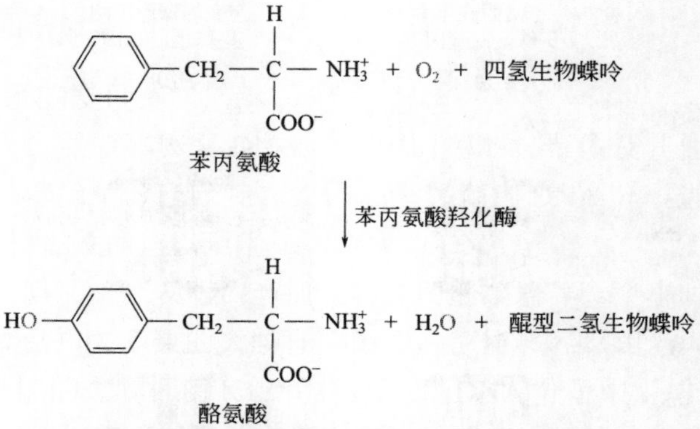

图9-14 苯丙氨酸羟化酶的催化作用

oxidase）失活的常染色体隐性突变引起的。

另外两种与酪氨酸代谢有关的遗传病是酪氨酸代谢病（tyrosinosis）和酪氨酸血症（tyrosinemia）。两者都是由于参与酪氨酸分解代谢专有酶的编码基因发生了突变的结果。前者使酪氨酸转氨酶（tyrosine transaminase）失去活性，后者使羟苯基丙酮酸氧化酶（hydroxyphenylpyruvic acid oxidase）失去活性。由于这两种酶的催化功能是使酪氨酸降解成 CO_2 和 H_2O，故其失活突变，便阻断了酪氨酸的降解代谢，使人体分别出现酪氨酸代谢病和酪氨酸血症。

4. 条件致死突变

有一类特殊的突变体，在非许可的环境条件下会导致细胞或个体死亡，而在许可的环境条件下，又会使细胞或个体存活。产生这样突变体的基因突变称为条件致死突变（conditional lethal mutation）。它是遗传学研究中相当有用的方法之一。

具条件致死表型的突变体主要有如下 3 种不同的类型：

（1）营养缺陷突变体（auxotrophic mutants）

这类突变体不能够合成野生型生命体能够合成的必要的代谢物质，诸如氨基酸、嘌呤、嘧啶以及维生素等。因此它一般是指需要在其生长的培养基中，补加一种或数种它自身不能合成的氨基酸或维生素等一类特殊的代谢物质，方能正常生长的微生物突变体。在高等动植物中，营养缺陷型十分罕见。

（2）温度敏感突变体

另一种条件致死突变是温度敏感突变（temperature-sensitive mutation），它包括热敏感突变和冷敏感突变两种不同的类型。前者突变的结果是使突变基因的编码产物蛋白质，在较低的允许温度的范围内（标准的是 30℃ 或更低一些）有功能活性，而在较高的限制性温度范围内（通常是 40～42℃）则失去功能活性。这种温度敏感突变叫做热敏感突变（heat-sensitive mutation），其相应的突变体叫做热敏感突变体。如果情况相反，突变的结果是使其编码产物蛋白质，在较低的温度下是无活性的，而较高温度下则恢复活性，也就是说比野生型具有较高的生长温度。这种温度敏感突变称为冷敏感突变（cold-sensitive mutation），其相应的突变体叫做冷敏感突变体。温度敏感性通常是由于突变基因的编码产物，对热或冷的不稳定性上升所致。例如有的酶在低温环境下是有活性的，而在高温环境下则局部甚至完全失去活性。

（3）校正基因敏感突变体

校正基因（suppressor gene）也译作抑制基因。它有两种不同的情况：头一种是指，能够全部或部分地使另一个基因的突变效应发生逆转（即恢复因突变而丧失的功能）的特定基因；第二种情况是指能够通过再次突变而全部或部分地挽回（恢复），发生在同一个基因内的头一次突变所丧失的功能的一种特定的基因。这类校正基因突变，是回复突变的一种特殊类型。它可以发生在已有了头一次突变的同一个基因（亦即校正基因）的另一个位点，也可以发生在另一个基因的内部。前者叫做基因内校正基因突变，后者称为基因间校正基因突变。

校正基因敏感突变（suppressor-sensitive mutation）也是一种条件致死突变。当环境中存在一种第二遗传因子（second genetic factor）即一种校正基因编码产物时，校正基因敏感突变体是可以存活的；而当环境缺乏校正基因编码产物时，这种突变体便无法存活。由此可见校正基因能够校正或互补由校正基因敏感突变所引起的表型缺陷。

第二节
自发突变的分子机理

自发突变和诱发突变一样，两者都是基因突变的重要类型。目前关于自发突变的分子机理，已经有了相当深入的了解，它涉及诸多方面的胞内的生化过程。业已知道诸如 DNA 复制校正体系、碱基的互变异构化、核苷酸序列的碱基移码突变，以及 DNA 核苷酸碱基的脱氨基作用等，都是促使基因产生自发突变的重要的分子机理。

一、DNA复制校正体系失活引起的基因自发突变

1. DNA 复制校正体系

在细胞内存在着一种能够对 DNA 复制过程中错误参入到新生链 $3'$ - 末端的错配碱基，进行仔细核查和及时更正的生化体系，叫做 DNA 复制校正体系（proofreading system）。在大肠杆菌中，DNA 复制校正体系功能的正常发挥，主要是依靠 DNA 聚合酶 III 的 $3' \rightarrow 5'$ 方向的外切酶活性。它能够从 DNA 生长链的 $3'$ - 末端移走错误参入的碱基分子，从而有效地抑制了自发突变的产生。如果这种校正体系失去活性，细胞也就失去了及时校正 DNA 复制过程中错误参入新生链 $3'$ - 末端的错配碱基，结果导致基因产生自发突变。

整体功能完全的 Pol III 全酶，具有 10 种不同类型的多肽亚基，而只含有 σ、ε 和 θ 三种不同亚基的 Pol III 酶，叫做 Pol III 核心聚合酶（Pol III core polymerase）。其中的 σ 亚基具有 $5' \rightarrow 3'$ 方向的 DNA 聚合酶活性，参与 DNA 新链的合成；而 ε 亚基具有 $3' \rightarrow 5'$ 方向的外切核酸酶活性，可执行错配碱基的校正任务；唯有 θ 亚基的功能目前尚不十分清楚，但有报道指出在具有 θ 亚基的 Pol III 核心聚合酶中，σ 亚基的活性可提高 2 倍左右，而 ε 亚基的活性则上升了大约 10～80 倍。可见 θ 亚基有可能参与 α 亚基及 ε 亚基功能活

性的发挥。

Pol Ⅲ核心聚合酶具有 $3' \rightarrow 5'$ 的外切酶活性，能够在错配碱基刚刚参入的时候，即迅速地将其清除掉，使 Pol Ⅲ核心聚合酶的 $5' \rightarrow 3'$ 方向的聚合酶活性，继续进行新链的合成。Pol Ⅲ核心聚合酶和 ε 亚基的这种外切酶活性，是高度特异的，对于正确配对的碱基则不会发生这种切割作用。这就是我们所期望的错配碱基的校正活性（proofreading activity）。已知除了 Pol Ⅲ的 ε 亚基之外，大肠杆菌 Pol Ⅰ的 Klenow 大片段酶也具有这种校正活性。这两种酶的此类校正作用极大地提高了 DNA 复制的精确性。

在体外的情况下，Pol Ⅲ核心聚合酶合成 DNA 分子的错配率大约是 10^{-5}，也就是说合成 100000 个碱基对就有可能出现一个错配。如果考虑到大肠杆菌的基因组大小约为 5Mb 这个数量级，这样的错配率对 DNA 复制精确性的影响却是不可忽视的，它会给基因导入相当数量的错配碱基。所幸的是 Pol Ⅲ核心聚合酶的校正活性，能够准确识别并及时校正错配的碱基。Pol Ⅲ核心聚合酶 $5' \rightarrow 3'$ 方向聚合酶活性的错误率为 10^{-5}，其 $3' \rightarrow 5'$ 方向的校正活性的错误率也是 10^{-5}。因此经过 Pol Ⅲ核心聚合酶校正之后，DNA 复制的错误率便下降到 10^{-10}。这个数字十分接近于该酶体外复制 DNA 发生的错误率。由此可见，DNA 复制校正体系的正常活性，对于确保 DNA 复制的精确性，进而维系生命体遗传性状的稳定性，均具有重要的生物学意义。

2. 大肠杆菌增变菌株校正体系的失活与基因自发突变

携带着增变基因的大肠杆菌突变体，叫做大肠杆菌增变菌株（mutator strain）。由于增变基因发生了突变，所以它的自发突变率，便比野生型的大肠杆菌菌株有明显上升。已经鉴定的大肠杆菌增变基因有 *mutD*、*mutH*、*mutL* 和 *mutS* 等。其中 *mutD* 基因编码大肠杆菌 Pol Ⅲ聚合酶的 ε 亚基。在大肠杆菌增变菌株中，由于增变基因 *mutD* 发生了突变，所以无法合成出有功能的正常的 ε 亚基，结果使 DNA 聚合酶Ⅲ全酶或是其核心聚合酶，失去了 $3' \rightarrow 5'$ 方向的外切酶活性，亦即失去了对错配碱基的校正活性。于是大肠杆菌细胞也就因此丧失了对在 DNA 复制过程中错误参入的错配碱基进行核查与校正的功能，从而最终导致自发突变率的大幅度的提高。

二、碱基互变异构化与基因的自发突变

DNA 分子的核苷酸碱基，通常都存在着两种可以互变的不同构型，即所谓的互变异构体（tautomer）。它们之间的差别，仅在于一个氢原子和一个化学键位置的不同。其中腺嘌呤（A）和胞嘧啶（C）这两种碱基，都存在着氨基（—NH$_2$）构型和亚氨基（＝NH）构型两种互变异构体；而鸟嘌呤（G）和胸腺嘧啶（T）这两种碱基，则都存在着酮基（—C＝O）构型和烯醇基（＝C—OH）构型两种互变异构体。在这些互变异构体中，氨基构型和酮基构型是常见的，而亚氨基构型和烯醇基构型则是稀有的。

由氢原子和化学键位置的移动，所引起的 DNA 碱基从一种异构体变成另一种异构体的可逆变化，叫做碱基的互变异构化（tautomerization），或叫做互变异构移位（tautomeric shift）。由于这种变化导致的 DNA 碱基错配突变，有如下四种不同的类型。

1. 腺嘌呤碱基互变异构化与基因的自发突变

按照碱基配对规则，氨基构型的腺嘌呤异构体（A），只能同胸腺嘧啶（T）配对；

但亚氨基构型的腺嘌呤异构体（A*）便不能同胸腺嘧啶（T）正常配对，而只能同胞嘧啶（C）异常配对。因此，在 DNA 复制过程中，在本来应由 T 碱基参入的位点，却被 C 碱基取代，形成错配的 A*-C 碱基对（图 9-15）。在接着的下一轮 DNA 复制之前，这个 A* 碱基便有可能通过碱基互变异构化作用，恢复成正常的氨基构型的腺嘌呤（A）。于是，在 DNA 复制过程中，便会按照正常的碱基配对规则，形成分别具有野生型的 A-T 碱基对和突变型的 G-C 碱基对的两种子代 DNA，导致基因自发突变（图 9-15）。

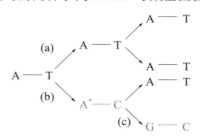

图9-15 腺嘌呤碱基互变异构化产生的碱基错配

（a）氨基构型的腺嘌呤异构体同胸腺嘧啶配对，形成正常的 A-T 碱基对；（b）亚氨基构型的腺嘌呤异构体同胞嘧啶配对，形成罕见的错配的 A*-C 碱基对；（c）错配的 A*-C 碱基对经过复制产生出突变型的 G-C 碱基对，引起基因自发突变

2. 胸腺嘧啶碱基互变异构化与基因的自发突变

在胸腺嘧啶的两种互变异构体中，酮基构型的是正常的异构体（T），它遵循碱基配对规则同腺嘌呤（A）配对；而烯醇基构型的是异常的异构体（T*），它不能同腺嘌呤（A）正常配对，而只能同鸟嘌呤（G）异常配对。因此，在 DNA 复制过程中，在本来应由 A 碱基参入的位点，却被 G 碱基取代，形成错配的 T*-G 碱基对（图 9-16）。在接着的下一轮 DNA 复制之前，由于发生了碱基互变异构化作用，这个烯醇基构型的胸腺嘧啶（T*），就有可能恢复变成正常的酮基构型的胸腺嘧啶（T）。于是在 DNA 复制过程中，便会按照正常的碱基配对规则，合成出分别具有野生型的 T-A 碱基对和突变型的 C-G 碱基对的两种子代 DNA 分子，引起基因自发突变。

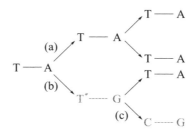

图9-16 胸腺嘧啶碱基互变异构化产生的碱基错配

（a）酮基构型的胸腺嘧啶异构体同腺嘌呤配对，形成正常的 T-A 碱基对；（b）烯醇基构型的胸腺嘧啶异构体同鸟嘌呤配对，形成罕见的错配的 T*-G 碱基对；（c）错配的 T*-G 碱基对经过 DNA 复制形成突变型的 C-G 碱基对

3. 胞嘧啶碱基互变异构化与基因的自发突变

在正常情况下，氨基构型的胞嘧啶异构体（C）只能同鸟嘌呤（G）配对；而亚氨基构型的胞嘧啶异构体（C*），则不能同鸟嘌呤（G）正常配对，它只能同腺嘌呤（A）异常配对。因此，在 DNA 复制过程中，在本来应由 G 碱基参入的位点，却被 A 碱基取代，

形成错配的 C*-A 碱基对（图 9-17）。因为亚氨基构型的胞嘧啶异构体 C*，很容易恢复成氨基构型的异构体（C）。所以在紧接着发生的下一轮 DNA 复制过程中，便会按照正常的碱基配对规则，合成出分别具有野生型的 C-G 碱基对和具有突变型的 T-A 碱基对的两种子代 DNA 分子，促使基因产生自发突变（图 9-17）。

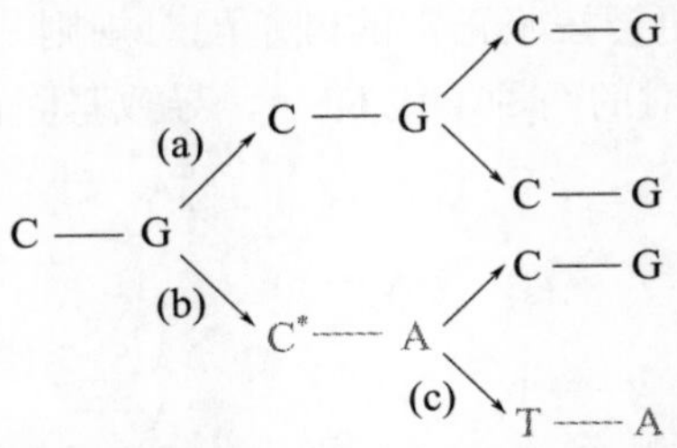

图9-17 胞嘧啶碱基互变异构化产生的碱基错配

（a）氨基构型的胞嘧啶异构体同鸟嘌呤配对，形成正常的 C-G 碱基对；（b）亚氨基构型的胞嘧啶异构体同腺嘌呤配对，形成罕见的错配的 C*-A 碱基对；（c）错配的 C*-A 碱基对经过 DNA 复制，产生出突变型的 T-A 碱基对

4. 鸟嘌呤碱基互变异构化与基因的自发突变

如同上面所述的其他 3 种碱基互变异构化情况一样，鸟嘌呤碱基互变异构化，也会引起基因的自发突变。因为在正常的情况下，酮基构型的鸟嘌呤异构体（G），根据碱基配对规则是同胞嘧啶（C）配对；而烯醇基构型的鸟嘌呤异构体（G*）则不然，它不能同胞嘧啶（C）配对，只能同胸腺嘧啶（T）配对。所以在 DNA 复制过程中会产生出 G*-T 错配（图 9-18）。由于 G* 很容易发生互变异构化，变回酮基构型的鸟嘌呤异构体（G）。这样在下一轮 DNA 复制过程中，G 同 C 配对，而 T 则与 A 配对，结果产生出分别具有野生型 G-C 碱基对和突变型 A-T 碱基对的两种子代 DNA 分子，从而产生基因自发突变。

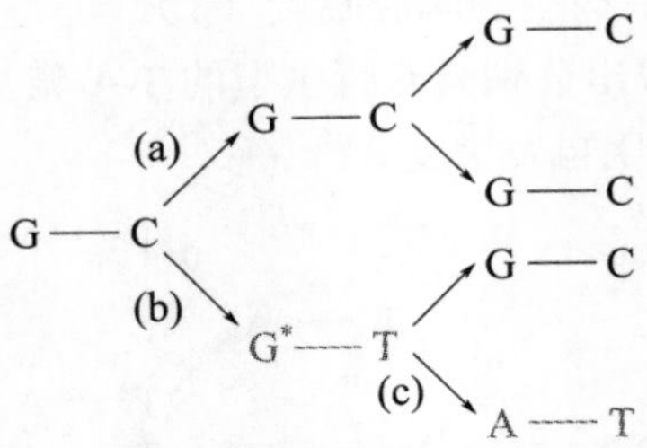

图9-18 鸟嘌呤碱基互变异构化产生的碱基错配突变

（a）酮基构型的鸟嘌呤异构体，同胞嘧啶配对，形成正常的 G-C 碱基对；（b）烯醇基构型的鸟嘌呤异构体，同胸腺嘧啶配对，形成异常的 G*-T 碱基错对；（c）G*-T 碱基错对中的烯醇基构型的鸟嘌异构体（G*），很容易回复成酮基构型的鸟嘌异构体（G），于是在 DNA 复制中按碱基配对规则，生成野生型的 G-C 碱基对和突变型的 A-T 碱基对

三、脱氨基作用引起的基因自发突变

在水分子的参与下和相关脱氨酶的催化作用，从 DNA 的胞嘧啶或腺嘌呤的碱基中，移走氨基的生化过程，叫做水解脱氨基作用（hydrolytic deamination），简称脱氨基作用。脱去氨基的位置由酮基（—C≡O）取代，结果使胞嘧啶转换成尿嘧啶，腺嘌呤转换为次黄嘌呤，5- 甲基胞嘧啶转换成 5- 甲基尿嘧啶，即胸腺嘧啶（图 9-19）。由于这些新碱

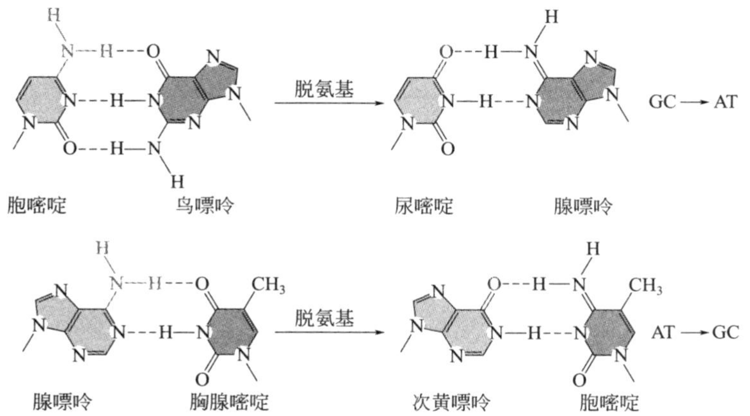

图9-19 胞嘧啶和腺嘌呤碱基的脱氨基作用

（a）胞嘧啶碱基脱氨基生成尿嘧啶，同腺嘌呤配对，结果 DNA 分子中的 G-C 碱基对被 A-T 碱基对取代；（b）腺嘌呤脱氨基生成次黄嘌呤，同胞嘧啶配对，结果 DNA 分子中的 A-T 碱基对被 G-C 碱基对取代

基具有与原碱基不同的配对特性，其中尿嘧啶同腺嘌呤配对，次黄嘌呤同胞嘧啶配对，胸腺嘧啶同腺嘌呤配对。结果在 DNA 分子复制过程中，就会出现碱基的错误参入，因此具有潜在的诱发基因突变的可能性。

在不同状态的 DNA 分子中，核苷酸的脱氨基作用的速率并不一样。以胞嘧啶为例，在双链 DNA 分子中其脱氨基的速率为每秒 $3 \times 10^{-13} \sim 7 \times 10^{-13}$。以此速率换算，人基因组 DNA（$3 \times 10^{9}$bp）每天大约要发生百余次的胞嘧啶脱氨基作用。不仅如此，单链 DNA 分子中核苷酸的脱氨基作用的速率，还要比双链 DNA 的高出 140 倍左右；错配胞嘧啶的脱氨基速率比正常配对的高出 8～26 倍；模板链的核苷酸的脱氨基速率可能也要比非模板链的高出 4 倍左右。因此说，核苷酸的脱氨基作用，对于基因突变与进化具有重要的意义。

1. 胞嘧啶脱氨基作用的修复

由胞嘧啶转换成尿嘧啶，是最常见的一种自发的脱氨基作用。但它并不一定总会造成基因的自发突变。其原因在于细胞中存在着一种特殊的核酸酶，叫做尿嘧啶 *N*-糖基化酶（uracil *N*-glycosylase），能够特异性地识别 DNA 分子中因胞嘧啶脱氨基生成的尿嘧啶碱基，并通过切割尿嘧啶与脱氧核糖组分之间的 *N*-糖苷键（glycosidic bond），移走尿嘧啶碱基。如此遗留下只有完整的脱氧核糖骨架而没有尿嘧啶碱基的 DNA 损伤部位，特称为 *AP* 位点。AP 这个缩略语，系由取自英语单词 apurinic（脱嘌呤）及 apyrimidinic（脱嘧啶）的头两个字母组成的。

除此之外，细胞中还存在着另一种参与 *AP* 位点修复作用的核酸酶，叫做 AP 内切核酸酶。已知某些特定的 DNA 糖基化酶是双功能的酶，既具有糖基化酶的功能，又具有 *AP* 外切核酸酶的活性。它能够识别 DNA 分子中因脱嘧啶或脱嘌呤形成的 *AP* 位点，并切割该位点的 5′ 一侧的磷酸二酯键，造成 DNA 单链断裂。随后由 DNA 聚合酶 I 删除掉残留的脱氧核糖磷酸单元（deoxyribose phosphate unit），并按照与互补链上存在着的鸟嘌呤碱基配对的原则，在缺口处插入一个胞嘧啶核苷酸，最后由 DNA 连接酶封闭切口。可见胞嘧啶脱氨基作用形成的错配的 G-U 碱基对，经过修复后，仍然可恢复成原先的 G-C 碱基对，并没有导致基因突变（图 9-20）。

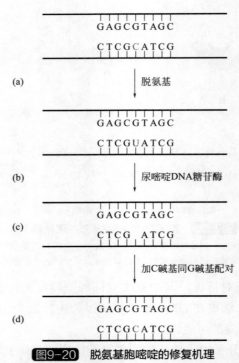

图9-20 脱氨基胞嘧啶的修复机理

（a）胞嘧啶脱氨基后转换成尿嘧啶，它不能同鸟嘌呤配对，只能同腺嘌呤配对；（b）细胞内尿嘧啶糖苷酶，特异性识别 DNA 分子中这个新的碱基成员尿嘧啶，并切割其与脱氧核糖相连的 N- 糖苷键，从而移走尿嘧啶；（c）由此产生的 AP 位点的 5′一侧的磷酸二酯键被 AP 内切核酸酶切割，造成单链断裂；（d）DNA 聚合酶 I 删去残留的脱氧核糖磷酸单元，并在缺口处插入与互补链鸟嘌呤配对的胞嘧啶核苷酸，并由 DNA 连接酶封闭切口，从而完成胞嘧啶脱氨基形成的碱基错配的修复

2. 5- 甲基胞嘧啶脱氨基作用与基因的自发突变

5- 甲基胞嘧啶（5-mC）是胞嘧啶甲基化的衍生物。其脱氨基作用的结果与胞嘧啶的完全不同，它不仅会导致基因突变，而且还是突变的热点（mutation hotspot）。这是因为 5- 甲基胞嘧啶脱氨基作用生成的是胸腺嘧啶，亦即 5- 甲基尿嘧啶，而不是尿嘧啶。由于胸腺嘧啶是 DNA 分子所含的 4 种正常碱基之一，同时还具有区别脱氨基的胞嘧啶（即尿嘧啶）的甲基（—CH_3）标记。因此它不会像尿嘧啶那样容易被细胞中的尿嘧啶 N- 糖基化酶所识别和切除。这意味着一旦 5- 甲基胞嘧啶脱氨基转变成胸腺嘧啶之后，虽说胞内其他的修复体系也会对此进行修复，但不会达到百分之百的水平。故此在 DNA 分子的这个部位就会产生出一对 G-T 碱基错配。如果它没有在 DNA 复制之前得到及时的修复，在随后的复制过程中，便会发生突变。

G-T 碱基错配诱发突变的具体过程是，随着双链 DNA 分子的解链反应，错配的两个碱基 G 和 T 便会彼此分开，并在新链合成期间按照正常的碱基配对原则，各自形成新的碱基对 G-C 和 A-T。结果产生出两种分别具有野生型 G-C 碱基对和突变型 A-T 碱基对的子代双链 DNA 分子（图9-21）。

研究表明，5- 甲基胞嘧啶脱氨基作用引起的碱基转换，生成错配的 G-T 碱基对，是导致基因自发突变的最重要的分子机理之一。在造成人类遗传疾病的突变事件中，大约有三分之一是源自 5- 甲基胞嘧啶的脱氨基作用。

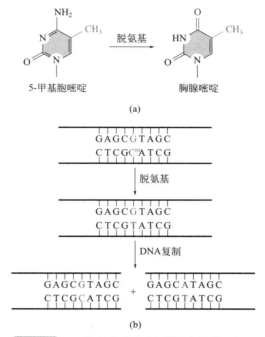

图9-21 5-甲基胞嘧啶脱氨基突变的分子机理

（a）5-甲基胞嘧啶脱氨基后转换成胸腺嘧啶。它是 DNA 分子正常的 4 种碱基之一，同时含有脱氨基胞嘧啶（即尿嘧啶）所不具有的甲基（—CH₃）标记，因此不会像尿嘧啶那样，被尿嘧啶 *N*-糖基化酶识别并水解掉；（b）在 DNA 复制过程中，产生出具有野生型 G-C 碱基对的双链 DNA 和具突变型 A-T 碱基对的双链 DNA（引自 R. F. Weaver, 2012）

第三节
物理诱变

　　前面我们叙述了有关自发突变的若干分子机理。尽管说生命体的突变能够自发地发生，但其频率却要比由物理因素或化学因素诱发产生的突变频率低得多。已知可用来诱发生命体发生突变的物理因素的类型相当繁多。其中常见的有紫外线、X 射线、γ 射线、快中子以及 α 射线、β 射线、激光和超声波等。紫外线是不形成离子的非电离辐射，而 X 射线、γ 射线及快中子等，则属于电离辐射。

一、紫外线诱变作用的分子机理

1. 紫外线辐射的生物学效应

　　紫外线（ultraviolet，UV）属于一种实用而有效的物理诱变因素，其波长范围为 136～390nm，是短于紫色光但又紧挨紫色光的射线。它能够使被照射的物质原子的内层电子提高能级，但却不会获得或失去电子，所以不会产生电离现象。紫外线的波长范围虽较广，然而对诱变有效的范围仅是介于 200～300nm 波长之间，其中尤以 260nm 波长范围效果最佳。这是因为这个波长的紫外线是双链 DNA 分子的特异性吸收峰值，会给

DNA 分子造成最严重的损伤。260nm 波长的紫外线，在阳光中的含量相当丰富，它会破坏皮肤细胞中的 DNA，致使其中的某些细胞失去控制分裂的能力，而处于无限增殖的异常状态。这就是为什么阳光会诱发皮肤癌的原因。

紫外线辐射对被照射的生命体有两种不同的效应。一种是诱发生命体发生突变，即诱变效应；另一种是杀死生命体，即致死效应。两者的机理可能是相似的，都是由于造成 DNA 分子发生变化的缘故。已经证明，紫外线辐射引起的 DNA 构型的变化，是多种多样的。诸如 DNA 多核苷酸链的断裂、DNA 分子双链的交联、胞嘧啶和尿嘧啶的水合作用，以及形成嘧啶二聚体等。但其中最主要的、可导致基因突变的效应是，胸腺嘧啶二聚体的形成。

2. 紫外线诱变的分子机理

紫外线是一种比较微弱的辐射，对 DNA 分子的损伤也比较缓和。实验证明，经过紫外线照射的大肠杆菌 DNA 所产生的嘧啶二聚体中，大约有 50% 是胸腺嘧啶-胸腺嘧啶二聚体、40% 是胸腺嘧啶-胞嘧啶二聚体、10% 是胞嘧啶-胞嘧啶二聚体。其中胸腺嘧啶二聚体的形成，是紫外线诱发基因突变的主要途径。

胸腺嘧啶二聚体（thymine dimer），是 DNA 分子经过紫外线照射之后产生的一种链内二聚体（intrastrand dimer）。它在同一条链两个相邻的胸腺嘧啶碱基的第 5 位碳原子之间，及第 6 位碳原子之间，引入了两条 C—C 共价键，形成环丁烷环（cyclobutane ring）结构，从而把这两个胸腺嘧啶碱基连接起来（图 9-22）。由于形成二聚体的 C—C 共价键，要比正常的两个相邻碱基之间的距离稍短一些，结果使 DNA 链发生变形，呈现出鼓突状态。

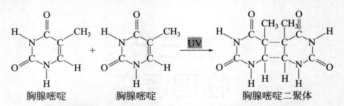

图9-22 紫外线照射诱发产生的胸腺嘧啶二聚体

胸腺嘧啶二聚体导致基因突变的原因在于，它阻碍了 DNA 复制过程中碱基的正常配对。按照碱基配对规则，两条 DNA 互补链之间的胸腺嘧啶碱基是同腺嘌呤碱基配对的。而如果两个相邻的胸腺嘧啶碱基连成二聚体，就有可能改变这种状况。结果是要么破坏腺嘌呤碱基的正常参入作用，于是 DNA 复制便会在这个位点骤然停止；要么是错误地继续进行，这样就会在新的 DNA 链上出现一个改变了的碱基顺序，从而引起基因突变。

紫外线照射诱发产生的胸腺嘧啶二聚体损伤，依其在 DNA 链上的位置的不同而可能有几种不同的结果（图 9-23）。

① 二聚体损伤位于远离复制叉的非复制的 DNA 区段上。这样的二聚体通过无错误的切补修复而被清除掉的概率很高。但在修复过程中也会偶尔出现错误，于是形成突变。

② 二聚体损伤位于靠近复制叉的非复制的 DNA 区段上。这样的二聚体易于避开切补修复，经过一定的延缓之后，便会通过复制叉产生出一个大的单链缺口。这种缺口可以被复制后重组修复体系补上，但也会偶尔产生错误，于是出现突变。

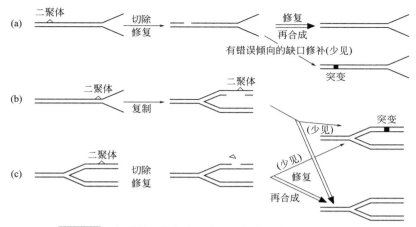

图9-23 紫外线诱发胸腺嘧啶二聚体的三种不同的突变效应

（a）二聚体位于远离复制叉的、未复制的 DNA 区段上；（b）二聚体位于靠近复制叉末端的未复制的 DNA 区段上；
（c）二聚体位于已复制的 DNA 区段上

③ 二聚体损伤位于已复制的 DNA 区段上。这样的二聚体或者被无错误的切补修复清除掉，恢复成原来的碱基成分，不出现突变；或者是作为切补修复的一种中间体而被切割掉，产生出切割缺口，于是便能参加同姐妹链间的突变重组事件，偶尔出现错误，产生突变。

二、电离辐射诱变作用的分子机理

1. γ 射线和 X 射线

电子脱离原子和分子过程的物理变化现象，叫做电离；而能够使原子或分子产生电离变化的辐射，叫做电离辐射（ionizing radiation）。本节集中讨论 γ 射线和 X 射线这两种电离辐射的物理诱变效应。

γ 射线（gamma ray）和 X 射线（X-ray），是两种主要的电离辐射。前者是由同位素铯（^{137}Cs）和钴（^{60}Co）等放射性物质发射出来的一种具有高能量的光子束，后者是由 X 射线机中产生的高能光子束。γ 射线和 X 射线主要差别在于，γ 射线具有更高的能量和极强的穿透能力，甚至可以穿透几厘米厚的防护铅板。X 射线，也叫伦琴射线，其波长范围约为 $10^{-5} \sim 10^{-3}$Å[1]。其中波长较短的叫硬射线，具有较强的穿透力和较低的电子密度；波长较长的叫软射线，穿透能力较差但耗能较多。

γ 射线及 X 射线如同紫外线一样，也能够直接同被照射的生命体的 DNA 或染色体分子相互作用，诱发基因突变，故它也是一类有用的物理诱变剂。此外，射线衍射的图谱，可用来测定晶体中的分子状态，因此是一种测定诸如蛋白质一类大分子结构的有效方法。

2. 电离辐射的生物学效应

电离辐射的生物学效应，可以发生在个体、器官组织、细胞及亚细胞等不同的水平上。生命体受到电离辐射的作用后，所造成的部分机能失调或机体损伤，其结果不外是如下两种情况：一种是得到及时的修复，另一种是形成突变甚至机体的死亡。

---

[1] 1Å=10^{-10}m。

（1）器官水平的电离辐射敏感性

我们知道，高等动植物一类的生命体，是由各种不同器官组织构成的。因此，它们的辐射效应，实际上是由不同的器官组织综合造成的。不同的器官组织对电离辐射的敏感性并不一样。一般的情况是哺乳动物的造血组织、肠胃道黏膜、皮肤、眼球晶体以及生殖腺等，都比较容易感受电离辐射的作用，造成损伤或功能失活。

（2）细胞水平的电离辐射敏感性

除了病毒以外的生命体，不论是单细胞的还是多细胞的，其结构与功能的基本单位都是细胞。在进化过程中，由共同的原始细胞分化形成了原核细胞和真核细胞两大类。实验观察表明不同类型的细胞，对电离辐射作用的敏感性也是有所差别的。就一般规律而言，处于分裂活动期的细胞，特别是后前期和中期，对电离辐射的反应最为敏感。现在一般是以细胞的存活率，作为电离辐射生物学效应的定量指标。

（3）亚细胞水平的电离辐射敏感性

对电离辐射作用反应最为敏感的部位，是细胞核中的染色体和 DNA 分子。无论是个体还是器官组织乃至细胞，电离辐射导致的损伤，归根结底都是源自于染色体或 DNA 分子的变化。其主要的形式是染色体断裂或 DNA 糖-磷酸骨架的断裂。当然不同类型的碱基，对电离辐射作用的敏感性亦有所差别。就 X 射线而言，含胞嘧啶和胸腺嘧啶碱基的核苷酸序列，似乎要比含腺嘌呤和鸟嘌呤碱基的核苷酸序列，更为敏感些。

电离辐射招致的 DNA 链的断裂，其效应视具体情况而有所不同。DNA 双链断裂，在原核生物中往往是致死的，而在真核生物中则可能是引起染色体变化的主要原因。至于 DNA 单链断裂，无论对原核生物还是真核生物，一般都是非致死的或者只能偶尔地导致死亡，它可能是诱发基因突变的一种主因。

3. 电离辐射诱变作用的分子机理

γ 射线是一种具有相当高能量的电离辐射，在它的照射下，无论是染色体还是 DNA 分子，都会产生断裂甚至缺失。X 射线的能量虽不及 γ 射线，但亦足以导致被照射的生命体的 DNA 分子，发生糖-磷酸骨架的断裂，形成 DNA 小片段。造成此种 DNA 分子损伤的主要原因在于，围绕在 DNA 多核苷酸链周围的某些分子，特别是水分子（H_2O），在电离辐射的作用下发生了离子化作用。离子化作用产生的自由基（radical），例如由水分解成的氢自由基 H·和羟自由基·OH（或者是离子 H^+ 和 OH^-），尤其是含氧的自由基具有未配对的电子，因此在化学上是极其活跃的，它们一旦产生便会立即攻击周围的 DNA 分子。

当 DNA 分子受到这样的自由基攻击之后，碱基便会发生变化，通常是引起单链或双链的断裂。单链 DNA 断裂一般不会造成严重的致死效应，因为它很容易被修复。但在修复过程中亦会发生错误，产生突变。而双链 DNA 的断裂则不然，它很难被修复，其后果不是致死便是造成持久性的突变（lasting mutation）。

电离辐射会使染色体断裂，因此它不仅仅是一类物理诱变剂或说是能够诱发突变的物质，而且还是一类染色体断裂剂（clastogen）。

三、热诱发突变的分子机理

在生物学上热是普遍存在的物理作用，但长期以来人们似乎忽略了热也是一种诱变剂。虽然很早以前就已经知道迅速的温度变化，可以影响不同生命体的突变率，但却以为这类效应可能是由于包括 DNA 聚合酶在内的酶催反应扰乱产生的，而不是由于热对 DNA 产生的直接效应所致。在使用 T4 噬菌体进行的关于热诱发突变的实验中观察到，只要从 0℃ 开始温和地加热，就能诱发游离的噬菌体颗粒发生突变；而在 37℃ 或 37℃ 以上加热，平均的热诱发突变率，可达每天每碱基对 4×10^{-8} 左右。

　　热诱发的从 G-C 碱基对到 A-T 碱基对的转换突变，可能是由于胞嘧啶脱氨基作用形成尿嘧啶的缘故（图9-24）。支持这种机理的证据有，论证胞嘧啶是构成热诱发突变的靶子碱基之遗传学资料，以及热诱发的碱基转换对 pH 值依赖关系的动力学资料。游离的胞嘧啶或胞嘧啶核苷的脱氨基作用，是由离子 H^+ 和 OH^- 催化的。热诱发的 G-C 碱基对的转换也是由氢核催化的。

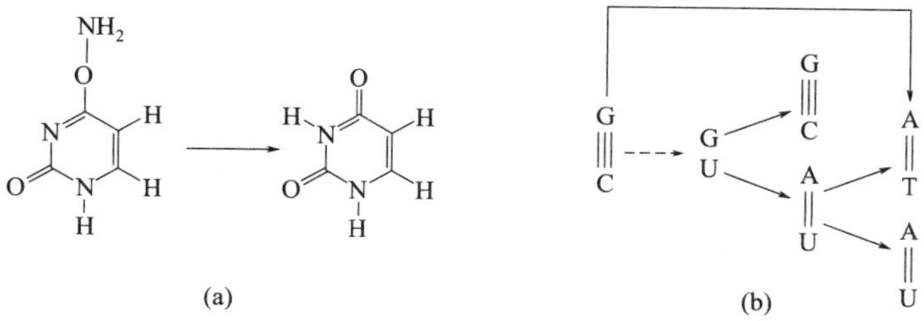

图9-24 热诱发的G-C──→A-T碱基转换突变

（a）经过热的诱变作用，胞嘧啶碱基（C）氧化脱氨基形成尿嘧啶（U）；（b）U 同占据了 G 位置的 A 配对，并在下一次 DNA 复制过程中，按照正常的碱基配对规则，A 同 T 配对，于是 G-C 碱基对便转换成 A-T 碱基对

第四节
化学诱变

　　有关化学诱变的研究历史相当久远。早在 1941 年，著名的遗传学家摩尔根就曾用酒精和乙醚处理果蝇，看其能否发生突变，但没有获得成功。随后在 1943 年 C. Auerbach 发现了第一种化学诱变剂芥子气。此后的数十年间，突变研究工作者和化学家们进行了广泛的研究，试验了成千上万种的各类化学药品。结果发现有花样繁多的各类物质，诸如金属离子、一般的化学试剂、生物碱、抗代谢物、生长激素、抗生素以及高分子化合物、医用药品、农药杀虫剂、洗涤剂、染发剂、染料甚至连某些饮料、食品等日常生活必需品等都存在着不同程度的诱变效果。但是，真正诱变效果良好的，堪作诱变剂使用的只不过是其中的一小部分。

　　鉴于化学诱变剂种类繁杂，而且它们的诱变效果和作用机理主要来自微生物系统的试验结果，同时其中只有少数几种诱变剂的作用机理较为清楚。因此要全面详尽地叙述所有化学诱变剂的作用机理，既不可能亦无必要。本节只是从中选出择若干种有代表性的，同时其机理亦较清楚的例子进行讨论（表 9-3）。

表9-3　常用化学诱变剂及其主要的诱变效应

诱变剂名称	诱变剂类型	诱变作用基础	主要诱变效应
2-氨基嘌呤	碱基类似物	腺嘌呤类似物，同胞嘧啶碱基错配	G-C ⟶ A-T 或 A-T ⟶ G-C 碱基转换突变
5-溴尿嘧啶	碱基类似物	胸腺嘧啶类似物，同鸟嘌呤碱基错配	G-C ⟶ A-T 或 A-T ⟶ G-C 碱基转换突变
亚硝酸	改变DNA分子化学结构的化学诱变剂	脱氨基作用，使胞嘧啶碱基转变成尿嘧啶碱基，使腺嘌呤碱基转变成次黄嘌呤碱基	G-C ⟶ A-T 或 A-T ⟶ G-C 碱基转换突变
羟胺	改变DNA分子化学结构的化学诱变剂	将胞嘧啶转变成羟基氨基胞嘧啶，同腺嘌呤错配	G-C ⟶ A-T 碱基转换突变
乙基甲磺酸	烷化剂（系一大类改变DNA分子化学结构的化学诱变剂）	腺嘌呤碱基的烷基化作用	G-C ⟶ A-T 碱基转换突变
吖啶染料	嵌入DNA分子的化学诱变剂	嵌入DNA分子中两个相邻碱基对之间	移码突变
ICR化合物	嵌入DNA分子的化学诱变剂	嵌入DNA分子中两个相邻碱基之间	移码突变

一、化学诱变剂的检测技术

1. 艾米斯实验的原理

为了检测化合物的致变性（mutagericity）和致癌性（carcinogenicity），科学工作者发展出了多种不同的实验方案。其中最常用的一种是艾米斯实验（Ames test）。此种敏感的细菌检测法是由美国加州大学伯克利分校的 Bruce N. Ames 于 1974 年建立的。他当时的实验菌株是一种鼠伤寒沙门氏菌（*Salmonella typhimurium*）组氨酸依赖型的（His⁻）突变株。因为该菌株参与组氨酸生物合成的一个基因发生了错义或移码突变，结果便丧失了合成组氨酸的能力。所以它在没有补加组氨酸的生长培养基平板上，便无法生长和形成菌落。但是，如果在生长培养基中加入某种特定的诱变剂，该突变株就会发生回复突变，生成能够合成组氨酸的野生型回复突变株。于是又能够在缺乏组氨酸的培养基平板上生长并形成菌落。实验表明，所检测的化合物浓度越高致变性越强，形成的回复突变菌落也就越多，也就是说三者之间存在者线性关系。

2. 艾米斯实验步骤

实验的第一步，为了提高回复诱变效率，Ames 后来又将大鼠肝提取物（rat live extract）同待测诱变剂一道加入在含有实验菌株培养物的试管中；同时设置一个对照实验，即只向实验菌株的培养物试管中加入大鼠肝提取物，而没加入待测诱变剂。因为大鼠肝提取物含有一些细胞酶分子，能够将待测化合物的致变性激活，从而提高了诱变效力。这一步处理，明显地提高了艾米斯实验用于检测化合物致变性和致癌性的敏感性。实验的第二步，将上述的实验管和对照管温育 12h（过夜培养），让细菌生长繁殖。然后取出含大量细胞的过夜培养物，涂布在不含组氨酸的缺陷性营养培养基的平板上，同样进行过夜培养和菌落计数。实验显示，在这样的平板上，沙门氏菌组氨酸依赖型突变株不会生长形成菌落。然而如果发生了使之能够合成组氨酸的野生型回复突变，便能够在这样的平板上生长并形成肉眼可见的菌落。实验的第三步，为确定待测化合物的致变性，对分别涂布在检测平板和对照平板上的菌落进行计数，并作比较。例如，假设涂布的菌落总数为10000000个，而观察到的回复突变体菌落为10个，那么其突变率便是10^{-6}。而在对照组试管，由于没有加入待测诱变剂，最终只检测到2个自发回复突变形成的菌落（图9-25）。

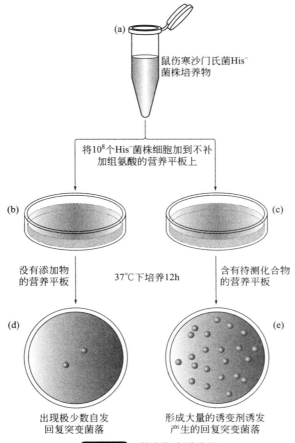

（a）鼠伤寒沙门氏菌His⁻菌株培养物

将10^8个His⁻菌株细胞加到不补加组氨酸的营养平板上

（b）没有添加物的营养平板　　37℃下培养12h　　（c）含有待测化合物的营养平板

（d）出现极少数自发回复突变菌落　　（e）形成大量的诱变剂诱发产生的回复突变菌落

图9-25　艾米斯实验步骤

（a）需要补加组氨酸才能生长的实验菌株——鼠伤寒沙门氏菌组氨酸依赖型（His⁻）突变株培养物。将含有10^8个细胞的实验菌株培养物，分别涂布在（b）不补加任何添加剂琼脂平板和（c）补加有待测诱变剂的琼脂平板上，置37℃下温育12h后观察菌落生长情况。（d）出现了极少数的自发回复突变菌落。（e）产生了大量的由诱变剂诱发产生的回复突变菌落（转引自 L. H. Hartwell, 2018）

3. 化合物致变性和致癌性的检测

究竟怎样判断一种待测化合物的致变性和致癌性呢？一般说来，研究者是通过比对补加待测化合物的实验组和没有补加待测化合物的对照组的回复突变率，来判断一种待测化合物是否为诱变剂。如果两者的突变率有显著的差别，便可倾向于认为待测的化合物是一种诱变剂。有人应用艾米斯实验比较了吸烟个体和非吸烟个体的尿液样品的诱变剂含量水平，结果表明吸烟个体尿样含有的诱变剂水平要比非吸烟的高得多。据此发现的具有致变性的化合物，可以在哺乳动物体内进一步检测其致癌性。在20世纪70年代有关科学工作者应用艾米斯实验证明，在已经知道的致癌化合物中，有8%都是属于强诱变剂。因此，这种实验技术无疑也是一种检测致癌物的有效的方法。

二、碱基类似物的诱变作用

碱基类似物（base analogues）是指其分子在化学结构上同自然界中存在的碱基化合物嘌呤或嘧啶非常相似，因而在一些反应中能够取代核酸中正常碱基的一类特殊的化合物。其中有些碱基类似物，例如胸腺嘧啶的类似物 5- 溴尿嘧啶（5-BU）和腺嘌呤的类似物 2- 氨基嘌呤（2-AP），它们能够参入到 DNA 分子中去，呈现异常碱基配对性质，可导致碱基转换突变，因此是一类有用的化学诱变剂。

1. 5- 溴尿嘧啶的诱变作用

5- 溴尿嘧啶（5-bromouracil, 5-BU）是胸腺嘧啶（亦叫 5- 甲基尿嘧啶）碱基的类似物，两者的分子结构十分相似。其差别仅仅在于，胸腺嘧啶碱基中与 5 位 C 相连的是甲基（—CH₃），而在 5- 溴尿嘧啶中，与 5 位 C 相连的却是溴（Br）（图 9-26）。正常的酮基构型的 5- 溴尿嘧啶就如同胸腺嘧啶一样，通过 4 位的酮基氧和 1 位的氮同腺嘌呤碱基配对，形成 A-T 碱基对。

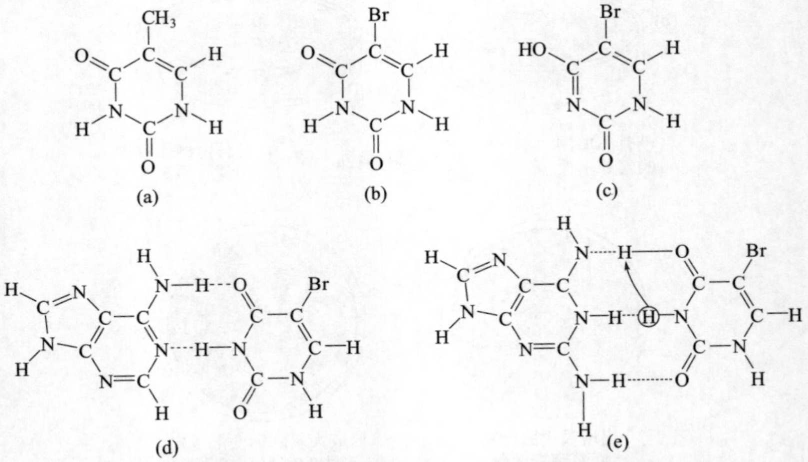

图9-26 5-溴尿嘧啶的分子结构式及其碱基配对

（a）胸腺嘧啶的分子结构式。（b）5- 溴尿嘧啶（酮基构型）的分子结构式。（c）5- 溴尿嘧啶（烯醇基构型）的分子结构式。（d）正常的酮基构型的 5- 溴尿嘧啶与腺嘌呤碱基配对。（e）罕见的烯醇基构型的 5- 溴尿嘧啶与鸟嘌呤碱基配对

然而由于 5- 溴尿嘧啶碱基互变异构化作用，也就是说 1 位氨基上的氢偶尔能够转移到酮基上，结果使酮基构型的 5- 溴尿嘧啶转变成烯醇基构型的 5- 溴尿嘧啶。后者同鸟嘌呤碱基具有很高的亲和力，在 DNA 复制过程中，便会形成 G-BU，最终导致 DNA 分子中产生出 A-T 到 G-C 的碱基转换突变（图 9-27）。

正常的酮基构型的 5- 溴尿嘧啶，同腺嘌呤碱基配对（A-BU），而通过互变异构化作用转变成烯醇基构型的 5- 溴尿嘧啶，则是同鸟嘌呤配对（G-BU），从而引起突变，这种情况比较常见。因而在 BU 参入 DNA 取代胸腺嘧啶之后的头一轮复制时，有些 A-BU 碱基对就可能产生出 A-T 碱基对和 G-BU 碱基对，并且在下一轮复制时形成 G-C 碱基对和 A-BU 碱基对（BU 此刻已通过互变异构化作用"回复"成酮基构型）。这就是说 BU 碱基已诱发 G-C 碱基对取代 A-T 碱基对。

因为烯醇基构型的 BU 能够同鸟嘌呤（G）配对，所以在特定的条件下，它可以取

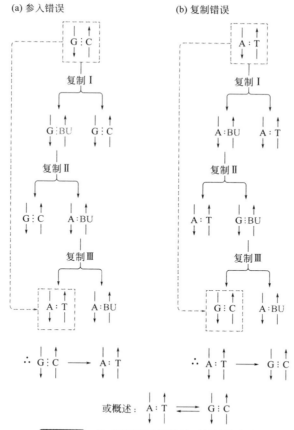

(a) 参入错误

(b) 复制错误

图9-27 5-溴尿嘧啶诱发的碱基转换突变

（a）参入错误。在 DNA 复制过程中会偶尔发生 G 同 BU 的错配，使 BU 参入到新合成的 DNA 子链上。但因为 BU 的正常互补碱基是 A，所以在下一轮的 DNA 复制时便同 A 配对，使 A 参入到新链上。这样最终便会在子代 DNA 分子中，原来是 G-C 碱基对的部位出现一个 A-T 碱基对，从而产生 G-C 到 A-T 的碱基转换突变。（b）复制错误。BU 首先通过同它的正常互补碱基 A 配对参入到新合成的 DNA 子链上，这就增加了这个碱基发生突变的倾向。其原因是 BU 比 T 较为容易产生配对错误。在下一轮 DNA 复制过程中，G 可能同 BU 配对使 G 参入到新合成的 DNA 子链上，从而导致最终在原来 A-T 的位置出现一个 G-C 碱基对，从而出现了 A-T 到 G-C 的碱基转换突变 （转引自 D. P. Snustad & M. J. Simmons, 2010）

代胞嘧啶（C）参入 DNA 新生链，从而诱发产生从 G-C 碱基对到 A-T 碱基对的回复突变。然而因为烯醇基构型的 BU 是罕见的互变异构体，所以诱发产生 G-C ⟶ A-T 回复突变的频率要比 A-T ⟶ G-C 转换突变的低得多。但尽管如此，被 BU 诱发产生的突变仍然可以被它自己所回复。

根据 BU 诱变机理分析知道，为了能够进行有效的取代反应，碱基类似物必须在 DNA 复制期间参入。然而在正常的条件下，加到培养基中的碱基类似物并不能充分地参入到新生的 DNA 链中。这是因为许多生命体，例如大肠杆菌，能够合成所需的胸腺嘧啶。这类天然的胸腺嘧啶碱基可有效地与其类似物 BU 竞争，抑制它的参入。但是，如果细胞在遗传上丧失了合成胸腺嘧啶的功能，或是其生化途径受到了周围环境因素的阻断，那么它就会被迫吸收 BU，并使之参入到 DNA 的新生链，进而诱发基因突变。一般的办法是，将细胞培养在含有可抑制胸腺嘧啶合成的特定抑制物的培养基中，或者是使用胸腺嘧啶缺陷型的细胞进行实验，便可有效地提高 BU 诱发基因突变的效率。

2. 2- 氨基嘌呤的诱变作用

2- 氨基嘌呤（2-aminopurine，2-AP）是腺嘌呤的碱基类似物。在腺嘌呤中，氨基（—NH$_2$）是与 6 位 C 原子相连，故亦称为 6- 氨基嘌呤；而在 2- 氨基嘌呤中，氨基则是同 2 位 C 原子相连（图 9-28），因此两者的分子结构比较相似。2- 氨基腺嘌呤有两种互变异构体，即氨基型的 2- 氨基嘌呤和亚氨基型的 2- 氨基嘌呤。其中前者以两个氢键同胸腺嘧啶碱基配对，形成 AP-T 碱基对；而后者则是以一个氢键同胞嘧啶碱基配对，形成 AP-C 碱基对（图 9-29）。

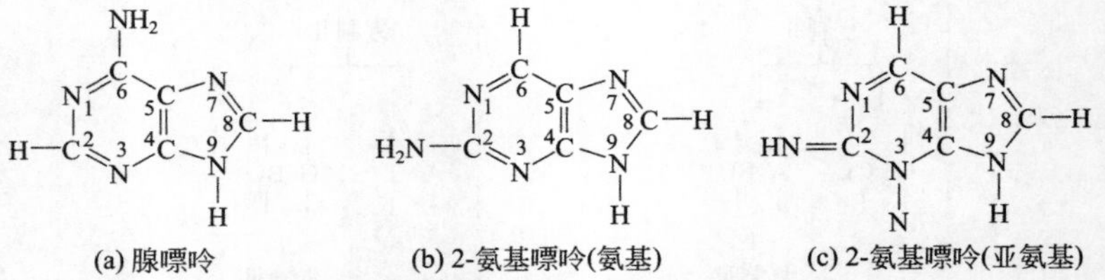

图9-28 2-氨基嘌呤的互变异构体分子结构式
（a）腺嘌呤；（b）氨基构型的 2- 氨基嘌呤；（c）亚氨基构型的 2- 氨基嘌呤

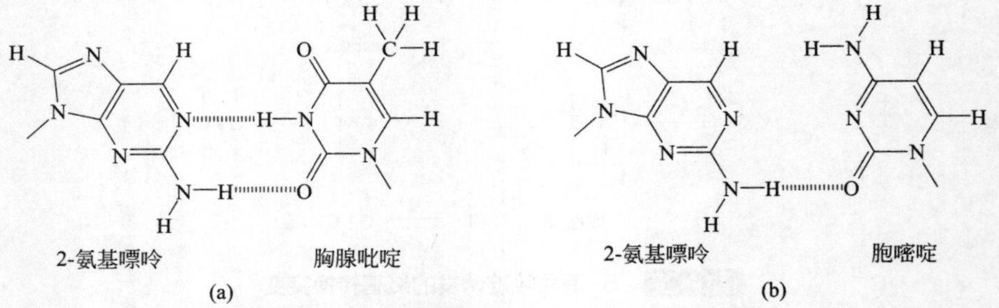

图9-29 2-氨基嘌呤互变异构体的碱基配对
（a）氨基型的 2-AP 与胸腺嘧啶（T）形成 AP-T 碱基对；（b）氨基型的 2-AP 与胞嘧啶（C）形成 AP-C 碱基对

因为 2- 氨基嘌呤既能同胸腺嘧啶配对，又能同胞嘧啶配对，所以它能够诱发 A-T ⟶ G-C 和 G-C ⟶ A-T 两种碱基转换突变。但因为氨基型的 2-AP 和亚基型的 2-AP，这两种互变异构体并不是以相等频率产生的，所以诱发产生 G-C ⟶ A-T 转换突变的频率，要比诱发产生 A-T ⟶ G-C 转换突变的频率高得多。

三、改变DNA分子结构的诱变剂

碱基类似物的化学诱变剂，是通过替换 DNA 分子中的正常碱基来诱发基因突变的。而其他的化学诱变剂，例如羟胺、亚硝酸和烷化剂等（图 9-30），则是通过改变 DNA 分子结构来诱发基因突变的。这两类化学诱变剂的诱变机理，共同的地方在于它们都是与 DNA 分子的复制过程密切相关的。

1. 羟胺的诱变作用

羟胺（hydroxylamine，HA）属于羟化剂（hydroxylating agent）。它与许多烷化剂（alkylating agent）不一样，是一种高度特异的诱变剂。羟胺只能同胞嘧啶发生反应，使其分子中的氨基（—NH$_2$）发生羟化作用，将之修饰成羟基氨基胞嘧啶（hydroxylaminocytosine）。

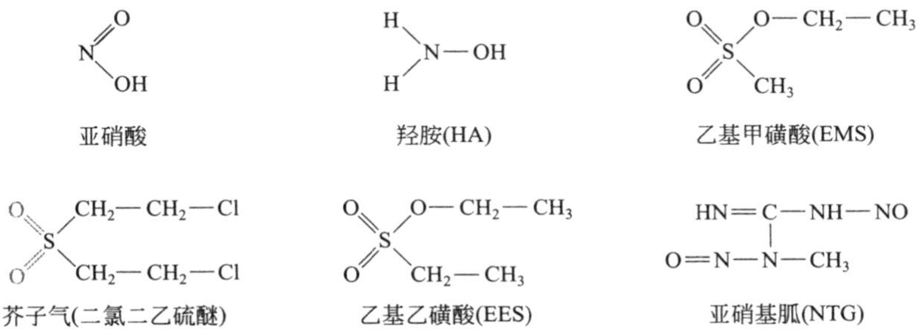

亚硝酸
羟胺(HA)
乙基甲磺酸(EMS)
芥子气(二氯二乙硫醚)
乙基乙磺酸(EES)
亚硝基胍(NTG)

图9-30 若干种常见的化学诱变剂的分子结构式

这种被修饰的胞嘧啶碱基与正常的胞嘧啶碱基不同，它不再能同鸟嘌呤碱基配对，而只能同腺嘌呤碱基配对（图 9-31），最终诱发产生出单向性的 G-C ⟶ A-T 的碱基转换突变（图 9-32）。所以说羟胺是一种很有用的点诱变剂，它同基因核苷酸序列中任何一个碱基位点的反应，都表明该位点存在着 G-C 碱基对。

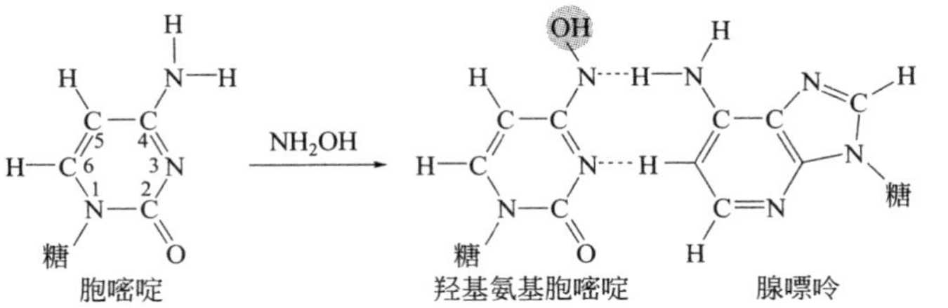

NH2OH
糖
胞嘧啶
羟基氨基胞嘧啶
腺嘌呤

图9-31 羟胺对胞嘧啶碱基的羟化作用

胞嘧啶碱基经羟胺修饰之后生成的羟基氨基胞嘧啶碱基只能同腺嘌呤碱基配对

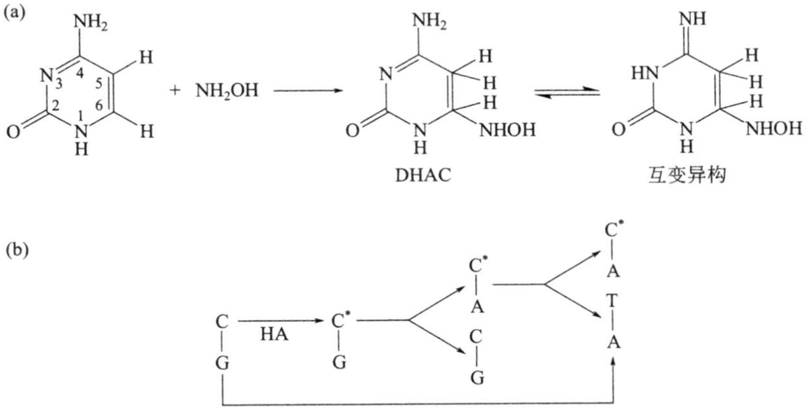

(a)
+ NH2OH
DHAC
互变异构
(b)
HA

图9-32 羟胺诱变作用的分子机理

（a）G-C 碱基对中的胞嘧啶碱基（C），经羟胺（HA）的羟化作用，变成羟基氨基胞嘧啶碱基（C*）。（b）在 DNA 复制过程中，该碱基只能同 A 碱基配对，形成 C*-A 碱基对。到了下一轮 DNA 复制时，C*-A 碱基对中的 C* 碱基照样同 A 碱基配对，而 A 碱基则按碱基配对规则，恢复同 T 碱基配对，形成 A-T 碱基对。从而最终实现了由 G-C 碱基对到 A-T 碱基对的碱基转换突变

由羟胺诱发产生的具 G-C ⟶ A-T 碱基转换突变的突变体，经过亚硝酸（nitrous acid）或碱基类似物的处理，可以发生回复突变。这说明羟胺的诱变作用具有可逆性。根据这种特性，可将转换突变分成两种不同的类型。一种类型是，在突变位点具有 A-T 碱基对的突变体，是不可能被羟胺诱发产生回复突变的。因为羟胺只能同 G-C 碱基对中

的 C 碱基发生作用。另一种类型是，在突变位点具有 G-C 碱基对，这样的突变体是可以被羟胺诱发产生回复突变的。因此羟胺这种特异性诱变剂，可以用来确定某一特定的突变，究竟是发生了 A-T ⟶ G-C 的碱基转换突变，还是发生了 G-C ⟶ A-T 的碱基转换突变。

2. 亚硝酸的诱变作用

亚硝酸钠（$NaNO_2$）或亚硝酸钾（KNO_2），在低 pH 值的酸性溶液中，便会形成亚硝酸（HNO_2），它也是一种相当有效的化学诱变剂。亚硝酸最明显的效应是脱氨基作用，使含有氨基的腺嘌呤、胞嘧啶和鸟嘌呤三种正常碱基，分别氧化脱氨基转变成次黄嘌呤（hypoxanthine，H）、尿嘧啶（uracil）和黄嘌呤（xanthine，X）（图 9-33）。这三种核苷酸碱基，在亚硝酸作用下脱氨基的分子本质是，使氨基转变成酮基，从而改变了氢键的潜能。

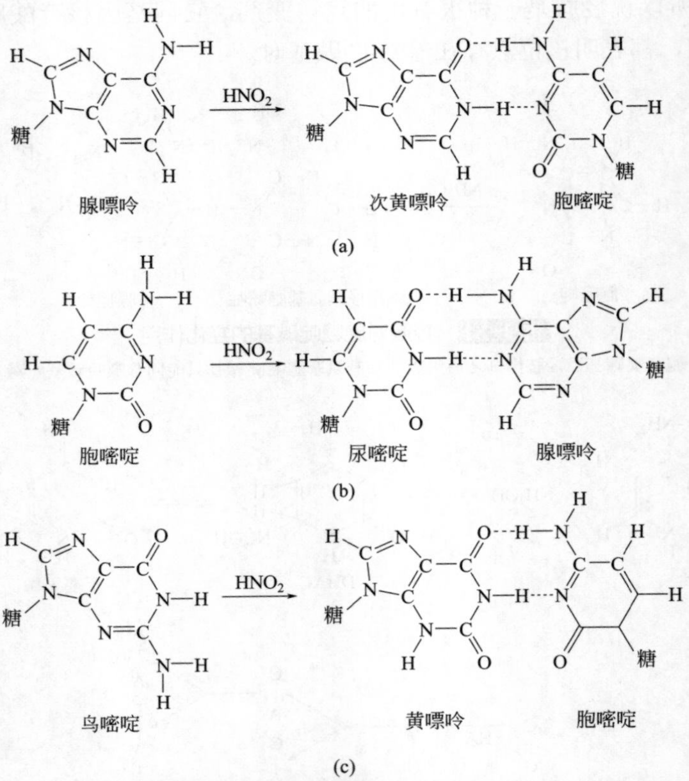

(a)

(b)

(c)

图9-33 亚硝酸氧化脱氨基作用的分子机理

（a）腺嘌呤脱氨基变成的次黄嘌呤，同胞嘧啶配对；（b）胞嘧啶脱氨基变成的尿嘧啶，同腺嘌呤配对；（c）鸟嘌呤脱氨基变成的黄嘌呤，仍然同胞嘧啶配对，因此它与（a）及（b）的情况不同，不是属于定向突变

腺嘌呤脱氨基变成的次黄嘌呤，只能同胞嘧啶而不是胸腺嘧啶配对，导致 A-T ⟶ G-C 的碱基转换突变。胞嘧啶脱氨基变成的尿嘧啶，是同腺嘌呤配对而不是同鸟嘌呤配对，结果产生 G-C ⟶ A-T 的碱基转换突变。鸟嘌呤脱氨基变成的黄嘌呤，如同鸟嘌呤一样，也是同胞嘧啶配对，故不能诱发碱基转换突变。因此鸟嘌呤脱氨基诱变，与腺嘌呤及胞嘧啶的脱氨基诱变不同，它不是属于定向诱变，而后二者则是属于定向诱变。

综合亚硝酸对腺嘌呤和胞嘧啶两种碱基的脱氨基诱变作用结果，可以看出亚硝酸具有诱发双向碱基转换突变（A-T $\rightleftharpoons$ G-C）的功能。因此，被亚硝酸诱发的突变，同样也可以用亚硝酸自己予以回复。

3. 烷化剂的诱变作用

生物学中的烷化剂（alkylating agent），是指在正常的生理条件下，能够将烷基 $[(-CH_2)_nCH_3]$ 转移给重要生物大分子特定部位的一类化合物。它的数量相当繁多，是目前已知道的最大的一群化学诱变剂。仅就已经得到广泛应用的就有甲基甲磺酸（methylmethane sulfonate，MMS）、乙基甲磺酸（ethylmethane sulfonate，EMS）、乙基乙磺酸（ethylethane sulfonate，EES）和亚硝基胍（nitrosoguanidine，NTG）等。最早发现的化学诱变剂芥子气（mustard gas），即第一次世界大战中使用的一种糜烂性毒气，二氯二乙硫醚 $[(ClCH_2CH_2)_2S]$，也是一种烷化剂。它们不仅对于微生物以及高等动植物等都有较强的诱变效应，同时许多烷化剂亦是强烈的致癌物质。

与碱基类似物、亚硝酸以及吖啶等其他的化学诱变剂相比，烷化剂诱变作用的特异性是偏低的。它能够诱发几乎所有类型的突变，包括碱基转换突变、颠换突变，移码突变、甚至还有染色体畸变等。这些突变的频率，依所用的具体的烷化剂而有所差异。

根据烷基（alkyl group）数目的多寡，可将烷化剂分成如下三大类。第一类是在其分子结构中只有一个反应烷基的，称为单功能烷化剂。第二类是在其分子结构中具有两个反应烷基的，称为双功能烷化剂。第三类是在其分子结构中具三个以上反应烷基的，称为多功能烷化剂。

烷化剂能够同 DNA 分子中的许多部位发生作用，结果使 DNA 分子的相关部位都带上了烷基侧链，这个过程叫做烷化作用（alkylation）。它改变了 DNA 分子的结构，从而导致基因突变。单功能的烷化剂只同双链 DNA 分子中的一条链起反应。而双功能或多功能的烷化剂除此而外，还能在 DNA 的双链之间形成共价键，阻止 DNA 的正常复制。比如丝裂霉素 C（mitomycin C）就是一种双功能的烷化剂，它可通过鸟嘌呤的交联作用，抑制 DNA 的合成活性。因此，多功能的烷化剂往往要比单功能的烷化剂，具有更有效的诱变能力和更强烈的致癌毒性。

实际上，在一定的条件下，DNA 分子中的 4 种正常的碱基，被烷化剂烷化的潜在敏感位点是各不相同的（图 9-34）。一般说来，腺嘌呤和鸟嘌呤这两种嘌呤碱基，特别容

| 腺嘌呤(A) | 鸟嘌呤(G) | 胞嘧啶(C) | 胸腺嘧啶(T) |

A	N1、N3、N6、N7、C8
G	N1、N2、N3、O6、N7、C8
C	N3、N4
T	N3、O4

图9-34 4种正常碱基烷化作用的敏感位点

（箭头所示）

易发生烷化作用；而胸腺嘧啶和胞嘧啶这两种嘧啶碱基，虽然也会发生烷化作用，但其程度不及嘌呤碱基。这 4 种碱基所具有的潜在的烷化作用的敏感位点是：腺嘌呤的 N1、N3、N6、N7 和 C8；鸟嘌呤的 N1、N2、N3、O6、N7 和 C8；胞嘧啶的 N3 和 N4；胸腺嘧啶的 N3 和 O4。其中烷化剂直接诱发的最佳突变位点是：腺嘌呤的 N3；鸟嘌呤的 N3 和 O6；胸腺嘧啶的 O4，以及胞嘧啶的 N4。

烷化剂诱发基因突变的机理比较复杂，包括碱基错配突变、错误修复突变以及碱基交联作用等。其中一种主要的机理是将其携带的烷基，包括甲基（—CH_3）或乙基（—CH_2CH_3）转移给 DNA 分子中的特定碱基，使得由此产生的烷基化的碱基的配对特性发生改变，从而导致碱基转换突变。例如鸟嘌呤碱基在乙基甲磺酸的作用下，便会被烷化成 N7- 乙基鸟嘌呤。此种修饰的碱基失去了与胞嘧啶配对的能力，而只能同胸腺嘧啶配对（图 9-35）。于是在 DNA 复制过程中，会产生 T 碱基的错误参入，形成碱基错配的 G^*-T 碱基对。在紧接着进行的下一轮 DNA 复制中，G^* 照样同参入的 T 碱基配对，而 T 则按照正常的碱基配对规则同 A 配对形成 A-T 碱基对。结果产生出从 G-C 碱基对到 A-T 碱基对的碱基转换突变（图 9-36）。由于此种基因突变，最初是因碱基错配引起的，故特称之为烷化剂直接诱发的碱基错配突变。

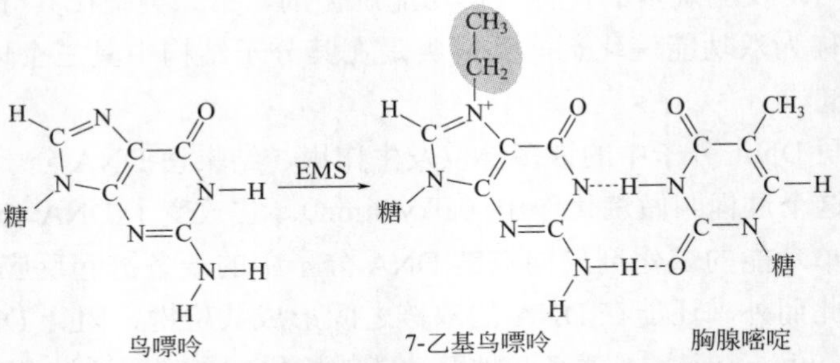

图9-35 乙基甲磺酸对鸟嘌呤的烷化作用

鸟嘌呤经 EMS 烷基化作用生成 N7- 乙基鸟嘌呤。烷化作用引起氢键潜能的改变，致使 N7- 乙基鸟嘌呤碱基已不再能同胞嘧啶配对，而只能同胸腺嘧啶配对

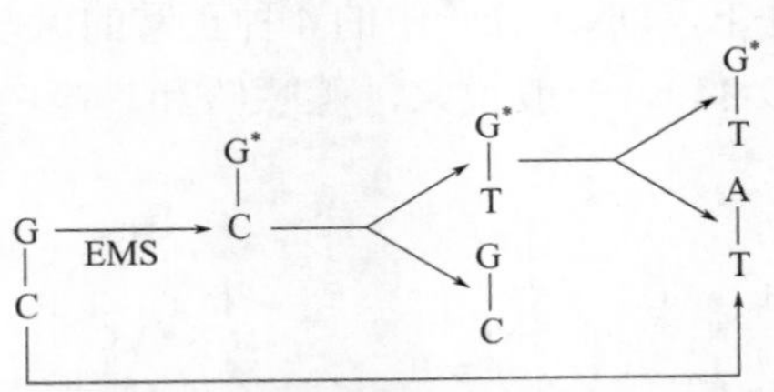

图9-36 乙基甲磺酸诱变作用的分子机理

图中 G^* 表示 N7- 乙基鸟嘌呤碱基，它只能同胸腺嘧啶碱基配对，从而导致 G-C ⟶ A-T 的碱基转换突变

烷化剂诱发基因突变的分子机理有两种，除了上述的碱基错配机理之外，还有一种叫做错误修复机理。实验表明，有些碱基被烷化之后，会在 DNA 复制过程中发生修复作用。但在修复过程会因偶尔错误，而产生出碱基颠换突变和移码突变。有关错误修复突变的详细内容，将在下面章节中讨论。

四、嵌入DNA分子的诱变剂

1. 嵌入型诱变剂的主要类型

能够嵌入到 DNA 分子中两个相邻碱基对之间，并使它们彼此分开而同 DNA 分子相互结合的化学诱变剂，叫做嵌入型诱变剂，主要包括吖啶染料和 ICR 化合物两大类。已经知道这些类型的吖啶衍生物，可以有效地诱发基因发生碱基增加或缺失的两种不同类型的移码突变，是基因突变研究中公认的强诱变剂。

吖啶（acridine）及其衍生物，属于一类具有扁平分子结构特征的芳香族化合物。因为它们会使 DNA 或 RNA 分子着色呈现荧光，所以通常也称为吖啶染料。常见的用作诱变剂的吖啶衍生物有吖啶橙（acridine orange）、吖啶黄（acridine yellow）、吖啶黄素（acriflavine）、原黄素（proflavine）以及溴化乙锭（ethidium bromide）等（图 9-37）。

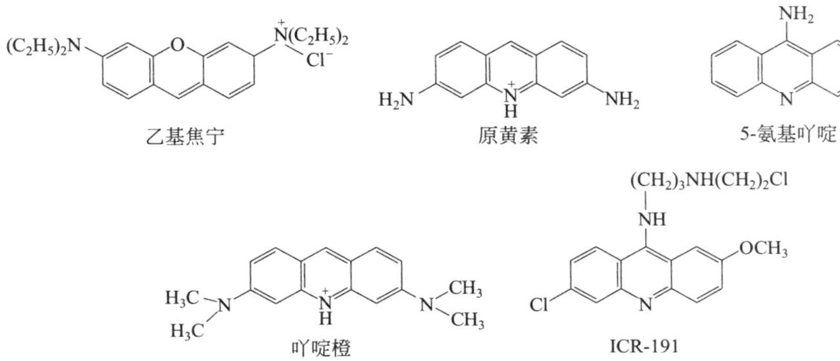

图9-37 若干种吖啶和ICR化合物的分子结构式

ICR 化合物，系指由美国癌症研究所（Institute of Cancer Research，ICR），应用化学方法合成的一类有效的嵌入型诱变剂，诸如 ICR-170 及 ICR-191 等。这类诱变剂的分子结构的基础是吖啶，同时带上了其他通常是烷化剂的侧链。由于 ICR 化合物是吖啶的衍生物，因此它们同吖啶一样，也具有扁平分子的结构特征，并以相同的分子机理诱发基因发生移码突变。

2. 吖啶染料的诱变作用

吖啶衍生物诸如吖啶橙、原黄素和吖啶黄素等，都是扁平的三环分子，其大小约相当于一个嘌呤-嘧啶碱基对。在水溶液中，这类吖啶衍生物形成彼此堆积的分子阵列，并可逐渐插入到 DNA 分子或是 RNA 分子中的两个相邻的碱基对之间，于是便同核酸分子结合在一起。这个过程叫做吖啶染料的嵌入作用（intercalation）（图 9-38）。

吖啶的分子厚度大约仅及一个碱基对的水平，而且一个碱基对中的两个碱基，正常情况下都是由氢键彼此相连的。因此一个吖啶或其衍生物分子的嵌入，会使相邻的两个碱基对彼此间的间隔距离增加一个碱基对的厚度。这样变化的结果，会使 DNA 在复制过程中，增加或缺失一个或数个碱基对。但实验观察表明，这种增加或缺失，通常都是单碱基对的，并导致基因出现移码突变（图 9-39）。

已经提出了若干种用以解释吖啶诱变分子机理的理论模型。其中有一种模型认为，含有吖啶或吖啶衍生物的 DNA 分子，在复制、重组或修复过程中，由于 DNA 分子中的

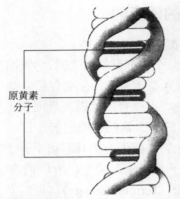

图9-38 吖啶衍生物原黄素嵌入DNA双螺旋结构

原黄素
分子

X 射线衍射研究表明，带正电荷的吖啶衍生物如原黄素，是插入到彼此堆积的两个相邻的碱基对之间。从而增加了 DNA 双螺旋分子的刚性，并改变了分子构型，最终导致基因发生移码突变

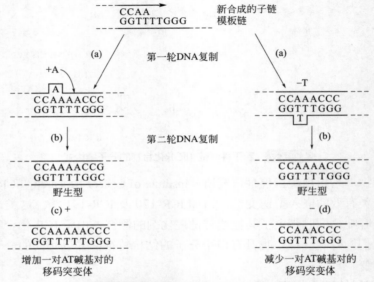

图9-39 吖啶衍生物诱发突变的分子机理

本实验设定一个吖啶分子嵌入到 DNA 复制叉部位。吖啶分子只是在 DNA 复制的头一轮存在，到了 DNA 复制的第二轮，便会诱导发生突变体。（a）在 DNA 第一轮复制期间，吖啶分子暂时性地嵌入正在复制的 DNA 分子的两个相邻碱基对之间，导致碱基错排；（b）嵌入吖啶分子的 DNA 进行第二轮复制，发生了移码突变；（c）增加了一个 A-T 碱基对的突变体；（d）缺失了一个 A-T 碱基对的移码突变体

一条链出现"外环"碱基（looping out base）的缘故，结果便会导致基因发生自发的移码突变。这种由外环碱基所形成的单链碱基环形结构，多半是出现在含有重复碱基序列的 DNA 区段中。因为这样的 DNA 区段才能够形成链内碱基对（intrastrand base pairs）。如果这种外环碱基结构是出现在 DNA 分子的模板链上，经过 DNA 复制之后便有可能出现碱基的缺失；而如果这种外环碱基结构是在新合成的子链 DNA 上形成的，那么便有可能导碱基的插入。人们推测，诸如吖啶染料这样的嵌入诱变剂，是通过维持外环碱基的螺旋外构型（extrahelical configuration）的稳定性，来诱发基因的移码突变。当然，目前科学工作者对该模型的严谨性仍存在争议。

还有一种模型认为，嵌入的吖啶或吖啶衍生物分子，会使 DNA 骨架发生畸变。例如溴化乙锭分子嵌入到 DNA 的两个相邻碱基对之间时，会使 DNA 分子解旋 26°，从而使正常碱基对之间的夹角，由 36°转变为 10°，于是 DNA 分子的扭曲程度便得到明显下降。这种骨架发生了畸变的 DNA 分子，在遗传重组过程中会产生出错误的碱基顺序，结果造成不等价交换，形成两种重组体分子。其中一种增加了一个碱基对，另一种则减少了一个碱基对。

有人指出吖啶及其衍生物，是重组体系的特别有效的诱变剂。它们能够通过稳定在重组过程的中间阶段发生的错配的异相构型（out-of-phase configuration），而发挥其诱变作用（图 9-40）。

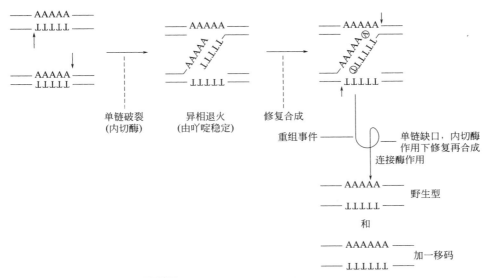

图9-40 重组体系的异相配对造成移码突变

第五节
DNA损伤的修复

无论是天然的还是人为的因素，包括物理的及化学的因素，都会给 DNA 分子造成不同类型不同程度的损伤。例如胸腺嘧啶二聚体、甲基化的鸟嘌呤，以及 DNA 分子糖-磷酸骨架的切割和断裂等。这些损伤均有可能导致基因发生突变。然而细胞也具有对损伤的 DNA 分子进行修复的能力，从而使得基因突变的频率明显地下降。虽然说细胞的这种能力主要是受遗传控制的，但在一定程度上也会受到自身生理状态的某些影响。这就是说，在一种生理状态下 DNA 的损伤，例如因紫外线照射形成的嘧啶二聚体，会在 DNA 复制之前得到及时的修复，因此不会形成突变。而在另一种生理状态下，细胞的修复机理尚未发挥作用之前，DNA 就已经进行了复制，结果使损伤被固定了下来，导致细胞死亡或产生突变。

细胞所具有的 DNA 损伤修复体系的生物学功能是，从 DNA 分子上及时地去除掉各种不同类型的损伤，从而恢复或大体上恢复野生型的状态。这种形式的 DNA 修复体系，如果它们是原样地恢复野生型的 DNA 序列，属于无错误的不产生突变的修复体系；如果在 DNA 损伤的修复过程中发生了错误，那便属于有错误的产生突变的修复体系。无错误的修复体系，由于它不会产生突变，故能使诱发突变的频率降低；而有错误的修复体系，则能完成由突变前损伤到突变形成的转变过程。所以说细胞的 DNA 修复体系，对于生命体的存活与否至关重要，而修复错误则是造成突变的主要途径之一。

已经发现从简单的生命形式细菌病毒，到最高级的生命体人类的细胞，都存在着 DNA 损伤的修复体系。但迄今为止，科学工作者们只是对细菌 DNA 损伤的修复机理，尤其是紫外线照射产生的 DNA 损伤的修复机理，有了较为深入的了解。故此本节以大肠杆菌的紫外线诱变为例，讨论 6 种主要的 DNA 损伤修复机理，即直接修复机理、切除修复机理、错配修复机理、重组修复机理、SOS 修复机理和 DNA 双链断裂修复机理。一般认为这些 DNA 损伤修复机理的基本原则，对于各种不同类型的生命体，无论是低等的还是高等的，从原核的到真核的，可能都是适用的。

一、直接修复机理

有少数类型的 DNA 损伤，可以在胞内特定酶催化体系的作用下，直接得到修复，而无须切除任何的核苷酸碱基。这样的 DNA 损伤修复方式，叫做直接修复机理或直接回复机理。它主要包括光解酶修复机理和甲基转移酶修复机理两种不同的类型。

1. 光解酶修复机理

20 世纪 40 年代末期，Albert Kellner 在研究温度对于 DNA 损伤修复效应时观察到，将刚刚经受致死剂量紫外线照射的灰色链霉菌（*Streptomyces griseus*）的培养液，暴露在强烈的可见光照射之后，便会有 90% 以上的致死突变被回复，得以继续存活。这种现象叫做光复活作用（photo reactivation）或光修复（light repair）现象。

20 世纪 50 年代末，人们在研究光复活作用的分子机理时发现，它的分子本质是由光复活酶催化进行的一种生化反应。所谓光复活酶，又叫做光解酶（photolyase），是一种由 *phr* 基因编码的、能够催化嘧啶二聚体裂解形成单体的 DNA 损伤修复酶。所以 DNA 损伤的光修复机理，又叫做光解酶修复机理。它的基本过程是，首先由光解酶识别 DNA 分子中因紫外线照射产生的嘧啶二聚体的损伤位点，并在此位点同 DNA 分子发生结合作用。接着，光解酶在吸收了波长为 365～445nm 范围的可见光之后，催化活性得到了激活，并利用由此获得的能量，切割连接嘧啶二聚体中两个相邻碱基的交联键（cross link），使之断裂成为两个正常的核苷酸碱基单体。最后光解酶从 DNA 分子上解离下来，嘧啶二聚体损伤得到修复，从而使 DNA 分子恢复成正常的构型（图 9-41）。

在光解酶修复 DNA 嘧啶二聚体损伤的过程中，有两种生色团辅助因子（chromophore cofactor）参与。其中一种是还原型的黄素腺嘌呤二核苷酸（flavin adenine dinucleotide），缩略语为 $FADH_2$。另一种依生命体的类型而异，可以是还原型的蝶呤，也可以是脱氮黄素衍生物（deazaflavin derivative）。这些生色团因子能够吸收波长为 365～445nm 的光子，然后可能是按照光合作用中的电子级联（electron cascade）的方式，将能量转移给

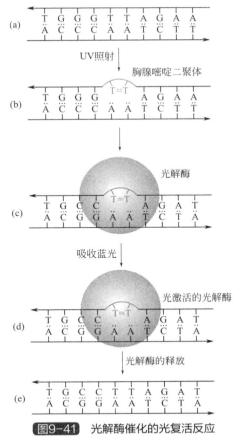

图9-41 光解酶催化的光复活反应

（a）含有两个相邻的胸腺嘧啶碱基的 DNA 片段；（b）经过紫外线照射之后，DNA 分子中产生出胸腺嘧啶二聚体；（c）光解酶能够识别胸腺嘧啶二聚体，即 DNA 的初级损伤位点，并与之结合；（d）DNA- 光解酶由于吸收了可见光而被激活，并利用所吸收的光能切割连接两个相邻胸腺嘧啶二聚体的交联键，使之恢复成为两个正常的核苷酸碱基；（e）光解酶从完成修复的结构正常的 DNA 分子上解离下来 （转引自 D. P. Snustad & M. J. Simmons, 2010）

嘧啶二聚体中的环丁烷环，切开连接两个相邻胸腺嘧啶碱基的交联键，使之恢复成单体的状态。

现已查清，在细菌、真菌、原生动物以及藻类等多种不同类型的生命体中，都存在着光复活现象。而且在负鼠和袋鼠等少数哺乳动物的组织培养细胞中，也观察到了光解酶活性，虽然还没有从这些生命体细胞中纯化到光解酶。由此可见，在生物界中，光复活反应可能是一种比较普遍的现象，而且还极具特异性。它只能修复由紫外线照射产生的 DNA 损伤，并且还仅局限于嘧啶二聚体。体外实验也已证明，纯化的光解酶对于因紫外线照射引起的 DNA 损伤，确实具有修复活性。

在紫外线诱发的嘧啶二聚体的 DNA 损伤修复中，光解酶催化的光复活作用，主要是无错误的修复。因此酶催光复活作用提高了细胞的存活率，降低了突变率。但是，经过紫外线照射的大肠杆菌细胞，如果接种在有利于蛋白质合成的营养富裕的培养基中生长，优先发生的便是有错误的修复，从而提高了突变率。这大概就是早已知道的，给紫外线照射后的大肠杆菌培养物，马上补充营养丰富的培养基，例如肉汤培养基继续培养，便能使突变体的数量显著增加的原因。

2. 甲基转移酶修复机理

大肠杆菌细胞中存在的 DNA 损伤直接修复机理，除了前面所说的光解酶修复机理之外，还有一种 DNA 甲基转移酶修复机理。这两种修复机理的根本差别在于，前者是利用光解酶具有的断裂嘧啶二聚体的活性，修复 DNA 分子的嘧啶二聚体损伤；而后者则是依赖于甲基转移酶所具有的转移甲基的特性，通过直接转移甲基的方式，修复 DNA 分子的甲基化损伤。

一旦大肠杆菌的 DNA 分子，在胞内的甲基转移酶或环境中存在的烷化剂的作用下，发生了甲基化，细胞便会被诱导产生出一种叫做 O^6- 甲基鸟嘌呤 -DNA 甲基转移酶（O^6-methylguanine-DNA methyl transferase）的蛋白质。该蛋白质现在的名称叫做 Ada 酶，是由 ada 基因编码的一种分子质量为 39kDa 的甲基转移酶。其生物学功能是从甲基化 DNA 分子的诸多位点，例如鸟嘌呤碱基的 O6 位点、胸腺嘧啶碱基的 O4 位点，以及磷酸二酯主链（骨架）（phosphodiester backbone）的氧位点移去甲基。于是便直接地逆转了细胞中的甲基化因子对于 DNA 的甲基化效应，降低了基因的变率突频。

在大肠杆菌细胞中，Ada 酶修复甲基化的碱基，例如 O^6- 甲基化的鸟嘌呤和 O^4- 甲基化的胸腺嘧啶碱基的方式比较独特。它是以自身的甲基受体位点，即 Ada 酶分子中的半胱氨酸的硫原子，接受从甲基化的 DNA 分子中转移来的甲基。而一旦接受了甲基之后，Ada 酶也就失去了活性（图 9-42）。为此，有些学者认为，Ada 酶并不能完全符合严格的酶学定义。因为真正意义上的酶分子，其活性是可逆的，当其与底物解离之后，又会重新恢复成原来的活性状态。而 Ada 酶的活性是不可逆的，在接受甲基之后便失去了活性，所以又被称为自杀酶（suicide enzyme）。

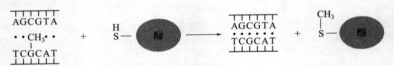

O^6-甲基鸟嘌呤-DNA甲基转移酶

图9-42　Ada酶转移甲基的分子机理

Ada 酶分子中的巯基，从甲基化 DNA 分子的 O^6- 甲基鸟嘌呤转移一个甲基，结果失去酶的活性

每个 Ada 酶都只能接受一个甲基又不能重复使用，因此 Ada 酶的 DNA 甲基化损伤修复机理，是相当浪费的。它每转移一个甲基，就要耗费一个蛋白质分子。

二、切除修复机理

细胞内发生的有关 DNA 损伤修复的诸多体系中，属于直接修复机理的事实上仅占很少的比例。因为绝大多数 DNA 损伤，既不是嘧啶二聚体，也不是 O^6- 甲基化的鸟嘌呤碱基，所以必定还存在着其他类型的修复机理。其中最重要的一种叫做切除修复（excision repair）。因为它在 DNA 复制之前就已完成了损伤的修复，所以也叫做复制前修复（prereplication repair）；同时还因为切除修复不需要可见光，在黑暗环境中同样也可以进行，故亦称为暗修复（dark repair）。

DNA 损伤的切除修复，是一种比较复杂的生化过程。它涉及内切核酸酶、外切核酸酶、DNA 聚合酶以及 DNA 连接酶等多种酶催反应。尽管不同类型的切除修复体系，各具不同的特性，但它们的基本步骤却是相同的。首先通过内切核酸酶和外切核酸酶的切割作用，从 DNA 分子中移走损伤的碱基或核苷酸序列；接着 DNA 聚合酶便会按照缺口中仍然存在的另一条 DNA 链为模板，合成出碱基正确配对的新的互补链，取代被移走的带有损伤的单链 DNA 序列；最后通过 DNA 连接酶的作用将切口封闭。于是带有损伤的或突变的 DNA 分子，便得到了有效的修复（图 9-43）。

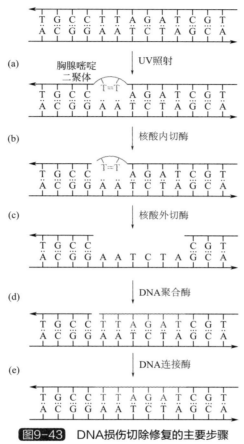

图9-43 DNA损伤切除修复的主要步骤

（a）紫外线照射 DNA 产生嘧啶二聚体损伤；（b）损伤形成的嘧啶二聚体一端的 DNA 链，被内切核酸酶单链切割形成切口；（c）在外切核酸酶作用下，切口处带有损伤的 DNA 序列被切除移走；（d）DNA 聚合酶合成缺口中的取代链；（e）连接酶封闭取代链两端的切口（转引自 J. E. Krebs et al, 2014）

根据不同的内涵，DNA 损伤的切除修复可按如下两种不同的机理进行。一种叫做碱基切除修复（base excision repair，BER）机理，另一种叫做核苷酸切除修复（nucleotide excision repair，NER）机理。

1. 碱基切除修复机理

（1）碱基切除修复的酶学基础

碱基切除修复通常是从清除损伤碱基开始，然后以此引导参与修复过程的有关核酸酶进入激活状态。这些酶当中，有一类叫做 DNA 糖基化酶（DNA glycosylase），目前已鉴定的有 8 种。这类酶具有重要的生物学功能，能够特异性地水解连接损伤碱基与脱氧核糖的 N- 糖苷键（glycocidic bond），把损伤的碱基从 DNA 分子中清除出去。由此留下的脱嘌呤或脱嘧啶的位点（apurinic or apyrimidinic site），叫做 AP 位点。这是 DNA 分子的一种特殊的损伤形式，在其糖-磷酸骨架中只留下五碳糖，而失去了与之相连的碱基（图 9-44）。

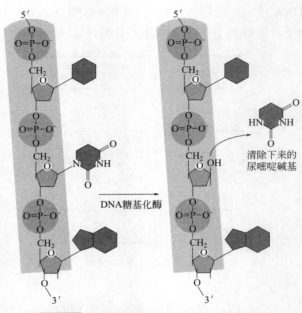

图9-44　糖基化酶清除损伤碱基的分子机理

有些糖基化酶也具有裂合酶（lyase）的活性，可以在清除损伤碱基之后，进一步使用一个氨基（—NH₂）攻击脱氧核糖环（deoxyribose ring）简称糖环（sugar ring）。这种反应的结果，通常会在多核苷酸上引入一个切口（图 9-45）。

AP 内切核酸酶（AP endonuclease）是原核细胞和真核细胞共同存在的一类 DNA 损伤修复酶。其基本特性是，能够识别 DNA 分子中的脱嘌呤或脱嘧啶的 AP 位点，并切

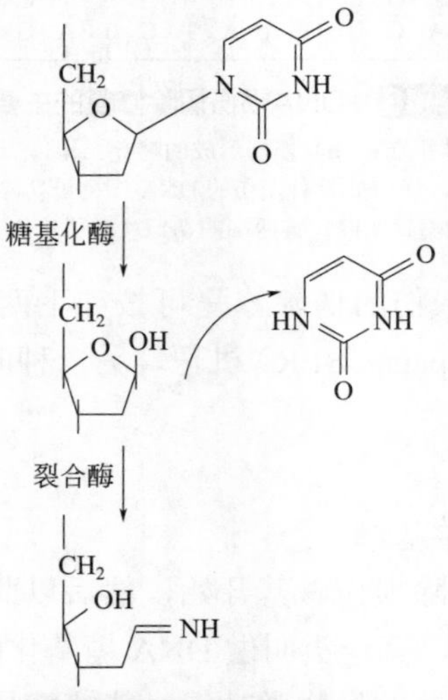

图9-45　裂合酶的开环作用

继糖基化酶利用 H_2O 水解（切割）了连接碱基和脱氧核糖的糖苷键之后，裂合酶继续利用氨基打开脱氧核糖环

割紧挨其两侧的糖-磷酸骨架中的磷酸二酯键，从而移走脱嘌呤或脱嘧啶的脱氧核糖-磷酸部分。已知在大肠杆菌细胞中有两种类型的 AP 内切核酸酶。其中 5′ AP 内切核酸酶，切割紧挨 AP 位点 5′ 一侧的磷酸二酯键，而 3′ AP 内切核酸酶，则切割紧挨 AP 位点 3′ 一侧的磷酸二酯键。

（2）甲基化碱基的切除修复

DNA 分子中甲基化的碱基，例如甲基化的鸟嘌呤，当其被鸟嘌呤糖基化酶移走之后，所产生的 AP 位点一出现，就会被 AP 内切核酸酶识别。首先由 5′ AP 内切核酸酶从 AP 位点的 5′ 一侧切割糖-磷酸骨架上的磷酸二酯键，形成切口。如此在 DNA 链内产生的自由末端便可起到信号作用，吸引其他类型的核酸酶参与完成甲基化碱基的切除反应。这有两种可能性。一种是外切核酸酶从切口开始，按照 5′ → 3′ 的方向移去包括 AP 位点在内的损伤的核苷酸。另一种可能是，同时由 3′ AP 内切核酸酶在 AP 位点的 3′ 一侧，切割糖-磷酸骨架上的磷酸二酯键，使 AP 位点的脱氧核糖磷酸释放出来。按照这两种不同方式移走损伤的核苷酸之后，所留下的单核苷酸缺口，通过以互补链为模板的 DNA 聚合酶的合成反应和 DNA 连接酶的封闭作用，得以完全修复（图 9-46）。

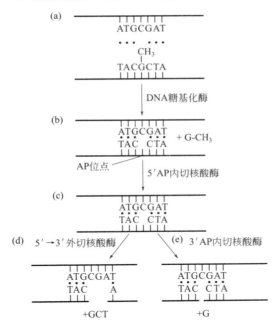

图9-46 DNA糖基化酶对甲基化碱基的切除修复

（a）含有甲基化的鸟嘌呤碱基的 DNA 片段。（b）在 DNA 糖基化酶的催化作用下，移走甲基化的鸟嘌呤，留下一个脱嘌呤的 AP 位点。（c）5′ AP 内切核酸酶切割 5′ 一侧的磷酸二酯键，形成一个切口。然后从切口开始按照两种可能的途径作进一步的切除修复。（d）一种可能的途径是，外切核酸酶按照 5′ → 3′ 方向移去包括 AP 位点在内的核苷酸。（e）另一种可能的途径是，3′ AP 内切核酸酶切割 AP 位点 3′ 一侧的磷酸二酯键，移走脱嘌呤的核糖。前述这两种途径造成的 DNA 单链缺口，随后通过 DNA 聚合酶的聚合反应和 DNA 连接酶的封闭作用，而得以完全修复（转引自 R. F. Weaver, 2012）

（3）碱基切除修复途径

根据损伤碱基究竟是由糖基化酶还是由裂合酶清除的差别，可将碱基切除途径分成两种不同的类型，前者称为糖基化途径，后者叫做裂合酶途径。

当 DNA 糖基化酶切断了连接损伤碱基与脱氧核糖之间的 N- 糖苷键之后，内切核酸酶 APE1 便在 5′ 一侧切割多核苷酸链。接着一种由 DNA 聚合酶 δ/ε 和辅酶成分组成的复制复合物就会被募集加入，按照切口平移（nick translation）的方式，合成出长度为 2～10 个核苷酸的 DNA 片段，用以取代被内切核酸酶 FEN1 清除的存在损伤碱基的片段。因此留下的切口，由 DNA 连接酶 1 封闭。这种涉及碱基数量较多的糖基化酶碱基切除修复途径，叫做长片段修复机理（long-patch repair）（图 9-47）。

如果在糖基化酶切割 N- 糖苷键之后，裂合酶随之参与作用，那么内切核酸酶 APE1 便会募集 DNA 聚合酶 β 合成出一个核苷酸，将损伤的核苷酸替换下来。由此留下的切口随后由连接酶 XRCC1/ 连接酶 3 封闭。这种仅涉及少数碱基的裂口酶碱基切除修复途径，亦称为短片段修复机理（short-patch repair）（图 9-48）。

2. 核苷酸切除修复机理

与碱基切除修复机理仅涉及一个损伤碱基的情况不同，核苷酸切除修复机理可以涉及数个甚至数千个核苷酸，而且所修复的 DNA 损伤的性质也比较广泛，诸如嘧啶二聚体、碱基交联以及包括多个核苷酸的大型的 DNA 损伤等。但迄今为止，人们只是对于

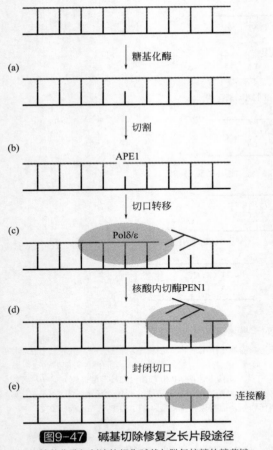

图9-47　碱基切除修复之长片段途径

（a）糖基化酶切割连接损伤碱基与脱氧核糖的糖苷键；（b）核酸酶 APE1 切割一条多核苷酸链；（c）Polδ/ε 按切口转移方式合成长片段；（d）内切核酸酶 FEN1 清除含有损伤碱基的片段；（e）连接酶封闭切口

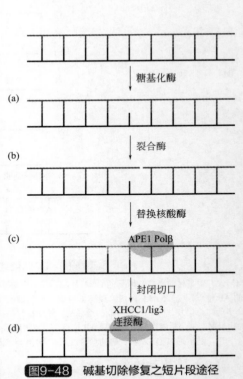

图9-48　碱基切除修复之短片段途径

（a）糖基化酶切割连接损伤碱基与脱氧核糖的糖苷键；（b）裂合酶参与多核苷酸单链切割；（c）内切核酸酶 APE1 募集 Polβ，将损伤的碱基替换掉；（d）留下的切口由连接酶 XRCC1/lig3 封闭

　⟫⟫ 分子遗传学原理

胸腺嘧啶二聚体损伤的切除修复机理，进行了比较深入的研究。故此处以它为例，详细讨论因紫外线照射诱发的 DNA 损伤之核苷酸切除修复的分子机理。

（1）大肠杆菌核苷酸切除修复机理

大肠杆菌核苷酸切除修复体系，是与三种编码内切核酸酶的基因 *uvrA*、*uvrB* 和 *uvrC* 的功能密切相关的，所以又称之为 *uvr* 切除修复体系。后来的研究进一步发现，除了这三种切除修复基因之外，还有一种编码 DNA 解旋酶的基因 *uvrD*，也具有重要的作用。所以现学术界共识，大肠杆菌 DNA 损伤的切除修复过程，主要是由这 4 种基因编码的蛋白质共同完成的。

其中由 UvrA、UvrB 和 UvrC 三种蛋白质亚基，结合形成的依赖于 ATP 的 UvrABC 内切核酸酶复合物，全称叫做紫外线辐射性 DNA 损伤修复酶 ABC 复合物，有时也叫做 UvrABC 切除核酸酶（UvrABC excinuclease）。

在胸腺嘧啶二聚体 DNA 损伤的修复过程中，首先由两分子的 UvrA 亚基同一分子的 UvrB 亚基结合成多体蛋白质 UvrAB，其中 UvrA 亚基的功能是携带着 UvrB 亚基，沿着 DNA 分子扫描。一旦寻找到嘧啶二聚体或其他大的损伤之后，在 ATP 的参与下，UvrA 亚基便会与 UvrB 亚基分开，并从所结合的 DNA 分子上解离下来。于是在 UvrB 亚基的催化作用下，DNA 的损伤部位便发生了局部变性，形成泡状的畸形结构。接着 UvrB 亚基同 UvrC 亚基结合形成另一种多体蛋白 UvrBC。其中 UvrC 亚基的内切核酸酶活性，在距损伤部位 5′ 一侧 8 个核苷酸的位点，切割磷酸二酯键形成一个切口；而 UvrB 亚基的内切核酸酶活性，也在距损伤 3′ 一侧 4～5 个核苷酸位点，切割磷酸二酯键形成另一个切口。随后在 *uvrD* 基因编码的 DNA 解旋酶 UvrD 参与下，DNA 的双螺旋结构解旋，进而把两个切口之间的单链 DNA 片段，从损伤的 DNA 分子中切除掉，同时除去 UvrC 亚基。由此产生的宽度为 12～13 个核苷酸的缺口，其两端由 UvrB 亚基连系着。此时 DNA 聚合酶 I 便以缺口中仍然存在的单链序列作模板，从游离的 3′-OH 基团开始，按照 5′→3′ 的方向合成一段新的互补链，取代已被移走的带有损伤的单链序列。遗留下的切口，最后通过 DNA 连接酶的作用而被封闭上（图 9-49）。

发生在大肠杆菌细胞中的核苷酸切除事件，几乎都离不开切除核酸酶 UvrABC 的功能作用。不过这种切除修复所涉及的核苷酸的分子数量并不是一样的，其中 99% 以上的被切除修复的单链 DNA 片段的分子长度，都只有 10 余个核苷酸，所以有时亦称之为短片段修复（short-patch repair）。除此之外，也有少数的约占 1% 的切除修复事件，可涉及 100 多个甚至近 1000 个核苷酸的大片段分子，故也特称之为长片段修复（long-patch repair）。这种情况与碱基切除修复中提到的短片段与长片段修复机理是类似的。

（2）转录偶联修复

核苷酸切除修复体系，主要是针对发生在基因组中一些必要区段上的嘧啶二聚体损伤。而对于已被激活进行转录的基因而言，这种切除修复体系的作用，则主要集中于被用作合成 mRNA 的模板链上，切除其中阻碍基因正常转录的嘧啶二聚体损伤。由于这样的修复可以与通常的核苷酸切除修复体系偶联进行，故特称之为转录偶联修复（transcription-coupled repair，TC-NER）。

在转录偶联修复过程中，当 RNA 聚合酶 II 遇到 DNA 分子上存在的大分子量损伤便

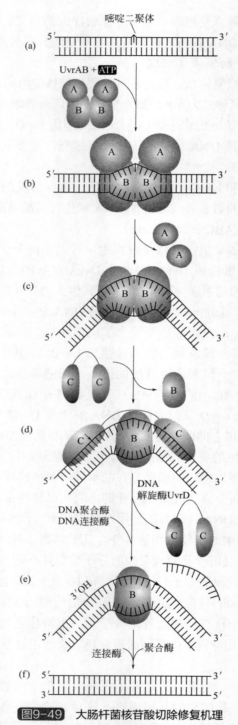

嘧啶二聚体

(a) 5′ ┈┈┈┈┈┈┈┈┈┈┈ 3′

UvrAB + ATP

(b) 5′ ┈┈┈┈┈┈┈┈┈┈┈ 3′

(c) 5′ ┈┈┈┈┈┈┈┈┈┈┈ 3′

(d) 5′ ┈┈┈┈┈┈┈┈┈┈┈ 3′

DNA
解旋酶UvrD

DNA聚合酶
DNA连接酶

(e) 3′OH 5′ ┈┈┈┈┈┈┈┈┈┈┈ 3′

连接酶   聚合酶

(f) 5′ ┈┈┈┈┈┈┈┈┈┈┈ 3′
    3′ ┈┈┈┈┈┈┈┈┈┈┈ 5′

图9-49 大肠杆菌核苷酸切除修复机理

（a）具有胸腺嘧啶二聚体损伤的 DNA 分子；（b）一个 UvrA 亚基同一个 UvrB 亚基结合形成 UvrAB 复合蛋白；（c）UvrAB 同胸腺嘧啶二聚体结合之后，UvrA 亚基便解离下来，UvrB 亚基使损伤的 DNA 发生局部变性，形成泡状结构；（d）UvrB 亚基同 UvrC 亚基结合形成复合蛋白，在胸腺嘧啶二聚体损伤的两侧，相距 12～13 个核苷酸的两个位点处作单链切割，形成两个切口；（e）DNA 解旋酶 UvrD，将切割产生的单链的寡核苷酸片段连同 UvrC 亚基从 DNA 分子中清除掉，并由 UvrB 亚基连系着缺口的两端；（f）最后由 DNA 聚合酶和连接酶分别修复缺口和封闭切口，并去除 UvrB 亚基

会停滞下来不再前进。此时它的大亚基便被降解了，导致转录反应中止。随后它便会募集切除修复蛋白质复合物 UvrAB 参与，并结合在 DNA 的损伤部位，同时 RNA 聚合酶自身也会从 DNA 分子上解离下来。在接下来的步骤中，完全按照核苷酸切除修复过程进行（图 9-50）。转录偶联修复体系虽然最早是在大肠杆菌中发现的，但后来的研究表明，它在真核细胞内同样存在。由于在 DNA 模板链上出现的嘧啶二聚体损伤，如不被及时修复，便会阻断转录的过程。而如果这种情况发生在必要基因的模板链上，则有可能导致细胞的死亡。由此可见，转录偶联修复体系显然是具有重要的生物学意义的。

（3）真核细胞的核苷酸切除修复

应用组织培养的细胞所作的诱发突变及其修复机理的研究，以及对紫外线和电离辐射等诱变剂反应敏感的遗传病患者进行的遗传学研究，均表明在真核细胞中发生的 DNA 损伤的修复机理，基本上与大肠杆菌的类似。只是由于高等真核生物的基因组 DNA 存在于由染色质包裹着的染色体内部，其结构显然要比大肠杆菌染色体复杂得多，而且分子质量也要庞大得多。因此，它们在 DNA 损伤的扫描、识别、切除与修复等各个方面，无疑都要比原核生物大肠杆菌需要更多类型的蛋白质的参与。现已鉴定，高等真核细胞的核苷酸切除修复体系，至少涉及 25 种甚至更多的蛋白质多肽，包括从 XPA 到 XPG 7 种分别参与不同修复步骤的蛋白质。

真核细胞核苷酸切除修复体系，除了上述提过的转录偶联体系之外，还有一种叫做全基因组修复体系（global genome repair，GG-NER）（图 9-51），它首先以 XPC 蛋白沿着核苷酸链扫描的方式，检测三维构型发生扭曲的损伤部位。这是因为在哺乳动物中，XPC 蛋白是感知损伤复合物（lesion-sensing complex）的组分之一，能够识别基因组上任何一处损伤。此外，感知损伤复合物还含有 HR23B 蛋白及中心粒蛋白 2（centrin 2）。

XPC 蛋白同样也能够检测出尚未被 NER 修复的扭曲部位（如 DNA 序列中小的未解旋区）。这表明要核实 XPC 蛋白结合的 DNA 损伤部位，还需要其他蛋白质的参与。尽管 XPC 能够识别许多类型的损伤，但也有些损伤诸如 UV 诱发的环丁烷嘧啶二聚体（cyclobutane pyrimidine dimer，CPD），则不能被 XPC 蛋白识别。在这种情况下，DNA 损伤结合复合物（DNA damage-binding complex，DDBC），协助募集 XPC 蛋白到此种类型的损伤部位。

核苷酸切除修复体系之全基因组修复途径的第二步是，在 DNA 损伤位点周围的 20bp 区段被转录因子复合物 TFⅡH 中的解旋酶解旋，使双链分开。单链结合蛋白使分开的单链处于稳定的状态。有关实验分析表明，TFⅡH 复合物由两种解旋酶 XPB 和 XPD 组成的。在目的基因的转录过程中，XPB 参与启动子的解链作用，而 XPD 则参与 NER 的解旋作用。想必 XPB 的 ATPase 活性也可能参与 NPR 的解旋作用。TFⅡH 早已存在于停滞的转录复合物（stalled transcription complex）中，其结果是导致转录链的损伤修复，要比非转录区段的损伤修复有效得多。

接着第三步，由 *XPG* 和 *XPF* 基因分别编码的两种内切核酸酶分别切割损伤区段的两侧。XPG 与 FEN1 内切核酸酶相关，它在碱基切除修复途径中负责切割 DNA 链。XPF 是具有 ERCC1 的一种双蛋白切割复合物（two-protein incision）的组成部分。ERCC1 能够协助 XPF 同切口（incision）位点 DNA 结合。标准的情况下，在 NER 反应过程中大

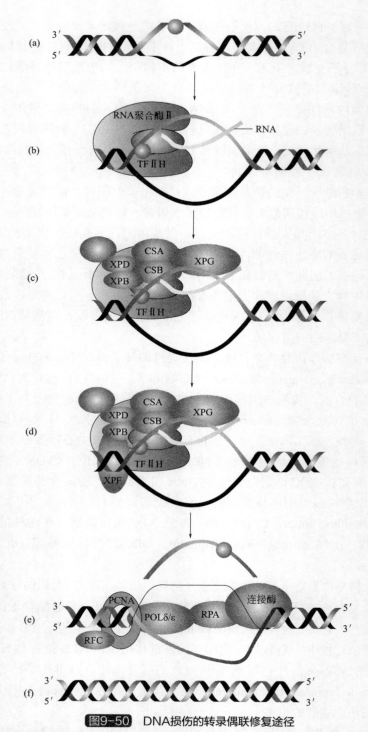

图9-50 DNA损伤的转录偶联修复途径

（a）在模板链上存在着嘧啶二聚体损伤的 DNA 分子。（b）在嘧啶二聚体损伤部位的上游，RNA 聚合酶进行正常的转录反应。（c）RNA 聚合酶遇到了损伤的部位，转录活性中止。（d）RNA 聚合酶募集切除修复蛋白质复合物 UvrAB 加入，并同损伤部位结合，而 RNA 聚合酶自身则从 DNA 分子上解离下来或后撤。随后按照正常的核苷酸切除修复体系进行修复。（e）核酸酶从损伤的 DNA 区段的两侧位点切割 DNA 链，接着将此单链清除出去。（f）留下的单链缺口被 DNA 聚合酶 Polδ/ε 装填上，两端切口则由 DNA 连接酶封闭

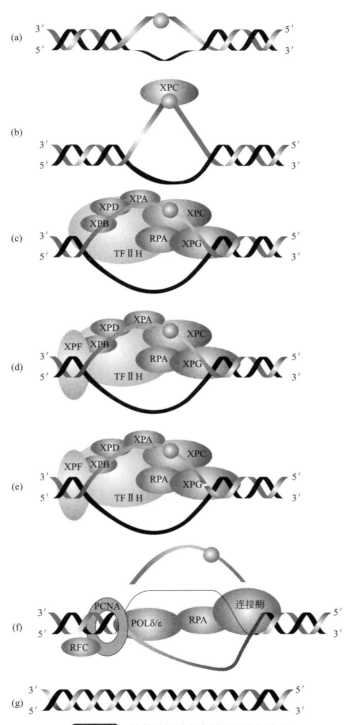

图9-51 核苷酸切除之全基因组修复途径

（a）DNA 损伤破坏的分子构型；（b）XPC 蛋白识别损伤 DNA 分子上的扭曲部位；（c）在解旋酶作用下，DNA 损伤部位双链解开；（d）单链结合蛋白维持分开的单链处于稳定的状态；（e）核酸酶从损伤 DNA 区段的两侧位点切割 DNA 链；（f）损伤的单链被清除出去；（g）留下的单链缺口被 DNA 聚合酶 Polδ/ε 装填上，两端的切口则由 DNA 连接酶封闭

约有 20～30 个核苷酸被删除掉。

最后，含有损伤碱基的一段单链序列，被新合成的 DNA 序列替换，留下的切口则由连接酶Ⅲ-XRCC1 复合物连接。

3. 核酸酶切除修复与遗传疾病

有些人类常染色体隐性遗传疾病，典型的如着色性干皮病（xeroderma pigmentosum，XP）、科凯恩综合征（Cockayne syndrome，CS）及范科尼贫血综合征（Fanconi pancytopenia syndrome，FPS）等，都是由于 DNA 损伤修复体系缺陷所致。着色性干皮病患者的皮肤，对阳光极为敏感，只要经受短时间的阳光照射，便有可能诱发产生皮肤癌。因此这类患者具有较高的皮肤癌及角膜疤痕（corneal scarring）的发病率。最近的研究显示，在 XP 患者体细胞的核苷酸切除修复途径中，涉及 7 种不同基因，分别命名为 *XPA*、*XPB*、*XPC*、*XPD*、*XPE*、*XPF* 和 *XPG*。其中任何一个基因发生了突变，都会导致核苷酸切除修复体系的失活。进一步的研究发现，着色性干皮病患者的细胞，只是对阳光中紫外线呈现特异性的敏感效应，并且丧失了对因此产生的嘧啶二聚体损伤的修复能力。从而揭示了此种遗传疾病的分子本质。

如同着色性干皮病一样，科凯恩综合征也是人类的一种常染色体隐性遗传疾病。此病患者的症状，除了对阳光（紫外线）照射呈现过敏反应之外，还表现出个体矮小、智力低下，以及提前衰老和进行性神经变性（progressive neurological degeneration）等诸多方面的病症。但它一般不会被紫外线诱发产生皮肤癌。分子遗传机理研究表明，该病症与核苷酸切除修复途经中的某些基因，具有双功能特性有关。比如 *XPB* 基因编码的蛋白质产物，既具有解旋酶的功能活性，参与 DNA 损伤区段的解旋作用；同时该蛋白质也是一种重要的转录因子成分，能够参与调节所有的蛋白质编码基因的转录活性。因此，由于切除修复途经的基因发生了突变，科凯恩患者的细胞不仅表现出核苷酸切除修复体系的缺陷，而且基因的转录活性也会受到抑制。

TFⅡH，特别是 XPB 和 XPD 两种蛋白，在 NER 和转录反应中起到多方面复杂的作用。鉴于在科凯恩综合征患者的细胞中不会发生 RNA 聚合酶Ⅱ大亚基的降解现象，这样的细胞便会产生修复紊乱。因此呈现神经损伤和生长缺陷症状，并与 XP 的情况类似具有光敏感性，但没有癌的易感性（cancer predisposition）。*CSA* 和 *CSB* 这两个基因中任何一基因的突变都会诱发科凯恩综合征，这两种基因的编码产物似乎是 TFⅡH 的组成部分，抑或是可同 TFⅡH 结合的特异蛋白。此外 *XPA* 或 *XPD* 基因的特异性突变，同样也会诱发科凯恩综合征。

XPD 是一种多效蛋白（pleiotropic protein），其编码基因的不同突变会影响到 XPD 的不同功能。事实上，在转录期间 XPD 蛋白有助于维持 TFⅡH 复合物的稳定性。但是某种疾病诱导的 *XPD* 基因的某些突变，会导致 XPD 蛋白无法维持 TFⅡH 复合物的稳定性，而且核苷酸切除修复途径需要 TFⅡH 复合物的解旋酶活性。所以影响解旋酶活性的一些突变会引发修复缺陷，结果造成 XP 或科凯恩综合征。

三、错配修复机理

细胞为了确保 DNA 复制的保真性，以维系遗传的稳定性，不仅拥有复杂精细的复制装置，而且还存在着灵敏的校正体系，能够在 DNA 聚合酶Ⅲ 3′ → 5′ 方向的外切核酸酶活性的作用下，及时地除去错误参入新生链的核苷酸碱基。然而尽管如此，少量的遗漏还是难以避免的，因此在新合成的 DNA 分子中，仍然会存在一些错配的碱基。产生这些错配的原因主要有如下 4 个方面：①在 DNA 复制过程中，非正常配对的错误碱基的参入。②在 DNA 重组过程中，由于形成异源双链分子，而产生出错配的碱基。③因脱氨基等生化事件引起的碱基转换突变，造成的碱基错配。④一些短小的寡核苷酸片段的插入，或是从 DNA 分子中删除下来，也会导致碱基错配。

细胞中有一种特殊的修复体系，专门用来纠正双链 DNA 分子中存在的错误配对的碱基，所以称之为碱基错配修复体系（mismatch repair system）。由于这种修复作用是发生在第一轮 DNA 复制之后，故又称之为复制后的错配修复。该体系具有两个重要的生物学功能：第一，它能够在第二轮 DNA 复制发生之前，迅速而准确地寻找到 DNA 分子中的错配碱基对，并完成切除反应，如此才能保证碱基错对不至于转变成为突变。第二，它能够准确地从新合成的 DNA 子链而不是亲本链中，检测出错误参入的核苷酸碱基，并将之替换掉。所以从本质上讲，错配修复也是一种特殊的切除修复。

1. 半甲基化标记

对于碱基错配的修复体系而言，一个重要的问题是如何辨别双链 DNA 分子中，哪一条是具有错误参入的错配碱基的新生链，哪一条是不具有错配碱基的亲本链。因为只有在这样的条件下，才能使修复体系能够正确地从新生链中移走错配的碱基，而不会从亲本链中移走正确配对的碱基。

已知在刚刚完成复制的 DNA 区段，亲本链是甲基化的，而新生链则仍然处于非甲基化的状态，这样的 DNA 叫做半甲基化的 DNA（hemimethylated DNA）。显而易见，它为辨别亲本链和新生链，提供了绝好的分子标记。人们特称这种 DNA 分子标记为半甲基化标记，并将碱基错配修复体系叫做甲基指导的错配修复体系（methyl-directed mismatch repair system）。

DNA 的甲基化作用在大肠杆菌细胞中是很容易发生的，因为它具有一种特殊的 DNA 甲基化酶，叫做脱氧腺苷甲基化酶（Dam）。该酶能够将甲基（—CH$_3$）转移到它的靶序列 5′-GATC-3′ 中的腺嘌呤（A），使之甲基化成为 6- 甲基腺嘌呤。当然大肠杆菌细胞中还存在着另一种 DNA 甲基化酶，叫做脱氧胞苷甲基化酶（Dcm）。它的靶序列是 5′-CC(A/T)GG-3′，可以把其中的第二个胞嘧啶（C）甲基化成 5- 甲基胞嘧啶。

GATC 序列遍布大肠杆菌染色体基因组 DNA 的各个部位。其存在频率究竟有多高呢？假如 DNA 分子中 4 种核苷酸碱基（G、A、T、C）的含量是完全等同的，并且它们的排列也是完全随机的，那么在这样的理想条件下，平均每隔 256bp（4^4=256）就会出现一次 GATC 靶序列，而且都会被 Dam 甲基化。可见其存在频率是相当频繁的，足以满足 DNA 半甲基化标记的要求，所以人们有时也称这种靶序列为错配修复标记序列。同时 5′-GATC-3′ 靶序列还具有回文结构（palindrome）特征，因此在其对应链上便存在着一样按 5′ → 3′ 方向阅读的互补序列 5′-GATC-3′。这就意味着在新合成的 DNA 子链上，对应于亲本链已甲基化的 5′-GATC-3′ 序列的互补序列 5′-GATC-3′，注定也要被 Dam 甲基化，只是要等到合成之后大约 2～5min 才会发生。所以说，在这段时间间隔中，DNA

分子的亲本链是甲基化的，而新合成的子链则是非甲基化的。这种半甲基化的 DNA 分子，为随后的内切核酸酶的选择性切割提供了甲基标记。这种核酸酶只能识别新合成的非甲基化子链上的 5′-GATC-3′ 序列，并从位于错配碱基 5′ 一侧或 3′ 一侧的 5′-GATC-3′ 靶序列内作单链切割。而亲本链上的 5′-GATC-3′ 序列，由于腺嘌呤已发生了甲基化修饰变成为 6- 甲基腺嘌呤，所以内切核酸酶无法识别该序列，也就不会发生切割作用。

所谓回文结构也叫做回文序列或回文对称。系指一段能够自我互补的核苷酸序列，亦即同其互补链一样的序列（两者的阅读方向同样是 5′→3′）。回文结构有三种不同的类型：①完全的回文结构，例如 -GAATTC-。它们往往是限制酶的识别位点。②局部的回文结构，例如 -TACCTCTGGCGTGATA-，这类回文结构通常存在于 DNA 分子中的蛋白质结合位点。③间断的回文结构，例如一段颠倒的重复序列 -GGTTXXXAACC-，它使单链的核苷酸有可能形成柄环（发夹式）结构。

2. 错配修复过程

在大肠杆菌碱基错配修复的起始阶段，错配修复蛋白 MutS 以二聚体形式，按照半甲基化标记序列提供的信息，扫描检测新合成的 DNA 分子。只要新生的子链尚未甲基化，在距半甲基化标记序列 1kb 范围内的错配碱基，都会被有效地检测出来。当 MutS 二聚体根据因错配碱基对引起的 DNA 骨架畸变这一特征，检测到了错配碱基对（本例为 G-T，其中 T 是错误参入新生链的错配碱基）时，便会将之包围起来，形成 DNA-MutS 蛋白质复合物。它接着募集另外两种错配修复蛋白 MutL 和 MutH 加入，彼此结合形成新的 DNA-MutHLS 蛋白质复合物。在 ATP 提供能量的条件下，此复合物转位到靶序列 GATC 处，结果使 MutS 蛋白一端与错配碱基结合，另一端与靶序列 GATC 结合，处于双点跨式结合状态。由于受到 MutL 蛋白的激活作用，此时结合在半甲基化位点处的 MutH 蛋白的内切核酸酶活性，便会选择性地在未甲基化的新生链上，位于错配碱基 T 的 5′ 一侧或 3′ 一侧的 GATC 序列内，作单链切割形成切口。随后 DNA 解旋酶 UvrD 便从切口开始，向着错配碱基对的方向解开双螺旋结构。这样外切核酸酶才能够发挥其特异性切割降解单链 DNA 的功能活性。如果切口是位于错配碱基的 5′ 一侧，是由外切核酸酶 RecJ 或Ⅶ，按照 5′→3′ 方向移走包括错误参入的 T 碱基在内的一段新合成的、尚未甲基化的 DNA 核苷酸序列。如果切口是位于错配碱基的 3′ 一侧，则是由外切核酸酶Ⅰ，按照 3′→5′ 的方向移去相应的核苷酸序列。如此产生出的缺失了大约 1000 个核苷酸碱基的新生链缺口，是由 DNA 聚合酶Ⅲ在单链结合蛋白（SSB）的帮助下，以缺口中仍然存在的另一条链为模板，合成出一段新的互补链填补上。遗留下的单链切口，最后由 DNA 连接酶封闭（图 9-52）。

根据上述的讨论可以清楚地看到，在大肠杆菌碱基错配修复体系中，三种增变基因 *mutH*、*mutL* 和 *mutS* 编码的蛋白质，它们的功能作用都是必不可缺的。因此有时人们也称此种修复体系为 MutHLS 错配修复体系。在此种修复体系中，MutS 负责识别 G-T 错配，MutH 参与切割与 G-T 相邻的磷酸骨架。含有易错碱基 T 的 DNA 链片段，由外切核酸酶Ⅰ切除，随后经 DNA 聚合酶Ⅲ作用合成出新生链取代。

3. 真核细胞的错配修复

已有报道指出，无论是低等真核生物酵母的细胞，还是高等真核生物哺乳动物的细

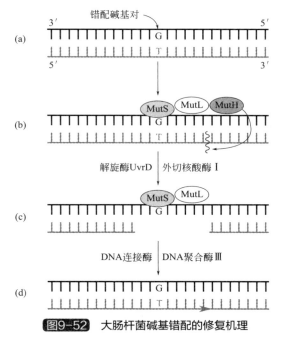

图9-52 大肠杆菌碱基错配的修复机理

（a）具有 G-T 错配碱基对的 DNA 分子；（b）MutS 蛋白二聚体同 DNA 分子结合，扫描检测错配碱基对 G-T，并将其包围住，同时募集 MutL 和 MutH 两种蛋白质加入，形成新的复合物，MutH 在新生链错配碱基 G 5′一侧的 GATC 靶序列处，作单链切割形成切口；（c）解旋酶 UvrD 解开双螺旋，外切核酸酶按 5′→ 3′方向移走包括错误参入的碱基 T 在内的一段核苷酸序列，形成缺口；（d）DNA 聚合酶Ⅲ填补缺口后，由 DNA 连接酶封闭切口

胞，也都存在着错配修复体系。真核细胞错配修复体系的蛋白质种类，要比原核细胞大肠杆菌的复杂得多。其中相应于大肠杆菌错配修复蛋白 MutS 的真核同源蛋白，叫做 MSH；而相应于 MutL 的真核同源蛋白，分为 MLH 和 PMS 两类。不过在真核细胞中迄今没有发现与 MutH 相应的同源蛋白（homologous protein）。真核细胞中的这些错配修复蛋白 MSH、MLH 和 PMS 等，每一类都至少有两种不同的类似物，并以异源二聚体的形式参与碱基错配的修复作用。

来自不同类型的生命体，但编码同样的蛋白质产物，具有共同进化祖先的基因叫做同源基因。它们的核苷酸序列往往是相似的。由同源基因编码的，具有同样的功能及类似的生物学特性的一些来源不同的蛋白质，叫做同源蛋白。例如不同物种的血红蛋白都执行同样的功能，它们便属于一组同源蛋白。

大肠杆菌错配修复体系的一个重要条件是，依赖于 Dam 甲基化酶提供的半甲基化标记。然而如同大多数其他细菌一样，真核细胞中并不存在 Dam 甲基化酶，所以不能通过半甲基化来标记新合成 DNA 的子链与旧链。那么在真核细胞中，究竟是如何确定双链 DNA 分子中哪一条是新合成的具有错配碱基之子链呢？我们在第四章中已经讨论过，DNA 后续链的合成开始是按照前导链合成的方式，在 RNA 引物的引导下，DNA 聚合酶Ⅲ仍以 5′→ 3′方向参入脱氧核苷三磷酸，合成出长度为 100～2000 个核苷酸左右的冈崎片段。随后在 DNA 聚合酶的作用下，把冈崎片段之间的缺口填补上，留下的切口由 DNA 连接酶封闭。这种切口只有新合成的子链上才存在，因此它也可以作为真核细胞错配修复体系的标记。

四、重组修复机理

1. 重组修复体系的发现

切除修复体系，虽然能够修复 DNA 分子中的嘧啶二聚体及其他损伤，但它通常无法将所有这些损伤都清除掉。当嘧啶二聚体一直保存到 DNA 分子进行复制的时候，就会破坏 DNA 分子的模板性能，以至于在新合成的 DNA 子链上，所有嘧啶二聚体对应的位置都将形成缺口。但是实验表明，当把大肠杆菌继续培养一个小时之后，所有这些缺口又会被重新修复。已知大多数的大肠杆菌菌株，都能够容忍相当大量的嘧啶二聚体损伤。例如切除修复缺陷的大肠杆菌 K12 菌株，当其 DNA 分子中平均含有 50 个嘧啶二聚体时，仍有 37% 左右的细胞可以继续存活下来形成菌落。然而对于紫外线高度敏感的菌株而言，情况就完全不同，即便其 DNA 只含有一个嘧啶二聚体，也无法继续存活，不能形成菌落。根据这些事实，可以得出如下两个推论。第一，在大肠杆菌细胞中，除了切除修复体系之外，必定还存在着另一种类型的修复体系，它能够处理在 DNA 复制前没有被及时切除的嘧啶二聚体以及其他损伤。第二，如果大肠杆菌细胞中不存在这样的修复体系，即便只存在一个嘧啶二聚体，DNA 的正常复制也会受到阻碍。因为嘧啶二聚体不能够作为复制的模板，它会导致在新合成的子链上形成缺口，从而阻止了 DNA 复制的继续进行。

研究发现，在大肠杆菌细胞中，的确存在着另一种专门针对单链缺口和双链断裂的 DNA 损伤的修复体系。由于这种体系的分子基础是依赖于细胞所具有的遗传重组的功能，故称之为重组修复（recombinational repair）。还因为这种体系与发生在 DNA 复制之前的切除修复不同，它是发生在 DNA 复制之后，所以又叫做复制后修复（postreplicational repair）。需要指出的是，切除修复处理的是 DNA 亲本链上的胸腺嘧啶二聚体损伤，而重组修复处理的却是 DNA 子链上的缺口损伤，以及 DNA 分子的双链断裂。这是两者的本质差别。

2. 重组修复的分子机理

因受到紫外线照射形成的嘧啶二聚体损伤，如果在 DNA 开始进行复制之前没有得到及时的修复，那么在复制过程中，当 DNA 聚合酶Ⅲ到达损伤部位时，复制又便无法继续前进。为什么会发生这种 DNA 合成中途停止的现象呢？我们知道，DNA 链中两个相邻胸腺嘧啶碱基虽然形成了二聚体，但它们仍然可以同互补链上的两个对应的腺嘌呤碱基形成氢键。因为在胸腺嘧啶二聚化作用期间所发生的化学变化，并没有影响到它形成氢键的能力。问题的实质在于，胸腺嘧啶二聚体这种形式的 DNA 损伤，会使 DNA 分子的螺旋构型发生畸变。于是，一旦腺嘌呤加入到新生链上，DNA 聚合酶Ⅲ便会同畸变区起作用，并以其编辑功能移走腺嘌呤。旧的腺嘌呤移走之后，又会有新的腺嘌呤加入，但它同样也会被快速地移走。如此便会出现腺嘌呤加入之后被移走，再加入再移走的循环现象，而且会周而复始地持续进行。于是 DNA 聚合酶Ⅲ便会滞留在胸腺嘧啶二聚体损伤部位，致使 DNA 复制又无法继续前进。因辐射或化学诱变剂所产生的无法正常配对的碱基，也同样会出现这种情况。这样的大肠杆菌细胞，由于染色体 DNA 无法完成一轮自始至终的完整的复制周期，所以也就不会发生分裂。

然而大量的实验表明，大肠杆菌细胞能够通过两种不同的重组修复机理，克服嘧啶二聚体的障碍，使 DNA 合成继续进行。本节先讨论二聚体后起始合成（postdimer initiation synthesis）的分子机理，至于跨越二聚体合成（transdimer synthesis）的分子机理，将在 SOS 修复一节详细叙述。

在 DNA 合成过程中，大肠杆菌细胞对付嘧啶二聚体损伤的一种机理是，让 DNA 聚合酶跨过胸腺嘧啶二聚体损伤部位，然后在其后的相当距离处，重新开始链的延伸。根据这一特点，人们特将此种类型的 DNA 合成方式，叫做二聚体后起始合成。它是构成重组修复的分子基础。

图 9-53 说明了以二聚体后起始合成的方式进行的重组修复的分子机理。由紫外线诱发产生的大肠杆菌 DNA 的胸腺嘧啶二聚体损伤，有时不会在 DNA 复制之前得到修复。遗留下来的嘧啶二聚体，由于无法实现正常的碱基配对，致使 DNA 链作为模板的性能受到了破坏。因此在 DNA 复制过程中，当 DNA 聚合酶Ⅲ靠近或到达嘧啶二聚体位点时，便无法继续合成新的子链，结果复制又停止前进。于是 DNA 聚合酶Ⅲ便会被迫跨过二聚体位点，并在其后相当距离处，很可能是下一个冈崎片段的起点，重新开始 DNA 的合成。如此产生的 DNA 新链，便会在对应于嘧啶二聚体的部位，留下一个大小约为 1500 个核苷酸甚至更大的缺口。

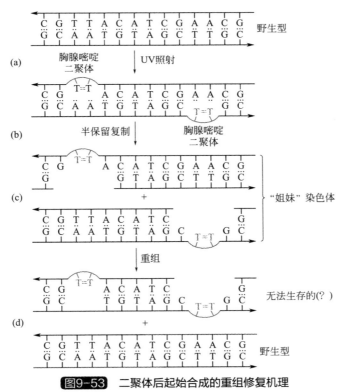

图9-53 二聚体后起始合成的重组修复机理

（a）野生型 DNA 经紫外线照射，在复制链上被诱发产生一个胸腺嘧啶二聚体；（b）半保留复制到二聚体位点时中断，在新生的子链上对应于二聚体位点部位形成一个单链缺口；（c）通过两个姐妹染色体之间姐妹链的交换重组，受体 DNA 分子新生链上的缺口，被来自给体 DNA 亲本链的同源片段填补上，于是给体 DNA 的亲本链上便出现了缺口；（d）DNA 聚合酶以给体 DNA 中的新生链为模板合成互补序列，填补其亲本链上的缺口，并由 DNA 连接酶封闭切口

按这种方式复制，生成了两条性质不同的子代双链 DNA 分子。其中一条子代双链 DNA 分子的亲本链，仍然具有嘧啶二聚体损伤；而其新生链上则出现了大小约为 10^3nt 的单链缺口。在另一条子代双链 DNA 分子中，亲本链是没有嘧啶二聚体损伤的正常序列；而其新生链也是没有缺口的正常互补链序列。重组修复体系，就是利用这一条子代双链 DNA 分子中的亲本链所提供的同源的互补链序列，在 RecA 蛋白的参与下，通过姐妹链交换（sisterstrand exchange）即重组的方式，修复另一条子代双链 DNA 中的缺口，使之恢复成为原来的序列正确的双链 DNA 分子。正因为如此，所以有时也叫重组修复为挽救修复（retrieval repair）。

根据在姐妹链交换过程中功能作用的差异和便于讨论起见，人们习惯上又把具有单链缺口接受互补链序列的子代双链 DNA，叫做受体 DNA（receptor DNA）；而把提供互补链同源序列的另一条子代双链 DNA，叫做给体 DNA（donor DNA）。

在受体 DNA 和给体 DNA 之间发生了姐妹链交换重组之后，受体 DNA 分子中，便具有一条带有胸腺嘧啶二聚体损伤的亲本链和一条序列正常的新生的互补链。而在给体 DNA 分子中，则有一条因在重组过程中发生片段转移而留下缺口的亲本链和一条序列正常的互补链。DNA 聚合酶 Ⅰ 以给体 DNA 中的新生链为模板合成出互补序列，填补其亲本链中的缺口，由此产生的切口则由 DNA 连接酶封闭。于是给体 DNA 分子便被修复成为正常的双链 DNA 分子。在下一轮复制中，它的每一条链都可供作模板链，合成出新的正常的双链 DNA 分子。而胸腺嘧啶二聚体损伤，仅是局限在原来的亲本链上，它有可能被随后的切除修复体系清除掉。

五、SOS修复机理

大多数 DNA 损伤的修复体系都是组成型的，它在细胞整个生命周期的过程中，一直是处于激活的状态。然而也有少数的 DNA 损伤修复体系是诱导型的，只有在特定信号（例如 DNA 复制叉的阻断）的作用下才会被诱导表达。其中最典型的一个例子是大肠杆菌的 SOS 修复体系。

1. SOS 效应

SOS 是英语 save our souls 的缩略语，系呼救之意。当大肠杆菌在物理因素或化学因素的作用下，其 DNA 分子受到了损伤，或是复制系统受到抑制而面临致死的危险状态时，细胞便会被迫启动 SOS 基因进行表达反应，合成出众多的不同的蛋白质，用以应对周围环境因素的刺激作用，避过死亡的威胁。我们称细胞的这种特殊的反应为 SOS 效应（SOS response）。它的主要作用包括诱导大肠杆菌细胞产生出应对 DNA 损伤的修复活性、因辐射及其它损伤招致的诱变效应、细胞分裂活性的抑制，以及溶源性细菌原噬菌体的释放等一系列不同类型的复杂的生理生化过程。其中由 SOS 效应诱发的 DNA 损伤的修复活性，特称为 SOS 修复体系，简称 SOS 修复。由于这种修复体系容易出现错误，形成突变，故也叫做易错修复（error-prone repair），或突变修复（mutagenic repair）体系。

2. SOS 修复体系的诱发

参与大肠杆菌细胞 SOS 效应的基因，泛称为 SOS 基因，总数约有 20 种。其中包括至少 6 种已经检测出来的 DNA 损伤诱导基因（damage inducible gene，*din*），即 *dinA*、 *dinB*、*dinD*、*dinF*、*dinH*、*dinI*，以及其它类型的相关基因，例如 *recA*、*lexA*、*uvrA*、*uvrB*、*uvrD*、*umuC* 和 *umuD* 等。在通常的情况下，未经诱变作用的大肠杆菌细胞中，这种基因的表达活性都是被阻遏蛋白 LexA 抑制的。

LexA 是由大肠杆菌 *lexA* 基因编码的一种阻遏蛋白，系 SOS 效应的一种重要的调节蛋白。由于表达活性自我抑制的缘故，在正常的未经诱变处理的大肠杆菌细胞中，LexA 蛋白的含量相对稀少。它以与位于 SOS 基因 5′上游的、一种叫做 SOS 盒的操纵单元结合的方式，抑制基因的转录活性，使 SOS 修复体系处于关闭状态。但实验观察发现，只有处于二聚体状态的 LexA 蛋白，才具有这种同 SOS 基因操纵单元结合的功能，而单体的却不具有这种能力。

蛋白质分子结构分析表明，每一条 LexA 多肽都含有两个可以彼此分割开来的、功能作用各异的结构域。其一是二聚化结构域，两条 LexA 多肽通过它结合形成二聚体；其二是 DNA 结合域，LexA 多肽正是通过该结合域的作用，才实现它同 SOS 基因上游操纵单元的结合。在 LexA 多肽的这两个结构域之间，存在着一个蛋白酶的切割位点，而它本身又具有潜在的可被 RecA 蛋白激活的蛋白酶活性。因此，当 LexA 的蛋白酶活性被 RecA 激活之后，便会在切割位点发生自我切割（autocleavage）作用，或者叫做蛋白质自我酶解（autoproteolysis）作用。结果使 DNA 结合域同二聚体结构域分割开来。然而因为 DNA 结合域本身是不会二聚化的，所以只靠它自己显然是不能够同 SOS 基因的操纵单元结合，于是在这种情况下 LexA 蛋白也就无法抑制基因的转录活性。这样一来，细胞中参与 SOS 修复作用的基因，便被诱导进行活跃的转录与翻译，表达出高水平的修复蛋白，诸如 RecA 蛋白、LexA 阻遏蛋白、单链 DNA 结合蛋白（SSB）以及 UvrABC 复合物等。以 RecA 蛋白为例，在正常的未经诱变处理的大肠杆菌细胞中，平均含量是 1200 个拷贝，而在诱变之后的平均含量便上升到了 60000 个拷贝，前后相差达 50 倍左右。这显示在被诱导的大肠杆菌细胞中，有着足够数量的辅助蛋白酶 RecA，可以有效地保证所有的阻遏蛋白 LexA 都会发生自我切割，而不会对 SOS 基因发生抑制作用。

这个实验事实还告诉我们，尽管 SOS 修复体系的诱发同样也会导致 *lexA* 基因的高水平表达，但只要细胞中存在着激活状态的 RecA 蛋白，即 ssDNA-RecA 复合物，LexA 阻遏蛋白便会持续地发生自我切割，失去抑制活性。到 DNA 损伤最终完成修复之后，RecA 蛋白因没有 ssDNA 可供结合，便失去了蛋白酶活性。这便使得细胞中 LexA 阻遏蛋白的含量水平上升，形成二聚体，重新抑制 SOS 基因的表达，同时 polⅢ也重新恢复 3′→5′方向的校正功能。由此可见，SOS 修复体系是一种典型的反馈循环。

说到这里读者自然会问，为什么只有在 DNA 受到诱变损伤之后，LexA 蛋白才会发生自我切割作用呢？这是由于在 DNA 损伤信号的引导下，细胞内进行的切除修复和复制后修补的过程中，产生出了相当数量的单链缺口 DNA。这些单链 DNA 便同 RecA 蛋白结合成 ssDNA-RecA 复合物，使 RecA 蛋白呈现出辅蛋白酶活性。而后这种复合物则以通过与 LexA 蛋白相互结合的方式，促使后者潜在的蛋白酶活性得以激活，从而诱发自我切割作用（见本书上册图4-21）。这也就是说，LexA 蛋白的自我切割作用的分子本质，乃是由 ssDNA-RecA 复合物诱发的一种特殊的细胞生理生化反应，而不是因 RecA 蛋白的切割作用造成的。

有实验证据支持上述这种结论是正确、可信的。例如在一定的条件下对反应体系加热，即便没有 RecA 蛋白的存在，LexA 蛋白也一样会发生自我切割作用，使二聚化的结构域同 DNA 结合域彼此分割开来。这个事实说明，在 LexA 蛋白的自我切割过程中，RecA 只是起到一种辅助蛋白酶（coprotease）的作用。它通过同 LexA 蛋白的结合，来激活后者的蛋白酶活性，以完成其自我切割作用。显而易见，在 SOS 修复体系的诱发过程中，LexA 蛋白起到了分子开关的作用：首先，二聚体的 LexA 蛋白同 SOS 基因的操纵单元结合，使之处于抑制状态，细胞只能合成出低水平的修复蛋白质编码基因的 mRNA 分子。随后，ssDNA-RecA 复合物通过同 LexA 蛋白的结合，激活后者发生自我切割，降解成单体形式。于是，已从操纵单元上撤去 LexA 阻遏蛋白的 SOS 基因，抑制状态消除，转录活性启动，合成出高水平的修复基因的 mRNA 及其相应的蛋白质分子。

RecA 蛋白，是由大肠杆菌 recA 基因编码的一种含有 352 个氨基酸残基的单肽，分子质量为 38.5kDa，与 LexA 蛋白同为 SOS 效应的主要调节蛋白。RecA 蛋白具有双重的功能活性：一种是重组蛋白质功能活性，它能够催化 DNA 重组过程中同源单链的交换，直接参与 DNA 损伤的重组修复；另一种是辅助蛋白酶的功能活性，它通过同单链 DNA 结合形成 ssDNA-RecA 复合物，激活参与 SOS 修复的蛋白质（例如 LexA 蛋白）的水解酶活性，促使后者发生自我切割作用而处于失活的状态。因此，LexA 蛋白自我切割之后，便不再具有阻遏蛋白功能，于是细胞中所有被其抑制的基因，便解除了抑制状态，进入活跃的转录反应。在通常情况下，大肠杆菌细胞中 RecA 蛋白的平均分子数为 1200 个拷贝，而经诱变作用 DNA 出现损伤时，其平均分子数便可上升到 60000 个拷贝。前后相差 50 倍之多，足以保证使所有的 LexA 蛋白都处于自我切割的失活状态。

3. SOS 诱变的分子机理-易错修复与跨损合成

SOS 修复体系为何容易发生错误，常常引起突变呢？这是同 umuC 和 umuD 这两种基因的功能作用密切相关的。这些基因之所以被命名 umu，就是因为它们是紫外线诱发突变（UV-induced mutagenesis）的基因。在大肠杆菌染色体基因组中，umuC 和 umuD 基因同属于 umuDC 操纵子，其座位是被此相邻的，并按照 umuD → umuC 的方向，由位于 umuDC 5′ 上游的同一个启动区控制下进行共转录的。

SOS 修复体系是按照跨越二聚体合成（transdimer synthesis）的方式，克服嘧啶二聚体损伤给 DNA 复制造成的障碍。文献中跨越二聚体合成或跨越二聚体复制（transdimer replication），也叫做跨损合成（translesion synthesis）或跨损复制（translesion replication），或者称之为旁路合成（bypass synthesis）或旁路复制（bypass replication），目前尚无统一的名称。它是在大肠杆菌濒临死亡的生理状态下，诱发产生的一种克服嘧啶二聚体损伤的易错修复机理（error-prone repair）。

如同其他的 SOS 基因一样，在正常的大肠杆菌细胞中，umuC 和 umuD 基因也是被阻遏蛋白 LexA 抑制的。只有当大肠杆菌 DNA 受到了损伤，LexA 发生自我切割失去抑制功能之后，它们才会重新启动转录作用。但是 UmuD 同样也是一种能够发生自我切割作用的蛋白质。当单链 DNA 同 RecA 蛋白结合形成的 ssDNA-RecA 复合物，在促使 LexA 阻遏蛋白发生自我切割的同时，也会促使 UmuD 蛋白发生自我切割，生成具有酶催活性的 UmuD′蛋白。而后由两个 UmuD′蛋白亚基和一个 UmuC 蛋白亚基结合形成 UmuD′₂C 复合物。这种复合物叫做跨损 DNA 聚合酶（translesion DNA polymerase），或称为 DNA 聚合酶 V。它是具有易错的或说是致变的核苷酸聚合作用活性，能够跨越嘧啶二聚体损伤，持续进行 DNA 合成的大肠杆菌 DNA 聚合酶。

在 SOS 易错修复过程中，为了使 DNA 复制能够跨越胸腺嘧啶二聚体损伤持续进行，DNA 聚合酶Ⅲ的校正功能就必须暂时性地抑制。否则因胸腺嘧啶二聚体损伤引起的 DNA 分子的螺旋扭曲，将会启动 DNA 聚合酶Ⅲ的 3′→5′方向的校正活性，从而使 DNA 复制又处于停止状态。这个任务是由 LexA 蛋白执行的。在正常情况下，DNA 聚合酶Ⅲ全酶是以其两个 β 亚基形成环状夹子的形式，结合在 DNA 分子上进行 DNA 复制的。当其遇到胸腺嘧啶二聚体损伤时，LexA 便会同 PolⅢ中具校正功能的 β 亚基起作用，从而抑制其校正功能，并使其从 DNA 分子上解离下来。接着由 DNA 聚合酶 V 加入，它以 UmuD 和 UmuC 蛋白亚基形成环状 Umu 夹子取代 β 夹子，结合到 DNA 分子上进行跨越胸腺嘧啶二聚体损伤部位的 DNA 合成。但由于 DNA 聚合酶 V 具有易错的聚合酶活性（error-prone polymerase activity），它总是随机地把核苷酸加入到新生链中与嘧啶二聚体对应的部位，而不管其是否与亲本链损伤序列核苷酸互补。而此时 DNA 聚合酶Ⅲ又失去了校正功能。这两个原因导致了 DNA 的复制容易发生错误，出现了较高的突变率。当 DNA 复制以如此低保真性的方式跨过嘧啶二聚体损伤之后，DNA 聚合酶 V 便从其结合的损伤部位上解离下来，再由 DNA 聚合酶Ⅲ重新加入，单独维持新生链的合成（图 9-54）。因此，SOS 修复体系以跨越二聚体合成这种方式，保证了大肠杆菌染色体 DNA 能够自始至终完成复制周期，细胞亦能得以进行正常的分裂和存活。

尽管这种 SOS 修复体系容易发生突变，但它毕竟是大肠杆菌细胞应对具有潜在致死危险的 DNA 损伤，使细胞免于死亡而得以存活的最后一道防线。而且突变率上升的结果所产生的遗传多样性，无疑也是有利于大肠杆菌细胞能够更好地适应周围环境的变化，获得在有害环境（逆境）中继续存活的能力。

六、DNA双链断裂修复机理

在各种不同类型的 DNA 损伤中，双链断裂（double-strand break，DSB）是对细胞危害最严重的一种，其结果有可能导致细胞死亡或癌症。许多化学试剂及离子射线等环境因素，都会诱发 DNA 发生双链断裂。但如今的研究已经确信，DNA 双链断裂并不总是致死的，因为通过同源重组（homologous recombination）或是非同源的末端连接（nonhomologous end-joining）机理，可以使这样的 DNA 损伤得以修复。这两种修复机理的差别在于，前者是从未损伤的同源染色体中获取双链断裂区段的遗传信息；而后者则恰恰相反，它不需要任何序列同源性的条件，便可把双链断裂形成的两段 DNA 序列的末端直接地重新连接起来。

DNA 双链断裂修复机理，既适用于原核生物也适用于真核生物。其中在原核生物和单细胞真核生命体系中，参与 DNA 双链断裂修复的机理，主要是同源重组。而在多细胞真核生物中，双链断裂 DNA 的修复，同源重组机理虽然也很重要，但所起的作用却不很大。例如在哺乳动物中，双链断裂 DNA 的修复，主要是依赖于非同源的末端连

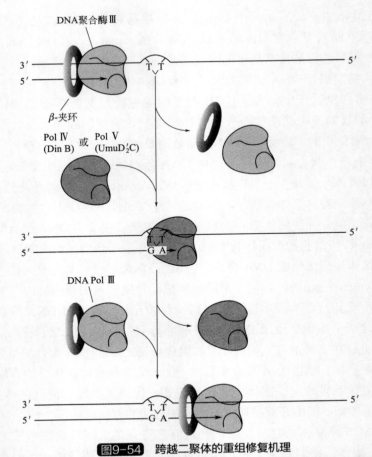

図9-54 跨越二聚体的重组修复机理

在复制过程中，当遇到模板链的一个损伤时，具有滑动夹的 DNA 聚合酶Ⅲ便会被跨损的 DNA 聚合酶取代，从所结合的 DNA 链上解离下来。跨损 DNA 聚合酶跨越模板链（上链）上的 TT 二聚体损伤，继续 DNA 合成。随后此跨损 DNA 聚合酶重新被 DNA 聚合酶Ⅲ取代，进行正常的 DNA 合成（据 J. D. Watson et al, 2014 改绘）

接机理。这种修复途径贯穿于整个细胞周期，自始至终都是有功能的。与此相反，同源重组修复机理的主要功能，是在细胞周期晚 S-G$_2$ 期于复制叉部位发生的。有关 DNA 同源重组的详细内容请参阅本书第 10 章。

1. 同源重组修复 DSB 的分子机理

同源重组也是参与修复 DNA 双链断裂的一种重要机理。

DNA 双链断裂是一种独特的 DNA 损伤的致死性形式。例如，在双链断裂 DNA 修复中发生的遗传性缺陷，会提升乳腺癌（breast cancer）的易感性。为了协调细胞周期和 DNA 损伤修复能够同步进行，细胞对 DNA 损伤的反应必须迅速且精确协调。

存在于细胞核中的丝氨酸-苏氨酸激酶，叫做共济失调毛细血管扩张突变蛋白（ataxia telangiectasia mutated protein，ATM），是一种关键的信号转导蛋白。应用电离辐射或其他可诱发 DNA 发生双链断裂的药剂处理细胞，可提升 ATM 激酶的活性。当 ATM 被募集到 DNA 双链断裂位点后便会参与 DNA 断裂位点的修复，并促使控制细胞周期进程的部分蛋白质发生磷酸化作用。ATM 酶催化作用的一种重要靶子是肿瘤抑制蛋白 p53（图 9-55）。

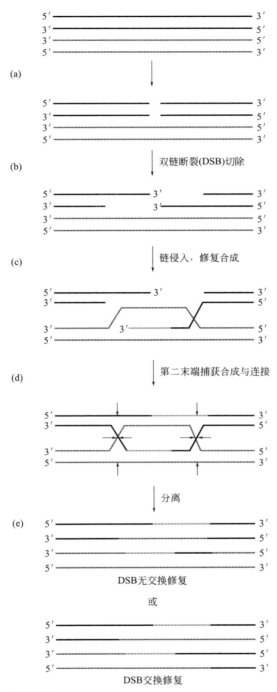

(a)

双链断裂(DSB)切除

(b)

链侵入，修复合成

(c)

第二末端捕获合成与连接

(d)

分离

(e)

DSB无交换修复

或

DSB交换修复

图9-55 哺乳动物DNA双链断裂同源重组修复机理

在本图中深色和浅色的双链 DNA 代表同源序列。（a）电离辐射诱导双链 DNA 断裂（DSB）。（b）MRN（Mrell-Rad50-Nbsl）复合物被迅速地募集到 DSB 位点，Mrell 外切核酸酶的 3′→ 5′ 的外切酶活性，修饰形成 3 单链 DNA 尾巴，它可被参与 DNA 双链断裂修复的蛋白质 Rad52 识别。（c）此 3′单链 DNA 尾巴深入到同源的完整序列。链交换的结果，在损伤的和非损伤的双链 DNA 之间产生出一种杂合的分子。在双链断裂位点丧失的序列信息，经由 DNA 合成得到恢复（图中新合成的 DNA 序列以浅色显示）。（d）互连分子随后经过分支移位（以右向和左向箭头表示）进行加工。（e）最后，霍利迪连接体发生解离和连接（转引自 L. A. Allison, 2012）

细胞应对 DNA 双链断裂的头一步反应是，引导断裂位点定位在细胞修复病灶（repair foci）。连同募集的 ATM，修复病灶含有细胞中大部分的修复蛋白 Rad52。这些病灶能够包围（环绕）一个以上的 DNA 断裂位点。下一步，由 Mrell-Rad50-Nbs1 三种外切核酸酶组成的 MRN 复合物，也被募集到双链断裂位点，起始损伤的修复：DNA 首先由 MRN 复合物中的 Mrell 按 3′→ 5′ 外切核酸酶活性加工形成单链尾巴，MRN 复合物经 Rad50 二聚体的卷曲螺旋域（coiled-coil domains），在 DNA 两端之间形成一个分子桥（参见图 10-5）。随后，此单链尾巴被 Rad52 外切核酸酶识别。Rad51 引发具完整同源序列的 3′ 末端链的穿入（strand invation）。蛋白质 Rad54、Rad55、Rad57、BRCA1 和 BRCA2 等同样也参与了同源重组，但有关这些蛋白质的精确作用目前尚未完全了解。在损伤的和未损伤的双链 DNA 分子之间发生链交换的结果，产生出一个 DNA 两条链彼此缠绕的连接分子（joint molecule）。按照 DNA 复制机理进行的 DNA 合成，恢复了（因双链断裂所丢失的）遗传信息。这种互连分子（interlinked molecule）经过分支移位（branch migration）（一般性重组中链交换过程之一）和霍利迪连接体（Holliday junction，HJ）解离之后，便与修复的 DNA 链连接。

2. 非同源末端连接修复 DSB 的分子机理

哺乳动物 DNA 双链断裂这种形式的损伤，主要是按照非同源末端连接机理（non-homologous end-joining，NHEJ）进行修复的。例如因电离辐射导致的 DSB 损伤的修复便是其中的一个典型例子。参与非同源末端连接的关键性酶催步骤有溶核作用（nucleolytic action）、聚合反应（polymerization）和连接作用（ligation）三种。最近发展的关于哺乳动物非同源末端连接机理之生化确定体系，已经提供了对此种修复途径分子本质的深入了解。这些体外分析表明，这三种关键性酶催步骤，在反应顺序上存在着灵活性。例如，DNA 一条链上的连接作用，可以比另一条链的溶核作用或是聚合反应先行发生（参见图 10-20）。

双链断裂之后，DNA 的断裂末端被两个异源二聚体（heterodimer）Ku70-Ku80 蛋白分别识别。此种 Ku 异源二聚体蛋白形成一种支架，它抓住 DNA 断裂末端使之处于紧密相邻的状态，以便其他的核酸酶参与作用。经 Ku 异源二聚体募集内切核酸酶阿特米丝（Artemis/DNA-PKcs）、DNA 聚合酶 μ 和 λ 以及 DNA 连接酶复合物（XRCC4-DNA 连接酶Ⅳ）到 DNA 损伤位点。内切核酸酶阿特米丝，被依赖于 DNA 的蛋白质激酶的催化亚基（DNA-PKcs）磷酸化之后，便进入激活状态。激活的 Artemis/DNA-PKcs 复合物，随后修剪断裂位点过量的或损伤的 DNA 序列。DNA 聚合酶 μ 和 λ 封闭断裂点之间的裂口或是延伸 3′ 及 5′ 的突出端（outerhangs）。最后由同 XRCC4 结合的 DNA 连接酶Ⅳ（即 XRCC4- 连接酶Ⅳ），将断裂的末端重新连接起来。

双链断裂的修复是维持基因组完整性的必要步骤，但修复过程本身也有可能导致基因突变。比如说不管两种末端是否来自同样的染色体，都会被这类修复机理连接在一起。此外非同源末端的连接常常会在断裂点部位发生 DNA 片段的插入或缺失。

参考文献

Acharya S, Foster P L, Brooks P, et al. 2003. The coordinated functions of *E. coli* MutS and MutL proteins in mismarch repair. Molecular Cell, 12: 233-246.

Allison L A. 2012. DNA Repair Pathways , *In vitro* Mutagenesis//Fundamental Molecular Biology. 2rd ed. New Jersey: John Wiley and Sons, Inc. P159-184; 240-251.

Brettel K, Byrdin M. 2012. Reaction mechanisms of DNA photolyase. Curent Opinion in Sructural Biolygy, 20: 693-701.

Brocker R J. 2012. Gene Matation and DNA Repair//Genetics: Analysis and Principles. 4th ed. The McGraw-Hill Companies Inc., P424-456.

Broyde S. Patel D J. 2010. How to accurately bypass damage. Nature, 465: 1023-1024.

Clork D. 2007. Mutations, Recombination and Repair//Molecular Biology: Understanding the Genetics Revolution. 2nd ed. 北京. 科学出版社, P333-367, 368-395.

Costa R M A, Chigancas V, et al. 2003. The eukaryotic nucleotide excision repair pathway. Biochimics, 85: 1083-1099.

Daley J M, Palmbos P L, Wu D and Wilson T E. 2005. Nonhomologous end joining in yeast. Annu Rev Genet, 39: 431-451.

De Latt W L, Jaspers N G J, Hoeizmakers. 1999. Molecular mecharism of nucleotide excision repair. Gene and Development, 13: 768-785.

Drake J W, Charlesworth B, Charlesworth D, et al. 1998. Rates of spontaneous mutation. Genetics, 148: 1667-1686.

Duda's A, Chovancc M. 2004. DNA double-strand break repair by homologous recombination. Mutation Research, 566: 131-167.

Friedberg E C, Walker G C, Siede W, et al. 2005. DNA repair and mutagenesis. Washingtion: ASM Press.

Friedberg E C, Wagner R, Radman M. 2002. Speciallized DNA polymerases, Cellular survival, and the genesis of mutations. Science, 296: 1627-1630.

Hartwell L H, Hood L, Goldbery M L, et al. 2018. Anatomy and Function of a Gene: Dissection Through Mutation//Genetics-From Genes to Genomes. 6th ed. New York: McGraw Hill Education, P181-218.

Kunkel T A and Erie D A. 2005. DNA mismatch repair. Annu Rev Biochem, 76: 681-710.

Krebs J E, Goldstein E S, Kilpatrick S T. 2014. Gene Are DNA, Repair Systems//Lewin's Genes XI. 北京，高等教育出版社. P2-25, P395-423.

Pierce B A. 2008. Gene Mutations and DNA Repair//Genetics: A conceptual Approach. 3rd ed. New York: W. H. Freeman and Company, P471-503.

Maki H. 2002. Origins of spontaneous mutations: specificity and directionality of base-substitution, frameshift, and sequence-substitution mutageneses. Annu Rev Genet, 36: 279-303.

Mazin A V, Mazina O M, Bugreev D V, et al. 2010. Rad 54, the motor of homologeus recombination. DNA Repair, 9: 286-302.

Nelson D L, Cox M M. 2013. DNA, Repair, Nucleic Acid Chemistry//Lehninger: Principles of Biochemistry. 6th ed. New Yerk: W. H. Freeman and Company. P1297-1038.

Sekiguchi J M and Ferguson D O. 2006. DNA double-strand break repair: A relentless hunt uncovers new prey. Cell, 124: 260-262.

Snustad D P and Simmons M J. 2010. Mutation, DNA Repair, and Recombination//Principles of Genetics. 5th ed. New York: John Wiley and Sons, Inc. P343-381.

Sugasawa K, Akagi J I, Nishi R, et al. 2009. Two-step recognition of DNA damage for mammalian nucleotide excision repair: directional binding of the XPC complex and DNA strand scanning. Molecular Cell, 36: 642-653.

Waters L S, Minesinger B K, Wiltrout M E, et al. 2009. Eukaryotic translesion polymerases and their roles and regulation in DNA damage tolerance, Microbiol Mol Biol Rev, 73: 134-154.

Watson J D, Baker T A, Bell S P, et al. 2014. The Mutability and Repair of DNA //Molecular Biology of the Gene. 7th ed. New York: Cold Spring Harbor Laboratory Press. P313-340.

Weaver R F. 2012. DNA replication, Damage, and Repair//Molecaler Biology. 5th ed. The McGraw-Hill Companies, Inc. P636-676.

Webster M P, Jukes R, Zamfir V S, et al. 2012. Crystal structure of the UvrB dimer: Insights into the nature and functioning of the UvrB damage engagement and UvrB-DNA complexes. Nuclec Acids Res, Doi: 10, 1093/nar/gks633.

Zhang Y, Yuan F, Presnell S R, et al. 2005. Recombination of 5′-directed human mismatch repair in a purified sustem. Cell, 122: 693-705.

路铁刚，丁毅. 2008. 基因突变与DNA损伤修复//分子遗传学. 北京：高等教育出版社. P189-218.

朱圣庚，徐长法. 2016. DNA的复制与修复//生物化学（第四版）. 北京：高等教育出版社. P430-458.

（英）斯特罗恩，等编著. 孙开来，主译. 2007. 人类分子遗传学. 北京：科学出版社. P370-412.

第十章 遗传重组与转位

Chapter 10

第一节 概 述

生命体的遗传多样性与变异性主要是由突变和重组两种事件造成的。有关突变问题在本书的第九章已经作了叙述，本章着重从分子水平上阐述遗传重组与转位作用的主要类型和分子机理。

在细胞减数分裂期同源染色体配对过程中，发生着频繁的遗传信息交换，使得染色体不断地进行混合与重排。如此染色体的遗传重组，尤其是同源重组，乃是造成染色体间遗传信息交换，即 DNA 序列交换的重要原因。可以说生命体中所有的 DNA 分子，本质上都是属于重组体 DNA。遗传学研究早已证明，经过有性生殖繁衍的后代个体，往往与父母双亲具有不同的遗传组成。造成这种遗传变异性的原因有两方面不同的因素。其中，最主要的原因是源自两条同源染色体之间发生的同源重组，而次要的原因则是与细胞减数分裂期间双亲染色体的自由组合有关。

除了上述两种原因之外，转位子的转位作用也会引起染色体或基因的核苷酸序列发生变化。所谓转位子在中文中亦译为转座子，抑或称之为转位因子（transposable element）。它是继 IS 因子之后，在许多原核细胞中发现的另一类分子大于 2000bp 的移动单元。随后在酵母、果蝇及哺乳动物等真核生物中也相继发现了这类转位子。它们的共同特点是，能够从基因组的一个位置转移到另一个位置，所以也叫做移动基因。

转位子在转移酶的作用下，从基因组的一个位点转移插入到基因组新位点的过程叫做转位作用。它是一种与 recA 基因无关的新的重组类型，所以本书将移位作用与遗传重组两个命题安排在同一章讨论。转位子的插入位点是一段与之没有同源关系的核苷酸序列。在转位作用中涉及 DNA 复制。根据不同的机理，可将转位作用分为保留型转位和复制型转位两种不同的类型。

一、重组的概念及其生物学作用

1. 重组概念的发展

遗传重组（genetic recombination）通称重组，系指由在生命体中发生的多种细胞学事件，诸如染色体的分离、交换和易位以及细胞接合、基因交换、转化和转导等，所引起的基因位置或核苷酸序列的变化并重新组合的过程。鉴于最初是在黑腹果蝇 X 染色体中观察到此种现象，故当时称之为染色体重组合。

后来，随着分子遗传学的发展，有关科学工作者在不同类型的生命体中，相继发现组成染色体的遗传物质是 DNA 而非蛋白质，遗传重组的分子本质是 DNA 分子之间的交换与重组，于是遗传重组一词便逐步地被 DNA 重组所替代。在 DNA 重组的基础上，进一步发现重组不仅在减数分裂期体细胞核基因组中发生，而且在细胞器如线粒体和叶绿体基因组中同样也存在。此外重组还见于噬菌体的溶源化过程和转位子的转位作用期间。如今已经确认，地球上绝大部分类型的生命体都存在着遗传重组现象。

到了 20 世纪 70 年代中期之后，由于重组 DNA 技术的兴起，分子遗传学家们便能够应用这种技术，在体外试管中按照人类自身的需求，有计划地将来源不同的 DNA 序列或片段重新连接之后，再转移到适当的寄主细胞中进行扩增与繁育。这个过程叫做 DNA 体外重组，它与在细胞内发生的染色体重组或 DNA 重组并不完全相同。因为染色体重组是在生命体中自然发生的，而 DNA 体外重组是在体外试管中由人类根据设计方案进行操作的。由此可见，如今遗传重组的研究已经跨入体外重组的发展阶段，它构成了现代生物技术的核心内容之一。

2. 重组的生物学意义

遗传重组具有多方面的生物学意义。

第一，为生命体的遗传多样性奠定物质基础。我们知道生命体有性生殖的一个基本特征是，在细胞减数分裂过程中，两条同源染色体之间便会通过联会的方式进行遗传物质的交换与重组。如此便为等位基因形成新的重组体提供了机会。在这些新形成的重组基因当中，有些可能有利于生命体的存活，有些则可能增进生命体的繁殖能力。

第二，是生命遗传进化的原动力之一。这是由于通过重组还可以使染色体上的基因发生改组（shuffling）。于是位于同一条染色体上的有利的突变基因和不利的突变基因便会彼此分隔开来，并作为新组合的遗传单元经受环境条件的检验。这显然为有利的突变等位基因的选择与传递提供了一条途径；同时在不影响与有害的突变等位基因连锁的其他基因的前提下，将有害的突变基因清除出去。这便是自然选择的分子基础。如此历经长久的进化演变和自然选择之后，其中具有利性状的突变体（型）便有可能演变成为种群中的优势群体，而那些具不利性状的突变体（型），便会被逐步淘汰掉。由此可见，遗传重组如同基因突变一样，也可在生命进化过程中起到重要的作用。所以说，没有发生遗传重组便不可能出现生命的进化。

第三，对于体细胞 DNA 损伤的修复同样也起到重要的作用。这一过程特称重组修复，它是原核生物同源重组最主要的生物学作用之一；而对于真核生物而言，同源重组也是修复 DNA 双链断裂和重启复制叉活性的关键步骤。鉴于重组修复往往是在一段精确互补的 DNA 序列之间发生，因此所形成的重组分子，就不会出现因单碱基对的增加或减少所引发的突变现象。故它可用细胞中未损伤的同源染色体 DNA 链，来修复因损伤而丢失的染色体 DNA 序列。

第四，参与生命体从基因到性状的表达过程的调节作用。当我们思考多个基因同多种性状之间的关联时，便会理解到同源重组具有的特殊的重要性。例如，雌果蝇 X 染色体若带有红眼和灰体等位基因，而它的同源染色体则带有白眼和黄体等位基因，二者经过同源重组便会产生出具有红眼和黄体等位基因或具有白眼和灰体等位基因的重组染色体。由此可见，当发生同源重组时，便可产生出具有 2 个或多个等位基因的新的重组染色体。显然它也是参与基因表达调节的一种重要因素。

第五，DNA 同源重组分子机理的阐明，促进了现代生物技术的发展。依靠这些生物技术诸如基因剔除和转基因等，为研究克隆基因的表达与调节以及新基因的功能鉴定等有关命题奠定了理论与技术基础。

3. 重组与基因定位及遗传图的构建

在本书上册第一章第三节，已经叙述了遗传重组与作图的概念，它是重组在分子遗传学研究中的重要应用。我们知道，同源重组涉及染色体 DNA 序列间的物理交换，而同一条染色体上两个基因之间的重组频率取决于二者之间的物理距离，相距越远，重组的频率也就越高。事实上在遗传学研究的早期，以重组频率为基础构建的遗传图，可以初步反映出染色体上基因的定位及其线性排列的顺序，从而首次揭示出染色体内部结构的秘密。

本节不涉及 DNA 体外重组问题，只集中讨论重组的类型及其分子机理两个方面的内容。

二、重组的类型

根据分子机理之间的差异，可将重组分成 5 种不同的类型，即同源重组（homologous recombination）、位点特异性重组（site-specific recombination）、体细胞重组（somatic recombination）、异常重组（illegitimate recombination）和转位重组（transposition recombination）。虽然重组的机理可分成 5 种不同的类型，但在实际发生的重组事件中，并不总是一个重组的过程只通过一种机理完成的。恰恰相反，有不少重组事件都是由多种重组机理协同进行。例如在 *Tn10* 转位反应中，就包括转位重组和同源重组两种机理；再如在酵母中发生的接合型转变中，便涉及位点特异性重组和同源重组等数种不同的机理。

1. 同源重组

同源重组也叫做一般性重组（generalized recombination 或 general recombination），系指发生在细胞减数分裂期间，联会的两条同源染色体 DNA 双链体分子任何位点之间，发生的遗传物质的交换与重新组合的过程。它是属于 DNA 重组的一种主要类型。根据交换事件的特异性，又可将同源重组区分成分子间和分子内、单交换和双交换以及同向重复和反向重复等多种不同的形式（图 10-1）。

无论在真核细胞还是原核细胞中，都广泛地存在着同源重组现象（图 10-2）。例如，真核细胞减数分裂时在染色单体之间发生的交换作用，以及在大肠杆菌的转化、转导、接合作用和噬菌体对寄主染色体的整合作用等，都属于同源重组。其最主要的特点是要求重组的两条 DNA 链之间存在着广泛的核苷酸序列的同源性，但却不需求序列的特异性。这是因为在 DNA 同源重组过程中，参与 DNA 配对和重组的蛋白质因子并不存在对特定序列或位点的识别问题，而且同源序列区越长越有利于发生同源重组。然而在真核

分子间同源重组：

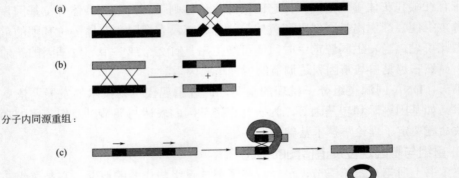

分子内同源重组：

图10-1 不同形式同源重组的模式图

（a）分子间单交换同源重组；（b）分子间双交换同源重组；（c）分子内向重复同源重组；
（d）分子内反向重复同源重组（据 R. F. Weaver, 2012 改绘）

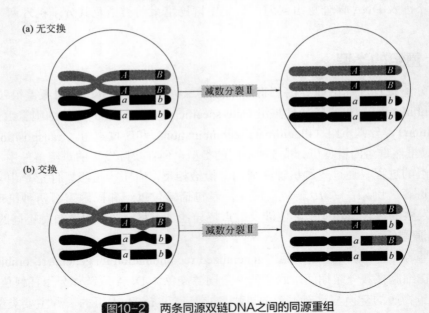

图10-2 两条同源双链DNA之间的同源重组

（a）基因 *A* 和 *B* 之间没有发生遗传物质的交换，这样重组只能产生非重组的配子；（b）基因 *A* 和基因 *B* 之间由于
发生了遗转物质的交换，因此既可产生重组的配子 *Ab* 和 *aB*，也可产生非重组的配子 *AB* 和 *ab*

生物的异染色质区及其附近则很少发生重组。不同生命体的同源重组，对两条 DNA 之
间的同源性序列长度的要求是互不相同的，一般在 25～300bp 之间。

同源重组十分重要，它不仅是自然界中发生的最重要的一种重组类型，也是生命进
化的原动力之一，同时还是染色体损伤修复和复制重起的关键因素。除此之外，同源重
组也是基因打靶和转基因技术的分子基础，而且还与外源转化的 DNA 片段对寄主染色
体基因组 DNA 的整合作用有关。同源重组的一个特点是，它基本上不要求序列的特异

性，由此得出的一个自然的推论，即任何两个基因间的重组频率，都是与它们之间的物理距离成正比。这个特性使我们能够运用基因间的距离来绘制遗传图，显示染色体上基因的排列顺序和彼此间的距离。

2. 位点特异性重组

这种重组也称位点特异性交换，是指通常发生在同一位点、依赖于重组序列间一段有限长度序列相似性的 DNA 重组。它是在位点特异性的重组酶的作用下，于两条特定的但并不需要是同源的 DNA 序列之间发生链的交换。这样一种特殊的 DNA 重组方式，叫做位点特异性重组，它首先是在原核生物中发现的，并且通常也只在原核生物中发生。鉴于此种重组有时是一个外源 DNA 插入到一个寄主基因组 DNA 中去，故亦称之为整合重组（integrative recombination），而这种重组的过程便是所谓的 DNA 整合或插入作用。

例如大肠杆菌噬菌体 DNA 对其寄主菌染色体 DNA 的插入与删除，以及在转位因子的转位过程中共整合结构的形成与解离等，便是通过位点特异性重组实现的。此种类型的重组，由于只涉及已存在的原有 DNA 链的断裂和重新连接，中间并没有发生任何新生 DNA 序列的合成或核苷酸碱基的增加与减少，所以也被叫做保守性的位点特异性重组（conservative site-specific recombination，CSSR），简称保守性重组。它与同源重组最重要的差别是不需要 RecA 重组酶的参与。

3. 转位重组

转位重组是指转位因子在转位酶、解离酶和 DNA 聚合酶的催化作用下，从基因组的一个位点转移插入到基因组新位点的过程。是一类同参与 DNA 重组作用的 *recA* 基因无关的、新的遗传信息的重组类型。转位因子的插入位点是一段与之没有一致性关系的核苷酸序列。在转位重组的过程中涉及 DNA 复制。转位重组依其分子机理的差异，分成复制型转位重组、非复制型转位重组和保守型转位重组三种不同的类型。它们都不依赖于 DNA 序列之间的一致性，仅是涉及序列的断裂和再连接两个主要的反应步骤。有鉴于此，转位重组亦被认为是一种典型的异常重组。

4. 异常重组

异常重组，是指 DNA 同源重组以外的一类非常规的重组。因为它的基本特点是，几乎不需要在发生重组的两条 DNA 分子之间存在序列的一致性，所以这种重组不是位点特异的。按照其分子机理的差别，异常重组可以分为两种不同的类型。头一种是通过断裂的 DNA 末端彼此连接实现重组，特称末端连接（end-joining）异常重组。另一种叫做链滑动（strand-sliding）异常重组，它是指在 DNA 复制时，发生的由一个模板跳跃到另一个模板所产生的重组方式，所以又叫做拷贝选择（copy choice）异常重组。异常重组可导致诸如移码、缺失和倒位等多种不同形式的突变，因此与遗传性疾病及癌症的发生有一定的关联，并对生命的进化也有相当重要的作用。

5. 体细胞重组

体细胞重组是指发生在体细胞而非生殖细胞内的重组，亦即不在减数分裂过程发生的一类特殊的重组。正因为此，故在有的文献中也将体细胞重组叫做有丝分裂重组（mitotic recombination）。绝大多数这类重组都是指发生在免疫系统中的重组，比如在 B 和 T 淋巴细中发生的 V（D）J 基因片段的连接过程，就是属于典型的体细胞重组；再如关于抗体形成的选择性理论就认为，抗体的形成是由于负责合成抗体的基因之间发生的体细胞重组所致。

三、重组与转位的若干概念

1. 重组信号序列

重组信号序列（recombination signal sequence，RSS）在有的文献中也叫做短信号序列（short signal sequence），系指位于免疫球蛋白基因和 T 细胞受体基因重组结合位点的一段特定的 DNA 序列。它包含有一段由 7 个核苷酸组成的回文对称序列，其共有序列为 5′-CACAGTG-3′；一段富含 A-T 的 9 个核苷酸序列，其共有序列为 5′-GGTTTTTGT-3′；以及位于两者之间的长度为 12bp 或（23±1）bp 的间隔序列。体细胞重组便是在重组信号序列处发生的，可见其功能是为重组作用提供目标。

只有当 2 个基因片段的每个旁侧都存在着重组信号序列，其中的一边含有 12 个 bp 的间隔序列，而另一边含有 23bp 的间隔序列时，这两个基因片段才能够发生有功能的重排，这种现象被称为 12～23 规则。这个规则使得 V 区基因片段能够发生按序而连续的组装，从而防止了导致无功能重排的异常连接情况的发生（图 10-3）。

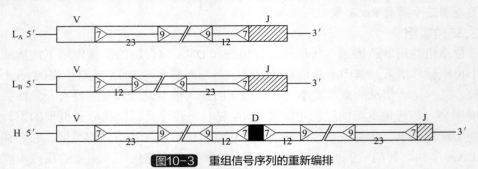

图10-3 重组信号序列的重新编排

图中数字 7 和 9 分别表示七聚体和九聚体两种保守序列。12 和 23 分别表示长度为 12bp 和 23bp 的两种非保守的间隔序列

2. 转位和移位作用

转位因子也叫做转位子，亦称转座子，简称 Tn 因子。它是继 IS 之后，首先在许多原核细胞中发现的另一类分子大于 2000bp 的移动单元。转位因子由几个基因组成，而且往往带有抗生素抗性基因，如氨苄青霉素转位因子，便是其中一列。随后在酵母、果蝇及哺乳动物等真核生物中也相继发现了转位因子。

转位因子的共同特点是，能够在转位酶的作用下，从基因组的一个位点转移插入到基因组的新位点，这个过程叫做转位作用（transposition）。它是一种与 recA 基因无关的新的重组类型。转位子的插入位点是一段与之没有同源关系的核苷酸序列，在转位过程中涉及 DNA 复制。

从中文字面意义上看，转位作用和移位作用（translocation）很容易混淆，然而实际上两者在生物学概念上却有着本质的区别。与转位子从基因组的一个位置转移到另一个位置的转位作用不同，移位作用在分子生物学和分子遗传学中有如下 4 种情况：

① 染色体移位。在染色体重排事件中，因断裂而被分开的染色体片段，通过与染色

体或片段之间的连接作用，而成为重组染色体的组成部分。这样的细胞核变化过程叫做染色体移位。

② 基因移位。是说基因的一个新拷贝，出现在与原来位置不同的基因组的另一个位置上。诸如 DNA 序列的转化或噬菌体的转导等，都可看作是基因的移位。

③ 蛋白质移位。特指蛋白质的跨膜移动。比如在细胞质中合成的转录因子，穿过核膜进入核质参与同目的基因启动区元件的结合。这种穿膜运动便是一种典型的蛋白质移位作用。

④ 核糖体移位。在蛋白质翻译期间，核糖体颗粒沿着 mRNA 分子核苷酸链移动的过程，叫做核糖体移位。在合成的多肽链上，每增加一个氨基酸，核糖体就会沿着 mRNA 分子移动一个密码子的距离。

3. 同源性和相似性

在叙述重组与转位这个命题的过程中，必然涉及同源性和相似性这两个概念。这是一对在中文字面含义上容易混淆的分子遗传学术语。因此在本命题开篇伊始，先讲请楚同源性和相似性的基本概念，显然是不无道理的。

（1）同源性

同源性（homology）有两种不同的情况：其一为蛋白质的同源性，是指两条或数条蛋白质多肽链之间氨基酸序列的相似性（similarity）。其二是核苷酸同源性，系指两条或数条核酸分子之间核苷酸序列的相似性。但无论何种情况，序列的同源性均是起因于它们的编码基因之间有共同的祖先。显而易见，从基因的进化角度考察，它们之间只有"有关"或"无关"两种情况，介于二者之间的情况不存在的。因此，说不同序列之间具有"百分之几的同源性"、抑或是"很高的同源性"或"很低的同源性"都是不科学的，也是没有意义的。根据 J. D. Watson 等人的建议，所谓同源性一般系指两条 DNA 序列中，至少有 100 个碱基对以上的区段，具有完全相同或几乎相同的序列结构。除了这种序列高度相似性之外，DNA 分子也会有小部分区段存在序列差异，如等位基因之间的序列情况一样。

① 同源染色体。除了等位基因有所差别之外，在体积大小、形状及遗传组成等方面均是相同的一对分别来自父本和母本的染色体，叫做同源染色体。

② 同源基因。来自不同生命体，但编码同样的蛋白质，具有共同进化祖先的基因称为同源基因。因其核苷酸序列往往是相似的，故二者可互作 DNA 杂交探针使用。根据来源的不同，同源基因分为直向同源基因（orthologous gene）和共生同源基因（parologous gene）两大类。前者亦译为定向进化同源基因，系指从共同的祖先基因进化而来的不同物种的同源基因。例如人和小鼠 β- 珠蛋白基因，就是一类直向同源基因。它们的祖基因在种属分化之前就已经存在。后者也译为平行进化同源基因，系指存在于同种生物中的一类同源基因。它们通常属于同一多基因家族的不同成员。例如人的 β- 珠蛋白的基因和 α- 珠蛋白基因，就是共生同源基因的典型例子。这类同源基因的祖先基因，可能在种属分化之前就已经存在，也可能在种属分化之后才出现。

③ 同源蛋白。具有同样的功能及类似的特性而来源不同的一些蛋白质，称为同源蛋白。例如不同物种的血红蛋白都执行同样的生物学功能，它们便是属于一组同源蛋白。

（2）相似性

同源性和相似性也是一对在中文的字面含义上容易混淆的分子遗传学术语。氨基酸序列或核苷酸序列的同源性，往往是以相似性一词来表述，它是形容不同核酸分子之间，或是不同蛋白质多肽链分子之间，核苷酸序列或氨基酸序列一致性程度的专用术语。不同序列之间的相似性或是相关性的程度，是用序列的保守性（conservation）或一致性（identity）来衡量的。很显然不同序列之间的相似性程度是不一样的，有高有低，因此与同源性不同，相似性可以用"百分率"或"高度相似性"、"低水平相似性"等带有度量性的用语表述，但需要指出的是，核苷酸序列或氨基酸序列具有高度相似性的基因或蛋白质，往往是同源的。

① 保守性。分子生物学和分子遗传学中所指的保守性，主要有如下三种不同情况。第一，基因水平上的保守基因，是一类在不同物种均存在的基因。例如在人类基因组已发现的基因中，约有 25% 在植物基因组中也同样存在。第二，在 DNA 水平上的保守序列（conserved sequence），也有的译作一致序列或共有序列。是指在大量相关的但并非完全相同的核苷酸序列中，共同存在的一段核苷酸序列很少变化的特定的区段或区域。在保守序列中每一个位置的核苷酸，都是一系列可比较的相关序列在相同位置上最为常见的代表性核苷酸。例如大肠杆菌启动区中的 –35 元件（5′-TTGACA-3′）和 –10 元件（5′-TATAAT-3′），便是两种典型的 DNA 保守序列。第三，蛋白质水平上的保守区或结构域，即不同的蛋白质多肽链分子中，共同存在的一段氨基酸极少变化的特定区段或区域。例如转录因子蛋白 DNA 结合域之一的亮氨酸拉链结构域。

② 一致性。也有的译为同一性，系指被比对的两种甚至数种的核苷酸（或氨基酸）序列，在相同的位置具有相同的核苷酸（或氨基酸）的结构单元。序列一致性的程度，通常是用被比对的两种核苷酸序列（或氨基酸序列），在同一位置具有相同的核苷酸（或氨基酸）的数目占总数的百分比表示。

4. 遗传重组及染色体再分配重组

遗传重组的分子本质是参与重组的染色体或 DNA 分子之间发生了遗传物质的交换，并有多种不同的形式。除此类重组之外，生命体中还存在着另一类重要的仅发生染色体独立分配而没有涉及遗传物质交换的重组。这类重组特称为染色体再分配重组，或叫独立分配重组，它与遗传重组、基因突变共同构成影响物种个体之间遗传多样的三个要素。

在减数分裂过程中，同源染色体彼此独立分配产生出具不同染色体组合的多样化配子。于是当这样的雌雄配子融合时，便会产生出基因组各具特异性，彼此互不相同的个体。很显然在这类重组中，只是发生了不同染色体的独立分配，并没有出现染色体之间的遗传物质的交换。这就是染色体再分配重组和遗传重组之间在分子水平上的本质差别。弄清这两种重组类型之间的本质差异无疑是十分必要的。

5. 基因重组及重排

这是两种不同的概念。基因重组是指会导致基因型发生变化的核苷酸序列的交换过程。而基因重排（gene rearrangement）则不然，它是指基因的可变区通过基因的转位作用或 DNA 断裂点的错接，从而使原本正常的基因核苷酸顺序发生改变的现象。例如在 B 细胞分化过程中抗体基因的重排，以及 T 细胞抗原受体基因的重排。所有这类基因重排的实质，都是建立在染色体易位和倒位等不同形式的结构变化的基础上。由此可见，基因重组和基因重排二者之间虽然只有一字之差，但其分子机理却是彼此各异的。

四、重组与转位的生物学功能

1. 同源重组的生物学功能

（1）原核生物同源重组的生物学功能

在原核生物和真核生物中，同源重组的生物学功能既有共同点也有差异之处。在细菌中，同源重组的主要生物学功能是参与修复 DNA 双链断裂，以维持基因组的稳定性；其次是促进细菌之间遗传物质的交换，例如通过转化、转导以及接合作用导入的外源 DNA，同寄主细胞染色体 DNA 之间发生的遗传重组，从而导致生命体的遗传多样性；此外，还具有重新启动复制叉活性和保证在细胞分裂过程中同源染色体正常分离的功能。

（2）真核生物同源重组的生物学功能

在真核生物中，同源重组同样也起到许多方面的重要作用。比如首先在减数分裂过程中促使同源染色体的正常分离，从而维持子细胞基因组的完整性。其次，减数分裂重组通常会引起两条同源染色体之间进行基因交换，这样便会导致变化的基因组传递到下一个世代，产生个体遗传的多样性（图 10-4）。此外，对于转位作用、酵母交配型转换以及锥虫抗原转换等许多生命变化，同源重组都是基本的细胞学过程。

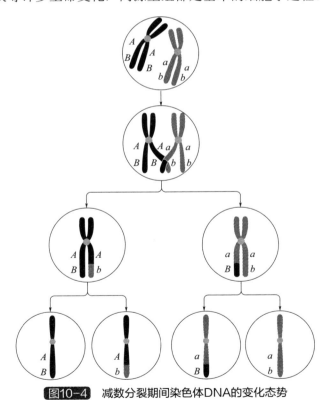

图10-4 减数分裂期间染色体DNA的变化态势

为简明起见，本图只示出一对同源染色体 DNA 在细胞减数分裂过程中的变化态势。黑色和灰色分别代表经一轮 DNA 复制之后的两条同源染色体。同源重组是促使同源染色体正确配对，以备参与首次细胞核分裂的必要条件。此类重组也可以产生基因交换。如本图所展示的 A 基因与 B 基因之间的交换，结果生成 Ab 和 aB 重组体分子

值得特别指出的一点是，同源重组可通过 DNA 双链断裂的修复以维持基因组的遗传稳定性。双链断裂是一种由 DNA 损伤引起的独特的致病形式。例如因 DNA 双链断裂修复引起的遗传缺陷，会增加人体对感染乳腺癌的敏感性。细胞核中的丝氨酸-苏氨酸激酶（ATM 蛋白），叫做共济失调-毛细血管扩张突变蛋白，是一种关键的信号转导物。当将细胞暴露在电离辐射或其他双链断裂诱导剂环境中处理时，便会促使 ATM 激酶活性的提升。该酶被募集到双链断裂点，从而使参与 DNA 损伤修复及细胞周期控制的某些蛋白质，发生磷酸化作用。

ATM 激酶的一种重要的靶标是肿瘤抑制蛋白 p53。因患共济失调毛细管扩张综合征的哺乳动物中缺乏 ATM 激酶的个体，其鉴定性特征是对辐射作用特别敏感，从而增加了对癌症发生、免疫缺损、提前衰老以及神经变性疾病的敏感性。对双链断裂引发的细胞效应的研究发现，断裂点是定位在修复病灶（repair foci）内。连同募集的 ATM 一起，该病灶含有细胞中绝大部分的修复蛋白 Rad52。接着 Mre11-Rad50-Nbs1（MRN）复合物亦被募集到双链断裂点 DSB 并启动修复。具双链断裂的 DNA，首先被 MRN 复合物中的外切核酸酶 Mre11 的 $3' \rightarrow 5'$ 活性加工生成单链尾巴。MRN 复合物，经由 Rad50 二聚体的卷曲螺旋结构域（coiled-coil domains），在 DNA 末端之间形成一个桥（图 10-5）。随后单链 DNA 尾巴被 Rad52 蛋白识别。Rad51 蛋白启动具完整同源序列的 $3'$ 尾巴发生链的侵入作用。Rad54、Rad55、Ruu57、BRCA1 和 BRCA2 等蛋白质，同样也参与同源重组过程，但有关它们的精确作用尚需深入研究。

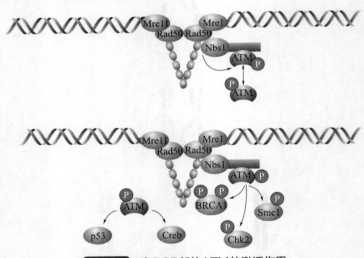

图10-5 在DSB部位ATM的激活作用

MRN 复合物经由 Rad50 二聚体之卷曲螺旋臂在游离的 DNA 末端之间形成一个连接桥（转引自 L. A. Allison, 2012）

链交换的结果，在损伤的和未损伤的双链 DNA 之间产生出一个连接分子（joint molecular），通过 DNA 复制机理合成 DNA 的方式修复序列信息。由此修复生成的互连分子（interlinked molecule），按照分支移动和 Holliday 连接体拆分的方式进行加工，随后这两条修复了的 DNA 链被连接起来。失活的 ATM 二聚体，由于同 Rad50 蛋白相互作用不稳定，于是经过同 Nbs1 之羟基末端间的相互作用便被募集到双链断裂部位。激活作用信号被释放到 ATM 二聚体，这可能是通过 Nbs1 构型改变实现的。ATM 分子伴随着从二聚体到单体的变化，发生磷酸化作用。激活的 ATM 单体，要么仍然停留在 DSB 附近，以它的磷酸化的蛋白质参与 DNA 损伤修复；要么是通过扩散途径从 DSB 位点扩散到磷酸化的核基质，诸如 p53 和 Creb，这些核基质参与细胞周期控制。

2. 转位作用的生物学功能

转位子在分子生物学及分子遗传学研究中的主要应用有如下两个方面。第一，作为生物诱变剂诱发目的基因发生突变。第二，作为分子标签和分离目的基因的分子标记。

（1）转位子诱变

利用转位子能够随机插入染色体 DNA 分子的不同位点这种特性，以它作为诱变剂诱发原核生物及真核生物发生突变形成突变体的技术，叫做转位子诱变。在转位子的转位过程中发生的插入作用有可能导致基因断裂失活，因此它不仅是一种强有力的诱变手段，而且也为突变基因的克隆与鉴定提供了有用的标签与分子探针。

转位子诱变的基本程序如下。

① 重组质粒的构建。将实验选用的转位子克隆在恰当的质粒载体上，构成重组质粒，即转位子释放载体。

② 释放载体的转移。通过接合作用或转染的途径，将携带有转位子的质粒导入其无法进行复制的受体细胞，此时转位子拷贝便会插入到细胞的基因组上。在这种受体细胞中，质粒无法复制，所以随着细胞的分裂增殖，便会被迅速地稀释掉。因此这种转位子释放载体也称为自杀质粒（suicide plasmid）。

③ 突变体分离。因为转位子上编码着某种特定抗生素抗性基因，所以将转化的细胞混合物涂布在含有此种抗生素的选择培养基平板上，便可根据转化子细胞在选择培养基上的生长能力，分离到潜在的突变体。

④ 突变体的选择和鉴定。分离到的可能的突变体还需作进一步的真实性的鉴定。包括转化子抗性特征的鉴定，以及插入转位子的分离和分子特性的分析等。

（2）转位子标签

转位子的转位插入作用，会使被插入的目的基因发生突变而失去活性，而转位子的删除作用又会使目的基因恢复活性。根据转位子的此种特性，用已知其核苷酸序列结构的转位子作为分子标签，建立一种分离基因的新方法，叫做转位子标签法（transposon tagging）。根据转位子的类型差别，可分为同源转位子标签和异源转位子标签两种不同的方法。

转位子标签法是分离植物基因的较为有效的方法之一，特别是对于编码产物未知的发育调节基因、代谢调节基因以及环境应答基因的分离，往往可以收到较好的效果。但转位子标签法只适用于具有内源活性转位子的植物种类。然而遗憾的是，自然界中此类植物的种类并不多，特别是遗传系统已经作了深入研究的重要模式生物，如拟南芥和番茄等，均未发现有活性的内源转位子。对此虽然可用转化的异源转位子代替，可实验表明异源转位子的转位插入作用往往是不稳定的，容易发生删除作用。可见，转位子标签法的应用有相当的局限性。

3. 遗传重组与生命进化

生命体有性生殖的一个基本特点是遗传重组，它与突变一样也是生命进化的最关键的内在因素之一。在细胞减数分裂过程中，当染色体彼此配对并发生交换的时候，便为产生新的等位基因重组体提供了机会。这些新的等位基因重组体中，有些具有更加适应于环境的生存条件，有些则显著地提高了生殖能力。于是经过漫长的进化历史，这些具有利性状的重组体便会在其所在的种群中，得以快速的扩散与传播，并在自然选择压力下最终演变成为物种的标准性状特征和遗传特质。所以说，细胞减数分裂重组乃是物种从改组的遗传变异，演变成潜在的进化改变的一种途径。

（1）重组是生命进化的原动力

从生殖方式角度考察，自然界中的物种可区分为有性繁殖和非有性繁殖两大类。我们假定两者都经重组途径产生出有利的突变，并期望经过长期的历史过程，这些突变都得到了广泛的传播。同时我们还假定，在各个物种的非突变的个体中，也发生了另一种有利的突变。这种情况在无性繁殖的生命体中，第二次突变与第一次突变之间发生重组的可能性是不存在的，而在有性繁殖的生命体中这两种突变之间则能够发生重组，并产生出比其自身单突变的生命体具有更加优势的双突变体。这种重组的品种可通过全种群（whole species population）得以传播。在物种的进化过程中，重组作用能够使不同基因之有利的等位基因，经有性繁殖而聚集到同样的生命体中，从而出现了物种的进化。这说明遗传重组是生命进化的一种原动力。

（2）倒位对重组的抑制作用

重组对基因改组的效应，可以被染色体重排阻断。在杂合子中，交换通常会被邻近的基因重排点所抑制，这可能是由于基因重排打断了染色体的配对过程。因此有许多基因重排都会导致重组频率的下降。在倒位杂合子（inversion heterozygote）中，此种效应是非常明显的，这是由于发生在倒位断点附近的染色体交换作用受到了抑制的缘故。

为了讲清楚这种重组抑制效应的分子机理，我们需仔细地分析在一条染色体长臂中发生的倒位事件（图10-6）。在四分体中，如果倒位和非倒位的染色单体之间发生了一种交换，便会产生出两条与减数分裂期间或之后丢失的类似的重组染色单体。这两条重组染色单体之一由于丧失了着丝粒而成为无着丝粒的片段，于是在第一次有丝分裂的后期，

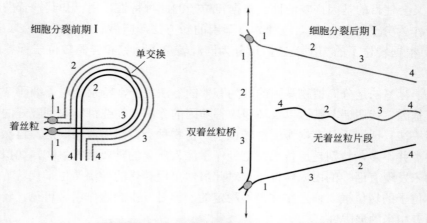

图10-6　倒位杂合子中遗传重组的抑制作用

由交换的染色单体产生的双着丝粒染色单体（1231）和无着丝粒染色单体（4324），都是属于非整倍体，故它在下一世代将是没有生活力的。因此，由倒位与非倒位染色体之间的交换产物是没有活性的（转引自 D. P. Snustad & M. J. Simmons, 2010）

它便不会被移动到正确的位置；这两条重组染色单体之二，因为含有两个着丝粒，所以便会按两个相反的方向被牵引，形成双着丝粒染色单体桥（dicentric chromatid bridge）。这种桥最后断裂并将染色单体撕裂成小碎片。显然在倒位存活细胞的减数分裂（inversion survive meiosis）过程中，因交换作用产生的无着丝粒和双着丝粒的染色单体，它们都不太可能生成可成活的合子。因此这两类染色单体在下一世代就会被自然选择所淘汰。这种因染色单体淘汰而造成的网络效应，抑制了杂合子中非倒位染色体之间发生重组的可能性。

然而，有时候由倒位和非倒位的染色单体之间交换产生的非整倍体产物，例如在倒位区中发生的双交换的结果（图 10-7）。两次交换反应必定涉及同样的两条染色单体即所谓的双链双交换（two-strand double exchange）。假如它们涉入不同的染色单体，其交换产物将是非整倍体。

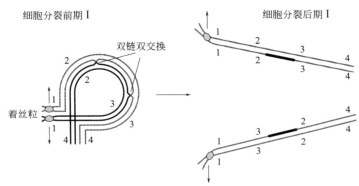

图10-7 倒位杂合子中染色体双交换

从双链双交换四分体产生的染色单体，没有一条是非整倍体，结果它们在下一世代中将得到重复利用

（转引自 D. P. Snustad & M. J. Simmons, 2010）

第二节
同源重组

细胞中的 DNA 分子经常会发生双链断裂（double-stranded break，DSB）。此种 DNA 损伤若没有得到及时的修复，便会导致细胞死亡。然而我们知道，对大多数细胞而言，其 DNA 双链断裂损伤的修复，主要是按照同源重组机理进行的。

同源重组涉及两条同源染色体双螺旋 DNA 之间的相互作用。在原核生物中，同源重组不仅能够参与染色体 DNA 双链断裂的修复，而且还能够促进细胞之间遗传物质的交换。比如经由转化、转导以及接合作用进入寄主细胞的外源 DNA，便是通过同源重组途径实现与寄主染色体的整合作用。在大多数高等真核生物的体细胞以及处于营养生长的单细胞真核生物中，同源重组也具有染色体 DNA 断裂修复及复制重起的两种功能作用。

头一个关于同源重组的分子模型，并不是根据 DNA 生化分析或电镜研究得出的，而是从真菌遗传交换事件推导出来的。遗传学家 H. Zinckler 在 1934 年就已观察到了，具有 6 个橙色孢子和 2 个白色孢子、或 6 个白色孢子和 2 个橙色孢子的 8 分体的真菌子囊。Zinckler 用基因转变（gene conversion）这个术语描述这种现象。它通常与重组无关，系指 1 个等位基因转变成同源染色体上的同样的等位基因，亦即从 1 个基因序列转变为另一个基因序列的过程（见图 10-47）。随后许多研究者在酿酒酵母和粗糙链孢霉的研究工作中，也都观察到基因转变现象。此外，研究还表明，在已经发生了交换的染色体区段，常常会出现基因转变。

一、同源重组的分子基础

1. 同源染色体的交换类型

序列相似或相同的 DNA 分子间的遗传交换，是同源重组的分子基础。具有相似或相同序列的真核染色体 DNA，在减数分裂前期经常发生交换，同时在有丝分裂期间也会偶尔发生交换。交换涉及一对同源染色体 DNA 之间的序列重排。

在二倍性的物种中，复制的同源染色体之间有可能发生两种不同类型的交换。头一种类型的交换是在姐妹染色单体之间进行的，所以叫做姐妹染色单体交换（sister chromatid exchange，SCE）型的同源重组。因为姐妹染色单体在遗传上是相同的，所以SCE 不会产生一种新的等位基因联合体（图 10-8）。

一致染色单体之间发生的交换

图10-8 姐妹染色单体交换型同源重组

由遗传上相同的两条染色单体之间的交换进行的同源重组，叫做姐妹染色单体交换型的同源重组

第二种类型的交换是在两条同源染色单体之间进行的，所以叫做同源染色单体交换（homologous chromatid exchange，HCE）型的同源重组。比较而言，在细胞减数分裂期间，同源染色体之间发生的遗传交换是共有的（是相同的）。如图 10-9 所示，这种形式的同源重组有可能在新形成的重组染色体中出现新的等位基因联合体（combination）。在此种第二类型交换中，同源重组的结果是导致了遗传重组，它涉及遗传物质的改组，从而产生出与原来不同的新的遗传联合体。由此可见，同源重组是一种引发染色体之间物质交换的遗传重组的重要机理。

原核生物大肠杆菌细胞一般都是单倍体，因此它们不具有成对的同源染色体。尽管如此，细菌同样也会进行同源重组。那么在单倍体的细菌细胞中究竟是怎样发生 DNA 片段的交换呢？首先，在营养丰富的条件下，每个大肠杆菌细胞可拥有 3～4 个拷贝的染色体，虽然这些拷贝通常是一样的。但经过同源重组，这些拷贝之间一样也会发生遗传物质的交换。其次，在细菌基因组 DNA 复制过程中，在其复制区同样也会发生同源重组。对于细菌而言，有关 DNA 损伤片段的修复，同源重组具有特别重要的生物学意义。

2. 染色体重组的实验证据

花斑染色体染色实验（staining of harlequin chromosomes）揭示姐妹染色单体之间存

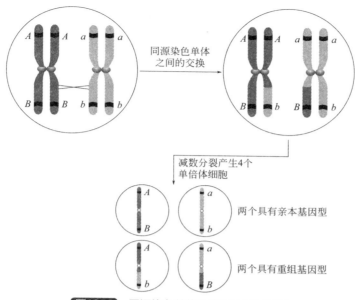

图10-9 同源染色单体交换型之同源重组

当同源染色单体交换时，同样也能够发生同源重组。这种类型的同源重组可产生新型的等位基因联合体，它的表型叫做重组型或称非亲本型

在着同源重组的事实。迄今我们所了解的有关交换和同源重组的知识，是通过各种不同的实验手段获得的。这些实验手段包括遗传、生化以及细胞学分析等诸多方面。染色体染色方法，使得细胞学研究者能够直接观察到真核染色体之间的交换现象。在20世纪70年代，俄罗斯细胞遗传学家 A. F. Zakharov 及其同事发展出一种称为花斑染色体染色技术，也叫做染色体彩染（harlequin staining of chromosome）法。1974年，Paul Perry 和 Sheldon Wolff 改进了这项技术，使之能够用来对姐妹染色单体进行差异染色，并在显微镜下观察鉴定姐妹染色单体的交换情况。应用这种方法，细胞遗传学家们便可以对染色体重组进行直接的观察研究。

染色体彩染方法是将细胞直接培养在添加有染料核苷酸类似物 5-溴脱氧尿苷（5-bromodeoxyuridine，BrdU）的培养基中，经过 1～2 次复制周期后，产生的姐妹染色单体便具有不同的染色程度。在有 BrdU 存在时复制的染色单体与在有胸腺嘧啶脱氧核苷酸存在时复制的染色单体相比，前者吸收的 DNA 荧光染料 Hoechst 33258，要低于后者。在黑白负片上，无 BrdU 的染色单体与参入了 BrdU 的染色单体相比，显得较亮；在印出的照片上无 BrdU 的染色单体比参入了 BrdU 的染色更深。因此，能够区别出含有一个 BrdU、两个 BrdU 或不含 BrdU 的染色单体。所以这种染色技术，可以用来检测姐妹染色单体的交换情况。

在我们考虑 P. Perry 和 S. Wolff 实验之前，先分析一下他们的染色程度如何使我们能够辨别两条姐妹单体。在他们的实验中，真核细胞是培养在实验室里，并在补加有 BrdU 的培养基中使 DNA 复制两个周期。经第二个复制周期之后，在每对姐妹染色单体中，便有一条染色单体是未被标记的和一条染色单体是被 BrdU 标记的。另一姐妹染色单体具有两条含有 BrdU 标记的链（图 10-10）。当用两种浸染细胞 DNA 的荧光染料

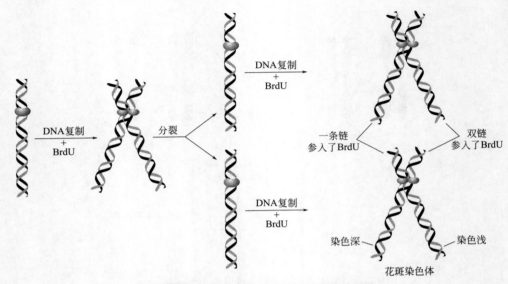

图10-10 Perry-Wolff花斑染色体染色实验

(转引自 R. J. Brooker, 2012)

Hoechst 33258 和中期染色体染料 Giemsa 处理时，含有两条链的姐妹染色单体中，被 BrdU 染色的姐妹染色单体则染色非常弱因而呈现明带，而仅有一条链被 BrdU 染色的姐妹染色单体则染色非常强，因此是暗带。正因为如此，应用这种双料染色法，细胞遗传学家便能够在显微镜下辨别姐妹染色单体。被此法染色的染色体，归类为花斑染色体。在这些染色体中，SCE 可以清晰地鉴定出明带染色单体与暗带染色单体之间（明暗两条姐妹染色单体之间）的交换位点。

花斑染色体染色实验结果显示（图 10-11），姐妹染色单体不同的染色结果，使染色体呈现出典型的花斑特性，而且其 SCE 实景清晰可见。箭头所指的区段系为已发生了交换的染色体部位。在本研究中，Perry 和 Wolff 发现，每条染色体发生 SCE 的频率大约为 0.69。此种方法提供了一种精确显现姐妹染色单体之间遗传交换实景的技术途径。

随后，许多研究者都应用花斑染色法，研究了大量的试剂对遗传交换频率的效应。结果发现因辐射或化学诱变剂造成的 DNA 损伤，会提升遗传交换的水平。当把细胞培养在含化学诱变剂的培养基中或将细胞培养物作辐射处理时，花斑染色技术检测显示 SCE 频率便会有实质性的提高。此外，一些因高水平染色体断裂导致的遗传疾病，同样也呈现 SCE 水平的升高。例如一种常染色体隐性遗传病布卢姆综合征（Bloom syndrome，BS），患者呈身材矮小、皮肤异常以及恶性肿瘤发生率高等症状。这些缺陷是由参与 DNA 复制的一种基因控制的。在 BS 患者细胞中，DNA 复制过程发生染色体断裂的频率有所升高。在典型的情况下，BS 患者的 SCE 的频率要比非患者的高出 10～15 倍。

3. 同源重组的共同步骤

实验表明，同源重组包括 DNA 分子的断裂与再连接两个基本特点。此外同源重组还经常会涉及 DNA 双链局部降解和再合成。据此，有关研究工作者提出了多种解释同源重组机理的分子模型，主要有 Holliday 模型、双链断裂模型、位点特异性重组模型及转位重组模型。所有这些分子模型都包括如下几个共同具有的关键步骤。

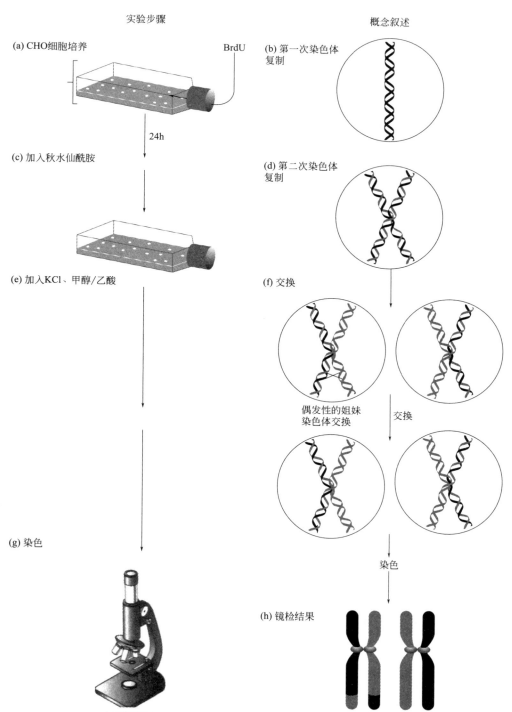

实验步骤

概念叙述

(a) CHO细胞培养

BrdU

(b) 第一次染色体复制

24h

(c) 加入秋水仙酰胺

(d) 第二次染色体复制

(e) 加入KCl、甲醇/乙酸

(f) 交换

偶发性的姐妹染色体交换

交换

(g) 染色

染色

(h) 镜检结果

图10-11 显示姐妹染色单体交换的花斑染色体的染色概念

（a）中国仓鼠卵巢细胞（CHO）在补加 BrdU 的培养基中生长 24h；（b）第一次染色体复制；（c）接近 24h 细胞生长期结束，向培养基中加入秋水仙酰胺（colcemid），阻止细胞二次染色体复制之后完成有丝分裂；（d）第二次染色体复制；（e）向培养基中加入 0.075mol/L KCl 分散染色体，随后，补加甲醇 / 乙酸固定细胞；（f）偶然发生姐妹染色单体交换，或通常交换；（g）用荧光染料 Hoechst 33258 和 Giemsa 作差别染色；（h）置显微镜下观察其结果

第一步，两条同源 DNA 分子核苷酸序列的比对，以便找出同源序列区。所谓同源 DNA 序列，指的是两条 DNA 分子中，各有一段长度不小于 100bp 的核苷酸序列是完全相同或几乎相同的区段。当然除了此种序列高度相似性的区段外，两条同源 DNA 分子之间也会有小区段的核苷酸序列是有差异的。常见的如称为等位基因的同一种基因的不同序列变异体之间，就存在有少量的核苷酸序列的差异。

第二步，两条同源 DNA 链发生链的断裂。此种双链断裂一旦形成，具解旋酶和核酸酶活性的 RecBCD 复合物，便会对断裂点链的末端作进一步加工，产生出单链区，从而为同源重组提供了条件。

第三步，单链侵入（single strand invasion）。其结果是在两条正在进行重组的 DNA 分子之间，形成碱基配对的短小的起始区。来自一种亲本 DNA 分子的一段单链区，与同源的双链 DNA 中的互补链配对的过程，叫做单链的侵入，或叫单链同化（single-strand assimilation）（图 10-12），结果形成新的双链 DNA 区段。该 DNA 区段由于经常带有一些错配的碱基对，故特称之为异源双链 DNA。单链侵入是发生在同源重组早期的关键步骤，是在一种称为链交换蛋白（strand-exchange protein）或称链转移蛋白（strand-transfer protein）的酶分子催化下进行的。因为该酶具有促进链侵入反应的功能。

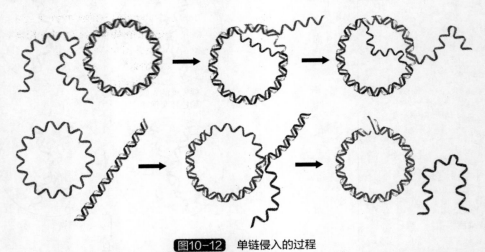

图10-12 单链侵入的过程

当参与反应的 DNA 链具有一个游离的自由末端时，RecA 蛋白亚基便会促使侵入 DNA 双螺旋结构的单链 DNA，完成对其同源单链的置换反应（转引自 J. E. Krebs et al, 2018）

第四步，Holliday 连接体（Holliday junction，HJ）的形成与分支移动。在链侵入之后，两条 DNA 分子经由相互交叉的 DNA 链而结合在一起，从而形成称为 Holliday 连接体的交叉结构。该交叉结构通过重复的解链和碱基对的再形成，便可以沿着 DNA 链移动。这种 Holliday 连接体的移动现象，特称为分支移动（branch migration）。如此每移动一次，亲本 DNA 分子中的碱基对便断裂一次，同时在重组的中间体（中间产物）（recombination intermediate）中，也随之形成一个相同的碱基对。可见分支移动可以延长异源双链区的长度。

第五步，Holliday 连接体的拆分（resolution）。这是指连接体再生出两条分开的 DNA 分子，从而完成遗传物质交换的过程。Holliday 连接体分离有两种不同的方式，即在原核生物中 Holliday 连接体的切割和在真核生物中的拆分。在头一种方式中，Holliday 连接体的 DNA 链被切割之后，便会再生出两条分开的双链 DNA。在第二种方式中，Holliday 连接体的拆分是通过链的分离实现的。

二、同源重组之Holliday模型

1. Holliday 连接体的形成

著名的分子遗传学家 Robin Holliday 根据真菌的研究资料，于 1964 年首先提出了描述同源重组过程中形成的中间产物之假定的分子结构模型。该模型现在已演变为被学术界同仁广泛认可的，用于阐释原核细胞和真核细胞 DNA 同源重组机理的 Holliday 模型（图 10-13）。此模型认为，同源重组是由于在并排的两条双链 DNA 的一段同源序列区内，同一部位之两条单链发生断裂而引发的。其中两条双链体 DNA 分子通过 4 条单链中的两条（每条双链出一条）的遗传物质的交换方式，彼此连接起来。此种 DNA 连接形式特称 Holliday 连接体，也叫半交叉结构（half chiasma）或 Chi 结构。它在电子显微镜下呈现十字形（图 10-14）。一旦在此连接体分子中，两条分开的 DNA 双链体上重新产生单链切口，连接体便会按两种不同的方式被拆分开来，各自产生出两条双链重组的 DNA。

由于在 Holliday 模型中，DNA 连接体是由两条双链 DNA 中各有一条单链 DNA 侵入到另一条双链 DNA 交叉形成的。所以 Holliday 模型也被称为双链侵入模型。

2. Holliday 模型的实验证据

实验已经证实 Holliday 连接体可以在体外试管中合成。其办法是将化学合成的 4 种寡核苷酸序列经充分变性后冷却退火，于是其中具有互补碱基的两条寡核苷酸序列便会彼此配对。2 号寡核苷酸 5′-端与 1 号寡核苷酸 3′-端互补，所以这两条半分子的碱基能够彼此配对。但 2 号寡核苷酸的 3′-端与 4 号寡核苷酸序列的 5′-端互补，所以这两条半分子也能够形成碱基配对。与此类似，3 号寡核苷酸序列的 5′-端和 3′-端分别与 4 号寡核苷酸的序列的 3′-端及 1 号寡核苷酸序列的 5′-端互补形成碱基配对。于是 3 号寡核苷酸在与 2 号寡核苷酸发生互补碱基配对时，便会出现链的交叉，最后形成 Holliday 连接体。这便是 Stephen West 首先用人工合成的特定的寡核苷酸，在体外实验中揭示了 Holliday 连接体形成的分子机理（图 10-15）。

3. 分支移动

在 DNA 解旋酶 RuvAB 的催化作用下，通过碱基之间氢键的断裂与再连接，可促使 Holliday 连接体沿着双链 DNA 分子发生侧向转移。这便是所谓的分支移动，它是 Holliday 连接体的一种重要特点。从理论上讲分支移动是一种十分重要的细胞学现象，因为它赋予了重组结构一种动态特性，既可使连接体沿着双链 DNA 向 5′-端移动，也可沿着双链 DNA 向 3′-端移动（图 10-16）。因为两条同源染色体的 DNA 序列之间，只有相似的而没有完全相同的核苷酸碱基对，所以在分支移动过程中发生的链的交换，有可能产生出两条异源双链区，二者均存在少数碱基错配。如果一条异源双链随着分支移动被扩展到含有不同核苷酸序列的区段，将发生碱基错配，这有可能导致基因转变。

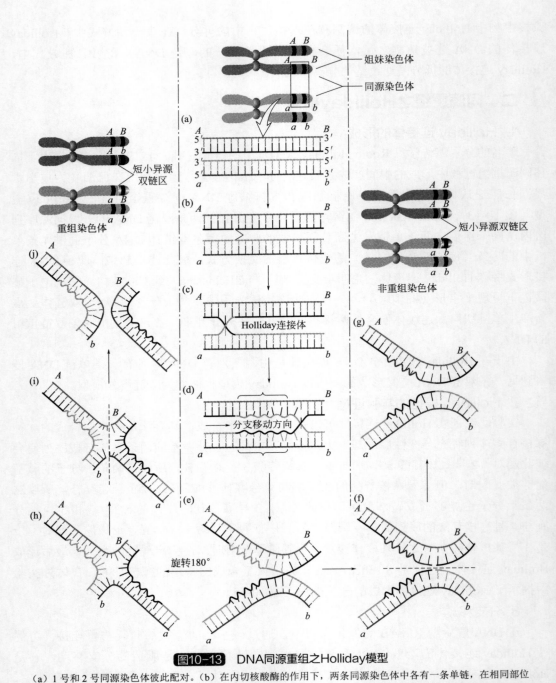

图10-13 DNA同源重组之Holliday模型

（a）1号和2号同源染色体彼此配对。（b）在内切核酸酶的作用下，两条同源染色体中各有一条单链，在相同部位产生出一个切口。（c）由于解旋酶和 DNA 单链结合蛋白的参与，在两条单链断裂的同源染色体之间发生链的取代，并形成 Holliday 连接体。（d）在重组酶的催化作用下，Holliday 连接体从 DNA 链的左端向右端移动，这过程叫做分支移动。因为两条同源染色体的 DNA 序列，只是相似的而非完全相同的，所以在分子移动过程中发生的链的交换，有可能产生出两条异源双链区，两者均存在少数碱基错配。（e）重组过程的最后两步是 Holliday 连接体的拆分。它按照两种不同的方式进行。这种拆分是完成同源重组和遗传物质交换的重要步骤。（f）头一种拆分方式是原来具切口的两条链被切割断裂。（g）这两条断裂的单链连接具有一段短小异源双链区的、非重组体的染色体。（h）第二种拆分方式，为便于展示将（e）的图像旋转 180°。（i）原来不具切口的两条链被切割断裂。（j）这两条断裂的单链连接生成具有一段短小异源双链区的重组染色体（转引自 R. J. Brooker, 2012）

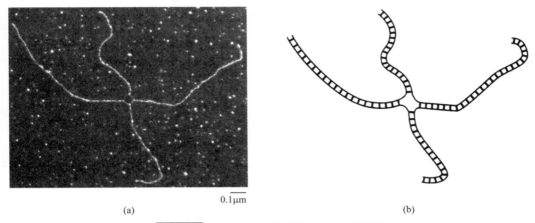

(a)   (b)

0.1μm

图10-14 重组过程中形成的Holliday连接体

（a）Holliday 连接体的电镜照片；（b）X 形重组中间体的结构图（转引自 D. P. Snustad & M. J. Simmons, 2010）

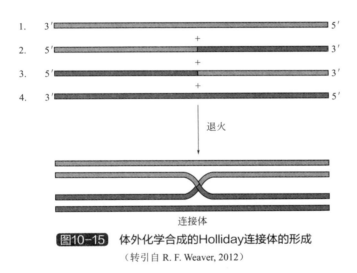

图10-15 体外化学合成的Holliday连接体的形成

（转引自 R. F. Weaver, 2012）

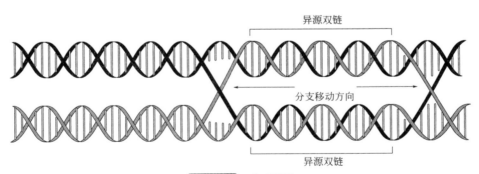

图10-16 分支移动

当一条未配对的单链取代已配对的链时，分支既可向 5′- 端方向移动，亦可向 3′- 端方向移动

（转引自 L. H. Hartwell et al, 2018）

4. Holliday 连接体的拆分

在两条重组的 DNA 分子之间，存在着一个甚至数个 Holliday 连接体。前已讲过所谓 Holliday 连接体，乃是在同源 DNA 重组过程中，由头一次链交换所形成的一种特殊的具分支的 DNA 结构。其中的 DNA 碱基处于完全配对的状态。

Holliday 连接体的拆分，是终止同源重组过程的关键步骤，它是通过 RuvC 酶在两对 DNA 交叉位点作选择性切割作用，实现将两条重组 DNA 分子分离开来，从而完成遗传物质的交换。

RuvC 酶切割 Holliday 连接体的拆分过程有两种不同方式：当 RuvC 酶切割第 I 对 DNA 切割位点时［图 10-17（d）］会产生出剪切的或交换的产物，即位于切割位点两侧的基因发生了重组；而当 RuvC 酶对第 II 对 DNA 切割位点进行切割时［图 10-17（e）］则会产生出 DNA 片段或非交换产物，也就是位于切割位点两侧的基因未发生重组。这两种切割作用的主要差别在于，第 I 种切割作用形成的 DNA 产物过程中，发生了遗传物质的重组与交换，而第 II 种切割作用产生的 DNA 产物，则不存在遗传物质的重组与交换的现象。由此可见，RuvC 酶以哪一种方式切割拆分重组的 Holliday 连接体，对其终产物 DNA 分子的结构有决定性的影响。

5. Holliday 连接体的定位

对许多细胞学的功能而言，诸如 DNA 重组及损伤的修复，Holliday 连接体都是一种具有重要生物学作用的中间结构物。核苷酸序列测定表明，它是一类具有 3nt 核心基序的、长度为 10nt 的简并序列（degenerate sequence）。2016 年 P. Ladias 和 L. Georgiu 等人首次报道，在人类染色体基因组中，Holliday 连接体简并序列是以与转位子元件（TE）相结合的方式存在的。这些转位子元件，主要有激活的和失活的 ALU、LINE、SVA 及 HERV 等家族。现已在人类基因组中鉴定出 6 种不同的 Holliday 连接体的简并序列；并已定位了含有 Holliday 连接体和 TE 序列的基因坐标；已查明在总数 2982 个 Holliday 连接体序列中，有 1319 个是与转位子元件结合的。

实验分析显示在人类基因组中，具高比例 GC 碱基含量的 Holliday 连接体序列的存在频率相当高。已知可与全部主要的 TE 家族元件结合的 Holliday 连接体序列，都占有很高的百分比，其中 DNA 元件为 41.94%；反转录元件和 ALU、LINE 及 HERV 等元件分别为 72.72%、42.94% 和 84.5%（表 10-1）。系统发育分析表明，无论在激活的还是失活的 TE 元件中，都存在有 Holliday 连接体序列。已发现在人类基因组中，同 TE 元件结合的 Holliday 连接体简并序列，几乎总是定位在距编码基因约 1Mb 的位置，同时仅有 23 个是不同任何编码基因相结合的。

P. Ladias 和 L. Georgiu 等人的研究发现，一些独特类型的 Holliday 连接体，主要是同一些特异的、激活的反转录转位子家族的 ALU 和 LINE 结合。说明已参入了反转录转位子的 Holliday 连接体，能够通过反转录转位子的转位作用，在基因组内重新定位或复制。这些特性显然有助于提高 DNA 重组效率，增进基因组的可塑性和 DNA 损伤的修复作用。显而易见这些特性在分子遗传学的研究中，是有相当大的应用潜力的。

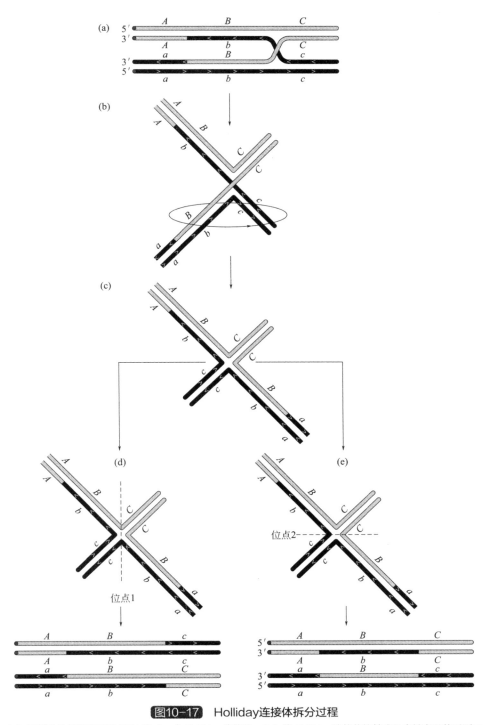

图10-17 Holliday连接体拆分过程

（a）同源重组的两条双链 DNA 形成一个 Holliday 连接体；（b）将 Holliday 连接体旋转成没有链交叉的平面二维结构；（c）显示平面二维结构中两对 RuvC 酶切割位点的位置；（d）第Ⅰ对位点的切割产生出切割的或两侧基因发生交换的 DNA 产物；（e）第Ⅱ对位点切割产生出 DNA 片段或其两侧基因没有进行交换的 DNA 产物（转引自 J. D. Watson et al, 2014）

表10-1 位于特定TE亚族中每一条Holliday连接体序列的总数和百分比[1]

Holliday连接体简并序列	总数	TE 元件类型（占总数的百分比/%）			
		ALU	LINE	HERV	DNA TE
① d（CCGGGCCCGG）	818	81.1	1.93	3.34	0.28
② d（CCGGCGCCGG）	360	1.7	—	84.5	—
③ d（CCGGGACCGG）	72	32.19	—	19.71	7.62
④ d（CCGATACCGG）	39	—	42.94	11.88	41.94
⑤ d（CCGATATCGG）	17	72.72	18.18	—	—
⑥ d（TCGGTACCGG）	13	—	36.61	—	1.74

① 据 P. Ladiss et al（2016）数据改编。

三、同源重组双链断裂修复模型

根据 DNA 分子结构特点，有关科学工作者们曾经认为，通过双链断裂引发同源重组似乎是不可能的。因为如果双链 DNA 两条单链都断裂了，DNA 分子的两个区段就会被分割开来，这对细胞而言很可能是一种致死效应，或将招致生命体发生癌症。后来研究表明，两条同源染色体之间，若仅有一条发生双链断裂，仍然可能启动同源重组，至少在某些特定的情况下是如此。这种重组机理，特称为同源重组之双链断裂修复模型（DSB-repair model for homologous recombination）。由于 RecBCD 蛋白质复合物解旋酶活性，在此种 DNA 同源重组模型中起到重要的作用，故通常也称双链断裂修复模型为RecBCD 途径同源重组。它系由 Jack Szostak 和 Franklin Stahl 等人于 1975 年提出的，所以文献中有时又称之为 Szostak 模型。此种重组类型在大肠杆菌细胞中已经研究得相当深入。这些科学家认为参与重组的一对同源染色体之一，若发生 DNA 双链断裂是能够启动重组的过程，不仅如此它还是诱发同源重组的一种重要因素。

为了应对 DNA 损伤造成的危害性，细胞已经进化出了复杂的多步反应，以确保自身的存活。有许多理化因素，诸如活性氧、离子辐射以及可产生活性氧之类的化学物质等，均可诱导 DNA 损伤。DNA 双链断裂损伤的修复主要有如下三种不同的方式：其一，通过同源重组方式进行修复；其二，按照非同源末端连接（nonhomologous end-joining，NHEJ）机理予以修复；其三，应用跨损伤 DNA 合成途径（TLS）给予修复。同源重组系通过从未损伤的同源染色体获取遗传信息，对双链断裂进行修复。

同源重组在原核生物和单细胞真核生物的单链断裂修复中都起到重要的作用。然而对于多细胞真核生物的单链断裂修复，同源重组虽然也很重要，但所起的作用却较一般。因为在哺乳动物细胞中，DNA 双链断裂的修复，主要是通过非同源末端-连接机理进行的。在整个细胞周期中，都具有这样的修复功能。与此相反，同源重组的主要功能是在复制叉部位修复 DNA 双链断裂，并且是在细胞周期的 S-G_2 晚期发挥作用。

有关同源重组双链断裂修复模型的实验证据，最初来自无法用 Holliday 模型解释的酵母遗传重组的研究结果。随后有关酵母同源重组的研究表明，在细胞减数分裂前期 I 出现的双链断裂，此时交换已经发生。无法形成双链断裂的突变体菌株，便不能进行减数分裂重组。虽然有重要的证据支持在酵母中存在着同源重组双链断裂修复模型，但它是否同样也适用于其他生命体，目前尚不得而知。

1. 同源重组双链断裂修复模型的基本步骤

图 10-18 概述了同源重组双链断裂修复模型的基本步骤。首先在一对同源染色体中，有一条双螺旋 DNA 经电离辐射或化学断裂剂实验处理，产生出一条双链断裂。然后断裂点附近的一个小区段 DNA 序列，被外切核酸酶逐步降解，形成一条单链 DNA 序列，它可侵入完整的双螺旋 DNA 分子中。被此侵入的 DNA 序列取代的 DNA 链所形成的结构，叫做替代环（displacement loop）。由于其形状和英文字母 D 相似，故又被形象地称

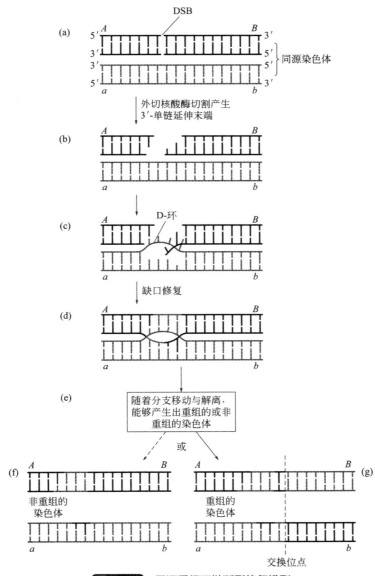

图10-18 同源重组双链断裂修复模型

（a）在一对同源染色体中，有一条发生了双链断裂（DSB）；（b）断裂点附近的一个小区段 DNA 序列在外切核酸酶（5′→3′）的作用下，从裂口的 5′- 端移走若干个核苷酸，形成 3′- 单链延伸末端；（c）第一条链的侵入，形成 D- 环结构；（d）第二条链的侵入，缺口处的 3′- 延伸末端开始 DNA 修复合成并随着分支移动，形成具两个 Holliday 连接体的重组中间体结构；（e）重组中间体的拆分，产生重组或非重组的染色体；（f）非重组的染色体；（g）重组的染色体（转引自 R. J. Brooker, 2012）

为 D- 环。此 D- 环形成之后，在 DNA 的两个区段上均留有一个缺口。它们是如何被填补好了呢？在 DNA 链缺失的、比较短小的缺口处，经内切核酸酶和外切核酸酶的协同作用，进行 DNA 合成。这种过程叫做 DNA 缺口修复合成（DNA gap repair synthesis）。一旦缺口修复完成，经过分支移动，紧接着就会形成具有两个 Holliday 连接体的重组中间体。

此种重组中间体经过不同方式的拆分之后，便会生成重组的或非重组的染色体，二者都含有一段短小的异源双链区。不久前有证据表明，在诸如酵母这样的低等真核生物中，同 Holliday 连接体结合的一些蛋白质，能够调节 Holliday 连接体的拆分步骤，以有利于形成重组的染色体而不是非重组的染色体。

2. DNA 双链断裂非同源末端连接修复机理

在 DNA 双链断裂中，若没有或仅有少量的同源序列，因而无法通过同源重组途径进行修复时，可按照非同源末端连接机理进行修复（图 10-19）。这种双链断裂的修复过程亦叫做 NHEJ 途径同源重组。它的头一步是由 Ku70 和 Ku80 两个蛋白亚基组成的 Ku

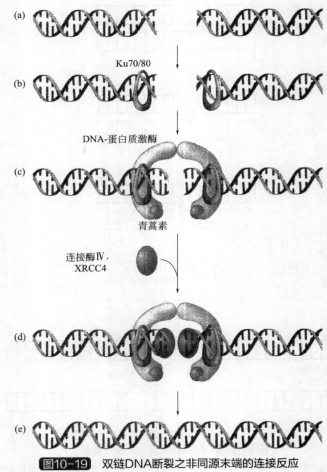

图10-19 双链DNA断裂之非同源末端的连接反应

（a）断裂的两段 DSB 末端，其中一个为非可连接的表示；（b）Ku 蛋白异源二聚体 Ku70/80 结合在两条 DSB 末端；（c）Ku70/80 复合物以并排形式在缺口处形成分子桥，两侧的缺口被募集的加工酶和 Polλ 或 Polμ 填充；（d）末端被专一的 DNA 连接酶Ⅳ及其配偶体 XRCC4 和 Cernunnos-XLF 组成蛋白复合物连接在一起；（e）修复的双链断裂，释放出游离的连接酶Ⅳ和其配偶体 XRCC4 及 Cernunnos-XLF（转引自 J. D. Watson et al，2014）

蛋白异源二聚体，同 DNA 双链断裂（DSB）体中的每条末端结合形成 Ku 蛋白 -DNA 复合物，进而募集蛋白质激酶 DNA-PKcs 加入。该蛋白激酶与青蒿素（Artemisine）结合之后，通过磷酸化作用方式，激活 Artemis 的核酶活性，于是便启动了 NHEJ 修复途径。接着第二步，两个 Ku 蛋白 -DNA 复合物，相邻并排在断裂点的左右两个末端，形成一种蛋白质 -DNA 分子桥，由此产生的缺口被加工酶和 Polλ 或 Polμ 蛋白填充。反应的第三步，末端被募集进来的、非特化的 DNA 连接酶Ⅳ和它的配偶体，即一种 X 射线修复交叉互补蛋白（X-ray repair，cross-complementing protein 4，XRCC4）连接在一起。第四步，断裂的双链完成修复。

在 NHEJ 途径中，DNA 连接酶Ⅳ特异性地将两个 DNA 末端连接在一起。此外，NHEJ 途径的另一种蛋白质 XRCC4，其功能是通过与连接酶Ⅳ的结合，并与塞尔钮若斯 -XLF（Cernunnos-XLF）组成复合物，共同参与 DNA 双链断裂的再连接，从而导致断裂点 DNA 的末端结合。

研究表明，尽管在原核生物大肠杆菌中很少发生 NHEJ 途径的同源重组，但它在真核生物中却是普遍存在的。因此说 NHEJ 是真核生物细胞中修复染色体断裂的一种主要途径，而对于诸如酵母这样低等单细胞真核生物而言则显得尤为重要。因为它的孢子只有一条染色体，不能通过姐妹染色体来获取缺失部位的遗传信息，故主要依赖 NHEJ 途径进行染色体双链断裂的修复。此外，酵母孢子染色体可紧密卷曲成一种缩形体。

四、减数分裂同源重组

研究表明，大多数真核生命体在减数分裂期间，总是伴随着发生同源重组。它与原核生命体细菌中发生的同源重组，具有许多相似的特征。本节概述酵母减数分裂重组的分子机理，重点介绍 Spo11 蛋白参与双链断裂修复过程的功能作用问题。

Spo11 蛋白是一种减数分裂特有的孢子形成蛋白（meiosis-specific sporulation protein），简称 Spo11P，系存在于酵母中的一种内切核酸酶，可引发真核染色体 DNA 双链断裂，进而起始减数分裂重组作用。所以，同源重组之双链断裂修复模型，也被有关学者称为减数分裂重组（meiotic recombination）模型。所以单细胞真核生物酵母，是研究 Spoll 蛋白与双链断裂修复机理的良好模式生物。

1. Spo11P 切割 DNA 的机理

Spo11P 的催化作用可导致底物 DNA 的拓扑结构发生变化。它本质上是一种与 DNA 拓扑异构酶及位点特异性重组酶具有相关功能的核酸酶。其过程是引发 DNA 的单链或双链发生瞬时（过渡性）的断裂，从而使末端断裂的双链中一条单链穿过缺口，然后缺口被再次封闭（图 10-20）。因双链断裂所产生的末端是处于同 Spo11 蛋白共价结合状态，并完全位于该酶的内部而不是呈现游离的形式。在细胞减数分裂过程中，当 DNA 分子出现双链断裂时，Spo11 蛋白也经历着类似的共价附着作用，

Spo11 内切核酸酶对 DNA 的切割作用，不要求发生在特定的序列区，但却存在着诸如 Chi 位点和启动子等切割热点。同时这种切割作用一般都是发生在细胞减数分裂的特定时期，尤其是在已复制的同源染色体进行配对的时候进行。

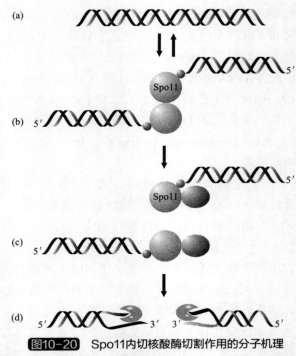

(a)

Spo11

(b) 5′

Spo11

5′

(c) 5′

5′

(d) 5′　　　　3′　3′　　　　　5′

图10-20　Spo11内切核酸酶切割作用的分子机理

（a）双链 DNA 发生可逆切割；（b）Spo11P 结合在双链断裂 DNA 的 5′- 末端，形成共价结合的 Spo11P-DNA 复合物；（c）复合物解离；（d）断裂产生的 5′- 末端被核酸酶包裹（转引自 J. E. Krebs et al, 2018）

2. Spo11P 切割双链 DNA 的步骤

Spo11 内切核酸酶切割断裂双链 DNA 的过程，主要涉及如下三个步骤。

第一步，DNA 双链断裂的形成。Spo11 蛋白中的一个特定的酪氨酸侧链攻击磷酸二酯键骨架，切割结果使 DNA 长链断裂，并在 Spo11 蛋白和断裂的 DNA 链之间产生出一种共价的 Spo11P-DNA 复合物。此种与 Spo11 连接的 DNA 5′- 端是加工形成 ssDNA 尾部的起点，它进而与 RecA 样蛋白组装，启动 DNA 链的侵入。两个 Spo11 蛋白亚基在两条单链上的切割位点彼此间的距离相差两个核苷酸，因此形成一种交错的双链断裂末端（图 10-21）。

第二步，DNA 单链切割。这种切割作用是非对称性的，产生出两条长短不等的、与 Spo11 P 相连的寡核苷酸片段。

第三步，与 Spo11 P 相连的寡核苷酸片段的释放。Spo11 P 同 DSB 末端之间的共价结合，是瞬时而非永久的过渡状态。所以这两个共价结合的 Spo11 P 分子，必须以某种方式清除掉。理论上这个过程可通过如下两种途径实现：第一种途径，以直接水解蛋白质 -DNA 之间的结合键实现；第二种途径，用一种内切核酸酶切割消化作用，从每个末端移去带有短片段 DNA 的 Spo11 P 形式达到。研究证明后者的途径是正确的（图 10-22）。

3. DSB 末端的切除加工

Spo11 P 是参与细胞减数分裂的一种重要的蛋白质。在减数分裂重组过程中，首先由两个分子的 Spo11 P 对染色体 DNA 分子中作双链切割，由此产生的 DSB 的两端各与一个 Spo11 P 相连。于是两个 Spo11 内切核酸酶便会不对称地切割 DSB 两侧的两条单

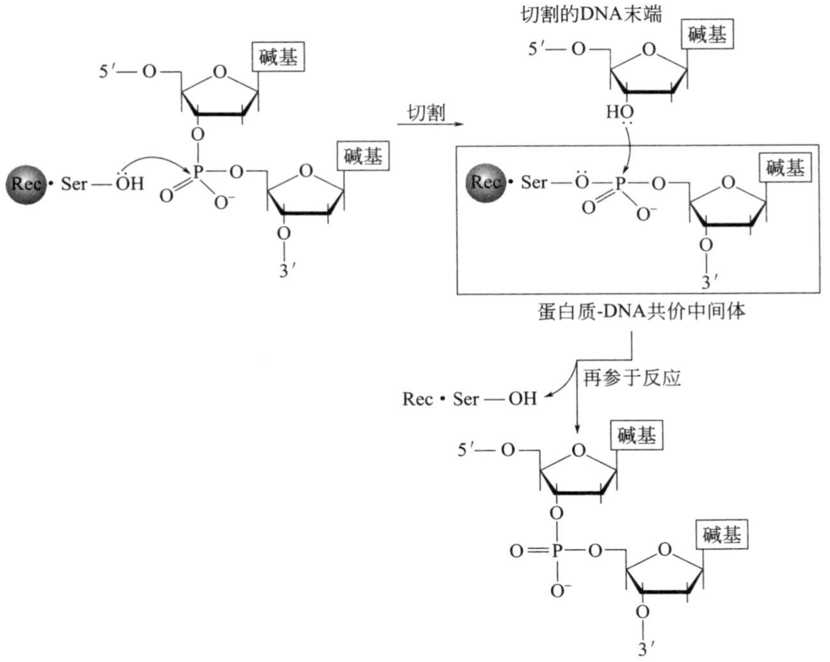

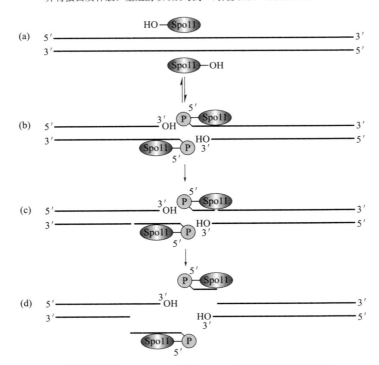

图10-21 丝氨酸重组酶和酪氨酸重组酶催化产生共价中间体的机理

本图示丝氨酸活性位点中的一个羟基（—OH）攻击磷酸基团，结果在重组位点诱导产生一条单链断裂。随后，断裂 DNA 上释放（自由）的羟基再攻击蛋白质 -DNA 共价链，从而逆转了切割反应，使断裂的 DNA 重新连接起来，并将蛋白质释放。重组酶以 Rec 表示（引自 J. D. Watson et al，2014）

图10-22 Spo11 P参与DNA双链断裂形成的模型

（a）参与反应的 DNA 分子；（b）DNA 分子的双链断裂；（c）DNA 双链的不对称性单链切割；（d）与 Spo11 P 相连的两条长短不等的寡核苷酸片段的释放（根据 R. F. Weaver, 2012 改绘）

链 DNA，由此产生出两条长短不等的、各与一个 Spo11 P 分子相连的寡核苷酸片段，并从切口处切除两条 DNA 链。接着两种重组酶 Rad51 和 Dmc1 便不对称地加载到新生的单链区：其中一种重组酶包裹在 DNA 的一条单链上；另一种重组酶包裹在 DNA 的另一条链上。在这一个问题上，迄今我们并不知道究竟是哪一种重组酶促进双链体 DNA 的侵入。所以图 10-23 中两种重组酶的颜色是作者随意选定的。下一步，由于重组酶紧密包裹着自由的 3′-末端，并侵入到一条同源染色体的 DNA 双螺旋结构中，从而启动 Holliday 连接体的形成。与此同时，与 Spo11 内切核酸酶相连的寡核苷酸片段，亦进行链的解离和降解。所以说，Spo11 P-寡核苷酸片段的释放，是在 DSB 末端的切除加工完成之后进行的（图 10-23）。

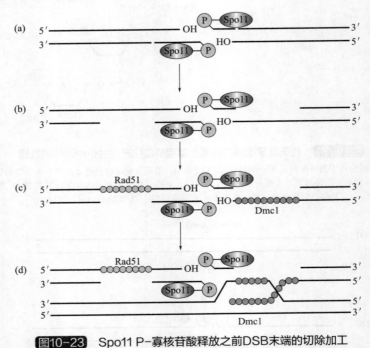

图10-23 Spo11 P-寡核苷酸释放之前DSB末端的切除加工

（a）单链 DNA 的不对称切割，在 DSB 的两侧形成两个切口；（b）在切口位置，对两条链进行切除加工；（c）两种重组酶 Rad51 和 Dmc1，不对称地加载到新生的单链 DNA 上；（d）其中一种重组酶紧密地包裹在自由的 3′-末端，侵入到同源染色体的 DNA 双螺旋结构中，启动 Holliday 连接体的形成，同时进行与 Spo11 P 连接的寡核苷酸片段解离和降解（转引自 R. F. Weaver, 2012）

五、参与同源重组的主要蛋白质及其功能

所有的生命体，不论是单细胞的原核生物或单细胞的真核生物，还是复杂的多细胞真核生物，其基因组都编码着催化 DNA 重组过程所需要的各种蛋白质。在原核和真核细胞之间，这些不同类型的催化蛋白，在相应的重组阶段具有类似的功能（表 10-2）。迄今为止，我们所掌握的有关 DNA 同源重组分子机理方面的知识，主要来源于对大肠杆菌及其噬菌体的研究资料。表 10-2 例举了其中最主要的 5 种蛋白质。当然除了这些蛋白质之外，其他的一些重要的蛋白质类型，诸如 DNA 聚合酶、单链 DNA 结合蛋白、拓扑异构酶以及 DNA 连接酶等，在 DNA 同源重组的遗传物质变换中，也各自起到重要的

表10-2　原核和真核细胞不同重组阶段的主要蛋白质催化剂

重组步骤	大肠杆菌催化蛋白质	真核细胞催化蛋白质
① 同源DNA配对及链的侵入	RecA 蛋白	Rad51 Dmc1（减数分裂期）
② 双链断裂（DSB）的引入	迄今没有发现具体的蛋白质	Spo11 蛋白（减数分裂期） HO 蛋白（交配型转换）
③ DNA断裂点的加工以产生出供侵入作用的单链	RecBCD 解旋酶/核酸酶	MRX 蛋白（也叫做 Rad50/58/60 核酸酶）
④ 链交换蛋白的组装	RecBCD 和 RecFOR 蛋白	Rad52 和 Rad59
⑤ Holliday 连接体识别和分支迁移	RuvAB 蛋白质复合物	具体的蛋白质类型尚未鉴定清楚
⑥ Holliday 连接体的拆分	RuvC 蛋白	Rad51C-XRCC3 复合物、WRN 和 BLM

注：1. 转引自 J. D. Watson, et al, 2014。

2. HO 是酵母的一种位点特异的内切核酸酶的缩略语，其功能是参与调节酵母交配型的转换。

3. Rad 系酵母中参与修复因 UV 照射诱发产生的 DNA 损伤的一组蛋白质，其中 Rad50 和 Rad51 是减数分裂重组的必要因子。

4. WRN 系 Werner 综合征基因编码的蛋白质，具 $3' \rightarrow 5'$ 解旋酶和 $5' \rightarrow 3'$ 内切核酸酶活性。

5. BLM 属于 RecQ 蛋白家族的一种 $3' \rightarrow 5'$ DNA 解旋酶。

作用。本节只对列于本表的若干种同源重组蛋白的结构与功能作简要的介绍。

1. 参与原核生物同源重组的主要蛋白质及功能

（1）RecBCD 蛋白质复合物的功能作用

（a）RecBCD 蛋白质复合物的功能

RecBCD 蛋白质复合物，系由大肠杆菌的 RecB、RecC 和 RecD 3 种蛋白质亚基组成的一种特殊的 DNA 重组酶复合物。它既具有解旋酶的活性，也具有核酸酶的活性，故亦称 RecBCD 解旋酶/核酸酶。在核酸酶活性方面，RecBCD 蛋白质复合物不仅可以对双链 DNA 和单链 DNA 发生外切核酸酶的切割作用，亦可对单链 DNA 发生内切核酸酶的切割作用（图 10-24）。

在 DNA 同源重组过程中，RecBCD 蛋白质复合物利用 ATP 水解释放的能量，结合到 DNA 双链断裂（DSB）部位发挥催化作用。它的 3 个蛋白质亚基具有不同的功能，其中 RecB、RecD 蛋白亚基的解旋酶活性，便会沿着 DNA 分子中两条相反链分别按 $3' \rightarrow 5'$ 和 $5' \rightarrow 3'$ 的方向，联合驱动 RecBCD 蛋白质复合物沿着 DNA 分子朝着 Chi 位点（或叫 χ 位点）方向移动，同时对 DNA 分子进行解旋，产生出 $3'$- 单链末端参与链的侵入。因为 RecB 和 RecD 这两种解旋酶的移动速度不一样，其中 RecD 亚基移动速度较快，所以会形成一个环（图 10-25）。RecB 蛋白亚基不仅具有 $3' \rightarrow 5'$ 解旋酶活性，而且还含有一个多功能的核酸酶结构域，可以在移动过程中对 DNA 进行消化。

（b）Chi 位点对 RecBCD 酶活性的调控

"Chi" 系英文短语 "crossover hotspot instigator" 的缩略语，乃交换热点激活子之意。在大肠杆菌基因组 DNA 中，平均每隔 5000bp 便有一个 Chi 位点，总数达 1009 个，可见其分布密度相当高。由于高密度 Chi 位点的存在，通过转导或结合作用途径插入大肠杆菌寄主细胞基因组的外源 DNA，很容易被 RecBCD 蛋白质复合物催化加工，产生出具 $3'$- 单链末端的 DNA，从而被激活启动重组反应。因此 Chi 位点是大肠杆菌中一段促进同源重组的序列。

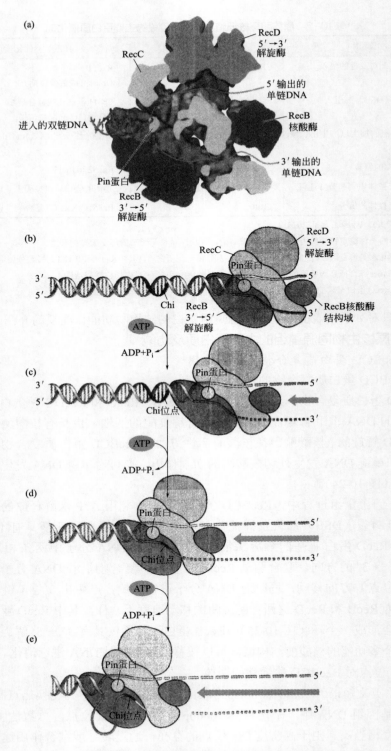

(a)

RecC

进入的双链DNA

Pin蛋白
RecB
3′→5′
解旋酶

RecD
5′→3′
解旋酶

5′输出的
单链DNA

RecB
核酸酶

3′输出的
单链DNA

(b)

RecC

Pin蛋白

RecD
5′→3′
解旋酶

3′
5′

Chi

RecB
3′→5′
解旋酶

5′

3′

RecB核酸酶
结构域

ATP

ADP+Pi

(c)

3′
5′

Pin蛋白

Chi位点

5′

3′

ATP

ADP+Pi

(d)

Pin蛋白

Chi位点

5′

3′

ATP

ADP+Pi

(e)

Pin蛋白

Chi位点

5′

3′

图10-24　RecBCD解旋酶/核酸酶的分子结构

（a）RecBCD 酶的分子结构正面观；（b）RecBCD 酶结合在 DNA 末端的过程；（c）RecB 和 RecD 解旋酶激活解旋 DNA；（d）RecB 核酸酶激活降解 DNA 双链，Chi 序列被 RecC 蛋白亚基结合，从而阻止 DNA 3′- 端链进一步降解；（e）RecC 酶继续解链并降解 DNA 5′- 端链（转引自 D. L. Nelson 和 M. M. Cox, 2013）

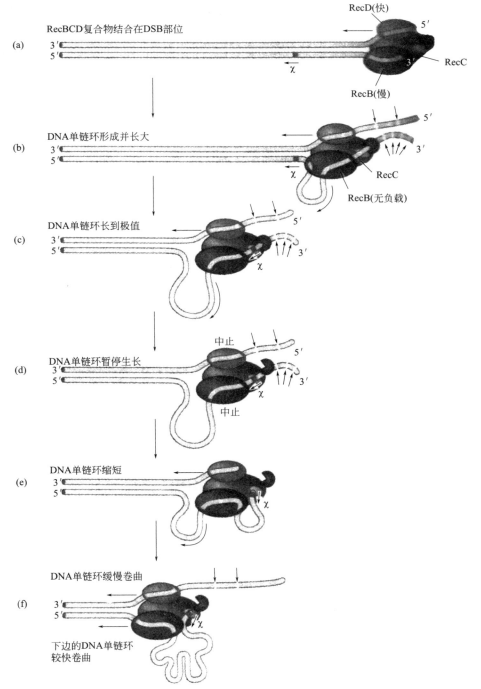

(a) RecBCD复合物结合在DSB部位

RecD(快)

(b) DNA单链环形成并长大

RecC

RecB(无负载)

(c) DNA单链环长到极值

χ

(d) DNA单链环暂停生长

中止

χ

中止

(e) DNA单链环缩短

χ

(f) DNA单链环缓慢卷曲

χ

下边的DNA单链环
较快卷曲

图10-25 RecBCD蛋白质复合物参与同源重组的反应步骤

（a）RecBCD 蛋白质复合物结合在 DNA 的双链断裂部位。（b）RecD 蛋白亚基沿着 DNA 按 5′→3′ 方向较快移动，而 RecB 蛋白亚基则沿着 DNA 按 3′→5′ 方向较慢移动，二者联合作用的结果使 DNA 解链。由于这两种解旋酶移动速度不同，RecB 蛋白亚基便会在链的 3′-端形成一个单链的 DNA 环，并进而扩大。（c）当 RecBCD 复合物经过 Chi 位点时，由于 RecC 蛋白亚基对此位点的识别与结合作用，使之在此处暂停约数秒钟。（d）在暂停过程中，突出的单链环状 DNA 被 RecB 蛋白亚基拉向 3′下游。（e）当拉回来的单链 DNA 3′-端与 Chi 位点接触时，（f）这个单链 DNA 环便会进一步"卷起来"，使其 3′端此时含有一个 Chi 位点，于是便有利于 RecA 蛋白亚基的组装（转引自 J. D. Watson et al, 2014）

在 RecB 和 RecD 两种解旋酶亚基的驱动下，RecBCD 复合物便会以超过 1000bp/s 的速度沿着 DNA 分子移动。而 RecC 核酸酶亚基则具有识别 Chi 位点的功能，一旦它遇上一个 Chi 位点，便会与此处的 DNA 紧密地结合，从而导致 RecBCD 蛋白质复合物暂停移动数秒钟，而后继续沿着所结合的 DNA 链移动。由此可见，RecBCD 蛋白质复合物的活性，系由 Chi 位点序列控制的。它作为一种"分子限速装置"（molecular throttle），可以调节解旋酶的活性水平，从而控制 DNA 转移速度。

Chi 位点核苷酸序列长度为 8bp（5′-GCTGGTGG-3′/3′-CGACCACC-5′），它的存在可促使该位点 DNA 的重组频率提高 10 倍左右。但这种提高趋势会随着与 Chi 位点的间隔距离的增加而逐渐下降。因此说 Chi 位点是以极性效应的方式，提高其周围 DNA 序列的重组频率（图 10-26）。

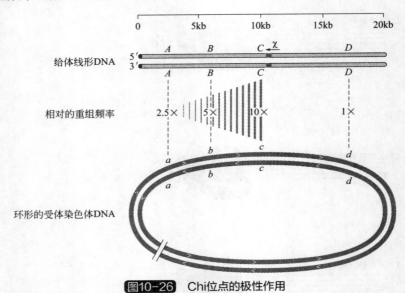

图10-26 Chi位点的极性作用

本图表明大肠杆菌染色体 DNA 中的一个 Chi 位点，能够特异性地直接提高该位点自身序列及其远侧序列的重组频率；同时显示通过转录或结合作用，导入大肠杆菌细胞的外源线性 DNA 片段，同寄主染色体 DNA 之间发生的重组交换事件

那么为什么重组频率的提高只发生在 Chi 位点序列的左边一侧呢？这是因为在双链 DNA 断裂（DSB）部位和 Chi 位点之间的 DNA 序列，被 RecBCD 核酸酶切成小片段，故不能发生重组。与此相反，位于 Chi 位点后面的 DNA，因 RecBCD 核酸酶暂时性结合在 Chi 位点之后，仍然保留着具重组功能的单链形式，并可特异地同 RecA 蛋白结合，所以这部分的 DNA 照样可以重组。

Chi 位点具备调控 RecBCD 核酸酶活性的能力，因此它可以协助大肠杆菌细胞抵御经噬菌体转导或细菌接合作用等途径导入的外源 DNA 的损伤。究其原因是在大肠杆菌染色体基因组 DNA 上，存在着高密度的、共 1009 个 Chi 位点。于是一个外源大肠杆菌 DNA，当其进入具高密度 Chi 位点的另一个大肠杆菌寄主细胞时，就容易被 RecBCD 核酸酶加工产生出具 3′- 单链末端的 DNA，从而与寄主细胞 DNA 之间发生同源重组。与此相反，当来自不具过多 Chi 位点的一株大肠杆菌 DNA，进入另一株大肠杆菌寄主细胞之后，就会被内源的 RecBCD 核酸酶的 DNA 降解活性过度降解，而不能被激活参与重组。

（c）RecBCD 核酸酶增进 RecA 与 SSB 的竞争能力

由 RecBCD 蛋白质复合物催化产生的、具 3′- 末端的单链 DNA 的尾部区段，必须被 RecA 蛋白亚基包裹之后，才能参与 DNA 同源重组。但是已发现细胞中的另一种单链 DNA 结合蛋白 SSB，同样也可以结合到由 RecBCD 核酸酶催化产生的单链 DNA 3′- 末端。于是就存在着 RecA 蛋白亚基与 SSB 蛋白之间的竞争结合问题。为了确保被结合的蛋白质是 RecA 而不是 SSB，要求 RecBCD 直接同 RecA 蛋白亚基相互作用，即以直接负载 RecA 蛋白亚基的方式，来促进该蛋白质的组装。这种负载活性（loading activity），涉及 RecB 蛋白亚基中的核酸酶结构域与 RecA 蛋白亚基之间的蛋白质-蛋白质直接发生相互作用，从而确保将 RecA 蛋白亚基加样到具 3′- 末端的单链 DNA 的尾部区段，并将之包裹。

（2）RecA 重组蛋白的功能作用

在所有类型的生命体中，都发现有 RecA 蛋白家族的成员。其中研究得最透彻的要数来自真细菌的 RecA 蛋白亚基、古菌（Archaea）的 RadA 蛋白亚基、真核生物（Eukaryotes）的 Aag51 蛋白亚基和 Dmc1 蛋白亚基以及 T4 噬菌体的 UvsX 蛋白。RecA 是参与同源重组的一种关键性蛋白，其功能是催化同源 DNA 进行碱基配对和链的交换。本节仅以大肠杆菌的 RecA 蛋白为例，对此类蛋白亚基作较深入的讨论。

① 链的交换过程

大肠杆菌 DNA 受到损伤之后，便会被诱导产生大量的 RecA 蛋白，其分子质量为38kDa，系一种由 352 个氨基酸组成的单肽链。它可与单链 DNA 结合蛋白（SSB）一起包裹单链 DNA 末端，使其在同源重组中能够侵入 DNA 双链体中寻找同源区段，并与之互补链序列作碱基配对，从而产生链的交换。这个过程叫做单链的侵入（single-strand invation），有的文献亦称之为单链的同化（assimilation）。此外 RecA 蛋白亚基也可以在呼救应答反应（SOS）中，作为协同蛋白酶起作用。

RecA 蛋白亚基，最初是在大肠杆菌重组反应中发现的，因此得名重组蛋白。它与 RecBCD 蛋白质复合物一样，都是 RecBCD 重组途径中的一种关键性的蛋白质因子。鉴于该蛋白质因子在体外反应体系中，可促进多种 DNA 链的交换反应（亦即链的转移反应），所以有时也称之为链交换蛋白（strand-exchange protein）或链转移蛋白。这种蛋白质参与 DNA 链交换过程分三个阶段：

a. 联会前（presynapsis）阶段：在大肠杆菌重组过程中，RecA 蛋白亚基与单链 DNA 结合蛋白（SSB）一道，以多聚体形式包裹在参与重组的单链 DNA 末端，形成联会前纤丝。

b. 联会（synapsis）阶段：也叫做参与链交换的单链 DNA 和双链 DNA 中互补链之间的序列配对，形成一种异源双链交汇体。

c. 联会后（postsynapsis）或链交换阶段：在这个阶段单链 DNA 取代双链 DNA 中的（+）链，形成一条新的双螺旋。在此过程中出现的一种中间体叫做"连接体"分子，其中链的交换已经发生，致使两条 DNA 相互缠绕。

② RecA 纤丝的结构

活性形式的 RecA 纤丝是一种蛋白质 -DNA 纤丝，系由 RecA 蛋白亚基协调地结合在 DNA 上形成的，通称 RecA 蛋白 -DNA 纤丝，简称 RecA 纤丝（filament）。它与大多数以分散的小颗粒形式（诸如蛋白质单体、二体及六聚体等），参与分子生物学代谢过程的蛋白质不同，RecA 蛋白 -DNA 纤丝形体巨大，且不同成员之间大小相差悬殊。通常一个 RecA 蛋白 -DNA 纤丝，大约含有 100 个 RecA 蛋白亚基和一条 300 个核苷酸长度的 DNA 链。此 RecA 蛋白 -DNA 纤丝的分子结构，可容纳 1 条、2 条、3 条甚至多达 4 条 DNA 链。但事实上，在重组中间体中，较常见的 RecA 蛋白 -DNA 纤丝是含有 1 条或 3 条 DNA 链的结构。

与没有蛋白质包裹的 ssDNA 或标准的 B-DNA 螺旋相比，此丝状结构中 DNA 链是高度伸展的，其相邻碱基间的距离平均为 5Å，而不是正常的 3.4Å。因此，由于 RecA 结合之后，DNA 分子的长度便约增长为原来的 1.5 倍（5Å/3.4Å）（图 10-27）。同源重组过程中，寻找同源 DNA 序列以及 DNA 链的交换两步反应，便是在这种特殊的 RecA 蛋白亚基 -DNA 纤丝复合物中进行的。

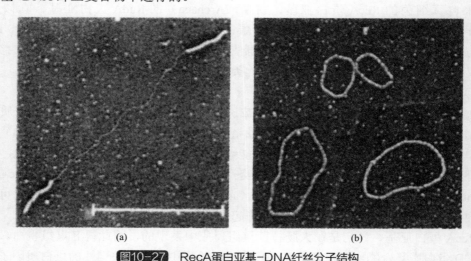

(a)　　　　　　　　　　　　　(b)

图10-27　RecA蛋白亚基-DNA纤丝分子结构

图示 RecA 蛋白亚基与线性双链 DNA 之单链末端的结合情况。（a）具单链末端的线性双链 DNA；
（b）环形单链噬菌体 DNA。图中的标尺 =500nm（转引自 R．F．Weaver，2012）

③ RecA 纤丝的功能

RecA 纤丝的功能是负责确定与纤丝中核苷酸碱基配对的 DNA 互补链。由 RecA 蛋白亚基催化的 DNA 链的交换过程，可分成若干不同的反应阶段。首先，RecA 纤丝必须是在两条互补的 DNA 分子之一条单链序列（例如一条 ssDNA）末端组装。由此产生的 RecA-ssDNA 复合物，是参与寻找同源 DNA 序列的活跃形式。在这种寻找过程中，RecA 蛋白亚基必须检测该 RecA 纤丝中的 DNA，与一条新的 DNA 分子之间存在的碱基配对的互补性关系。分别与 ssDNA 及 dsDNA 结合成的两种 RecA 纤丝的结构比较，既表明存在着不同的 DNA 延展状况，还暗示着 DNA 交换的机理，即上述所说的链的交换过程。

（3）RuvABC 蛋白质复合物的功能作用

与前面叙述的 RecBCD 蛋白质复合物类似，RuvABC 蛋白质复合物也含有三种不同的蛋白质亚基：RuvA、RuvB 和 RuvC，它们分别由大肠杆菌 *ruvA*、*ruvB* 和 *ruvC* 三种基因编码。这三种蛋白质亚基连同 RecG 蛋白亚基一道，其主要的生物学功能是催化 Holliday 连接体的拆分。

① RuvAB 蛋白质复合物的功能作用

RuvA 和 RuvB 两种蛋白亚基结合形成的 RuvAB 蛋白质复合物，具有 DNA 解旋酶的功能，可特异性地与 Holliday 连接体结合，在大肠杆菌同源重组过程中促进分支移动。此外，RuvB 蛋白亚基还具有 ATP 酶活性，可为解旋酶提供能量，参与 DNA 损伤的修复。

在同源重组链的侵入过程完成之后，两条参与重组的双链 DNA 分子，被一条称为 Holliday 连接体的 DNA 分支连接在一起（图 10-28）。此种 Holliday 连接体在 RuvAB 解旋酶的催化作用下，便可以每秒 10~20bp 的速度沿着 DNA 链移动。

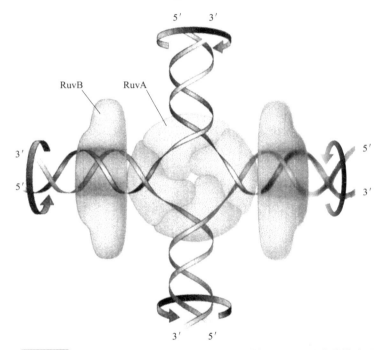

图10-28　RuvAB蛋白质复合物与Holliday连接体DNA结合的模式图

显示具两个 RuvB 六聚体的晶体结构模型。注意：一个 RuvA 蛋白亚基四聚体是如何以四重对称的形式同 Holliday 连接体结合的，以及两个 RuvB 蛋白亚基六聚体，又是怎样对称地结合在 RuvA 蛋白亚基四聚体的两侧，起到转动蛋白（motor）的作用，以驱动 DNA 通过 Holliday 连接体。RuvB 六聚体以横切面展示，以便于呈现穿越这些复合体的 DNA 链（转引自 J. D. Watson et al, 2014）

RuvA 蛋白亚基能够特异性地识别 Holliday 结构，故可与该连接体结合，并募集 RuvB 蛋白亚基加入，形成具催化活性的 DNA 解旋酶 RuvAB，进而在大肠杆菌同源重组过程中促进分支移动。RuvAB 复合物中的另一个蛋白质亚基 RuvB，是一种六聚体 ATP 酶，通常表述为 RuvB-ATPase，其功能与参与 DNA 复制的解旋酶类似。它能够提供能量驱动在 DNA 分支移动过程中发生碱基交换。

此外，在 DNA 链上快速单向性地移动分支也需要 RuvB-ATPase 提供能量。图 10-29

展示了在一个 Holliday 连接体上 RuvAB 复合物的结构模型，说明一个四聚体的 RuvA 蛋白亚基和两个 RuvB 蛋白亚基协同作用促使 DNA 链交换的过程。

② RuvC 蛋白亚基的功能作用

RuvC 蛋白亚基，是大肠杆菌细胞中的一种拆分 Holliday 连接体的主要内切核酸酶，亦叫做解离酶（resolvase）。其功能是参与对 Holliday 连接体中特定的 DNA 序列（5′-A/T-T-T-G/C-3′）作低速切割，使染色体分开从而结束 DNA 重组。

虽说 RuvC 内切核酸酶是依靠对 Holliday 连接体结构特征的识别，行使对该连接体的切割作用。但实际上 RuvC 内切核酸酶的此种切割作用，还要求发生在特定的 DNA 序列部位，即与共有序列 5′-A/T-T-T-G/C-3′一致的位点，并在该序列的第 2 个 T 碱基之后进行切割。由于在大肠杆菌基因组序列中，存在这种一致性位点的频率相当高，平均每隔 64 个核苷酸便会有一个。此种 DNA 序列结构特征保证了 Hollidey 连接体被拆分之前，至少有一些分支移动发生。图 10-29 显示了 RuvC 内切核酸酶二聚体与 Holliday 连接体结合的情况。这一点相当重要，否则 Holliday 连接体刚刚形成不久，便会被 RuvC 内切核酸酶切割掉，从而限制了参与链交换的重组 DNA 区段的数量。

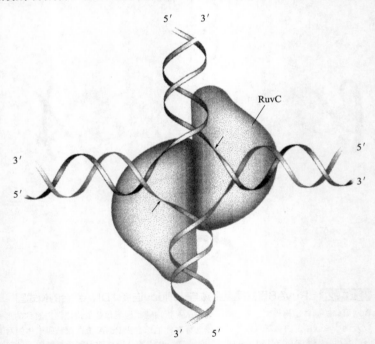

图10-29 与Holliday连接体DNA结合的RuvC二聚体的模式图

本图显示一个 RuvC 蛋白二聚体与一个 Holliday 连接体结合的情况，并在两条解旋的 DNA 单链上引入两个对称的切割（转引自 J. D. Watson et al, 2014）

（4）RecQ 蛋白的功能作用

RecQ 属于大肠杆菌的一种具有 DNA 重组功能作用的蛋白质，其分子质量为 26kDa。它亦可参与因紫外线、丝裂霉素 C 和电离辐射等因素诱发产生的 DNA 双链断裂损伤的重组修复作用，而且还有可能参与细胞的减数分裂过程。例如人体细胞中进行的双链体 Holliday 结构的处置，就涉及一种与拓扑异构酶协同作用的 RecQ 解旋酶。研究表明，与 RuvABC 蛋白质复合物类似，RecQ 也是一种能够同 Holliday 连接体结合的蛋白质。这种蛋白质具有解旋酶的功能和依赖于 DNA 的 ATP 酶活性，故可催化 Holliday 连接体发生分支移动。

事实上在人体细胞中已发现三种 RecQ 样的 DNA 解旋酶 BLM、WRN 和 RTS/RECQ4，它们分别与布鲁综合征（Bloom sydrome）、沃纳综合征（Werner sydrome）以及色素沉淀综合征等人类遗传性疾病相关。编码这三种解旋酶的基因，若发生功能缺失突变，便会导致早衰和各种肿瘤病症。

2. 参与真核生物同源重组的主要蛋白质及其功能

分子遗传学家在讨论真核生物分子遗传学的有关议题时，往往使用酿酒酵母的研究资料予以阐述。因为这种低等的单细胞真核生物，是有关学术界的科学工作者们公认的一种研究真核生物分子遗传学的良好模式生物。所以在本节我们主要以酵母资料为例叙述参与真核细胞同源重组的主要蛋白质及其生物学功能。当然，在必要的情况下，也会旁及其他真核生物，如禽类及哺乳动物，甚至人类的有关蛋白质。这些参与真核生物 DNA 重组的蛋白质，按其主要的生物学功能的差异，可分成如下 4 大类。

（1）催化单链 DNA 加工的蛋白质

① 参与加工的蛋白质类型

在有丝分裂的细胞中，导致双链 DNA 断裂的因素有外源性和内源性两类。其中外源性因素主要有放射性物质和化学物质两类，而内源性因素如拓扑异构酶的催化作用和模板链的切口效应等。在 DNA 复制过程中，缺口可能转换成双链断裂，这些断裂链的末端经由外切核酸酶的降解作用，便被加工形成具 3′-OH 末端的单链尾巴。在减数分裂的细胞中，DNA 双链断裂是由 Spo11 蛋白的切割作用诱导产生的。

既往研究已经发现，参加真核细胞同源重组单链 DNA 加工的蛋白质，在酿酒酵母中除了 MRX 蛋白质复合物之外，还有 Exo1、Sgs1 和 Dna2 等多种蛋白质；在哺乳动物细胞中有 MRN 和 BLM 等多种蛋白质复合物。这类蛋白质的主要功能是对 DNA 双链断裂部位中，具 3′-OH 末端的单链 DNA 作切除加工。

② 参与末端加工的蛋白质

具 3′-OH 末端单链的 DNA 末端加工主要分如下三步。

第一步，由 MRN 或 MRX 蛋白质复合物承担与裂口末端的结合，然后由其募集内切核酸酶 Sae2 参与，从而发挥对单链末端的加工作用。在哺乳动物细胞中起此种功能作用的则是内切核酸酶 CtIP。

在酵母中由 MreⅡ蛋白亚基和另外两个亚基 Rad50 及 Xrs2 组成复合物，在人类细胞中则是由 Mre11 和 Rad50 及 Nbs1 两个亚基组成的复合物分别进行单链末端加工。一般认为 Rad50 蛋白可通过二聚体将双链断裂末端聚集在一起。

人类细胞中的蛋白质 Rad50 和 Mre11 与细菌中的蛋白质 SbcC 和 SbcD，二者的功能相似。它们都具有双链 DNA 外切核酸酶活性和单链 DNA 内切核酸酶活性。Xrs2 蛋白和 Nbs1 蛋白具有 DNA 结合活性。

第二步，在 MRN 或 MRX 蛋白质复合物与其合作因子 CtIP 或 Sae2 协同作用下，已经产生出 DNA 双链断裂末端、并清除掉了任何可能抑制末端切除加工的附着蛋白或加合物（adduct）之后，核酸酶便会与DNA解旋酶协同作用，先由解旋酶催化双链DNA发生解旋以暴露出单链末端，接着便由核酸酶对暴露出的单链DNA进行切除加工。酵母中的Exo1蛋白和Dna1蛋白具有外切核酸酶活性；哺乳动物细胞中的BLM蛋白质复合物和酵母中的Sgs1蛋白，则具有解旋酶的活性。最近研究已经表明，这些蛋白质都是参与DNA末端加工的关键性因子。

第三步，在DNA双链断裂完成加工之后，产生出具3′-OH的单链末端。此单链DNA首先被单链DNA结合蛋白，即复制蛋白A（replication protein A，RPA）结合，以移走任何二级结构。接着在中介蛋白（mediator）复合体的帮助下，Rad 51取代RPA与单链DNA结合，形成Rad51核纤丝。Rad51蛋白与RecA蛋白在氨基酸序列上存在3%的一致性，并在依赖ATP的加工过程中形成右手螺旋的核纤丝，其中每个螺旋含有6个Rad51蛋白亚基和18个核苷酸的单链DNA。与B型DNA相比，这种结合方式使DNA延伸了大约1.5倍。在同源重组过程中，除了单链退火之外，其余所有的步骤都需要Rad51蛋白亚基的参与。

（2）单链DNA结合蛋白

这是一类参与染色体联会作用的蛋白质。我们知道，在双链断裂修复和依赖于合成链退火过程中，一旦在单链DNA上形成了Rad51纤丝，便开始了从另一条DNA链上寻找同源序列的反应，并随之发生单链入侵。在酵母中，这个同源重组步骤需要Rad54及其相关的Rdh54/Tid1等蛋白质的参与；而在哺乳动物细胞中，促进单链入侵的步骤则是由Rad54B蛋白控制的。

Rdh54和Rad54这两种蛋白质，具有依赖于双链DNA的ATP酶活性，所以能够在双链DNA上转位，以诱导双链DNA产生超螺旋应力（superhelical stress）。尽管Rad54、Rdh54和Rad54B这3种蛋白质都不具有DNA解旋酶的活性，但由于它们的转位酶活性能够引起双链DNA发生局部解链，从而激活D-环的形成。在酵母中，发生有效的有丝分裂重组和进行双链断裂修复，Rad54蛋白都是必要的因素。

（3）促进异源双链DNA延伸和分支移动的蛋白质

与同源重组的头两个步骤相比，有关参与本阶段反应的蛋白质的种类及其相应的功能，迄今为止应该说还不甚了解。已知在酵母中，具备促进异源双链DNA延伸和分支移动功能的蛋白质，主要有Rad51和Rad54两种。前者与双链DNA结合形成Rad51蛋白纤丝，可诱发D-环的形成，而后者的功能作用则是从双链DNA上移走所结合的Rad51蛋白。这一步显然对于DNA聚合酶从3′-末端延伸DNA链的反应十分重要。此外还有一种叫做δ的DNA聚合酶，一般也被认为具有参与双链断裂重组中的修复合成的功能。

（4）调节链拆分的蛋白质

在酵母、哺乳动物及人类细胞中，都存在着一类参与Holliday连接体拆分的解离酶。诸如酵母中的Sgs1、Yen1蛋白以及Mus81-Mms4蛋白质复合物等；哺乳动物细胞中的Mus81-Eme1蛋白质复合物以及人类细胞中的BLM和GEN1蛋白等。以上这些蛋白质都具有解旋酶（helicase）的活性功能，可参与调节双Holliday连接体的分方开，形成没有发生交换的产物，从而实现链的解离（图10-30）。

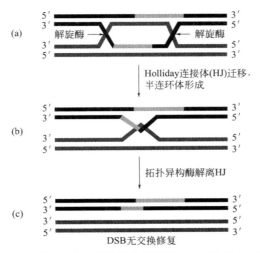

图10-30 在DNA解旋酶和拓扑异构酶协同作用下，双Holliday连接体的解离过程

（a）在 DNA 解旋酶的催化作用下，两个 Holliday 连接体发生彼此相向的迁移运动；（b）此种相向迁移的结果，形成一种叫做半连环体（hemicatenane）的结构，它是由来自两个不同的双螺旋的两条单链 DNA 彼此环绕形成的；（c）这个半连环体随后被一种 DNA 拓扑异构酶切割而解旋，并释放出两条双链的 DNA 分子，最后得到的是没有发生交换的产物（转引自 J. E. Krebs et al, 2018）

第三节
位点特异性重组

在相关文献中，位点特异性重组也叫做特化重组（specialized recombination）。系指通常在同一位点发生的、依赖于重组序列之间有限的序列相似性，在位点特异性的重组酶（site-specific recombinases）的催化作用下进行的 DNA 链的交换反应。常见的如大肠杆菌噬菌体 DNA 对寄主染色体 DNA 的插入与删除，以及转位过程中共整合结构的形成与解离等，便是通过位点特异性重组实现的典型例子。在本节我们讨论在大肠杆菌和噬菌体中发生的位点特异性重组的实例。

一、大肠杆菌 λ 噬菌体的位点特异性重组

噬菌体（bacteriophage 或 phage）是一类细菌病毒的总称，其颗粒的组成成分主要包括内部核酸分子（DNA 或 RNA）及外周包被的外壳蛋白。这种颗粒结构与细菌细胞尤其是真核细胞相比显然是十分简单的，但却要比质粒的复杂得多。作为细菌寄生物的噬菌体，虽然可以在脱离寄主细胞的状态下继续维持自身的生命，不过在这种无细胞的环境中，它就既不能生长也不能复制。已知感染大肠杆菌噬菌体的一种类型如T2、T4、T7 和 SP01，属于烈性噬菌体；另一种类型如 Lamda（λ），则属于温和噬菌体。前者复制的结果会导致寄主细胞死亡或裂解，而后者感染了寄主细胞之后，并不一定要使之死亡，而是视生长情况或进入溶菌周期（lytic cycle）或进入溶源周期（lysogenic cycle）。

当温和噬菌体 DNA 注入到被感染的寄主细胞之后，有时会如同烈性噬菌体一样马上进行增殖，有时候又会整合到寄主染色体上，转变成原噬菌体，伴随着寄主染色体 DNA 一道复制而长期地传递下去。这种过程叫做整合作用，它是通过位点特异性重组实现的（参见上册图 1-13）。

1. λ 噬菌体的结构

λ 噬菌体是感染大肠杆菌寄主细胞的一种温和噬菌体，具有比较大型的基因组，其双链 DNA 的分子质量达 31×10^6 Da。线性 λDNA 分子两端各有一段由 12 个核苷酸组成的、彼此互补的单链延伸末端。由这段黏性末端结合形成的双链区叫做 *cos* 位点（图 10-31）。在环化状态下，λDNA 的分子长度为 48502bp，核苷酸顺序计数是从左边的单链末端 GGGCGGCGACCT 的第一个 G 碱基开始，沿着 L 链按从晚期基因到早期基因的方向依序进行，终止在 L 链 3′-末端第 48502 个核苷酸位置上。

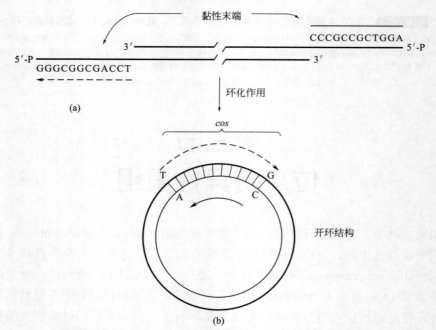

图10-31　λ 噬菌体线性DNA分子的黏性末端及其环化作用

（a）具有互补的单链黏性末端之 λDNA 分子。注意在其 12 个碱基中，有 10 个是 G 或 C，仅有 2 个是 A 或 T。

（b）通过黏性末端间的碱基配对作用，实现线性 DNA 分子的环化反应，由此形成的双链区叫做 cos 位点

2. λ 噬菌体的编码基因

编码在 λDNA 分子上的基因，除了 *N* 和 *Q* 这两个正调节基因之外，其余的是按功能的相近性聚集成簇的形式分布的。例如头部、尾部、复制及重组四大功能的基因，各自聚集成四个特殊的基因簇。不过在文献中为了叙述方便，往往也将 λ 噬菌体基因组人为地分成三个区域：①左侧区，自基因 *A* 到基因 *J* 位点，包括参与 λ 噬菌体头部和尾部蛋白合成的全部基因。②中间区，介于基因 *J* 与 *N* 位点之间。本区编码基因与保持噬菌斑形成能力无关，但包括了参与重组作用的基因，例如 *redA*、*redB* 以及控制噬菌体 DNA 整合的 *int* 基因，和把原噬菌体 DNA 删除的 *xis* 基因。可见这两个 λ 噬菌体基因，

对于λDNA介导的位点特异性重组是十分必要的。③右侧区，位于N基因的右恻，包括所有的调控成分，噬菌体的复制基因O和P，以及溶菌基因S和R（图10-32）。

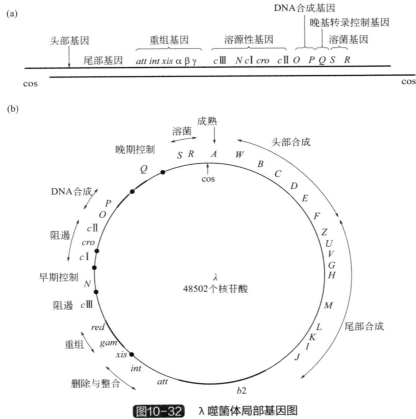

图10-32　λ噬菌体局部基因图

（a）存在于噬菌体颗粒中的λ噬菌体线性基因图。在此基因图的末端存在着黏性cos序列。
（b）黏性末端退火之后，存在于寄主细胞中环状的λ噬菌体之基因图

按照功能作用的异同，λ噬菌体的基因可分成如下几种不同的类型：

① 参与头部蛋白合成的基因有W、B、C、D、E、F等；参与尾部蛋白合成的基因有Z、U、V、G、H和M、L、K、I、J等十余种。

② 调节λDNA合成的蛋白质编码基因O和P，也叫做λ噬菌体复制基因。λDNA复制起点位于O基因的编码序列内。O和P基因编码的是具启动λDNA复制功能的蛋白质。

③ 控制溶菌作用的基因S和R。

④ 启动重组作用的基因red和gam。red基因编码的蛋白质Red，主要的功能是参与λDNA同大肠杆菌寄主DNA之间的重组作用。λ噬菌体感染寄主细胞之后，gam表达的Gam蛋白与大肠杆菌RecBCD酶结合成的复合物，可以抑制后者的表达活性，从而有利于促使λDNA进入滚环复制周期。

⑤ 负责λDNA的参入和删除的基因int和xis。int基因编码的蛋白质是一种DNA整合酶Int。当λDNA整合进寄主染色体DNA时，Int酶催化attB和attP位点的结合与切割；

当 λ 噬菌体被诱发时，Int 酶便会催化 λDNA 的删除。*xis* 基因编码的删除酶蛋白，其功能是与 Int 蛋白结合形成复合物，参与整合到寄主染色体基因组上的原噬菌体的删除作用，形成游离的噬菌体。

⑥ 调节作用基因 *N*、*Q*、*cII*、*cro*、*cI* 和 *cIII*。*N* 基因编码对 t_L'、t_R' 和 t_R^2 终止位点起抗终止作用的蛋白质；*Q* 基因编码的蛋白质对 t_R' 终止位点具抗终止作用；*cI* 基因编码的阻遏物 CI 能够抑制从 P_L 和 P_R 启动子开始的转录作用；*cII* 基因编码的 cII 蛋白，是激活 *cI* 和 *int* 基因表达活性的激活物；*cro* 基因编码的产物是抑制 CI 蛋白合成的抑制剂；*cIII* 基因编码的蛋白质 cIII，是 cII 激活物的稳定剂。

3. λ DNA 的整合作用

λDNA 的一种复制方式是，稳定地整合在寄主染色体 DNA 上一道复制。λDNA 的整合作用是通过它的附着位点 att，同大肠杆菌染色体 DNA 上局部同源位点之间的重组反应实现的，因此 λDNA 的整合过程也叫做 λDNA 的插入作用。图 10-33 展示的是 Allen Campbell 于 1962 年首先提出的，一种解释 λDNA 插入作用分子机理的 Compbell 模型。该模型显示 λDNA 在插入过程中，首先环化成环形分子，然后通过在 *E. coli* DNA 附着位点和 λDNA 附着位点发生物理性断裂，并在这两个附着位点 B0B′（细菌 DNA 附着位点）和 POP′（噬菌体的附着位点）之间，进行准确的噬菌体 DNA 和寄主染色体 DNA 的再接合，从而发生整合作用。在 λ 噬菌体基因组上有一种 *int* 基因，它编码的蛋白质产物叫整合酶（integrase），能够识别噬菌体和寄主菌 DNA 的附着位点，并能催化这两种 DNA 之间发生链的交换，最终导致 λDNA 分子整合到大肠杆菌寄主细胞染色体 DNA 上，完成位点特异性的重组作用。

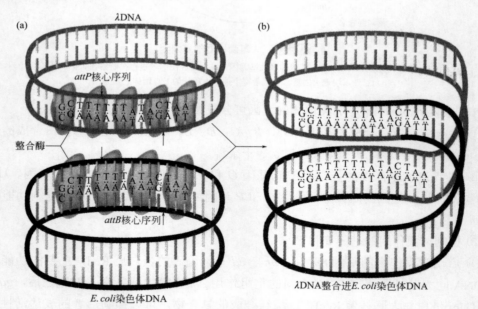

图10-33 λ DNA 与寄主菌 *E. coli* 染色体 DNA 的整合作用

（a）整合酶 Int 促使 λDNA 的 *attP* 核心序列和 *E. coli* 染色体 DNA 的 *attB* 核心序列之间发生位点特异性的重组。（b）λDNA 的 *attP* 核心序列，插入在 *E. coli* 染色体的 *attB* 核心序列。*attP* 和 *attB* 两核心序列是相同的，因此为位点特异性重组提供了识别位点。为了表达方便，图中 λDNA 和 *E. coli* 染色体 DNA 没有按大小比例绘制，事实上后者比前者大得多

（转引自 R. J. Brooker, 2012）

前已提到，Int 是一种特异性地促使在 λDNA 的附着序列 *attP* 和大肠杆菌 DNA 的附着序列 *attB* 之间发生重组的整合酶。其中 *attB* 附着序列位于细菌半乳糖 *gal* 操纵子和生物素 *bio* 操纵子之间（图 10-34）。由于 Int 整合酶催化的重组作用，不会发生在 λDNA 的末端，而是发生在位于线性 λDNA 内部的 *attP* 位点。在 λ 噬菌体的头部，λDNA 的一端有一个 *A* 基因，而在另一端则有一个 *R* 基因。与此相反，在 λ 噬菌体中其一端是 *int* 基因，而另端则是 *J* 基因。由 Int 整合酶催化的重组反应，叫做位点特异性的重组，是因为这种重组是发生在一个位于细菌染色体 DNA 上，另一个位于 λ 噬菌体 DNA 上的两个特定位点之间。它不是正常的同源重组，而是属于非同源重组类型。这是由于 λ 噬菌体与大肠杆菌两者的 *att* 位点序列之间有很大的差异。但它们之间有一个共同的核心序列 O，全长仅 15bp［—GCTTT（TTTATAC）TAA—］；在 *attB* 位点核心序列 O 的两侧，由不同的序列 B 和 B′ 包围，形成 BOB′ 序列结构；而在 *attP* 位点核心序列 O 的两侧，由不同的序列 P 和 P′ 包围，形成 POP′ 序列结构（图 10-34）。

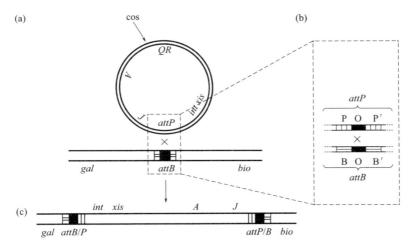

图10-34 参与 λ DNA 和 *E. coli* DNA 整合作用的 *attp* 及 *attB* 序列的结构细节

（a）Int 整合酶促进 λDNA 的 *attP* 序列和 *E. coli* 染色体 DNA 的 *attB* 序列之间的重组作用；（b）示 POP′ 和 BOB′ 区段的结构细节；（c）λ 原噬菌体的基因序列（参见图 10-32）

重组总是在核心序列 O 之括弧内的 7bp 区段中发生。由于同源区段是如此之短，以至于此种重组在没有整合酶 Int 参与下是不会发生的，这是因为 Int 整合酶能够识别 *attP* 和 *attB* 这两个特异性位点的核苷酸序列结构。

4. 位点特异性重组的类型

保守性的位点特异性重组（CSSR）有三种不同的类型，每一种类型重组都必须重组酶参与催化作用（图 10-35）。

① 头一种类型是 DNA 片段插入重组（insertion recombination）。比如 λDNA 在特定位点整合到大肠杆菌基因组的情况，便是插入重组的典型例子。在这种插入重组中，插入的 DNA 序列可以按正向插入细菌基因组，也可以按反向插入细菌基因组。由此引起的基因位置的重新排列叫做位点特异性的插入重组。

② 另一种类型是 DNA 片段缺失重组（deletion recombination）。在位点特异性重组

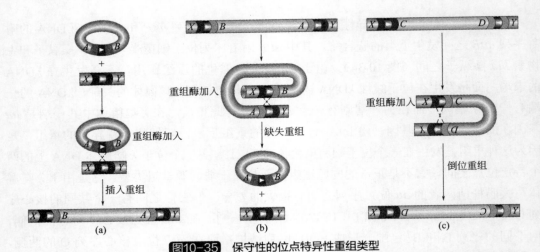

图10-35 保守性的位点特异性重组类型

(a) DNA 片段插入重组;(b) DNA 片段缺失重组;(c) DNA 片段倒位重组。图中浅灰较长的 DNA 片段经过重组
事件发生了位置移动或重排。A、B、C、D、X 和 Y 表示位于不同片段上的基因。浅灰色(短)和深灰或黑色区段
表示重组酶的识别序列,白色箭头表示交换区。这些序列元件构成了重组位点(引自 J. D. Watson et al, 2014)

过程中,从 λDNA 或大肠杆菌基因组中,失去或删除掉一段 DNA 序列之后,其两端的断点在重组酶的催化作用下重新连接起来,形成缺失的 λDNA 或染色体基因组 DNA。由这两种缺失的 DNA 分子连接形成的重组体分子的过程,叫做位点特异性的缺失重组。

③ 再一种类型是 DNA 片段倒位重组(inversion recombination)。在位点特异性重组过程中,插入的 DNA 既可以按正向插入,也可以按反向插入。若是在后者这种情况下,便会出现倒位重组的现象。

保守性的位点特异性重组(CSSR)究竟会出现何种类型的重组形式,是由参与重组的 DNA 分子之重组酶识别序列的结构特点决定的。已知每个重组位点[图 10-36(a)]都具有一对对称排列的重组酶识别序列,同时位于此对称识别序列之间,还有一段短小不对称的、特称重组交换区(crossover region)的 DNA 小区段(—TAGC—/—ATCG—),它是发生 DNA 链的断裂和重接的部位。从图 10-36 可以看到,正是交换区的核苷酸序列存在着不对称性的排列方式,从而导致重组位点总是呈现一种确定的极性结构。所以位于同一条 DNA 分子上的两个位点的取向关系,或为反向重复或为同向重复。于是,当位于两条不同 DNA 分子上的两个呈同向重复的重组位点,彼此靠近进行 DNA 交换时,便会发生 DNA 片段的特异性插入重组[图 10-36(b)]。其次,位于同一条 DNA 分子两端的两个呈反向重复的重组位点,随着 DNA 环化作用而彼此接近发生位点特异性重组时,便会在两个重组位点之间出现 DNA 片段缺失现象[图 10-36(c)]。最后,如果在同一条 DNA 分子的两端分布着两个反向重复排列的重组位点,经过 DNA 的环化作用两者便会彼此接近,导致两个重组位点之间产生 DNA 片段的倒位情况[图 10-36(d)]。

二、位点特异性重组的酶学基础

位点特异性重组,是由一类叫做位点特异性重组酶(site-specific recombinase)催化进行的。这种酶能够识别 DNA 分子上的两个特定的位点。一般说来这两个位点之间仅具有短小的共有序列。尽管如此,该酶也能促使二者之间发生重组。但是,这两个共有

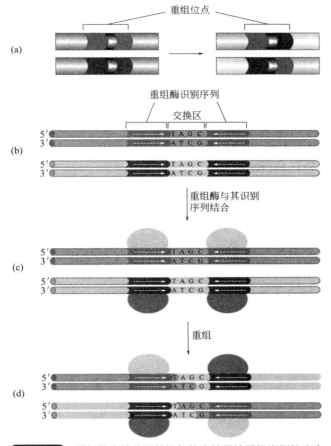

图10-36 重组位点的分子结构与位点特异性重组类型的决定

（a）重组位点的结构。在重组交换区的两侧，连接着一对对称排列的重组酶识别序列，如此便构成了典型的重组
位点结构。（b）由于重组位点内部交换区序列不具回文结构形式，因此是非对称的。（c）重组酶与其一对对称排
列在 DNA 两端的识别序列结合。（d）引发位点特异性重组（据 J. D. Watson et al, 2014 改绘）

的同源性区段，对于发生正常的同源重组而言，往往显得太过短小，而难奏效。因此，
要在这两个特定位点之间进行有效的同源重组，就需要位点特异性重组酶的参与。

　　现已经知道的位点特异性重组酶不下一百余种。其中在原核生物中已发现的此类重
组酶包括整合酶（integrases，Int）、解离酶（resolvases）和转化酶（invertases）三大类群，
而在以酵母菌为模式的真核生物中，已发现位点特异性重组酶主要的也有与 DNA 特异
性结合的重组酶类群、DNA 整合酶类群及 DNA 解离酶类群等多种。下面以大肠杆菌为
例，简要叙述若干种重要的位点特异性重组酶的功能作用。

1. 整合酶

　　整合酶系由 λ 噬菌体 *int* 基因编码的一种位点特异性重组酶。这种蛋白质多肽全长
356 个氨基酸残基，具有拓扑异构酶的活性。在 λ 噬菌体 DNA 整合进 *E. coli* 染色体 DNA
的过程中，需要 Int 整合酶和整合寄主因子 IHF（integration host factor）的参与。这种整
合酶能够识别并切割位于染色体 DNA 上的 *attB* 位点和 λDNA 上的 *attP* 位点，进而催化
两条 DNA 之间发生链的交换。结果使环形的 λDNA 整合到寄主染色体 DNA 上，形成

原噬菌体。而在 λ 原噬菌体 DNA 的删除过程中，整合酶 Int 与删除酶 Xis 及整合寄主因子 IHF 形成复合物，通过对 attL 及 attR 位点的结合与切割，使 λ 原噬菌体 DNA 从寄主染色体 DNA 上删除下来，重新形成环形的 λDNA 分子（图 10-37）。

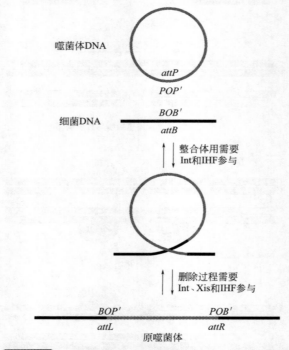

图10-37 环形噬菌体DNA和原噬菌体DNA之间的可逆变化

经 *attP* 和 *attB* 之间的交互重组（reciprocal recombination），环形的噬菌体 DNA 转变成整合的原噬菌体。经 *attL* 和 *attR* 之间的交互重组，原噬菌体 DNA 被删除下来。IHF= 整合寄主因子；Int= 整合酶；Xis= 删除酶

（转引自 J. E. Krebs et al, 2018）

为什么 λDNA 只能整合到大肠杆菌染色体 DNA 的一个或少数几个位点上呢？以迄今了解最清楚的 λ 噬菌体整合酶 Int 为例。这种酶能够控制环状 λDNA 进入寄主染色体 DNA 上，形成原噬菌体。其原因在于整合过程中，λ 噬菌体的整合酶只能特异性地识别 λDNA 上的 *attP* 位点和细菌染色体 DNA 上的 *attB* 位点，所以 λ 噬菌体只能整合在大肠杆菌染色体 DNA 的一个或极少数几个位置上。由此可见，整合酶在催化 λDNA 和染色体 DNA 之间的位点特异性重组中，具有重要的功能作用。

2. 解离酶

转位子 Tn3 *tnpR* 基因编码的解离酶（resolvases），是另一种类型的位点特异性重组酶。这种类型的重组酶通过识别解离位点（resolvation site，*res*）启动共合体（cointegrate）的解离。所谓 *res* 位点是指存在于转位子共合体结构中两个转位子拷贝之间的连接点。在转位子上，有一个拷贝的 *res* 位点，而在共合体上则有两个同向重复的 *res* 位点。如此的两个 *res* 位点之间的重组结果，将会删去位于它们中间的序列，使共合体解离。从而导致共合体结构中两条以同向重复形式排列的转位子之间发生位点特异性重组，而后彼此分离。

tnpR 基因的编码产物解离酶，具有双重的功能，除了催化共合体结构解离之外，还可

作为阻遏物，抑制 *tnpA* 基因及 *tnpR* 基因自身的表达活性。这种双功能现象表面上看来似乎不太好理解，但事实上是很容易讲明白的。因为与 *res* 位点结合的解离酶，必定同该位点上的 *trpA* 及 *trpR* 两基因的启动子结合。而这两个启动子的取向是相反的，所以通过与同样的 DNA 位点的结合，*trpR* 基因编码的解离酶便会起到双重的功能作用（图 10-38）。

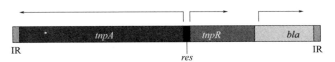

图10-38 参与Tn3转位子转位作用的编码基因及其产物

tnpA 基因编码转位酶；*tnpR* 基因编码解离酶；*bla* 基因编码 β- 内酰胺酶，它使寄主细菌具备对抗生素氨苄青霉素抗性的能力（该基因也叫做 *Ap* 或 *AmP*ʳ）。在转位子的两端存在着一对反向重复序列（IR）。箭头表示有关基因的取向

3. DNA 转化酶

DNA 转化酶（DNA invertases）是另一种位点特异性重组酶，也叫做 β- 呋喃果糖苷酶。其主要功能是促进 DNA 分子紧密相连的两段序列之间发生位点特异性重组。由 DNA 转化酶催化的与由解离酶催化的这两种反应之间的主要差别在于，转化酶识别的两个位点序列是反向重复排列的（图 10-39），而由解离酶识别的两个位点序列则是同向重复排列的。已经知道，两条同向重复序列的重组会造成两个位点之间 DNA 序列的缺失，而两条反向重复序列的重组，则会导致反向的 DNA 序列发生倒转。

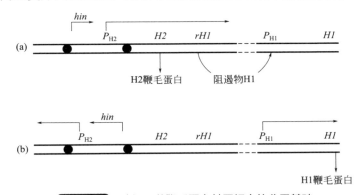

图10-39 沙门氏菌鞭毛蛋白基因相变的分子基础

（a）具有正向排列的 *hin* 和 H2 启动子（P_{H2}），其中 H2 和 rH1 两个基因表达产物分别为 H2 鞭毛蛋白和 H1 阻遏物。H1 阻遏物同临近的 H1 启动子（P_{H1}）结合，阻止 H1 基因表达。（b）具有 *hin* 和 H2 启动子 P_{H2} 反向排列片段，使得 H2 和 rH1 两个基因无法表达，所以没有 H2 鞭毛蛋白或 H1 阻遏物合成。由于没有阻遏物存在，故 H1 基因便处于活性状态，致使鞭毛蛋白得以表达。图中黑色圆圈表示反向片段本体中的反向重复序列

这种可被 DNA 转化酶倒转方向的 DNA 序列，叫做转向序列（invertible sequences）或称转向元件。这些短序列或许有可能编码着转化酶基因，也可能同转化酶基因相毗邻。所以这些转向序列及其编码的转化酶基因，有可能构成一种"转向盒"（invertible cassette）。它或许有可能对细胞中的生理生化反应起到重要的调节作用。例如下面将要讨论的沙门氏菌的相变（phase variation）现象，便是由转向盒控制的。

Hin DNA 转化酶，可催化位于鞭毛蛋白基因上游的一段转向元件发生转向，从而引发沙门氏菌鞭毛蛋白基因发生相变。这段转向元件，编码有转化酶基因和另两个基因的

启动子：*H2* 鞭毛蛋白基因的启动子和抑制 *H1* 基因转录作用的阻遏物基因启动子。具有一种取向的转向元件上的启动子，将转录 *H2* 基因和阻遏物基因，结果只有 H2 型鞭毛蛋白表达在细胞表面；当转向元件呈另一种取向时，无论是 *H2* 基因还是阻遏物基因都不能转录，因为启动子取向与转录方向相反。然而当细胞中不存在阻遏物时，*H1* 基因便能够转录，所以在这种情况（表型）下，只有 H1- 型的鞭毛蛋白表达在细胞表面。很清楚，编码在转向元件上的 Hin DNA 转化酶基因，在两种取向的情况下均能表达。

4. 拓扑异构酶

拓扑异构酶（topoisomerase）也是一种位点特异性重组酶，它能够改变 DNA 三级结构，但不能改变其一级及二级结构。这类核酸酶在原核生物及真核生物中均有发现。它有两种不同的类型：Ⅰ型，能够使底物 DNA 发生单链瞬时断裂；Ⅱ型，能够使底物 DNA 发生双链瞬时断裂。拓扑异构酶在 DNA 复制和转录过程中，具有重要的功能。它有助于维持 DNA 的双螺旋结构处于解旋状态，也能使单链或双链断裂，从而切断 DNA 分子，并在断口重新连接之前使 DNA 链穿越缺口。

正是由于拓扑异构酶具有催化 DNA 链断裂并使其重新连接的功能，因此它本质上是参与 DNA 分子间的非同源重组。但是由于这种核酸酶，通常连接的都是位于断裂口两端的原来的 DNA 链，因此一般说来不会产生出新的重组序列。只有来自两条不同的 DNA 分子或两条不同的片段之 DNA 链发生错误的连接时，才会形成重组体。因为这类重组往往是在两条极少甚至没有序列类似性的片段之间，由拓扑异构酶催化进行的，所以它同样也是一种非同源重组。此外拓扑异构酶有时也会参与 DNA 缺失突变和移码突变。

5. 相变现象

相变现象最初是在鼠伤寒沙门氏菌（*Salmonella typhimurium*）中观察到的。它是指在一种可逆的和随意的培养条件下，经过许多世代的生长，鼠伤寒沙门氏菌的某些群体便会出现表型的变化，即从产生一种类型鞭毛蛋白到产生另一种类型鞭毛蛋白的变化。这两种不同类型的鞭毛蛋白是分别由 *H1* 基因和 *H2* 基因编码的。每一个细胞都仅表达一种鞭毛蛋白基因 *H1* 或 *H2*，因此都仅具有一种鞭毛蛋白，不是 H1 便是 H2。

沙门氏菌相变现象有两方面的特点：其一，鞭毛蛋白遗传变化的频率约为每个细胞 10^{-4}（10^{-4}/ 细胞），明显地高于正常的突变频率。其二，两种表型的鞭毛蛋白类型，都是完全可逆的。这说明该菌鞭毛蛋白类型的改变，并不是由突变引起的，而是相变造成的。

H1 和 *H2* 基因的表达，是由位于 *H2* 启动子中一段长 970bp 序列的取向决定的。在一种取向时，*H2* 基因转录生成一条多顺反子 mRNA，它编码着 H2 鞭毛蛋白、*H1* 鞭毛蛋白基因的转录抑制物和启动子元件倒位所需的因子。在另一种相反取向时，*H2* 基因转录关闭，因此不会有 H2 鞭毛蛋白或转录抑制物合成，于是使 *H1* 类型的鞭毛蛋白基因得以表达。沙门氏菌这两种表型转换（H1 开 -H2 关和 H1 关 -H2 开）（图 10-40），是通过一个非调节的启动子元件之位点特异性倒位引发的。

三、位点特异性重组在转基因研究中的应用

位点特异性重组在转基因的研究中，特别是转基因技术在生产实践的应用方面，具有切实的意义和良好的发展前景。本节讨论以基因敲入（knock-in，KI）和基因敲除

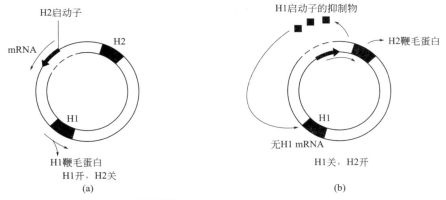

图10-40 沙门氏菌相变的两种表型

（a）H1 开→ H2 关的遗传表型；（b）H1 关→ H2 开的遗传表型

（knock-out，KO）的小鼠为载体，进行位点特异性重组的应用研究。

1. 改变体内目标基因结构的主要方法

（1）基因打靶

20 世纪 80 年代后期发展出来的，使外源基因定点地整合到核基因组上的一种特殊的基因工程技术称为基因打靶，也叫做基因定点同源重组或基因剔除。基因打靶的分子基础是，通过在转染的细胞中发生的外源打靶基因与核基因组的目标基因之间的 DNA同源重组，使外源打靶基因定点地整合到核基因组的特定位置上，从而达到改变细胞遗传特性的目的。简言之，基因打靶的分子基础是，两条具有同样或类似的核苷酸序列的同源 DNA 之间，发生的遗传信息的重组事件。在基因打靶实验中，用来取代或阻断内源核基因组上的目标基因的外源基因，叫做打靶基因或外源打靶基因；而位于核基因组上被改造、被失活或被剔除的基因叫做目标基因。不过也有的作者称外源打靶基因为目标基因，称内源目标基因为目的基因。基因打靶可区分为插入型基因打靶和置换型基因打靶两种不同的类型（图 10-41）。在插入型基因打靶中，线性化的外源打靶基因与内源目标基因之间，只发生一次同源重组，便插入到目标基因的序列中。置换型基因打靶的分子机理比较复杂，是目前最广泛使用的一种基因打靶技术，特称为基因剔除。

（2）基因敲减

通过 RNA 干扰（RNAi）或基因重组等途径，使特定的哺乳动物受体细胞中目标基因的表达活性受到抑制的一种基因工程技术，称为基因敲减（gene knock down）。

（3）基因敲入

一种根据同源重组原理发展出来的、通过基因打靶途径将外源目标基因（例如基因的突变体），整合到受体动物核基因组目标基因序列内，或是使之置于启动区的调控之下，以研究目的基因的功能。这种哺乳动物特有的基因工程实验技术叫做基因敲入（gene knockin）。现在已将基因敲入的"外源目的基因"的范围，扩展到基因片段、基因调控序列以及成段的基因组序列等。

（4）基因敲除

建立在同源重组技术的基础上，用完全失活或纠正的外源打靶基因，取代哺乳动

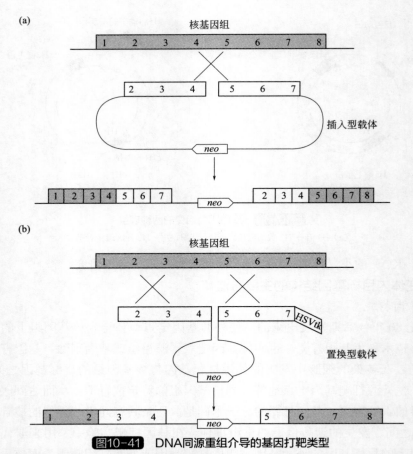

图10-41 DNA同源重组介导的基因打靶类型

DNA 同源重组的结果使外源打靶基因定点地整合到内源核基因组的特定位置上，取代或阻断目标基因的功能。
（a）插入型基因打靶；（b）置换型基因打靶

物受体细胞核基因组中的目标基因，这种置换型的基因打靶技术，特称为基因敲除（gene knockout），或基因剔除，更加严格地应叫做哺乳动物基因剔除。它要求在体外构建一种编码失活基因或纠正基因的 DNA 片段，在这种 DNA 片段的两端存在着适当的侧翼序列，因而能够应用基因打靶技术将其插入到目标基因的序列中。于是这个内源目标基因便可以被取代或纠正，而处于失活或抑制的状态。这种实验方法包括如下几个主要步骤：

　　a. 把外源失活的或纠正的基因，引入胚胎干细胞系（ES）；

　　b. 选择已成功地发生了同源重组事件的 ES 细胞亚克隆；

　　c. 将此 ES 细胞亚克隆导入受体动物发育胚胎的胚泡中。

　　由此诞生的嵌合体动物中，新导入的外源基因成为该物种核基因组的一部分，它能够发育出纯合状态的子代动物（图 10-42）。应用这样的技术，研究者们能够检测出与某种遗传疾病相关的基因座位，或用来鉴定特定细胞因子及生长因子的功能作用，还可以用于构建研究人类疾病的动物模式体系。此外，通过目标基因的敲除可直接显现生命体或细胞的表型变化，所以它也是研究基因功能的一种重要手段。

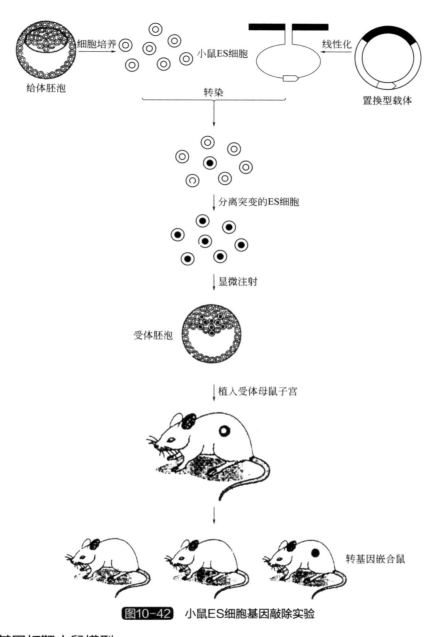

图中文字：

细胞培养 小鼠ES细胞

给体胚泡

线性化

转染

置换型载体

分离突变的ES细胞

显微注射

受体胚泡

植入受体母鼠子宫

转基因嵌合鼠

图10-42 小鼠ES细胞基因敲除实验

2. 基因打靶小鼠模型

（1）基因敲入小鼠

通过同源重组介导的基因打靶程序，将突变的外源目的基因或 DNA 片段，导入内源目标基因的编码区，由此获得的转基因小鼠叫做基因敲入小鼠（gene knockin mice）。导入生殖期基因敲入小鼠（generating knockin mice）的外源 DNA 序列，可以具有正常的表达活性。故该小鼠可用作为检测经基因打靶导入的外源基因表达活性的模式生物。基因敲入小鼠，是用带有外源 DNA 插入序列的打靶载体（targeting vector），经同源重组导入 ES 细胞核基因组之特定位点制备而成。这种基因敲入方法，经常被用于体内定点诱变实验。单碱基取代或缺失，可用来研究在整体动物中基因产物的结构与功能的关系。以基因敲入的等位基因取代内源等位基因的编码区，同时保持内源基因上游调节元件的完整性。如此基因敲入的等位基因，会如同内源等位基因一样进行精确的通用表达。

（2）基因敲除小鼠

应用适当的基因工程技术，将实验用的小鼠体内的目的基因或其特定序列剔除掉，从而使之失活。由此获得的实验小鼠，特称为基因敲除小鼠（gene knockout mice）。这种基因敲除小鼠的制备过程，通常是使用基因打靶（gene targeting）技术进行的，比较易得。所以有关的科学工作者可方便地使用基因敲除小鼠作模型，研究特殊的人类疾病及目的基因的功能。

在基因敲除的小鼠中，被剔除的目的基因可以是单个基因或数个基因；也可以是目的基因的部分编码序列或调控序列，以及成片段的基因组序列。被进行基因敲除的可以是实验小鼠的生殖细胞、体细胞或干细胞核基因组中的目的基因。

将修饰的基因顺式调节元件，诸如启动区或其他的上游调节序列，通过基因打靶的途径导入受体细胞，可以达到抑制或改变目的基因表达水平的目的。构建基因敲减小鼠（knockdown mice），同构建启动子缺失小鼠在技术上是类似的。两者都涉及特异性缺失或点突变的过程，然后测定目的基因的表达活性。但比较而言基因敲减小鼠更方便于用来分析整体动物（whole animal）中的内源基因的表达效应。体外制备的具单碱基取代或缺失的基因敲减小鼠，可用来研究所需要的调节元件，例如驱动组织特异性的基因表达元件或是驱动发育阶段特异性的基因表达调节元件。

基因敲减打靶序列（knockdown targeting sequence），阻断了目的基因的内源上游调节元件，同时保留着内源克隆区段的完整性。随后分析在基因敲减小鼠中，打靶突变体对基因转录的影响。

（3）条件基因敲除小鼠和条件基因敲入小鼠

基因敲除的小鼠往往是胚胎致死的，也就是说这种小鼠在胚胎发育阶段常常就已经死亡。为了在成体小鼠或其发育的晚期研究基因的功能作用，设计并构建目的基因条件突变的基因敲除小鼠是很有用的。现在基因工程的研究工作者，早已能够应用相关的生物技术，构建出可以在任何组织和任何发育阶段，定点开启或关闭具有已知碱基序列的任何基因的遗传开关（genetic switches），或叫基因开关。这样的遗传开关之一是 Cre/Lox 系统。该系统是依据位点特异性的 DNA 重组原理建立的（图 10-43）。

3. 位点特异性重组的 Cre/Lox 系统

位点特异性重组酶（Int 家族的第一个成员），是在研究 λ 噬菌体之整合作用缺陷（Int⁻）的突变体中发现的。这些突变体在 λDNA 整合进寄主细胞染色体，或是从其上删除下来这两方面功能是缺陷的。自从 20 世纪 60 年代起，Int 家族的成员已经增至 100 多个。已经知道，其中最广为人知的是 P1 噬菌体的 Cre 重组酶。由于科学工作者对 Cre 重组酶的特性与功能有了详细的了解，因此被用来发展出一种在小鼠体内中控制基因表达的先进且精确的方法。

Cre 重组酶能特异性识别 P1 噬菌体基因组中长 34bp 的 lox 位点，并催化一对 lox 位点之间进行交互重组。由于同 Int 家族中的许多其他重组酶不一样，Cre 重组酶的催化作

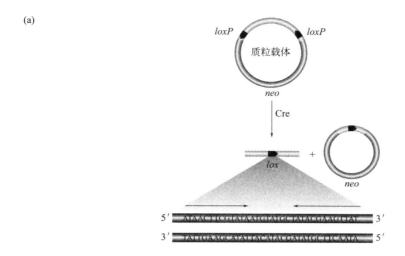

(a)

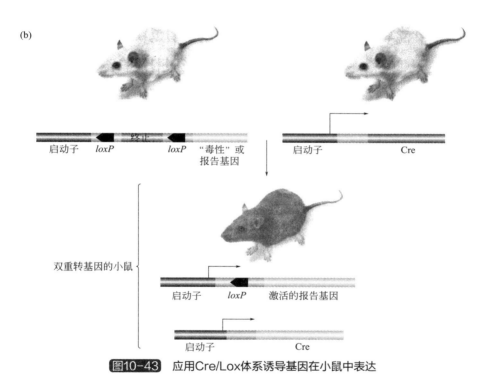

(b)

图10-43 应用Cre/Lox体系诱导基因在小鼠中表达

（a）Cre 介导的重组，细箭头表示反向重复的 *lox* 序列。（b）转基因小鼠中，Cre 介导的基因表达的激活。黑色短
箭头指示 *lox* 位点（*lex loxP*），黑色细线箭头指示基因转录方向（转引自 L. A. Allison, 2012）

用不需要寄主因子的参与。这一特点使得 Cre 重组酶在真核细胞基因操作中十分有用
（图 10-45）。该图描述了一个通过位点特异性重组，使转基因表达活性激活的例子。其
中的质粒载体带有一个位于两个 lox 位点之间的新霉素抗性基因（*neo*）。这个 lox 位点
系由两条长各 13bp 的反向重复序列组成，在此反向重复序列之间有一段称为重叠区的
6bp 核心区分隔开来。其中 lox 位点上的每一段 13bp 反向重复序列，都结合着一个 Cre
重组酶单体。在细胞中携带着一个整合拷贝的新霉素抗性基因 *neo* 的重组质粒，这种由

Cre 介导的重组结果，使它们之间的 DNA 以一种共价闭合环状形式被删除掉，结果导致 *neo* 基因的丧失。

图 10-43 显示在转基因小鼠中，由 Cre 重组酶介导的基因表达活性处于激活的状况。将一个 lox STOP 盒放置在目的基因的启动区和"毒性"基因之间，这种"毒性"基因表达的结果或导致转基因小鼠死亡，或使之生存力下降。其原因是由于生殖或报告基因的因素，造成无法维持转基因小鼠品系。STOP 信号会阻断基因的转录。携带这种失活转基因的小鼠，同具 Cre 重组酶基因的转基因小鼠交配，生成双重转基因小鼠（doubly transgenic mouce）。在这样的双重转基因小鼠中，Cre 介导的重组结果删除了 STOP 信号序列，致使"毒性"或报告基因的表达活性被激活。通过报告基因和 *cre* 转基因二者选择的共效启动子，可以实现（获得）转基因的组织特异性表达。

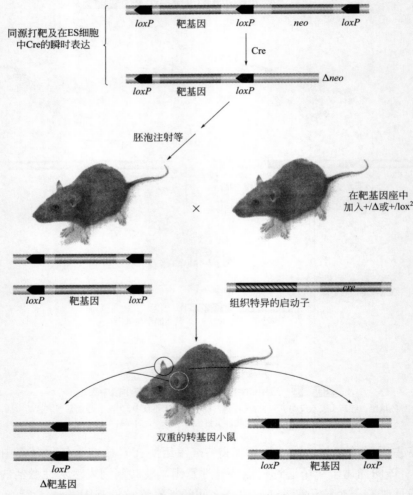

图10-44　经由Cre介导的遗传重组途径制备条件基因剔除小鼠

通过 ES 细胞基因打靶技术修饰小鼠目的基因，获得两侧具 lox（loxP）位点的目的基因。这种 lox 修饰的小鼠随后同具 *cre* 的转基因小鼠交配，在该转基因小鼠中 *cre* 基因是置于组织特异性启动子的调控之下。Cre 重组酶仅在 *cre* 转基因小鼠耳朵组织表达，在这种双重转基因小鼠中，lox 修饰的目的基因只局限在耳朵组织中表达

（转引自 L. A. Allison, 2012）

基因敲除小鼠的条件突变体，有可能用来通过在 ES 细胞中进行同源重组，达到对目的基因进行修饰的目的，获得其两侧有两个 lox 位点的目的基因。图 10-45 示，被研究的目的小鼠基因，能够通过基因打靶而进入小鼠 ES 细胞的方式进行修饰，所以它的两侧被两个 lox（loxP）位点包围上。为简明起见，本图仅示出一个等位基因。因为第三个 lox 位点也包括在内，所以在 ES 细胞中发生的 *Cre* 基因的瞬时表达，可以将新霉素抗性基因 neo 清除掉。缺失了 neo（Δneo）基因的 Es 细胞，经鉴定在其靶基因的两翼仍含有两个 loXP 位点。这种由 ES 细胞产生的转基因小鼠，是按照标准的实验程序制备的（图 10-44）。随后将这种带有经 lox 修饰的转基因小鼠，同具有置于组织特异性启动子控制下的 *cre* 基因的另一种转基因小鼠进行交配，结果在组织特异性基因敲除的小鼠中发生了 Cre 介导的删除作用。于是在双重转基因的子代中，*lox* 修饰的基因，将在表达 cre 转基因的组织中被删除掉。在图 10-44 所示的例子中，*cre* 仅在 *cre* 转基因小鼠的耳朵中表达。在这双重转基因小鼠中，*lox* 修饰的靶基因的缺失仅局限在（组织）中出现。

第四节
基因转变

在遗传重组和 DNA 损伤修复过程中，发生的从一个等位基因变成为另一个等位基因的现象，叫做基因转变（gene conversion）。例如异源双链体 DNA 分子中的一条链发生了核苷酸序列改变，使得它可以同具有错配碱基的另一条链上的一段序列互补，或者能够通过一段同源序列完全取代某一基因座中特定 DNA 序列，便可发生基因转变。通常在等位基因之间以及在酵母交配型基因（*MTA*）之间，都存在着基因转变事件。根据其分子机理分析，它也是属于遗传重组的研究范畴，因为两者的变化过程是彼此相关的。

基因转变现象最初是在子囊菌中发现的，现在最适用于研究基因转变的实验材料，仍然是子囊菌纲的粗糙链孢霉和酵母菌。在粗糙链孢霉孢子形成过程，经减数分裂和有丝分裂产生的成熟子囊中，顺序地自上至下排列着 8 个孢子。从原则上讲，如果一个起始的细胞核在特定的位点存在一个等位基因 A，在另一相应的位点含有另一个等位基因 a，那么在 8 个孢子中显隐性等位基因的混合比例就应该是等量的，即 4 个 A 等位基因和 4 个 a 等位基因的正常比例。显然要出现任何其它异常的比例，比如 5 个 A 和 3 个 a 等位基因的比例，都是相当困难的。因为这种比例变化的出现需要发生从 a 基因到 A 基因（a→A）的转变。此种等位基因转变的频率在自然界中是相当低的，依不同菌种而定大约波动于 0.1%～1.0% 之间。

一、粗糙链孢霉的普通生物学

粗糙链孢霉（亦译粗糙脉孢霉）（*Neurospora crassa*）和酿酒酵母菌（*Saccharomyces cerevisiae*）一样，也是属于子囊菌纲（Ascomycotina）的一种丝状真菌，系异宗配合的（heterothallic）低等真核生物。它由于具备如下几个方面的生物学特性，而适于用作研究基因转变的模式生物。首先该菌以一种单倍性营养菌丝体形态生长，于是潜在的隐性突变便会迅速获得表达；其次，具有两种交配型，易于在固体琼脂培养基平皿上进行杂交实验，产生二倍性合子；再次，有丝分裂生成的 8 个单倍性的子囊孢子在子囊中的线性排列顺序，反映着已发生的核分裂的先后次序。据此进行 4 分体分析，便可区分出同一基因的任何两个等位基因的重配（reassortment），是发生在减数分裂期 I 还是减数分裂期 II。这个特点使得有关研究工作者，只要根据特定表型的子囊孢子的数量，便能够计算出一个特定基因与染色体着丝粒之间的距离。

1. 子囊孢子的形成过程

在粗糙链孢霉孢子形成过程中，首先于减数分裂期 I 由两个单倍性的细胞核融合为一个二倍性的细胞核；接着，此二倍性细胞核进入减数分裂期 II，又分裂产生 4 个单倍性细胞核。如此由粗糙链孢霉减数分裂生成的、以线性按顺序存在于同一个筒状子囊中的 4 个单倍性核，叫做顺序 4 分体。所以子囊孢子的形成过程，也称为顺序 4 分体的形成过程。随后，这些单倍性细胞核又发生有丝分裂，形成 8 个单倍性细胞核，每个核均存在于同一个子囊中，特称子囊孢子（图 10-45）。

弄清子囊孢子几何形态的遗传结果，显然有助于分析实验希望分离的同一个基因的两个等位基因，究竟属于何种 4 分体类型。突变型的白色孢子等位基因 *a*，使子囊孢子

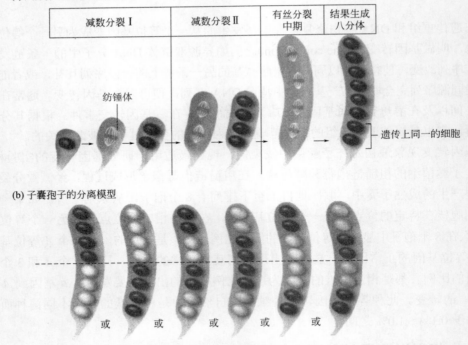

(a) 八分体子囊孢子的形成

(b) 子囊孢子的分离模型

图10-45 粗糙链孢霉子囊孢子的形成过程

（a）八分体子囊孢子的形成：纺锤体与生长中的粗糙链孢霉子囊中轴平行，加上子囊的外形为窄长的圆柱状，所以在同一个子囊中分裂生成的 8 个孢子不会聚集成堆，而是自一端至另一端顺序排列。因此，子囊孢子的顺序反映着减数分裂纺锤体的几何形态。（b）子囊孢子的分离模型：减数分裂之后，两个单倍性细胞核却都要发生一次有丝分裂，结果生成具 8 细胞的子囊。所以在此八分体子囊中，有 4 个细胞对，每对中的两个细胞具有相同的基因

（引自 L. H. Hartwell et al, 2018）

的颜色从野生型的黑色变为突变型的白色。在没有发生重组的情况下，两个等位基因 *Aa*，在第一次减数分裂分离时彼此分开。因为在这个阶段着丝粒与等位基因之间的距离已经达到分离的水平。第二次减数分裂分离和继此之后的有丝分裂产生的子囊，位于其顶部的 4 个子囊孢子是 A 表型，而位于底部的 4 个子囊孢子是 a 表型；抑或相反，即顶部为 a 表型，下部为 A 表型。究竟是何种表型，取决于随机细胞分裂中期 I 所携带的有关基因的同源染色体的取向与发育中子囊长轴的关系。

2. 子囊孢子的分离模型

（1）第一次分裂分离模型

粗糙链孢霉在孢子形成过程中，同一个基因的两个等位基因是在细胞核的不同分裂期发生分离的，因此有两种不同的分离模型，其中第一种是指同一个基因的两个等位基因，是在第一次细胞核减数分裂期间发生分离的，所以叫做第一次分裂分离模型，亦称 M I 模型（图 10-46）。在一个子囊中的第 4 个和第 5 个子囊孢子之间划一条虚线，就可清楚地把具有两个等位基因的单倍体产物分开。这样的一张子囊结构图片，便清楚地展示了子囊孢子第一次分裂分离模型。

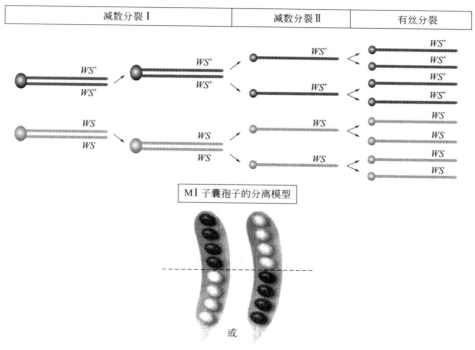

图10-46 粗糙链孢霉第一次减数分裂之子囊孢子分离模型

在一个基因与其着丝粒之间没有发生交换的情况下，该基因的两个等位基因在第一次减数分裂过程中，将彼此分离。结果是在第一次分裂分离模型中，每一种等位基因仅位于子囊孢子中线的一侧（转引自 L. H. Hartwell et al, 2018）

（2）第二次分裂分离模型

第二种分离模型叫做第二次分裂分离模型，或叫 M II 模型（图 10-47）。如果在减数分裂期 I，于白色孢子基因和其所在染色体的着丝粒之间杂合子上发生了交换，这种交换的结果有可能产生出 4 种等同的子囊孢子的排列方式。其中每一种排列方式，均取决

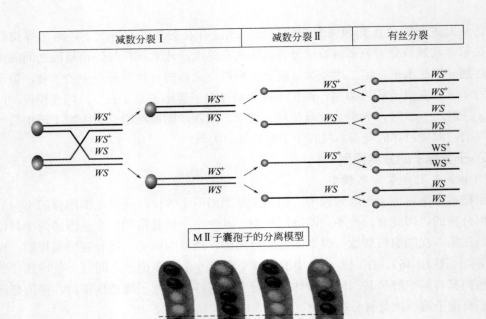

减数分裂 Ⅰ	减数分裂 Ⅱ	有丝分裂

M Ⅱ子囊孢子的分离模型

图10-47 粗糙链孢霉第二次减数分裂之子囊孢子分离模型

在一个基因与其着丝粒之间发生交换的情况下，由此产生的分离方式叫做第二次减数分裂分离模型。
其中两种等位基因都会在子囊孢子中线两侧出现（转引自 L. H. Hartwell et al, 2018）

于在两次减数分裂过程中 4 条染色体的特定取向。在全部 4 种排列中，*A* 和 *a* 孢子均在位于第 4 个和第 5 个子囊孢子之间虚线的两侧。这是由于直到第二次减数分裂结束，都没有产生仅有一种类型等位基因的细胞。带有这种孢子构型的 8 分体，为第二次分裂分离模型的子囊孢子结构特点。

因为第二次分裂分离模型是根据减数分裂的结果得出的，在减数分裂中，基因与其着丝粒之间发生了交换，所以这种模型中子囊的相对数量可以用来测定基因与着丝粒之间的距离。在表示第二次分裂分离的子囊中，有一半的子囊孢子是来自交换重组的染色体，同时另一半的子囊孢子则来自未参与交换重组的染色体。

综合 M Ⅰ 和 M Ⅱ 两次分裂分离模型，一对显性等位基因（*A/a*）孢子在子囊中有 6 种标准的排列方式：*AAAAaaaa* 或 *aaaaAAAA*；*AAaaAAaa* 或 *aaAAaaAA*；*AAaaaaAA* 或 *aaAAAAaa*。在一个子囊中所示的一个基因的两个等位基因，在第一次减数分裂时的分离情况，图中用一条虚线分隔在第 4 个和第 5 个子囊孢子之间。这 8 个子囊清楚地分开了具有两个等位基因的单倍性产物。如此一个子囊图显示了粗糙链孢霉第一次减数分裂分离模型。

现在让我们设想，在减数分裂期 Ⅰ，野生型白色孢子基因和编码该基因的染色体着丝粒之间的杂合子发生了交换。如此交换的结果可导致形成 4 种可能的子囊孢子排列。每一种排列形式都取决于两次减数分裂过程 4 条染色体的特殊取向。在全部 4 种情况中，画在子囊孢子 4 和子囊孢子 5 之间的虚线两侧，都有 A 和 a 两种显隐性基因孢子。这是由于直到第二次减数分裂结束之前，都没有产生只有一种类型的等位基因的细胞，携带这种构型（configuration）孢子的 8 分体展示了粗糙链孢霉第二次减数分裂分离模型（图 10-47）。

二、基因转变的分子机理

1. 粗糙链孢霉的基因转变

在粗糙链孢霉孢子形成过程中，也已发现存在着基因转变的现象。图 10-48 从一个细胞核开始，因核中 DNA 复制已经发生，所以含有 4 条染色单体。为简单起见，图中仅示出两条染色单体参与交换，每一条染色单体都是一条双链体 DNA 分子。一条双链体 DNA 特定位点编码一个等位基因 A（深色），另一条双链体 DNA 一个相应位点编码另一个等位基因 a（浅色）。交换是在分别位于两条双链体 DNA 分子的两条同源 DNA 链之间发生的，然后交换形成的分支向右边移动。分支迁移的结果，在每一条染色单体分子上，都产生出一段异源双链结构。在一条链上的 A 基因同另一条链上的 a 基因配对。这些异源双链区在改变完成之后仍然被保留下来，并吸引许多种酶分子参与修复碱基错配。在本小节此处所展示的事例中，只有顶部的异源双链区被修复，即隐性的等位基因 a 转变为显性的等位基因 A。

于是在步骤 4 之后，便生成 2 条 A 染色单体、1 条 a 染色单体、1 条具有由 1 个 A 链和 1 个 a 链构成的异源双链区的染色单体。完成减数分裂之后，在准备有丝分裂期间发生了多轮 DNA 复制，结果生成 8 个单倍体孢子的细胞核。如此 DNA 复制的结果使 A/a 异源双链体转变形成 1 个 A/A 双链体和 1 个 a/a 双链体。这意味着最终生成的 8 个孢子细胞核之等位基因混合物中，是由 5 个 A's 和 3 个 a's 的比例取代了正常的 4 个 A's 和 4 个 a's 的比例。

一个值得思考的事实是，错配修复体系可使 a 等位基因转变为 A 等位基因，据此可用以解释产生异常孢子比例的原因。再一个值得思考的事实是，重组并不需发生基因转变，而且基因转变并不局限于减数分裂事件。对酵母菌而言，基因转变还是调节交配型开关的一种机理。

2. 基因转变过程

在粗糙链孢霉孢子形成过程中发生的基因转变，主要包括如下 5 步。

第一步，Chi 结构的形成：在准备形成孢子的减数分裂期间，两条姐妹色单体之间发生了一次交换。

第二步，分支移动：分支向右移动穿过 A/a 位点。

第三步，Chi 结构终结：重组完成两条染色单体都留下异源双链区。它的长度相当于在第二步发生的分支移动距离。

第四步，顶部的异源双链 DNA 进行错配修复：在此过程发生 a→A 的基因转变（但需要指出这种变化的逆反应 A→a 的基因转变也易于产生）。

第五步，减数分裂完成：随后 DNA 复制多次进而发生有丝分裂生成 8 个单倍性孢子核（图 10-48）。

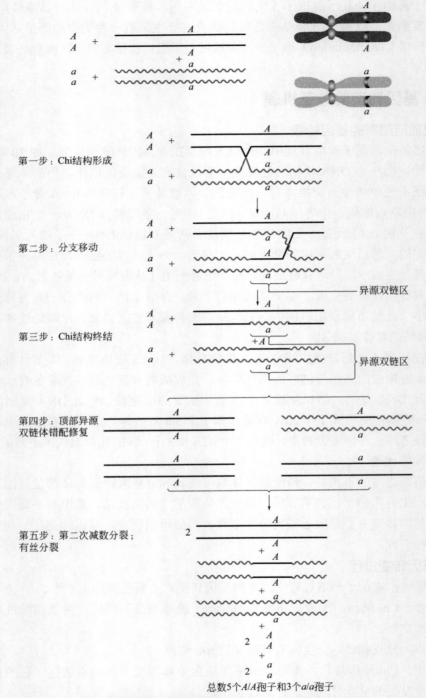

第一步：Chi结构形成

第二步：分支移动

异源双链区

第三步：Chi结构终结

异源双链区

第四步：顶部异源
双链体错配修复

第五步：第二次减数分裂；
有丝分裂

总数5个A/A孢子和3个a/a孢子

图10-48 粗糙链孢霉孢子形成过程中基因转变

在本图顶部的开头部位绘有 4 条染色单体，每条均代表一条 DNA 双链体分子。两条深色染色单体携带着等位基因
A ；另外两条浅色染色单体在与 A 相应的同样位点携带着等位基因 a。2 个 A/A 二倍性核分裂成 4 个 A/A 孢子；
1 个 a/a 二倍性核分裂生成 2 个 a/a 孢子和 1 个仍保持 A/a 异源双链体，它产生出 1 个 A/A 孢子和 1 个 a/a 孢子。
所以总数 5 个 A/A 孢子和 3 个 a/a 孢子取代通常的 4 个 A/A 和 4 个 a/a 的孢子比例。本图 A/A 或 a/a 表示一条 DNA
双螺旋的两条链，而不是通常所示的两条染色体（转引自 R. F. Weaver 和 P. W. Hedrick, 1992）

3. 基因转变的分子机理

同源重组不仅会导致遗传物质的交换，而且还与基因转变现象密切关联。所谓基因转变乃是一种非相互遗传交换（nonreciprocal genetic exchange）现象，它会导致在细胞减数分裂之后产生出异常的配子比例。例如基因型为 *Aa* 的一个个体，预期应产生出 1/2 *A* 配子和 1/2 *a* 配子。但是有时候一个 *Aa* 个体经减数分裂之后，却会产生出 3/4 *A* 和 1/4 *a* 或 1/4 *A* 和 3/4 *a* 配子。可见在重组过程中形成的异源双链 DNA 分子，会引发出基因转变。基因转变主要有如下三种不同的形式：

（1）DNA 错配修复中的基因转变机理

在异源双链 DNA 形成过程中，细胞中头一条染色体的一条单链 DNA，与另一条染色单链 DNA 分子彼此发生碱基配对。如果同一条异源双链 DNA 分子中的两条单链，分别来自不同等位基因的两条染色体，那么在此异源双链 DNA 分子中将会出现碱基错配。这种碱基错配往往会被细胞自身机理所修复。这种细胞具有的修复机理叫做 DNA 错配修复，它通常是从一条链上删去错配的核苷酸序列，然后由用作模板的互补链上的新的DNA 序列取代。于是取决于供作模板的那一条链的核苷酸序列特性，一个拷贝的等位基因可转变为另一个等位基因，结果导致基因转变（图 10-49）。

（2）DNA 缺口修复合成中的基因转变机理

在 DNA 缺口修复中发生的第二种基因转变机理，叫做 DNA 缺口修复之基因转变机理。图 10-50 说明，根据双链断裂修复模型，DNA 缺口修复合成是如何导致基因转变的。绘于上面的一条染色体携带一个隐性等位基因 *b*，并在此隐性基因部位发生了一个DNA 双链断裂。DNA 裂解酶对该双螺旋 DNA 的消化作用，使得在 DNA 断裂点部位形成一个缺口。此种 DNA 消化作用的结果消除掉隐性的 *b* 等位基因。在缺口修复过程中使用的两条模板链，来自一条同源染色单体。此双螺旋 DNA 携带着一个显性等位基因*B*。因此在缺口修复合成发生之后，由于发生了由隐性基因 *b* 到显性等位基因 *B* 的转变，结果导致与上面的染色体一样，都携带着一个显性等位基因 *B*。

两条同源染色体中，位于上部的染色体编码一个隐性的等位基因 *b*，而位于底部的染色体则编码一个显性的等位基因 *B*。下面叙述在同源重组双链断裂模型中，因缺口修复合成引发基因的转变的主要步骤：

（a）位于两条同源染色体之上部染色体的隐性等位基因 *b* 区段内，因环境化学因素或外部物理因素作用，被诱发产生一个双链断裂。

（b）与双链断裂相连的 *b* 基因区段，被 DNA 裂解酶逐步消化，使隐性等位基因 *b* 被消除，并形成具 3′-OH 的单链延伸末端 DNA 缺口。

（c）缺口中的单链 DNA 插入底部完整的染色体双螺旋 DNA，形成一个 D 环结构。

（d）使用底部那条同源染色体中的显性等位基因 B 之双链为模板，进行缺口修复合成，填补缺口。

（e）缺口修复合成，形成的两个 Holliday 连接体被切割拆分。

（f）结果产生两条同源染色体，都携带一个显性的等位基因 *B*，实现了从 *b* → *B* 的基因转变。

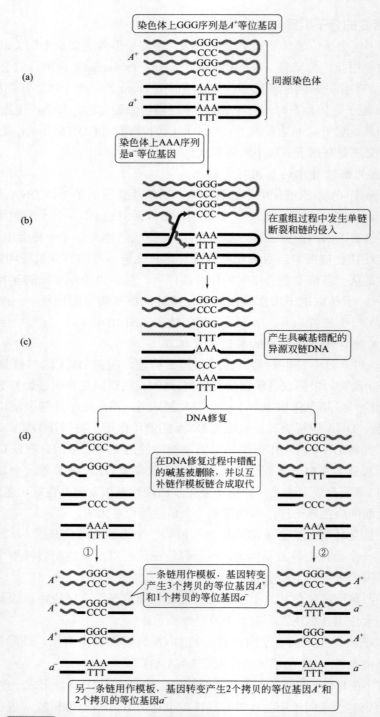

图10-49 异源双链DNA错配碱基修复过程中发生的基因转变之分子机理

（a）两条同源染色体，其中浅色染色体上的 GGG 序列示 A^+ 等位基因，而位于深色染色体上的 AAA 序列示 a^- 等位基因。（b）在重组过程中发生单链断裂和链的侵入事件。（c）重组结果出现具有碱基错配的异源双链 DNA。（d）DNA 修复，首先切除错配的核苷酸，并用来自作为模板的互补链的序列取代之：ⅰ. 如果一条链用作模板，基因转变的结果就会产生出 3 个拷贝的等位基因 A^+ 和 1 个拷贝的等位基因 a^-；ⅱ. 如果另一条链用作模板，正常重组的结果产生出 2 个拷贝的等位基因 A^+ 和 2 个拷贝的等位基因 a^+（转引自 B. A. Pierce, 2008）

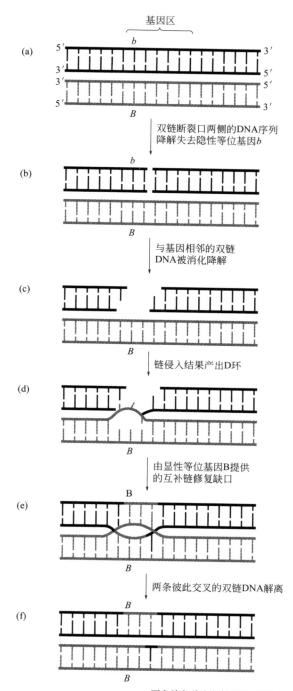

基因区

(a) 5′ ————————————— 3′
    b
    3′ ————————————— 5′

    3′ ————————————— 5′
    5′ ————————————— 3′
    B

双链断裂口两侧的DNA序列
降解失去隐性等位基因b

(b)

(c)

(d)

(e)

(f)

与基因相邻的双链
DNA被消化降解

链侵入结果产出D环

由显性等位基因B提供
的互补链修复缺口

两条彼此交叉的双链DNA解离

两条染色体上都携带着B等位基因

图10-50 DNA缺口修复合成中发生的基因转变的分子机理

（a）在两条染色体上分别存在同一种基因的两个等位基因 *B* 和 *b*；（b）在编码 *b* 等位基因的 DNA 序列发生了一个双链断裂；（c）双链 DNA 均被消化降解，因此 *b* 等位基因被消除；（d）编码 *B* 等位基因的互补链 DNA，移动到消除了 *b* 等位基因遗留下来的空位，并供作合成双链区段的模板。（e）因此形成了彼此缠绕（交叉）的两条双链DNA。（f）被解离之后，结果产生出的两条独立的双螺旋 DNA 都带有 *B* 等位基因，使上面的染色体携带的等位基因 *b* 转变成等位基因 *B*（转引自 R. J. Brooker, 2012）

（3）无错配修复合成中的基因转变机理

基因转变的另一种机理是在 DNA 无错配修复合成中发生的。根据酵母减数分裂重组模型（图 10-51）显示，无错配修复之基因转变是从第（c）步开始，即从链刚刚侵入和 D 环刚刚形成之后开始的，在 A/a 等位基因所处的染色体 DNA 区段，其中显性等位基因和隐性等位基因都在顶部基因座位示出。深色表示显性等位基因 A，浅色代表隐性基因 a。该图与图 10-50 不同，它在修复合成开始前，侵入链在侵入过程中遭受到部分

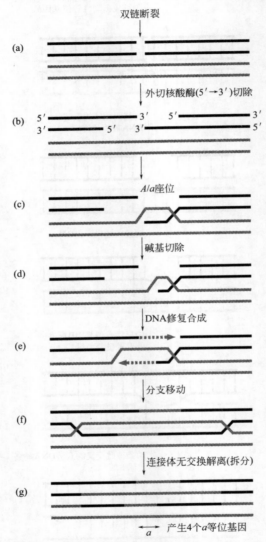

图10-51 无错配修复合成中的基因转变模型

（a）来自一对同源染色体的两条双链 DNA 分子中，顶部的双链 DNA 分子发生一个双链断裂。（b）在外切核酸酶（5′→3′）的作用下，从裂口的 5′- 端移走若干个核苷酸，产生出 3′- 单链延伸末端。（c）具 3′- 单链延伸末端的侵入链，侵入另一条同源染色体双螺旋 DNA，形成一个 D 环结构。（d）在侵入过程中，侵入链被部分切除，致使 D 环收缩。（e）由于发生了侵入链部分切除的事件，引起 DNA 合成的延伸，由此产生的一个区段（包括顶部的两条双链 DNA 和底部的两条双链 DNA）的 4 条 DNA 链中，都含有隐性等位基因 a。（f）分支迁移和（g）连接体的拆分，都没有改变该区段 4 条 DNA 链上的等位基因 A 和 a 的性质，亦即 4 个等位基因都是 a。因此这表明，在无错配修复中，显性等位基因 A 已经转变为隐性等位基因 a

的切除，致使 D 环也发生了收缩。这种切除使得修复合成能获得更长的伸展，从而导致侵入链中有更多的显性等位基因 A 转变为隐性等位基因 a。这种基因转变发生在具备等位基因 A 和 a 差别的精确的染色体区段。经过分支移动和拆分（包括有交换的拆分和无交换的拆分两种）之后，产生的 4 条 DNA 链在其原先为等位基因 A/a 区段，都具有隐性等位基因 a。相比本来只有两条链具有隐性基因 a 的情况，表明在 DNA 无错配修复合成中，已经发生了从显性 A 基因到隐性 a 基因的转变。

第五节
转位子与转位作用

转位子也叫做转位因子，简称 Tn 因子，属于一类重要的移动基因。有关它的基本概念及其类型和分子结构，已在本书第二章第五节作了概述。本节主要讨论转位子转位作用的分子机理。

在真核生物基因组中 DNA 转位子的含量相当丰富，其中哺乳动物的含量几乎占基因组总量的一半，而有些高等植物的含量则更高，可达基因组的 90%。转位子 DNA 能够插入到寄主细胞基因组的新位点上。鉴于转位子可以从基因组的一个位置转位到另一个位置，故其转位作用有可能导致生命体遗传结构的变动，引起表型的改变。尽管高等植物与动物的基因组都含有丰富的转位子，然而令人惊讶的是，由它们引起的自发突变的频率却相当低。事实上转位子似乎具备了一种精细的平衡能力，即在对个体的不利效应和对物种的有利效应之间，通过可能的基因组修饰（饰变）而达到平衡。表观遗传细胞防御机理（epigentic cellular defense mechanisms）的存在，抑制了转位子发生非控制的随意移动。

具有高比例重复序列的真核基因组，一般都具有高含量的甲基化的胞嘧啶。在哺乳动物基因组中，大部分甲基化胞嘧啶都位于转位子以及其他类型的重复序列 DNA 元件中。某些真核生物如果蝇基因组 DNA 的甲基化程度比较低，因此与脊椎动物及高等植物相比，具有高频率的转位子诱导突变。根据这些事实，有学者提出如下设想，即真核 DNA 甲基化作用的主要功能，是防御基因组因转位子的转位作用而引发的可能的缺失效应。

一、转位子的类型

长期以来，人们曾经认为转位子只存于植物细胞中，然而现在知道从原核生物如大肠杆菌，到单细胞真核生物如酵母，再到高等真核生物包括植物、哺乳动物及至人类基因组，都存在着转位子。自 1983 年 Barbara McClintock 因首先在玉米中发现了转位子而荣获诺贝尔奖以来，科学工作者们又相继鉴定出了许多种不同类型的转位子。根据分子特征将它们分成两种主要的类型，即 DNA 转位子和反转录转位子，后者亦称 RNA 转位子（表 10-3）。

表10-3　转位子的类型

类型	转位中介物	实例
第一类： LTR 反转录转位子	RNA	酵母：*Ty* 元件 人类：人类内源反转录病毒（*HERV*） 小鼠：潴泡内 A 粒子（IAP）
无 LTR 反转录转位子 　LINES（自主） 　SINES（非自主）	RNA	人类： 　　　*L1* 元件 　　　*Alu* 元件
第二类： DNA 转位子	DNA	细菌：插入序列 　　　噬菌体 Mu 　　　转位子（如 *Tn7*） 果蝇：*P* 元件 玉米：*Ac* 和 *Ds* 元件 无脊椎和脊椎动物： 　　　*Tc1*/mariner 转位子元件超家族

转位子包括如下四种主要类型（图 10-52）：

（a）DNA 转位子

如 *Tc1* 转位子元件，系从线虫和果蝇中发现的转位子元件，其分子长度 1161bp，带有一对末端反向重复序列（inverted terminal repeat，ITR）和一个编码转位酶的 *Tc1* 基因。该转位子两侧包围着一对长度仅 54bp 的短小的同向重复序列（direct repeat，DR）。

（b）LTR 反转录转位因子

包括人类内源反转录病毒（human endogenous retrovirus，*HERV*）。这些元件有长末端重复序列（long terminal repeat，LTR）、反转录酶（RT）和内切核酸酶（EN）结构

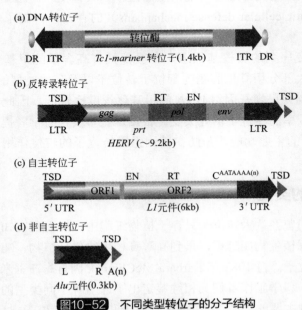

图10-52　不同类型转位子的分子结构

（a）DNA 转位子如 *Tc1* 转位子元件；（b）LTR 反转录转位子；（c）自主的转位子 *L1* 元件；
（d）非自主的转位子 *Alu* 元件（转引自 L. A. Allison, 2012）

域以及类群特异性抗原（*gag*）、蛋白酶（*prt*）、聚合酶（*pol*）和外膜（*env*）等有关蛋白质的编码基因。这些蛋白质引起在插入过程中形成靶子位点重复元件（target site duplication，TSD）。

（c）自主转位子 *L1* 元件

系由带有一个内部启动子的非翻译区（5′-UTR）、两个 ORF、RT、EN、一个保守的富含胞嘧啶（C）的结构域、3′-UTR、poly（A）尾［A（n）］和 7～20bp TSD 元件构成。

（d）非自主的转位子

Alu 元件，含有两个类似的单体，即左边的 L 单体和右边的 R 单体，以及一个具 polyA 尾巴的末端。

二、转位作用的分子机理

转位子在转位酶的作用下，从基因组的一个位点转移插入到基因组新位点的生化过程，叫做转位作用（transposition）。它是一种与 *recA* 基因无关的新的重组类型，转位子的插入位点是一段与之没有同源关系的核苷酸序列，在转位过程中涉及 DNA 复制。根据机理的差异，转位作用可分为保留型转位和复制型转位两种不同的类型。

依分子性质的差异，转位子有如下两种不同的转位机理：DNA 转位子的"切割与粘贴"机理，以及反转录转位子的"复制与粘贴"机理。

1. "切割与粘贴"机理

当 DNA 转位子处于激活状态时，它便会从基因组的一个位置上删除下来，再整合到基因组的另一个位置上。我们称 DNA 转位子的这种转位方式为"切割与粘贴"机理（"cut-and-paste"mechanism）（图 10-53）。许多种 DNA 转位子，诸如细菌的插入因子和昆虫的转位子 *Tc1/mariner* 家族元件，其结构相当简单。这些元件中间有一个转位酶基因的编码序列，两侧由一对末端反向重复序列包围。通过 ITR 序列与转位酶结合，从而介导转位作用。转位酶含有众多的功能域，包括一个催化域和 DNA 结合域。例如 Tc1 转位酶有两个 DNA 结合域，一个与果蝇配对行为相关的 DNA 结合域，另一个与同源域相关的 DNA 结合域基序。

这种 Tc1 转位酶具有多方面的功能，可以很高的效率催化 DNA 转位过程中发生的一系列生化反应。此种转位酶结合在靶 DNA 的反向重复序列或其附近。三个关键的氨基酸（2 个天冬氨酸和 1 个谷氨酸）折叠成一种叫做"DDE"基序的三维结构。该基序同处于 DNA 断裂和连接之化学反应中心的两个金属原子（Mg^{2+} 或 Mn^{2+}）结合。Tc1 转位酶随后催化转位子和侧翼 DNA 之间的磷酸二酯键发生水解，从而使转位子从其原来的插入位点上移走。在 DNA 断裂反应中产生的带自由 3′-OH 的残基攻击新的位点，并通过连接反应使插入作用可以在基因组的大量位点发生。*Tc1/mariner* 型转位子具有 TA 两个核苷酸的专一性。因为新合成 DNA 的两条链在交错位点（staggered sites）受到攻击，所以插入的转位子的两侧便出现一对小裂口，它随后被寄主细胞的 DNA 修复酶填补上，于是在这两个靶子位点便出现了短小的重复序列。空缺的给体位点被 DNA 聚合酶封闭和平末端连接，结果在转位因子前方便留下了一个大小约为少数几个核苷酸的"切除足迹"（excision footprint）。

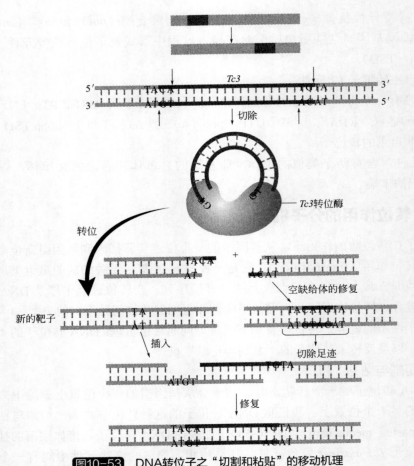

图10-53 DNA转位子之"切割和粘贴"的移动机理

Tc3 是 DNA 转位子 *Tc1/mariner* 转位子家族的一个成员。
本图示该转位子的删除与整合周期（根据 L. A. Allison, 2012 改绘）

　　非自主的转位子没有编码转位酶，但有一对作为转位酶结合位点的反向重复序列。非自主转位子家族的成员，通常是由自主转位子家族成员发生了内部缺失而派生出来的。例如，McClintock 的小麦 *Ds* 因子便是从 *Ac* 因子派生出来的。

2. "复制与粘贴"机理

　　反转录转位子（retrotransposon）本质上可以认为是一类整合在寄主基因组上的反转录病毒的原病毒，这类转位子是按照"复制与粘贴"（copy-and-paste）机理进行转移的（图 10-54）。它首先由整合在基因组上的原病毒 DNA 转录成 mRNA，然后此 mRNA 反转录为 cDNA，并插入到基因组的新位点上，成为原病毒随寄主染色体一道复制。

　　L1 元件是反转录转位子的一个典型代表，在表达过程中 L1 DNA 先转录出 L1 RNA 再翻译成 L1 蛋白 ORF1p 和 ORF2p。然后 L1 RNA 与其蛋白质结合成复合物参与同靶 DNA 结合。于是内切核酸酶便在转位子 DNA 上切割出一个切口，生成一个游离端。接着反转录酶便利用这个游离端作引物合成 L1 RNA 的 DNA 拷贝，随后 RNA 被降解，剩下的单链 DNA 拷贝便作为模板合成双链 DNA。此双链 DNA 通过切割和修复过程整合到寄主细胞基因组 DNA 的靶子位点上。

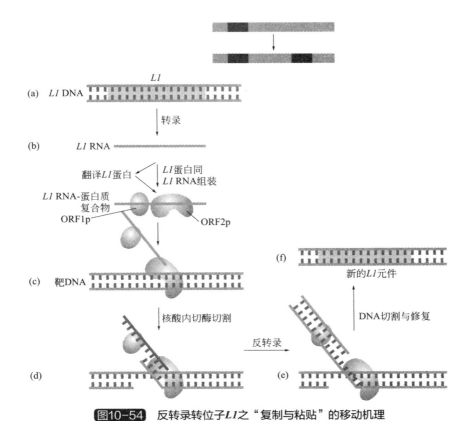

图10-54 反转录转位子*L1*之"复制与粘贴"的移动机理

（a）整合在基因组中的反转录转位子 *L1* 的 DNA 序列，在 RNA 聚合酶的作用下转录成 L1 RNA；（b）L1 RNA 翻译成 L1 蛋白 ORF1p 和 ORF2p，这两个蛋白质与 L1 RNA 结合成 L1 RNA-蛋白质复合物；（c）此复合物同靶 DNA 结合，内切核酸酶作用在 DNA 单链上产生出一个切口和游离末端；（d）反转录酶利用这个游离末端作模板合成 L1 RNA 的 DNA 拷贝；（e）RNA 被降解，剩下单链 DNA 拷贝作模板合成双链 DNA；（f）DNA 经切割和修复之后插入靶子位点，成为新的 *L1* 元件（根据 L. A. Allison, 2012 改绘）

三、RNA转位子

RNA 转位子亦叫做反转录转位子。根据转位机理和结构特征，可将反转录转位子分成具长末端重复序列（long terminal repeat）（LTR）和无 LTR 两种亚型。其中 LTR 反转录转位子在两侧含有一对长末端重复序列；而无 LTR 反转录转位子的两侧不存在长末端重复序列，但在 3′-末端则有一段 polyA 序列。

1. LTR 反转录转位子

在哺乳动物基因组中，有些 LTR 反转录转位子是有活性的。LTR 反转录转位子编码着为反转录转位子的转位作用所需要的核酸酶，因此它们被称为自主转位子（autonomous transposon），虽然完成这种过程，可能还需要寄主细胞提供若干必要的蛋白质。LTR 反转录转位子和反转录病毒在结构上十分类似，例如二者都有 *gag* 和 *pol* 基因（图 10-55）。这些编码基因可表达出病毒外壳蛋白、反转录酶、核糖核酸酶 H 和整合酶。这些基因编码产物，为从 RNA 到 cDNA 并插入寄主基因组的全部生化过程，提供了所有的酶催反应活性。反转录转位子与反转录病毒不同，前者缺失一个完整的 *env* 基因。因此它们只

(a) HIV-1原病毒DNA基因组的主要基因

(b) HIV-1原病毒DNA基因组的详细结构

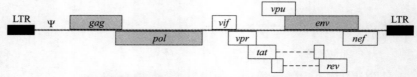

图10-55 HIV-1原病毒DNA基因组结构

（a）典型的 HIV-1 原病毒基因组含有 *gag*、*pol* 和 *env*3 个特征性基因。（b）在复杂结构的 HIV-1 原病毒基因组中还会有多种其他的基因，诸如 *vif*、*vpr*、*tat*、*rev* 及 *nef* 等。这些基因编码的蛋白质，参与病毒 RNA 表达调节与加工，以及其他的复制功能。*gag*，群特异性抗原基因；*gap-pol*，群特异性抗原聚合酶基因；*env*，外膜基因；*tat* 转录反式激活蛋白基因；*rev*，病毒颗粒蛋白基因表达之调节物基因；*nef*，负效应物基因；*vif*，毒粒感染性因子；*vpr*，病毒蛋白 *r* 基因；*vpu*，病毒蛋白 *u* 基因；LTR，长末端重复序列

能插入在现时（自身）的寄主细胞基因组，而不能像反转录病毒那样在不同寄主细胞之间转移。与此相反，完整的反转录病毒之 *env* 基因编码一种外壳蛋白，有助于病毒颗粒从一个细胞转移到另一个细胞。LTR 反转录转位子 RNA 的反转录作用，是在寄主细胞质病毒样颗粒内分多步进行的。许多 LTR 反转录转位子都是定向地插入到相关基因组的特定位点上。例如酿酒酵母 Ty3 元件，总是定向地插入在 RNA 聚合酶Ⅲ启动子中由少数保守的核苷酸组成的靶子位点上。

虽然不同生命体中存在着各种不同的反转录转位子，但只有脊椎动物特有的内源反转录病毒在哺乳动物基因组中似乎是有活性的。这类反转录转位子包括人类内源反转录病毒（HER）。在小鼠和人类中已发现有 3 种不同类型的 LTR 反转录转位子，它们在人类中几乎全部都是失活的（无活性），而在小鼠中这 3 种不同类型的转位子则全部具有活性。大部分已知的关于活性的含 LTR 内质网潴泡内 A 颗粒（intracisternal A-particle，IAP）。一般认为小鼠中大约有 15% 诱发疾病的突变是与五种 IAP 有关联的。其中包括 4 种不同的 IAP 插入到野灰毛无色基因（agouti gene）的病例。IAP 插入靶基因会导致编码序列断裂，结果产生功能障碍蛋白或使 mRNA 的稳定性下降，或者影响邻近基因的表达模式。

2. 无 LTR 反转录转位子

无 LTR 反转录转位子缺乏长末端重复序列，但在其 3′- 末端有一段 polyA 序列。此类转位子可进一步区分为长散在元件（long interspersed element，*LINE*）和短散在元件（short interspersed element，*SINE*）两种主要的类型。*LINE* 是一类自主性的反转录转位子，而 *SINE* 则是一类非自主性的反转录转位子。最新研究显示，*LINE* 和 *SINE* 在种系细胞中能够更快地移动。在人类基因组中这两种元件可在全基因组范围内转位插入数百万次。因此，反转录转位的移动，是不同个体之间发生遗传变异的主要原因。

（1）长散在元件

长散在元件（*LINE*）也叫做长散在序列，或长散在重复序列。是一类散布在整个基因组的各个部位，长度约为 5～7kb 的高度重复序列。每个哺乳动物基因组中，约有

$2×10^4$～$5×10^4$ 拷贝的 LINE 元件，占人类基因组 DNA 的 21%。小鼠和人类 LINE 元件是彼此相关的，现在被重新命名为 L1 家族。在人类中还发现两种 L1 家族的新成员 L2 和 L3，但二者都没有活性。L1 家族成员是由 RNA 聚合酶 II 转录本派生来的。它通常有两个读码框，一个编码 RNA 结合蛋白，另一个编码一种内切核酸酶和一种反转录酶。哺乳动物 LINE 元件在其寄主基因组上有非常大量的插入位点。这是由于该元件的内切核酸酶切割位点的保守序列 5′-TTT↓/A-3′，仅由少数几个核苷酸组成。导致 LINE 元件的反转录转位的步骤尚不清楚，仅知道反转录是在细胞核中进行的。已经测定 L1 元件的转位频率是每 2～30 个个体有一次插入事件，这表明人类特别易受这种类型的转位元件的插入损伤。最新研究指出在哺乳动物 X 染色体失活中，L1 元件有可能起到重要的作用。L1 元件成簇地聚集在 X 染色体失活中心，估计其功能作用在于作为助推器（boosters）或道路站点（way stations）促进 XIST RNA 沿着 X 染色体分布。单等位表达的基因，同样也已发现其两翼存在着高密度的 L1 序列。因此，LINE 元件不仅可作为插入诱变剂和调节邻近基因表达控制元件的作用，而且同样还可以对染色体发挥长距离的修饰作用。

（2）短散在元件

短散在元件（SINE）或叫短散在序列。这是一类散布在整个基因组各个部位的反转录转位子，它可插入到基因组的转录序列区，并具有高度的重复序列。例如在人类基因组中 SINE 家族至少拥有 10^5 拷贝。SINE 元件的分子长度范围为 130～300bp。同一物种不同个体之间，某一 SINE 元件的序列一致性可高达 80%；而不同的物种之间，某一特定 SINE 元件的序列一致性仅有 50%。SINE 元件一般存在于内含子和非编码区段内，除了某些个别的情况外，在基因的编码区内是不存在 SINE 元件的。所有的真核生物，包括真菌、昆虫、鸟类、高等植物和哺乳动物，都存在着此种高度重复的 SINE 元件。在表达过程中，该元件由 RNA 聚合酶 III 转录成 RNA。

（3）Alu 元件

Alu 元件也叫做 Alu 序列，系人类基因组 DNA 中最常见的 SINE 元件之一，因其含有一个 Alu I 限制酶识别位点，故此得名。它是一种非自主的反转录转位子，其长度为 300bp 左右，拷贝数约有一百万份，均匀地分布在整个基因组的各个部位，约占人体细胞总 DNA 的 10%。Alu 元件的 5′-末端和 3′-末端同 7SL RNA 的相应两端，分别具有 90 个碱基和 40 个碱基的一致性。Alu 元件的结构具有一种加工的假基因特征，这表明它很可能是以一种 RNA 为中介，经过反转录过程重复而成的。

鉴于 Alu 元件并没有编码转位子作用所需要的酶，那它究竟如何激活基因组中的转位作用呢？这是由于在 Alu 序列两侧通常有一对长度为 7～20bp 的与 L1 元件同源的靶子位点重复序列。某些 LINE 元件编码的反转录转位酶，推测能够同 Alu 元件的 3′-末端序列相互作用，从而以反式作用的方式促使 Alu 元件转位。Alu 重复序列以及其它哺乳动物的 LINE 元件，优先插入在 15bp 的含有保守的共有序列 5′-TTAAAA-3′ DNA 靶子位点上。

转位子的突出能力是它能够沿着基因组散布开来。虽然转位子会持续地进入基因组的新位点，但因此引发的导致表型变化的突变频率，却要比大多数生命体中发生的点突变的频率低得多。当然果蝇、玉米和小麦的情况例外。尽管许多基因组含有大量的激活元件（active element），但它们仍然保持着合乎情理的稳定性。已知至少有两种表观遗传方法能够维持转位作用处于沉默状态：①转位元件 DNA 序列的甲基化作用；②由RNA 干扰（RNAi）介导的异染色质的形成和 RNA 指导的 DNA 甲基化作用。

四、基因重排

由于基因区段转位作用或随机连接造成的基因可变区固有排列顺序的改变，叫做基因重排（gene rearrangement）或 DNA 重排。在 B 淋巴细胞分化过程中，免疫球蛋白（immunoglobulin，Ig）基因便会发生典型的基因重排，从而产生出大量的各种各样的抗体分子。

1. 免疫球蛋白的分子结构

免疫球蛋白系由两条相同的重链（H）和两条相同的轻链（L），通过二硫键（—S—S—）连接形成的抗体分子。它的每条 H 链和 L 链，都含有可变的（variable，V）和恒定的（constant，C）两个不同功能的结构域。H 链和 L 链的可变域 V_H 和 V_L 靠近多肽的 N- 端部位，二者的序列结构类似，配对成为识别并结合特定抗原的位点，从而决定了抗体的特异性。不同免疫球蛋白分子可变域的氨基酸组成都是互不相同的。正是由于这个原因，才形成了各种各样的针对所有不同抗原的抗体。这种现象称为抗体的多样性。H 链和 L 链的恒定域 C_H 和 C_L 靠近多肽的 C- 端部位，它介导免疫球蛋白的生物学活性，但不参与决定抗体的特异性。H 链恒定域 C_H 可分成 3 种序列类似的结构域 C_{H1}、C_{H2} 和 C_{H3}；L 链恒定域 C_L 同 H 链恒定域的这 3 个结构域是十分类似的。在 H 链和 L 链的每一个结构域的相同位置，都有一个链内二硫键。

2. 免疫球蛋白与编码基因

哺乳动物免疫球蛋白的 L 链有 k 和 λ 两种不同的类型，因此实际上存在着 H、kL 和 λL 三种不同类型的 Ig 多肽链。实验发现无论是 kL 还是 λL 都可以同一条 H 链结合，进而形成 4 聚体的功能免疫球蛋白。但在给定的细胞中，都只能表达一种类型的 L 链，因此在每个细胞中所产生的 Ig，都是由两条相同的 H 链和两条相同的 L 链组成。这三种多肽链分别由 3 种非连锁的 Ig 基因编码。在人类中这三种 Ig 基因分别是编码 H 链的 *IGH* 基因、编码 kL 链的 *IGK* 基因和编码 λL 链的 *IGL* 基因。每一种 Ig 多肽链的编码基因，都是由多个基因区段（gene segment）组成的，并以基因座（locus）或称基因区（gene region）的形式存在于各自相应的染色体上。例如编码小鼠 kL 链的基因座位于 6 号染色体，λL 链的位于 16 号染色体，H 链的位于 12 号染色体；人类 kL 链的编码基因位于 2 号染色体，λL 链的位于 22 号染色体，H 链的位于 14 号染色体。

人类 Ig 重链基因座由 100～250 个拷贝可变基因区段 V_H（在每个 V_H 基因区段之前都有一个启动子）、20～30 个拷贝差异基因区段 *D*（仅重链中有 *D* 基因区段）、6 个拷贝连接基因区段 J_H、9 个拷贝恒定基因区段 C_H 以及位于 J_H 和 C_H 基因区段之间的 1 个增强子组成。这些 Ig 重链基因的编码序列区段，按线性顺序排列在同一条染色体上（图 10-56）。其中每一个拷贝的 V_H 和 C_H 基因区段都含有 2 个以上的外显子。

kL 和 λL 两条轻链具有不同的基因结构，本节我们以小鼠 kL 链为例，叙述其基因座

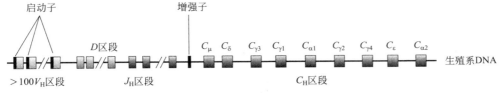

图10-56 人免疫球蛋白重链基因座的分子结构

在人类生殖系细胞及其他所有的不产生抗体的细胞中，免疫球蛋白重链基因座含有 100 个拷贝以上的 V_H 基因区段、20～30 个拷贝的 D 基因区段、6 个拷贝的 J_H 基因区段和 1 个增强子及 9 个拷贝的 C_H 基因区段。这些基因区段在同一条染色体基因组中按图所示的线性顺序排列（转引自 L. H. Hartwell et al, 2018）

的分子结构特点。kL 基因座由大约 100 个拷贝不同的 V_k 基因区段（在每一个 V_k 基因区段前面都有一个启动子）、4 个拷贝不同的 J_k 区段、1 个拷贝的 C_k 基因区段以及位于 J_k 和 C_k 之间的 1 个增强子组成，并按线性顺序排列。

3. 免疫球蛋白基因重排

抗体分子能够特异性地识别抗原分子，并通过结合作用使之失去活性。鉴于自然界中存在着种类极其繁多的各种各样的抗原分子，因此为了与之一对一匹配，满足抗原抗体的特异性识别作用，自然界中有关的生命体，经过长期的进化已经具备了产生针对每一种抗原的各种不同抗体分子的能力。据估计脊椎动物至少有 10^8 种以上，亦有的说是 10^{12} 左右不同类型的免疫球蛋白。

考虑到包括人类在内的哺乳动物整个基因组，仅有 20000 个到 30000 个范围的蛋白质编码基因。如若按照一种基因一种蛋白质的理论，根本就无法表达出数量如此庞大的各种不同类型的免疫球蛋白。研究表明，生命体是在 B 淋巴细胞分化过程中，通过基因重排的途径，实现免疫球蛋白亦即抗体的多样性。

依赖于分子克隆和 DNA 测序技术的发展，有关科学工作者能够快速地检测 Ig 基因重排的基本特点。在所有的种系细胞及大多数体细胞中，V、D、J 和 C 等各种不同的 Ig 基因区段，虽是处于同一条染色体上，却是彼此分开排列，且相隔甚远，使得位于可变基因区段 V 上游部位的启动子，无法操控远端的 C 基因区段的表达。因此，未经基因重排的免疫球蛋白基因是没有表达活性的。然而在 B 淋巴细胞发育过程中，由于 Ig 基因座的各种基因巨段发生了重排作用，使得单个的 V、D 和 J 基因区段随机地连接在一起，形成特定的可变区。随后此种新生的可变区，又进一步与 C 基因区段及其增强子连接。由此产生的重组体分子上，启动子、增强子及基因的编码序列便被拉近了距离，从而使得重链或轻链基因能够进行转录。由此转录出来的初级转录本，经过剪接作用删去内含子之后，便得到了编码一种重链或轻链多肽的成熟的 mRNA 分子，再经翻译和加工便产生出相应的 Ig 多肽链（图 10-57）。

免疫球蛋白基因重排，包括重链的 V-D-J 重排和轻链的 V-J 重排两种方式，统称 V-(D)-J 基因重排。根据 L. A. Allison 2012 年提供的资料，小鼠 Ig 重链基因座具有 100～1000 个 V_H 基因区段、12～16 个 D 基因区段和 4 个 J_H 区段。按照 V-D-J 重排方式，随机组合的结果可获得（100×12×4=）4800 种至（1000×16×4=）64000 种重排体。如果考虑到影响连接的其他因素，重链基因重排的多样性估计可达 10^8。小鼠 Ig k 轻链基因座具有 300 个 V_k 基因区段和 4 个 J_k 基因区段。按照 V-J 重排方式，随机组合的结

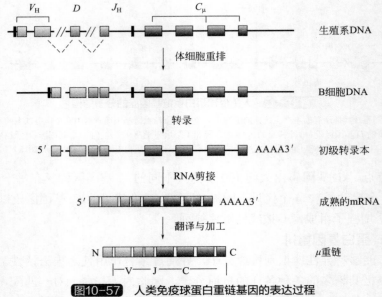

图10-57 人类免疫球蛋白重链基因的表达过程

（转引自 L. H. Hartwell et al, 2018）

果可获得（300×4=）1200 种重排体。鉴于 V_k 和 J_k 基因区段之间连接的不精确性，可使轻链重排体的多样性上升 10 倍达 10^4 左右。于是 Ig 重链和轻链可能的组合类型大约为（$10^8 \times 10^4$=）10^{12}。小鼠一天之内只能生成 10^8 个左右的淋巴细胞，可见哺乳动物无法使其全部可能产生的 *Ig* 基因重排体在 24h 内都得到表达。

4. 免疫球蛋白基因 *V-(D)-J* 基因重排的分子机理

V-(D)-J 重排也叫做 *V-(D)-J* 重组，包括 DNA 切割和连接两个连续的反应步骤。DNA 切割是由 RAG1/2 重组酶复合物引发的。其中 RAG1 重组酶系重组酶激活基因（recombinase activating gene）*RAG1* 的编码产物，而 RAG2 重组酶则是另一种重组酶激活基因 *RAG2* 的编码产物。由 RAG1 和 RAG2 结合成的重组酶复合物 RAG1/2，能够识别位于每一条基因区段两侧的重组信号序列（recombination signal sequence，RSS），并介导在此发生单链 DNA 切割。

RSS 重组信号序列的两端，分别有一段 7bp 和一段 9bp 的保守序列。其中在 RSS1 的两端保守序列之间，有一段 12bp 的间隔区，故亦称之为 7 聚体 -12bp 间隔区 -9 聚体信号；而在 RSS2 的两端保守序列之间有一段 23bp 的间隔区，所以也叫做 7 聚体 -23bp 间隔区 -9 聚体信号。这两个重组信号 RSS1 和 RSS2 序列是反向排列的，这有利于相关基因区段在内部 DNA 缺失之后进行有效的连接。因为重排是在 RSS1 和 RSS2 两种信号序列之间发生的，所以特称之为 12/23 规则（12/23 rule）基因重排。当重组酶复合物 RAG1/2 同高迁移率族（highmobility group，HMG）蛋白结合之后，便会在 RSS 的末端作单链切割，释放出一个自由的 3′-OH。为了使 DNA 的双链被完全切割，自由的 3′-OH 随后在直接的转脂反应中便开始攻击其互补链上的磷酸二酯骨架，结果形成一种发夹中间体。此发夹结构被水解之后，进而按照 DNA 非同源末端连接方式（nonhomologous end-joining，NHEJ）结合在一起。NHEJ 是真核细胞修复 DNA 双链断裂的一种机理。它不要求任何序列同源性，通过末端的直接连接便可将双链 DNA 断裂连接起来。所以 NHEJ 可使一段 V、一段 D 和一段 J 基因区段不留间隔地直接结合在一起。由于 J 基因区段下游连带着一段 μ 型 C 基因区段，在 B 细胞分化期间会再次发生基因重排事件，而被其他类型的（α、γ、δ 或 ε）C 基因区段所取代。

5. 等位排斥和克隆选择

免疫球蛋白基因重排，是按照先重链后轻链的顺序进行的，并且受控于发育调节。重链基因重排分两步，第一步，是 D 和 J_h 基因区段连接成 D-J_h 重组体（其中大多数都是可读框）；第二步，由一个 V_H 基因区段与 D-J_H 重组体连接形成 V_H-D-J_H 重组体。如果由此连接形成的 V_H-D-J_H 重组体是有功能的 Ig 重链可变区，那么 B 细胞中的某种反馈机理，便会阻止同一条染色体上的其他 V_H 基因区段，参与同 D-J_H 重组体连接。此种反馈调节机理叫做等位排斥（allelic exclusin）或译为等位基因排斥。它确保每个 B 细胞都只能表达出一种有功能的重排的 Ig 重链可变区。当 B 细胞表达一种功能性的 Ig 重链基因（mRNA）之后，便会启动轻链可变区的 V_c-J_c 基因区段的重排，并按照与 V_H-D-J_H 类似的等位排斥机理，确保每一个 B 细胞同样也只能表达出一种有功能的轻链基因（mRNA）。因此，依赖于等位排斥机理的调节作用，使得每一个 B 细胞都只能表达出一种免疫球蛋白。

当生命体被某种抗原感染之后，便需要在短时间内合成出大量的专门针对该抗原的特异性抗体。而上文已经讲过每一个 B 细胞都只能表达出一种少量的特异性抗体，那么 B 细胞是如何克服这个矛盾的呢？原来一个 B 细胞表达的一种抗体尽管数量很少，但当这个 B 细胞暴露于可同其抗体相互作用的特异性抗原时，两者便会结合形成一种复杂的抗原-抗体网络状结构（network form），进而刺激此单个 B 细胞迅速分裂，产生出由许许多多相同细胞组成的克隆。于是生命体便可表达出针对某种抗原的、大量的特异性免疫球蛋白。此种过程称为克隆选择（clonal selection），它是生命体获得针对某种抗原的大量特异性抗体的分子基础。

6. 等位排斥的表观遗传调控

长久以来，有关的分子遗传学家对于等位排斥的分子机理一直不甚了解。总认为免疫球蛋白基因重排是在两个等位基因或两个等位基因区段之间随机发生的。而且还推测一旦在 B 细胞表面表达出一种功能的免疫球蛋白，进一步的基因重排便会被抑制。然而最新研究表明，等位排斥是受表观遗传控制的。

所有 Ig 基因区段的两侧都存在着重组信号序列（RSS），且被包装在染色体的内部。因此，RAG 重组酶结合重组信号的可及性（accessibility）必定受到严格而精准的调节控制。如此才能选择正确的 Ig 基因区段参与重排。在有活性的 B 细胞中，有许多种因素诸如 DNA 甲基化、组蛋白乙酰化和复制定时（replication timing）等，都会影响到 RSS 序列的可及性。

免疫球蛋白基因重排的顺序是先重链基因座重排，并且只有在完成了一条重链基因的组装之后，才能接着开始轻链基因座重排。这条有功能的重链基因重排体编码的 H 链多肽一旦生成，便会与替代轻链（surrogate light chain）以及另外两条相关的免疫球蛋白多肽聚合成一种 pre-B 细胞受体（pre-B cell receptor, pre-BCR）（所谓替代轻链，乃是一种由未成熟的 B 细胞表达的、可与重链结合但却不能识别抗原的多肽）。pre-BCR 提供一种反馈信号，导致第二个重链等位基因区段失活而无法进行基因重排，并把重组机器转给轻链基因座（图 10-58）。于是轻链基因座便开始发生基因重排。由有功能的轻链基因重排体表达的轻链多肽一旦生成，便会取代 pre-BCR 中的替代轻链，形成功能 BCR。它提供信息抑制 IgH 链和 IgL 链继续发生基因重排。

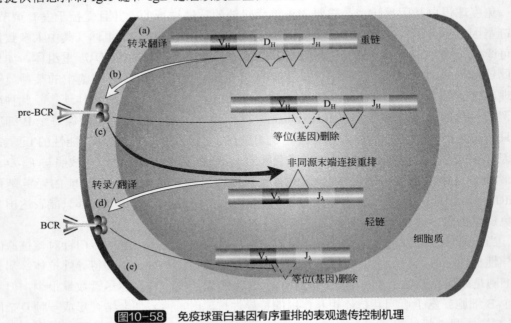

图10-58 免疫球蛋白基因有序重排的表观遗传控制机理

（a）Ig 重链基因座中的基因区段按照非同源末端连接的方式进行重排，生成有功能的重排体；（b）重链重排体表达的 IgH 多肽与替代轻链等聚合成 pre-BCR；（c）pre-BCR 发出反馈信号，阻止 H 链发生二次基因区段重排，并诱发 Ig L 链基因座进行重排；（d）有功能的轻链重排体表达的 Ig L 链，取代 pre-BCR 中的替代轻链，形成 BCR；（e）BCR 发出信号，阻止 IgH 链和 IgL 链发生二次基因区段重排（据 L. A. Allison, 2012 改绘）

为什么免疫球蛋白基因只能在成熟的 B 细胞而不能在未成熟的 B 细胞中发生重排呢？这是因为在未成熟的 B 细胞之祖细胞中，两个等位基因都是甲基化的（Me），而组蛋白是脱乙酰化的。但其中有一个等位基因（底部）比另一个等位基因（上部）较早进行复制。在 pre-B 细胞中，两个等位基因都被过度乙酰化的组蛋白（Ac）包裹着。在这种情况下，较早复制的一个等位基因发生了单等位基因脱甲基化作用，从而使它成功进行复制。

参考文献

Allison L A, 2012. Recombinant DNA Technology and Molecular Cloning: Epigenetic Mechanisms of Gene Regulation//Fundamental Molecular Biology. 2nd ed. New Jersey : John Wiley and Sons, Inc. P185-226; 354-402; 479-510.

Brachet E, Sommermeyer V. Borde V. 2011. Interplay, between modifications of chromatin and meiotic recombination hotspots. Bio Cell, 104: 51-69.

Brooker R J. 2012. Recombination and Transposition at The Molecular Level; Racombinant DNA Technology // Genetics: Analysis and Principles. 4th ed. New York: The McGraw-Hill Companies Inc. P457-483; 484-517.

Clark D. 2007. Recombination and Repair; Mobile DNA; Recombination DNA Technology//Molecular Biology: Understanding the Genetics Revolution. 2nd ed. 北京：科学出版社（影印版）. P368-395, 396-424, 599-633.

Constantinou A, Davies A A, West S C. 2001. Branch migration and Holliday junction resolution catalyzed by activities from mammalian cells. Cell, 104: 259-268.

Craig N L. 1988. The mechanism of consevative site-specific recombination. Annu Rev Genet, 22: 77-105.

Dillingham M S, Spires M, Kowalczykowski S C. 2003. RecBCD enzyme is a bipolar DNA helicase. Nature, 423: 893-897.

Gravel S, Chapman J R, Magill C, 2008. DNA helicases SgsI and BLM promote DNA double-strand break resection. Genes Dev, 22: 2767-2772.

Gellert M. 2002. V(D)J recombination: RAG proteins, repair factors and regulation Annu Rev Biochem, 71: 101-132.

Grindley N D F, Whiteson K L, Rice P A. 2006. Mechanisms of site-specific recombination. Annu Rev Biochem, 75: 567-605.

Gueguen E, Rousseau P, Duval-Valentin G, Chandler M. 2005. The transposome: Control of transposition at the level of catalysis. Trends Microbiol, 13: 543-549.

Hartwell L H, Goldbery M L, Fischer J A, et al. 2018. Linkage, Recombination, the Mapping of Genes on Chromosomes; DNA structure, Replication and Recombination: Chromosomal Rearrangements and Changes in Chromosome Number//Genetics-From Genes to Genomes. 6th ed. New York: McGraw Hill Education. P133-180; 181-218; 436-486.

Hunter N, Kleckner N. 2001. The singleend invasion: an asymmetric intermediate at the double-strand to double-strand break to double-Holliday junction transition of meiotic recombination. Cell, 106: 59-70.

Keeney S, Neale M J. 2006. Initiation of meiotic recombination by formation of DNA double-strand breaks: mechanism and regulation. Biochem Soc Trans, 34: 523-525.

Krebs J E, Goldstein E S, Kilpatrick S T. 2018. Homologous and Site-Specific Recombination; Transposable Elements and Retroviruses; Somatic DNA Recombination and Hypermutation in the Immune System// Lewin's Genes XI. 北京：高等教育出版社（影印版）. P305-338; 367-396; 397-439.

Krogh B O, Symington L S. 2004. Recombination proteins in yeast. Annu Rev Genet, 38: 233-271.

Ladias P, Markopoulos G, Georagiou I, et al. 2016. Holliday Junctions Are Associated with Transposable Element Sequences in the Human Genome. J. Mol. Bio, 428(3): 658-667.

Lilley D M, White M F. 2001. The junction-resolving enzymes. Nat Rev Mol Cell Biol, 2: 433-443.

Mckim K S, Jang J K, Manheim E A. 2002. Meiotic recombination and chromosome segregation in Drosophia females. Annu Rev Genet, 36: 205-232.

Nelson D L, Cox M M. 2013. DNA Repair, DNA Recombination//Lehninger: Principles of Biochemistry. 6th ed. New Yerk: W. H. Freeman and Company. P1027-1037; 1038-1056.

Oettinger M A. 2004. Hairpins at split ends in DNA. Nature, 432: 960-961.

Paques F, Haber J E. 1999. Multiple pathways of recombination induced by double-strand breaks in Saccharomyces cerevisiae. Microbiol Mol Biol Rev, 63: 394-404.

Phadnis N, Hyppa R W, Smith G R. 2011. New and old ways to control meiotic recombination. Trends Genet, 27: 411-421.

Petes T D. 2001. Meiotic recombination hot spots and cold spots. Nat Rev Genet: 2 360-369.

Pierce B A. 2008. Linkage, Recombination, and Eukaryotic Gene Mapping ; Chromosome Structure and Transposible Elemant; DNA Replication and Recombination//Genetics: A conceptual Approach. 3rd ed. New York: W. H. Freeman and Company. P160-199, 285-314, 315-367.

Plasterck R. 1995. The Tc1/mariner transposon family. Curr. Top. Micro-biol. Immunol, 204: 125-143.

Prak E T L, Kazazian H H. 2000. Mobile elements in the human genome. Nat Rev Genet, 1: 134-144.

Radman M, Wagner R. 1987. Genetic Recombination. Sci Am (Feb.), 256: 90-101.

San Filippo J, Sung P, Klein H. 2008. Mechanism of eukaryotic homologous recombination Annu Rev Biochem, 77: 229-257.

Snustad D P, Simmons M J. 2010. Mutation, DNA Repair, and Recombination; Transposible Genetic Elements// Principles of Genetics. 5th ed. New York: John Wiley and Sons, Inc. P343-381; 535-564.

Sung P, Klein H. 2006. Mechanism of homologous recombination: mediators and helicases take on regulatory functions. Nat Rev Mol Cell Biol, 7: 739-750.

Szostak J W, Orr-Weaver T L, Rothstein R J. 1983. The double-strand break repair model for recombination. Cell, 33 25-35.

Watson J D, Baker T A, Bell S P, et al. 2014. Homologous Recombination at the Molecular Level; Site-Specific Recombination and Transposition of DNA//Molecular Biology of the Gene. 7th ed. New York: Cold Spring Harbor Laboratory Press. P341-376; 377-422.

Weaver R F. 2012. DNA Homologous Recombination; Transposition//Molecaler Biology. 5th ed. New York: The McGraw-Hill Companies, Inc. P709-731, 732-758.

Weaver R F, Hedrick P W. 1992. Transposable Elements//Genetics 2nd ed. William C Brown Pub. P354-371.

West S C. 1997. Processing of recombination intermediates by the RuvABC proteins. Annu Rev Genet, 31: 213-244.

Yang W. 2010. Topoisomerases and site-specific recombination : Similarities in structure and mechanism. Crit Rev Biochem Mol Biol, 45: 520-534.

Zhang Y, Yuan F, Presnell S R, et al. 2005. Recombination of 5′-directed human mismatch repair in a purified sustem. Cell, 122: 693-705.

朱圣庚，徐长法. 2016. DNA的复制与修复//生物化学（第四版）. 北京：高等教育出版社. P459-474.

第十一章 表观遗传学

表观遗传学（epigenetics），是著名的生物学家 Conrad Waddington 于 1939 年首次提出的、用来描述基因与环境关系的一种术语，系由后成论（epigenesis）和遗传学（genetics）两个英语单词缩合而成。正因为如此，在中文中也有的作者将之译为外因遗传学、外遗传学或基因表型学等多种不同的名称。本书统一使用表观遗传学这一译名，以避免不必要的麻烦与混乱。

表观遗传学起源于长期以来人们对于各种非孟德尔遗传现象（non-Mendelian inheritance）的思考，以及对于异常遗传模式的探索。毫无疑问，孟德尔遗传学是生命科学最重要的基础理论之一，但是人们在很早以前就认识到了它的某些局限性。因为孟德尔遗传学，只是阐述了在生命体的繁殖过程中遗传信息是怎样传递的，而没有涉及在生命体的发育过程中遗传信息是如何表达的这个至关重要的科学问题。事实上自然界中还存在着许多独特的遗传现象，比如胚胎生长的变异、镶嵌的皮肤颜色以及同一个细胞核中等位基因的选择性表达等，诸如此类的问题都是孟德尔遗传学所难以解答的。正是这些非孟德尔遗传现象，激发了人们对表观遗传学的研究热情。

在细胞核中出现的异染色质是染色体基因组中的遗传惰性区，表现为无转录活性和晚期复制的特性。因此，自 C. Waddington 提出表观遗传学之后，异染色质很快就成为早期表观遗传学的主要研究对象。这些研究结果发现，异染色质和常染色质之间的差异，是与不同的 DNA 甲基化水平及组蛋白修饰模式密切相关的，而这些变化最终又会影响到基因的活性状态。受此类研究结果的启发，有关科学工作者们便改变了表观遗传学的核心研究思路，开始把精力集中于探索染色质的状态是如何影响基因表达活性这一重要的课题上。不久以前在果蝇中发现，以 PcG 和 TrxG 两组转录调节蛋白为媒介的一种表观遗传记忆体系（an epigenetic memory system），参与了对染色质沉默（失活）状态的维持，并显示短小的发夹 RNA 经由 RNAi 途径参与异染色质的形成。于是使人们认识到在表观遗传沉默（epigenetic silencing）中，异染色质起到了关键的作用。

当前有关表观遗传学的研究内容，主要涉及 DNA/RNA 甲基化作用（DNA/RNA methylation）、组蛋白修饰作用（histone modification）、染色质重塑（chromatin remodeling）、遗传印记（genetic imprinting）、随机 X 染色体失活（random X inactivation）以及非编码 RNA（noncoding RNA，ncRNA）的功能等若干问题。其中 DNA 甲基化作用、染色质重塑和 ncRNA 的功能，已被公认为表观遗传学研究的三大基础领域。

近年来随着基因组学研究工作的迅猛发展，尤其是人类基因组测序的成功，科学工作者已充分地认识到不断深化和丰富表观遗传学方面的知识，不仅对于全面揭示胚胎发育的分子机理具有重要的意义，而且在遗传疾病的诊断和治疗方面也开始呈现出不容忽视的巨大潜力。例如对干细胞与分化细胞之间，以及静息细胞（resting cell）和增殖细胞（proliferating cell）之间发生的细胞类型的表观遗传转换进行仔细的分析，有可能揭示出大量的有关细胞发育分化方面的知识。再如对正常分化期间与疾病或肿瘤形成过程的染色质状态进行比较研究，有希望为疾病的诊断与治疗提供有价值的参考资料。正因为如此，表观遗传学的研究受到了科学工作者们的高度重视，已发展成为当今生命科学研究领域的主流学科之一，位居后基因组时代的最前沿。

但是我们还需要清醒地认识到，尽管有关的科学工作者已经在表观遗传学的研究工作中取得了令人振奋的成绩，在某些方面甚至可以说是突破性的进展，而且在表观遗传学研究中使用的各种实验体系，也已经揭示出了许多涉及表观遗传控制的途径及其分子机理。然而由于问题的复杂性和研究历程的相对短暂，迄今仍有许多问题没有得到很好的解答。它们包括表观遗传密码的组成、表观遗传信息的传递、细胞记忆（cellular memory）的本质、种系细胞的遗传印记、非编码 RNA 的功能、干细胞的分化机理、再生问题，以及细胞类型的确定、衰老（aging）问题和表观遗传功能的异常（epigenetic dysfunction）等等。凡此种种都是表观遗传学的未解之谜，也是今后表观遗传学研究所必须面对的重大课题。

鉴于表观遗传学的内容极为丰富多彩，远非著者的学识与能力所能——涉及，又限于本书的性质与篇幅，故本章将在表观遗传学概述的基础上集中讨论 X 染色体失活的表观遗传现象、非编码 RNA 的表观遗传作用、DNA 甲基化的表观遗传效应、基因组印记、染色质重塑以及表观遗传效应的传递等若干主要的、与分子遗传学关系特别密切的表观遗传学问题。

第一节
表观遗传学概述

一、先成论与后成论

古希腊伟大的哲学家 Aristotle（公元前 384—公元前 322 年），是一位公认的生物学创始人。他对胚胎的形成存在着彼此矛盾的想法。一方面他猜想胚胎是预先形成的，发出了先成论（preformation）的先声；另一方面他又认为生命体的新器官是由未分化的团块（undifferentiated mass）逐渐发育形成的，成为后成论的肇始。Aristotle 根据亲代残缺者的子代并不是残缺者这一事实推论，精液并不转移胚胎组成的元素，而是提供后代的蓝图；生物的遗传不是身体各部分"样本"的传递，而是个体胚胎发育所需要的"信息"的传递。

在 17 世纪，先成论者和后成论者之间展开了激烈的争论。先成论者认为在性细胞中存在着被称为"侏儒（homunculus）"的微缩小人，依具体主张的不同他们又可分为卵源论和精源论两个派别。例如荷兰的外科医生 Règnier de Graaf 便是一位卵源论者（ovist），他主张动物的原始雏形存在于卵子当中，1673 年生物学家 M. Malpighi 还声称他观察到了从未受精卵发育形成胚胎的现象。而另一位著名的荷兰科学家 Antony Leeuwenhoek 却是一位精源论者（spermist）。他在 1679 年发现了哺乳动物的精子，认为是精子而不是卵子参与了个体的形成，主张生物的所有性状都是由精液中"蠕虫状（worm-like）"的结构物发育而来的。有趣的是有人如 N. Hartsoeke 还误认为在人类的精子中蹲着一个微型的小人或叫做侏儒，并提出一幅想象力丰富的精子结构图（图 11-1）。在他看来所谓发育无非是这种在每个精子细胞中业已存在的微型小人逐渐长大的过程而已。

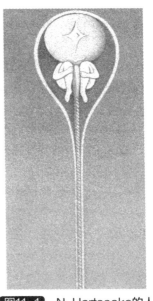

图11-1　N. Hartsoeke的人类精子想象图

当然先成论者这种假想，事实上存在着许多连他们自身都无法解答的难题。因为按照精源论者的思路推理，蹲在精子细胞中的微型小人自身也应该含有更加微小的精子细胞，而这些更加微小的精子细胞中也应蹲着一个更加更加微小的微型小人。如此世代相继直至无穷。不言自明，这种逻辑推演逼使先成论者陷入无法自圆其说的理论困局。

与先成论者的观点相反，早期的后成论者认为，生命个体是在胚胎发育过程中由存在于卵子中的物质逐渐形成的。也就是说在后成论者看来，诸如身体器官这样的结构在早期胚胎中并不存在，它们是在后来的发育分化过程中重新形成的。1651 年，英国伦敦皇家医院的解剖学家 William Hervey（1578—1657 年），在其撰写的一篇关于生殖与发育的论文中肯定了早期后成论的思想。1759 年德国的生理学及胚胎学家 Caspar Friedrich Wolff（1733—1794 年）及其他同时代的有关科学工作者的研究工作，均无法支持先成论的观点，相反地却为后成论提供了实验依据。C. F. Wolff 比先前的后成论者更进一步地认识到，生命体是从受精卵开始逐渐发育分化而来的，受精卵内并不预先存在已经形成的微型胚胎。他正确地认为，后代的一切器官（性状）都是从没有一定结构的受精卵由简单到复杂逐步发育形成的。

到了 20 世纪，随着实验遗传学的诞生，先成论和后成论之间的争论终于得到了解决。其中特别值得提出的是，著名的生物学家 C. Waddington 对后成论的现代思想的形成作出了重要的贡献。是他在 1939 年出版的《现代遗传学导论》中首先使用了表观遗传学这个术语；也是他为后成论注入了清晰的思想体系，并从理论上建立了生命体发育途径的模型；还是他首先将表观遗传学正确地界定为是一门研究从基因型产生表型的科学。1942 年，C. Waddington 进一步明确地定义：表观遗传学是一门研究基因与决定表型的基因产物之间因果关系的生物学分支。然而令人遗憾的是 C. Waddington 有关表观遗传学的见解，在相当长的一段时间内并没有引起主流遗传学家的足够重视。直到 1958 年才有学者指出，忽视 C. Waddington 的表观遗传学概念，我们将很难理解胚胎发育的遗传调节问题。

二、中心法则的质疑

1958 年，DNA 双螺旋结构模型的发现者之一 F. Crick，在综合了 20 世纪 50 年代末期有关遗传信息流转向的基础上，提出了描述 DNA、RNA 和蛋白质三者关系的中心法则（central dogma）。它无疑是分子遗传学最重要的基础理论之一。

中心法则的核心思想是，遗传信息是单向转移的。但后来的研究发现事实并非完全如此。1970 年 H. M. Temin 和 D. Baltimore 发现在特定的情况下，遗传信息也可以从 RNA 反向传递给 DNA。这是对中心法则的一个重要的补充。近年来由于基因组全测序和 DNA 非编码序列研究的进展，人们开始对中心法则的普遍性提出了质疑。

首先，生命体的复杂性似乎并不是同基因的数量成正比，而可能是与 DNA 非编码序列的数量成正比。例如果蝇的生物学特性显然要比秀丽隐杆线虫的复杂，但奇怪的是果蝇的编码基因却比秀丽隐杆线虫的少，只有 13601 种，而后者的编码基因却多达 18424 种。再如高级灵长类哺乳动物人的生物学特性，不知要比高等植物水稻的复杂多少倍，然而令人难以置信的是后者的基因总数却几乎与前者的一样！这种情况显然是与中心法则的理念相悖的。

其次，在高等真核生物的染色体基因组中，存在着大量的非编码的 DNA 序列。像人类这样的高级生物中，不仅在基因与基因之间存在着广阔的非编码的间隔序列，而且许多基因内部也存在着大量的非编码的内含子序列。事实上已经知道在人类全基因组中，蛋白质编码序列所占的比例还不到 2%，而其余的 98% 以上的都是非编码的序列。难道这些数量庞大的基因组的非编码序列，真的如同某些人所说的那样是什么"进化中的垃圾"吗？现在看来这种说法显然是不切实际的，因为大量的最新研究资料表明，有相当数量的非编码的 DNA 能够转录生成非编码的 RNA（noncoding RNA），主要是除了 tRNA、rRNA 和 snoRNA 以外的其他不编码蛋白质的 RNA。尽管这些 RNA 并不编码相应的蛋白质产物，但也一样具有重要的生物学功能。它们当中有些对动、植物的健康与发育起着重要的调节作用。这种情况无疑也是与中心法则的基本精神不相吻合的。

再次，根据中心法则，在基因的表达过程中存贮在 DNA 核苷酸序列中的遗传信息，首先被精确地转录成 mRNA 分子，然后再被翻译成蛋白质多肽链。然而 RNA 编辑现象的发现表明，至少在有些生命体的特定情况下，遗传信息的传递途径并不是完全遵循中心法则进行的。发生在转录后的 RNA 编辑作用，会导致特定基因 mRNA 分子的编码信息发生量的改变，或是增加一些密码子或是减少若干密码子，从而翻译出不同于 DNA 编码的新型的蛋白质多肽链。

最后，中心法则不认为遗传信息可以从蛋白质反向传递到 DNA 的可能性。但是 1980 年发现的朊病毒（prion），却对这种观点提出了挑战。因为朊病毒虽然是一种极为简单的只具有感染性蛋白的生命体，但却能够在既没有 DNA 也没有 mRNA 模板的条件下，表现出独立的遗传能力。因此说，这些特化的自我聚集的蛋白质，具有类似于 DNA 的某些特性，包括复制机理和遗传信息的贮存等方面。

分子遗传学发展的事实使人们相信，尽管中心法则是分子遗传学最重要的基础理论之一，在今天看来总体上仍然是正确的，但确实也存在着一定的局限性。它无法解释发生在表观遗传学研究领域中有关基因表达调节的许多现象，例如 siRNA 和 miRNA 的调节作用以及核糖开关（riboswitch）的功能效应等有关课题。

三、若干基本概念

1. 表观遗传学

表观遗传学是专门研究在生命体发育与分化的过程中，不涉及基因核苷酸序列变化的情况下，导致基因发生表型改变的一门新兴的遗传学科。它的主要论点是：生命体的大部分性状是由 DNA 序列中编码蛋白质的基因负责传递的；由附着在 DNA 或蛋白质分子上的化学标记（chemical marker），或说是以化学附着物（chemical attachments）形式编写的表观遗传密码（epigenetic code），对于生命体的健康状态及其表型特征，同样也具有深刻的影响；表观遗传是基因表达与调节的基本方式，它主要是通过 DNA 及组蛋白的甲基化、乙酰化（acetylation）和磷酸化（phosphorylation）机理实现的。目前学术界关于表观遗传效应的核心概念认为，它是由于核酸合成之后发生修饰作用或是蛋白质结构的永继性（perpetuation）两种因素造成的，并可以通过细胞有丝分裂或减数分裂而得以世代相传。表观遗传学的主要研究内容涉及染色质重塑（chromatin remodeling）、DNA 甲基化、遗传印记（genetic imprintion）及 RNA 编辑等有关课题。

2. 表观遗传标记

在大多数动物与植物中，主要的表观遗传标记有如下两种类型：其一，胞嘧啶碱基的甲基化作用；其二，组蛋白翻译后修饰作用。胞嘧啶碱基的甲基化作用，是 DNA 修饰的主要类型，也是导致基因沉默的途径之一。DNA 甲基化模式是一类研究得最仔细、了解得最深入的表观遗传标记（epigenetic markers）。

胞嘧啶碱基甲基化是一种 DNA 共价修饰方式。在这种反应中经胞嘧啶 DNA 甲基转移酶的催化作用，从 S- 腺苷甲硫氨酸（S-adenosylmethionine）分子上转移出一个甲基（—CH_3）到胞嘧啶的 5-C 位置，生成 5- 甲基胞嘧啶（5-methyl-cytosine）[图 11-2（a）]。5- 甲基胞嘧啶通常是在真核生物中发现的唯一的修饰的碱基。但是，在秀丽稳杆线虫、果蝇和酵母中，则很少甚至没有这种修饰的碱基。

在哺乳动物中，DNA 甲基化作用几乎毫无例外地都是发生在 CG 二核苷酸序列处。这样的二核苷酸通常写成"CpG"，其中 p 代表磷酸基团。在植物 DNA 中，胞嘧啶的甲基化作用发生在二核酸 CG 或三核酸 CNG（N 为任何一种碱基）序列处，在哺乳动物和植物中，DNA 双链的 C 碱基几乎都是甲基化的。

在细胞分裂过程中，C 碱基的此种甲基化模式是如何世代相传的呢？研究表明，它是按照如同 DNA 半保留复制的方式得以传递的。如此复制后，DNA 双螺旋是半甲基化的（hemimethylated），即旧的模板链是甲基化的，而新的合成链则是未甲基化的 [图 11-2（b）]。接着在永继性甲基化酶（perpetuation methylyse）催化下，半甲基化的 DNA 发生维持甲基化作用，于是便恢复成全甲基化的状态。

组蛋白翻译后修饰，如甲基化和乙酰化等，也是一类主要的表观遗传标记。发生此类修饰的蛋白质因子组装在特定的 DNA 序列上，便形成了蛋白质样结构，因为这种结构具有永继传递的特性，所以也被叫做自我永继结构（self-perpetuating structures）。它会形成异染

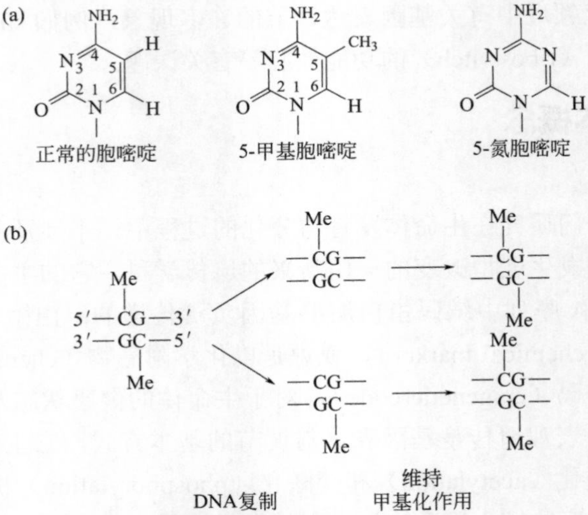

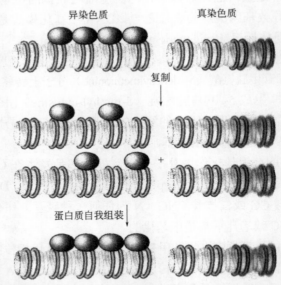

图11-2 甲基化状态的传递

（a）正常的胞嘧啶和 5- 甲基胞嘧啶及 5- 氮胞嘧啶分子的结构式；（b）甲基化等位基因甲基状态的传递

色质，从而抑制该区域中基因的表达活性，故亦称为抑制复合物。此类结构的永继性是依赖于异染色质区域中的蛋白质，在复制之后能够继续结合在原来的部位，并在随后募集更多新的蛋白质亚基，参与重新组装成具自我永继特性的、与原来状态一样的特殊的抑制复合物（图 11-3）。

图11-3 与组蛋白结合的蛋白质复合物引发异染色质的形成

在细胞分裂过程中，蛋白质结构要保持永继性，需要同每一条子代双链体结合的蛋白参与，并进一步募集新的蛋白质亚基重新组装恢复成原来状态的蛋白质复合物（转引自 J. E. Krebs et al, 2018）

3. 表观遗传改变和组蛋白密码假说

表观遗传改变（epigenetic change）也叫做表观突变（epimutation）或表观遗传修饰（epigenetic modification），是指对于生命体的表型有影响，但没有发生基因型改变的一类特殊的遗传变化；或者更明确地说，是指基因的核苷酸序列结构没有变动，只是其表达活性或产物发生了改变的遗传效应。表观遗传修饰，主要包括 DNA 的甲基化和组蛋白的共价修饰两种不同的形式。已发现表观突变是导致糖尿病（diabetes）、精神分裂症（schizophrenia）、躁郁症（bipolar disorder）以及其他多种人类疾病的诱因。

组蛋白密码（histone code），是 Thomas Jenuwein 和 David Allis 于 2001 年提出的一种表观遗传密码新概念，系指由 DNA 序列以外的化学标记编码的、控制表观遗传印记的另一类遗传密码。它是通过乙酰化、磷酸化以及甲基化等诸多作用方式修饰组蛋白，从而导致染色质的结构发生改变，于是便影响到染色质的装配和基因组遗传信息的表达。组蛋白密码假说认为，在特定的组蛋白残基上发生的特定修饰的组合，可以协同作用以决定染色质的功能。科学工作者们将这种能够决定染色质功能的特定的组蛋白修饰的组合形式，叫做组蛋白密码。已知表观遗传标记正是通过表观遗传密码同基因组的其他部分发生相互作用的。表观遗传密码有可能解释为什么有些疾病会隔代遗传（skipped generation），并且只影响一对同卵双生子中某一个个体。不过应当指出，科学工作者们迄今为止还没有破译此种遗传密码，因此它只是一种假说。虽然这方面的研究已经取得迅速的进展，并且它的一些预言也已被证实，但表观遗传密码是否真实存在，学术界仍有很大的争议。

图 11-4 示出了人 IFN-β 启动子的组蛋白密码模型：（a）根据 DNA 密码在启动子区域组装增强体（增强子元件的集合）。（b）增强体中的激活物募集 GCN5，这种组蛋白乙酰转移酶（HAT）使组蛋白 H4 尾部的赖氨酸 8（K8）和 H3 尾部的赖氨酸 9（K9）乙酰化。箭头仅指出上面两个发生了乙酰化作用的组蛋白尾部，但实际上 4 个组蛋白尾部都

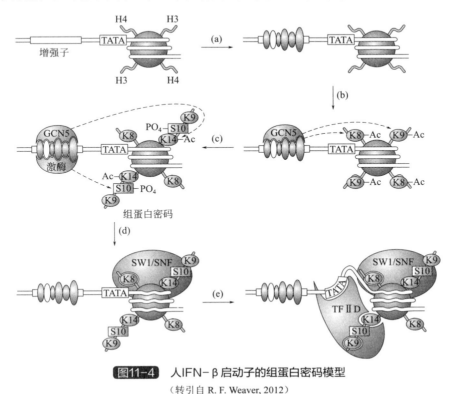

图11-4　人 IFN-β 启动子的组蛋白密码模型

（转引自 R. F. Weaver, 2012）

发生了乙酰化作用。（c）增强体同样也募集一种蛋白质激酶参与，此种激酶促使组蛋白H3 丝氨酸 10（S10）发生磷酸化作用，而且这种磷酸化作用是在两个组蛋白 H3 的尾部发生的，它使得 GCN5 组蛋白乙酰化转移酶激活组蛋白 H3 之赖氨酸 14（K14）发生乙酰化作用。由此构成的组蛋白密码，按本模型所示的最后两步方式进行翻译（interpret）。（d）组蛋白 H14 中乙酰化的赖氨酸 8（K8）吸引复合物 SW1/SNF 加入重塑小体。重塑作用以核小体上的 DNA 曲线表示。（e）重塑的核小体可以同 RNA 聚合酶 II D 转录因子（TF II D）结合。TF II D 不仅会被启动子 TATA 盒吸引，而且还会被组蛋白 H3 尾部乙酰化的赖氨酸 9（K9）及 14（K14）所吸引。TF II D 转录因子结合的结果使 DNA 序列弯曲，导致重塑的核小体向下游移动 36bp 的距离，于是基因便可进行转录。

4. 表观遗传信息层和表观遗传信息

近年来，随着后基因组时代的到来，人们越来越清醒地认识到生命体的遗传信息是由如下三个不同层次组成的：第一层次由编码蛋白质的基因组成。以人为例，此类 DNA 的总量不到细胞基因组全部 DNA 的 2%。第二层次由仅编码 RNA 而不编码蛋白质的基因组 DNA 组成。基因组中的这一部分 DNA 叫做非编码的 DNA，它的转录产物叫做非编码的 RNA，其相应的基因称为 RNA 基因，或叫做非编码的 RNA 基因。这类基因隐藏在巨大的非编码的染色体 DNA 序列中。第三层次为表观遗传信息层（epigenetic layer of information）。它贮藏于围绕在 DNA 分子周围并与 DNA 结合的蛋白质及其他化学物质中。表观遗传信息如同 RNA 基因一样令人振奋，甚至比 RNA 基因更为重要。

表观遗传信息（epigenetic information）属于高层次的基因组信息，它主要包括非编码 RNA、DNA 甲基化和组蛋白共修饰体系构成的表观遗传密码等。由于表观遗传信息能够明显地影响生命体的健康状态及表型特征，其中有一部分甚至可以从亲代传递给后代，同时它们的基本的 DNA 序列并没有发生变化，所以人们也称表观遗传信息为表观遗传标记。表观遗传信息概念表明，基因组实际上包含着两种不同类型的遗传信息。一种是遗传编码信息（coding information），它遵循中心法则，将以三联密码子的形式贮藏在 DNA 核苷酸序列中的遗传信息，先转录成 mRNA，然后再翻译成蛋白质多肽链。另一种是表观遗传信息，它为生命体在发育分化过程中，提供了按照时空特异性和发育顺序性正确使用遗传信息的指令。

第二节
X染色体失活与表观遗传

一、哺乳动物X染色体的失活

1. X 染色体失活的 n-1 法则

X 染色体在雌性哺乳动物的体细胞中有两条，而在雄性哺乳动物的体细胞中却只有一条。因此为保持雌雄体细胞之间与 X 染色体连锁的基因剂量的平衡，雌性体细胞中只有一条 X 染色体保持活性，另一条 X 染色体则处于永久抑制的失活状态。于是就使得只带一份 X 基因剂量的雄性体细胞，与带有两份 X 基因剂量的雌性体细胞具有同等的表型效应。这种情况便是通常所说的 X 染色体剂量补偿效应，或说是 X 染色体连锁基因剂量补偿效应（dosage compensation）。后来的研究工作还进一步发现，在雌性哺乳动物的 X 多体性细胞中，不管其携带着多少条同源的 X 染色体，到最终都只有其中的一条保持活性。这种规律性的 X 染色体失活现象，叫做 X 染色体失活的 n-1 法则。

1949 年，Murry Barr 和 Ewart Bertram 发现，雄猫和雌猫神经元（neuron）的细胞核之间存在着一种惊人的差异。他们在雌猫而非雄猫的神经元细胞核中，观察到了一条被 DNA 敏感染料深度着色的异染色质小体（heterochromatic body）。此后在包括人类在内的许多其他哺乳动物中同样也观察到了类似的情况。此种雌猫特有的异染色质，后来被叫做巴氏小体（Barr body）（图 11-5）。当时人们设想巴氏小体代表一条 X 染色体，不久 Susumo Ohno 通过对再生的大鼠肝细胞染色体的研究证明，此种巴氏小体的确就是一条 X 染色体。在雌性动物体细胞分裂前期的细胞核中，可以观察到由一条高度凝聚的 X 染色体同低度凝聚的 X 染色体配对的情况。对具有不同数量 X 染色体的个体细胞核的研究，获得了特别令人信服的证据，即巴氏小体的数量总是比 X 染色体的数量少一条（表 11-1）。这说明在这些 X 多体性的细胞核中，都只有一条 X 染色体保持有活性，其余的 X 染色体均处于凝聚的无活性的状态。

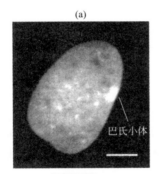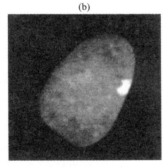

图11-5 具有一个巴氏小体的人体细胞核之显微照片

（a）左图显示经过 DNA 特异染料染色之后，在人体细胞核的周边存在着巴氏小体。巴氏小体是高度凝聚的结构，因此呈现最清晰的染色。（b）右图，与左图为同一个细胞核，经过一种能够识别 X 染色体的黄色荧光探针染色之后显示的巴氏小体。图中位于巴氏小体左边的染色较淡的黄色丝状结构，是活性的 X 染色体。巴氏小体比活性的 X 染色体密集凝缩，因此显色更加清晰（转引自 R. J. Brooker, 2012）

表11-1　巴氏小体和X染色体的数量比较

性染色体组	X染色体数量	巴氏小体数量
XO、XY、XYY	1	0
XX、XXY、XXYY	2	1
XXX、XXXY、XXXYY	3	2
XXXX、XXXXY	4	3
XXXXX	5	4

染色体的凝聚现象首先并不是在哺乳动物的 X 染色体中观察到的。早在 1928 年，胚胎学家 Emil Heitz 应用他自己发展的细胞染色技术，就已经观察到在整个细胞周期中，

都有一部分染色体是高度凝聚的。E. Heitz 称这种凝聚物质为异染色质（heterochromatin），以与常染色质（euchromatin）相区别。

果蝇 X 染色体之异染色质，会对位于其附近的转位基因产生沉默效应（图 11-6）。例如导致 w^+ 连接的缺失或重排突变，会引起基因沉默。所以在一些细胞中 w^+ 基因与 X 染色体之异染色质区连接的缺失或重排突变，也会引起基因沉默。从而导致在一些细胞中 w^+ 基因的表达活性是被关闭的。于是这样果蝇的眼色便呈现出红白相间的花斑模式。这些观察不仅表明在果蝇中异染色质与基因沉默之间存在着相关性，而且暗示哺乳动物 X 染色体基因的剂量补偿效应可能也是与异染色质有关。如果两者染色体功能相似，那么哺乳动物中高度凝聚的形成巴氏小体形式的 X 染色体，同样也应该是失活的。

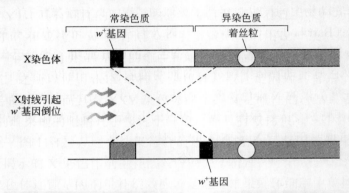

图11-6 果蝇X染色体中的异染色质对其邻近基因的沉默效应

本图概述的是关于果蝇花斑眼睛颜色形成的分子机理。花斑眼睛果蝇的 X 染色体发生了重排，致使 w 基因与 X 染色体上高度凝集的异染色质部分相连，结果引起基因沉默

2. X 染色体剂量补偿效应的 Lyon 假说

1961 年 Mary Lyon 在研究影响小鼠皮毛颜色基因的遗传现象时，发现了一种控制色素形成的 X- 连锁的斑纹基因（mottled gene，*mot*）。带有双拷贝野生型 *mot*⁺ 基因的雌性小鼠（*mot*⁺/*mot*⁺）和带有单拷贝野生型 *mot*⁺ 基因的雄性小鼠（*mot*⁺/o）均为黑色皮毛。带有双拷贝突变型 *mot*⁻ 基因的雌性小鼠（*mot*⁻/*mot*⁻）和带有单拷贝突变型 *mot*⁻ 基因的雄性小鼠（*mot*⁻/o）均为浅灰色皮毛。然而有趣的是，带有单拷贝野生型 *mot*⁺ 基因和单拷贝突变型 *mot*⁻ 基因的雌性杂合子小鼠（*mot*⁺/*mot*⁻），却具有花斑的皮毛，即有些部位呈黑色，另一些部位呈浅灰色。这种杂色斑块状的花斑皮毛，显然是由于野生型 *mot*⁺ 基因和突变型 *mot*⁻ 基因混合表达的结果。这说明 X- 连锁的皮毛颜色基因的突变，既不是显性的也不是隐性的（图 11-7）。

在 X 染色体和带有皮毛颜色基因的常染色体之间发生了易位作用的哺乳动物中，也观察到了具有花斑皮毛的个体。例如另一种控制小鼠皮毛颜色的基因，即褐色基因（brown gene，*bro*），也已被用来研究花斑皮毛颜色的成因。结果同样也证明了，在哺乳动物中 X 染色体的失活作用是随机发生的。在正常的情况下，*bro* 基因是定位在第 8 号染色体上。在没有考虑性染色体的情况下，对该野生型的 *bro*⁺ 基因而言，无论是纯合子小鼠还是杂合子小鼠都是黑色皮毛。而就突变体的 *bro*⁻ 基因来说，纯合子的小鼠则是褐色皮毛。不过令人惊奇的是，在 8 号染色体和一条 X 染色体之间发生了易位作用的雌性小鼠，

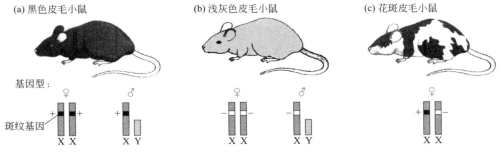

图11-7 小鼠X连锁皮毛颜色基因的遗传模式

（a）具双拷贝 *mot*⁺ 基因的雌性小鼠（♀）和单拷贝 *mot*⁺ 基因的雄性小鼠（♂），均为黑色皮毛；（b）具双拷贝 *mot*⁻ 基因的雌性小鼠（♀）和具单拷贝 *mot*⁻ 基因的雄性小鼠（♂）均为浅灰色皮毛；（c）具单拷贝 *mot*⁺ 基因和单拷贝 *mot*⁻ 基因的雌性杂合子小鼠（♀），呈现杂色斑块状形式的花斑皮毛。这反映出小鼠细胞中两条 X 染色体是随机失活的：在一部分皮毛细胞中是带 *mot*⁺ 基因的 X 染色体失活，呈浅灰色；在另一部分皮毛细胞中是带 *mot*⁻ 基因的 X 染色体失活，呈黑色（改自 J. D. Watson et al, 2007）

却具有花斑颜色的皮毛。但从未发现有具花斑皮毛的雄性小鼠，甚至在花斑皮毛雌性小鼠的后代中也未曾找到。这些结果说明，花斑作用（varigation）显然需要两条 X 染色体的参与，而且 X 染色体能够扳动易位到该染色体上的其他基因的花斑作用（图 11-8）。

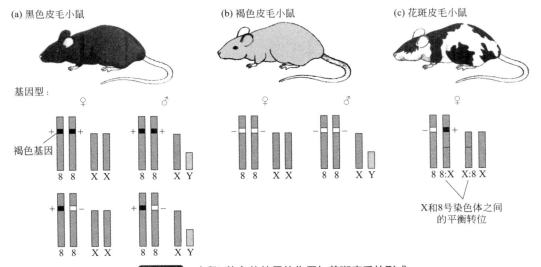

图11-8 小鼠X染色体的易位作用与花斑皮毛的形成

褐色基因 *bro* 定位在 8 号染色体上。（a）野生型基因 *bro*⁺ 纯合子小鼠（*bro*⁺/*bro*⁺）和杂合子小鼠（*bro*⁺/*bro*⁻）均是黑色皮毛；（b）突变型基因 *bro*⁻ 纯合子小鼠（*bro*⁻/*bro*⁻）是褐色皮毛；（c）8 号染色体和一条 X 染色体之间发生了易位作用的雌性小鼠，为黑色与褐色相间的花斑皮毛（改自 J. D. Watson et al, 2007）

根据上述的研究结果，M. Lyon 提出了一种解释哺乳动物 X 染色体剂量补偿效应的假说，即所谓的 Lyon 假说（Lyon hypothesis）。她认为，在雌性动物胚胎形成的早期，细胞两条 X 染色体中有一条被随机地失活了，以此达到与雄性动物细胞基因剂量的平衡。这种随机失活的染色体可以是来自父本的也可以来自母本的，而且一个细胞中某条 X 染色体一旦失活，便会传递到子细胞继续呈现失活状态。所以在一些细胞中是一条 X 染色体有活性，而在另一些细胞则是另一条 X 染色体有活性。这种两条 X 染色体随机失活的结果是，导致表达不同色素的毛细胞（hair cell）在皮肤表面出现随机分布的状态，于是雌性动物便产生出花斑的皮毛。X 染色体随机失活使雄性和雌性细胞具有同等数量的活性的 X 染色体，即两者都只具有一条有活性的 X 染色体（图 11-9）。

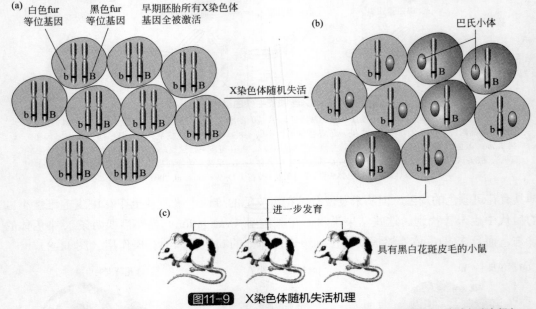

图11-9　X染色体随机失活机理

（a）代表小鼠早期胚胎的一组细胞。开始两条 X 染色体都有活性。（b）在胚胎发育的早期阶段，每个细胞中都出现了一条 X 染色体发生随机失活的情况。这种模式随着胚胎成熟一直维持到成体。（c）具黑白相间皮毛的小鼠（据 R. J. Brooker, 2012，改绘）

M. Lyon X 染色体失活假说一经提出，很快便得到了 Ernest Beutler 有关另一种 X-连锁的葡萄糖 -6- 磷酸脱氢酶（glucose-6-phosphate dehydrogenase，G6PD）基因工作的证实。G6PD 酶的缺乏会导致贫血症，而且此种症状在人类群体中有广泛的分布。其中女性体细胞虽含有两条 X 染色体，但其 G6PD 酶的活性水平却与男性的相同，说明它的两条 X 染色体中有一条是失活的，显示出典型的剂量补偿效应。在具有 G6PD 突变的女性杂合子个体中，有两种血红细胞群体，其一表达 G6PD 酶，另一则缺乏 G6PD 酶。这个事实证明具有野生型 G6PD 基因的 X 染色体，在表达 G6PD 酶的细胞中是有活性的，而带有突变型 G6PD 基因的 X 染色体，则在另外一些细胞中是有活性的。这个事实又一次表明 X 染色体的失活作用是随机发生的。从具有两种 G6PD 同工酶 GdA 和 GdB 的 6 名女性杂合子身上取下的皮肤活组织（skin biopsies），经胰蛋白酶处理后进行单克隆细胞培养。对由此培养而成的单克隆细胞系作 G6PD 酶分析，结果进一步证实了上述这个发现的正确性。这些克隆要么表达同工酶 GdA，要么表达同工酶 GdB，但不会同时表达 GdA 和 GdB。这说明细胞中虽然有一对分别编码同工酶 GdA 和 GdB 的等位基因，但它们各自都只在一条 X 染色体上表达。因此由于 X 染色体随机失活的结果，这两种同工酶便不可能在同一个克隆中同时表达。这个实验同样也证明了一条给定的 X 染色体的失活状态，在有丝分裂过程中是保持不变的。

3. 假常染色体区

起先 Lyon 假说认为，雌性哺乳动物体细胞的两条 X 染色体中，会有一条被随机地失活。但是仔细检测基因表达的情况后发现，在失活的 X 染色体上并非所有的基因都是沉默的。例如 *Xist* 基因和类固醇硫酸酯酶（steroid sulfatase）基因，都是由失活的 X 染色体转录的。因此，1974 年 M. Lyon 进一步指出，失活的 X 染色体只是局部区段失活了，而非全部。

2005 年，Laura Carrel 和 Huntington F. Willard 报告了对失活的 X 染色体基因活性进行大规模检测的结果。他们的工作证明，在失活的 X 染色体上被认为沉默的基因，有时也是能够表达的，从而改变了关于 X- 连锁基因是失活的观点。在 L. Carrel 等人的实验中，他们以啮齿类动物 / 人体杂种细胞为材料，应用实时 PCR 技术分析人活性 X 染色体（Xa）和失活 X 染色体（Xi）的基因表达状况。包括测定 RNA 转录本水平，并检测是否只在含 Xa 染色体的杂交系中发生基因表达。如果是如此，则说明定位在 Xi 染色体上的基因是失活的。同时还检测了 Xa 杂交系和 Xi 杂交系中 X 转录本的情况，结果发现有些基因逃脱了 X 染色体的失活效应。

有关科学工作者总共检测了分别来自 9 个 Xi 染色体杂交系的 624 个基因，结果令人惊奇。虽然 75% 的基因处于永久的沉默状态，但也有大约 15% 的基因逃脱了 X 染色体的失活效应，另外的 10% 基因在不同的女性个体之间其表达水平是有所差别的。这些逃脱了失活效应的基因在 X 染色体上呈成簇分布状态。这表明它们是在染色体结构域水平上受到调控的。这个基因簇主要聚集在 X 染色体短臂末端的假常染色体区（pseudoautosomal region，PAR）。

一般认为哺乳动物的 X 和 Y 染色体，是从同一对始祖常染色体（ancestral autosomes）趋异进化来的。因此 X 和 Y 染色体短臂末端之 PAR 区域之间具有很高的序列同源性，能够发生重组。所以定位在 PAR 区的基因是两条性染色体之间共有的。这些发现具有许多重要的意义。在两条 X 染色体上的 PAR 区基因都具有表达活性，因此雌性细胞中它们的表达水平是雄性细胞的两倍。所以定位在 PAR 区的基因，是两性异形特征（sexually dimorphic traits）的潜在贡献者，并可用来解释在 X 连锁条件下雌性杂合子之间存在的表型变异性。

二、哺乳动物X染色体剂量补偿效应的分子机理

1. X- 失活中心

X 染色体和常染色体之间发生的某些易位作用，会使因此而形成的重组染色体上与 X 染色体区域相连的常染色体基因失活。对携带此类重组染色体的患者分析表明，X 染色体上存在的一种称为 X- 失活中心（X-inactivation center，Xic）的特殊区段，会引起相关基因沉默，而且这种沉默效应还会沿着与 X 染色体连接的常染色体区段传播出有限的距离。如果易位的常染色体是同缺失了 Xic 区段的 X 染色体片段连接，那么此段常染色体上的基因便不会发生沉默现象。不过探索基因沉默与 Xic 活性之间关系的分子本质，尚需作进一步深入的研究。

2. X 染色体的失活过程

有关的科学工作者已对小鼠 X 染色体失活过程作了细致的研究。其方法是通过在 X 染色体上引入双位点缺失，并将此缺失下来的 X 染色体片段插入常染色体位点。X 染色

体片段的精确缺失，有助于断定哪一个区段是正确沉默的必要成分，而在基因的其他位置插入 X 染色体片段，则有助于鉴定基因沉默所需要的最短序列。

在 X 染色体失活过程中，两个非编码的 RNA 基因 *Xist* 和 *Tsix* 及其附近序列，起到重要的作用。其中 *Tsix* 基因是 *Xist* 基因的反义链转录本。虽然一个诱导型的 *Xist* 转基因能够直接地诱发一条 X 染色体失活，但是随后的实验证明 X 染色体上的其他序列却是确保发生正确的 X 染色体失活的必要条件。X 染色体失活的过程分为如下 4 个步骤。

第一步，细胞对所拥有的 X 染色体条数以某种方式进行检测，以便从全部 X 染色体分子中挑出一条保持活性，其余的都将要被失活。

第二步，如果细胞有两条 X 染色体，则从中选出一条准备失活的 X 染色体。

第三步，在此条被选择出来的准备失活的 X 染色体上，启动基因沉默过程。

第四步，基因沉默信号扩散到整条 X 染色体。

3. *Xist* RNA 基因

应用由 X 染色体转录本之 cDNA 构建的 cDNA 文库，经分析发现了一种雌性特异的 cDNA 克隆。该 cDNA 克隆的 RNA 转录本叫做 *Xist*，它的表达状况与失活的 X 染色体之间存在着密切的相关性。因此，*Xist* RNA 仅出现在雌性动物而不存在于雄性动物细胞中。从 X 多体性（polysomy）个体，诸如 XXY、XXXY 和 XXXXY 中分离的细胞系，其 *Xist* 转录本的表达水平，要比正常的只有单拷贝失活 X 染色体的 XX 细胞的表达水平高得多。

失活的 X 染色体数量与 *Xist* RNA 之间的相关性，使人们急切地以为 *Xist* RNA 是由失活的 X 染色体转录来的。但是这需要对分离的失活的 X 染色体和有活性的 X 染色体在离体条件下进行研究，方能获得确切的证据。显而易见，我们有可能构建只含有一条人染色体和全套小鼠染色体组的鼠-人杂种细胞系（mouse-human hybrid cell lines）。其办法是将小鼠细胞和人类细胞混合后，再加入仙台病毒（Sendai virus），或是诸如聚乙二醇这样的化学试剂处理，以便诱发细胞膜融合。如此混合培养获得的杂种细胞，起初含有全部的小鼠和人的染色体，但随着细胞的分裂和增殖，大部分人源染色体便会自发地随机丢失，直至最后只剩下少数几条甚至只有一条人的染色体。按这种方法获得的融合细胞，不会影响 X 染色体的失活作用，因此只有一条人 X 染色体处于失活的状态，另一条则仍然保持着活性状态。如此便可制备到含有活性的或是失活的人 X 染色体的鼠-人杂种细胞系。按照 Northern 杂交程序检测这些细胞系中 *Xist* 基因的表达情况，结果清楚地显示，*Xist* 转录只发生在含有一条失活的 X 染色体的细胞系中（图 11-10）。由此可见，位于失活的 X 染色体上的 *Xist* 基因也是有转录活性的。

鼠-人杂种细胞系，是用携带着由 X 染色体和常染色体之间易位作用形成的重组染色体的女性细胞，同小鼠细胞融合构成的。它同样也可以用来绘制从 *Xist* 到 *Xic* 这一段染色体序列的遗传图。每一个这种鼠-人杂种细胞系的细胞，都带有一个具不同部分 X 染色体的重组染色体。对每一个这类细胞系（它的 X 失活状况是已知的）*Xist* 转录本进行分析，揭示出 *Xist* 是定位在 X 失活中心 *Xic* 的区段上。

但对分离的全长 *Xist* 基因作了测序之后并没有发现有蛋白质编码序列。有趣的是原位杂交显示 *Xist* RNA 存在于细胞核，并且定位在失活的 X 染色体上。在多体性 X 染色体 XXX 和 XXXXX 细胞中，有多个巴氏小体（每个巴氏小体相当于一条失活的 X 染色体）均出现有 *Xist* RNA 的杂交条带。这又似乎说明 *Xist* RNA 是以某种目前尚不知道的方式，缠绕在失活的 X 染色体和沉默的基因上。

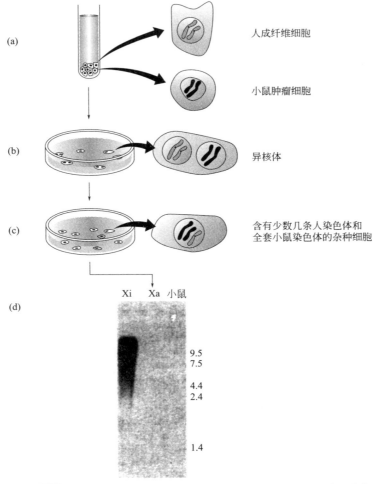

图11-10 体细胞融合技术证明*Xist* RNA系失活的X染色体的转录产物

（a）用融合剂制备小鼠肿瘤细胞和人成纤维细胞的杂种细胞。（b）杂种细胞经过培养融合形成的异核体（heterokaryon）。
（c）杂种细胞的选择与无性繁殖。杂种细胞含有少数几条人染色体，但携带着全套的小鼠染色体成员。（d）*Xist* 基因表达状况的 Northern 杂交分析。图中 Xi 表示 X 染色体失活的杂种细胞系；Xa 表示 X 染色体有活性的杂种细胞系
（转引自 J. D. Watson et al, 2007）

这些实验结果暗示 *Xist* 基因的转录活性同失活的 X 染色体是有关联的，但是 X 染色体沉默果真需要 *Xist* 的参与吗？已经构建出 *Xist* 基因定位缺失的工程小鼠。实验观察表明，在这些工程小鼠中，*Xist* 基因缺失的 X 染色体永远不会沉默。所以这就证实了 *Xist* 基因的确是造成 X 染色体沉默的必要条件。但是 *Xist* 基因本身能够起始沉默吗？为了回答这个问题，科学工作者们将置于诱导型启动子控制之下的 *Xist* 基因转化到小鼠的胚胎干细胞系（ES 细胞系），由此构建的转基因小鼠的 ES 细胞，证明了 *Xist* 基因是能够造成 X 染色体失活的。当转基因 *Xist* 被诱导表达时，其转录本 *Xist* RNA 是定位在整合着转基因

的染色体上，并同时诱导该染色体上的基因发生沉默。当转基因 *Xist* 是插入在雄性小鼠细胞的 X 染色体上并启动表达时，此受体细胞便会死亡。这是因为转基因 *Xist* 引起雄性小鼠体细胞中的单拷贝 X 染色体失活，致使许多必要基因进入沉默状态。

Xist 基因诱发相关染色体基因沉默的能力，取决于细胞的分化状态。如果 ES 细胞在 *Xist* 被诱导表达之前已经分化，转基因 *Xist* 就不再能够诱导基因沉默。另外，在未分化的 ES 细胞中，转基因 *Xist* 只有当其被诱导表达时才能诱发相关基因沉默，而如果从培养基中撤走 *Xist* 基因的诱导剂，正常的基因表达便得以恢复。ES 细胞的分化扳动了 X 染色体的失活过程。在开始分化的细胞中，有一个短暂的时间，若在此时撤去 *Xist* 诱导剂，基因的沉默便会被解除。但是，随着细胞分化继续进行，*Xist* 扳动的基因沉默便进入不可逆转的状态。事实上 *Xist* 可以从失活的 X 染色体上缺失掉，而不会阻断染色体上其他基因的沉默。

4. *Tsix* RNA 基因

许多研究小组在对 X 染色体失活中心进行鉴定时，都注意到 *Xist* RNA 并不是所发现的唯一的转录本。除此之外还发现了另一种较长的转录本 *Tsix* RNA，它是 *Tsix* 基因的转录产物，并与 *Xist* 转录本方向相反且完全重叠。所以这种转录本，即 *Tsix* RNA 是按照 *Xist* 基因字母顺序的反方向命名的。与 *Xist* 基因一样，*Tsix* 基因也不存在开放读码框，因此二者都是非编码的 RNA 基因。但 *Tsix* 基因在保留活性的 X 染色体上表达，而 *Xist* 基因则是从失去了活性的 X 染色体上转录的。这两个 RNA 基因的转录本能够彼此拮抗，*Tsix* 基因对 *Xist* 基因的转录调节起到顺式抑制作用。

Tsix 基因表达的 RNA 分子是同 *Xist* 基因的转录本互补的。在 ES 细胞中，*Tsix* 从两条 X 染色体高水平表达，而 *Xist* 则低水平表达。随着细胞分化的启动，一条 X 染色体被选择性地失活了。*Tsix* 基因表达便迅速地成为活性的 X 染色体的限制因素，因而该活性的 X 染色体 *Xist* 基因的表达水平便逐渐地下降并最终消失了。同时，即将失活的 X 染色体上 *Xist* 基因的表达活性上升，而 *Tsix* 基因的表达活性下降。一旦 X 染色体处于失活状态，其上的 *Tsix* 基因便完全沉默。而位于活性的 X 染色体上的 *Tsix* 基因仍将继续转录一段相当长的时间。

在 *Tsix* 基因缺失的雌性杂合小鼠中，存在着 *Tsix* 基因缺失的 X 染色体优先失活的现象，这说明 *Tsix* 基因的转录作用是 X 染色体保持活性的一个必要的条件。正如预测的那样，如果 *Tsix* 基因有助于抑制由 *Xist* 基因诱发的染色体沉默，那么携带着过表达的 *Tsix* 转基因的 X 染色体应该总是有活性的。但是在雄性细胞中，绝不会引发 X 染色体失活，具有一个 *Tsix* 启动子缺失的 X 染色体仍然有活性。因此，只有当必须选择出一条活性 X 染色体时，才需 *Tsix* 基因的表达。

5. *Xite* 区

小鼠 X 染色体的进一步缺失实验鉴定出另一个区域 *Xite*，它启动 *Tsix* 基因表达，因此可促进对活性 X 染色体的选择。在不同的小鼠品系中此段 *Xite* 区段具有多态性。一般认为该区段中转录起点的活性，可能是同将被选择为保留活性的 X 染色体有关，所以 *Xite* 区段的多态性可能有其相应的生物学意义。如在细胞发生染色体失活阶段，*Xite* 区和 *Tsix* 区能够指导 X 染色体配对。

三、哺乳动物维持X染色体稳定失活状态的分子机理

哺乳动物 X 染色体失活作用，是由 X 失活中心（X inactivation center，XIC）的一个调节域控制的。在 X 失活中心起关键性功能作用的 *Xist* RNA 基因，由它转录生成的 RNA 叫做 X 失活特异的转录本（X inactive specific trancript）。在 X 失活作用开始之前，位于两条 X 染色体上的两个 *Xist* 等位基因和一条重叠的反义转录本 *Tsix* 被低水平地表达。在分化期间，当 X 染色体被诱导开始失活时，其 *Xist* 转录本表达水平上调，而具有一种抑制作用的 *Tsix* 基因的表达水平下调，最终变成失活的 X 染色体。激活的 X 染色体活性需要顺式的 *Tsix* 基因持续表达（图 11-11）。在激活的 X 染色体上的 *Xist* 基因受负调节，而在失活的 X 染色体上则受 *Jpx* 转录本的正控制。虽然说有关失活的 X 染色体沉默起始的分子机理，至今仍不十分清楚，有待今后进一步深入研究。但我们已经知道，两条同源 X 染色体准备失活的一条受到 *Xist* 转录本的辅激作用，是其沉默起始过程的核心事件，而 *Xist* 基因的表达则是受到 RNA 开关系列精确调节的。在此种开关中 *Jpx* 基因表达的 RNA 是激活物，而 *Tsix* 基因表达的 RNA 是抑制物。

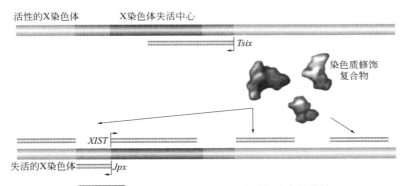

图11-11 X染色体失活作用的启动与稳定的维持

体细胞中一条 X 染色体的随机失活，是由于该染色体与 *Xist* 转录本及染色质修饰复合物募集之间的辅激活作用引发产生的。*Xist* 基因的表达受到活性的 X 染色体中 *Tsix* 基因的抑制和位于失活的 X 染色体中的 *Jpx* 基因的上调
（据 L. A. Allison, 2012）

失活 X 染色体的特征是发生了一系列表观遗传染色质修饰，包括组蛋白 H3 的甲基化，组蛋白 H4 低度乙酰化（hypoacetylation），异型组蛋白大分子量 H2A（variant histone macro H2A）的富集以及 DNA 的甲基化。在失活的 X 染色体中，许多 CpG 岛都被高度地甲基化。*Xist* 基因的功能之一是直接或间接地募集多蜂类蛋白质（polycomb group proteins，Pc），其中包括组蛋白修饰酶。随后 X 染色体失活状态的维持便与 *Xist* 基因无关。*Xist* RNA 及其他的表观遗传修饰作用，是如何指向沿着失活的 X 染色体分布的各个位点，以及失活作用如何遍布全长 155Mb 的 X 染色体，所有这些问题我们仍然不甚了解。但是超过三分之一长度的 X 染色体是由重复的长散布元件（LINE-1）构成的。这种分布状态使人们有理由猜想，LINE-1 的功能可能作为 X 染色体失活过程的加油站。

四、果蝇性染色体的剂量补偿效应

不仅在高等哺乳动物中存在着 X 染色体的剂量补偿效应，而且在低等的无脊椎动

物诸如果蝇和秀丽隐杆线虫中，也先后发现了性染色体的剂量补偿现象。这说明性染色体的剂量补偿在动物界是相当普遍的，但它们的作用机理却有明显的差别。在哺乳动物中，是通过启动 X 染色体随机失活的方式实现雌雄个体间性染色体剂量的平衡；而秀丽隐杆线虫和果蝇则不然，它们是以改变性染色体的转录活性达到雌雄个体间性染色体剂量的平衡。

黑腹果蝇除了三对常染色体之外，还有一对性染色体，雄性的为 XY，雌性的为 XX。Hermann Muller 首先观察到果蝇 X 染色体上控制眼睛色素形成（pigmentation）的 w 基因座，存在着剂量补偿现象。野生型基因 w^+ 产生红色的眼睛，而突变体的等位基因 w^a 产生橙黄色的眼睛。H. Muller 注意到纯合子的雌果蝇（w^a/w^a）和具单拷贝 w^a 及单拷贝 Y 的雄果蝇（w^a/Y），具有同样的眼色。这意味着在果蝇中存在有某种方式的调节机理，才能使单拷贝的 w^a 和双拷贝 w^a 具有同等的表型效应。应用在一条缺陷性的 X 染色体（delX）上带有一个额外拷贝 w^a 基因的雄性和雌性果蝇品系，对 X 染色体的剂量效应作了进一步的研究。之所以使用 delX 这种 X 染色体片段，是因为具有完全的三条 X 染色体的果蝇是不能成活的，而具有 XXY 染色体的果蝇又是雌性的。结果表明，具有 3 个拷贝的 w^a 基因的雌果蝇的眼睛几乎接近于红色，而具有双拷贝 w^a 基因雄果蝇的眼睛也同样接近于红色（图 11-12）。这个结果符合前述在双拷贝 w^a 基因的雌果蝇和单拷贝 w^a 基因的雄果蝇所揭示的 X 染色体剂量补偿效应的分子机理。

果蝇的 X 染色体连锁基因剂量补偿效应，是通过雄果蝇体细胞中单拷贝 X 染色体转

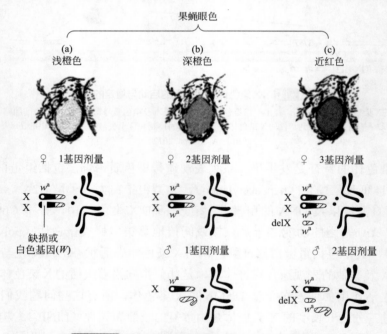

图11-12 黑腹果蝇X染色体基因的剂量补偿效应

控制果蝇眼睛色素形成的野生型基因 w^+ 及其橙黄色等位基因 w^a 是定位在 X 染色体上。（a）具单拷贝 w^a 基因的雌果蝇形成浅橙色的眼睛，而不是野生型的红色眼睛；（b）具有单拷贝 w^a 基因的雄果蝇和具双拷贝的 w^a 基因的纯合子（w^a/w^a）雌果蝇，其眼睛的颜色是一样的，均为较深的橙色；（c）具 3 个拷贝 w^a 基因的雌果蝇和具双拷贝 w^a 基因的雄果蝇，两者眼睛的颜色都近乎是红色（转引自 J. D. Watson et al, 2007）

录活性增加获得的。而哺乳动物则不然，它是通过使雌性体细胞中双拷贝 X 染色体随机失活一条实现的。尽管果蝇中的此种调节机理与在哺乳动物中发生的机理截然不同，但在果蝇中发现的这种 X 染色体连锁基因剂量补偿效应（sex chromosome dosage compensation），为哺乳动物性染色体剂量补偿效应的解释提供了思想启迪。

1. 果蝇 6- 磷酸葡萄糖酸脱氢酶基因表达活性分析

无论是表型特征分析还是酶学活性检测，均表明在果蝇的 X 染色体上有许多种基因都能够发生剂量补偿效应。然而实验分析却清楚地显示，果蝇体细胞中的两条 X 染色体都是有表达活性的。因此这些基因的剂量补偿效应，显然不可能是按照哺乳动物的 X 染色体随机失活机理进行的。那么果蝇 X 染色体的剂量补偿究竟是遵循着何种特殊机理的呢？果蝇 6- 磷酸葡萄糖酸脱氢酶（6-phosphogluconate dehydrogenase，6-PGD）基因的表达活性分析，为回答这个问题提供了最有说服力的实验证据。

果蝇的 6- 磷酸葡萄糖酸脱氢酶有两条不同的多肽亚基 A 和 B，分别由两个不同的等位基因编码。这两条 6-PGD 的多肽亚基由于分子大小差别的缘故，在凝胶电泳中呈现出不同的迁移率。在体细胞内它们一旦翻译生成便会迅速地聚合成二聚体。故成熟的 6-PGD 有两种不同的同工酶 6-PGD（AA）和 6-PGD（BB），它们分别由两种不同的纯合子果蝇品系表达。让这两种果蝇进行杂交，并对其后代杂合子雌果蝇的 6-PGD 产物作凝胶电泳分析。结果在凝胶电泳谱带上出现了一条其电泳迁移率介于同型二聚体 AA 和 BB 之间的新的电泳条带（图 11-13）。它很可能是由多肽 A 和 B 聚合成的异型二聚体 AB。因为此类二聚体的组装是在 A 和 B 多肽合成之后马上发生的，因此在杂合子雌果蝇中出现的这种中间大小的二聚体，便证明了在杂合子细胞中两条 X 染色体都是具有表达活性的。

为了验证中间的电泳条带的确就是异型二聚体 AB，人们又设计了两组对照实验。其中一组将同型二聚体 AA 和 BB，不经变性处理便直接混合在试管中温育。另一组则向试管的混合物中先加入变性剂作变性处理，然后转移到透析袋中进行透析使之复性，并形成异型二聚体。这些样品的凝胶电泳分析显示，对照一组中出现了两条同型二聚体 AA 和 BB 的条带，而对照二组则只出现一条与异型二聚体 AB 具同样电泳迁移率的条带（图 11-13）。这些结果首先说明了未经变性和复性处理的 AA 和 BB 混合物，是不能形成异型二聚体 AB 的；只有经变性和复性处理而得以局部再折叠的 AA 和 BB 的混合物，才能形成异型二聚体 AB。因为我们已经讲过，在细胞中 A 和 B 这两种多肽亚基翻译生成之后，便会迅速地聚合成二聚体结构。此外这些结果也直接证明了迁移率介于 AA 和 BB 之间的电泳条带的确就是 AB 异型二聚体。说明在雌性杂合子果蝇的每个体细胞中，两条 X 染色体都是同时具有活性的。

2. 果蝇 X 染色体剂量补偿效应的分子机理

理论分析告诉我们，在保持所有 X 染色体均具有活性的前提条件下，要使雌雄果蝇之间实现 X 染色体基因剂量的平衡有如下两种不同的途径：其一是，雄果蝇体细胞中单拷贝的 X 染色体基因各自具双倍的高效率的表达活性；其二是，雌果蝇体细胞中双拷贝的 X 染色体基因的表达活性各自减半，两者合起来才到正常活性的单拷贝 X 染色体基因的表达水平。果蝇究竟采用哪一种策略呢？为了回答这个问题，需要应用灵敏的同位

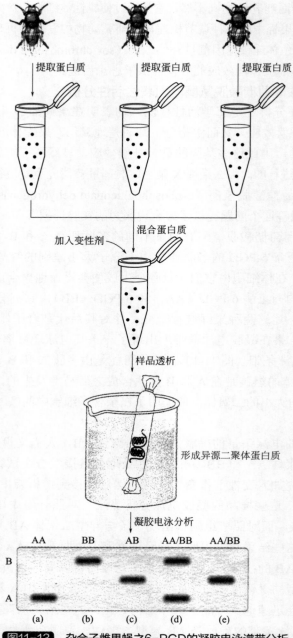

提取蛋白质　　提取蛋白质　　提取蛋白质

加入变性剂　　混合蛋白质

样品透析

形成异源二聚体蛋白质

凝胶电泳分析

　　AA　　BB　　AB　　AA/BB　AA/BB

B

A

(a)　　(b)　　(c)　　(d)　　(e)

图11-13　杂合子雌果蝇之6-PGD的凝胶电泳谱带分析

AA 同型二聚体的电泳迁移率比 BB 同型二聚体快，故 AA 走在胶的前面，BB 走在胶的后面。AB 异型二聚体的电泳迁移率介于 AA 和 BB 之间，故走在两者的中间位置。(a) AA 纯合子；(b) BB 纯合子；(c) AB 杂合子；(d) 变性之前 AA 和 BB 纯合子的混合物；(e) 变性后再复性的 AA 和 BB 纯合子的混合物

素标记技术，检测果蝇 X 染色体的转录活性。

　　为此特别设计了如下的实验。首先把从果蝇唾腺（salivary glands）中分离的细胞同带放射性标记的核糖核苷酸一道温育，然后与 X 射线底片在低温下曝光。由此所获得的放射自显影图片显示，在果蝇唾腺细胞染色体上存在着高活性的转录区。根据放射自显

影图片统计银粒的数量（它代表着转录活性位点的数量）得出的结果是：雌性果蝇唾腺细胞 3 号染色体与双拷贝 X 染色体转录活性位点的比值为 1.62；而雄性果蝇唾腺细胞 3 号染色体与单拷贝 X 染色体的这个比值为 1.65，与前者的相当接近。这个数字统计十分有力地说明，雄果蝇是以成倍提高单拷贝 X 染色体表达活性的途径，来达到与具有双拷贝 X 染色体的雌果蝇之间基因剂量的平衡。也就是说，雄果蝇 X 染色体的转录活性，是雌果蝇每条 X 染色体的两倍。

在雄性果蝇体细胞中，这种单拷贝 X 染色体的增量表达，有一部分是受定位在 X 染色体上的非编码的 RNA 基因调节的。与哺乳动物的 *Xist* 基因不同，果蝇的这些非编码 RNA 的作用是促使 X 染色体增加转录活性，而不是使其失去活性。导致雄果蝇致死的基因突变分析发现，有许多基因对于雄果蝇的存活都是必要的因素。在 X 染色体上已找到了两个基因 *roX1* 和 *roX2*，它们与 *Xist* 基因一样也是表达非编码的 RNA。这些 RNA 能够与位于 X 染色体上的它们自身的转录序列区结合，从而激活 X 染色体的表达活性。

五、秀丽隐杆线虫性染色体的剂量补偿效应

雄性及雌雄同体秀丽隐杆线虫体内 X- 连锁的 mRNA 水平的精确测定，揭示出了秀丽隐杆线虫特有的 X 染色体基因剂量补偿机理。它采用的是既有别于哺乳动物也不同于果蝇的另一种策略，亦即使 XX 雌雄同体秀丽隐杆线虫中的每一条 X 染色体的表达活性，都下降到只及 XO 雄性秀丽隐杆线虫中的 X 染色体表达活性的一半。因此携带双拷贝 X 染色体基因的雌雄同体秀丽隐杆线虫，与携带单拷贝 X 染色体基因的雄性秀丽隐杆线虫拥有同等水平的 mRNA 含量，从而实现不同性别秀丽隐杆线虫个体之间的 X- 连锁基因的剂量平衡。

已知在秀丽隐杆线虫性别决定和剂量补偿的调节途经中，存在着包括 *xol-1*、*sdc* 及 *her-1* 等若干个性别决定基因。其中 *xol-1* 是一种主要的开关基因，它的表达活性是由 X：A 比值决定的，并且还参与指令性别决定和剂量补偿途径究竟是趋于雄性方向发育，还是向着雌雄同体方向发育。*sdc* 是秀丽隐杆线虫性别决定和剂量补偿缺陷的基因，总共有 3 个，其编码产物都是组成剂量补偿复合物 DCC 的蛋白质成分。这 3 个基因的表达活性受到 *xol-1* 基因编码产物 XOL-1 蛋白的负调节，也就是说 XOL-1 蛋白在高浓度的情况下会抑制 *sdc* 基因的表达活性。*her-1* 是抑制 XO 秀丽隐杆线虫形成雌雄同体的基因，它的表达活性受到 *sdc* 基因编码蛋白的负调节。

因此在 XO 秀丽隐杆线虫的胚胎中，因为 X：A 的比值为 0.5，所以 *xol-1* 基因活跃表达出高水平的 XOL-1 蛋白。我们知道作为 *sdc* 基因负调节物的 XOL-1 蛋白，在高浓度的情况下便会抑制 *sdc* 基因的表达活性，从而使其编码产物 SDC 蛋白的含量水平下降而无法组装成 DCC 复合物。其结果是造成剂量补偿效应途径关闭，于是抑制雌雄同体形成的性别决定基因 *her-1* 便进入活跃表达的状态，从而控制胚胎向雄性方向发育。而在 XX 秀丽隐杆线虫胚胎中，由于 X：A 比值为 1，此时 *xol-1* 基因的表达活性受抑制，XOL-1 蛋白含量水平下降。于是 *sdc* 基因表达活性上升合成出高水平的 SDC 蛋白，进而组装成 DCC 复合物。其结果是导致剂量补偿效应途径开启，*her-1* 基因的表达活性被抑制，最终使胚胎向雌雄同体方向发育。

性染色体剂量补偿效应，是一种控制早期胚胎发育事件的表观遗传调节方式，并且在细胞有丝分裂过程中能够稳定地传递到下一代子细胞。此外，性染色体剂量补偿效应，同样也是一种控制真核基因表达的表观遗传调节方式。因此它对于控制真核生物早期胚胎发育及其基因表达的调节方面，都具有相当重要的意义。

第三节

DNA甲基化与表观遗传

　　DNA 甲基化作用，是早已知道的能够抑制基因表达活性的一种表观遗传效应。所谓 DNA 甲基化通常是指在 DNA 甲基转移酶（DNA methyltransferase，DNMT）的催化作用下，把甲基（—CH$_3$）添加到 DNA 大分子的胞嘧啶碱基上，使之修饰成 5- 甲基胞嘧啶（5-methylcytosine，5-mC）的生化反应过程。甲基对于 DNA 分子中的胞嘧啶碱基具有特殊的亲和性，因此甲基转移酶从诸如叶酸和维生素 B$_{12}$ 等基本营养成分中取得甲基后，便很容易转移给 DNA 分子中非甲基化的胞嘧啶碱基上，使之发生甲基化修饰作用。这便是 DNA 的甲基化作用通常是发生在胞嘧啶碱基上的缘故（图 11-14）。

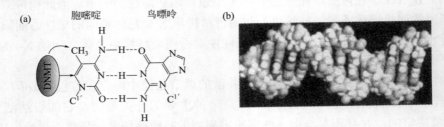

图11-14　DNA分子中胞嘧啶碱基的甲基化作用

（a）在胞嘧啶碱基之嘧啶环的 C-5 位，加上一个—CH$_3$ 基团形成 5-mC。但由于氢键性质没有发生改变，因此不会从空间上影响 GC 碱基配对。在甲基转移过程中，DNA 甲基转移酶同 C-6 位共价结合。（b）在两条自我互补的 C$_p$G 序列之胞嘧啶部位发生的 B- 型 DNA 甲基化模型。其中配对的甲基组分位于双螺旋的大沟内（转引自 C. D. Allis et al, 2007）

　　除了 5- 甲基胞嘧啶修饰外，细胞 DNA 还存在着另一种羟甲基化修饰形式，即 5- 羟甲基胞嘧啶（5-hydroxymethylcytosime,5-hmC）修饰。5-hmC 是通过双加氧酶家族 TET 介导 5-hmC 氧化产生的，是 5-hmC 的羟基化形式。它在多种哺乳动物细胞中都存在，特别在人体干细胞和脑细胞的 DNA 序列中含量尤其丰富，而在其他类型细胞中含量则较低。

一、DNA甲基化的检测技术

　　正确检测 DNA 甲基化的位点，是研究甲基化的表观遗传效应及其他生物学功能的基本前提。但甲基化的胞嘧啶碱基仍然具有与鸟嘌呤碱基正常配对的化学特性，同时在 PCR 扩增过程中结合在胞嘧啶碱基上的甲基往往又会丢失掉，因此甲基化位点的检测显然要比核苷酸测定困难。随着技术的发展，近年来已相继发展出了许多种分离纯化甲基化 DNA 的方法及测定 DNA 甲基化位点的定位技术。主要有甲基化作用敏感的限制酶切割法、亚硫酸氢盐转变法（bisulfite conversion）、亲和层析纯化法以及微阵列法等。

1. 甲基化作用敏感的限制酶切割法

有些限制性内切核酸酶的识别位点含有 C_pG 二核苷酸序列。在这类限制酶中，有的只能切割非甲基化的识别位点而不能切割甲基化的识别位点，也有的不论是甲基化的还是非甲基化的识别位点均能切割。根据这个原理建立的 DNA 甲基化位点的检测技术，叫做甲基化敏感的限制酶切割法。常见的 C_pG 甲基化模式，就是应用此种方法鉴定出来的。我们知道限制性内切核酸酶 *Hpa* II 和 *Msp* I 是一对同裂酶，二者具有同样的识别序列 5′-C CGG-3′。但前者只能切割非甲基化的识别序列 5′-C CGG-3′，而不能切割甲基化的识别序列 5′-CmCGG-3′，故其切割频率相对较低。于是由 *Hpa* II 消化切割的 DNA 样品生成的较大分子量的甲基化片段，经过凝胶电泳后便得到了富集。但后者无论是对于非甲基化的还是甲基化的识别序列都可发生切割作用，所以它的切割频率明显提高，几乎平均每隔 256bp 就要切割 DNA 分子一次。因此用 *Msp* I 切割 DNA 会生成许多短小的片段，这些小片段经琼脂糖凝胶电泳便会走出胶外而丢失掉。根据这种特性，应用这一对同裂酶分别对同样的甲基化的 DNA 样品作酶切消化反应，经凝胶电泳后进行 Southern 印迹比较分析，便可确定 DNA 样品是否发生了 C_pG 模式的甲基化作用（图 11-15）。此种 DNA 甲基化位点的定位技术的全称，叫做 C_pG 二核苷酸序列限制酶切割法。它的优点在于可以对大范围的基因组 DNA 进行分析，缺点是只适用于具有特定限制酶识别位点的 C_pG 二核苷酸序列。

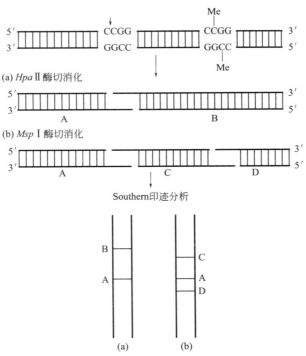

图11-15 限制酶切割法定位DNA甲基化位点

（a）限制性内切核酸酶 *Hpa* II 切割消化样品 DNA，生成 A 片段和 B 片段；（b）限制性内切核酸酶 *Msp* I 切割消化样品 DNA 生成 A 片段、C 片段和 D 片段。由于分子量大小的差异，这些片段在凝胶电泳中走在不同的位置

2. 亚硫酸氢盐转变法

甲基化的与非甲基化的胞嘧啶碱基具有相同的碱基配对特性，因此应用标准的DNA测序技术无法辩别何者是甲基化的何者是非甲基化的。已知在体外高pH值的条件下，化学诱变剂亚硫酸氢盐能够促使单链DNA分子中非甲基化的胞嘧啶碱基发生脱氨基作用，转变成尿嘧啶碱基；而甲基化的胞嘧啶碱基受到6-环位置与5-甲基基团之间的位阻（steric hindrance）影响，阻碍了它同亚硫酸氢盐的反应，因而在体外的情况下不会发生脱氨基作用，仍然保持着原样不变的状态。因此，亚硫酸氢盐处理的DNA经PCR扩增后，应用标准的核苷酸序列测定技术便可准确地检测出甲基化的胞嘧啶碱基位点。其中非甲基化的胞嘧啶碱基读T，而甲基化的胞嘧啶碱基仍然读C。此种DNA甲基化位点定位技术称为亚硫酸氢盐转变法，亦叫做亚硫酸氢盐DNA测序法（bisulfite DNA sequencing）（图11-16）。

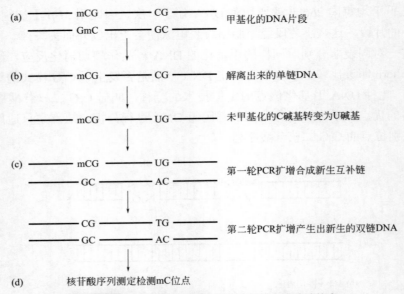

图11-16　亚硫酸氢盐转变法检测甲基化胞嘧啶位点

（a）甲基化DNA片段的碱变性作用；（b）在适当的条件下，用亚硫酸氢钠处理单链的DNA，使未甲基化的胞嘧啶碱基（C）脱氨基成尿嘧啶碱基（U）；（c）PCR扩增的结果使尿嘧啶碱基（U）转变为胸腺嘧啶碱基（T）；（d）PCR扩增产物的测序，检测甲基化胞嘧啶碱基位点

应用亚硫酸氢盐转变法测定DNA分子中甲基化胞嘧啶碱基位点的实验过程，主要包括如下几个步骤。

第一步，取一定数量的甲基化的基因组DNA片段，在体外试管中进行碱变性，使之双链解离成两条自由状态的互补单链。

第二步，用亚硫酸氢钠（sodium bisulfite，$NaHSO_3$）处理单链的DNA，并仔细控制好实验条件，使所有非甲基化的胞嘧啶碱基脱氨基转变成尿嘧啶碱基，而甲基化的胞嘧啶碱基却不发生脱氨基作用，仍然保持原来的状态。

第三步，根据富含 C_pG 二核苷酸的目标DNA区段两侧的核苷酸序列，设计一对引物对甲基化的和非甲基化的目标DNA片段分别进行PCR扩增。结果U碱基转变为T碱基，原先非甲基化的 C_pG 二核苷酸转变为 T_pG 二核苷酸。

第四步，应用 Sanger 双脱氧链终止法等测序技术，分析 PCR 扩增产物的核苷酸序列，以定量确定胞嘧啶碱基的甲基化作用的范围。实验分两组，A 组的 DNA 未经亚硫酸氢盐处理作为对照，B 组的 DNA 变性后用亚硫酸氢盐处理。与对照组的测序结果相比，亚硫酸氢盐处理后的 DNA 序列如出现 C → T 的变化，则表示该位点未发生胞嘧啶碱基的甲基化作用；若没有出现 C → T 的变化，则说明该位点可能产生了胞嘧啶碱基的甲基化作用。

这个方法的优点是比较简单方便，可以比较精确地检测出一个 DNA 区段内所有的胞嘧啶碱基以及甲基化的胞嘧啶碱基的位点。它的主要不足之处，要求被测定的 DNA 区段中所有的非甲基化的胞嘧啶碱基都要发生脱氨基作用。因此需要用非甲基化的酵母基因组 DNA 作对照，以检测亚硫酸氢钠转变反应是否进行到完全彻底的地步。此外，这个方法只适用于 PCR 扩增所得的有限长度的 DNA 片段，而对于大范围 DNA 的甲基化胞嘧啶碱基位点的检测，则显得十分费时麻烦。

3. 亲和层析纯化法

根据目标大分子同固定在支持物上相关物质之间的亲和性关系，或是配体分子与特异性蛋白之间的结合作用原理，设计的一种特殊的层析技术叫做亲和层析。而建立在亲和层析基础上，用来分离与纯化特定蛋白或 DNA 片段的实验程序，则称为亲和层析纯化法。近年来它已被发展成为分离纯化甲基化 DNA 的一种简单而有效的实验手段。

甲基 -C_pG 结合蛋白（methyl-C_pG-binding protein）家族的 5 个成员，都具有一个专门与 C_pG 二核苷酸中甲基化的胞嘧啶碱基结合的甲基结合域（methyl-binding domain，MBD），故通常也称之为 MBD 蛋白。根据 MBD 蛋白这种特性，人们设计出了一种专门用于分离纯化甲基化 DNA 的亲和层析法。它的基本程序是先将 MBD 蛋白的编码序列克隆在表达载体上，并转化给大肠杆菌寄主细胞进行表达。接着用由此纯化的表达产物 MBD 蛋白制成亲和层析柱。最后把经体外碱变性处理的单链 DNA 制剂加入层析柱，分离纯化甲基化的单链 DNA，供作甲基化状态分析。

再一种常用的亲和层析分离纯化甲基化 DNA 的方法，叫做免疫亲和层析法。它是利用能够特异性识别甲基化胞嘧啶 DNA 的单克隆抗体制成层析柱，并按照 MBD 蛋白层析法同样的步骤分离纯化甲基化的 DNA，供作甲基化状态分析。鉴于单克隆抗体具有高度特异性和同质性，并且已经商品化批量生产，实验者可以方便地从公司购买到所需的产品，所以此法显得十分简单而且便捷。

甲基化 DNA 的亲和层析分离纯化法主要包括如下三步：第一步，基因组 DNA 片段体外碱变性处理。第二步，过抗甲基化胞嘧啶（5-meC）抗体（或 MBD 蛋白）层析柱。第三步，洗脱分离单链的甲基化 DNA。

4. DNA 微阵列法

这是新近发展的一种 DNA 甲基化位点的定位方法。由于在细胞中存在的 *Mcr*BC 酶，是修饰的胞嘧啶限制体系中的一种限制性内切核酸酶。它可以特异性地限制切割含有 5-羟甲基胞嘧啶、5- 甲基胞嘧啶或 4- 甲基胞嘧啶的位点。因此，使用不会被 *Mcr*BC 酶降解的 DNA 作探针，与按基因组 DNA 顺序排列的 DNA 微陈列杂交，便可概括性地显示出特定 DNA 区域甲基化的总体程度，但无法断定其中 5- 甲基胞嘧啶的具体位置。于是接着利用 5- 甲基胞嘧啶的特异性抗体能够与这些探针发生免疫沉淀反应的特性，便可检测出 DNA 分子中 5- 甲基胞嘧啶的含量水平，即甲基化水平。微阵列技术为 DNA 甲基化位点的高通量分析拓展了空间。

二、胞嘧啶的甲基化作用

1. 生物化学途径

1948 年首次发现在人类基因组 DNA 中除了常见的 A、T、G、C 四种正常的核苷酸碱基之外，还存在着少量异常的 5- 甲基胞嘧啶碱基（5-mC）。此种胞嘧啶碱基的甲基化作用的生物化学途径颇为复杂。首先，由甲基化酶将甲基给体 S- 腺苷甲硫氨酸提供的甲基（—CH$_3$），转移给甲基受体胞嘧啶碱基生成 5- 甲基胞嘧啶（5-mC）。它若与甲基结合域 MBD 蛋白相互结合，则处于稳定的状态；否则经过去甲基化酶（demethylase）的催化或切除修复途径的作用，5-mC 上的甲基又会被移走，重新转变为非甲基化的正常的胞嘧啶碱基。因此，胞嘧啶碱基的甲基化作用在一定程度上是一种可逆的过程。其次，在相关脱氨酶（deaminase）的参与下，不论是非甲基化的还是甲基化的胞嘧啶碱基，都有可能发生水解脱氨基反应（hydrolytic deamination），前者生成尿嘧啶碱基（U），后者生成胸腺嘧啶碱基（T）。但由于细胞中存在着尿嘧啶 -DNA 糖基化酶（glycosylase），它能够从 DNA 分子的糖-磷骨架上移走因胞嘧啶脱氨基生成的尿嘧啶碱基，并以正确的胞嘧啶碱基取代之，从而避免了因发生 U-G 错配而导致的 GC → AT 碱基转换突变。然而此种修复体系不能识别由胞嘧啶甲基化作用生成的 5-mC，同时两者的碱基配对特性又是相同的，所以最终不会引发碱基突变。但是如果 5-mC 没有同 MBD 蛋白结合，则可能通过进一步的脱氨基作用产生自发突变，使 DNA 分子中的 5-mC$_p$G 转换成 T$_p$A 二核苷酸序列。再次，如果胞嘧啶脱氨基生成的尿嘧啶碱基不能及时地被尿嘧啶 -DNA 糖基化酶体系修复，于是经过 DNA 复制之后，便会被胸腺嘧啶碱基（T）所取代，结果产生碱基突变（图 11-17）。

2. C$_p$G 二核苷酸序列

在高等真核生物染色体基因组 DNA 中，修饰的 5- 甲基胞嘧啶碱基（5-mC）的位置并不是随机分布的，它主要位于 5′-CG-3′ 序列的胞嘧啶碱基部位。文献中通常将此种二核苷酸序列写成 C$_p$G 形式，它表示在 DNA 分子中这两个核苷酸碱基是紧密相邻的，两者之间形成一个磷酸二酯键，其中 C 碱基是位于 G 碱基的 5′ 端。在哺乳动物体细胞核染色体基因组 DNA 序列中，5-mC 约占胞嘧啶碱基总数的 2%～7%，其中约 70% 的 5-mC 是存在于 C$_p$G 二核苷酸序列。这样的二核苷酸序列特称为甲基化的 C$_p$G 位点。现已证明，哺乳动物 DNA 甲基化作用主要是按照这种 C$_p$G 模式发生的。

DNA 甲基化位点定位检测发现，在卫星 DNA、转位因子一类的重复元件、非重复的基因间 DNA 序列以及断裂基因中的外显子序列等，都是甲基化的 C$_p$G 二核苷酸序列的高密度区。同时在这些不同类型的 DNA 序列之间，并不存在甲基化作用程度的差异性。例如卫星 DNA 与转位因子或基因的外显子序列，三者的 C$_p$G 二核苷酸的甲基化程度是等同的。因此根据这些 DNA 序列当中存在着高密度的 C$_p$G 二核苷酸序列的事实，

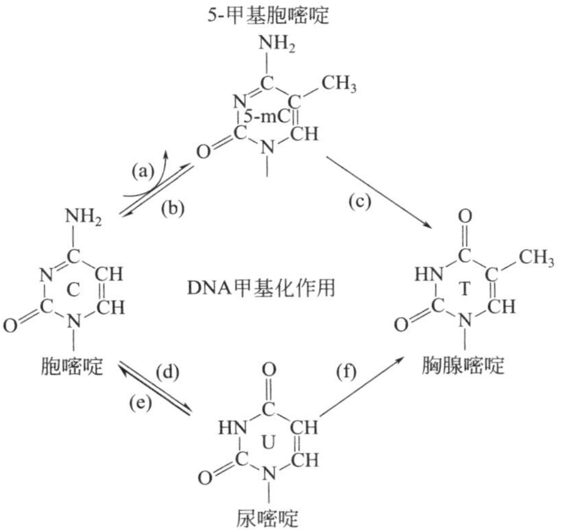

图11-17 胞嘧啶碱基甲基化作用的生物化学途径

（a）DNA 甲基转移酶催化胞嘧啶碱基发生甲基化生成 5-mC，同时甲基给体 S- 腺苷甲硫氨酸去甲基转变为 S- 腺苷
高半胱氨酸；（b）在去甲基化酶作用下，5-mC 去甲基重新回复成正常的胞嘧啶；（c）5-mC 水解脱氨基转变为胸
腺嘧啶（T）；（d）胞嘧啶脱氨基转变为尿嘧啶（U）；（e）突变形成的尿嘧啶碱基经相应的 DNA 糖基化酶的修复，
重新回复成正常的胞嘧啶；（f）尿嘧啶经 DNA 复制之后，转变为胸腺嘧啶

便可推断其大部分是甲基化的。

3. C$_p$G 抑制

按照随机排列组合的方式，组成 DNA 核苷酸序列的 4 种不同碱基（A、T、G、C），
可以组合成 16 种不同排列方式的二核苷酸序列，即 AA、AT、AG、AC、TA、TT、TG、
TC、GA、GT、GG、GC、CA、CT、CG、CC。其中每一种排列方式均占总数的 1/16，
大约相当于 6% 的比例。这个数字便是天然真核生物基因组 DNA 在完全随机的状态下，
C$_p$G 二核苷酸序列所占比例的理论值。但是人类基因组全测序的数据显示，除 C$_p$G 岛
之外的 DNA 区段中，C$_p$G 二核苷酸序列的实际比例还不到 1%，远远低于 6% 的理论值。
这种低比例的现象叫做 C$_p$G 抑制（C$_p$G suppression）。

究竟是什么原因造成这种 C$_p$G 抑制的呢？这是因为在真核生物基因组 DNA 中，绝
大部分 C$_p$G 二核苷酸序列的胞嘧啶都是甲基化的突变热点，它很容易自发地发生脱氨基
作用转变为胸腺嘧啶（T），结果使 DNA 分子中的部分 C$_p$G 二核苷酸转变成 T$_p$G 二核苷
酸（图 11-18）。虽然非甲基化的胞嘧啶和甲基化的胞嘧啶都会自发地产生脱氨基作用，
分别转变为尿嘧啶（U）和 5- 甲基尿嘧啶（5-mU）亦即胸腺嘧啶（T）。这种脱氨基作
用显然具有引发碱基突变的倾向，但由于前者是 DNA 的异常碱基，容易被细胞中的修
复体系识别与修复，从而阻止了 C → U 碱基突变的发生。而后者属于 DNA 分子的 4 种
正常碱基之一，同时还带有甲基（—CH$_3$）的保护，因此它不容易被修复体系所识别和
修复，所以 C → T 的碱基突变得以保留。故后者的脱氨基作用的速率要超过前者的至少
一倍，于是经过长期的遗传累积，最终导致 C$_p$G 二核苷酸序列比例的下降。

三、DNA甲基化酶

DNA 甲基转移酶也称为甲基化酶，是能够催化将甲基（—CH$_3$）从给体分子转移到

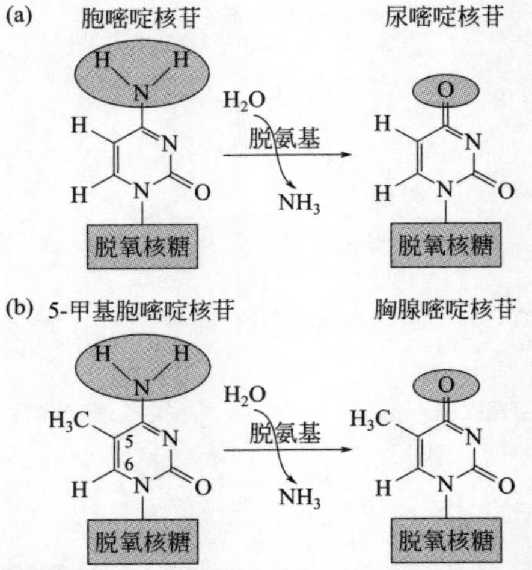

图11-18 DNA甲基化与胞嘧啶核苷脱氨基作用

在 DNA 的核苷酸序列中会自发地产生胞嘧啶脱氨基作用。(a) 其中非甲基化的胞嘧啶核苷脱氨基生成尿嘧啶核苷;
(b) 甲基化的胞嘧啶核苷脱氨基生成胸腺嘧啶核苷

受体分子的一类特殊的核酸酶。虽然说在细菌、植物和动物中,各具有自身特有的甲基化酶,但按其功能特性区分却只有维持甲基化酶(maintenance methylase)和从头甲基化酶(*de novo* methylase)两种不同的类型。

1. 细菌 DNA 甲基化酶

在大肠杆菌细胞中存在有两种不同的甲基化酶:一种是 DNA 腺嘌呤甲基化酶(DNA adenine methylase,Dam),可将其识别序列 5′-GATC-3′ 中的腺嘌呤(A)修饰成 5- 甲基腺嘌呤(5-mA);另一种是 DNA 胞嘧啶甲基化酶(DNA cytosine methylase,Dcm),能把其识别序列 5′-CC(A/T)GG-3′ 中的第二个胞嘧啶(C)修饰成 5- 甲基胞嘧啶(5-mC)。

在诸如 *Bam* H I 、*Bcl* I 、*Bgl* II 、*Mbo* I 、*Pvu* I 以及 *Sau*3A I 和 *Xbo* II 等限制性内切核酸酶的识别位点中,都存在着 Dam 甲基化酶的特异性识别序列 5′-GATC-3′。因此为保证这几种限制酶能够有效地切割其识别序列,必须在 Dam 甲基化酶缺陷的大肠杆菌寄主菌株中克隆外源的基因,以免这些识别序列受到甲基化的保护。

2. 动物 DNA 甲基化酶

哺乳动物小鼠与大肠杆菌的情况不同,它的细胞中含有 Dnmt-1、Dnmt-2、Dnmt-3a 及 Dnmt-3b 等多种不同的 DNA 甲基化酶(表 11-2)。其中 Dnmt-1 是一种分子质量为 200kDa 的维持甲基化酶,对于半甲基化的 DNA(hemimethylated DNA)分子中非甲基化链的 C_pG 二核苷酸序列,具有特异的甲基化活性,能够将第二个甲基(—CH_3)添加到该 C_pG 的胞嘧啶碱基上。这种形式的 DNA 甲基化作用,叫做维持甲基化。小鼠胚胎干细胞中 Dnmt-1 酶的失活,会导致全基因组范围的 C_pG 甲基化的丧失。这一事实有力地支持了 Dnmt-1 酶确实具有维持 DNA 甲基化作用的功能。但进一步的研究也发现,Dnmt-1 甲基化酶在体外也具有有限的从头甲基化酶的活性和依赖于 DNA 复制的去甲基化的功能。

除了小鼠之外,在包括人类在内的许多其他类型的哺乳动物中,也都相继发现了 Dnmt-1 甲基化酶的直向同源蛋白(ortholog)。但在缺乏 DNA 甲基化作用的若干种真核

表11-2 小鼠DNA甲基化酶的类型及其功能

类型	主要活性	丧失功能突变的主要表型
Dnmt-1 （维持甲基化酶）	维持C_pG的甲基化	a.基因组范围内DNA甲基化的丧失 b.在胚胎发育9.5天时，出现致死现象 c.印记基因的异常表达 d.异位的X染色体失活 e.沉默的反转录转位因子的激活
Dnmt-2	微弱的活性	a.C_pG甲基化没有发生改变 b.没有明显的发育表型
Dnmt-3a	C_pG从头甲基化	a.4~8星期时，出现出生后致死现象 b.雄性不育性 c.在雄性和雌性的生殖细胞中，均未能建立甲基化印记
Dnmt-3b	C_pG从头甲基化	a.小卫星DNA去甲基化 b.大约在胚胎发育4.5天时出现致死现象，并伴随血管和肝脏缺陷 c.没有Dnmt-3a和Dnmt-3b的胚胎植入[①]后不会开始从头甲基化，并且在9.5天后死亡

① 植入（implantation）系指胚泡进入子宫内膜的过程。

生物，诸如酿酒酵母、秀丽隐杆线虫以及果蝇等材料中，迄今为止仍未鉴定到此类甲基化酶的直向同源蛋白。1988年贝斯特（T. Bestor）等人首次从小鼠中克隆到Dnmt-1酶的编码基因 *Dnmt-1*，并完成了核苷酸序列测定。现已知道来自不同物种的 *Dnmt-1* 之直向同源基因（orthologous gene），在结构上具有高度的保守性。

目前有关小鼠Dnmt-2甲基化酶的功能知之甚少，正在深入研究之中。在小鼠胚胎干细胞中，Dnmt-2只具有极低的DNA甲基化酶的活性，它的缺失并不会对DNA甲基化水平产生明显的影响。

Dnmt-3a和Dnmt-3b是两种组织特异性的DNA甲基化酶，只在胚胎干细胞和早期胚胎中高度特异性表达。由于它们不依赖于半甲基化DNA分子中的甲基化的单链DNA模板，就能够把甲基添加在两条链均未甲基化的DNA分子的胞嘧啶碱基上，使DNA分子从头甲基化，故属于从头甲基化酶。有证据表明，Dnmt-3a和Dnmt-3b编码基因被破坏的小鼠，就不能够合成从头甲基化酶。而且丧失了Dnmt-3a和Dnmt-3b这两种从头甲基化酶的小鼠ES细胞和胚胎，不能使原病毒基因组及重复元件的DNA从头甲基化。进一步的研究还发现，丧失了Dnmt-3a从头甲基化酶或相关的调节蛋白的生殖细胞，无论是雄性的还是雌性的，其印记基因都无法确立特殊的甲基化模式。鉴于Dnmt-3a和Dnmt-3b这两种从头甲基化酶的失活，会造成早期胚胎的致死，因此二者编码基因的丧失都会引起胚胎发育的严重缺陷。例如Dnmt-3a编码基因的丧失可导致出生后死亡，而Dnmt-3b编码基因的缺失则会造成胚胎的死亡（表11-2）。

哺乳动物甲基化酶不同成员的分子长度有较大的差别，长的如Dnmt-1共有1620个氨基酸残基，包括调控和催化两个结构域；短的如Dnmt-2只有415个氨基酸残基，仅为前者的1/4左右，而且缺失了调节域。其他两种甲基化酶Dnmt-3a和Dnmt-3b，分子长度分别为908个和859个氨基酸残基，并且都具有调节和催化两种结构域（图11-19）。不同的甲基化酶成员之间，羧基端催化域的氨基酸序列是保守的，其中尤以编号为Ⅰ、Ⅳ、

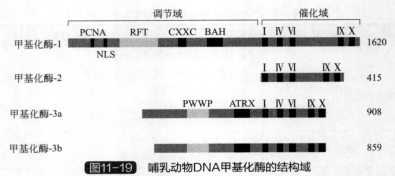

图11-19 哺乳动物DNA甲基化酶的结构域

编号 I、IV、VI、IX、X 分别表示催化域的不同保守基序。PCNA 系增殖细胞核抗原（proliferating cell nuclear antigen）的缩略语。NLS 表示核定位信号。RFT 表示复制导标（replication foci-targeting）结构域。CXXC 表示富含半胱氨酸的结构域，意即与含有 C_pG 二核苷酸的 DNA 序列结合的部位。BAH 表示 Bromo 结构域相邻的同源结构域（bromo-adjacent homology domain），意即介导蛋白质之间相互作用的部位。PWWP 表示具有高度保守的参与同异染色质结合的"脯氨酸-色氨酸-色氨酸-脯氨酸"基序。ATRX 表示一种与 ATRX 相关的富含半胱氨酸的区段，该区段具有一个 C2-C2 锌指，以及一个非典型的参与蛋白质与蛋白质相互作用的 PHD 结构域。ATRX 为人类 *ATRX* 基因的编码蛋白质，它含有一段植物同源结构域（plant homeo-domain，PHD）之锌指基序，以及一种依赖于 DNA 的 ATP 酶。Bromo 结构域系真核基因转录因子中共同存在的一种保守的功能域。其长度约为 70 个氨基酸残基，最初是在黑腹果蝇中发现的（转引自 C. D. Allis et al, 2008）

VI、IX、X 五个结构基序，在所有胞嘧啶甲基化酶当中都是最保守的。但是位于氨基端的调节域，其氨基酸序列的保守性则相当低，个别的成员甚至只有催化域而没有调节域。

3. 植物 DNA 甲基化酶

高等植物 DNA 甲基化酶主要以拟南芥为材料研究获得。已发现在拟南芥基因组 DNA 中，至少有 10 个不同的基因都编码着 DNA 甲基化酶，它们分属于 MET、CMT 和 DRM 三种不同的蛋白质家族。其中 MET-1 是与哺乳动物 Dnmt-1 同源的一种 DNA 甲基化酶，具有维持 C_pG 二核苷酸甲基化的活性。CMT 是拟南芥特有的一种带有克劳莫结构域（Chromo domain）的 DNA 甲基化酶（chromomethylase）的缩略语。其中最常见的 CMT-3 既具有维持甲基化酶的活性，也具有从头甲基化酶的活性，但主要的功能是维持 C_pN_pG 三核苷酸的甲基化状态。

DRM 是植物结构域重排甲基转移酶（domains-rearranged methyltransferases）的缩略语。它与其哺乳动物的同源物 Dnmt-3 一样也具有从头甲基化酶的活性，能够催化 DNA 分子中所有 C_pN 二核苷酸序列之胞嘧啶碱基从头甲基化。但正如它的名字所蕴含的特点，DRM 甲基化酶与 Dnmt-3 不同，它的催化结构域的基序已经发生了重排。所以 DRM 能够催化不对称的 C_pN_pN 三核苷酸序列甲基化，而 Dnmt-3 则不具备这种能力。

什么叫克劳莫结构域呢？它最早是在黑腹果蝇中发现的，位于异染色质结合蛋白 1（heterochromatin-associated protein 1，HP1）的 N 端，实质上是一种染色质组构的修饰因子。在诸如 H3K9 的甲基化酶以及植物的 CMT 甲基化酶等染色质相关的蛋白质中，都普遍地存在着克劳莫结构域。已经证明该结构域既可以特异性地与甲基化的组蛋白结合，也可以同 RNA 或 DNA 结合。

4. DNA 去甲基化酶

在哺乳动物细胞中参与控制 DNA 甲基化作用的核酸酶，除了上面所说的维持甲基化酶和从头甲基化酶两种之外，还有第三种，即去甲基化酶。此种酶的功能是从甲基化的 DNA 分子上移去甲基基团，使之恢复成非甲基化的状态。这个过程叫做 DNA 去甲基化（图 11-20）。当然去甲基化酶的作用底物不仅是 DNA，还包括 RNA 和蛋白质，它同样也可以从这些大分子中移走甲基。

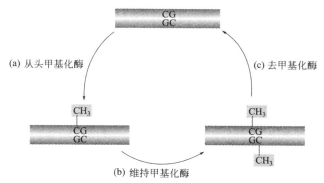

图11-20 哺乳动物DNA甲基化作用的调节

参与 DNA 甲基化作用调节的三种酶是维持甲基化酶、从头甲基化酶和去甲基化酶。（a）从头甲基化酶将甲基加到非甲基化的 C_pG 二核苷酸序列上；（b）维持甲基化酶将甲基加到半甲基化 DNA 的非甲基化链中非甲基化的 C_pG 二核苷酸序列上；（c）去甲基化酶从甲基化 DNA 上移走甲基

在生命体的发育过程中，DNA 甲基化模式处于甲基化和去甲基化的动态平衡状态。DNA 去甲基化包括主动的去甲基化（active demethylation）和复制偶联的去甲基化（replication-coupled demethylation）两种主要的方式。主动去甲基化是指经由去甲基化酶的催化作用，直接从甲基化的单链或双链 DNA 分子上去除甲基胞嘧啶核苷酸的过程。这种去甲基化形式在哺乳动物中普遍存在，例如在小鼠受精后不久的胚胎发育的早期，就开始发生 DNA 的去甲基化作用。复制偶联的去甲基化也叫做被动的去甲基化，它是伴随 DNA 的复制过程发生的。一条完全甲基化的染色体 DNA，在不发生维持甲基化的情况下，只要经过两轮的复制周期，便能完成所有甲基化胞嘧啶碱基的去甲基化作用。

四、DNA甲基化模式

哺乳动物 DNA 甲基化模式，除了上述已经提到的 C_pG 二核苷酸模式之外，主要还有 C_pG 岛甲基化、维持甲基化、从头甲基化，以及发育甲基化和癌症甲基化等多种不同的模式。

1. C_pG 岛甲基化模式

哺乳动物基因组 DNA 全局甲基化状态的一种特例是 C_pG 岛（C_pG island）。它是染色体基因组 DNA 中，一种长度为 1～2kb 的富含 C_pG 二核酸序列的区段。由于 C_pG 岛的核苷酸序列可以被限制性内切核酸酶 *Hap* Ⅱ 切成小片段，故习惯上也称之为 *Hap* Ⅱ 小片段（*Hap* Ⅱ tiny fragment，HTF），或叫做 HTF 岛。它往往是围绕在组成型基因启动子的两侧，通常能够激活启动子及增强子的表达活性。在 C_pG 岛中，C_pG 二核苷酸序列是非甲基化的，而且它的含量要比基因组大部分的其他区段高出 10 倍以上。正是由于 C_pG 岛是非甲基化的缘故，它的胞嘧啶碱基不容易发生脱氨基突变，从而避免了 C_pG 抑制。事实上在哺乳动物中，不仅所有的组成型基因，同时也还包括细胞类型特异性表达的基因，在它们的启动子周围几乎都存在着 C_pG 岛。

现有许多证据表明，在人类基因组中大约有 56% 基因的 5′- 末端调节区，都连接着一个非甲基化的 C_pG 岛，而且这些基因都是有活性的。但如果此种与调节区相连的 C_pG 岛中的胞嘧啶发生甲基化形成 5-mC_pG，那么转录因子便无法识别它的顺式元件，于是便丧失了与启动子特异结合的能力。因此 C_pG 岛发生甲基化作用的结果，就可确保相关基因长期处于沉默的状态。例如失活的 X 染色体上的基因和一些印记基因，都是以这种方式保持沉默的。此外癌细胞的某些基因也会因 C_pG 岛的甲基化作用，而被异常地沉默。反过来如果甲基化的 C_pG 岛发生去甲基化作用，基因的活性又可重新得到恢复。所以说 C_pG 岛的甲基化作用是最重要的 DNA 甲基化模式之一。

2. C_pG 岛维持非甲基化状态的可能机理

目前有关的科学工作者们已经提出了如下 5 种用以解释 C_pG 岛为何可以维持非甲基化状态的分子机理。

（1）C_pG 岛特质说

该学说认为 C_pG 岛具有特殊的分子结构性质，能够免受细胞内存在的从头甲基化酶的甲基化作用。但也有的学者认为这种情况似乎是难以发生的，因为检测显示在失活的 X 染色体上存在着高密度的甲基化的 C_pG 岛，而在同一细胞中的有活性的 X 染色体上，C_pG 岛却没有发生甲基化作用。此外，在癌细胞和细胞系中，许多正常的非甲基化的 C_pG 岛也会在压力作用下被迫发生甲基化。

（2）结合因子竞争说

持此种观点的学者推想，在细胞中存在着一些特殊的蛋白质结合因子，它们通过与从头甲基化酶（Dnmt-3a 和 Dnmt-3b）的竞争，而赢得同 C_pG 岛结合的机会，从而保护后者免受从头甲基化酶的甲基化作用。有证据显示，确实有一些结合因子能够阻止 DNA 分子发生甲基化作用。但是足迹试验和核酸酶敏感性分析均表明，细胞核基因组 DNA 中的 C_pG 岛，对从头甲基化酶的甲基化作用是高度敏感的。这不利于结合因子竞争说。

（3）DNA 去甲基化酶作用说

其核心想法是，C_pG 岛之所以能够维持非甲基化的状态，是由于细胞中的去甲基化酶主动地将添加在 C_pG 岛胞嘧啶碱基上的甲基转移走。已有一些实验报道指出，哺乳动物细胞中的确存在着去甲基化酶的活性，但对此尚需进一步的确证。不过一般认为，不宜对这种假说持完全否定的态度，因为它具有一定的事实支持，在理论上亦有相当的合理性。

（4）DNA 代谢异常说

根据非典型的碱基组成成分（atypical base composition）和非甲基化状态这两种事实，有人主张在 C_pG 岛存在着异常的 DNA 代谢作用。例如有证据指出 C_pG 岛是 DNA 复制的起点，并且会受到复制起始中介物结构的影响。此外，由于 DNA 重组与修复反应集中于 C_pG 岛区域，导致在该区域发生高水平的 DNA 转换。这些都是造成 C_pG 岛 DNA 代谢异常的原因。但是到目前为止还不知道在这些过程中，从头甲基化酶的甲基化活性是如何被抑制的。

（5）早期胚胎转录需求说

此说的基本论点是，要使 C_pG 岛启动子（C_pG island promoter）能够启动相关基因在早期胚胎中正常转录，需要切实阻止 C_pG 岛发生甲基化作用。目前有一些事实有利于这种观点。例如在转基因实验中发现，启动子的突变会诱导 C_pG 岛发生甲基化作用。而且还有实验表明，高度组织特异性基因的 C_pG 岛启动子，通常是在早期胚胎中表达。但目前尚且缺乏能够直接证明基因的转录反应会阻止 C_pG 岛发生甲基化作用的确切证据。

3. 维持甲基化模式

鉴于 $5'\text{-}C_pG\text{-}3'$ 二核苷酸是一种自我互补的序列（self-complementary sequence），所以当它分别位于两条互补链的对应部位时，彼此间照样可以进行正常的碱基配对。于是伴随着细胞分裂周期，不论是甲基化的还是非甲基化的 C_pG/C_pG 位点都会被复制，并分配到新生的子代细胞中去。再考虑到在甲基化的亲代 DNA 两条互补链的对应部位，存在着成对的甲基化的 mC_pG/mC_pG 二核苷酸序列，以及 5- 甲基胞嘧啶（5-mC）不能够参入到新生链这两个因素，便可明白为什么按照 DNA 半保留复制机理生成的两条子代双链 DNA 分子中，都只有一条来自亲代 DNA 的旧链存在着甲基化的 mC_pG 二核苷酸序列，而另一条新链上则是非甲基化的 C_pG 二核苷酸序列的原因。我们将此种由甲基化的 DNA 刚刚复制生成的、旧链甲基化而新链尚未甲基化的子代双链 DNA（C_pG/mC_pG），叫做半甲基化的 DNA。

半甲基化的子代 DNA 在维持甲基化酶 Dnmt-1 的催化作用下，位于新链上非甲基化的 C_pG 二核苷酸序列中的胞嘧啶碱基，便会获得一个转移而来的甲基（—CH₃），结果转变成与亲代 DNA 一样具有对称的甲基化的 mC_pG/mC_pG 二核苷酸序列。但在两条互补链均为非甲基化的 C_pG/C_pG 二核苷酸序列对中，任何一条胞嘧啶碱基都不会发生从头甲基化（图 11-21）。这是因为只有半甲基化的 C_pG/mC_pG 二核苷酸序列，才是接受维持甲基化酶 Dnmt-1 转移甲基的有效受体，而非甲基化的 C_pG/C_pG 二核苷酸序列，则不是维持甲基化酶 Dnmt-1 的作用底物。亲代 DNA 的甲基化模式，就是按照这种维持甲基化的途径传递到每个子代细胞。这种简单的分子机理表明，如同 DNA 自身的碱基序列一样，甲基化模式也是伴随着 DNA 半保留复制的过程得以维持与遗传的。这种 DNA 甲基化模式的可遗传特性，使得基因组的表观遗传标记能够稳定地通过多次细胞分裂周期，从而构成一种细胞记忆（cellular memory）的形式。

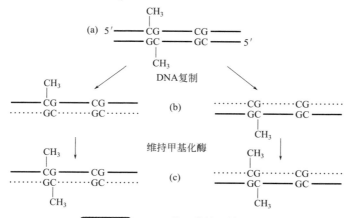

图11-21 DNA分子维持甲基化模式

（a）甲基化的亲代 DNA。在两条互补链的对应部位有一对甲基化的 mC_pG/mC_pG 二核苷酸序列。（b）半甲基化的子代 DNA。旧链上存在着甲基化的 mC_pG 二核苷酸序列，新链上则是非甲基化的 C_pG 二核苷酸序列。（c）维持甲基化的 DNA。在维持甲基化酶的催化下，半甲基化 DNA 新链中的非甲基化的 C_pG 二核苷酸之胞嘧啶碱基被甲基化

DNA 甲基化这种遗传修饰现象，并没有涉及核苷酸碱基序列结构的改变，因此在 DNA 复制过程中，甲基化模式的维持显然是一种重要的表观遗传调节机理。在哺乳动物中，维持 DNA 甲基化能力的丧失，便会导致诸如免疫缺陷、着丝粒的不稳定性和面部畸形症等多种疾病。DNA 甲基化水平的失控同样也是造成癌症的因素之一。

4. 从头甲基化模式

细胞中 DNA 甲基化作用的模式，分为从头甲基化和维持甲基化两种类型。从头甲基化是指在原先没有甲基化的 DNA 分子中，原初起始甲基化修饰的酶催生化反应。根据上一节的讨论可知，DNA 维持甲基化模式分子机理的要点是，维持甲基化酶按照甲基化模板链提供的信息，将所获的甲基（—CH$_3$）转移给新链 C$_p$G 二核苷酸序列中的胞嘧啶碱基，使之甲基化。那么在没有甲基化模板链指导的情况下，最初非甲基化的 DNA 又是如何起始甲基化的呢？为阐明 DNA 甲基化作用的起源问题，或说是 DNA 从头甲基化的分子本质，有关的科学工作者应用早期细胞转染实验技术，进行了研究分析。结果发现，导入培养的小鼠体细胞的非甲基化的外源 DNA，经过多次细胞分裂之后，仍然基本上保持着非甲基化的状态；而导入小鼠植入前胚胎（preimplantation embryo）的反转录病毒之原病毒 DNA，或是其他的转基因 DNA，经过细胞分裂之后却被转变成为稳定的甲基化状态。这说明哺乳动物 DNA 从头甲基化的过程，只局限在胚胎发育全能性阶段（totipotent stages），而不存在于体细胞当中。应用小鼠胚胎癌性细胞（embryonal carcinoma cell）开展的转染实验，进一步验证了 DNA 甲基化作用的确是起源于胚胎发育的全能性阶段。

在此之后，人们便把小鼠胚胎干细胞（ES 细胞）发展作为研究 DNA 从头甲基化机理的一种模式系统，并从中相继发现了两种 DNA 甲基化酶 Dnmt-3a 和 Dnmt-3b。这两种甲基化酶均具有催化 C$_p$G 二核苷酸序列中的胞嘧啶碱基发生从头甲基化的功能（表 11-2）。

启动 DNA 发生从头甲基化作用的因素，或者说是引导 DNA 发生从头甲基化作用的起始信号究竟是什么？这无疑是一个令人颇感兴趣的问题。现在一般认为染色质的修饰状态和 siRNA 分子，是诱发 DNA 启动从头甲基化的两种主要因素。已经发现，在粗糙链孢霉和拟南芥中，位于着丝粒异染色质区域的串联重复序列，便是通过抑制性的 H3K9 甲基化标记（repressive H3K9 methylation marks），指导 DNA 发生从头甲基化。这里 H3K9 乃是表示组蛋白 H3 中的第 9 位赖氨酸的一种缩略语。H3K9 残基特异的组蛋白赖氨酸甲基转移酶（histone lysine methyl-transferases，HKMT），会使处于抑制状态的甲基化标记 H3K9 发生甲基化作用，形成 H3K9me。随后这种第 9 位赖氨酸已经甲基化的 H3K9me，便会指导基因组中的串联重复序列发生从头甲基化作用。由此可见，H3K9me 是真核 DNA 从头甲基化作用的一种信号，同时也说明 DNA 的从头甲基化是由染色质的修饰状态决定的。

在哺乳动物雄性生殖系细胞中反转录转位因子的沉默现象，以及粗糙链孢霉中重复诱导的点突变（repeat-induced point mutation，RIP）过程，都观察到了散在重复序列同样也是一种 DNA 从头甲基化的信号。而且已鉴定出参与前者甲基化作用的甲基转移酶是 Dnmt-3L。

已有一些事例指出，siRNA 是另一种诱发 DNA 发生从头甲基化的因素。在拟南芥的研究中观察到，通过独特的依赖于 RNA 的 DNA 甲基化作用（RNA-dependent DNA methylation，RdDM）机理，siRNA 可以作为一种信号分子启动 DNA 从头甲基化。此外，关于 siRNA 启动从头甲基化的现象，在哺乳动物中也有所报道。不过目前有关这方面的知识，在总体上还没有达到植物的相应水平。

五、DNA甲基化的生物学功能

原核生物基因组 DNA 的甲基化作用，除了发生在胞嘧啶碱基的第 5 位碳原子之外，同样也会发生在腺嘌呤碱基的第 6 位氮原子。大肠杆菌寄主细胞控制的限制-修饰体系简称 R-M 体系，便是一种典型的原核生物 DNA 甲基化实例。由于这种体系的存在，大肠杆菌细胞便能够辩别自身的 DNA 和外来（如感染的病毒）的 DNA，并分别对它们进行修饰和降解。分子生物学研究表明，大肠杆菌细胞具有的这种能力，是依赖于甲基转移酶和限制性内切核酸酶协同配合作用的结果。细胞自己的 DNA，因为受到甲基转移酶的甲基化修饰作用的保护，所以不会被限制性内切核酸酶切割降解掉；而外来的 DNA 则不然，因为它没有受到甲基化修饰作用的保护，故很容易被胞内的限制性内切核酸酶消化降解成短片段。

在真核生物中，除了低等的单细胞的酵母之外，所有物种的基因组 DNA 序列都普遍地存在着程度不同的甲基化现象。其中哺乳动物 DNA 的甲基化作用，主要发生在 C_pG 二核苷酸序列中的胞嘧啶碱基上，此种方式的甲基化作用特称为 C_pG 甲基化模式（C_pG methylation pattern）。而在粗糙链孢霉以及以拟南芥为代表的高等显花植物中，则存在着多种不同的甲基化模式，包括对称的、不对称的和非 C_pG 的甲基化模式（non-C_pG methylation pattern）。也有一些真核生物 DNA 甲基化的方式与此不同，例如在秀丽隐杆线虫基因组 DNA 中并未发现有甲基化的胞嘧啶；在果蝇基因组 DNA 中，只有少量的甲基化的胞嘧啶碱基，而且从其存在方式上看 C_pT 二核苷酸的要远超过 C_pG 二核苷酸。

在真核生物基因组 DNA 中，甲基化 DNA 的分布主要集中在像着丝粒异染色质这样的非编码序列区，以及转位因子一类的散在重复序列元件上，而在活性基因的 C_pG 岛上则没有出现甲基化的 DNA。事实上在高等真核生物染色体基因组 DNA 中，非编码的 DNA 和重复序列的 DNA 含量越高，DNA 的甲基化程度也就相应地增加。而且一般说来，随着 DNA 甲基化程度的上升，其转录生成 RNA 并行使功能的可能性反而下降。换句话说就是 DNA 的甲基化作用会干扰基因的转录反应，从而影响到基因的表达活性。但这种改变并不是由于 DNA 核苷酸序列结构变化所造成的。DNA 甲基化与基因表达活性之间的相关性可用如下三句话来概述：DNA 甲基化导致基因沉默，而非甲基化的 DNA 则与基因激活相关，所以 DNA 脱甲基化作用又可使沉默的基因重新激活。

总之，DNA 甲基化作用具有多方面的生物学功能。在原核生物中，它不仅参与基因转录活性的抑制，而且还可保护基因组 DNA 免受转位因子的插入破坏和限制性内切核酸酶的切割断裂。与原核的不同，真核生物 DNA 甲基化的生物学功能，主要是参与基因表达之表观遗传的调节作用，诸如基因沉默、X 染色体失活、基因组印记以及细胞记忆等。建立在甲基化作用基础上的真核生物染色体基因组之表观遗传调节机理，不仅涉及 DNA 甲基化作用和组蛋白甲基化作用两种著名的表观遗传修饰形式，而且可能还包括另一种表观遗传修饰形式，即 RNA 甲基化作用。除此之外，DNA 甲基化作用还与癌症及疾病的发生、生命的进化等诸多方面的重要的生物学问题有密切的关联。因此关于 DNA 甲基化作用分子本质的探索，在理论和实际两个方面都有重要的意义。

六、DNA甲基化与表观遗传调节

DNA 甲基化作用具有多方面的表观遗传调节能力，包括基因沉默、肿瘤形成及发育调节等。早在 20 世纪 80 年代初期就有不少实验观察表明，DNA 甲基化作用会导致相关基因转录活性的抑制。例如 1982 年 L. Vardimon 等人首先发现，将克隆的腺病毒报告基因之 C_pG 位点，在体外作了人工甲基化处理之后注射到蛙卵细胞核中，基因便失去了转录的活性。同年 R. Stein 等人也发现，当把 C_pG 甲基化的腺嘌呤磷酸核糖转移酶（ademine phosphoribosyl transferase，APRT）基因转染给培养的哺乳动物细胞之后，其转录活性同样也会受到抑制而处于沉默的状态。

有一种核苷酸类似物叫做 5- 氮胞苷（5-azacytidine）（图 11-22），能够取代胞嘧啶参入到 DNA 分子中去，并可同 DNA 甲基化酶形成一种共价的加合物（covalent adduct）。于是便使得 DNA 甲基化酶无法继续参与催化反应，从而阻止了 DNA 分子的甲基化作用。因此 5- 氮胞苷是一种 DNA 甲基化酶的抑制剂。有趣的是因甲基化作用而处于失活状态的基因，经 5- 氮胞苷处理之后便会恢复其表达活性。用从经过 5- 氮胞苷处理的细胞培养物中纯化的 DNA 转染受体细胞，原来处于沉默状态的 *APRT* 基因的表达活性会迅速地得到恢复；而没有用 5- 氮胞苷处理的对照组，则没有观察到 *APRT* 基因重新激活的现象。

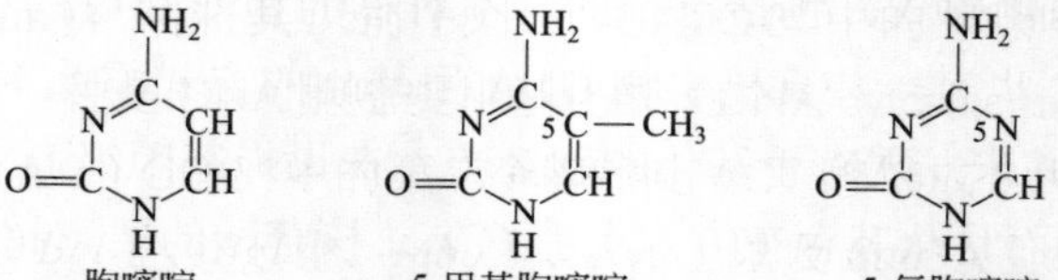

图11-22 胞嘧啶、5-甲基胞嘧啶及5-氮胞嘧啶的分子结构式

5- 氮胞嘧啶是 5- 氮胞苷的一种嘧啶碱基，它的 C-5 部位被 N-5 取代。5- 氮胞嘧啶参入 DNA 分子后，由于其 N-5 不会被 DNA 甲基化酶识别，故阻止了甲基化作用，从而激活了基因的表达活性

利用 5- 氮胞苷所具备的这种抑制 DNA 甲基化作用的特性，人们便有可能深入探究活细胞基因组 DNA 甲基化作用的生物学效应及其分子机理。近年来已经提出了解释 DNA 甲基化作用抑制基因转录活性的三种可能的方式。第一种，甲基干扰转录因子同启动区顺式元件的正常结合；第二种，甲基 -C_pG 结合蛋白与 mC_pG 二核苷酸序列的结合；第三种，染色质结构的改变。

1. 甲基干扰方式

有一类转录因子的识别位点含有 C_pG 二核苷酸序列，但当此识别位点被甲基化之后，相关的转录因子便失去了与之结合的能力，从而无法启动基因的转录。另有一类转录因子对其识别位点甲基化作用的反应并不敏感，仍然能够与之正常结合启动基因转录，而且还有不少转录因子的识别位点根本就没有 C_pG 二核苷酸序列。这两类转录因子中的头一类叫做甲基化作用敏感的转录因子（methylation sensitive TF），常见的有 AP-2、E2F 和 NF-kB 等；后一类称为甲基化作用不敏感的转录因子（methylation insensitive TF），诸如 Sp1 和 CTF 等。

根据甲基化作用敏感的转录因子的情况，人们推想在启动子转录因子识别位点之 DNA 双螺旋结构的大沟中，如因 DNA 甲基化作用而出现甲基，便会直接干扰特异性转录因子的结合作用。结果导致相关基因无法进行正常的转录，而处于抑制的状态。这种以甲基化作用产生的甲基，干扰转录因子同启动区顺式元件的结合，从而实现对基因转录活性抑制的分子机理，特称为甲基干扰方式。

总而言之，甲基干扰方式的甲基化转录抑制机理是，如启动子中特异性转录因子结合位点没有甲基化，转录因子正常结合，基因的转录活性被激活。只有当启动子中特异性转录因子结合位点被甲基化了，于是在甲基的干扰下，转录因子便无法同其结合位点正常结合，从而抑制了基因的转录活性。

2. 甲基 -C_pG- 结合蛋白抑制方式

DNA 甲基化作用抑制基因转录活性的另一种机理，叫做甲基 -C_pG- 结合蛋白（methyl-C_pG-binding proteins，MeCP）的抑制方式。它认为甲基 -C_pG 结合蛋白是一类特异性转录阻遏物（specific transcriptional repressors），可与特定的转录因子竞争位于启动子中的共有的结合位点。这种竞争性结合作用的结果，使转录因子受到排斥而处于游离的状态，于是基因的转录便受到了抑制。所以人们有时也称这种 DNA 甲基化转录抑制机理为特异性转录阻遏物竞争方式。

概括地说，甲基 -C_pG- 结合蛋白竞争方式的甲基化转录抑制机理是，在 DNA 没有甲基化的情况下，转录因子同启动子顺式元件正常结合，激活基因转录。而当 DNA 发生了甲基化作用时，特异性转录阻遏物与转录因子竞争启动子中共用的顺式元件，使相应的转录因子失去了结合位点，于是基因便处于沉默的状态。

应用随机甲基化的 DNA 序列作探针，同来自不同类型的哺乳动物细胞提取物作凝胶阻滞实验，结果均观察到一种能够特异性地同甲基化 DNA 结合的 DNA- 蛋白质复合物（DNA-protein complex），并将之命名为 MeCP-1。但首先纯化并克隆的头一种单纯的甲基 -C_pG- 结合蛋白却是 MeCP-2。已经确定该蛋白质的分子有 486 个氨基酸残基，含有一个甲基 -C_pG- 结合域（methly-C_pG-binding domain，MBD）。所以它与其他 4 种蛋白质 MBD-1、MBD-2、MBD-3 以及 MBD-4 同属于 MBD 蛋白家族。其中 MBD-2 是 MeCP-1 复合物中参与同 DNA 结合的特定的蛋白质组分。

在依赖于 DNA 甲基化作用的基因转录抑制过程中，涉及的 MBD 蛋白家族的 4 个成员，分别是 MBD-1、MBD-2、MBD-3 和 MeCP-2。此种模式体系检测还发现一种具有 MBD 结构域的甲基 -C_pG- 结合蛋白 KAISO。它是通过锌指基序与甲基化的 DNA 结合，并引起依赖于甲基化作用的基因转录的抑制。

3. 改变染色质结构方式

在真核生物细胞核染色质的转录活性区，存在着 DNase I 超敏感位点（DNase I hypersensitive site）。大多数这种位点都是分布在转录单位的 5′- 末端的启动子部位。它没有形成受保护的单核小体片段，因此对 DNase I 核酸酶的消化作用十分敏感，只要少许的酶量就可以把 DNase I 超敏感位点降解掉。而处于转录抑制状态的已经组装的染色质区域，对 DNase I 核酸酶的消化作用则呈抗性，不会被降解掉。

根据 DNase Ⅰ 核酸酶这种特性，有关的科学工作者在早期的实验中就已经注意到，DNA 甲基化作用会导致染色质结构发生变化。具体的实验操作是，在体外将人类 β- 珠蛋白基因及其他的一些真核基因克隆在 M13 载体上。一组在体外作了甲基化处理之后转染给小鼠 L- 细胞株，另一组未作甲基化处理直接转染小鼠 L- 细胞株。DNase Ⅰ 敏感性检测显示当甲基化的外源 DNA 成功地整合到受体细胞染色体基因组并经过稳定增殖之后，染色质对 DNase Ⅰ 核酸酶的消化作用便呈现出抗性，并失去了转录活性。与此相反，非甲基化的外源 DNA 经转染与整合之后，并不会导致染色体失活，它仍然具有对 DNase Ⅰ 核酸酶消化作用的敏感性，并表现出正常的转录活性。

应用微量注射法将一些甲基化的和非甲基化的 DNA（基因）分别导入受体细胞核，结果进一步揭示出 DNA 甲基化作用只有在染色质组装之后才能够抑制转录的起始。而且此种因 DNA 甲基化作用诱发的染色质失活状态，即便是酿酒酵母转录因子 GAL4-VP16 这样的强转录激活物（strong transcriptional activator），也是无法使之恢复转录活性的。由此可见，DNA 甲基化作用除了维持染色质处于失活状态之外，还需要封堵转录因子加入与启动子顺式元件的结合，从而阻止转录的激活。

上述这些实验事实说明，DNA 甲基化抑制转录的第三种机理是通过改变染色质结构这种方式实现的。

4. DNA 甲基化与遗传印记

自然界中有些异常的例子，基因的表达是受其亲本性别（parental sex）控制的。例如前面已经提过，小鼠中编码胰岛素样生长因子 Ⅱ 的基因 *Igf2*，若其是从父本遗传的可以正常表达，而从母本遗传的则不能表达；与此相反的 *H19* 基因，若其从母本遗传的能够表达，而当其从父本遗传的则不能表达。由此可见一种基因的表达与否，可以由其亲本性别决定。遗传学家们称这样的基因被打上了印记（imprinted）。而所谓"印记"这个术语的意思是指基因以某种方式做上了记号，从而使其能够"记住"究竟是来自父本还是母本。

新近分子分析证明控制基因表达的印记，是位于基因周围的一个或数个发生了甲基化的 C_pG 二核苷酸短序列。这些甲基化的 C_pG 二核苷酸，开始是在亲本生殖系细胞中形成的（图 11-23）。例如小鼠 *Igf2* 基因，在雌性小鼠生殖系细胞中是甲基化的，而在雄性生殖系细胞中则是非甲基化的。在授精过程中，来自母本的甲基化的一个 *Igf2* 基因同来自父本的非甲基化的一个 *Igf2* 基因结合。在胚胎发生期间 *Igf2* 基因经过每次复制之后，仍然维持着甲基化和非甲基化两种不同的状态。甲基化的基因是沉默的，因此在发育的动物体中只有来自父本的 *Igf2* 基因进行表达。*H19* 基因的表达情况则相反，该基因在雄性细胞系中是甲基化的，而在雌性细胞系中则是非甲基化的。

在小鼠及人类中已经鉴定出了相当数量的不同的印记基因。每一个印记基因的甲基化印记，都是在亲本生殖系细胞中建立的。但是，从一种性别遗传而来的一种甲基化的基因，当其经历相反性别子代时，可变成非甲基化的基因。因此，甲基化印记取决于动物的性别，是在每个世代重新安置的。研究已经观察到某些基因在一种性别的个体中是甲基化的，在另一种性别的个体中却不是甲基化的。这种事实暗示甲基化作用机理是由性别特异因子（sex-specific factor）控制的。

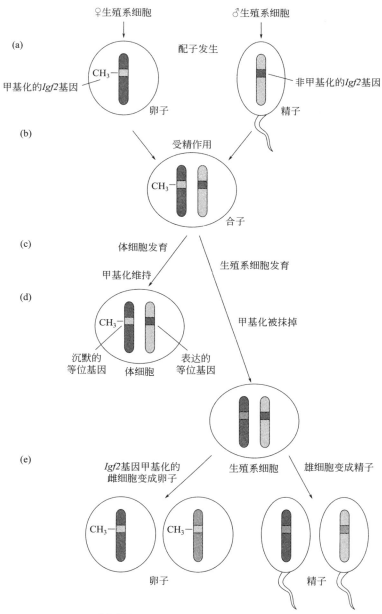

图11-23 小鼠*Igf2*基因的甲基化印记

在雌性小鼠中，*Igf2* 基因是甲基化的，而在雄性小鼠中，*Igf2* 基因则是非甲基化的。（a）*Igf2* 等位基因是在亲本生殖系细胞中被烙上印记的，即 *Igf2* 基因在雌性生殖系细胞中是甲基化的，而在雄性生殖系细胞中则是非甲基化的。（b）在受精的合子中，来自每一个亲本的 *Igf2* 烙上印记的等位基因彼此联合。（c）在体细胞组织发生过程中，母本细胞提供的等位基因仍然是甲基化的，而父本细胞提供的等位基因则依旧是非甲基化的。在体细胞中，只有非甲基化的父本提供的等位基因进行表达。甲基化的母本提供的等位基因则是沉默的。（d）在生殖系细胞发育过程中，甲基化印记被抹掉。（e）在卵子发生期间，甲基化作用会重新建立，然而在精子产生过程中，则不会重新建立甲基化作用。因此，假如是雌性小鼠，所有 *Igf2* 基因都是甲基化的，即便它们是来自父本的非甲基化 *Igf2* 等位基因的拷贝亦是如此。倘若是雄性小鼠，*Igf2* 基因就不会是甲基化的，即便它是来自母本甲基化的 *Igf2* 基因等位基因的拷贝也是如此（转引自 D. P. Snustad and M. J. Simmons, 2010）

5. 转位子甲基化的表观遗传效应

一般认为，转位因子胞嘧啶甲基化作用是高等真核生物细胞具备防御功能的分子基础。因为甲基化的胞嘧啶残基容易发生转换突变成为胸腺嘧啶残基，因而胞嘧啶甲基化作用有助于发生此种突变和转位子失活。此外，甲基化作用还有助于促使转位子的转录活性和转位作用处于表观遗传的沉默状态。

关于转位子活性受表观遗传控制的头一个证据，是来自对玉米 *Ac* 和 *Spm* 元件的研究（*Spm* 系 suppressor-mutator transposon 的英文缩略语，意即抑制基因-增变基因转位子）。在失活的转位子中发现有甲基化的胞嘧啶，而在活性的转位子中，则没有发现甲基化的胞嘧啶。甲基化模式这些变化可遗传数个世代以上。最近，遗传学家和表观遗传学家已经对矮牵牛（*Ipomoea*）的花色素形成与转位子的关系进行了广泛的研究，结果表明大多数自发突变，都是由于转位子插入矮牵牛紫色花色素基因引起的。

如图 11-24 所示，矮牵牛珍贵的杂色花突变体，是由于 0.4kb Mu 相关的转位子插入到 *DFR-B* 基因启动子区域产生的。*DFR-B* 基因编码二氢黄酮醇 -4- 还原酶，这是一种参与花青苷生物合成的酶。*DFR-B* 基因在野生型的矮牵牛中表达，其花呈蓝紫色。如果是 DNA 转位子单独插入到启动子区域，其结果对基因表达活性仅有些微的影响。但是如果转位子是高度甲基化的，并且在偶然的情况下 DNA 的甲基化作用传布到邻近的启动子区域，于是 *DFR-B* 基因的转录便会被阻断。这些甲基化模式的可遗传的变化，使矮牵牛花色表型呈现惊人的变化，产生出紫色与白色相间的杂色花。

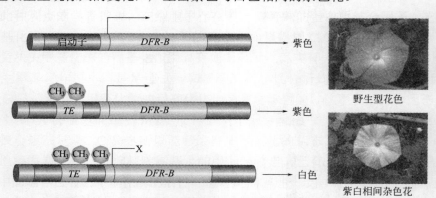

图11-24 DNA转位子甲基化作用导致矮牵牛产生紫白相间的杂色花

具有不同甲基化程度的转位子（*TE*）插入在 *DFR-B* 基因的启动区，结果使矮牵牛开出珍贵的紫色白色相间的杂色花
（转引自 A. L. Allison, 2012）

第四节
非编码RNA与表观遗传

Walter Gilbert 推想在 DNA 和蛋白质出现之前的早期进化阶段，生命过程完全是受RNA 分子指导的。据此他于 1986 年首次提出了"RNA 世界"（RNA world）或叫 RNA

社会（RNA community）的概念。此后短短的不到三十年间，有关的科学工作者们已经在 RNA 研究领域取得了前所未有的成就。特别是最近若干年，随着人类基因组全测序工作的顺利完成和蛋白质组计划的有序开展，越来越多的分子遗传学家们开始把注意力从 DNA 转向 RNA。他们发现细胞中除了 DNA 分子之外，还有许多种不同的非编码 RNA（non-coding RNA，ncRNA）诸如小干扰 RNA（small interference RNA，siRNA）、微 RNA（micro RNA，miRNA）、核仁小 RNA（small nucleolar RNA，snoRNA）以及反义 RNA 和核糖开关（riboswitch）等，同样也具有重要而独特的生物学功能。这些类型的 RNA 分子就如同蛋白质一样，也能够通过同其他 RNA、DNA 及蛋白质，甚至小分子化合物之间发生相互作用，从而发挥催化反应（catalytic reaction）、信号转导（signal transduction）和开关作用（switching）等多方面的功能效应。由此可见，现在人们对 RNA 生物学功能的认识已经发生了深刻的变化。因为仅仅在 30 多年前，科学工作者还只是简单地把 RNA 看作是一种负责将基因组的遗传信息运载到核糖体，进行蛋白质的合成的细胞信使（cellular messenger）。

当然除了相似性之外，RNA 和蛋白质分子之间也存在着诸多方面的功能差异。其中最明显的一点是蛋白质属于一类对应物分子（analog molecular），它们同靶分子之间的结合方式就如同钥匙与锁头之间彼此匹配一样，严谨而且专一。但 RNA 则不然，其明显的结构特征是具有特定的核苷酸碱基序列，因此它们恰似邮政编码一样属于数字化的分子，是依赖于核苷酸序列之间的碱基配对关系实现与靶序列的特异性结合。

小分子量 RNA（small RNA）是一类其长度约为 20～30 个核苷酸的非编码的 RNA 分子。自从 1995 年首次在秀丽隐杆线虫中发现之后，由于它们具有特殊的生物学功能，越来越受到有关科学工作者的密切关注。根据合成途径的不同，可将小分子量 RNA 区分为小干扰 RNA 和微 RNA 两大类型（表 11-3）。

表11-3　siRNA和miRNA之间的差别

类型	siRNA	miRNA
来源	mRNA，转位子或 RNA 病毒	从不同基因转录生成的 RNA
底物	RNA 双链体分子或单链 RNA 分子被切割生成长发夹结构	单链 RNA 分子被切割形成短发夹结构
作用	有的可扳动 mRNA 分子降解，有的会抑制转录作用	有的可扳动 mRNA 分子降解，有的会抑制 mRNA 翻译
靶标	转录的基因	转录基因以外的基因

至于核糖开关或叫 RNA 开关，则是专指一类能够对与其直接结合的代谢物配体分子作出反应，并调节其下游目的基因表达活性的特殊的 RNA 元件。当 2002 年首次提出核糖开关概念之后，很快便在 RNA 研究领域发生了"微型革命"（minirevolution），相继发现了许多种不同类型的、天然顺式作用的核糖开关，并对其分子结构、生物学功能，以及应用前景等诸多方面进行了较为广泛而深入的研究，积累了相当丰富的知识。

一、小干扰RNA

由小干扰 RNA 诱发的 RNA 干扰作用（RNA interference，RNAi），是在 20 世纪 90 年代发现的一种调节真核基因翻译反应的新途径，包括基因表达的发育调节和应对病毒感染的防御性效应等诸多方面。它不仅具有重要的理论意义，更具有难以估量的实际应用价值。RNA 干扰为人们在实验室中控制目的基因的表达活性提供了革命性的技术手段，尤其适用于诸如秀丽隐杆线虫和果蝇这样的无脊椎动物细胞中特定目的基因表达活性的操控与研究。因此 RNAi 也为新基因的功能研究与检测提供了强有力的实验方法。

1. RNA 干扰现象的发现

1990 年，美国亚利桑那大学（Arizona University）的科学家 C. Napoli、C. H. Lemieux、R. A. Jorgensen 以及荷兰阿姆斯特丹大学（Amsterdam University）的科学家 J. Mol，分别独立地将多拷贝的紫花矮牵牛的查尔酮合成酶（chalcone synthase，CHS）基因导入紫花矮牵牛。他们期望如此能够提高转基因植株中查尔酮合成酶的含量水平，从而大大增进花色素的形成，以便使突变体矮牵牛花的颜色变得更加鲜艳夺目。然而事与愿违，如此培育出来的转基因的矮牵牛植株中，大约有 5% 出现了相反的结果，不但花色没有变得更加鲜艳，反而出现了纯白的花朵和紫白相间的杂色花朵。进一步分析发现之所以会产生出这样异常的现象，是由于这些导入的外源查尔酮合成酶基因（chs）不仅自身没有表达出蛋白质，反而还关闭了转基因植株中同源基因的表达活性。由于实验证明这种抑制作用是发生在转录后水平，故当时称之为转录后基因沉默（post-transcriptional gene silencing，PTGS）。同时又考虑到在这个过程中，导入的外源基因和内源的同源基因的表达活性都受到了抑制，所以人们又称之为共抑制（co-suppression）。为简单方便起见，后来将二者统称为基因沉默（gene silencing）。

随着有关研究工作的不断深入，使用的材料也越来越广泛，结果发现基因沉默现象不仅高等植物中存在，而且在原生动物、无脊椎动物以及哺乳动物等众多不同类型的真核生物中也普遍存在。不过迄今为止尚未在原核生物中发现有基因沉默的现象。这可能是由于 RNA 聚合酶Ⅲ能够快速地将细菌中的 dsRNA 降解成 12bp 短片段的缘故。需要指出的是由于在研究工作的早期，科学工作者们尚不知道发生基因沉默的真正分子本质，因此不同领域的科学工作者，很自然地会根据本身研究工作的特点和对实验结果的独立见解，采用不同的术语来描述可能在本质上是一样的生命现象。例如将发生在真菌中的基因沉默叫做基因抑制（gene quelling），而将发生在哺乳动物中的基因沉默则叫做 RNA 干扰。

现已知道，当将一些小分子量的外源双链 RNA（double-stranded RNA，dsRNA）分子导入寄主细胞之后，便会诱发与其同源的内源 mRNA 分子发生特异性的降解作用，从而高效而特异地阻断了体内同源基因的表达活性，即呈现出基因沉默现象。目前已将此种现象统称为 RNA 干扰，它是生物界中普遍存在的一种在转录后水平上调节基因表达的有效方式。在真菌、拟南芥、水螅、涡虫、锥虫、昆虫以及果蝇、斑马鱼、蛙类、鸟类、大鼠、小鼠、猴子和人类等绝大多数真核生物细胞中，都已发现了 RNA 干扰现象。

2. RNA 干扰的分子本质

（1）单链正义 mRNA 的干扰现象

为了揭示基因沉默的分子本质，1995 年美国康奈尔大学（Cornell University）的遗传学家 S. Guo 和 K. J. Kemphues，利用反义 RNA 技术研究了秀丽隐杆线虫的 *par-1* 基因的功能。该基因编码一种推定的丝氨酸 / 苏氨酸激酶（putative Ser/Thr kinase），其主要功能是参与秀丽隐杆线虫胚胎极性的确立。结果观察到了如下有趣的现象：①当把与par-1基因mRNA互补的反义mRNA注入秀丽隐杆线虫体内时，产生出预期的表型。即由于受到反义mRNA的抑制导致par-1基因失活，呈现出胚胎致死效应。②而当把与par-1基因mRNA相同的正义mRNA注入秀丽隐杆线虫体内时，奇怪的现象发生了。出乎意料，这种对照实验的结果同样也导致par-1基因的表达活性受到抑制，出现胚胎致死效应。

上述实验似乎可以证明如同反义mRNA一样，正义mRNA同样也可以导致目的基因发生沉默效应，达到抑制秀丽隐杆线虫体内par-1基因表达活性的目的。有人还据此推测，之所以单链的正义mRNA具有抑制目的基因表达活性的效力，是由于细胞缺少了参与par-1基因翻译反应所需的有关蛋白质因子造成的。这些事实反映出，尽管当时科学工作者已经在转基因植物中观察到，增加外源基因的导入剂量可以导致目的基因表达活性的丧失，但还没有认识到基因沉默的分子本质。

（2）双链RNA的干扰现象

关于正义mRNA诱发基因沉默现象，一开始就受到学术界同行的质疑。例如华盛顿Carnegie研究所的Andrev Fire和马萨诸塞大学（Massachusetts University）医学院的Craig Mello，他们怀疑最初导入秀丽隐杆线虫体内的mRNA制剂，无论是正义的还是反义的，其纯度都没有达到真正纯化的标准，可能是含有痕量双链RNA的混合物。这也就是说，他们认为真正导致转录后基因沉默的分子本质是双链RNA。为验证自己思路的正确性，1998年他们应用秀丽隐杆线虫unc-22基因进行了有关的实验。该基因编码的一种分子质量为753kDa的蛋白质，是控制秀丽隐杆线虫正常肌肉功能的必要成分。

A. Fire和C. Mello发现，将大量纯化的unc-22基因的正义mRNA注入秀丽隐杆线虫的卵细胞内，并不能起到抑制unc-22基因表达活性的作用。相反地只要将少量的双链unc-22 mRNA注入卵细胞内，就能使unc-22基因表达活性受到抑制，结果导致当代秀丽隐杆线虫甚至于后代秀丽隐杆线虫的肌肉运动能力失控，呈现出无法抑制的扭曲状态。这个实验的结果说明，只有双链的unc-22 mRNA才能够抑制内源unc-22基因的表达活性，而正义单链的unc-22 mRNA并不具有这样的功能特性。

接着，A. Fire和C. Mello还应用其他的一些基因，诸如肌肉基因、繁殖基因及生长基因等，对秀丽隐杆线虫进行了类似的实验。结果也都获得了与unc-22基因一样的实验证据，表明只有双链的mRNA（ds mRNA）参与了对目的基因的抑制作用。于是他们将dsRNA诱导的目的基因表达活性的抑制现象，称为RNA干扰。随后的研究还发现，能够自我折叠成双链RNA的mRNA分子，同样也是RNAi现象的有效的诱导物。A. Fire和C. Mello因在揭示RNAi分子本质方面的杰出贡献，被瑞典皇家科学院授予2006年度诺贝尔奖。

（3）RNA干扰转录后调节的实验证据

为什么说RNAi是发生在目的基因转录后水平上的呢？这可由如下4个方面的实验事实得以证明。第一，在典型的情况下，沉默基因仍具有正常的转录速率，也就是说mRNA的合成速度并没有受到影响。第二，尽管在发生了基因沉默的生命体中目的基因的转录速率不变，但其mRNA转录本的含量水平却明显下降了。这暗示沉默基因之

mRNA 可能在转录后被降解了。第三，dsRNA 或者是转基因植株中的外源转基因，都只有当其是同目的基因外显子序列互补的情况下才能诱发基因沉默。由此可见，dsRNA 显然是通过某种途径同加工成熟的 mRNA 分子发生相互作用的。第四，沉默基因的 DNA 编码序列并没有发生任何变化。

3. RNA 干扰的诱发因子 dsRNA

在 RNA 干扰作用中，双链 RNA 是一种关键性的诱发因子。这一点可以从如下多种实验中得到证实。例如对转基因植物中发生的转录后基因沉默现象的研究发现，无论是单链的正义 mRNA 还是单链的反义 mRNA，单独均不能诱发基因沉默；但当正义的 mRNA 和反义的 mRNA 共同存在时，便可诱发基因沉默，而且这些 mRNA 分子的长度无一例外都是 25nt。此外，由一个反向重复序列转录形成的具有发夹结构的 mRNA 分子，也能够诱发基因沉默。这些实验间接说明 dsRNA 是诱发基因沉默的关键因子。

将人工合成的长度为 21bp 的 dsRNA 注入秀丽隐杆线虫卵细胞，可以诱发出现基因沉默。此种现象在昆虫、原生动物、斑马鱼以及哺乳动物中均可发生。这些实验则直接证明了 dsRNA 是诱发基因沉默的关键因子。当然只有外显子的 dsRNA，而且是在细胞质中的条件下，才能诱发基因沉默，因为切丁酶只存在于细胞质。

4. 胞内直接表达 dsRNA 的方法

我们知道，除了受到诸如 RNA 病毒感染等若干特殊情况之外，通常的真核细胞都只具有双链的 DNA（dsDNA）和单链的 RNA（ssRNA），而没有双链的 RNA（dsRNA）。因此为了诱发 RNAi，需要将外源 dsRNA 导入受体细胞。在 RNAi 技术发展的早期，人们都是应用经典的转基因方法，诸如脂质体（liposome）介导的转染法、电激法或微量注射法实现外源 dsRNA 向受体细胞的导入。为此得花费大量的金钱和时间，以便在体外按化学法或酶催反应法合成 dsRNA，或直接合成 siRNA 分子。此种人工合成的 dsRNA 虽然可以诱发 RNAi，但由于半寿期短，故只能产生瞬时的基因沉默。在典型的情况下，注射了 dsRNA 的受体细胞经过了大约 5～7 天的实验室培养，也就是说发生了 7～10 个细胞分裂周期之后，RNAi 效应便会消失。

基于上述原因，科学工作者们便提出了在细胞内直接表达 dsRNA 的新思路。因为理论告诉我们，如果一个细胞同时存在着一个基因的正义 mRNA 和反义 mRNA，那么二者便有可能通过碱基之间的互补配对形成 dsRNA，再经切丁酶消化切割生成 siRNA，于是就会诱发产生 RNA 干扰作用。根据这个道理，目前已发展出了若干种在受体细胞中直接表达 dsRNA 的实验方法，其中最常用的有如下两种方法。

头一种叫做茎-环结构法（stem-loop structure）（图 11-25）。此法的核心是应用 DNA 重组技术，把基因的正链 DNA 区段、间隔区段和负链区段三者按串联顺序排列的方式，克隆在同一个载体分子上使之处于同一个启动子的控制之下。由此转录生成的 RNA 分子中，位于间隔区两侧的基因的正义链和反义链之间便会发生碱基的互补配对作用，而间隔区序列则不存在碱基的互补配对关系，于是便形成了具有茎-环结构特征的 dsRNA 分子。因此有时这种方法也叫做折回茎-环结构法（fold-back stem-loop structure）。

另一种称为双启动子结构法（double promoter structure）（图 11-26）。该法同样也是通过 DNA 重组技术，在目的基因的两端分别连接上两个反向转录的启动子，构成重组

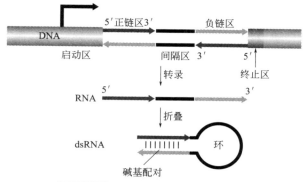

图11-25　茎-环结构法合成dsRNA

在重组DNA分子中，彼此碱基配对的正链区和负链区之间有一段间隔区，在重组DNA分子的两端分别有一个启动子和终止子。由此转录生成的mRNA会自我折回成茎-环结构的dsRNA

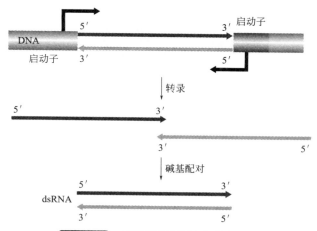

图11-26　双启动子结构法合成dsRNA

左边的启动子指导正义链的转录，右边的启动子指导反义链的转录。由此产生的两条彼此互补的RNA分子，通过碱基配对结合成dsRNA

的表达单元。其中一个启动子指导转录基因的正义链，另一个启动子则指导转录基因的反义链。因此在受体细胞中由这种转录单元转录生成的正义链RNA和反义链RNA，便会通过互补碱基的配对作用形成dsRNA。

应用上述这两种构建重组DNA的途径所表达的dsRNA，有的可能具有相当长的核苷酸链，需经胞内切丁酶的切割作用，才能形成恰当的siRNA；有的dsRNA的核苷酸链比较短，不经切丁酶的切割作用便可直接满足siRNA的需求。

二、参与RNA干扰作用的若干核酸酶

1. 寻标酶

寻标酶（argonaute）是一种在许多生命体中均存在的、与RNAi效应有关的重要的蛋白质家族，简称AGO蛋白。它位于RNA诱导的沉默复合物（RNA-induced silencing complex，RISC）的中心部位，分子质量约为100kDa，系属于高度碱性的蛋白质。寻标酶有PAZ和PIWI两个结构域，编码它们的DNA序列均已被克隆在大肠杆菌中表达，并对

纯化的蛋白质作了 X 射线晶体学研究。其中 PAZ 结构域位于蛋白质的中心部位，能与 siRNA 的 3′- 端结合。值得提醒的是，已知切丁酶也具有一个 PAZ 结构域，而且同样也能够同 siRNA 相互作用。据此推测通过与 siRNA 的结合作用，寻标酶便可能与切丁酶联系在一起。PIWI 结构域即 RNase 结构域，它则位于蛋白质的 C 端，其功能是通过同 RNA 分子的结合，从 siRNA-mRNA 杂合双链分子的中部切割短片段的 dsRNA（图 11-27）。研究表明寻标酶是一种催化亚基，可执行起始 mRNA 的切割作用。使目的基因 mRNA 断裂成两个片段，导致基因沉默。有鉴于此，寻标酶通常也叫做切段酶（slicer）。

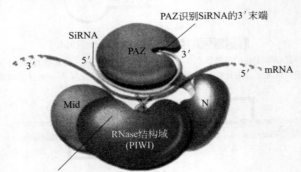

在 RNA 干扰过程中，无论是 siRNA 的产生，还是 RNA 诱导的沉默复合物的形成，乃至于该复合物功能的行使等不同环节中，寻标酶蛋白质家族均起到相当重要的作用。而且它还有可能是通过与多种蛋白质之间的互作来完成其功能效应。

2. 切丁酶

参与 RNAi 的另一种重要的酶蛋白是切丁酶（dicer）。此酶也叫做 RNAi 核酸酶，实质上是一种 RNaseⅢ 样（RNaseⅢ-like）的核糖核酸内切酶。它的生物学功能是能够特异性识别其作用底物 dsRNA 分子，并将之切割成长度为 21～23bp 的干扰 RNA。这是一种需要 ATP 提供能量的酶催反应过程。在不同的生命体中存在着不同拷贝数的切丁酶的编码基因。例如秀丽隐杆线虫只有一个拷贝的切丁酶基因，而果蝇和拟南芥则分别有 2 个和 4 个拷贝切丁酶基因。因此秀丽隐杆线虫是研究切丁酶功能的首选材料。

切丁酶的功能作用是同它的分子结构特点密切相关的。已知切丁酶具有 5 个不同的结构域，其中头一个叫做 dsRNA 解旋酶结构域（DExH/DEAH），位于切丁酶的 N- 端，负责为 dsRNA 分子解旋。另外两个是 RNaseⅢ 结构域，亦叫 RNaseⅢ 催化区，位于切丁酶的 C- 端，其功能是参与对目标 mRNA 分子的切割与降解作用。RNaseⅢ 结构域分为 RNaseⅢ-a 和 RNaseⅢ-b 两个亚区。第四个是 dsRNA 的结合域，简称 ds-RBD，系切丁酶与 dsRNA 分子发生结合作用的部位。最后一个是 PAZ 结构域，它可以同 siRNA 彼此结合，因此有可能参与蛋白质与蛋白质之间的相互作用，例如介导切丁酶与寻标酶之间的结合作用（图 11-28）。

所谓组构（organization）这个英语单词，在生物化学中似乎译为"组件结构"更为确切。如图 11-28（b）所示人体肠贾第虫（*Glardia intestinalis*）切丁酶的组件结构模型，包括与 RNA 3′端相连的 PAZ 结构域、把柄区及浆叶区三个部分。由于 PAZ 是特异性地同 dsRNA 3′-端结合的，故又称为 dsRNA 结合域，已知在 PIWI、Argonaute 和 Zwille 三种蛋白质中都存在着此种结构域，故此命名 PAZ。

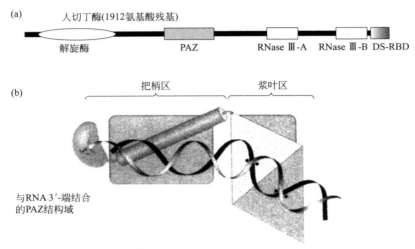

图11-28 人体切丁酶的分子结构及组构模型

（a）人体切丁酶多肽链全长 1912 个氨基酸残基。自 N- 端至 C- 端按序排列着 DExH/DEAH、PAZ、RNase Ⅲ-A、RNase Ⅲ-B 及 DS-RBD 共 5 个不同的结构域。（b）人体肠贾第虫切丁酶的组构模型（转引自 J. D. Watson et al, 2016）

3. 依赖于 RNA 的 RNA 聚合酶

依赖于 RNA 的 RNA 聚合酶（RNA-dependent RNA polymerase，RdRP），也叫做 RNA 指导的 RNA 聚合酶（RNA-directed RNA polymerase）。它通常是指一种专门负责 RNA 病毒基因组复制的 RNA 复制酶（RNA replicase），广义的则是指以 RNA 为模板催化合成反义 RNA 的聚合酶。RdRP 会导致 dsRNA 的产生，因此在秀丽隐杆线虫和高等植物等材料的 RNA 干扰反应中起着相当重要的作用。其中突出的一点是 RdRP 可以使 siRNA 分子的数量明显地增多，从而促使 RNAi 效应得以持续与加强。目前有关 RdRP 研究得比较深入的高等植物材料是番茄。它的 RdRP 的分子质量为 127kDa，能够根据 RNA 模板合成出长度至少达 100nt 以上的互补的 cRNA 核苷酸链。而且已知对部分的 RNA 模板而言，番茄的 RdRP 还可在没有引物的条件下，催化互补链 cRNA 的合成。

三、小干扰RNA

1. 小干扰 RNA 的概念

真核细胞中分子量较大的 dsRNA 分子，被切丁酶切割降解生成的大小为 21～23bp 的小片段的 dsRNA，叫做小干扰 RNA（图 11-29）。它可进一步区分为天然反义 siRNA（natural antisence siRNA，anti-siRNA）、反式作用 siRNA（*trans*-acting siRNA，ta-siRNA）和异染色质 siRNA（heterochromatic small RNA，hc-siRNA）三种不同的类型。一般说来 siRNA 分子的两个 3′末端各具有 2 个核苷酸的单链延伸结构，并且每条单链的 5′末

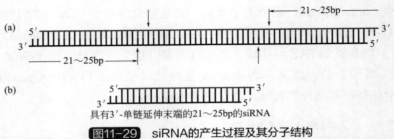

图11-29 siRNA的产生过程及其分子结构

（a）较长的dsRNA经切丁酶切割生成siRNA，其分子长度从3′-末端算起为21～23bp；
（b）在siRNA分子的3′-末端具有2个核苷酸的单链延伸

端和3′-末端均分别具有5′-P基团和3′-OH基团。这是区分真正的siRNA和其他的dsRNA的基本结构特征。

siRNA可以是外源性的，也可以是内源性的，因为已发现核基因组上也有许多座位都可以产生siRNA。这些内源性的siRNA可以直接来自相关基因的转录本，也可以是来自反向重复序列以及转座因子。由这些产生的dsRNA经核内有关核酸酶切割成siRNA之后，便被释放到细胞质，直接参加抵御转座因子、外源转基因以及病毒的侵害。

RISC是由切段酶和寻标酶等多种蛋白质与RNA分子组成的一种复合物，也叫做核糖核酸酶复合物。它具有对目标mRNA分子进行切割降解的功能活性。在这个过程中首先由位于RISC复合物中心部位的寻标酶，通过它的PIWI结构域与ds-siRNA分子结合。结合了ds-siRNA之后，RISC复合物便进入激活的状态，能够利用ATP提供的能量促使ds-siRNA的双链发生解旋和解链。由此分离出来的单链的ss-siRNA之负链，按照碱基配对的原理识别mRNA分子靶序列的位置，从而引导RISC复合物中的切段酶对被ss-siRNA结合的mRNA分子的靶序列进行切割。于是便产生出RNAi现象。

2. RNA 干扰的扩增与传播

siRNA的功能作用是相当有效的，不到50个拷贝的siRNA分子，就能够使丰度高达每个细胞数千个拷贝的目的基因mRNA分子失去表达的活性，进入沉默状态。其原因在于少量的siRNA在RdRP的作用下发生了数量扩增，而且这种扩增作用并不需要引物分子的参与（图11-30）。正是由于细胞中siRNA数量的增加，才最终导致了RNAi效应的扩增。

那么RNAi扩增的分子机理又是怎样的呢？这是由于细胞内的目标mRNA分子在RISC复合物中的切段酶的催化作用下，会被切割形成两条异常而不稳定的RNA分子。其中一条的5′-端具有帽子结构，但其3′-端却不存在poly（A）尾巴；另一条的5′-端缺失了帽子结构，但其3′-端却具有完整的poly（A）尾巴。这两种异常的缩短的RNA均可作为RdRP的模板，用以产生dsRNA。随后这些dsRNA便成为切丁酶的底物，被切割产生出大量的siRNA分子，于是便极大地扩增了RNAi效应。

实验表明RNAi效应不但可以扩增，而且还可以从一个细胞传播到另一个细胞。事实上在一个生命体中RNAi效应的传播，可以达到相当远的距离。这种情况在高等植物中最容易观察到。例如在染病的植株中，RNAi效应的传播是同抵御病毒感染的功能相一致的。也就是说RNAi信号（RNAi signal）的传播通路与病毒感染的途径是彼此重叠

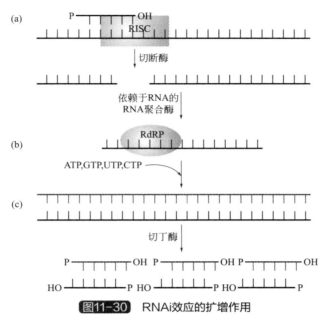

图11-30 RNAi效应的扩增作用

（a）RISC 复合物同 mRNA 分子结合，切段酶将之切成两条异常的 RNA 分子；（b）RdRP 以异常的 RNA 为模板合成出 dsRNA；（c）合成的 dsRNA 被切丁酶切割消化成 siRNA，参与 RNAi 反应（转引自 D. Clark, 2007）

的。如果 RNAi 信号传播速度快而且强度大，病毒感染就将受到抑制，甚至消失，否则病毒感染就将占优势，致使植株染病。在动物中同样也观察到了 RNAi 信号在个体中传播的现象，最突出的例子要数秀丽隐杆线虫。实验发现，只要把少量的 dsRNA 注射到秀丽隐杆线虫卵细胞，就足以诱发 RNAi 效应，并且其 RNAi 信号可以通过性细胞持续传递数个世代。更有趣的是这种 RNAi 传播的结果，并没有引起目的基因 DNA 编码序列发生改变。在哺乳动物细胞中，由于不具备 RNAi 传播所需要的 RdRP 聚合酶，因此 RNAi 效应总是比较局限地发生在某个部位。一般认为出现这样的情况，是由于在哺乳动物中进化出了特异性的免疫系统，从而抵消了 RNAi 效应的生物学作用的重要性。

3. RNA 干扰的分子机理

虽然迄今为止我们对 RNAi 分子机理的细节了解得还不够充分，但有一点比较明确，那就是说发生在不同类型生命体中的 RNAi 的分子机理却是相当保守的。无论是植物、动物还是真菌，它们都是按照基本类似的途径诱发 RNAi。到目前为止有关科学工作者已经提出多种模型，试图阐释 RNAi 的分子机理。而且最新的研究还表明 RNAi 不但涉及目标 mRNA 的降解反应，同时也与染色质结构的改变以及 DNA 的甲基化作用有关联。然而限于本书的内容和篇幅，要对这个庞大而复杂的命题作全面深入的叙述显然是不可能的，而且似乎亦无此必要。故本节我们仅介绍现已被广泛认可的、发生在秀丽隐杆线虫卵细胞的一种解释 RNAi 分子机理的 dsRNA 模型。

dsRNA 模型又叫做 dsRNA-siRNA 模型，它又可进一步区分为依赖于 RdRP 的 RNAi 途径和不依赖于 RdRP 的 RNAi 途径。后者的过程比较简单，胞内的 dsRNA 在切丁酶的催化作用下被切割成 siRNA。这些 siRNA 随后便与 RISC 复合物结合，使其中的切段酶的活性得到激活，从而识别并切割目标 mRNA 分子中的靶子序列，结果导致目的基因发生沉默。

依赖于 RdRP 的 RNAi 途径的情况就比较复杂一些，它主要涉及如下几个连续发生的反应步骤（图 11-31）。

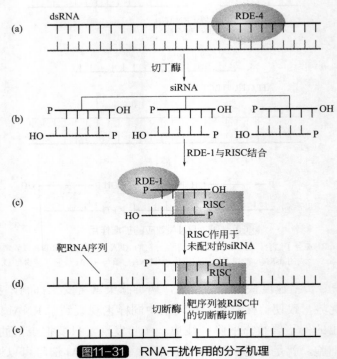

图11-31 RNA干扰作用的分子机理

（a）导入秀丽隐杆线虫卵细胞的外源 dsRNA 被 RDE-4 等蛋白质因子识别；（b）细胞质中的切丁酶将 dsRNA 切割成小分子量的 siRNA；（c）RDE-1 蛋白识别 siRNA，并募集 RISC 复合物加入与 siRNA 结合而被激活；（d）激活的 RISC 复合物使 ds-siRNA 解旋并发生链的分离，其中反义的 ss-siRNA 识别目标 mRNA 分子中的靶序列，并与之结合；（e）最后与 ss-siRNA 碱基配对的靶序列被 RISC 复合物中的切段酶切割成两个片段，造成基因沉默（转引自 D. Clark, 2007）

第一步，外源导入的 dsRNA 被秀丽隐杆线虫 RDE-4 蛋白及其他一些蛋白质因子所识别。

第二步，存在于细胞质中的切丁酶通过化学水解作用，将 dsRNA 切割成长度约为 21～25bp 的小分子量的干扰 RNA（siRNA）。切丁酶是同时切割 dsRNA 中的两条链，但其切割位点略为错开，故所产生的 siRNA 的 3′- 末端一般都具有两个延伸的核苷酸。以果蝇和秀丽隐杆线虫为材料开展的体外及体内研究均证明，切丁酶的此种切割作用对于 RNAi 效应的诱发，无疑是十分必要的。

第三步，已鉴定出 *rde-1* 基因的编码产物 RDE-1 蛋白（寻标酶 AGO 的一种）是 RISC 复合物的组成成分之一。因此当其识别了 siRNA 分子之后，便会募集 RISC 同 siRNA 结合。于是 RISC 便处于激活的状态，进而行使识别并切割目标 mRNA 分子的功能。

第四步，在激活态的 RISC 复合物中，RNA 解旋酶等核酸酶与 siRNA 分子在空间位置上是彼此紧密接触的，因此能够催化 ds-siRNA（双链 siRNA）发生解旋和解链反应。由此分离出来的反义的 ss-siRNA（单链 siRNA）仍然附着在 RISC 复合物的表面，它通过碱基互补配对作用识别目标 mRNA 分子中的靶序列位置，并彼此结合。分离产生的正义的 ss-siRNA 分子则被移走，并在胞内被降解掉。

第五步，与 RISC 及目标 mRNA 结合的 ss-siRNA，主要按以下两种不同的方式抑制同源目的基因的表达活性，即所谓的基因沉默。这两种抑制方式分别是 mRNA 的翻译抑制和 mRNA 的降解。当 ss-siRNA 分子与其结合的 mRNA 靶序列的核苷酸达到完全互补的程度，便会引导 RISC 复合物中的切段酶对目标 mRNA 分子进行切割。mRNA 分子 5′-末端放射性标记实验证明，这种切割作用发生在靶序列的中间部位，使 mRNA 分子断裂成两个片段。如果 ss-siRNA 分子与其结合的 mRNA 靶序列的核苷酸没有达到完全互补的程度，在此种情况下主要的效应则是使 mRNA 的翻译受到抑制。

四、微RNA

微 RNA（micro RNA，miRNA）和前面叙述的 siRNA 一样，也是一种小分子量的 RNA 分子。两者分子结构类似，不仅大小接近而且在 5′-末端和 3′-末端都分别存在着磷酸基团（5′-P）和羟基基团（3′-OH）。它们还具有相似的作用方式，都是通过与 RISC 复合物结合的途径使目标 mRNA 失活或降解。但是与 siRNA 不同，miRNA 从分子本质上看是一种内源单链小分子 RNA，从功能上看则是一种新型的控制真核基因表达活性的调节因子。

1. 微 RNA 的发现

miRNA 是在真核细胞中发现的一类调节型的、非编码的小分子量单链 RNA 分子。成熟的单链 miRNA 分子的长度仅有 21～25nt，能够自我折叠成发夹式二级结构。头一个 miRNA 是 R. C. Lee 于 1993 年在秀丽隐杆线虫中发现的，系为异时基因（heterochronic gene）lin-4 编码的小分子量转录本，即 lin-4 miRNA。所谓异时基因，乃是控制发育事件时序差异的基因。在秀丽隐杆线虫中异时基因的突变，会导致特定细胞谱系或是整个幼虫出现发育的加速或延缓的变化。例如 lin-14 基因的突变使细胞提前分化，而 lin-4 基因的突变则导致细胞延迟分化。

因为它参与了秀丽隐杆线虫从幼虫到成虫的转变过程中发育时序（developmental timing）的调节作用，所以当时也称此类 miRNA 为小时序 RNA（small temporal RNA，stRNA）。lin-4 miRNA 长度为 21nt，可以同其目的基因 lin-14 mRNA 的 3′-UTR 相互作用而抑制翻译反应。第二个发现的秀丽隐杆线虫 miRNA 是发育致死基因 let-7 编码的小分子量的转录本，即 let-7 miRNA。其分子长 21nt，与 lin-4 miRNA 一样，它也是通过与目的基因 lin-28 mRNA 的 3′-UTR 的相互作用而抑制翻译反应。

自从在秀丽隐杆线虫中发现了头一种 miRNA 之后，经过不长时间的研究，人们已经在昆虫、鱼类、蛙类以及植物和包括人类在内的哺乳动物中，都相继发现了大量的 miRNA 基因。其中仅在人类基因组中就已经找到了至少 1500 种以上的 miRNA 基因。在秀丽隐杆线虫中也找到了大约 120 种以上的 miRNA 基因。各种植物中 miRNA 基因的数量虽有差异，但都在 100 种以上，它们分别在不同的细胞和不同的发育阶段表达。这些 miRNA 与在 RNA 干扰作用研究中发现的 siRNA 密切相关，它们以不同的方式参与 mRNA 的翻译调节。现已知道有许多的 miRNA 都与生命体的发育调节有关，并且也有许多 miRNA 作用的目标都是编码转录因子蛋白质的 mRNA。

2. 微 RNA 的形成过程

在动物细胞和植物细胞中，miRNA 的形成过程，或说是 miRNA 的生物发生（miRNA biogenesis）过程并不完全相同，但基本步骤还是相似的。以秀丽隐杆线虫的 *lin-4* miRNA 或 *let-7* miRNA 作为例子可以看出，在动物细胞中，miRNA 的形成过程可分成如下 6 个连续相关的步骤（图 11-32）。

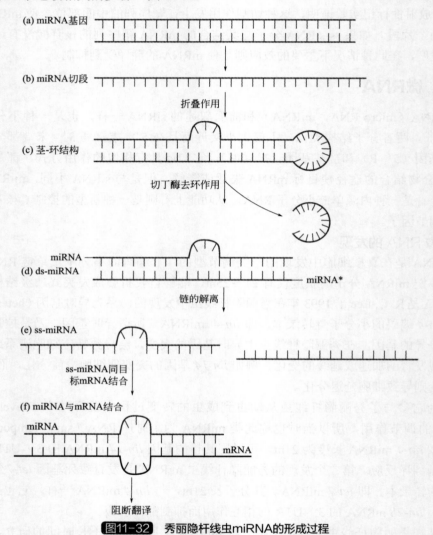

图11-32 秀丽隐杆线虫miRNA的形成过程

（a）miRNA 基因；（b）miRNA 基因转录生成的 pri-miRNA，在微型处理器的作用下被切割成 70～80nt 的 miRNA；（c）pre-miRNA 自我折叠成双链的茎-环结构；（d）进入细胞质的茎-环结构被切丁酶切去单链环，形成 ds-miRNA；（e）ds-miRNA 双链解离成单链的 miRNA（ss-miRNA）；（f）其中一条 ss-miRNA 同目标 mRNA 的 3′-UTR 结合，阻止其进行翻译

头一步是在细胞核中发生的。由染色体基因组 miRNA 基因转录生成的初级转录本 miRNA（primary transcript，pri-miRNA），被一种叫做微型处理器（microprocessor）的蛋白质复合物所识别。微型处理器中含有一种特殊的果蝇酶（drosha），因此当其与 *lin-4* 或 *let-7* 基因的 pri-miRNA 分子结合之后，果蝇酶便会将之切割成长度为 70～80nt

的前体 miRNA（pre-miRNA）。这段分子长度较长的 pre-miRNA 因编码着 *lin-4* 或 *let-7* 基因的回文序列区，故可自我折叠成为双链的发夹结构，或称为茎-环结构。miRNA 基因则是位于茎-环结构的茎上，即双链区部位。但因为两段回文序列之间的碱基并非完全配对，所以在茎-环结构的双链区存在着若干个非配对的单碱基突起（图 11-33）。随后在输出蛋白 5（exportin 5）的作用下，茎-环结构形式的 pre-miRNA 便从细胞核输送到细胞质。

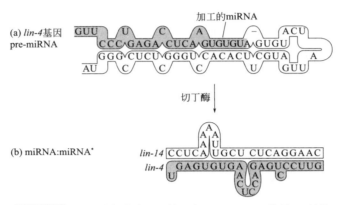

图11-33 秀丽稳杆线虫*lin-4*基因之pre-miRNA的茎-环结构

（a）*lin-4* 基因的初级转录本 pri-miRNA，经果蝇酶切割生成的 pre-miRNA 自我折叠成茎-环结构。其中灰色序列表示成熟的 *lin-4* miRNA。（b）茎-环结构的 pre-miRNA 经切丁酶切去单链环部分，生成双链体分子 miRNA:miRNA*
（转引自 J. D. Watson et al, 2007）

如同切丁酶一样，果蝇酶也是一种 RNaseⅢ样的核糖核酸内切酶，能够特异性地切割消化 pri-miRNA 分子。由于这种酶最早是在果蝇中发现的，并作了深入的研究，故此得名。现已证明在秀丽隐杆线虫、小鼠及人类等材料中也都存在着这种酶。它含有一个脯氨酸富集区、一个精氨酸/丝氨酸富集区和另外 3 个不同的结构域。其中有两个是 RNaseⅢ结构域，即 RNaseⅢ-A 和 RNaseⅢ-B，其功能是参与对目标 mRNA 分子的切割和降解作用。另外还有一个 mRNA 结合域 ds-RBD，负责与 pri-miRNA 结合。与切丁酶不同的是，果蝇酶没有解旋酶结构域和 PAI 结构域（图 11-34）。

图11-34 人体果蝇酶的分子结构

人体果蝇酶多肽链全长 1374 个氨基酸残基。自 N- 端至 C- 端按序排列着脯氨酸富集区、精氨酸/丝氨酸富集区、RNaseⅢ-A 结构域、RNase-B 结构域以及 ds-RBD 结构域（据薛京伦，2006 改绘）

下一步是在细胞质中进行的。进入细胞质的茎-环结构形式的 pre-miRNA，在切丁酶的催化作用下被切割移去了单链环部分。由此断裂生成的 21～25bp 的 miRNA:miRNA* 双链体分子的中间部位，仍存在着若干个未配对的单碱基突起。这一特征与 siRNA 不同，后者两条链之间的碱基是完全配对的。在秀丽隐杆线虫中，双链体分子 miRNA:miRNA* 被相关的蛋白质 Alg1 和 Alg2 识别之后，便会按照两种可能的途径之一发生解链反应：一种是与 RISC 复合物结合，按照如同 siRNA 一样在解旋酶作用下发生双链的解离。另一种是两条链自动分离，这是因为这两条链并不是完全碱基配对的，所以显得不够稳定。但无论以何种方式解链，所生成的成熟的单链 miRNA（此链亦叫做存留链），都会通过与目标 mRNA 3′-UTR 中的互补序列区的特异性结合作用，使之失去翻译活性。而另一条单链 miRNA*（此链也称为消失链）则由于稳定性差，很快便会被细胞质中的核糖核酸酶降解掉。

这里有一个问题，为什么由双链体分子 miRNA:miRNA* 解离出来的两条单链 miRNA 中，只剩下存留链 miRNA 参与目标 mRNA 的翻译调节，而消失链 miRNA* 却被降解了呢？这是因为细胞 miRNA 的核苷酸序列与它们的茎-环式 pre-miRNA 的比较表明，存留链 miRNA 在 5′-端的配对情况较不稳定，因此该 miRNA 链就很容易参入到 RISC 复合物或其他类似的复合物。于是在蛋白质的保护下便可免受细胞质中的核酸酶的切割消化作用，而 miRNA* 则在 miRNA 参入到 RISC 复合物的过程中释放出来，最终被核酸酶降解掉。

研究资料显示，微型处理器的途径似乎只适用于动物而不适于植物。植物 miRNA 的形成过程与动物的有所不同，它是直接由切丁酶切割较长的 pre-miRNA 产生的，而无需微型处理器的协助。

3. 微 RNA 抑制 mRNA 翻译的分子机理

对参与秀丽隐杆线虫发育调节的 miRNA 基因 *let-7* 和 *lin-4* 作了深入研究和核苷酸序列测定之后发现，在这两个基因的目标 mRNA 3′-UTR 序列中，有若干个区段与其相应的 miRNA 之间存在着核苷酸序列的互补关系。与此相呼应在实验中还进一步观察到，*let-7* 和 *lin-4* 基因的表达活性与两者的目的基因 *lin-28* 和 *lin-14* 的沉默效应，在时间上保持着精确的同步性。这些事实使人们确信，miRNA 对靶基因的基本调节方式是，通过与其目的基因 mRNA 3′-UTR 中的互补序列区的结合作用来抑制翻译反应。

以秀丽隐杆线虫 miRNA 基因 *lin-4* 为例，已发现在其目的基因 *lin-14* mRNA 分子的 3′-UTR 中，自 5′至 3′方向依序串联排列着 7 个互补区，亦即 *lin-4* miRNA 的结合位点。虽然这 7 个结合位点在核苷酸序列的组成上彼此间有着一定的差异，但它们都与 *lin-4* miRNA 序列存在着局部的互补关系（partially complementary）。正因为如此，由 *lin-4* miRNA 与 *lin-14* mRNA 3′-UTR 上任何一个互补区段结合生成的双链体分子，都存在着非碱基配对的单碱基突出。事实上许多动物的 miRNA，似乎主要是以其 5′-端大约 6～8 个核苷酸组成的关键序列（seed sequence），以及少数几个其他位置的核苷酸与其结合位点作碱基配对的（图 11-35）。miRNA 正是通过这种方式实现对目标 mRNA 翻译活性的抑制作用。

实验观察发现在秀丽隐杆线虫发育阶段，当 *lin-4* 和 *let-7* 基因表达的时候，它们作用的目的蛋白便会消失掉，但相应的目标 mRNA 的拷贝数却没有发生明显的变化。上述这些事实说明在动物中，miRNA 的作用方式与 siRNA 的不同，它显然不是通过降解目标 mRNA 这种途径来抑制翻译反应的。

需要指出的一点是目前的研究资料表明，miRNA 的作用机理具有物种的特异性。例如已发现植物的就与动物的不同：首先，植物的 miRNA 与其特异性结合位点在序列上

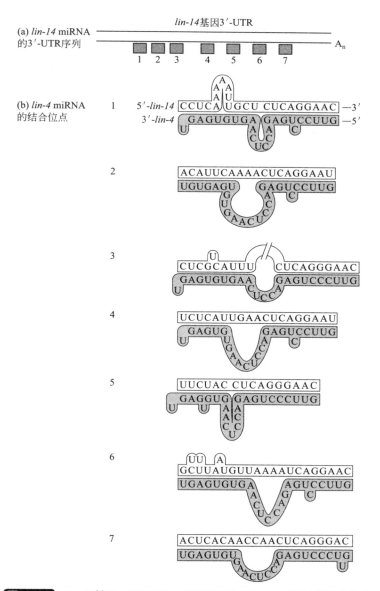

图11-35 *lin-14*基因mRNA 3′-UTR序列中的*lin-4* miRNA的结合位点

（a）在 *lin-14* mRNA 3′-UTR 中存在着 7 个 *lin-4* miRNA 的结合位点；（b）*lin-4* miRNA 与每个结合位点之间的核苷酸碱基的互补情况。图中灰色表示成熟的 *lin-4* miRNA 的核苷酸序列；白色表示 *lin-14* mRNA 3′-UTR 中的 *lin-4* miRNA 结合位点的核苷酸序列（据 J. D. Watson et al, 2007 改绘）

完全匹配；其次，这种特异性的结合位点并不局限于目标 mRNA 的 3′-UTR，而且在其编码区中也同样存在；最后，植物的 miRNA 也能引起目标 mRNA 发生降解。

应该说，目前我们对于 miRNA 抑制目标 mRNA 翻译活性的分子本质的认识，仍然是不够充分的，有许多问题尚待进一步深入研究。比如说 miRNA 究竟是如何识别其短小的特异性结合位点的呢？这个问题迄今仍然是一个未解之谜。然而尽管如此，miRNA 是一种重要的翻译调节因子则是毫无疑问的。例如在已经研究过的动物中，发现有 2% 以上基因的编码产物是 miRNA；有 1/3 蛋白质编码基因的 mRNA 分子中，都存在着预测的 miRNA 的特异性结合位点；平均每个细胞拥有的 miRNA 分子的丰度（abundance），要超过指导 pre-mRNA 剪辑的核糖核蛋白 U6 RNA 的分子数量。

4. 微 RNA 基因的起源与进化

拟南芥 miRNA 基因家族的分析显示，存在着古老 miRNA 基因（proto miRNA gene）和新生 miRNA 基因（young miRNA gene）两种类型。前者是通过基因组的复制与重排产生的，它们的序列结构保守而且在基因组上是以多拷贝形式存在，表明它们是一类有共同起源的古老 miRNA 基因家族。后者则是在进化过程中重新产生的，它们在基因组上往往只存在有一个拷贝。新生 miRNA 之目的基因的功能比古老 miRNA 的更加多样，几乎涉及了植物生命活动的各个方面。

那么这些新生 miRNA 基因又是怎样进化而来的呢？综合来自不同材料的研究信息，但主要是根据对拟南芥 miRNA 基因的研究成果，目前人们已经提出了三种解释 miRNA 基因进化的模型。

头一种叫做反向重复模型（inverted duplication model）。它的主要理由是，由反向的基因重复事件所产生的反向重复序列，能够自我折叠形成茎-环结构。这种二级结构被切丁酶样（Dicer-like, DCL）的核糖核酸内切酶识别并切割之后，便会转变成新生的微 RNA 编码基因（micro RNA-encoding gene, *MIR*），进而最终有可能被整合到核基因组上，成为永久的组成部分。

另一种称为自发进化模型（spontaneous evolution model）。其依据是在诸如拟南芥的核基因组上，分布着许多小分子量的随机反向重复序列（small random inverted-repeat sequence）。因此推断生命体在特定的情况下，为了满足某些调节的需要，由这些小分子量的反向重复序列所形成的茎-环结构，可能被参与 miRNA 形成机理的某些酶所识别，从而自发地产生出新的微 RNA 基因 *MIR*。

再一种命名为转位因子模型（transposable element model）。该模型的基本论点是，由全长转位因子衍生的小反向重复转座因子（miniature inverted-repeat transposable element, MITF）的分子结构特征，决定了它很容易形成典型的 miRNA 的前体分子（pre-miRNA）。而后这样的前体分子同样按照 miRNA 形成机理，产生出新生的微 RNA 基因 *MIR*。

无论是在果蝇还是拟南芥的进化过程中，新生 miRNA 基因虽然会高频地产生，但它也会快速地消亡，经过自然选择最终只有 4% 左右得以保留下来。在新生 miRNA 基因快速进化的同时，原始 miRNA 基因也经常会发生一些突变，使其能够对目的基因进行更精确的调控。

5. miRNA 与 siRNA 的比较

由于 miRNA 和 siRNA 之间无论是在分子结构、调节方式还是在作用的目标分子等诸多方面，都存在着明显的相似性。例如两者的分子长度十分接近，siRNA 为 21～25bp，miRNA 为 21～25nt，其 5′- 末端和 3′- 末端均分别具有磷酸基团和羟基基团；它们都是依赖于切丁酶的加工作用和通过与 RISC 复合物结合的方式来发挥其功能作用的；最终都是以抑制目标 mRNA 翻译活性的途径导致基因沉默的。因此在研究的早期，人们曾一度将 miRNA 误认为是 siRNA 家族的一部分。然而随后进一步深入的研究发现，两者事实上存在着本质的差别。这些差异性概括起来主要的有如下三个方面（图 11-36）。

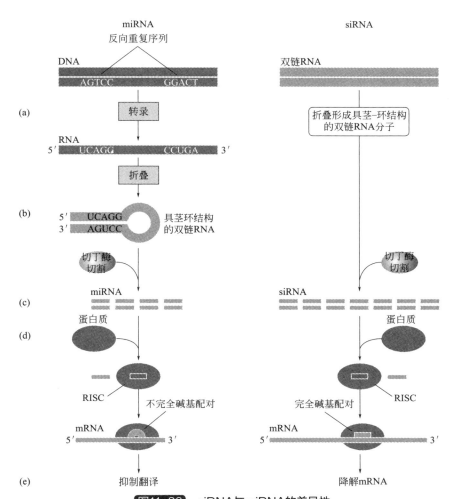

图11-36 siRNA与miRNA的差异性

（a）左图示通过 DNA 分子上的一对反向重复序列进行转录，右图示可折叠形成具茎 - 环结构的双链 RNA 分子；（b）转录生成的 RNA 分子折叠成具茎-环结构特征的双链 RNA 分子；（c）双链 RNA 分子分别被切丁酶切割成 miRNA 或 siRNA；（d）miRNA 或 siRNA 的一条链与蛋白质结合成一个 RNA 诱导的沉默复合物（RISC）；（e）RISC 中的 miRNA 或 siRNA 同 mRNA 配对，在 miRNA 情况下抑制翻译，而在 siRNA 情况下，则降解 mRNA

（据 B. A. Pierce, 2008，改绘）

第一，生物合成的途径不同。siRNA 主要是由外源导入的分子量较大的 dsRNA，少数情况下由感染的 RNA 病毒复制型的 dsRNA，还有的是由相关基因的转录本、转位因子及反向重复序列等产生的 dsRNA，经细胞质中的切丁酶消化作用生成的。而 miRNA 则不然，它是内源基因的编码产物，先由长度为数百至数千个核苷酸的初级 miRNA（pri-miRNA）被果蝇酶加工成 70nt 长度的前体 pre-miRNA，然后进入细胞质再由切丁酶进一步加工成 21～25bp 的双链体 miRNA：miRNA[*]分子，最后才解离出单链的 miRNA。

第二，抑制翻译的方式不同。siRNA 是通过与位于目标 mRNA 编码区中的靶序列的结合，引导 RISC 复合物中的切段酶从靶序列的中间部位切割断裂 mRNA 分子，结果便抑制了目标 mRNA 的翻译反应。miRNA 与此不同，它是通过与目标 mRNA 3′-UTR 中结合位点的碱基互补作用，促使 mRNA 失去翻译活性。因此在 miRNA 的作用过程中，虽然目的蛋白的数量减少了，但其 mRNA 的丰度却没有发生明显的变化。

第三，碱基互补的水平不同。siRNA 与靶序列之间核苷酸碱基的互补水平达到百分之百的完全匹配。但 miRNA 则依材料来源的差异而有两种不同的情况。植物的 miRNA 与靶序列的核苷酸碱基也是完全互补的，而动物的 miRNA 与其结合位点的核苷酸碱基则不是完全互补的，两者之间存在着若干非配对的碱基。

6. miRNA 的鉴定标准

下面以植物为例叙述 miRNA 的鉴定标准。考虑到近年来植物 miRNA 的研究工作获得了迅速的进展，不仅发现了大量的 miRNA 分子，而且揭示出的组成也越来越复杂。有鉴于此，2008 年有关学者联合发布了三条鉴定植物 miRNA 的最新标准：

① 在 miRNA:miRNA* 双链体分子的 3′- 末端，各有两个核苷酸的单链延伸结构，而且不论是存留链 miRNA 或是消失链 miRNA*，均可在 microRNA 文库中检测到。

② 在 miRNA:miRNA* 双链体分子的碱基配对区，存在着碱基错配的情况，但错配碱基的总数不能超过 4 个。

③ 在 miRNA:miRNA* 双链体分子的碱基配对区，突起的单链环不能多于 1 个，而且每个突起的单链环中错配的碱基对不能超过 2 个。

第五节
基因组印记与表观遗传

一、基因组印记与印记基因

基因组印记也是一种主要的表观遗传现象。它是指来自父本和母本的同源等位基因，通过配子传递给子代时发生了某种修饰，结果使其子代仅表达父本或母本等位基因中的一种，这种单亲本表达现象称为基因组印记。基因组印记的起因主要与 DNA 甲基化、染色质结构的变化、DNA 复制定时的改动以及非编码 RNA 的调节作用等因素有关。目前不仅在哺乳动物而且在植物及昆虫中也都发现了基因组印记表观遗传现象，并对其相关的分子机理亦作了一定的研究。

一般认为哺乳动物基因组印记功能之一是防止发生孤雌生殖现象。一个明显例子是，在人类胚胎发育过程中，含有两套父本染色体的受精卵会发育成葡萄胎，而含有两套母本染色体的受精卵则会发育成卵巢畸胎瘤。这说明为了确保正常的胚胎发育，受精卵必须拥有正常比例的亲本双方的染色体或基因组。如基因印记失调便会导致产生一些先天性遗传疾病，其中有些与 DNA 甲基转移酶有关。

1. 基因组印记概念

以小鼠为模式生物进行的核移植实验及遗传学研究表明，在哺乳动物胚胎发育的全过程，都需要父本与母本两套基因组的参与，同时核移植也为证明在哺乳动物中存在基因组印记提供了有用的实验手段（图 11-37）。当然证明在哺乳动物中存在基因组印记之

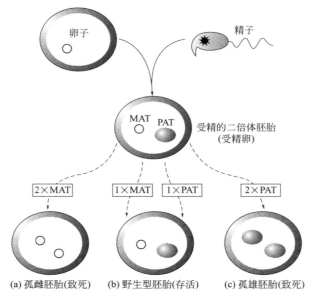

图11-37 哺乳动物的生殖需要各一套父本和母本基因组参与

应用核移植装置从刚受精的给体卵子取出雄核或雌核，并将其按不同的组合植入已经去核的刚受精的受体卵中。由此产生出具有三种不同亲本基因组组合的新的二倍体胚胎：（a）具有两套母源基因组的孤雌胚胎（致死）；（b）具有双亲基因组的野生型胚胎（可存活）；（c）具有两套父源基因组的孤雄胚胎（致死）。这些实验结果表明，哺乳动物生殖既需要母源基因组也需要父源基因组（转引自 C. D. Allis et al, 2007）

最有力的证据是，1991 年首先在小鼠中发现的亲本特异性表达的印记基因。例如母本表达的胰岛素样生长因子Ⅱ受体印记基因 *Igf2r* 和非编码 RNA 印记基因 *H19*，以及父本表达的胰岛素样生长因子Ⅱ印记基因 *Igf2*。

在哺乳动物二倍体细胞中，大多数来自亲本的一对等位基因都是同时表达或一齐关闭的。但也有少数的一对等位基因中只有父本的拷贝有表达活性，而母本的拷贝则是沉默的；反之亦然。这种来自父母本双亲的等位基因，在子代中由于亲本来源不同而呈现差异表达的现象叫做遗传印记（genetic imprinting）或基因组印记（genomic imprinting），通常也称为亲本印记（parental imprinting）和基因印记（gene imprinting），简称印记。其中来自父本的等位基因处于没有转录活性的沉默状态，而来自母本的等位基因有表达活性，称为父本印记（paternal imprinting）；与此相反，如若母本等位基因不表达，而父本等位基因表达，则称母本印记（maternal imprinting）。此类呈现印记现象的等位基因称为印记基因，其中前者为父本印记基因，后者为母本印记基因。

基因组印记不仅在小鼠一类哺乳动物中存在，而且在植物及昆虫中也同样存在，但迄今尚未在其他脊椎动物中观察到此种现象。基因组印记的分子本质是指遗传物质的不同表达，取决于它究竟是来自父本还是母本。例如在雌性哺乳动物胚胎中，具有双拷贝的分别来自父本和母本的 X 染色体，但在它的任何一个细胞中，总是随机地有一条 X 染色体或一个拷贝的 X-连锁基因不发挥作用。

叙述了这么多有关基因组印记的概念之后，读者自然会问那么究竟遗传印记的分子本质是什么呢？简而言之，所谓遗传印记的分子本质乃是一种可以区分母源和父源基因拷贝的表观遗传修饰，亦叫表观遗传记号。最常见的这种遗传修饰是 DNA 甲基化作用，因为它可以使得早期胚胎中父本和母本的等位基因具有不同的性质。

2. 印记基因和印记控制区

参与基因组印记的决定并发生了甲基化修饰的基因，叫做印记基因，亦译作印迹基因（imprinting gene）。在哺乳动物中已发现有一百多种的印记基因。它们对生命体的发育具有重要的作用，印记的丧失会牵连到诸多人类疾病（包括癌症）的诱发。

印记基因有如下 4 个方面的主要特点：第一，分布广泛，几乎遍布基因组的各个部位。第二，在基因组上往往聚集成簇形成染色体印记区，或称印记控制区（imprinting control regions，ICR）。第三，具有组织特异性表达特点。例如人类 *Igf2* 基因拥有 P1～P4 四个启动子，其中 P1 只能在肝组织中表达，而其余 3 个 P2、P3 和 P4 则主要在胚胎期和新生儿组织中表达。第四，可影响父本和母本的后代，因此印记是与亲本相关的而不是与性别相关的。例如一个印记基因如果在母源染色体中是有表达活性的，那么它在所有的雄性和雌性的母源染色体上都能激活，而在所有的雄性和雌性的父源染色体上则是沉默的。

印记基因簇是受 ICR DNA 甲基化作用控制的，这种特殊的 ICR DNA 大小可达 100kb，其功能是参与确立不同的印记，并在生命体发育过程中维持这种印记。印记控制区富含 CG 二核苷酸和许多相应的 CpG 岛。印记基因座中的沉默基因是在配子发生过程中胞嘧啶残基甲基化的靶标，而表达的等位基因一般仍保持着非甲基化的状态。随后沉默的等位基因在胚胎发育的早期，被保护免受全局脱甲基化作用，继续呈现甲基化状态，从而在胚胎发育的晚期实现单等位基因表达。在染色质的一些区段中，未甲基化的印记控制区 ICR，形成一个阻断增强子与启动子相互作用的绝缘子；在染色质的其他一些区段，未甲基化的 ICR 可能会与非编码 RNA 发生联合作用。无论前者还是后者，都会导致印记基因沉默。这种含印记控制区 ICR 的绝缘子，当其位于增强子和启动子之间时，可阻断增强子对启动子的激活作用；而当其位于活性基因和异染色质之间时，又可起到屏蔽作用，保护活性基因免受染色质延伸作用所造成的失活效应。

在显花植物中，同样也存在着遗传印记。然而与哺乳动物相比，显花植物的印记涉及一种不同的控制 DNA 甲基化作用的机理。实验事实有力地表明，在植物的生命周期中不存在全局的脱甲基化作用，其印记显然是从亲本等位基因之一移走一个甲基化记号的结果。植物印记的状况是不遗传的，它显然被限定在胚乳当中，在胚乳中印记不必分配到下一代。

3. 基因组印记的建立与维持

生殖细胞中印记的重编程或重排，是由于原始生殖细胞 DNA 甲基化记号和组蛋白修饰作用被抹去的结果（图 11-38）。这可能是一种涉及迄今未知的酶催激活过程。因为近来有报道指出，一种碱基切除修复途径中的 DNA 脱氨酶和延长蛋白（elongator）复合物，在去甲基化反应中有明显的作用。接着印记的基因在精子和卵子中获得不同的 DNA 甲基化标记，并且这些 DNA 甲基化标记经过随后的细胞分裂而得到传递。

DNA 甲基化作用是一种理想的印记记号，因为在一种配子中能够通过 DNA 从头甲基化作用重新建立基因组印记。一旦发生这种情况，不同的甲基化模式便会被维持甲基化酶和 DNA 甲基转移酶 1（DNMT1）自动地保持下来。受精之后，DNMT1 优先地作用于半甲基化的 DNA 底物，通过复制和细胞分裂维持甲基化模式。在大多数印记控制

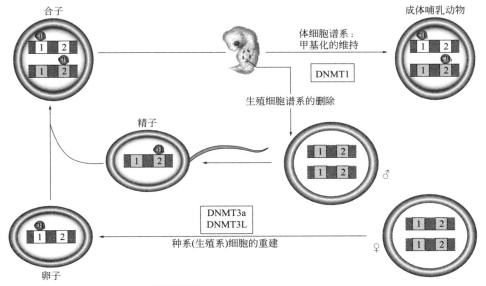

图11-38 基因组印记的建立与维持

DNA 甲基化使印记基因沉默（CH₃ 符号）。在配子发生过程中，存在于母本染色体的印记标记（白色）和存在于父本染色体的印记标记（浅灰色）被脱甲基化作用抹去，并在配子中重新建成性别特异的基因组印记。本图描述两个印记控制区（ICR）的例子：其一为母本衍生出来的甲基化（ICR1），其二为父本衍生出来的甲基化（ICR2）

（转引自 L. A. Allison, 2012）

区，等位基因的甲基化作用都是在卵中开始的；仅有少数印记控制区等位基因，甲基化作用是在精子发生期间确立的。

印记的从头建立不仅需要甲基化转移酶 DNMT3a，还需要其辅助因子 DNMT3L 的参与。在哺乳动物的精子和卵子中，不同的基因组印记究竟是通过什么样的机理才能被精确地建立，迄今尚不完全清楚。不过有人猜测，这可能是由于其他蛋白质因子结合到特定的 ICR 区域，从而阻止了在精子和卵子基因组中发生 DNA 甲基化作用的缘故。

二、单等位基因表达机理

除了 X 和 Y 两条性染色体之外，体细胞还有两套常染色体基因，其中一套从母本遗传来的称为母源或母本等位基因；另一套从父本遗传来的叫做父源或父本等位基因。对于哺乳动物大多数基因而言，其体细胞两个拷贝的等位基因都表达，但也有少数的呈现单等位基因表达（monoallelic expression）。它是指在二倍体或多倍体细胞的等位基因中，在其生命活动过程只有一个进行表达（表 11-4）。这种现象在有的文献中也叫做等位基因排斥（allelic exclusion）。在大多数单等位基因表达的事例中，细胞总是随机地选择出一个等位基因表达其编码的 RNA 和蛋白质。在免疫系统和嗅神经元细胞中，等位基因排斥是一种典型的表达方式。它被认为是确保只有一种单一类型的受体蛋白展示在细胞表面的关键途径。基因组印记则是例外的情况，它选择活性表达的等位基因并不是随机的，而是根据原先的亲本类型作出的。

基因组印记影响一小部分基因，其结果是使得这些被影响的基因只是从其两条亲本染色体中选择出一条进行表达。这种异常的现象，系由表观遗传指令（epigenetic instruction），

表11-4　哺乳动物单等位基因表达事例

基因性质	所在的染色体	等位基因的选择方式
印记基因	常染色体	非随机的
X-失活的基因	X染色体	随机的
免疫球蛋白基因	常染色体	随机的
T细胞受体基因	常染色体	随机的
天然杀伤细胞受体基因	常染色体	随机的
白介素Ⅱ-2基因	常染色体	随机的

注：转引自 L. A. Allison, 2012。

即存在于亲本生殖细胞中的印记引起的。这些表观遗传指令便是指印记基因的两个亲本等位基因之间发生的不同的甲基化模式。

本节讨论 3 种主要的确保单等位基因表达的分子机理。

1. 启动区染色质结构修饰

控制单等位基因表达的一种最简单的机理是，在一个等位基因启动区中发生 DNA 甲基化作用和形成阻遏的染色质结构，结果使该等位基因沉默，出现单等位基因表达（图 11-39）。位于普拉德-威利综合征座位（*SNURF-SNRPN*）的内含子 sonRNA 基因（intronic snoRNA genes），其一 ICR 区的上游有一段分子大于 30kb 的人类智力低下综合征遗传病（Angelman syndrome，AS）调节元件。它可以沿着一个大分子量的染色体结构域调节印记作用。在父本染色体中 ICR 区是非甲基化的，它指导位于该区的包括 *UBE3A* 反义基因在内的所有的印记基因进行双向表达。在母本染色体 ICR 区的甲基化作用，同样也需要一个 AS 元件的参与。该元件不会诱发差异性的甲基化，但它有一个开放的染色质结构，可指导 ICR 区转变成甲基化状态。于是这种甲基化作用，便使位于母本染色体上的全部父系表达的基因处于沉默状态。但在缺乏反义 *UBE3A* 基因表达的情况下，母本的 *UBE3A* 等位基因则进行表达。

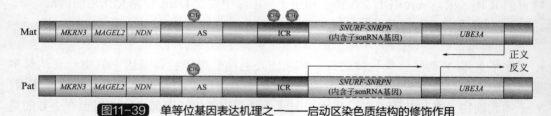

图11-39　单等位基因表达机理之一——启动区染色质结构的修饰作用

本图展示两种神经性发育疾病，即普拉德-威利综合征和 Angelman 综合征之印记基因启动区染色质甲基化修饰情况（转引自 L. A. Allison, 2012）

2. 反义 RNA 转录本的差异表达

与上述头一种机理不同，控制单等位基因表达的第二种机理是间接性的，它的本质是通过一种反义 RNA 转录本的差异表达实现的。在这种间接性机理中，ICR 区含有一个非蛋白质编码基因的启动区。其中 ICR 是非甲基化的，该基因的表达产物是一种反义 RNA。随后这种反义 RNA 通过一种未确定的机理，使位于同一染色体上的编码蛋白质的印记基因沉默。在另一条染色体上，ICR 区的甲基化作用确保此反义 RNA 不被表达。在没有反义 RNA 时，编码蛋白质的基因是有表达活性的（图 11-40）。

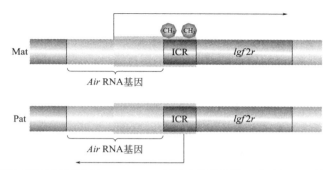

图11-40 单等位基因表达机理之二——*Igf2r*基因座位发生的一种反义RNA转录本的差异表达

胰岛素样生长因子 2 受体基因 *Igf2r* 的表达，便是使用此种单等位基因表达机理进行的。*Igf2r* 基因编码一种重要的胎儿生长调节蛋白。缺失分析表明，位于 *Igf2r* 基因头一个内含子中的一个小分子量的 CpG 岛具有 ICR 功能。这个区段 DNA 还含有小鼠 *Air* 基因启动区，该基因的编码产物是一种反义 RNA 转录本，可以抑制父源的 *Igf2r* 等位基因的表达。组蛋白修饰作用方面存在着等位基因特有的差异性，它与 DNA 甲基化联合确保基因组的印记作用。沉默的母源单等位基因之 ICR 区，结合着在赖氨酸 9 部位的组蛋白 H3 的甲基化（H3-K9）；而活性的父源单等位基因之 ICR 区，则存在着组蛋白 H3-k4 甲基化。在父本染色体上 ICR 区的 DNA 是非甲基化的，其 *Air* RNA 基因转录生成的反义 RNA 抑制了父本 *Igf2r* 等位基因的表达。母本染色体上的 ICR 区，由于发生了甲基化作用从而阻断了 *Air* RNA 基因的表达，结果导致母本 *Igf2r* 等位基因活跃表达。

3. 绝缘子阻断增强子的功能作用

控制单等位基因表达的第三种机理是，绝缘子阻断增强子的功能作用。在该机理中，增强子激活这个或另一个印记基因的表达活性，是通过位于在两个基因之间的非甲基化的等位基因中形成一个绝缘子的方式实现的。下面以 *Igf2-H19* 印记座位为例说明这种情况（图 11-41）。*Igf2* 和 *H19* 是定位在小鼠 7 号染色体同一个基因簇上、具有相反印记的两个基因：*Igf2* 为父本表达，而 *H19* 是母本表达。胰岛素样生长因子 2（Igf2），是一种高度保守的生长因子，它能够促进胎儿生长。*H19* 基因由 RNA 聚合酶Ⅱ转录成加帽的 RNA、已剪接的 mRNA 和多聚腺苷酸化的 RNA。这些 RNA 的全部特征都显示它是一种蛋白质编码基因。但是鉴定 H19 蛋白的所有努力都失败了，因此科学工作者们设

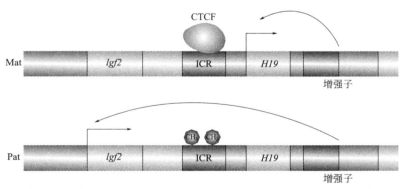

图11-41 单等位基因表达机理之三——绝缘子对增强子的阻断效应

想 *H19* 基因的编码产物，应该具有"核糖调节剂（ribomodulator）"或调节 RNA 的功能。

有许多元件参与 *Igf2* 和 *H19* 基因的印记表达。例如，研究工作者已经证明 *H19* 基因启动区中，有一段高度甲基化和凝聚化染色质区，参与了该基因之父本来源拷贝的抑制作用。在精子中绝大部分这些位点都是非甲基化的，而受精之后父本启动区则出现了甲基化情况。此后的研究证明，*Igf2* 和 *H19* 两个基因的表达，需要位于 *H19* 基因下游的增强子的参与。

此外，对于印记基因的表达，位于 *H19* 基因启动子上游的 ICR 区是必要的条件。CTCF 因子是一种新的序列特异的 DNA 结合蛋白。它通过与非甲基化的母源 ICR 区结合、而不与甲基化的父源 ICR 区结合的方式，调节印记基因的表达。CTCF 是头一个鉴定的具有调节 β- 珠蛋白基因表达作用的蛋白质因子。它的功能是作为一种胰岛素结合蛋白，并形成一种染色体边界。当其同非甲基化的母本 DNA 结合时，CTCF 因子便会阻断下游增强子元件同 *Igf2* 基因启动子的相互作用，于是只有 *H19* 基因进行表达。父本 ICR 区的甲基化作用，抑制了 CTCF 因子的结合。在这种情况下，*Igf2* 父本等位基因启动区被下游增强子激活。此增强子不再能够同 *H19* 基因的启动子相互作用，因此父本 *H19* 等位基因处于沉默状态。此种沉默作用被认为是由于长范围的染色质作用所致，其中包括染色质环的形成。

以上所述，表明调节印记基因表达的机理涉及的范围相当广泛，有比较简单的也有极为复杂的。由此可见，深入了解印记基因之单等位基因表达的内容，是多么重要。

三、哺乳动物基因组印记的关键性特点

归纳起来哺乳动物基因组印记有如下几个方面的关键性特点。

1. 沿用顺式作用机理

在哺乳动物基因组印记的功能效应中，有关的遗传元件诸如启动区、增强子、绝缘子等以及甲基化、乙酰化、磷酸化和泛素化等多种组蛋白修饰类型，只能对与其位于同一条染色体（或 DNA）分子上的效应基因发生调节作用。因此印记机理只能在同一条染色体上起作用，所以沿用顺式作用机理（cis-acting mechanism）是基因组印记的关键性特点之一。正是由于此种原因，基因组印记的顺式作用沉默机理仅局限于同一条染色体上，所以细胞核中的沉默因子不可能经由自由扩散途径，传播给活跃表达的另一条染色体上的基因。

2. 印记的建立与消除

在哺乳动物发育期间，存在着印记的建立与消除的交替变化。鉴于细胞的表观遗传体系无法区分两个完全相同的亲本基因拷贝，因此建立基因组印记的起始步骤是通过表观遗传体系对两条亲本染色体之一进行"修饰"烙上"印记"（图 11-42）。同时亲本印记必须在两套染色体处于分开状态的配子中发生。据此，有关科学工作者推测最有可能的方案是，在精子形成期间，配子印记产生于父本印记基因；而在卵子形成过程中，配子印记则是产生于母本印记基因。此外，印记既可以获得也必须能够被消除，这一点十分重要。因为生殖细胞是从胚胎二倍体细胞减数分裂而来，故它们必须在获得配子印记之前先抹去其父源和母源印记。

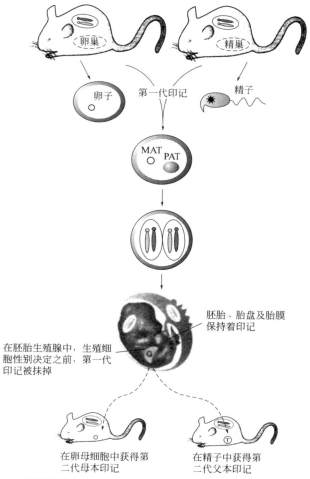

图11-42 哺乳动物发育过程中印记的获得与消除

印记被配子获得，因此卵子和精子已经携带着具印记的染色体，此称第一代印记。受精后胚胎成为二倍体，胚胎、胎膜、胎盘及成体的细胞不断分裂之后，印记仍然保留在同样的亲本染色体上。在胚胎性腺中形成生殖细胞，只是在这些细胞性别决定之前，第一代印记才会被抹掉。随着胚胎发育成雄性时，性腺分化为睾丸产生的单倍体精子之染色体便获得了父本印记（第二代印记）。与此类似，随着胚胎发育为雌性时，卵子中的染色体便获得了母本印记（第二代印记）（转引自 C. D. Allis et al, 2007）

3. 配子类型的特异性识别体系

哺乳动物基因组印记的第三个关键性特点是，存在着能够区分两种不同类型配子的特异性识别体系，即一种精子特异的识别体系和一种卵子特异的识别体系。这两种体系各指向一段不同的"印记 DNA 序列"（imprinted DNA sequence），该体系能够从两个亲本配子中选出一个印记 DNA 序列进行甲基化修饰。已知在哺乳动物中，只有 DNA 甲基化才具有配子印记的功能。

4. 配子印记控制印记基因表达的机理

要正确理解印记如何操控印记基因的表达，需要获得如下三个方面的信息：第一，哪一条亲本染色体携带着印记；第二，哪一条亲本染色体上存在着印记基因中具表达活性的等位基因；第三，确定印记序列同印记基因中表达的等位基因及沉默的等位基因之间的相对位置。根据所掌握的以上三个方面的信息，已知配子印记可以一次性地对整个基因簇的基因发生作用。这些印记基因簇含有 3～10 个印记基因，其基因组 DNA 跨度在 100kb 到 1000kb 之间。任何一个基因簇中的大多数基因都是属于编码蛋白质 mRNA 的印记基因，但至少有一个属于非编码 RNA（noncoding RNA，ncRNA）的印记基因。

四、哺乳动物基因组印记与人类疾病

基因组印记功能之一是防止发生孤雌生殖现象。一个明显的实例是在人类胚胎发育过程中，含有两套父本染色体的受精卵会发育成葡萄胎，而含有两套母本染色体的受精卵则会发育成卵巢畸胎瘤。这说明为了确保正常的胚胎发育，受精卵必须拥有正常比例的亲本双方的染色体或基因组。如基因组印记失调，便会引发一些先天性遗传疾病的产生，其中有些与 DNA 甲基转移酶的作用有关。

基因组印记不仅在胚胎生长和发育过程中起着重要的作用，而且对于癌症、先天性缺陷等疾病的发生也会施加关键性的效应。例如父系遗传的普拉德-威利综合征（Prader-Willi Syndrome，PWS），母系遗传的快乐木偶综合征（Happy-Puppet Syndrome，也叫做 Angelman Syndrome，AS），以及贝-魏二氏综合征（Beckwith-Wiedeman Syndrome）都有可能是由于印记失常（faulty imprinting）所致。

基因组印记与人类疾病关系密切。有关的印记基因在人体的发育过程起到重要的作用，它的异常表达会引发多种疾病。一方面它对胚胎及胎儿出生后的生长发育可起到调节作用；另一方面对人类大脑功能及个体行为，也会产生很大的影响；再一方面印记基因的异常，会诱发诸如乳腺癌、肝癌以及结肠癌等多种癌症的发生。

第六节
染色质重塑与表观遗传

一、常染色质和异染色质

1. 概念

染色质（chromatin）系指细胞分裂间期细胞核中的 DNA 和蛋白质结合形成的核蛋白复合物；而染色体（chromosome）则是指由染色质包装形成的一种高级有序的物理结构。不同生命体细胞中含有不同数目的染色体。每一条染色体均由一条很长的双链 DNA 分子和大约等量的蛋白质组成，所以单倍体细胞核中所有染色体 DNA 便构成了该物种的基因组。

染色质中有组蛋白和非组蛋白两种不同的蛋白质。在细胞分裂间期，染色质可区分为常染色质（euchromatin）和异染色质（heterochromatin）两类。常染色质也叫做活性染色质，是指除了异染色质之外的，细胞核中的全部基因组染色质，它对核酶的降解作用相当敏感。此类染色质具有松散的结构，既可处于活跃的转录状态，也可以呈现转录

的抑制状态。上述这些特点使得常染色质能够随时开启基因表达。异染色质在细胞分裂间期细胞核中呈聚缩状态，既没有转录活性也不编码蛋白质，是遗传的惰性区。它在细胞周期中表现为晚复制、早凝聚（即异固缩现象），并会被碱性染料深度着色。异染色质又可进一步区分为组成性（constitutive）异染色质和兼性（facultative）异染色质两种类型（图11-43）。

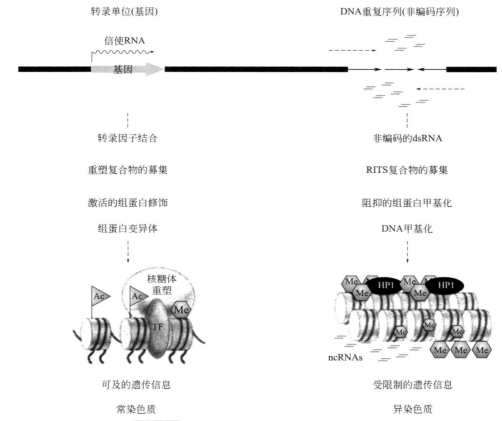

图中标注：
转录单位(基因)　　　　　　　　　DNA重复序列(非编码序列)
信使RNA　　　　　　　　　　　　　
基因　　　　　　　　　　　　
转录因子结合　　　　　　　　　　　非编码的dsRNA
重塑复合物的募集　　　　　　　　　RITS复合物的募集
激活的组蛋白修饰　　　　　　　　　阻抑的组蛋白甲基化
组蛋白变异体　　　　　　　　　　　DNA甲基化
核糖体重塑　　　　　　　　　　　　HP1　HP1
TF　　　　　　　　　　　　　　　　ncRNAs
可及的遗传信息　　　　　　　　　　受限制的遗传信息
常染色质　　　　　　　　　　　　　异染色质

图11-43 常染色质和异染色质结构域之间的差异

本图概括常染色质和异染色质之间的基本差异。包括所产生的转录本的类型、DNA 结合蛋白（如转录因子）的募集、染色质结合蛋白及复合物、组蛋白共价修饰、组蛋白变体成分等诸多方面的差异（转引自 C. D. Allis et al, 2007）

组成性异染色质，在除了复制期之外的整个细胞周期中，都处于聚缩状态，它多半定位在着丝粒、端粒、次缢痕及染色体臂等部位，系由相对简单、高度重复的 DNA 序列组成，如卫星 DNA 便是一例。异染色质的另一种类型称兼性异染色质，系指在某些细胞类型或特定的发育阶段，原来的常染色体因发生聚缩作用而丧失转录活性，从而变成异染色质，特称为兼性异染色质。雌性哺乳动物 X 染色体就是一类特殊的兼性异染色质。例如，人胚胎发育到 16 天后，两条 X 染色体中有一条聚缩为异染色质，特称巴氏小体。

2. 异染色质的功能

近年的研究表明从酵母到人类，异染色质在基因组的组构（organization）和特有的功能（proper functioning）两个方面都起到重要的作用。首先，着丝粒便是一段由组成性异染色质构成的特定区域。它位于染色体两臂之间的连接点部位。在有丝分裂或减数分裂过程中，纺锤丝就附着在这个位置上。其次，端粒处的组成性异染色质，以染色体"帽"的形式维护基因组的稳定性。最后，研究还表明，异染色质的形成是细胞抵抗入侵 DNA（invading DNA）的一种防御机理。此外，以巴氏小体为例说明，异染色质化作用还可能是关闭基因表达的一种途径。

二、染色质重塑

真核细胞染色体基因组基因表达活性的激活，除了需要乙酰化作用使核小体发生解聚之外，还要求发生染色质重塑，以便让靠近基因组 DNA 特定区域的核小体消除，或是暴露出启动区的 DNA（图 11-44）。如此才能使染色质上的有关基因的调节区显现出来，以容易接受 DNA 聚合酶、RNA 聚合酶以及转录因子等的结合作用，从而转变为可进行复制或转录的状态。我们将这种状态的染色质，叫做可及态染色质（accessible state chromatin）或活性染色质。如同 DNA 甲基化和非编码 RNA 功能一样，染色质重塑也是一种重要的表观遗传学研究内容。

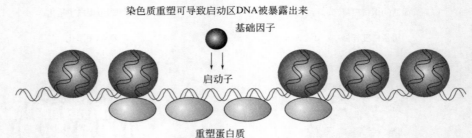

染色质重塑可导致启动区DNA被暴露出来

基础因子

启动子

重塑蛋白质

图11-44 染色质重塑的过程

染色质重塑的结果使目的基因的启动区暴露出 DNA 序列。在分化与发育的特定时段，重塑蛋白会引起特定细胞中的特定核小体被拆散。由此暴露出来的启动区 DNA 较容易同有关的蛋白质因子结合（据 L. H. Hatwell et al, 2018 改绘）

1. 染色质重塑复合物

染色质重塑复合物，也叫做染色质重建转录因子。它能够利用 ATP 水解释放的能量，激活染色质发生重建。根据所含的腺苷三磷酸酶（ATPase）的差别，至少可区分出 4 种不同的染色质重塑复合物，即 SWI/SNF 家族、ISWI 家族、CHD 家族及 INO80 家族（表 11-5）。所有这 4 种蛋白质家族都能够改变核小体核心的结构，促使被其包裹的 DNA 调节区转

表11-5 若干重要的染色质重塑复合物

蛋白质家族	复合物	ATPase 亚基	与组蛋白相互作用的亚基
SWI/SNF	BAF	BRG1 或 BRM	BAF155（染色质修饰域）
ISWI	NuRF	SNF2L	BPTF（同源调节域）
	CHRAC	CNF2H	—
	ACF	CNF2H	ACF1（同源调节域）
CHD	NuRD	CHD3/4	HDAC 1/2（染色质修饰域）
INO80	TIP60	DOMINO	TIP60（染色质修饰域）

注：BAF 表示 Brg 或 Brm 结合因子；NuRF 表示核小体重塑因子；CHRAC 表示染色质可及性复合物；ACF 表示依赖于 ATP 的染色质组装因子；NuRD 表示核小体重塑和组蛋白脱乙酰酶；TIP 表示 Tat 相互作用蛋白质。

引自 T. Strachan & A. Read, 2011。

变成易于被核质中的转录激活物、核酸酶及其他蛋白质因子所触及。虽然任何一个细胞都存在着多种不同类型的染色质重塑复合物，然而最主要的、研究最清楚的却只有 SWI/SNF（读音为"switch-sniff"）和 ISWI 两种。它们最初都是从酵母中鉴定出来的，随后在果蝇及人类中也相继发现了不同类型的染色质重塑复合物。其中 SWI 因子的命名，便是来源于酿酒酵母交配型转换（switching of mating type）突变体的英文缩略语；SNF 因子，是酿酒酵母不能发酵蔗糖突变体（sucrose non-fermenting mutants）的英文缩略语；而 ISWI 因子，则是模仿转换（imitation switch）的英文缩略语。

（1）SWI/SNF 染色质重塑复合物

SWI/SNF 复合物的功能是参与调节内切核酸酶编码基因（*HO*）的表达活性，而该基因负责控制酵母的交配型转换过程。此外，该复合物也能够调节酵母蔗糖转化酶基因（*SUC2*）的表达活性。

SWI/SNF 是一类由 8～12 个多肽亚基组成的大分子量的染色质重塑复合物，每个细胞的含量可高达 150 个拷贝左右，因此具有很高的作用效率。该复合物可以改变靶子位点上的核小体对 DNase Ⅰ 消化作用的敏感性，并诱使组蛋白同 DNA 分子间的结合牢固程度产生松弛；同时它既能够促使组蛋白八聚体沿着 DNA 分子滑动，也能够激活核小体进行重塑。因此，SWI/SNF 染色质重塑复合物，显然可以使两个核小体经过重排而合并成为一个新的、比较松弛的核小体结构。重塑复合物的中心亚基 SWI-2 是一种 ATP 酶，它以水解 ATP 所释放能量满足染色质重塑的需求。所有的 SWI/SNF 蛋白家族成员，都具有叫做 BRG1 的 ATPase，但也有一些生命体此类 ATPase 被称为 Brm。

（2）ISWI 染色质重塑复合物

ISWI 是参与染色质重塑的另一类蛋白质家族，其分子比较小，仅具有 2～6 个多肽亚基。与只具有一个 SANT 结构域的 SWI/SNF 家族不同，ISWI 的每个成员都具有两个 SANT 结构域。其中第一个是酸性氨基酸残基数量占优的标准的 SANT 结构域；第二个在中性 pH 下呈净正电荷，因此可参与同 DNA 分子的结合作用。为了与普通的 SANT 结构域相区别，人们特称此第二个结构域为 SANT 样的 ISWI 结构域（SLIDE）。ISWI 同核小体结合，以及核小体激活位于 ISWI 复合物中的 ATPase 的活性，都需要 SANT 和 SLIDE 两种结构域的参与。因此，这两种结构域似乎具有允许使 ISWI 复合物同核小体结合，将激活信号转移到 ISWI 的 ATPase 结构域，从而促使染色质重塑。

所有上述提到的 4 种染色质重塑复合物家族，都能够在围绕增强子和启动子的周围产生出无核小体的区域。此种无核小体区是活性基因的特征性结构。因此毫不奇怪当许多酵母基因被激活时，SWI/SNF 复合物看来便是头一批到达激活位点的辅激活物之一。

（3）染色质重塑复合物的功能

根据功能作用的差别，已鉴定出两种普通类型的染色质重塑复合物。一种类型叫做组蛋白乙酰转移酶类型的复合物，因为它是由组蛋白乙酰转移酶构成的。该酶能够把乙酰基团从乙酰辅酶 A 转移到核小体之组蛋白中的特定位置。许多研究均表明，组蛋白的乙酰化作用可以提升基因的表达活性。这或许是由于乙酰基团的加入，使核小体 DNA 与组蛋白八聚体之间的结合作用发生松散。激酶的功能是催化磷酸基团从 ATP 分子转移到核苷酸链或蛋白质氨基酸上，因此该酶也叫做磷酸转移酶。它同样也能够与染色质重塑复合物一道起作用。例如组蛋白 H4 中赖氨酸 -14 的乙酰化作用，通常是继组蛋白 H4 中丝氨酸 -10 的磷酸化作用之后发生的。在组蛋白 H4 中这两个氨基酸位置的修饰作用，似乎"打开"了染色质，从而增加了转录活性。

另一种类型的染色质重塑复合物，由于能够在目的基因启动区附近部位破坏核小体结构，因此叫做破坏核小体结构类型的复合物。此类复合物中，研究最深入细致的是在酵母中发现的 SWI/SNF 复合物。该复合物依靠组蛋白八聚体，沿着核小体结合的 DNA 链的滑动过程，调节基因的转录；它同样也能够将此组蛋白八聚体转移到 DNA 分子的其他位置。SWI/SNF 复合物催化核小体移动，能够明显地促使转录因子接近目的 DNA。这些蛋白质因子随后激活目的基因进行表达。

上述我们从基因激活观点论述了染色质重塑复合物的功能。然而激活的染色质同样也能够被重塑成失活的染色质。这种反向重塑（reverse remodeling）似乎涉及对核小体组蛋白的两个生化修饰：即由组蛋白脱乙酰酶（HDACs）催化的脱乙酰化作用和由组蛋白甲基转移酶（HMTs）催化的甲基化作用。DNA 分子中的某些核苷酸，同样也能够被 DNA 甲基转移酶（DNMTs）甲基化。发生了这些修饰的染色质便呈现出转录沉默的状态。

2. 染色质重塑的类型

染色质重塑是表观遗传修饰中一种常见的方式。系指在特定的染色质重塑复合物的激活作用下，染色质中的核小体及其组蛋白发生重排或删除，导致特定基因发生转录的染色质结构的变化过程。它主要包括如下三种不同的类型（图 11-45）。

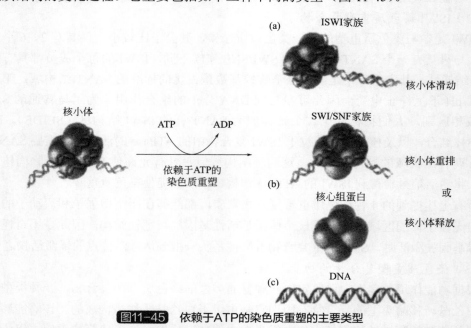

图11-45　依赖于ATP的染色质重塑的主要类型

（a）核小体滑动型：组蛋白八聚体沿着 DNA 移动，显露出转录基因的调节区成为可及态。（b）核小体重排型：因两个核小体发生重排，缠绕的 DNA 变得松弛，使更多的 DNA 成为可及态。（c）核小体释放型：一个或数个组蛋白八聚体从所结合的 DNA 分子上解除下来，产生出无核小体结合的缺口，使 DNA 成为可及态。以上三种染色质重塑类型，都是在染色质重塑复合物的激活作用下发生的，其结果都是使染色体基因组中的靶基因的调节区成为可及态（转引自 L. A. Allison, 2012）

第一种，核小体滑动型。组蛋白八聚体沿着 DNA 分子移动的过程，叫做核小体滑动（sliding）。它可将转录基因的调节区调整到核小体的表面，或者是使更多的 DNA 双链呈现出无核小体结合的可及状态。

第二种，核小体重排型。由于组蛋白八聚体之间的空间距离发生变化，造成了核小体重排。其结果不仅会引起染色质结构松弛，同时也会改变组蛋白与 DNA 之间的相对位置关系，释放出更多的可及态的 DNA。

第三种，核小体释放型。从 DNA 分子上删除掉完整的组蛋白八聚体的过程叫做核小体释放。其结果是产生出无核小体结合的染色质缺口（gap），使相关基因组 DNA 处于可及状态。一般说来，轻微的染色质结构变化是核小体之间位置关系的更动，而激烈的染色质结构变化则是核小体的释放。后者是染色质重塑的最常见的方式。

3. 染色质重塑复合物的激活作用

有关染色质重塑复合物激活基因表达活性的分子机理，虽然目前尚未完全了解，但有两点是明确的。首先，染色质重塑复合物不能够单独直接同靶基因启动子结合，它是在附着其上的特定的转录因子引导下被标定到特定的 DNA 序列上，进而参与同目的基因启动区的顺式元件结合。其次，染色质重塑复合物不是独立地发挥功能效应的，而是与组蛋白乙酰转移酶协作，共同改变染色质的结构。这两种蛋白质复合物，一旦被引导结合在靶基因的调节区或其附近，便会引发染色质重塑，转变成为一种容易被激活因子和转录装置结合的可及状态。

例如，酿酒酵母编码的内切核酸酶基因 *HO*，它的激活就涉及染色质重塑复合物与组蛋白乙酰转移酶之间的协同作用。其激活过程的顺序是，首先由一种酵母转录因子 Swi5p（注意，它不是 SWI/SNF 复合物的成员）与 *HO* 基因启动子顺式元件结合，并引导 SWI/SNF 染色质重建复合物加入，结合在 Swi5p 转录因子及其邻近的核小体上。接着，SAGA 乙酰转移酶复合物（Spt-Ada-Gcn5-acetyltransferase complex）同样也是在特定转录因子引导下，参与同 SWI/SNF 及其附近的核小体结合，于是位于启动子部位的组蛋白便被乙酰化。因此，SAGA 加入与否，取决于靶基因启动子上是否已经结合上了 SWI/SNF 染色质重塑复合物。随后，核小体组蛋白的 N 端尾部结构域发生了乙酰化作用，导致染色质构象相应改变。这种松弛的染色质有利于招引另一种转录因子，即 SCB 结合因子（SCB-binding factor，SBF）结合到特定的顺式元件上。如此便导致通用转录因子、RNA 聚合酶及转录装置等也相继按序加入，结果便形成了转录起始复合物。

虽然我们这里所举的例子是染色质重塑复合物先于乙酰转移酶同 DNA 结合，但事实上也存在着乙酰转移酶先于染色质重塑复合物同 DNA 结合的情况。而且二者对靶基因转录活性的激活作用，在效果上并无差别。

三、染色质重塑的机理与功能

1. 染色质重塑的分子机理

有关染色质重塑准确的机理迄今仍不十分清楚。它在真核基因表达中的重要功能作用是，从启动区的周围移走核小体，使有关的 DNA 元件暴露出来而易于发生转录因子等蛋白质的结合作用，以启动基因的表达。目前已经知道有如下两种不同的机理。

一种机理是在染色质重塑过程中，经重塑复合物或其他蛋白质的催化作用，促使ATP水解释放能量，于是核小体便会从原来位置移动开来，使启动子腾出供转录因子和其他调节蛋白及RNA聚合酶结合的区段，从而引发基因转录。人们通常称此种染色质重塑机理为核小体移动机理。实验事实揭示，重塑复合物改变核小体的位置至少有两种不同的方式。第一种，有些重塑复合物可引导核小体沿着DNA分子滑动，使得环绕核小体的DNA去占据位于相邻核小体之间的位置，这样就会提高DNA分子同参与基因表达调节的蛋白质分子之间的结合作用的可及性。第二种，有些重塑复合物能引起DNA或蛋白质的构象发生变化，于是同核小体结合的DNA便会呈现出更多的构型（图11-46）。

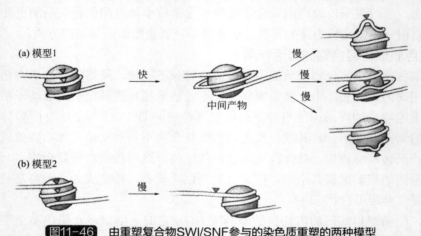

(a) 模型1

快

中间产物

慢
慢
慢

(b) 模型2

慢

图11-46 由重塑复合物SWI/SNF参与的染色质重塑的两种模型

（a）模型1：图中所示的这个核小体含有3个限制位点（以三角形示出）。头一步（快速地）核小体产生一种中间体，随后在限速步骤中间体缓慢地转变成各种重塑构象。这里所示的3个构象，每个都已展露了一个限制位点。
（b）模型2：染色质缓慢地重塑产生一个单一的构象，在本例展露了其中一个限制位点（转引自R. F. Weaver, 2012）

染色质重塑并不要求核小体发生单向滑动（simple sliding）。比如在核小体以背靠背排列方式穿越启动子的染色质区段中，照样也可以发生重塑事件。然而我们知道从结构上看，依靠单向滑动方式来移动这些串联排列的所有核小体，根本无法得到宽度足够的，移走了核小体的、裸露的DNA序列区。

染色质重塑的另一种机理叫做核小体松弛机理。除了核小体移动之外，在染色质重塑过程中，有时候也会涉及一个或数个核小体结构发生松弛作用，结果使诸如RFⅡD一类的其他蛋白质将其从原来的位置移走。这样便在增强子和启动子的周围空闲出专供转录因子等蛋白质结合的无核小体的区段，进而启动基因转录。

2. 染色质重塑的生物学功能

染色质紧密的结构，阻碍了转录因子及相关的其他蛋白质分子同靶DNA序列的接近与结合。因此，染色质重塑是启动目的基因表达的重要条件之一。因为研究表明基因的激活与转录，需要染色质发生重塑，包括去凝集作用、核小体结构松弛化或核小体沿着DNA分子移动。如此，才能使得有关的转录因子及其它的蛋白质分子，方便地与目的基因启动区的顺式调节元件结合，从而启动基因转录。

第七节
表观遗传效应的传递

一、表观遗传效应的起因

导致生命体产生表观遗传效应（epigenetic effects）有两个方面的原因：其一是DNA合成之后发生的修饰作用；其二是蛋白质结构具有的世代相传之永继特性（perpetuation）。

表观遗传（epigeretic inheritance）系指不同状态的DNA具有表达不同表型特征的能力，而且这些特征是在其DNA序列结构没有发生任何变化的情况下，能够通过细胞分裂永久地传递下去。这意味着在控制表观遗传效应的基因座具有相同DNA序列的两个个体，可表现出不同的表型。导致产生该现象的基本原因是，在两个个体之一存在着与DNA序列无关的自身永继的结构（self-perpetuating structure）。现已发现了若干种不同类型的可产生表观遗传效应的结构物，主要包括如下3种：① DNA的共价修饰作用产生的甲基化的序列；②组装在DNA分子上的蛋白质类（proteinaceous）复合物；③控制新合成蛋白质亚基构象的蛋白质聚集体。

1. DNA甲基化的表观遗传效应

在上述3种事例中，表观遗传效应（典型的情况是基因的失活作用）都是由相应结构决定的功能差异所造成的。以DNA甲基化为例，位于控制区的DNA序列的甲基化有可能使其失去转录活性，而非甲基化的序列则能够正常地表达。图11-47展示了甲基化

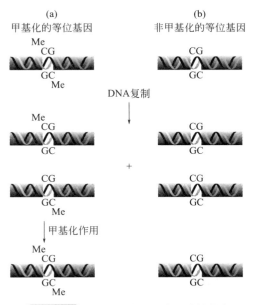

图11-47 DNA甲基化的表观遗传效应

（a）甲基化的等位基因复制形成两条半甲基化的子代双链DNA，其中只有亲本链是甲基化的。一种组成型的甲基化酶，即永继性的甲基化酶，可识别半甲基化位点，并将一个甲基加在子链的相应碱基上，于是便恢复了原来的双链都是甲基化的状态；

（b）非甲基化的等位基因经过复制之后，其非甲基化的位点仍然保留非甲基化状态（转引自 J. E. Krebs et al, 2018）

DNA 和非甲基化 DNA 的传递过程：其中一个等位基因的双链 DNA 中，每一条链都有一段序列是甲基化的，而另一等位基因序列中则有一段非甲基化的 DNA 双链区。甲基化等位基因的复制产生出半甲基化的子代双链 DNA，而后再通过一种永继性的甲基化酶（perpetuation methylase）的催化作用又恢复成全甲基化状态。然而复制并不会影响非甲基化等位基因的状态。如果甲基化作用的状态会影响到基因的转录反应，那么两个等位基因在它们的表达状态方面就会出现差异，即便它们的 DNA 序列是一致的亦是如此。

2. 自我永继蛋白质复合物的表观遗传效应

组装在 DNA 分子上的自我永继的蛋白质复合物，通常具有一种抑制效应。这是由于它能够形成异染色质区，从而阻止了位于该区段内基因的正常表达。它们的永继特性是依赖于异染色质区段中的蛋白质，在复制之后仍然能够结合在该区段上，而且随后还能募集更多的蛋白质亚基来维系此种蛋白质复合物的永继存在。如果在复制之后，单个的亚基是随机地分布在每条子代双链 DNA 分子上，那么两条子代双链 DNA 就将继续被这类蛋白质复合物标记，尽管其密度将降低为复制前的一半。表观遗传效应事件促使我们意识到，参与此种表观遗传效应的蛋白质必定具有某种自作模板（self-templating）或自我组装（self-assembling）的能力，从而重新形成与原来一样的蛋白质复合物（见图 11-3）。参与同组蛋白结合的蛋白质产生出异染色质。经过细胞分裂使异染色质转变为世代永继的状态，则需要与每一条子代双链 DNA 结合的蛋白质参与，随后募集新的蛋白质亚基重新组装成抑制性蛋白质复合物。

可以肯定诱发目的基因产生表观遗传效应的是蛋白质的修饰状态，而不是蛋白质的固有状态。在组成型异染色质中，H3 和 H4 组蛋白的尾部通常是不会发生乙酰化作用的。如果异染色质发生了乙酰化作用，那么位于该区段的沉默基因就可能变成活性基因。这种效应通过细胞的有丝分裂和减数分裂，有可能被永继地传承下去。这表明由于组蛋白乙酰化状态的改变，已经产生了一种表观遗传效应。

3. 蛋白质聚集体的表观遗传效应

有些独立的蛋白质聚集体能够引发表观遗传效应，特称之为朊病毒（orions）。它是1980 年发现的一种极为简单的生命体，只具有感染性蛋白并不含有核酸，但却都能引起表观遗传效应。所以有时也称朊病毒为蛋白质感染剂（proteinaceous infectious agent），或蛋白质感染颗粒（proteinaceous infectious particle）。

朊病毒是一种病原体，会引起哺乳动物神经系统的疾病，例如朊病毒 PrPSc 是羊瘙痒病和牛海绵状脑病的感染源：它是通过以某种形式将蛋白质隔离起来，使之无法发挥正常的功能作用。一旦形成蛋白质聚集体，它便会集中力量促使新合成的蛋白质亚基以非活性的构象参加进来。于是这些新合成的蛋白质也就无法发挥正常的功能，最终促使生命体呈现表观遗传效应。

二、表观遗传效应的传递机理

表观遗传学认为不同状态的 DNA 能够产生不同的表型，而且这种没有涉及 DNA 序列结构任何变化的表型改变，却是可以传递的。那么是何种机理促使表观遗传效应进行传递的呢？现已知道表观遗传效应的传递机理包括如下两种通用类型。

① 共价附着在 DNA 序列上一种永继的组成成分（moiety），会使靶 DNA 发生修饰效应。正因为如此，具有相同 DNA 序列的两个等位基因，能够具有不同的甲基化状态，从而呈现不同的遗传特性。

② 可建立起一种自我永继的蛋白质状态（self-perpetuating protein state）。这种过程有可能涉及蛋白质复合物的组装、特异蛋白的修饰作用，以及一种可变的蛋白质构象的建立。

1. 甲基化表观遗传效应的传递机理

只要持续地维持甲基转移酶的活性作用，就能确保 DNA 在每轮复制之后都能及时恢复甲基化状态，于是甲基化作用确立的表观遗传效应便能够长期地保持下去，实现世代相传的永继遗传（图 11-48）。DNA 甲基化状态，经过长期的体细胞有丝分裂，便可获得永继传递的特性；而经过减数分裂同样也可以使甲基化成为永继的状态。例如真菌类的弹囊菌属（Ascobolus）能够在维持甲基化状态的情况下，使其具有的表观遗传效应通过有丝及减数分裂两种途径得到永继的传递。在哺乳动物细胞中，表观遗传效应首先在原生殖细胞（primordial germ cell）中被抹掉（erased）。然后在配子形成期间发生的有丝分裂和减数分裂过程中，通过重新建立的彼此差异的甲基化状态，又会重新出现表观遗传效应。

表观遗传的位置效应（position effect）似乎是通过蛋白质状态得以维持的，但有关

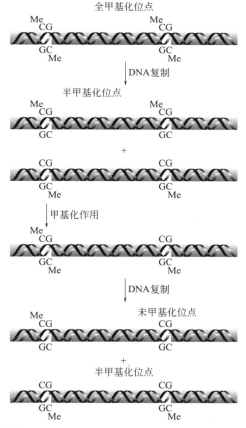

图11-48 DNA甲基化表观遗传效应之永继传递的分子机理

DNA 甲基转移酶Ⅰ（DNMT1）只能识别 DNA 底物中的半甲基化位点，它能够使靶 DNA 分子中的甲基化位点的状态得以永继传递（转引自 J. E. Krebs et al, 2018）

其分子机理我们目前却知之甚少。位置效应多样性这种事实表明，组成型的异染色质有可能延长至不同的距离，然后经过体细胞分裂的过程，使不同距离的表观遗传位置效应得到世代相传的永久继承。在酵母中不存在 DNA 甲基化现象，而在果蝇中也仅有少量的 DNA 发生了甲基化。因此它们二者的位置效应多样性或者端粒沉默作用之表观遗传状态的传递，可能都是由于蛋白质结构发生了永继性变化造成的。

2. 蛋白质复合物的变化模型

人们设想在复制过程，染色质中的蛋白质复合物可能发生的两种不同的变化模型。

（1）自我永继传递模型

这种模型认为如果一个全复合物是对称断裂的，每个复合物便可各与一条子代双链 DNA 结合，形成半复合物（half complexes）。如果这样的半复合物能在成核过程中转变为全复合物，那么蛋白质的原来状态便可得到恢复。这种情况与甲基化的维持机理基本上是一样的。对于这种自我永继传递模型的质疑是，目前尚无明确的理由解释蛋白质复合物为什么会发生这样的行为变化（图 11-49）。

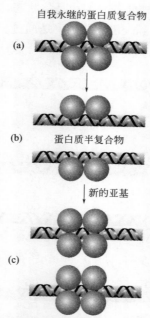

图11-49 在复制过程中染色质蛋白质复合物之自我永继传递模型
（a）自我永继的蛋白质复合物；（b）蛋白质半复合物；（c）新形成的蛋白质全复合物
（转引自 J. E. Krebs et al, 2018）

（2）分离模型

这种模型主张蛋白质复合物能够以一个结构单元的形式持续存在，并在复制过程中从原来结合的 DNA 中分离出来，继而同两条子代双链 DNA 之一结合。这种模型的问题是它需要在另一条子代双链 DNA 上从头组装一个新的蛋白质复合物，然而目前尚无证据表明这种组装是如何进行的（图 11-50）。

3. 维持含蛋白质复合物之异染色质结构的条件

要永久地维持含有蛋白质复合物的异染色质结构，究竟需要什么样的条件才能实现

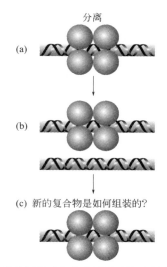

图11-50 在复制过程中染色质蛋白质复合物变化之分离模型

（a）4个蛋白质复合物组成一个结构单元；（b）蛋白质复合物结构单元从结合的双链DNA上分离出来；（c）分离下来的蛋白质复合物结构单元同子代一条双链DNA结合

呢？假定有一种蛋白质沿着异染色质作不完全连续的分布。而当这样的异染色质分子进行复制时，单个亚基是随机地分配到每条子代双链DNA中去，那么两条子代双链DNA就仍然被蛋白质所标记，尽管其密度要比复制前的水平降低一半。倘若这种与DNA结合的蛋白质又具有自我组装（self-assembling）的能力，就会引导新合成的蛋白质亚基参与结合，于是蛋白质与DNA结合的原先状态便可能得以恢复。表观遗传效应展现的这些事实，促使我们设想参与上述这种变化的蛋白质，必定具有某些类似于自作模板（self-templating）和自我组装的能力。

三、蛋白质修饰作用表观遗传效应的传递

蛋白质翻译后的修饰作用有可逆的和不可逆的两种不同的类型。常见的可逆修饰有磷酸化、乙酰化和甲基化3种反应。在有些情况下，引发表观遗传效应的是蛋白质的修饰状态，而非蛋白质的固有状态。本节讨论蛋白质乙酰化作用的表观遗传效应机理及其传递问题。

1. 组蛋白乙酰化作用的表观遗传效应

染色质活性与组蛋白乙酰化作用，尤其是与组蛋白H3和H4 N-端尾部乙酰化作用之间存在着普遍的关联性。转录的激活作用与启动子附近DNA序列的乙酰化作用，同样也存在着关联性，而且转录作用的抑制也是与脱乙酰化作用相关联的。其中最明显的一个关联性例子是，在哺乳动物雌性细胞中失活的染色体是低乙酰化的（underacetylated）。

组成型异染色质的失活可能要求组蛋白是非乙酰化的。如果组蛋白乙酰转移酶被束缚在酵母异染色质的端粒区，本来沉默的基因便会被激活。制毛癣素（trichostatin）系来自链霉菌的一种抗生素，是一种脱乙酰化作用的抑制剂。因此当将它加入在酵母培养物中时，着丝粒的异染色质便会被乙酰化，于是位于着丝粒区域的沉默基因随之被激活。即便从培养物中撤去了制毛癣素之后，此种效应仍将继续存在，事实上通过有丝分裂和减数分裂，它可变成永继的特性。这说明，通过改变组蛋白乙酰化作用状态，就能够造成一

种表观遗传效应。

2. 乙酰化组蛋白的表观遗传机理

怎样才能使乙酰化状态得到永继的遗传呢？试想 $H3_2$-$H4_2$ 组蛋白四聚体在两条子代双链 DNA 分子中是随机分布的。其中每一条子代双链 DNA 都含有若干组蛋白八聚体，且其 H3 和 H4 组蛋白的尾部都是乙酰化的，而其他的则是非乙酰化的。为了阐明表观遗传效应的原因，我们可以设想某些乙酰化组蛋白八聚体的亲本，为非乙酰化的组蛋白八聚体提供了一种促其发生乙酰化作用的分子信号。如图 11-51 所示，在复制过程中乙酰化的组蛋白是保守的，它随机地分布在子代染色质丝上。每一条子代染色质丝，都是由旧的乙酰化的核心组蛋白和新的非乙酰化的组蛋白组成的复合物，从而使乙酰化的组蛋白得到稳定的表观遗传。

3. 表观遗传效应的跨代遗传

（1）植物跨代表观遗传

尽管我们迄今尚未完全明白在体细胞有丝分裂过程中，表观遗传变化究竟是如何传递的？然而事实十分清楚：表观遗传变化确实是可以遗传的。令人惊奇的是还有许多证据表明，表观遗传效应同样还可以跨代传递，人们特称此种遗传现象为跨代表观遗传（transgenerational epigenetics）。根据对拟南芥中一种无法维持 DNA 甲基化的缺陷性突变株的研究发现，DNA 甲基化是确保植物能够保持稳定的跨代遗传的一种中心协调因素。DNA 甲基化能力的丧失，扳动了全基因组范围的可变表观遗传机理的活性。这些可变表观遗传机理包括 RNA 指导的 DNA 甲基化作用，DNA 去甲基化酶的抑制，以及组蛋白 H3K9 重新成为甲基化作用的靶标。在缺乏维持甲基化的情况下，新的和异常的表观遗传标记模式就会在传递若干代以后聚积起来，致使这些植物的株型变得矮小和不育。

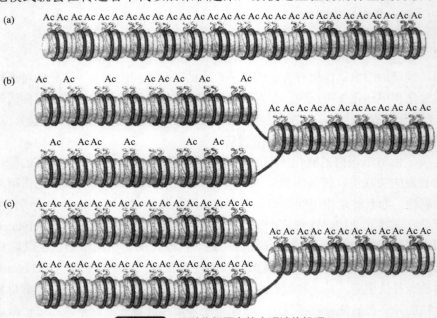

图11-51 乙酰化组蛋白的表观遗传机理

（a）在亲本染色质中组蛋白的尾部是乙酰化的；（b）在复制过程中乙酰化的核心组蛋白是随机地分布在子代染色质中；（c）目前尚不清楚是由何种蛋白质因子参与恢复组蛋白的乙酰化状态（转引自 J. E. Krebs et al, 2018）

此种变化的结果，至少在植物中已经发现存在着有力的证据，表明完整地维持甲基化作用对于跨代表观遗传显然具有重要的意义。

（2）动物跨代表观遗传

在哺乳动物中，支持跨代表观遗传的证据虽然不如植物中那么有力，但的确也有不少证据表明该类生命体确实也存在着跨代表观遗传现象。亚稳态表观等位基因（metastable epialleles）的转录取决于它的表观遗传状态。这种状态不仅在细胞与细胞之间互不相同，而且在不同的组织之间也是彼此相异的。虽然基因组的表观遗传状态，在亲本的基因组中和早期胚胎发生过程中都进行了重编程（reprogramming），但有些基因座却可将表观遗传状态从配子传递到下一代，亦即所谓的跨代表观遗传。例如小鼠的一种皮毛颜色基因——野灰基因（agouti）之显性突变，产生可存活的黄色突变体基因，它是由反转录转位子插入到野灰基因编码区上游所致。这个等位基因会呈现花斑作用，即在母体细胞发育过程因基因型改变而产生的表型变化，结果使皮毛的颜色从全黄色延伸到杂色再到全灰色。科学工作者已经观察到灰色雌鼠更倾向于生出灰色的子鼠，而黄色的雌鼠侧倾向于生出黄色的子鼠。换句话说，母系中野灰基因的不同表达水平显然是转递给了子代，而与父系的皮毛颜色无关。结果证明，插入的反转录转位子DNA甲基化作用，决定了野灰小鼠的皮毛颜色。这表明表达水平的跨代保守现象，是由于世代之间表观遗传标记不完全消除现象造成的。

同卵双生子中高度拷贝数量变异暗示，亚稳态等位基因在人类跨代表观遗传过程中同样也发挥着作用。然而，在有些普拉德-威利综合征（Prader-Willi syndrome，PWS）患者中不存在明显的突变，但是有一种表观遗传突变参与了异常DNA的甲基化作用。这种表观遗传突变的起因，可能是一种等位基因在通过雄性生殖系细胞阶段时，没有将其在祖母细胞阶段所确立的沉默表观遗传状态消除掉。因此，跨代表观遗传证据，不仅在植物和哺乳动物中存在，而且同样也是控制基因表达的一种潜在因素，或者是由于转录异常表观控制产生的人类疾病的潜在病因。

参考文献

Allis C D, Jenuwein T, Reinberg D, Caparros M-L, 2007. Oveview and Concepts; Chromatin Modification and Their Mechanism of Action; Epigeneti Regulation of Chromosome Inheritance; DNA Methylation in Mammals; Epigenetics and Human Disease: Epigenetic Determinants of Cancer//Epigenetics. （美）艾利斯（Allis C. D）等编著. 影印版，北京. 科学出版社，2008. P23-62, 191-210, 265-290, 321-340, 341-356, 435-456, 457-476.

Allison L A. 2012. Epigenetic Mechcanisms of Gene Regulation//Fundamental Molecular Biology. 2nd. ed. New Jersey: John Wiley and Sons. Inc. P. 355-401.

Bemstein B E, Meissner A, Lander ES. 2007. The Mammalian Epigenome. Cell, 128: 669-681.

Berg A V D, Mols J, Han J. 2008. RISC-Target Interaction：Cleavage and Translational Suppression. Biochimica et Biophysica Acta, 1779: 668-677.

Bird A, 2002. DNA Methylation Patterns and Epigenetic Memory. Genes and Development, 16: 6-21.

Bird A. 2007. Perceptions of Epigenetics. Nature, 447: 396-398.

Blouin S, Mulhbacher J, Penedo J C. Lafontaine D A. 2009. Riboswiches：Ancient and Promising Genetic Regulators. Chem Bio Chem, 10: 400-416.

Bojang Jr P, Romos K. 2014. The promise and failures of epigenetic therapies for cancer treatment. Cance Trentment Reviews. 60:153-169.

Brooker R. J., 2012, Non-Mendelian Inheritance//Genetics-Analysis and Principles. 4th ed. New York: The McGraw-Hill Companies, Inc. 100-125.

Carthew R, Sontheimer E J. 2009. Origins and Mechanisms of miRNA and siRNA. Cell, 20: 642-655.

Cheah M T, Wachter A Sudarsan N, Breaker R R. 2007. Control of Alternative RNA Splicing and Gene Expression by Eukaryotic Riboswitches. Nature, 447: 497-501.

Chen X, Zhou D X. 2013. Rice epigenomics and epigenetics:challenges and opportunities. Current Opinion in Plant Biology, 16:164-169.

Clark D. 2007. Regulation at the RNA level//Molecular Biology: Understanding the Genetics Revolution. 2nd ed. 北京：科学出版社（影印版）. P281-301.

Faller M, Guo F. 2008. Micro RNA Biogenesis：There's More Than One Way to Skin A Cat. Biochimica et Biophysica Acta, 1779: 663-667.

Ferrer V R, Voinnet O. 2009. Roles of Plant Small RNAs in Biotic Stress Responses. Annual Review of Plant Biology, 60: 485-510.

Gesteland R F, Cech T R, Atkins J F. 2006. The RNA Wolrld. 3rd ed. New York: Cold Spring Harbor Laboratory Press.

Gopalakrishnan S, Emburgh B O V, Robertso K D. 2008. DNA Methylation in Development and Human Disease. Mutation Research, 647:30-38.

Grafi G, Zemach A, Pitto L. 2007. Methyl-CPG-Binding Domain（MBD）Proteins in Plants. Biochimia et Biolphysica Acta, 1769：287-294.

Grassmann R, Jeang K T. 2008. The Roles of miroRNA in Mammalian Virus Infection. Biochimica et Biophysica Acta, 1779：706-711.

Hannon G J. 2003. RNAi: A Guide to Gene Silencing: New York: Cold Spring Harbor Laboratory Press.

Hartwell L H, Hood L, Goldberg M L, Reynolds A E, and Silver L M. 2012. Chromatin Structure and Epigenetic Effects//Genetics-From Genes to Genomes, 4th ed. New York, McGraw-Hill Education, P562-568.

Hartwell L H, Goldberg M L, Fischer J A, Hood L. 2018. Epigenetics//Genetics-From Genes to Genomes, Six ed. NewYork: McGraw-Hill Education. P594-600.

Henderson L R, Jacobsen S E. 2007. Epigenetic Inheritance in Plants. Nature, 447: 418-424.

Iwasaki M. Paszkowoki. 2014. Epigenetic memory in plants. The EMBO Journal, 33(18): 1987-1998.

Jones P A, Liang G. 2009. Rethinking how DNA Methylation Patterns are Maintained. Nature Reviews, Genetics, 11:805-809.

Kawashime T. and Berger F. 2014. Epigenetic reprogramming in plant sexual reproduction. Nature Rev Genet, 15: 613-624.

Kouzarides T. 2007. Chromatin modifications and their function. Cell, 128: 693-705.

Krebs J E Goldstein E S and Kilpatrick S T. 2018, Epigenetics I; Epigenetics Ⅱ; Noncoding RNA//Lewin's Genes XI（影印版），北京：高等教育出版社. 838-865.

Laird P W. 2005. Cancer Epigenetic. Human Molecular Genetics, 14: R65-R76.

Law J A, Jacobsen S E. 2009. Dynamic DNA Methylation. Science, 323: 1568-1569.

Li E, Bird A. 2007. DNA Methylation in Mammals//Allis C D, Jenuwein T, Reinberg D and Caparros M L. Epigenetics(P341-356). New York: Cold Spring Harbor Laboratory Press.

Marchese F P. Huarte M. 2015. Long non-coding RNAs and chromatin modifiers. Epigenetics, 9(1): 21-26.

Mlotshwa S, Pruss G J, Vance V. 2008. Small RNAs in Viral Infection and Host Defense. Trends in Plant Science, 13: 376-382.

Niehrs C. 2009. Active DNA Demethylation and Repair. Differentation, 77: 1-11.

Nowotny M, Yang W. 2009. Structural and Functional Modules in RNA interference. Current Opinion in Structural Biology, 19: 286-293.

Pfeifer G P, Rauch T A. 2009. DNA Methylation Patterns in Lung Carcinomas. Seminars in Cancer Biology, 19: 181-187.

Pierce B A. 2008. RNA Molecular and RNA Processing//Genetics: A Conceptual Approach. 3rd ed. New York: W. H. Freeman and Company. P368-394.

Robertson D D. 2005. DNA Methylation and Human Disease. Nature Reviews, Genetics, 6: 597-610.

Roth A, Breaker R R. 2009. The Structural and Functional Diversity of Metabolite-Binding Riboswitches. Annual Review of Biochemistry, 78: 305-334.

Sanchez M A, V Liu, Hannon G J, Parker R. 2006. Control of Translation and mRNA Degradation By miRNAs and siRNAs. Genes and Development, 20: 515-524.

Shomron N, Levy C. 2009. MicroRNA-Biogenesis and Pre-mRNA Splicing Crosstalk. Journal of Biomedicine and Biotechnology, 2009: 1-6.

Singal R, Ginder G D. 1999. DNA Methylation, Blood, 93: 4059-4070.

Snustad D P, Simmons M J. 2010. Regulation of Gene Expression in Eukaryotes//Principles of Genetics. 5th ed. New York: John Wiley and Sons, Inc. P593-626.

Strachan T & Read A. 2011. Human Gene Expression//Human Molecular Genetics. 4th ed. New York: Garland Science, Taylor & Francis Group.

Sudarsan N, Hammond M C, Block K F, et al. 2006. Tandem Riboswitch Architectures Exhibit Complex Gene Control Functions. Science, 34: 300-304.

Watson J D, Baker T A, Bel S P, et al. 2016. Epigenetic Gene Regulation; Epigenetics; Mice Exhibit Epigenetic Inheritance//Molecular Biology of the Gene. 7th ed. New York: Cold Spring Harbor Laborytory Press. P694-697; 814-815; 829-830.

Watson J D, Caud A A, Myers R M, Witkowski J A. 2007. Epigenetic Modifications of the Genome; RNA Interference Regulates Gene Action. //Recombinant DNA: Genes and Genomes-A Short Course. 3rd ed (P189-218; P.219-246). New York: Cold Spring Harbor Laboratory Press, Cold Spring Harbor.

Weaver R F. 2012. Chromatin Structure and Its Effects on Transcription//Molecular Biology. 5th ed. New York: The McGraw-Hill Companies, Inc P353-393.

Weber M Schiibeler. 2008. Genomic Patterns of DNA Methylation：Targets and Finction of An Epigenetic Mark. Current Opinion in Cell Biology, 19: 273-280.

Winkler W C, Breaker R R. 2005. Regulation of Bacterial Gene Expression by Riboswitches. Annual Review of Microbiology, 59: 487-517.

Yao B, Jin P. 2015. Unlocking epigenetic codes in nerogenesis. Genes and Development, 28:1253-1271.

Zhang W, Li J, Suzuki K, et al. 2015. Aging stem cells A Werner syndrome stem cell model unveils heterochromatin alterations as a driver of human aging. Scince, 348 (6239): 1160-1163.

Zilberman D, Henikoff S. 2007. Genome-wide Analysis of DNA Methylation Patterns. Development, 134: 3959-3965.

Zoghbi H Y, Beaudet A L. 2007. Epigenetics and Human Disease.// Allis C D, Jenuwein T, Reinberg D and Caparros M L. Epigenetics (P. 435-451). New York: Cold Spring Harbor Laboratory Press.

薛京伦. 2006. 表观遗传学：原理、技术与实践. 上海科学技术出版社.

汤琳琳，麦一峰，段世伟. 2014. DNA甲基化与表观遗传调节. 中国生物化学与分子生物学报，30(11): 1084-1091.

张维绮，刘光慧, 2015. 人类衰老的遗传和表观信息解码. 中国细胞生物学学报, 37(8): 1063-1066.

第十二章
模式生物的分子遗传学

在生命科学的研究工作中，用于开展基础理论探索、揭示生命活动一般规律的实验材料或对照体系的一些特定类型的生命体，叫做模式生物（model organism）。模式生物广泛使用的理论依据是不同生命体的细胞，无论是原核的还是真核的，在结构特征、新陈代谢、发育分化，以及生长繁殖等诸多方面，都存在着相当程度的同一性。所以，依据相对简单的模式生物的研究所发现的规律或是观察到的现象，往往也同样适用于比较复杂的其他生命体。据此分子遗传学家们早已达成共识，即基础问题可以从最简单最容易获得的模式系统中得到解答。例如孟德尔使用豌豆，摩尔根通过果蝇，分别发现了遗传的基本定律。同时，不同国别或不同实验室的科学工作者，使用相同的模式生物开展类似的相关课题的研究，既可采用相似或相同的实验方法，又可对所得结果进行比较分析，从而有利于推进生命科学的快速发展。

各种不同的模式生物都具有如下几个方面的共同特点。

① 个体较小，培养方便，操作简单，繁殖快速，世代交替时间短。

② 染色体及基因数量相对较少。

③ 背景知识清楚，实验体系完善。

④ 对人畜无害，不会破坏环境生态平衡。

⑤ 存在着某些可用作研究工具的独特的生物学特征。

模式生物的开发，不仅对于分子生物学及分子遗传学的研究十分有用，而且对于人类自身的基础生命科学的研究，特别是基础医学的研究，同样也是非常重要的。这是因为基于人权及伦理道德诸多方面的考虑，许多实验都是无法直接通过人体进行的。所以模式生物的使用就成为必不可少的替代体系。例如在人类基因组学研究中，就使用了大肠杆菌、酿酒酵母、秀丽隐杆线虫、黑腹果蝇以及小鼠等多种位于不同进化层次的模式生物。这些模式生物对于人类基因组计划的若干重大课题，诸如小鼠对于遗传图的绘制，小鼠、线虫、果蝇及酿酒酵母对物理图谱的发展及新基因的鉴定，线虫、酿酒酵母对于全基因组测序策略的制定与技术方案的完善等，都起到了重要的作用。

除了上述提到的数种模式生物外，在分子生物学及分子遗传学研究中还广泛使用了玉米、拟南芥、金色草、番茄、烟草以及斑马鱼、河豚等多种其他类型的模式生物。根据实际情况和需要，本章只集中介绍 6 种最具代表性的、分子遗传学研究中最广泛使用的模式生物。它们是原核生物大肠杆菌、单细胞真核生物酿酒酵母、简单的多细胞真核生物秀丽隐杆线虫、复杂的多细胞真核生物黑腹果蝇，以及高等哺乳动物小鼠和高等显花植物拟南芥（图 12-1）。当然这些模式生物在表观遗传学、基因工程学、基因组学以及其他有关的生命科学的研究领域中，同样也得到了普遍的使用。

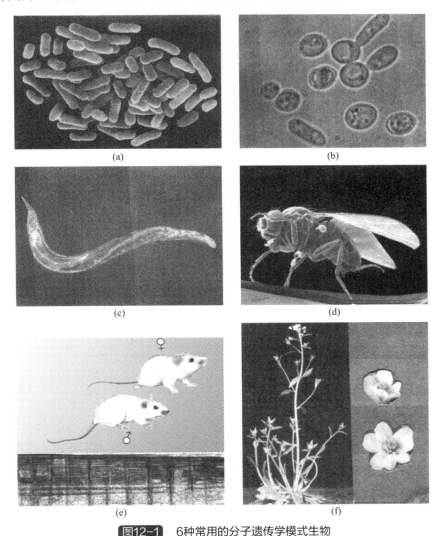

图12-1 6种常用的分子遗传学模式生物

（a）大肠杆菌；（b）酿酒酵母；（c）秀丽隐杆线虫；（d）黑腹果蝇；（e）小鼠；（f）拟南芥

第一节
大肠杆菌

　　大肠杆菌（*Escherichia coli*，*E. coli*）在系统分类学上归属于肠杆菌科（Enterobacteriaceae）、埃希氏菌属（*Escherichia*）的一种革兰氏阴性（Gram-negative）杆状细菌。目前实验上

广泛使用的大肠杆菌是 K-12 菌株及其衍生株系。由于此类大肠杆菌菌株都是单倍体细胞，具有世代时间短、能在琼脂平板上以菌落形式生长、进行无性繁殖与纯化等特点，并可用液体培养基作连续稀释（serial dilution）和菌株选择以及原种保存。除此之外，大肠杆菌还具有细胞个体小（一般长约 2μm），容易培养，对营养物质的需求简单，其天然菌株是一种对人畜无害的安全的非病源性微生物，并可开展细胞间遗传物质交换研究等诸多优点，因此在早期就受到微生物及生物化学家们的高度重视。分子生物学及分子遗传学中的许多重要的概念，多是以大肠杆菌及其噬菌体为研究材料首先提出的。基因工程实践同样也证明，许多在高等真核生物中发生的复杂的生命现象，同样也可以通过这种简单的单细胞模式生物体系进行研究。因此大肠杆菌及其噬菌体，尤其是 T 噬菌体和 λ 噬菌体更是公认的最出色的一种原核模式生物体系（图 12-2）。

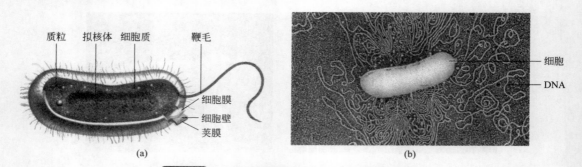

图12-2 大肠杆菌细胞模式图及其电子显微镜照片

（a）大肠杆菌细胞结构模式图；（b）大肠杆菌电子显微照片。围绕大肠杆菌细胞四周呈散射状的白色细丝，是经渗透压振荡作用处理之后，由细胞释放出来的染色体 DNA 序列，其总长度可达 1.6mm（转引自 L. H. Hartwell et al, 2018）

一、一般生物学概述

1. 适合作模式生物的主要特点

大肠杆菌具有许多重要的生物学特性，使之特别适合于用作开展分子生物学和分子遗传学基础生命科学研究的模式生物。这些特性概括起来主要有如下几个方面。

第一，繁殖速度快，世代时间短。大肠杆菌细胞的分裂周期只有 20min 左右，1mL 体积的过夜肉汤培养物的细胞总数可超过 10^9。通过在固体平板上作划线培养，或者是将稀释的液体培养物涂布在固体平板上培养，都可容易地获得从单个细胞分裂而来的、由数百万个遗传上同源的细胞个体组成的微小菌落，亦即克隆。

第二，既无细胞核亦无真正意义上的染色体。大肠杆菌是一种典型的单细胞原核生物，它不存在由核膜包裹的有形的细胞核结构，而且其基因组 DNA 是裸露的，并不形成真正意义上的染色体结构。但为了叙述的方便，人们习惯上也将这种裸露的大肠杆菌基因组 DNA 叫做染色体，实则是拟核区（nucleoid regions）结构（图 12-3）。因此，大肠杆菌基因组 DNA 的复制，以及基因表达过程中的转录和翻译等步骤，都是集中在细胞质中进行的。

第三，染色体数目少，基因组规模小。大肠杆菌细胞，除了在营养丰富的培养基中快速生长时，可同时拥有数条染色体的特例外，通常都只有一条染色体。在这种单倍体

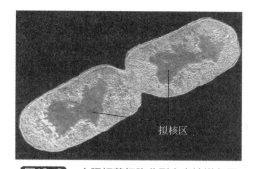

图12-3 大肠杆菌细胞分裂之电镜增色图

在两个分裂产生出的尚处于相连状态的子细胞中，都显示出一个拟核区结构

的细胞中，发生的绝大多数突变，都有可能显示出相应的表型特征。同时，大肠杆菌染色体基因组的规模不仅要比高等真核生物的小得多，就是与其他类型的细菌相比，也只能位居中等水平。但需要注意，在不同的大肠杆菌菌株之间，其基因组的大小规模却有明显的差别。已知最小只有 4.6Mb 左右，编码 4249 个基因，最大的却可达 5.5Mb，编码 5316 个基因。1997 年完成的大肠杆菌实验室菌株全序列测定表明，其基因组 DNA共编码 4288 个不同的基因。染色体数目少和基因组规模小这两方面的特点，显然十分有利于大肠杆菌的分子遗传学研究与分析（图 12-4）。

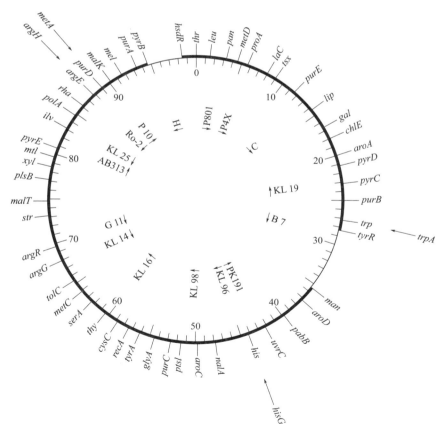

图12-4 大肠杆菌染色体DNA部分遗传连锁图

第四，DNA 转移的方式多样，效率显著。在大肠杆菌细胞中，存在着多种不同形式的高效率的遗传转化体系。主要包括 F 因子诱发的接合作用（图 12-5），在这个过程中，寄主染色体基因组 DNA 会通过性须结构发生接合转移（conjugational transfer），噬菌体介导的转导作用（transduction）和以质粒为载体的转化反应（transformation reaction）。这些遗传转化体系为向大肠杆菌受体细胞导入外源 DNA 或是进行遗传物质交换，提供了强有力的实验技术手段。

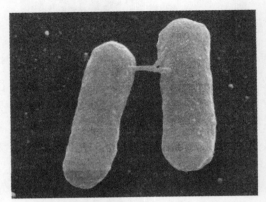

图12-5 细菌细胞接合作用的电镜图
（转引自 L. H. Hartwell et al, 2018）

第五，研究历史悠久，背景知识丰富。经过许多研究人员长时间不懈的努力，迄今人们已经掌握了大量的有关大肠杆菌基础生物学、分子遗传学以及分子生物学等诸多方面的背景知识。包括对其基因表达调控的分子机理亦有了深刻的了解。

第六，已发展成为一种安全的通用的基因工程实验体系，拥有各类适用的寄主菌株和不同的载体系列，故可作为研究克隆的真核基因表达调节机理的模式体系。

2. 生长曲线

大肠杆菌的生长曲线（growth curve），是指接种在基本培养基肉汤中的 *E. coli* 细胞，在 37℃ 振荡培养的标准条件下，以正在生长的细胞数目为时间函数绘制的特定的线性图形（图 12-6）。在生长曲线的起始部分呈现平缓，表明这一阶段细胞分裂低速，生长缓

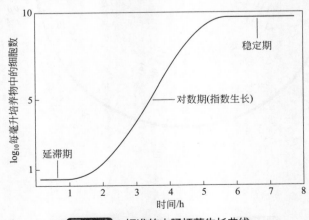

图12-6 标准的大肠杆菌生长曲线

慢，称为延滞期（lag phase）；接着细胞分裂加快，进入快速生长期，此时培养基中的细胞数目以指数形式迅速上升，故特称对数期（log phase）；随后培养基中营养物质逐渐耗尽，氧气供应也成了制约因素，于是细胞分裂停止，到了这个节点，细胞生长便进入稳定期（stationary phase）。此时大肠杆菌培养物的细胞密度，达到每毫升大约 10^9 个细胞（10^9 个细胞 / 毫升）。在对数生长期，大肠杆菌培养物之生物质量翻倍时间，即所谓的倍增时间（doubling time）仅需短短的 20min。于是我们就不难理解，为什么一瓶接种量仅有区区数千个细胞的大肠杆菌肉汤培养基接种物，经过夜培养后，便可容易地达到最大的细胞密度。

3. 连续稀释法

连续稀释法（serial dilution）是一种用于测定细菌液体培养物中细胞数量的定量技术。其具体的操作程序是，先取一定量的稀释剂，例如 9mL 的肉汤培养基加装在 10mL 的试管中；然后按 1∶9 的比例转移 1mL 待测的细菌培养物到第 1 个稀释管中，混匀获得 10^{-1} 稀释物；接着再按 1∶9 比例取 1mL 10^{-1} 稀释物加入到第 2 个稀释管中，混匀获得 10^{-2} 稀释物；如此依序继续进行，相继获得 10^{-3}、10^{-4}、10^{-5}⋯乃至菌浓度更低的稀释物（图 12-7）。此法常用于免疫学、血清学、微生物学及分子遗传学的研究。

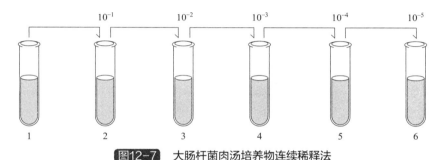

图12-7 大肠杆菌肉汤培养物连续稀释法

1 号管为待测细菌培养物起始管，2 号管至 6 号管分别为 10^{-1}、10^{-2}、10^{-3}、10^{-4}、10^{-5} 稀释物管

4. 菌落计数

生长在肉汤培养基中大肠杆菌的细胞数量，可以根据连续稀释后涂布在琼脂培养平皿上形成的菌落数量予以计数。转移适量的、恰当稀释度的菌物涂布在培养基平皿上，经过在 37℃ 温箱中保温培养过夜之后，每个单细胞经过多次分裂都可在培养基表面形成一个肉眼可见的菌落（图 12-8）。在实验过程中有可能出现菌落过于密集或过于稀少而无法计数的情况，就需要重新调整细菌培养物的稀释度，直到取得满意的结果。

图 12-8 自左至右 3 个平皿，代表 10^{-3}、10^{-4} 和 10^{-5} 三个连续稀释度的大肠杆菌培养物的菌落计数结果。其中 10^{-5} 稀释度的培养皿，可准确计算出来的菌落数为 15 个。由于测定的加样量为 100μL 培养物，故该起始培养物每毫升的细胞数应为 $15×10×10^5=15×10^6$。

二、噬菌体

噬菌体（bacteriaphage 或 phage）是一类特殊的细菌病毒，其结构相当简单，例如典型的大肠杆菌 T2 噬菌体的颗粒，主要是由外壳蛋白包裹着内部 DNA 分子的头部结构和附着其后的尾部结构两个部分组成（图 12-9）。噬菌体基因组 DNA 相对短小，仅编码

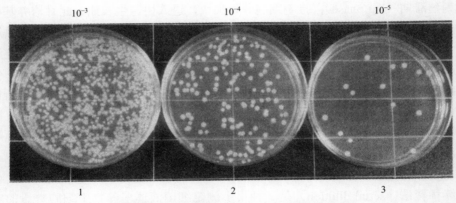

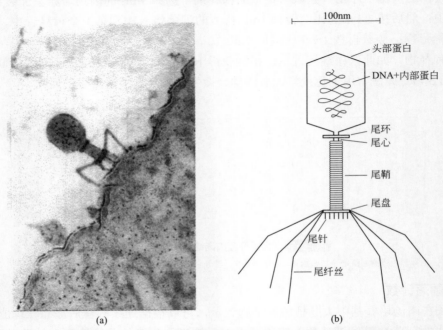

图12-8 大肠杆菌培养物的连续稀释与菌落计数

图12-9 大肠杆菌T2噬菌体对寄主细胞的感染及其结构示意图

（a）T2 噬菌体感染 *E. coli* 细胞的电镜图；（b）T2 噬菌体结构示意图。二十面体型结构的头部包含有双链线性的
DNA。在头部的下端连接着尾部结构，它是噬菌体 DNA 注入寄主细胞的通道

少量的基因，因此作为细菌寄生物，其生命功能就相当局限。尽管它可以在脱离寄主细胞的状态下保持生命，但在这种情况下便马上失去了生长与复制的活性。正是因为噬菌体这种生命体系具有相对的简单性，所以在分子生物学和分子遗传学发展的早期，就得到了广泛的应用。诸如大肠杆菌的 T 偶数噬菌体（T-even phage）、λ 噬菌体以及 M13 噬菌体都曾对生命科学有关领域的发展作出了重要的贡献。即便在重组 DNA 技术蓬勃发展的今天，噬菌体也仍然是一类不可或缺的重要的载体系列。

1. 噬菌体的生命周期

噬菌体的生命周期分为溶菌周期（lytic cycle）和溶源周期（lysogenic cycle）两种不同的类型。所谓溶菌生命周期是指被噬菌体感染的寄主细胞迅速地裂解，并释放出大量子代噬菌体颗粒的生命过程。而溶源生命周期则是指在感染过程中，噬菌体的 DNA 整合到寄主细胞染色体 DNA 上，成为它的一个组成部分并随之一道复制传递。因此在溶源生命周期，寄主细胞没有发生裂解作用，也没有释放出子代噬菌体颗粒。只具有溶菌生长周期的噬菌体，叫做烈性噬菌体（virulent phage），而既有溶菌生长周期又具有溶源生长周期的噬菌体则称之为温和噬菌体（temperate phage）。

溶菌生命周期的基本过程是：当噬菌体颗粒吸附到位于感染细胞表面的接受器之后，便会将其 DNA 注入到寄主细胞的内部；这些 DNA 促使寄主细胞的新陈代谢途径发生改变，成为制造噬菌体颗粒的场所；于是寄主细胞便合成出大量的噬菌体特有的核酸和蛋白质；包装了 DNA 的头部和尾部组装成噬菌体颗粒；最后新合成的子代噬菌体颗粒从寄主细胞中释放出来，于是寄主细胞裂解死亡。如此便完成了噬菌体的一个溶菌生命周期（图 12-10），接着子代噬菌体继续感染周围新的寄主细胞，开始下一个生命周期。

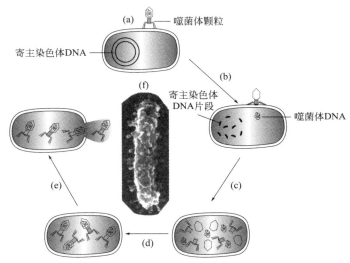

图12-10 T4噬菌体的溶菌生命周期

（a）噬菌体颗粒吸附到 *E. coli* 寄主细胞表面；（b）噬菌体 DNA 注入被感染的寄主细胞，同时寄主细胞染色体 DNA 发生降解；（c）利用寄主细胞提供的蛋白质和酶系，噬菌体 DNA 大量复制增殖，同时合成足够的噬菌体蛋白质组分；（d）成熟的子代噬菌体颗粒的组装；（e）寄主细胞溶菌裂解，子代噬菌体颗粒释放出胞外，并开始新一轮的溶菌周期；（f）噬菌体颗粒吸附在 *E. coli* 细胞表面的电镜照片

温和噬菌体感染了寄主细胞之后，它的 DNA 往往是整合到寄主染色体基因组上成为原噬菌体（prophage），于是便进入了溶源生命周期。其基本特点是寄主细胞仍然存活着，并持续地进行正常的细胞分裂，但并不释放子代噬菌体颗粒。我们称此种在其染色体基因组上存在着一套完整噬菌体 DNA 的细菌为溶源性细菌（lysogen）。而将温和噬菌体感染细菌培养物使之成为溶源性细菌的过程，叫做溶源化（lysogenization）。当然，溶源性细菌经过许多世代增殖之后，如在紫外线照射下其溶源生命周期便会终止，并重新启动溶菌生命周期。

溶源生命周期的基本过程，在不同的噬菌体之间并不完全一样。例如 P1 噬菌体，它的溶源生命周期就不存在 DNA 分子的整合作用体系，而是转变成一种能进行独立复制的环状的质粒 DNA 分子。这种形式比较少见。常见的是以 λ 噬菌体为代表的整合型溶源生命周期。它的基本过程是：λ噬菌体颗粒吸附在寄主细胞表面，并把DNA注入细胞；在胞内λDNA经过短暂的转录之后，其转录活性便被阻遏物关闭，进而翻译生成一种整合酶（integrase，Int）；在Int酶的作用下，λDNA便插入到寄主细胞染色体基因组DNA上成为原噬菌体，而细胞则成为溶源性细胞；λDNA以原噬菌体形式作为寄主细胞染色体的一部分，随着溶源性细胞的生长、分裂繁殖许多世代，从而进入溶源生命周期（图12-11）。但是在特定生长环境下，比如细胞受到紫外线照射，原噬菌体便会被诱发从寄主染色体上删除下来，进入溶菌生命周期。

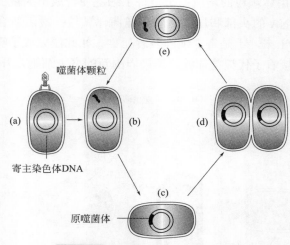

图12-11 λ噬菌体的溶源生命周期

（a）λ噬菌体颗粒附着在寄主细胞表面；（b）胞内λDNA的转录合成出整合酶；（c）在整合酶的作用下λDNA整合到寄主染色体基因组，成为原噬菌体；（d）溶源性细胞中的原噬菌体，可以随着寄主染色体，按正常的速度进行持续复制许多世代；（e）在特定情况下，原噬菌体有可能被解离下来，细胞重新进入溶菌周期

2. λ噬菌体

（1）λDNA的环化作用

λ噬菌体，是迄今为止应用得最为广泛的一种大肠杆菌双链DNA温和噬菌体。有关λ噬菌体的研究历史，是与现代分子生物学及分子遗传学的创立与发展过程密切相关的。大家所熟悉的DNA双向复制机理的揭示、转录终止作用和抗终止作用蛋白的分离、DNA连接酶和促旋酶的发现，以及位点特异的重组作用和SOS复制修复机理的阐明等，都是以λ噬菌体为材料作出的重要的研究成果。

λ噬菌体双链DNA的分子质量为31×10^6Da，在大肠杆菌噬菌体成员中，占中等大小位置。线性λDNA分子的两端，各有一段长12个核苷酸的彼此互补的单链延伸末端，它的核苷酸序列最早是由美籍华人科学家吴瑞博士测定的。由这段黏性末端结合形成的双链区叫做 *cos* 位点（参见图10-32）。在环化的状态下，λDNA的分子长度为48502bp。其核苷酸计数，是从左边单链末端 **GGCGGCGACCT** 的头一个碱基G开始，沿着L链按从晚期基因到早期基因的方向依序进行，终止在L链3′-末端第48502个核苷酸位置上。噬菌体线性DNA分子，通过黏性末端之间的互补的配对作用，实现线性λDNA分子的环化。

（2）λ 基因组的结构

在文献中往往把λDNA分成三个区（参见图10-34）。

① 左侧区。编码参与噬菌体头部蛋白及尾部蛋白合成所需的全部基因。

② 中间区，又叫非必要区。编码一些与重组有关的基因，例如 *red A* 和 *red B* 基因，以及使噬菌体 DNA 整合到大肠杆菌染色体基因组中去的 *int* 基因和把原噬菌体从寄主染色体基因组上删除下来的 *xis* 基因。

③ 右侧区。包括全部主要的参与调节作用的基因、噬菌体 DNA 的复制基因 *O* 和 *P*，以及溶菌基因 *S* 和 *R*。

（3）λ 噬菌体克隆载体

λ 噬菌体已被发展成为大肠杆菌基因工程的一类重要的基因克隆载体，包括插入型载体（insertion vector）和替换型载体（replacement vector）两大类。插入型载体是根据插入失活效应原理构建的一类 λ 噬菌体载体。当外源 DNA 片段插入到这种载体的克隆位点上时，便会导致噬菌体载体的某种功能的丧失。如此便可为重组子的选择提供依据。根据插入失活效应的特异性，插入型的 λ 噬菌体载体，又可进一步区分为免疫功能失活的和大肠杆菌 β- 半乳糖苷酶失活的两种亚型。

替换型载体又叫取代型载体（substitution vector），是 λ 噬菌体载体的另一种重要的类型。位于此类载体的两个克隆位点之间的中央部位的 DNA 区段，可以被克隆的外源 DNA 片段所取代，故比插入型载体具有更高的克隆能力。已发展出可根据不同特征选择重组子的替换型载体，如根据噬菌斑形态特征选择重组子的替换型载体和根据噬菌斑显色反应选择重组子的替换型载体。

鉴于无论是插入型载体还是替换型载体，在实际应用上都存在着一定的局限性。因此，科学工作者们便针对这两种类型的载体的不足之处，围绕着增加克隆外源 DNA 片段的能力，提供对重组子的正选择特性，可通过转录作用制备外源 DNA 插入片段之RNA 分子探针，以及可使插入的真核 cDNA 编码的多肽与 β- 半乳糖苷酶形成融合蛋白质等，对 λ 噬菌体进行了大量的改良工作。并且业已设计并构建出了许多种改良型的 λ 噬菌体载体。

3. M13 噬菌体

（1）M13 噬菌体的生物学特性

M13 与 f1、fd 是一类亲缘关系十分密切的大肠杆菌丝状噬菌体，它们都含有长度为6407nt 的、彼此间具有很高的序列一致性的单链环状的 DNA 分子（图12-12）。作为一种单链的 DNA 噬菌体，M13 具有 10 个编码基因和一系列其他附加体（episome），诸如λ 噬菌体、F 因子和 R 质粒等所不具备的生物学特性：

① 是一种雄性大肠杆菌特有的噬菌体。因此 M13 噬菌体颗粒只能感染带有 F 性须（pilus）的大肠杆菌寄主细胞，但裸露的 M13 DNA 亦可通过转染作用（transfection），导入雄性大肠杆菌寄主细胞。

② 颗粒的外形呈丝状，大小约为 900nm×9nm。如同其他单链的 DNA 噬菌体一样，在颗粒中包装的仅是（+）链的 DNA，因此这条链也被叫做感染性的单链 DNA 或正链DNA。它转录生成的互补链叫负链或（−）链 DNA，总共编码与 M13 噬菌体生命活动

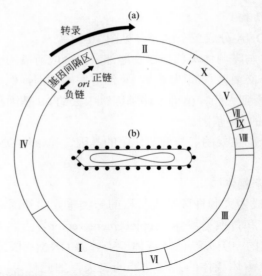

图12-12 野生型M13单链DNA噬菌体基因图与颗粒图

（a）基因图标出了 M13 单链 DNA 编码的 10 个基因的大体位置。它按照基因 Ⅱ→基因 Ⅳ 方向转录形成（−）DNA，此即 M13 噬菌体基因组的编码链。（b）M13 单链噬菌体颗粒图。其大小为 900nm×9nm，环形单链 DNA 长度为 6407nt

有关的 10 个基因。

③ 颗粒的大小是由所包装的（+）DNA 的大小决定的。因此对 M13 而言，并不存在包装限制问题。事实上已有关于成功包装总长度为 M13 DNA 6 倍的 DNA 分子的实验报告。

④ DNA 的复制是以双链环形 DNA 为中间媒介的。这种复制形式的 DNA（replication form DNA，RF DNA），可以如同质粒载体 DNA 一样，在体外进行 DNA 重组和基因克隆操作。

⑤ 可产生大量纯化的含外源 DNA 插入的单链 DNA 分子。这种重组体单链 DNA 可按双脱氧链终止法作核苷酸序列测定，也可用于制备具放射性同位素标记的 DNA 探针，还可以进行寡核苷酸定点突变。

总而言之，以 M13 为代表的单链 DNA 噬菌体，也具有质粒载体的优越性，而且 M13 一类噬菌体颗粒在实验上也容易获得。因此单链 DNA 噬菌体在研究工作中的应用，也就理所当然地越来越受到人们的重视。由 M13 噬菌体发展而来的 M13mp 载体系列，在 F. Sanger 设计的双脱氧 DNA 序列分析法中有特殊的用途。M13 RF DNA，在寄主细胞中的拷贝数可高达 200 以上，所以易于纯化出来供作基因克隆载体使用。M13 噬菌体感染的大肠杆菌培养物，经离心处理除去大肠杆菌细胞及其碎片之后，存留的上清液可以有效地制备到 M13 噬菌体颗粒，从而有利于制备大量的单链模板 DNA。

（2）M13 噬菌体的感染周期

典型的单链噬菌体 M13（+）DNA，感染寄主细胞的周期主要包括如下几个步骤（图 12-13）：

第一步，M13（+）DNA 噬菌体颗粒触及雄性大肠杆菌细胞表面的性须，在基因Ⅲ蛋白引导下穿过性须孔道，将其（+）DNA 注入被感染的寄主细胞内。并以其为模板在

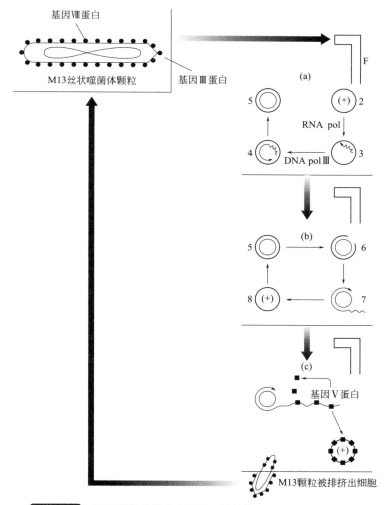

图12-13 M13噬菌体的生命周期及其单链环形DNA的复制过程

（a）以 M13（+）DNA 为模板、RNA 作引物，在 RNA 聚合酶催化下合成 M13（-）DNA，形成双链复制型 RF DNA；（b）基因 *II* 编码的内切核酸酶在复制起点切割 RF 的（+）链 DNA，随后按照滚环复制模型合成出多连体的 M13（+）链 DNA；（c）接着基因 *V* 的编码产物同合成中的（+）链 DNA 结合，阻止其继续作模板合成（-）链 DNA，于是便不会形成更多的 RF M13 DNA 分子，从而有利于将由基因 *II* 编码产物内切核酸酶切割产生的单体 M13（+）链 DNA，包装进 M13 噬菌体的头部（转引自 L. Snyder & W. Champness, 1997）

胞内的 RNA 聚合酶 pol 和 DNA 聚合酶Ⅲ（polⅢ）的催化作用下，合成 M13（-）链 DNA，进而使之转变为复制型（RF）双链的 M13 噬菌体 DNA。这一步可以在感染后一分钟完成。

　　第二步，在胞内由 M13 基因 *II* 编码的内切核酸酶，从 M13（+）链 DNA 转移起点切割 DNA，从而进行从 RF 到 RF 的 M13 DNA 的滚环复制，产生出多连体的（+）链 DNA 分子。这一步约需在感染后 20min 内完成。由于基因 *V* 编码的蛋白质产物，会及时地与由滚环复制产生的 M13（+）链 DNA 结合，于是便阻止了它再作模板链指导合成 M13（-）链 DNA，因而有利于 M13（+）链 DNA 被包装成 M13 噬菌体颗粒。

　　第三步，在 M13 噬菌体基因 *IV* 编码的蛋白质激活作用下，感染的寄主细胞便会启动合成出大量的（+）M13 单链 DNA。这个反应过程会持续进行大约 20min，甚至更长的时间。结果感染的大肠杆菌细胞未经溶菌裂解，便会排挤出 M13 噬菌体颗粒。在这种挤出过程中，M13 噬菌颗粒外膜蛋白便随之发生了变化。

在感染的大肠杆菌细胞中，互补的 M13（−）链 DNA 的合成，不需要任何 M13 噬菌体基因编码产物的参与。事实上所有 M13 噬菌体 mRNA 都是根据 M13（−）链 DNA 合成的。

（3）M13 克隆体系

M13 克隆体系（M13 cloning system），包括 M13mp 载体系列和特定的大肠杆菌寄主菌株两大部分。其中 M13mp 载体系列是由 J. Messing 等人于 1977 年在德国慕尼黑的 Max-Planck 研究所首先构建的，由此得名。它的主要特点是在 M13 噬菌体的基因间隔区（intergenic region，IG），插入一段带有 β- 半乳糖苷酶基因 lacZ 的调节序列及其 N 端前 146 个氨基酸的编码信息。而在 M13 克隆体系寄主菌株，例如 JM101′ 的 F′ 因子上，则含有缺陷型的 β- 半乳糖苷酶基因，它所编码的多肽链缺失了第 11～41 位氨基酸。因此，当这种寄主菌株被没有外源 DNA 插入的 M13mp 载体感染之后，由载体产生的 β- 半乳糖苷酶的 N 端片段，便可与寄主细胞 F′ 因子产生的缺陷型的 β- 半乳糖苷酶互补，形成具功能活性的四聚体的 β- 半乳糖苷酶。如果在 M13mp 载体上克隆了外源 DNA 片段，就会失去产生 β- 半乳糖苷酶 N 端片段的能力。在这种情况下，便无法与所感染的 M13 克隆体系的寄主菌株产生的缺陷型 β- 半乳糖苷酶，互补成具功能活性的酶蛋白。这种 β- 半乳糖苷酶顺反子内互补作用，为应用 X-gal 显色反应检测技术筛选重组子奠定了生化基础。

三、质粒

质粒（plasmid）是一类在生物界中广泛分布的亚细胞有机体。不论是原核细胞还是真核细胞，也不论是革兰氏阳性细菌还是阴性细菌，甚至是真菌的线粒体，都已经发现有质粒分子的存在。它的结构比病毒还要简单，既没有蛋白质外壳，也没有细胞外的生命周期，只能在寄主细胞内独立地增殖，并随着寄主细胞的分裂而被遗传下去（图 12-14）。根据质粒编码基因的特性，大肠杆菌的质粒可分成 F 质粒、R 质粒和 Col 质粒三种不同的类群，本小节将于以较详细叙述。

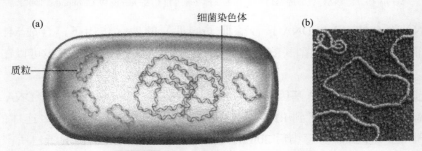

图12-14 具有质粒DNA的 *E. coli* 细胞

（a）*E. coli* 细胞中染色体 DNA 和质粒 DNA。质粒是一种独立于染色体外的、小型环状的双链 DNA。在寄主细胞内它能够进行自我复制，并可随着寄主细胞分裂而传递到下一代。（b）质粒 DNA 的电镜图，此环形质粒双链 DNA 共有 9263bp，长约 1.3μm

1. 质粒的一般生物学特性

（1）质粒是环形的双链 DNA 分子

大肠杆菌的质粒，是存在于细胞质中的一类独立于寄主染色体的自主复制的双链环形 DNA 分子，迄今已发现只有极其个别的质粒为 RNA 分子。在一般的情况下，质粒 DNA 可以持续稳定地处于游离的状态，但在特定的情况下也会可逆地整合到寄主染色体上，并与之一道复制，随着细胞分裂传递到后代。大肠杆菌细胞拥有多种不同类型的质粒，如性因子 F 质粒，抗药性因子 R 质粒和大肠菌素因子 ColE1 质粒等。不同质粒 DNA 的分子质量相差悬殊，小的仅 10^3kDa 左右，大的则可达 10^5kDa 上下。

（2）质粒的分子构型

环形双链的质粒 DNA 分子具有三种不同的构型和不同的电泳迁移率。头一种共价闭合环形的 DNA（cccDNA）所呈现的超螺旋构型，即 SC 构型。其电泳迁移率最快，走在凝胶的前面。第二种是一条链保持完整的环形结构，另一条链上有一至数个切口的、开环的 DNA 所呈现的开环构型，简称 OC 构型。其电泳迁移率最慢，走在凝胶电泳的后面。第三种是双链均断裂的 DNA 分子所呈现的线性构型，简称 L 构型。它的电泳迁移率介于 SC 和 OC 两个构型之间，走在凝胶电泳的中间部位（图 12-15）。

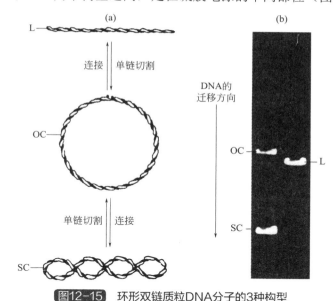

图12-15 环形双链质粒DNA分子的3种构型

（a）质粒双链 DNA 构型：上图为松弛线性的 L 构型；中图为松弛开环的 OC 构型；下图为超螺旋的 SC 构型。

（b）不同构型的质粒 DNA 在凝胶电泳中的位置

由于在琼脂糖凝胶中加有嵌入性染料溴化乙锭，因此在紫外线照射下 DNA 电泳条带便呈现橘黄色，故可清晰地显现出在电泳凝胶中 DNA 谱带的准确位置。

（3）质粒的转移能力

按照转移能力的差异，可将大肠杆菌的质粒分成接合型和非接合型两种不同的类群。接合型的质粒（conjugative plasmid），又叫自我转移的质粒。它们除了具有自主复制所必需的遗传信息之外，还带有一套控制细菌配对和质粒接合转移的基因。非接合型的质粒（nonconjugative plasmid），亦叫做不能自我转移的质粒。它们当然具有自主复制的遗传信息，但失去了控制细胞配对和接合转移的基因，因此不能够从一个细胞自我转移到另一个细胞。

（4）质粒的拷贝数控制

根据拷贝数的多寡，可将大肠杆菌的质粒分为低拷贝和高拷贝两种不同的类型。低拷贝的质粒，每个寄主细胞只含有1～3份的拷贝。因此这类质粒又叫做"严紧型"复制控制的质粒（stringent plasmid）。高拷贝的质粒，每个寄主细胞可含有10～60份的拷贝，甚至更多。所以这类质粒亦称为"松弛型"复制控制的质粒（relaxed plasmid）。一般说来，接合型的质粒具有较高的分子量，每个细胞中仅有少数几份拷贝，属于严紧型的；而非接合型的质粒则往往具有较低的分子量，每个细胞含有较高的拷贝数，属于松弛型。

（5）质粒的不亲和性

基于不亲和性（incompatibility）关系的程度，可将大肠杆菌质粒分成不同的亲和群（incompatibility group）。质粒的不亲和性，有时也叫做不相容性，是指在没有选择压力的情况下，两种亲缘关系密切的不同质粒，不能够在同一寄主细胞系中稳定共存的现象。造成这种现象的分子本质在于，两种不亲和质粒的复制控制体系之间存在竞争关系，结果一种质粒由于其复制不被抑制，故随着细胞分裂，其拷贝数逐渐占优势；而另一种质粒由于复制受到抑制，于是随着细胞的分裂拷贝数逐渐减少，最终被稀释掉（图12-16）。

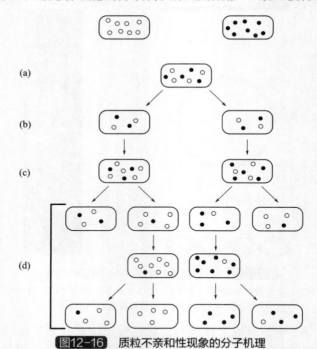

图12-16 质粒不亲和性现象的分子机理

（a）在同一个细胞中存在着两种不相容的质粒；（b）随着细胞分裂质粒被分配到两个子细胞中去；（c）质粒发生不平衡的复制，要么一种占优，要么另一种占优；（d）复制不受抑制的质粒形成优势群体，而复制受抑制的质粒则最终被稀释掉

2. F质粒

（1）F质粒的分子结构

F质粒又叫F因子，即致育因子（fertility factor）的简称。它是在大肠杆菌中发现

的一种最具代表性的接合型质粒。其环形双链 DNA 的分子大小约为 100 kb 左右。F 质粒 DNA 序列中的（a）区段，约占质粒全序列的 35%，编码着全部 19 个控制质粒转移的 *tra* 基因，绝大多数这些基因的表达产物都是参与构建 F 性须的多肽；F 质粒 DNA 的（b）区段编码参与质粒 DNA 复制调控的基因；而（c）区段的 DNA 则含有插入序列 IS 的编码基因（图 12-17）。

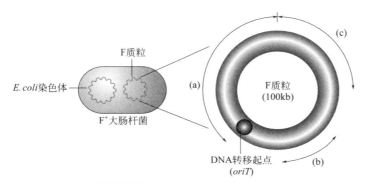

图12-17 F质粒DNA的分子结构

（a）编码构建性须蛋白多肽及控制 DNA 转移的基因；（b）编码控制质粒 DNA 复制的基因；（c）编码插入因子（IS）的基因。●示 DNA 转移起点，亦即内切核酸酶的靶子位点

在 F⁺ 大肠杆菌细胞中，一般仅具有一个 F 质粒。由于这种细胞能够将有关基因转移给另一个大肠杆菌细胞，所以研究者也通称这种具有 F 因子的大肠杆菌细胞为雄性细胞（F⁺ 细胞），而不具 F 因子的大肠杆菌细胞，叫做雌性细胞（F⁻ 细胞）。在细菌接合作用过程中，F 因子可以从 F⁺ 细胞转移给 F⁻ 细胞，所以前者也叫做给体细胞，后者亦称为受体细胞。

（2）性须

英文单词 pilus，在普通微生物学中一般译为"菌毛"，系指革兰氏阴性细菌在其细胞表面表达的、具有黏性的蛋白质多聚物。在大肠杆菌中，则译为"性须"，它是指 F 质粒编码基因 *tra* 控制产生的、表达在大肠杆菌雄性细胞表面的一种发状的多肽结构物（图 12-18）。性须的长度约为 2～3μm（也有文献说性须的平均长度为 1μm，几乎相当于

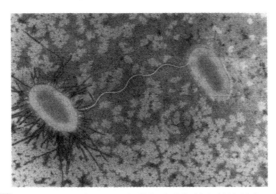

图12-18 显示两个接合的大肠杆菌细胞之间性须结构的电子显微照片

左边的为 F⁺ 细胞，表面具性须；右边的为 F⁻ 细胞，表面无性须。F⁺ 和 F⁻ 细胞通过性须结构发生接合作用

（转引自 W. S. Klug et al, 2010）

大肠杆菌细胞的平均长度）。其主要的生物学功能是决定对受体细胞的识别，确立 F$^+$ 细胞与 F$^-$ 细胞之间的接合配对，以及促进 F 因子的转移作用。

F 质粒 DNA 转移的先决条件是细胞交配对的形成。一个典型的雄性大肠杆菌细胞表面有 23 条性须，它的外直径约为 8nm，中间有一条直径为 2nm 的孔道。雄性细胞性须的顶端一旦触及雌性细胞的表面，便会迅速地收缩，把二者拉合在一起，形成交配对细胞。此时与 F 质粒转移有关的蛋白质 Tra Y 和 Tra I，便会对转移起点 ori T 作单链切割。随后缺口链在其游离的 5′- 端的引导下转移到受体细胞，并作为模板链合成互补链，形成新的 F 质粒分子。于是受体细胞也就随之转变成为具 F 质粒的雄性细胞。同时在给体细胞的保留链，也作为模板指导互补链的合成，形成新的 F 质粒。

（3）F 质粒的存在方式

在大肠杆菌寄主细胞中，F 质粒有三种不同的存在方式：

① 以染色体外独立的环形双链 DNA 形式存在，其上不带任何来自寄主染色体的基因或 DNA 片段。这样的细胞叫做 F$^+$ 细胞，它的表面存在有许多性须，使细胞在液体培养基中具有活动能力。

② 以染色体外独立的环形双链 DNA 形式存在，同时其上还带有来自寄主染色体的基因或 DNA 片段。这样的细胞叫做 F′ 细胞，它的 F 质粒实质上是一种自然界产生的天然的重组 DNA 分子。

③ F 质粒 DNA 以线性形式整合到寄主染色体基因组上。F 因子不仅能够通过接合作用自主地从 F$^+$ 细胞转移到 F$^-$ 细胞，而且当其整合到寄主染色体基因组 DNA 之后，还能够牵动染色体 DNA 发生高频率转移。因此人们特称这样的大肠杆菌细胞为高频重组细胞（high-frequency of recombination cell），简称 Hfr 细胞。

3. R 质粒

R 质粒也叫 R 因子，系抗药性因子（resistant factor）的简称。它是一类在大肠杆菌中发现的编码一种或数种抗生素抗性基因的附加体分子。这类 R 质粒具有分子量小、易于操作并携带着抗药性选择标记等优点，因此早已被发展成为基因克隆的载体分子。事实上目前通用的基因克隆载体的绝大多数，都是以 R 质粒为基础改造而成的。诸如 pBR322 和 pUC 系列载体便是其中的典型代表。

在细菌接合作用过程中，R 质粒通常能够将其编码的抗生素基因转移到没有此类质粒的敏感受体细胞中去，使后者变成抗性细胞。因此带有抗生素抗性基因的此类质粒分子，已被发展为一类重要的大肠杆菌基因克隆载体，在医学及生命科学其他领域的研究中具有重要的意义和实用价值。

（1）R 质粒的分子结构

大多数 R 质粒都具有两个组成部分，即抗药性转移因子（resistance transfer factor，RTF）区段和 r 决定子（r-determinants）区段。前者编码着控制 R 质粒在细菌细胞之间转移所需的遗传信息，而后者则编码着一到数个抗生素或汞的抗性基因，故亦称之为抗药性基因（图 12-19）。研究表明，来自不同菌种的 R 质粒之 RTF 区段，在结构及大小方面都比较类似；而 r 决定子不论来自何种细菌都是特异性地抗一种类型的抗生素。其中最常见的有四环素抗性（Tc^R）、链霉素抗性（Sm^R）、氨苄青霉素抗性（Amp^R）、氨磺

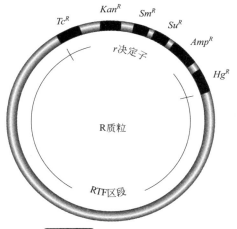

图12-19　R质粒的分子结构

酰抗性（Su^R）以及卡那霉素抗性（Kan^R）及汞抗性（Hg^R）等。

（2）R 质粒载体的分子结构

一般说来，一种理想的可用于基因克隆的质粒载体，在分子结构上必须满足如下几个方面的条件要求：

① 具有质粒复制起点。这是满足质粒载体能够在寄主细胞中进行自我复制，以维持每个细胞拥有足够拷贝数的必要条件。在通常的情况下，一个质粒载体都只有一个复制起点，构成一个独立的复制子。而按特殊实验要求构建的穿梭质粒载体，则会有不同来源的复制起点，但在一定的寄主细胞中，都只有其中的一个复制起点有功能活性，另一个则处于抑制状态。

② 具有抗生素抗性基因。一种理想的质粒载体，最好应具有两种这样的抗性基因，以便为转化子细胞提供易于检测的表型特征作为选择标记。而且在其中一个相关的限制酶识别位点上，插入外源 DNA 片段之后所形成的重组质粒，至少仍要保留一个强选择记号。

③ 具有若干限制酶单一识别位点。这样的载体分子结构特性，可以满足基因克隆的需求，而在其中插入适当大小的外源 DNA 片段之后，应不影响质粒载体的复制功能。

④ 具有较小的分子量和较高的拷贝数。低分子量的质粒载体主要优点是易于实验操作，克隆了外源 DNA 之后仍可有效地转化给受体细胞。而且这类质粒载体往往也具有较高的拷贝数，这不仅有利于 DNA 制备，同时还使细胞中克隆基因的剂量增加。最后，低分子量的质粒载体，对限制酶具多重识别位点的概率也就相应地降低。

4. Col 质粒

Col 质粒（Col plasmids）是一类编码大肠菌素（colicins）基因的质粒类群，其拷贝数为每条染色体占 15～20 拷贝。编码大肠杆菌素 E1 的 ColE1 质粒，便是其中的一种典型代表。Col 质粒分两群，Ⅰ群是属于非接合型质粒，分子质量约为 $5 \times 10^6 \sim 8 \times 10^6$ Da；Ⅱ群是属于接合型质粒，分子质量比Ⅰ群的大 10 倍左右，约为 $50 \times 10^6 \sim 80 \times 10^6$ Da。

（1）ColE1 质粒

能够合成大肠菌素的特异性的大肠杆菌细胞，通常是由于存在着一种叫做 ColE 的质粒所致。已发现与此相关的质粒有 ColE1（图 12-20）、ColE2 和 ColE3。其中 CoE1 质粒是一种编码大肠菌素 E1 的大肠杆菌质粒，属于 Co1 质粒类群的一种典型的代表。它可能是迄今为止作了最详尽研究的 Col 类质粒，其分子长度为 6646bp，已广泛地用于构建大肠杆菌的克隆载体（例如 pBR322）。在正常情况下，这种质粒的拷贝数是平均每条染色体有 15 个左右，但当培养基中加有氯霉素时，在生长细胞中质粒的拷贝数便会得到扩增。ColE1 质粒的复制，似乎完全依赖于大肠菌寄主细胞的功能。除了编码具杀菌功能的大肠菌素 E1 之外，ColE1 质粒还编码一种决定寄主细胞对 ColE1 免疫性的蛋白质和一种调节自身在大肠杆菌寄主细胞内复制活性的小分子量蛋白质。

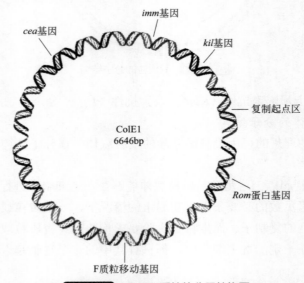

图12-20 ColE1质粒的分子结构图

cea 为大肠菌素 E1 基因，*imm* 为大肠菌素免疫基因，*kil* 为控制细胞溶菌和大肠杆菌释放的基因。除了上述三个编码基因之外，CoE1 质粒上还有复制起点区，Rom 蛋白的编码基因，以及控制 F1 质粒转移的编码基因。CoE1 质粒是基因工程中使用的许多质粒载体的结构基础

  CoE1 质粒及其派生的克隆载体，已被广泛地用于基因工程和相关的分子遗传学研究。这些克隆载体都具有可转移的实用的大肠菌素基因。此外科学工作者还应用了许多种其他类型的大肠菌素质粒，诸如 Col I 和 Col V 质粒等。这些大型的单拷贝质粒，常常用来在不同的大肠菌株之间转移有关的 DNA（基因）序列。这是因为这些质粒同样也携带着抗生素抗性基因，可为转化子提供正选择标记。

  （2）大肠菌素

  大肠菌素是一类由 Col 质粒编码的抗细菌的蛋白质。携带一种 Col 质粒的细胞，通常对大肠菌素是不敏感的，因为这些质粒不仅编码一种大肠菌素，而且还编码一种免疫决定簇，即免疫蛋白来保护其寄主细胞。因此，在正常情况下，这种细胞合成的大肠菌素的活性是被抑制的。然而有各种各样的药剂以及紫外线等，都能够诱导细胞合成大肠菌素，它通过同细胞壁的结合作用而发挥其抑菌效应，但是不同的大肠菌素却具有完全不同的作用模式。例如大肠菌素 E3，是在 *E. coli* 核糖体大亚基上切割大分子量的 rRNA（16S rRNA），从而起到抑菌作用；而大肠菌素 E1 则是通过同大肠杆菌细胞膜之间的相

互作用（一种解偶联的需要耗能的过程）起到抑菌作用的。在自然界中，除大肠杆菌之外，索氏志贺菌（*Shigella sonnei*）及其他一些细菌也能够产生大肠菌素。

（3）大肠菌素的抑菌机理

携带 Col 质粒的大肠杆菌寄主细胞，由于表达的大肠菌素具有抑菌作用的功能，故当它释放到培养基便可使其他相关的细菌致死。这种抑菌作用的分子机理有如下两条不同途径。

第一条途径是破坏靶细胞外周的细胞壁结构。CoE1 质粒 *cea* 基因编码的大肠菌素 E1 蛋白，以自我插入的方式通过靶细胞的细胞壁；由此产生一条通道，从而使得活细胞的内含物，包括必需的基本离子流出胞外，而胞外的质子则流入胞内（图 12-21）。实验发现，只要单一的大肠菌素 E1 分子穿透细胞膜进入胞内，就足以使靶细胞致死。大肠菌素 E1 和大肠菌素 V 也是按照类似的机理，使靶细胞致死的。

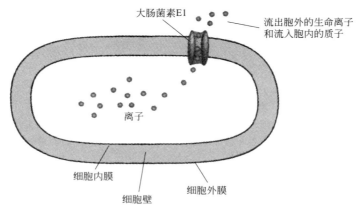

离子

大肠菌素E1

流出胞外的生命离子和流入胞内的质子

细胞内膜

细胞壁

细胞外膜

图12-21 某些大肠菌素破坏细胞膜的分子机理

当大肠菌素蛋白触碰到细菌靶细胞时，便会通过细胞外膜、细胞壁和细胞内膜钻出一个小孔洞。这个穿入细胞内部的小孔洞，可使胞外的质子流入胞内，胞内的离子流出胞外，于是这种单一渠道就可消除细胞能量的产生，导致细胞死亡（转引自 D. Clark, 2007）

第二条途径是降解靶细胞的核酸。CoE2 及 CoE3 这两种质粒都编码有可以降解核酸的核酸酶，大肠菌素 E2 和 E3 蛋白非常类似，其 N- 端的序列一致性达 75% 以上，所以两者共用敏感细菌表面的同样受体。它们的 C- 端则不相同，具有不一样的核酸靶子，大肠菌素 E2 是一种脱氧核糖核酸酶，可以切断靶细胞的染色体。大肠菌素 E3 是一种核糖核酸酶，可从一个特定的序列处切断小核糖体亚基的 16SRNA，释放出距 3′ 端 49 个核苷酸的片段。如此便阻断了蛋白质合成，而大肠菌素 E3 比 E2 更加特异地使靶细胞致死。再者，只要一种单一的大肠菌素分子侵入到靶细胞后，就足以使之致死。

（4）大肠菌素的免疫效应

能够合成一种特殊的大肠菌素的细胞，对它自身产生的大肠菌素的抑菌作用是免疫的，但对于其他类型的大肠菌素却不具免疫性。这种专一的免疫性是依赖于特异性免疫蛋白的作用的结果，因为此免疫蛋白能够同相应的大肠菌素蛋白结合，并把其激活位点覆盖上（图 12-22）。例如 ColE2 质粒就既编码着大肠菌素 *E2* 基因，还编码着一种可同 *E2* 结合的可溶性的免疫蛋白基因。这种免疫蛋白，不会抑制任何其他类型的大肠菌素，

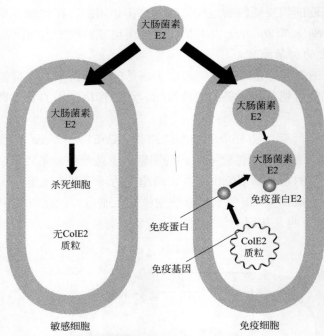

图12-22 大肠菌素的免疫系统

为保护自身，一种合成大肠菌素的细胞，同样也能够产生一种免疫蛋白（右）。这种免疫蛋白同样也是由大肠菌素质粒基因编码的，它可阻断大肠菌素的激活位点，从而阻止了细胞被大肠菌素抑制致死的反应。此种免疫蛋白是特异的，并且只能抑制一种类型的大肠菌素。如果一个细胞丧失了免疫蛋白，此种大肠菌素便会使相关的细胞致死（左）（据 D. Clark, 2007 重绘）

包括与 E2 密切相关的大肠菌素 E3 在内。对于膜激活的大肠菌素的免疫性，是由于质粒编码的一种内部膜蛋白，堵塞了位于寄主细胞壁上由大肠菌素形成的小孔洞。例如Ⅰa免疫蛋白可保护细胞膜免受大肠菌素Ⅰa的损害，但却无法保护细胞膜免受另一种大肠菌素Ⅰb的损害，尽管两者之间的亲缘关系十分密切。比如Ⅰa和Ⅰb这两种大肠菌素具有同样的受体、相同的作用模式，并具有广泛的序列同源性。虽然动物的免疫系统是如此复杂，可是免疫的概念却是（简单地）建立在免疫系统的蛋白质能够识别并抑制特异的异源分子（蛋白质）或是其他的有害的分子基础上。

（5）大肠菌素的合成与释放

观察表明在携带大肠素后，ColE 质粒的细菌群体中，大多数的细胞都不会产生大肠菌素，只是偶然有个别的细胞获得产生大量的大肠菌素的能力。这种细胞破裂后，便将大肠菌素释放在培养基中，结果造成寄主细胞致死。因此说，大肠菌素的产生通常即是其寄主细胞的死亡过程。故人们亦常将这种产生大肠菌素的机理叫做"自杀机理"（suicidal mechanism）。在这个过程，培养基中所有的大肠菌素敏感的细菌全被致死，而具有 ColE 质粒的那些细胞，由于存在相应的免疫蛋白则得以存活下来。

在细菌的每个世代，实际上只有大约万分之一的细胞能够合成大肠菌素。大肠菌素 E 的产生，涉及两个质粒基因 *cea*（大肠菌素蛋白）和 *kil*（溶菌蛋白）的表达。SOS DNA 修复体系的阻遏蛋白 LexA，正常情况下会抑制这两个基因的表达活性。因此，大肠菌素的产生是源于 DNA 损伤的诱导，并非所有的大肠菌素都是依据自杀机理合成的，事实上有许多大肠菌素也可由大分子量的单拷贝的质粒载体控制产生，诸如大肠菌素 V 和 I 便是其中的两个实例。

四、转位子的研究应用

转位子（transposon，T_n）是大肠杆菌细胞中，除了 IS 序列之外的另一类分子大于 2000bp 的移动基因，有关它的基本概念已在本书上册第二章第五节作了介绍，在此不再赘述。转位子分为 TnA 转位子和复合转位子两种基本的类型，以及另一种噬菌体型的转位子 Mu。由于转位子能够随机地插入到寄主染色体基因组的几乎所有整合位点上，故可诱发寄主基因组发生突变。因此大肠杆菌转位子事实上是一种重要的 DNA 诱变元件，同时亦可以作为目的基因的分子标签和报告基因的运载体，在细菌分子遗传学研究中是一种相当有用的工具。不过这里要提醒读者注意，与染色体、质粒及病毒基因组等复制子不同，它们是可以自我复制的遗传单元而转位子则是一类不能自我复制的遗传单元。

转位子这种转位元件，是一段伸展的 DNA 序列，可以从染色体的一个位置转移到另一个位置，但它从来都是位于 DNA 分子中，诸如细菌质粒或是真核染色体的内部，而不会处于游离状态（图 12-23）。因为它不含有自己的复制起点，所以不能进行自我复制，所具有的生化特征都是依赖于寄主细胞提供。

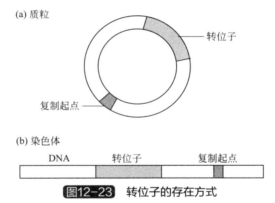

图12-23 转位子的存在方式

（a）存在于质粒内的转位子；（b）存在于染色体内部的转位子

1.转位子诱变法及其优点

利用转位子具有随机且高效地插入到寄主染色体不同整合位点这种特性，诱发大肠杆菌目的基因发生突变形成突变体的技术，叫做转位子诱变法（transposon mutagenesis），也叫做转位子插入突变（insertion mutation）。

与传统的化学诱变相比，转位子诱变具有两个方面的优点。首先转位子插入作用的结果，一般都会造成目的基因完全失去功能活性，即发生所谓的失活突变；而化学诱变则不然，它只是使目的基因发生简单的碱基变化。其次，转位子的插入作用使目的基因失活的同时，也为目的基因的克隆与分离提供序列标签和分子探针，而化学诱变法则做不到这一点。

2.转位子标签法

大肠杆菌染色体基因组中，各种基因的排列相当紧凑而且密集，同时转位子又具有很高的转位频率。因此，转位子的插入作用可有效地产生出全基因组水平的插入突变体文库。

转位子标签法（transposon tagging），是建立在转位子的插入失活突变效应的基础上，发展出来的一种分离目的基因的方法。它所依据的原理比较简单，可概括为如下三点：①当一个特定的转位子插入到基因组目的基因的内部，便会诱发该基因发生插入失活突变，并最终导致表型变化，形成突变体。②如果此种转位子的核苷酸序列是已知的，便可以用来作 DNA 杂交的分子探针，从全基因组水平的转位子插入突变体文库中，筛选到突变的基因。③进一步利用此突变基因中转位子以外的核苷酸序列作探针，就可从野生型的大肠杆菌 DNA 文库中分离到目的基因。

鉴于插入的转位子，相当于人为地给目的基因加上一段已知的序列标签，故特称转位子插入失活分离目的基因的实验技术，为转位子标签法。事实上对于一些具有内源转位子的高等植物，似乎更适于运用转位子标签法分离产物未知的目的基因。

3. 转位子与报告基因的融合作用

应用 DNA 体外重组技术，将没有启动子的报告基因，例如大肠杆菌乳糖操纵子中编码 β- 半乳糖苷酶的基因 lacZ，克隆在重组质粒特定转位子序列的内部。如此构成的 Tn-lacZ 融合转位子，叫做没有启动子的 lacZ 的转位子，例如 Tn5lac。当将含有此种融合转位子的质粒载体转化给大肠杆菌寄主细胞之后，Tn-lacZ 融合转位子便会从载体分子上转位到寄主染色体基因组。当其插入到任何一个目的基因内部时，报告基因 lacZ 的表达活性，也就直接置于被其插入的目的基因启动子的控制之下（图 12-24）。于是我们只要分析转化子菌株中 lacZ 基因的表达水平，便可检测出目的基因的表达状况。

五、细菌DNA的转移方式

细菌可以通过转化（transformation）、接合作用（conjugation）和转导（transduction）三种不同的途径，将其遗传物质（基因）从一个菌株或细胞转移到另一个菌株或细胞（图 12-25）。在这些基因转移过程中，提供遗传物质的菌株或细胞叫做给体（donor），而接受遗传物质的菌株或细胞，则称为受体（recipient）。在细菌的转化过程中，给体菌株的 DNA 通常是由细胞裂解作用释放在生长培养基中，而后被受体菌株所捕获；在接合作用时给体细胞携带的特殊类型的质粒（F 因子），使之能够同受体细胞通过性须彼此接触并直接转移遗传物质；在转导期间，给体 DNA 被噬菌体的蛋白质外壳包装成颗粒状结构，并在噬菌体感染寄主细胞时，注入受体细胞内。究竟基因转移的结果会产生出何种类型的基因转移体，是转化子（transformants）、接合后体（exconjugants），还是转导子（transductants），取决于采取的是何种基因转移途径。

所有细菌的基因转移都遵循着如下两条基本法则：第一，它们都是严格沿着从给体细胞到受体细胞单向性的路线进行有序的转移；第二，大多数受体细胞都只能接纳不超过给体 DNA 总量 3% 的转移链 DNA 的插入。所以整合到受体基因组中的给体 DNA，其总量与受体染色体大小比较起来仅占很小的比例，故在基因转移体中，受体自身的 DNA 仍占绝大部分。

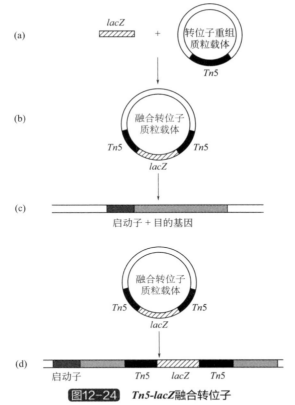

图12-24 *Tn5-lacZ*融合转位子

（a）在体外将报告基因 *lacZ* 克隆到带有转位子 *Tn5* 的重组质粒载体；（b）体外构建含 *Tn5-lacZ* 融合转位子的质粒载体；（c）将此种融合转位子质粒载体转化给大肠杆菌寄主细胞；（d）融合转位子从质粒载体分子自发地转位到寄主染色体基因组，并插入在目的基因中，置于该基因启动子的直接控制下进行表达

1. 细菌的遗传转化

（1）概述

虽然说早在 20 世纪 40 年代，有关的研究工作者就已经在肺炎链球菌（*Streptococcus pneumoniae*）中，观察到了细胞吸收外源 DNA 的所谓的转化（transformation）现象。但直到 1970 年才有人发现，大肠杆菌细胞经过氯化钙处理之后，也可以从培养基中吸收裸露的 λDNA。接着在 1972 年斯坦福大学的 S. Cohen 等人进一步报道，用氯化钙处理的大肠杆菌细胞，同样也具备了从培养基中摄取质粒 DNA 的能力。随后的研究还指出，在转化过程中，二价镁离子对于维持 DNA 的稳定性方面，起到重要的作用。因此，目前在许多实用的转化方法中，都采用了 $MgCl_2$ 处理大肠杆菌细胞的步骤。

现在已经知道，几乎所有的大肠杆菌菌株都可以被质粒 DNA 所转化，只是转化的频率有所差别而已。鉴于许多基因克隆通用的载体，包括噬菌体载体和质粒载体，都是在大肠杆菌附加体基础上发展出来的、能够在其寄主细胞中增殖的复制子，因此大肠杆菌转化体系的建立，对于促使基因工程的诞生方面，具有特别重要的意义。实践业已证明，质粒-大肠杆菌是一种成功的、有效的基因克隆体系，它不仅为原核生物，而且也为真核生物的基因克隆操作及其表达调节的研究，提供了一种极佳的实验体系。

（2）转化的定义与类型

随着研究工作的逐步深入，当今我们对"转化"概念的认识也已达到了新的层次。在不同类群的生命体中，所涉及的"转化"（transformation）一词的具体含义是有所差别的。最初是指原核生物感受态细胞从外界环境培养基中捕获游离的 DNA，并使之组入寄主染色体成为永久的遗传组成部分的生命过程；随后发现，正常的真核细胞由于受到致瘤病毒的感染而变成恶性细胞的生理变化，也叫做转化；目前认为，凡是外源 DNA导入细胞引起的生理生化的变化，都可泛称为转化。

研究表明，自然界中仅有为数不多的若干种细菌，能够自发地从其周围环境中捕获游离的 DNA，实现基因在细胞间的转移。这种类型的转化现象，叫做天然的转化（natural transformation）。然而绝大多数的细菌则需要经过特殊的实验处理，使其细胞壁-细胞膜的通透性发生改变，胞外的 DNA 分子才能渗透进入胞内，进行转化。人们特称这种形式的细菌转化为人工转化（artificial transformation），它已成为分子遗传学研究的重要技术手段之一。

在转化中发生的基因从一种细菌细胞到另一种细胞的转化现象，对于自然界中新菌株的进化起着十分重要的作用。从转移的路经分析，细菌中的基因转移有垂直基因转移（vertical gene transfer）和水平基因转移（horizontal gene transfer）两种不同方式。前者系指从生命体的上一个世代到下一个世代之间的基因转移，这对于有性繁殖的生命体而言尤为重要；后者则是指，涉及的遗传性状并非从亲代传递给子代，而是在两个独立无关的个体或物种之间发生的感染性传递，例如通过病毒或噬菌体的感染而发生的基因转移。

（3）天然转化的分子机理

已知有许多种细菌，诸如枯草芽孢杆菌（*Bacillus subtilis*）、肺炎链球菌（*Streptococcus pneumoniae*）等，都发现有天然的转化现象。下面我们选用其中的枯草芽孢杆菌为例叙述天然转化的分子机理。科学工作者分离到枯草芽孢杆菌的两种营养缺陷型的 *hisB⁻* 和 *trpC⁻*突变基因，并以此构成 *hisB⁻/trpC⁻* 双营养缺陷型菌株，供作转化实验的受体细胞。它与野生型枯草芽孢杆菌 *hisB⁺* 和 *trpC⁺* 给体细胞 DNA 混合，进行转化实验研究（图 12-25）。

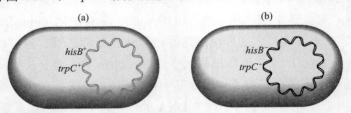

图12-25 枯草芽孢杆菌天然转化实验的给体与受体菌株的基因型

（a）野生型的给体菌株之基因型 *hisB⁺/trpC⁺*；（b）双营养缺陷型的受体菌株之基因型 *hisB⁻/trpC⁻*

进行天然转化的实验时，操作者首先从枯草芽孢杆菌给体细胞中分离纯化野生型（*hisB⁺/trpC⁺*）DNA；同时将双营养缺陷型（*hisB⁻/trpC⁻*）的受体细胞，培养在适宜的培养基中直至进入感受态，然后将给体 DNA 同感受态的受体细胞混合培养，此时细胞便能够从培养基中捕获 DNA。

在天然转化的过程中，受体细胞捕获了给体 DNA 片段之后，只有其中的一条链进入受体细胞，而另一条链则在胞外降解掉（图 12-26）。进入胞内的单链 DNA 通过与受体染色体 DNA 中的同源区段之互补配对结合，从而整合到寄主染色体 DNA 中去，同时被置换出来的非互补链则留在胞内降解。由整合作用插入到寄主细胞染色体的给体 DNA，经过染色体复制和细胞分裂之后，产生出的两个子细胞。其中一个子细胞是同原来的受体细胞一样，仍是双营养缺陷型 *hisB*⁻/*trpC*⁻ 菌株；另一个子细胞则是具有双突变基因的突变体转化子（*hisB*⁺/*trpC*⁺）（图 12-26）。

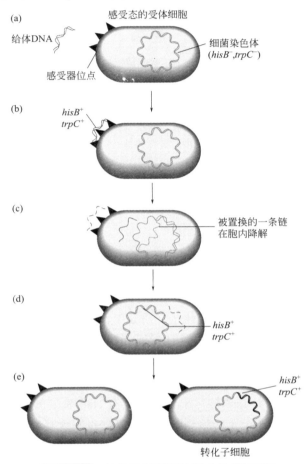

图12-26　枯草芽孢杆菌天然转化的分子机理

（a）感受态的受体细胞与给体 DNA 共培养；（b）给体 DNA 结合在受体细胞感受器位点；（c）给体 DNA 的一条链在胞外降解，进入受体细胞的另一条给体 DNA 链，同其染色体 DNA 同源区互补链配对结合，置换下来的单链则在胞内降解；（d）给体链 DNA 整合到受体菌染色体；（e）经过染色体复制和细胞分裂之后，生成的两个子细胞中，一个同原来的受体细胞相同，另一个则是带着突变基因的突变体转化子（*hisB*⁺/*trpC*⁺）细胞（据 L. H. Hartwell et al, 2018 改绘）

① 外源 DNA 穿壁过膜的分子细节

上面叙述的枯草芽孢杆菌天然转化机理，有一个重要的节点是另一条单链的给体 DNA，究竟是以何种方式、什么样的分子细节进入受体细胞的？下面按照图 12-27 所示予以说明。

感受态的枯草芽孢杆菌细胞，会表达一种叫做 DNA 感受器 / 转运复合物（receptor/ translocation complex），它通过感受蛋白质 ComEA 和 ConG 的中介作用，而同外源给体 DNA 结合。接着，如此结合的 DNA 双链中，一条链在脱氧核糖核酸酶的催化作用下，

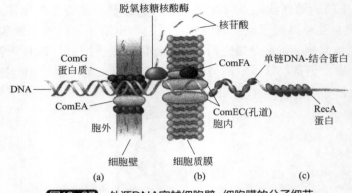

图12-27 外源DNA穿越细胞壁-细胞膜的分子细节

（a）在胞外给体 DNA 经过 ComFA 和 ComG 的联合作用，同感受器复合物结合穿越细胞壁；（b）留在受体细胞质膜外的外源 DNA 的一条单链被脱氧核糖核酸酶消化降解，另一条单链则在 DNA 转运酶 ComFA 的牵引下穿过 ComEC 孔道进入胞内；（c）在胞内进入的 DNA 单链同其结合蛋白及 RecA 蛋白结合，而处于稳定的状态

在膜外降解掉。余下的另一条链则在 ComFA DNA 转运酶的作用下，穿过细胞质膜上由 ComEC 蛋白构成的孔道。进入受体细胞内的这条单链 DNA，经与单链 DNA 结合蛋白及 RecA 蛋白的结合作用而处于稳定的状态。

② Trp$^+$ 转化子的分离

为分离 Trp$^+$ 转化子，将新分离的转化的受体细胞，涂布在补加有组氨酸（His）的基本培养基的选择平皿上，没有捕获给体 DNA（$hisB^+/trpC^+$）的受体细胞，由于缺乏色氨酸（Trp），故不能够在选择培养基平皿上生长，而 Trp$^+$ 转化子却能够在此选择培养基上生长并进行计数。为了筛选 His$^+$ 转化子，研究工作者在补加有色氨酸（Trp）（以代替组氨酸）的基本培养基选择平皿上涂布转化混合物。结果获得了相等数量的 Trp$^+$ 和 His$^+$ 转化子。当枯草芽孢杆菌处于高感受态的生理状态下，10^9 个细胞大约可生长 10^5 个 Trp$^+$ 转化子和 10^5 个 His$^+$ 转化子。

为了查明是否任何一个 Trp$^+$ 转化子也一定具有 His$^+$ 表型的转化子，实验过程用无菌消毒的牙签将 Trp$^+$ 转化子菌落转移到既不含色氨酸也不含有组氨酸的基本培养基选择平皿上，置 37℃ 培养，结果统计表明生长在这种选择平皿上的每 100 个 Trp$^+$ 转化子菌落中，有 40 个同样也具有 His$^+$ 表型。同样的在检测 100 个 His$^+$ 转化子菌落中，大约也有 40% 同样也具有 His$^+$ 表型。因此说在检测的菌落中，约有 40% 是 TrpC$^+$ 和 HisB$^+$ 双基因的共转化子。

③ 共转化

总体说来，共转化（cotransformation）是指两个或两个基因同时转化的现象。但细分来说共转化却有如下三种不同的情况。一种情况（如上所述）是指将具有两个或多个连锁基因的给体 DNA，转化给同一个受体细胞的过程；另一种情况是指将具有两个或多个基因的 DNA 片段，克隆在同一个质粒载体分子上，转化个给寄主细胞；再一种情况是，将分别克隆在两种相容性质粒载体分子上的两种基因，一起转化给同一寄主细胞的过程。这种共转化形式又叫做质粒共转化。

质粒共转化技术，在基因工程尤其是哺乳动物基因工程中相当有用。如果一对共转化的相容性的质粒载体，其中一个带有选择标记，另一个不具选择标记，通过共转化之后，便会在寄主细胞中形成共合体，所以可依据第一个质粒载体的标记来选择亦被第二个质粒转化的转化子细胞。

（4）人工转化

许多细菌由于存在着细胞壁和细胞膜结构，阻碍了外源 DNA 的进入，而不能发生天然的转化。在分子遗传学研究中有着广泛应用价值的大肠杆菌便是其中的一例。为了克服细胞壁和细胞膜障碍对 DNA 渗透性的障碍，有关的科学工作者发展出了多种可克服受体细胞细胞壁和细胞膜障碍的人工转化法。其中对大肠杆菌最适用的有氯化钙转化法和电穿孔法（electroporatron）两种。

大肠杆菌细胞钙处理法的一般步骤是，用冰浴预冷的 0.1mol/L CaCl₂ 溶液制备感受态的大肠杆菌受体细胞。经过这样处理的细胞，便能够允许单链甚至双链的外源 DNA 渗入胞内，进而实现人工转化。

大肠杆菌另一种人工转化技术是电穿孔法，其操作的基本程序是先将经过纤维素酶处理的受体细胞悬浮液同给体 DNA 混合，然后作高压电脉冲处理。结果便会在细胞膜上出现微小的孔洞，于是外源的给体 DNA 便可穿过孔洞进入受体细胞，完成人工转化。电穿孔技术不仅可以成功地进行基因转移，而且还具有适用面广、操作简单以及基因转移效率高等优点，在高等真核生物基因工程及细胞工程研究工作中得到广泛的应用。

2. 大肠杆菌噬菌体的转导

（1）转导的定义和类型

噬菌体 DNA 导入大肠杆菌寄主细胞有转染（transfection）和转导（transduction）两条途径。前者是指寄主细胞从培养基中捕获裸露的噬菌体 DNA 的生化反应，而后者则是指温和的噬菌体颗粒感染寄主细胞，并将其头部中的 DNA 分子注入胞内的转移过程。根据噬菌体颗粒中包装的 DNA 的差异，可将转导分为普遍性转导（generalized transduction）和特异性转导（specialized transduction）两种不同的类型。

在有些噬菌体的感染过程中，寄主细胞的染色体 DNA 被断裂成小片段。这些小片段 DNA 会偶尔地包装成为成熟的噬菌体颗粒。当这种只包装着染色体 DNA 片段的噬菌体颗粒，感染了新寄主细胞之后，注入的原寄主的染色体 DNA 片段，便会同被感染的新寄主细胞的染色体 DNA 发生重组。于是便导致遗传信息从一个细胞永久地转移到另一个细胞。这种噬菌体颗粒所包装的 DNA 片段，实际上可以来自寄主染色体基因组的任何部位。这也就是说，寄主染色体上的任何基因或信息，都是可以通过这种方式被转导的。因此我们称之为普遍性转导 ［图 12-28（a）］。

处于溶源性状态的温和噬菌体的基因组 DNA，当其从寄主染色体的原噬菌体位点删除的过程中，往往会从周围粘取一段寄主的染色体 DNA，同时亦常常留下一段与之等长的自身的 DNA。如此形成的缺陷型的噬菌体颗粒，其基因组 DNA 中便有一段寄主染色体 DNA 的取代序列。一旦这样的噬菌体颗粒进入了下一步感染周期，便会将所携带的原寄主染色体 DNA 的片段，转移给新寄主细胞，并整合在染色体基因组上。由于这种形式的转导仅能转移整合位点处的特定基因，而且每一种缺陷型噬菌体都有其偏爱性，如带有乳糖基因的 λ 缺陷型噬菌体 *λgal*，只转导 *gal* 基因。所以我们特称这种方式的转导过程为特异性转导，或者叫做局限性转导［图 12-28（b）］。正是因为λ噬菌体也具有此种特异性转导能力，所以在基因工程发展早期，就已被改造成为有用的克隆载体。

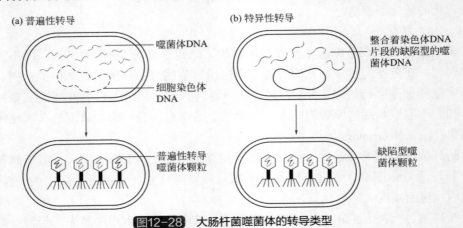

图12-28 大肠杆菌噬菌体的转导类型

（a）普遍性转导。其特点是噬菌体颗粒由寄主染色体 DNA 片段取代了噬菌体 DNA。（b）特异性转导。在其噬菌体颗粒中，寄主染色体 DNA 片段整合在缺陷型的噬菌体基因组上

（2）转染

转染是与噬菌体相关的另一种将其 DNA 导入寄主细胞的遗传过程，包括用病毒及病毒载体 DNA（或 RNA）感染寄主细胞的过程；还包括真核细胞捕获外源 DNA，并通过参入作用而使其寄主细胞获得新的遗传信息的转化过程。简言之，真核细胞的转化也称为转染。

转染是一种低效的反应，即便是使用未经过任何基因操作处理的新鲜制备的λDNA，其标准的转染效率，即每微克λDNA 转染产生的噬菌斑数目，也仅为 $10^5 \sim 10^6$ 之间。而实际上在基因操作过程中，λDNA 总是要经过一定的修饰改造，包括用内切核酸酶作消化反应之后，再同外源 DNA 片段进行连接重组。实验表明，这种体外连接的结果，λ重组体 DNA 的转染效率便下降到了 $10^4 \sim 10^3$ 左右。而且就是使用生化上完全有效的λ重组体 DNA，这种下降现象也往往是难以避免的。

这种λ重组体 DNA 转染作用的低效性，显然无法满足基因工程的一般实验要求。比如说应用λ噬菌体载体构建基因文库，至少要求达到 10^6 左右的转染效率，甚至更高一些。为了达到这个水准，人们依据λ噬菌体胞内包装的原理，设计出了λ重组体 DNA 体外包装的技术程序（图 12-29）。应用此种体外包装技术，把λ重组体分子包装为成熟的噬菌体颗粒，从而便能够按照正常的噬菌体转导步骤，把λ重组体 DNA 导入寄主细胞。如此便能够明显地提高重组体 DNA 分子的转染效率，可达 10^7 左右，足以满足构建基因文库的要求。

（3）普遍性转导

噬菌体编码的酶分子有许多种不同的类型，它们能够断裂寄主细胞的染色体。在噬菌体编码酶消化染色体 DNA 的过程中，有时产生的细菌 DNA 片段的长度仅相当于噬菌体基因的长度，而且这些噬菌体长度的 DNA 片段偶尔会取代噬菌体 DNA，被包装成噬菌体颗粒（图 12-30）。当这样的寄主细胞溶菌之后，释放出来的噬菌体颗粒会通过吸附

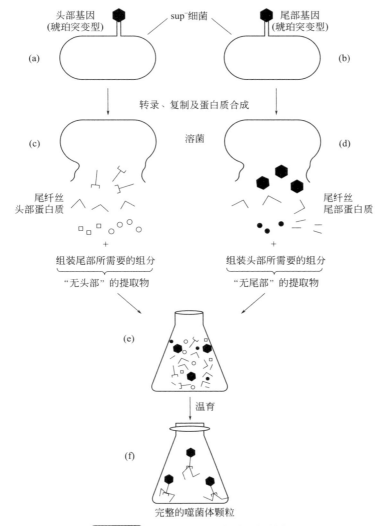

头部基因
(琥珀突变型)

sup⁻细菌

尾部基因
(琥珀突变型)

(a)

(b)

转录、复制及蛋白质合成

(c)

溶菌

(d)

尾纤丝
头部蛋白质

尾纤丝
尾部蛋白质

+

+

组装尾部所需要的组分

组装头部所需要的组分

"无头部"的提取物

"无尾部"的提取物

(e)

温育

(f)

完整的噬菌体颗粒

图12-29 λ噬菌体颗粒的体外包装步骤

（a）头部基因发生琥珀突变的λ噬菌体感染大肠杆菌寄主细胞；（b）尾部基因发生琥珀突变的λ噬菌体感染大肠杆菌寄主细胞；（c）溶菌制备无头部提取物；（d）溶菌制备无尾部提取物；（e）将头部提取物和尾部提取物以及体外重组的λDNA混合温育；（f）体外组装成含λ重组DNA的完整的λ噬菌体颗粒

作用，将其所携带的DNA注入其他被感染的寄主细胞。于是噬菌体便是通过这种方式将有关的基因从一个菌株（给体）转移到另一个菌株（受体）。这种普遍性转导过程可以在不同的相关细菌菌株之间，转移任何细菌基因。

（4）共转导与遗传作图

如同共转化一样，两个或若干个在给体细菌染色体上紧密相邻的基因，也会发生共转导（cotransduction）现象。细菌共转导的频率直接取决于相邻基因之间的间隔距离。位于同一条DNA短区段上的两个或多个连锁基因能否发生共转导现象，是有一定的条件限制的。它们之间的最大的间隔距离不能大于一个噬菌体颗粒的包装能力高限，如超出这个限度就不可能被包装进单一的噬菌体颗粒，因此，也就不会发生共转导现象。

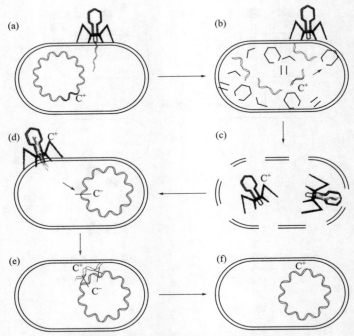

图12-30 大肠杆菌噬菌体普遍性转导的过程

（a）噬菌体颗粒感染寄主细胞。（b）寄主染色体 DNA 片段化。噬菌体的组分组装成颗粒。此时携带特定基因（如 C^+）的寄主 DNA 片段被包装进子代噬菌体颗粒。（c）寄主细胞裂解释放出子代噬菌体颗粒。（d）子代噬菌体颗粒重新感染另外的寄主细胞（受体）。（e）注入细胞内的噬菌体 DNA 同 C^- 受体细胞的染色体 DNA 发生重组作用。（f）转导结果生成 C^+ 转导子

① P1 噬菌体

P1 噬菌体是一种原噬菌体质粒（prophage plasmid）或叫做质粒原噬菌体（plasmid prophage）。研究表明，并非所有的原噬菌体都是整合在寄主细胞的染色体基因组上，形成溶源性细菌；有一些原噬菌体能够像质粒一样独立于寄主染色体之外进行自主复制，这样的原噬菌体叫做原噬菌体质粒，P1 噬菌体便是其中的典型代表。P1 噬菌体既能以噬菌体形式也能以质粒形式，从寄主细胞染色体基因组上删除下来，因此对于质粒复制及细胞分裂过程中质粒配对机理的研究都十分有用。若作为质粒形式存在，P1 噬菌体必须随寄主染色体同步自主复制，每个子细胞各分配一个。而若被诱发成噬菌体，则需要复制数百拷贝，并逐个包装进头部蛋白，最终导致细胞裂解。

P1 噬菌体对大肠杆菌共转导的最大 DNA 可达 90kb，大约相当于大肠杆菌染色体基因组总长度的 2%。下面以 P1 噬菌体与大肠杆菌共转导体系为例，叙述遗传绘图的原理与过程（图 12-31）。

② 中断交配实验

中断交配实验（interrupted-mating experiments）是一种用于研究细菌接合作用过程中，染色体上基因转移顺序的实验方法。其具体的操作程序是：将给体细胞和受体细胞培养物混合，并在不同时间间隔转移少量实验样品，置搅拌器剧烈振荡，使接合对的细菌彼此分离，终止细菌接合作用。以便确定染色体基因的转移顺序，并依据特定基因从给体转移到受体细胞所需要的时间标定基因图位，从而绘制出遗传图。

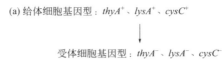

选择标记	非选择标记
Thy$^+$	47%Lys$^+$；2%Cys$^+$
Lys$^+$	50%Thy$^+$；0%Cys$^+$

(b)

图12-31 根据共转导频率绘制遗传图

（a）用具选择标记 *thyA*$^+$、*lysA*$^+$ 和 *cysC*$^+$ 的给体菌株的 P1 裂解物，感染 *thyA*$^-$*lysA*$^-$*cysC*$^-$ 受体细胞。分离 Thy$^+$ 或 Lys$^+$ 细胞供检测非选择性标记。（b）遗传图绘制，因为 *thyA* 和 *cysC* 基因是低频率转导，所以二者的间隔距离必定比 *lysA* 和 *cysC* 两基因的间隔距离短，因为后者未发生共转导现象

根据中断交配实验的结果，证明 *thyA*、*lysA* 和 *cysC* 三个基因是定位在大肠杆菌染色体的同一个短区段上。进一步研究需要确定这三个基因之间的位置关系。研究工作者使用由 P1 噬菌体遗传转导的野生型大肠杆菌菌株的裂解物感染 thyA$^-$lysA$^-$cysC$^-$ 受体菌株，而后筛选具有 *thyA*$^+$ 或 *lysA*$^+$ 表型的转导子。经过影印培养后，对两种非选择性基因之等位基因的选择的转导子的类型进行检测。结果获得的转导子的表型数据如图 12-31（a）所列数据显示，*thyA* 和 *lysA* 基因是紧密连锁的，但远离 *cysC* 基因；*lysA* 和 *cysC* 基因是远离的，因为从未出现共同的转导噬菌体颗粒，因此认定 *thyA* 和 *cysC* 这两个基因仅有罕见的共转导。所以在染色体区段上，这三个基因的顺序应该是 *lysA-thyA-cysC*［图 12-31（b）］。

3. 质粒 DNA 的接合转移

（1）接合作用

接合作用（conjugation），最早于 1946 年由 J. Lederbery 和 E. Tatum 在大肠杆菌中发现，是一种通过两个不同交配型细胞（如 F$^+$ 细胞和 F$^-$ 细胞）之间，以性须为连接器而实现的形体接触，从而使 F 质粒 DNA 从 F$^+$ 给体细胞转移到 F$^-$ 受体细胞的过程。由此可见，大肠杆菌的接合作用，是细菌基因从一个菌株转移到另一个菌株的非常重要的机理之一。它是目前已知的遗传信息最大的细菌 DNA 转移方式。整个质粒 DNA 分子甚至整条染色体基因组 DNA，都可以通过这种方式从一个细胞转移到另一个细胞。在自然界中绝大多数的遗传信息转移都是通过这种接合作用实现的。在迄今已知的许多种质粒 DNA 接合转移（conjugal transfer）体系中，唯有对 F 质粒了解得最为详尽。

（2）F 质粒的接合转移过程

由 F 质粒介导的大肠杆菌细胞的 DNA 接合转移过程，分如下 4 个步骤连续进行（图 12-32）。

第一步，性须作用：生长在 F$^+$ 细胞表面上的性须识别无性须的 F$^-$ 细胞，并由于其远侧端的组成蛋白能够特异性地同 F$^-$ 细胞结合，于是这两个 F$^+$ 和 F$^-$ 细胞，便结合成稳定的 F$^+$-F$^-$ 细胞对。

第二步，结合细胞对形成：因为 F$^-$ 细胞没有 F 质粒不能生成性须，所以它是通过

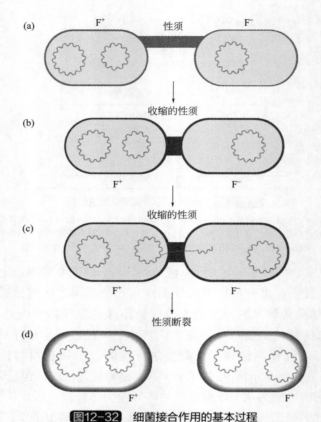

图12-32　细菌接合作用的基本过程

（a）F^+ 细菌性须特异性地识别并结合在 F^- 细胞壁上；（b）性须收缩使结合对的 F^+ 和 F^- 细胞彼此靠近；（c）在 F 质粒介导下相关基因从 F^+ 细胞向 F^- 细胞转移；（d）完成基因转移与 DNA 复制之后，给体和受体都成为 F^+ 细胞

细胞壁与 F^+ 细胞性须的接触、收缩而靠近 F^+ 细胞，使 F^+ 细胞向 F^- 细胞紧密接近，性须在两个细胞壁之间形城一条狭窄的通道。这样的两个 F^+ 和 F^- 细胞的结合形式特称为接合细胞对。

第三步，基因转移：由 F 质粒介导的基因转移，系指由 F 质粒的转移单链 DNA，通过性须通道从 F^+ 细胞转移到 F^- 细胞的过程。首先由内切核酸酶在转移起点切割 F 质粒 DNA 的转移链。于是 F^+ 细胞便挤压这条切割的单链通过性须通道进入 F^- 细胞。随后 F^- 细胞以转移进来的单链 DNA 为模板合成互补链，于是原先的 F^- 细胞便含有了双链的 F 质粒 DNA，从而转变成为 F^+ 细胞。

第四步，F^- 细胞转型：在原先的 F^+ 细胞中，以 F 质粒的保留链为模板合成互补链，并以此新合成的单链 DNA 取代转移到原先 F^- 细胞转移链 DNA，于是该细胞仍然为（或说恢复成）F^+ 细胞。当完成了 DNA 转移和复制之后，这两个细胞便彼此分离，而且两者都成为 F^+ 细胞。

4. F 质粒的迁移作用

F 质粒不但能够通过接合作用实现自我转移，而且还能够带动寄主染色体分子一道转移。比如由 F 质粒 DNA 整合到大肠杆菌寄主染色体基因组上而形成的 Hfr 菌株，就可使其染色体 DNA 转移到 F^- 受体细胞的频率提高 1000 倍以上，即发生高频转移。Hfr

菌株的这种特性已被成功地用来绘制大肠杆菌的遗传图。整个大肠杆菌染色体基因组加上整合其中的 F 质粒 DNA，全部完成转移的过程共约需 100min。因此早期的大肠杆菌染色体遗传图是以分钟为单位表示的。当然，F′ 质粒的这种整合作用是一种可逆的过程，因此在一定条件下，Hfr 菌株又可变成 F⁺ 菌株或 F′ 菌株。

正因为接合型质粒不仅能够自我地从一个细胞转移到另一个细胞，而且还能够转移染色体记号，甚至牵动整个染色体进行高频转移。所以从基因工程的安全性角度考虑，我们感兴趣的主要是非接合型质粒。但这不等于说非接合型的质粒，就一定是不会从一个细胞转移到另一个细胞的绝对安全的载体。这是因为非接合型的质粒虽然分子量较小，不足以编码其 DNA 转移过程所需的全部基因，因而不能自我转移，但是，如果寄主细胞中同时存在着一种接合型质粒，那么在这种情况下，非接合型质粒通常也可以被转移。我们将这种由共存的接合型质粒引发的非接合型质粒 DNA 的转移过程，叫做质粒的迁移（mobilization），或称质粒 DNA 的迁移作用。

ColE1 是一种可以迁移的非接合型的质粒。遗传学分析显示，ColE1 要从给体细胞转移到受体细胞，需要如下两个基本的条件（图 12-33）：第一，因为 ColE1 质粒缺乏接

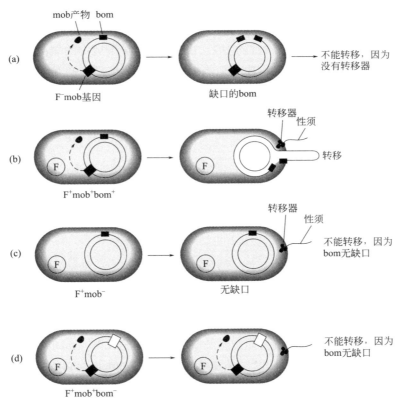

图12-33 F质粒带动Col E1质粒发生迁移的条件

（a）F⁻ 细胞中的 ColE1 质粒之 *mob* 基因的表达产物使 bom 位点发生单链断裂形成缺口；（b）F 质粒控制性须合成为 ColE1 DNA 转移提供了装置；（c）F⁺ 细胞中由于没有 *mob* 基因，故虽然 F 质粒形成了性须但由于 ColE1 质粒没有发生单链断裂；（d）F⁺ 和 *mob*⁺ 基因细胞中 DNA 中的 *nic* 位点，当其具有功能活性时以黑方块■表示，当其发生缺失突变而不具功能活性时，以白方块□表示。只有当 Col E1 质粒合成出活性的 *mob* 基因编码产物并作用于具功能的 *nic* 位点，而 F 质粒又提供了转移装置的条件下，才能发生 Col E1 质粒的迁移

合作用功能，所以需要由共存的相容性的 F 质粒，负责提供 DNA 转移装置，即性须结构。第二，ColE1 质粒自身需含有一个 *nic* 位点和一个带动迁移的基因 *mob*。该基因编码一种叫做迁移蛋白的核酸酶，它可作用于质粒 DNA 分子上的 *nic* 位点，进行单链切割，从而引发 ColE1 质粒 DNA 发生迁移作用。

有许多质粒载体在构建过程中已经缺失掉了 *nic* 位点，故不会被迁移，这样的载体在基因工程中显然是安全的。但如果有些质粒载体只是缺失了 *mob* 基因，它所缺少的迁移蛋白，则可以由相容性的质粒提供，所以在一定条件下仍然可以发生迁移作用。

六、限制与修饰

1. 寄主控制的限制与修饰现象

早在 20 世纪 50 年代初期，研究者们就已经发现，大肠杆菌细胞具有辨别自身 DNA 和外源 DNA，并分别对之进行修饰和降解的保护体系。例如 K 菌株能够辨别在自己菌株中生长的 λ 噬菌体［以 λ（K）表示］和在 B 菌株中生长的 λ 噬菌体［以 λ（B）表示］，并能够阻止后者对它的成功感染。

实验表明，用 λ（K）噬菌体感染大肠杆菌 B 菌株，形成噬菌斑的效率就很低，其效价比在 K 菌株上生长的 λ（K）的要低几个数量级。因此我们说 λ（K）噬菌体的生长受到了 B 菌株的限制。但在这些稀有的由 λ（B）形成的噬菌斑中的噬菌体群体，则已发生了某些变化。用这些变化了的 λ（B）噬菌体再感染 B 菌株，它们就可以在 B 菌株中有效地生长。如此由第二个寄主菌株赋予 λ 噬菌体的这种非遗传的变化，使得它再感染时能够有效地生长，而没有再次受到限制的现象，称为修饰。由于无论是限制还是修饰，都是由寄主控制的，故特称之为寄主控制的限制与修饰（restriction and modification）体系，简称 R-M 体系。

通常用成斑率（efficiency of plating，EOP）表示生长在不同寄主中的 λ 噬菌体受限制的程度。在 K 株或 B 株中生长繁殖的噬菌体 λ（K）或 λ（B），再次感染原寄主菌株的成斑率均为 1，而感染新的寄主菌株的成斑率则分别为 10^{-4} 和 4×10^{-4}，所以说受到了限制。

2. 限制与修饰的分子机理

在大肠杆菌中，寄主控制的限制与修饰现象，是由限制性内切核酸酶（restriction endonuclease）和甲基转移酶（methyltransferase）协同完成的。限制性内切核酸酶能够识别目标 DNA 分子上的特定的核苷酸序列，即所谓的识别序列或叫限制位点，并在此切割 DNA 分子的双链，使之裂解。而甲基转移酶又叫甲基化酶（methylase），能够催化甲基（—CH$_3$）从其给体分子 *S*- 腺苷甲硫氨酸（*S*-adenosylmethionine，SAM）转移给限制酶识别序列的特定碱基上，使之发生甲基化修饰作用。细胞自己的内源 DNA 受到这种甲基化修饰作用，因此不会被相应的限制性内切核酸酶所消化；而外源的 DNA 由于没有发生甲基化作用，所以便会被胞内的限制性内切核酸酶切割消化掉。

寄主控制的限制与修饰作用是一种广泛的过程，它的存在有两个方面的作用。其一是保护自身的 DNA 不受大多数的限制性内切核酸酶的限制；其二是破坏外源的 DNA 使之迅速降解，从而维持物种的遗传稳定性。根据限制-修饰现象发现的限制性内切核酸限制酶，已成为重组 DNA 技术学的重要工具酶。

3. 维持甲基化 DNA 的机理

我们知道甲基化的双链 DNA 经过复制之后，新合成的互补链在起始时并不是甲基化的。那么它又是如何被保护而不受胞内限制性内切核酸酶的切割作用呢？图 12-34 对此问题作了说明。这样的双链 DNA 分子处于半甲基化（hemimethylation）状态，它足以保护该 DNA 双链免受绝大部分限制性内切核酸酶的切割作用，从而使得甲基化酶有时间发现互补链上的未甲基化位点，使之发生甲基化作用，产生出两条全甲基化的双链 DNA 分子。

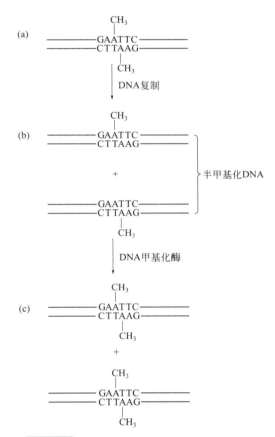

图12-34 维持复制后DNA甲基化状态的机理

（a）完全甲基化的双链 DNA 分子。（b）复制产生出两条半甲基化的双链 DNA 分子。它们仍能抵御 *Eco*R I 内切核酸酶的切割作用。（c）在甲基化酶的作用下，完成半甲基化 DNA 分子中互补链上 *Eco*R I 限制位点的甲基化，产生出两条全甲基化的双链 DNA

4. 限制修饰体系实例

E. coli C 是一种不具有限制修饰体系的、容易被 λ 噬菌体感染的大肠杆菌寄主菌株。与之相反，另一种大肠杆菌菌株 K12 却能够抗御感染了 *E. coli* C 菌株之后所释放的子代 λ 噬菌体的感染。因此我们可以选用这两个大肠杆菌菌株进行限制修饰实验（图 12-35）。首先用 λ 噬菌体颗粒感染 *E. coli* C 菌株，进入到细胞内部的 λDNA 可进行活跃的复制。最终导致寄主细胞溶菌，释放出大量的子代 λ 噬菌体颗粒。接着将实验分两组进行：

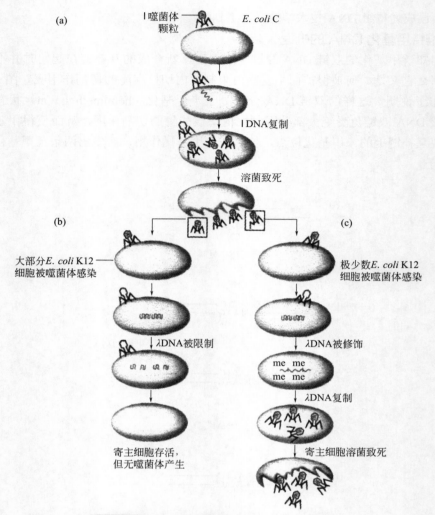

图12-35　大肠杆菌寄主控制的限制与修饰体系

（a）*E. coli* C 菌株不具有限制修饰体系，易被 λ 噬菌体感染。（b）相反地，*E. coli* K12 菌株能够抵御由感染的 *E. coli* C 菌株裂解释放的子代 λ 噬菌体的感染作用。这是由于 *E. coli* K12 菌株表达的 *Eco*R I 内切核酸酶，能够在 λ 噬菌体表达之前，就将其 DNA 切割消化，于是被感染的 *E. coli* K12 细胞就不会产生出子代 λ 噬菌体。这种现象叫做寄主控制的限制作用。（c）有极少数的 *E. coli* K12 菌株，修饰酶将甲基（—CH₃）加到 λDNA 上，于是它便不会被限制，这种现象叫做寄主控制的修饰作用。被修饰的 λ 噬菌体则可在 *E. coli* K12 细胞正常复制，生长大量的子代 λ 噬菌体颗粒，导致寄主细胞裂解死亡（引自 L. H. Hartwell et al, 2018）

　　第一组，用 *E. coli* C 菌株释放的 λ 噬菌体颗粒，感染 *E. coli* K12 菌株。结果虽有大多数的细胞被感染，但存活下来的细胞并无 λ 噬菌体颗粒释放。这是由于 *E. coli* K12 菌株所表达的 *Eco*R I 内切核酸酶，能够在 λDNA 表达之前就将其切割，故这样的受感染的细胞就不会产生子代的 λ 噬菌体，我们称这种现象为寄主控制的修饰作用。

　　第二组，同样用 *E. coli* C 菌株释放的 λ 噬菌体颗粒感染 *E.coli* K12 菌株，有极少数细胞被 λ 噬菌体感染，并被寄主甲基化酶修饰，于是它不会被限制。因而能够在寄主细胞中复制，最终导致寄主细胞裂解，释放出大量的子代 λ 噬菌体。这种现象叫做寄主控制的修饰作用。

七、大肠杆菌及其噬菌体对分子遗传学的主要贡献

现代分子遗传学的诞生与发展，离不开细菌及其噬菌体模式体系的广泛应用。许多重要的分子遗传学的原理与规律，都是通过以它们为对象的实验过程中发现的。回顾分子遗传学的发展简史，这种情况可以说是屡见不鲜。在此我们简要辑录若干实例以飨读者，并以此综合展现大肠杆菌及其噬菌体，对现代分子遗传学的发展所作出的重要的贡献。

1946 年，J. Lederberg 和 E. Tatum 在大肠杆菌细胞中发现了一种奇特的基因交换方式。即通过雌性和雄性细胞之间的接合作用，实现 F 质粒介导的 DNA 的接合转移。Lederberg 因此荣获 1958 年度诺贝尔奖。

1952 年，美国冷泉港卡内基遗传实验室的 A. D. Hershey 和他的学生 M. Chase，应用同位素 ^{32}P 和 ^{35}S 分别标记大肠杆菌 T2 噬菌体的 DNA 和蛋白质，然后将此带双标记的噬菌体颗粒感染寄主细胞。结果表明，噬菌体的遗传物质是 DNA 而不是蛋白质。因此贡献，Hershey 获得了 1969 年度的诺贝尔奖。

1955 年，S. Benzer 发展出一种应用大肠杆菌 T4 噬菌体 $r\,II$ 区的不同等位基因，绘制基因内部图谱（intragenic map）的技术，为探索产生等位基因的分子机理提供了新的研究手段。同时他还提出了"顺反子"概念，并且证明了基因的最小突变单位和重组单位，都是 DNA 分子中的一个核苷酸碱基对。

1957 年，美国生物化学家 A. Kornberg 从大肠杆菌细胞提取物中纯化出 DNA 聚合酶 I。并且从实验上证明在适当的条件下，该酶能够在试管中合成 DNA 的互补链。A. Kornberg 因此被授予 1959 年度的诺贝尔奖。

1958 年，美国加州理工学院的 M. Meselson 和 F. W. Stahl 发现，在大肠杆菌细胞中 DNA 的复制，首先是双螺旋分子中两条互补链解离成单链，然后以每条单链为模板，各自合成自己的互补链，产生出两个新的子代双链 DNA 分子。据此，他们提出了 DNA 半保留复制模型，揭示了遗传物质代代相传的分子秘密。

1961 年，两位法国的分子遗传学家 F. Jacob 和 J. Monod，经过对参与大肠杆菌乳糖代谢过程酶学体系的深入研究，揭示了控制原核基因表达的基本机理，提出了著名的乳糖操纵子模型。为此两人分享了 1965 年度的诺贝尔奖。

同年，S. Brenner、F. Jecob 和 M. Meselson 在大肠杆菌细胞中发现了信使 RNA。

1961 年前后，F. Crick 和 S. Brenner 根据对大肠杆菌 T4 噬菌体 $r\,II$ 诱发突变体的遗传分析，阐明了 DNA 分子中的遗传密码子是由核苷酸三联体组成的。这一杰出的发现，为随后的遗传密码破译奠定了重要的理论基础。

1964 年，C. Yanofsky 和 S. Brenner 等人在研究大肠杆菌色氨酸合成酶基因 *trpA* 的分子结构时，首次将基因结构的遗传图（genetic map）同物理图（physical map）进行了比对。结果表明 *trpA* 基因突变位点的顺序，同突变体色氨酸合成酶多肽链上发生的氨基酸取代的顺序是一致的。从而阐明了分子遗传学中的一条重要的规律，即基因分子中的核苷酸序列，与其编码蛋白质多肽链上的氨基酸序列之间，存在着遗传的共线性（colinear）关系。现已知道，转录后加工的 mRNA 分子的核苷酸序列，仅仅是相应于 DNA 分子中的核苷酸编码序列，并且根据其密码子顺序依次翻译成蛋白质多肽链的氨

基酸顺序。所以说 DNA、RNA 和蛋白质多肽链三者之间，存在着共线性关系。

1972 年，美国斯坦福大学的 P. Berg 等人在试管中用 T4 DNA 连接酶成功地将限制酶 *Eco*R I 切割的 SV40DNA 和 λDNA 片段连接在一起，率先完成了世界头一例 DNA 体外重组实验。Berg 也因此与 W. Gilbert、F. Sanger 分享了 1980 年度的诺贝尔奖。

1977 年，英国剑桥大学的生物化学家 F. Sanger，完成了大肠杆菌噬菌体 ϕ^{X174} 基因组核苷酸序列的全测序。并在此基础上发现基因的新概念，即重叠基因。

1984 年，美国科学家 M. Smith 以大肠杆菌单链 DNA 噬菌体 M13 为基础，发明了寡核苷酸诱导的基因定点突变技术。此法成为开展蛋白质工程研究的核心实验手段之一。为此，Smith 荣获了 1993 年度的诺贝尔奖。

除了上述这些例子之外，当然还可以举出许多其他的例子，但仅此已足以使我们相信，现代分子遗传学是起源于对大肠杆菌及其噬菌体的研究这一说法，确实是有一定道理的。即便是对于今天的基因工程与基因组学研究，大肠杆菌及其噬菌体也仍然不失为一种良好的模式体系。

第二节
酿酒酵母

酿酒酵母通称酵母，属于子囊菌纲（Ascomycetes）、酵母菌科、酵母菌属（*Saccharomyces*）的单细胞真菌（unicellular fungi），是一种低等的真核生物。它们通常存在于植物的叶片与花朵上，以及土壤和海水中，也有的共生或寄生在恒温动物的皮肤表面或消化道内。在分子遗传学等相关学科中，作为模式生物得以广泛研究的有酿酒酵母（*Saccharomyces cerevisiae*）和粟酒酵母（*Schizosaccharomyces pombe*）两种。前者以出芽方式增殖，所以也叫做芽殖酵母（budding yeast），后者按分裂方式增殖，故亦称之为裂殖酵母。在有关文献中，如没有特别指明一般说的是酿酒酵母。它是一种著名的单细胞真核模式生物，被誉为真核生物中的大肠杆菌，它早在分子生物学时代到来之前，就已被广泛地用于生物化学分析（图 12-36）。

酿酒酵母也有的译作啤酒糖酵母，包括面包酵母菌株和啤酒酵母两个菌株。虽然人们早就知道酿酒酵母在酿酒过程中能够把葡萄糖发酵成酒精，在面包烤制过程中又能将葡萄糖分解成二氧化碳。然而只是到了 20 世纪末期，人们才真正认识到酿酒酵母是真核

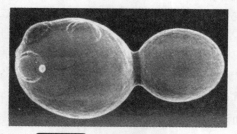

图12-36　出芽增殖的酿酒酵母

细胞分子生物学及分子遗传学研究领域的一种重要的模式生物。许多有关真核细胞的结构、功能、分泌、细胞周期，以及真核基因的结构与功能、表达和调节、DNA 的复制及重组等诸多方面的研究结果，都是以这种简单的低等单细胞真核生物为实验材料获得的。

其中特别值得一提的美国及英国的两位分子遗传学家 L. H. Hartwell 和 Paul M. Nurse，都是通过对模式生物酵母的深入研究，为揭示细胞周期的调控机理作出了杰出的贡献。前者在 1973 年采用不同温度培养法，从酿酒酵母中筛选出了数十余株温度敏感突变体，首先提出了细胞周期关卡（checkpoint）的概念，并确定了 30 个控制细胞分裂周期的基因（cell division cycle genes，cdc）。后者于 1990 年，按照同样的方法从粟酒酵母中，也筛选出相当数量的温度敏感突变体。然而 P. M. Nurse 更重要的工作是，应用分子克隆技术从粟酒酵母中分离到了第一个控制细胞分裂周期的基因 cdc2，并提出了由 cdc2 等相关基因编码产物组成的调节体系，参与控制酵母细胞有丝分裂期（M）的启动。这两位科学家都荣获了 2001 年度的诺贝尔奖。

一、一般生物学特性

酿酒酵母之所以会被看作是研究真核生物分子生物学和分子遗传学的首选模式生物，主要有两个方面的原因。一方面，尽管它是一种简单的单细胞真核生物，但却具备了绝大多数其他真核细胞所共同拥有的基本结构成分，包括完整的细胞核、包装成染色体的染色质，以及线粒体和内质网等结构成分。另一方面，酿酒酵母又具有其他真核生物，特别是高等真核生物所不存在的若干重要的生物学特性。这些特性概括起来有如下 5 个方面：

第一，细胞体积小，易于培养。酵母细胞虽然比细菌的要大些，但却仅及高等动物细胞的十分之一。它可以按照如同细菌一样的标准进行实验室培养与操作，并能在琼脂平板上形成菌落，具有简单方便与成本低廉等优点。

第二，生长速度快，世代时间短。在理想的培养条件下，每隔 90～120min 细胞便会分裂一次，每毫升液体培养物可含有 10^9 个细胞，达到大肠杆菌的水平。因此经过不长时间的培养，便可繁殖出大量的子代群体供遗传分析使用。

第三，适于开展基因工程操作。已在酵母菌中发展出了独特的质粒载体系列和遗传转化体系，故可以通过 DNA 重组技术开展相关的研究，特别适合于开展高等真核生物蛋白质编码基因的表达调节机理，及其结构与功能间相互关系的研究。而且结合发酵培养技术，还能相对容易地制备到基因工程开发的、符合人类需求的蛋白质产物。

第四，拥有多种实用的实验体系。著名的如酵母人工染色体、酵母双杂交体系、酵母单杂交体系以及酵母三杂交体系等，都已被广泛地应用于研究蛋白质之间的相互作用，特别是产物未知的发育调节基因的克隆与分离。近年来在酵母双杂交的基础上，还进一步发展出了诸如激酶三杂交、小配体三杂交及 RNA 三杂交等派生体系，有效地拓宽了应用范围。为分子生物学和分子遗传学等相关研究领域，提供了许多强有力的技术手段。

第五，容易发生突变，可形成大量的突变体。通过同源重组技术引入外源打靶的 DNA 或基因，可使酿酒酵母发生高频率的基因突变作用。由此产生的突变体不仅包括取代突变、插入突变，而且还可实现单碱基的定点突变。它可精确地删除或阻断基因组上任何一个目的基因，甚至是改变特定氨基酸密码子及启动子调节元件中的某个碱基。应用此种方法已构建了由 6000 个突变菌株（每个菌株只删除一个基因）组成的突变体菌株文库，从而满足了目的基因及特异性调节元件的功能鉴定的需求。

第六，基因组规模小，基因数量少。1997 年 5 月公布的酿酒酵母基因组全序列测定表明，全长 12.1Mb 的基因组 DNA 共编码 6034 种基因，其中断裂基因大约仅占 5%。这个比例与许多其他高等真核生物相比，都要低得多，因此酵母基因的结构相对简单。另外有 25% 左右与人类的基因存在着明显的同源性关系，为人类基因的鉴定提供了方便。

二、酿酒酵母生命周期

酿酒酵母细胞能够以单倍体（16 条染色体）和二倍体（32 条染色体）两种不同的状态存在，而单倍体的细胞又可区分为 a 和 α 两种不同的交配型。酵母细胞在其生命周期中有规律地发生有丝分裂和减数分裂，而且无论是单倍体还是二倍体，都是按照出芽方式进行营养繁殖的。a 交配型和 α 交配型的单倍体细胞，当其混合培养时便会发生交配形成 a/α 二倍体细胞。在营养条件贫瘠，特别是氮源缺乏的生长条件下，二倍体细胞又可经过减数分裂，以形成孢子的形式产生出 4 个单倍体的细胞，其中 a 交配型和 α 交配型各占一半。到了营养条件得以改善的时候，这些处于休眠状态的不同交配型的孢子，又进而以出芽的方式增殖单倍体细胞。酿酒酵母就是以这种方式实现从单倍体到二倍体，再从二倍体到单倍体的轮回转换（图 12-37）。因此在实验室操作中，可以通过培养条件的控制来获得单倍体酵母培养物，它如同大肠杆菌一样只具有单拷贝的基因，从而使研究分析简单易行。这也是酵母作为模式生物的又一个重要的生物学特征。

三、酿酒酵母细胞的遗传转化

1. 大肠杆菌-酿酒酵母穿梭质粒载体

为了进行酵母细胞的遗传转化实验，需要借助于大肠杆菌-酵母的穿梭质粒载体，是由如下两个方面的原因决定的。一方面是由于在酵母细胞中已经发现的具备自我复制能力的天然质粒的数量比较少，更何况其中还有相当的比例是属于表型特征尚不清楚的所谓隐蔽质粒（cryptic plasmid），很难以它们为基础发展出有效的克隆载体。另一方面是由于酵母的遗传操作体系，远不如大肠杆菌那样简单、方便和完善。众所周知，大肠杆菌细胞是迄今为止最为通用的一种优良的基因操作实验体系。它不仅适用于重组质粒的增殖和目的基因的克隆与亚克隆，而且也适用于目的基因的定点突变及核苷酸序列测定用的单链 DNA 模板的制备，还适用于克隆的真核基因表达调节机理及结构与功能的研究。所以酵母菌的遗传操作，往往还要配合使用大肠杆菌实验体系才能有效而方便地进行。

大肠杆菌-酿酒酵母穿梭质粒载体，也叫做双功能载体。其主要结构组件是，两种分别来自大肠杆菌和酿酒酵母的复制起点，与两种同样分别来自这两种菌株的选择标记基因，以及一个酵母的着丝粒和一个多克隆位点区（图 12-38）。这种类型的穿梭质粒载体既可以在大肠杆菌细胞中复制，也可以在酵母细胞中复制，因此在分子遗传学领域中被广泛地使用。它使研究工作者可以自如地在两种不同的寄主细胞之间来回转移基因，并单独或同时在两种寄主细胞中研究目的基因的表达活性及其它的调节功能。例如，可

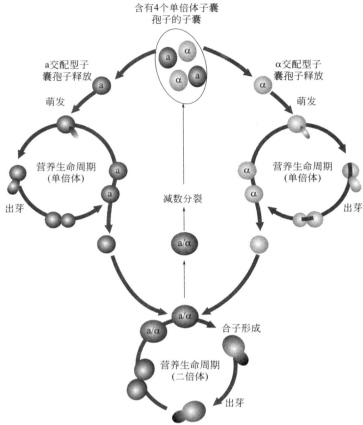

图12-37 酿酒酵母的生命周期

酿酒酵母细胞有 3 种不同的存在形式，即单倍体的 a 交配型和 α 交配型，以及 a/α 二倍体。单倍体和二倍体的酵母细胞均能进行有丝分裂，二倍体的可以发生减数分裂形成单倍体孢子。无论是单倍体还是二倍体的酵母细胞，均以出芽方式进行营养繁殖（转引自 L. H. Hartwell et al, 2018）

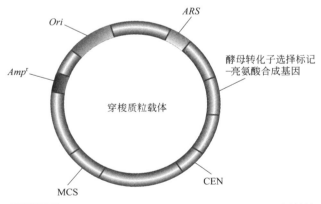

图12-38 大肠杆菌-酿酒酵母穿梭质粒载体的结构及其特性

为了既能在酵母细胞中生长又能在大肠杆菌细胞中生长，二者的穿梭质粒必须具有来自酵母和大肠杆菌的结构元件：酵母和 E. coli 的两个复制起点（ARS 和 Ori）；一个酵母的着丝粒序列（CEN），它使得穿梭质粒在酵母细胞分裂过程中能分配到两个子细胞中去；来自酵母的亮氨酸合成基因和 E. coli 的氨苄青霉素抗性基因（Amp^r）两个选择标记；一个多克隆位点区（MCS）

将酵母的某种基因亚克隆在穿梭质粒载体上，置于大肠杆菌体系中作定点突变处理后，再将突变体基因返回酵母细胞，以便在其天然的寄主细胞中观察并分析突变的功能效应。

2. 大肠杆菌-酿酒酵母穿梭质粒载体的类型

根据不同的结构特征，大肠杆菌-酿酒酵母菌穿梭质粒可区分为酵母整合型质粒（yeast integrative plasmid，YIP）载体、酵母附加体型质粒（yeast episomal plasmid，YEP）载体、酵母复制型质粒（yeast replication plasmid，YRP）载体，以及酵母着丝粒型质粒（yeast centromeric plasmid，YCP）载体等多种不同的类型（图12-39）。

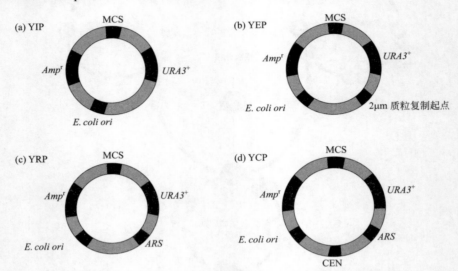

图12-39 四种不同类型的大肠杆菌-酿酒酵母穿梭质粒载体的结构

（a）YIP（酵母整合型质粒载体）；（b）YEP（酵母附加体型质粒载体）；（c）YRP（酵母复制型质粒载体）；（d）YCP（酵母着丝粒型质粒载体）；MCS 表示多克隆位点；Amp^r 表示氨苄青霉素抗性基因，作为大肠杆菌的选择标记；E. coli ori 表示大肠杆菌质粒复制起点；URA3$^+$ 表示酵母 URA3 基因的野生型等位基因，作为酵母的选择标记（尿嘧啶的原养型）；ARS 表示酵母自主复制序列，亦即酵母染色体的复制起点；CEN 表示酵母着丝粒序列

（1）酵母整合型质粒载体

YIP 载体含有一个大肠杆菌质粒的复制起点和一个选择标记基因，以及一个或数个酵母菌的选择标记基因，另有一段多克隆位点区。但由于不存在酵母菌染色体的复制起点，YIP 载体只能在大肠杆菌寄主细胞中复制，而不能在酵母菌寄主细胞中复制。所以当此种载体被导入到酵母细胞之后，必须整合到寄主染色体基因组上并与之一道复制时，才能形成稳定的转化子。这种整合作用是通过 YIP 载体与寄主染色体 DNA 之间发生的同源重组事件实现的。该载体的最大缺点是，在含有 2μm 质粒的酿酒酵母细胞中，其遗传稳定性相当差。

（2）酵母附加体型质粒载体

YEP 载体主要由酵母染色体 DNA 的选择标记基因，酵母 2μm 质粒的复制起点、来自大肠杆菌质粒的复制起点和选择标记基因，以及一段多克隆位点区等主要的结构元件构成。它既可以在大肠杆菌寄主细胞中复制，也可以在酵母菌寄主细胞中复制。但在后者，YEP 载体的复制速率是受来自 2μm 质粒载体的复制起点及两个关键的复制基因控制的。一般情况下其拷贝数大约是每个细胞 30 个，而在有些细胞中则以高拷贝数的形式存在，每个细胞可达 100 个左右。不同的 YEP 载体对酵母菌细胞的转化频率相差悬殊，高的每 μg DNA 可产生出 1000～10000 个转化子，低的却只能形成 10～100 个转化子，两者相差约 100 倍。YEP 载体不稳定，转化子经过数代培养之后，便有 50%～70% 的细胞失去了质粒载体。因此必须存在选择标记基因，并在培养与保存过程中始终维持选择压力，如此才能克服其质粒载体从寄主细胞中丧失的现象。

（3）酵母复制型质粒载体

酵母染色体如同其他真核染色体一样，沿着其巨大的 DNA 分子散布着许多个复制起点，每个单倍体的酵母细胞大约含有 30～400 个。这些起点彼此间隔范围为 20000～100000bp。人们将酵母菌的每个复制起点叫做自主复制序列（autonomously replicating sequence），简称 ARS 序列；而将含有 ARS 序列的大肠杆菌-酵母穿梭质粒载体，叫做酵母复制型质粒载体。YRP 载体的结构与 YEP 载体相比，除了以 ARS 序列区取代 2μm 质粒的复制起点之外，其他的组成成分完全相同。与 YEP 载体一样，在酵母菌寄主细胞中 YRP 载体也是不稳定的，因此它也需要维持适当的选择压力，才不会从寄主细胞中丧失。不过在偶然的情况下，YRP 载体也会整合到酵母菌寄主细胞的染色体基因组上，从而形成稳定的转化子细胞系。YEP 和 YRP 这两种质粒载体不稳定的原因，是由于在细胞分裂过程中，不能均等地分配到两个子细胞中去的缘故。

（4）酵母着丝粒型载体

考虑到染色体的着丝粒（chromosomal centromere）序列 CEN，是控制细胞分裂过程中染色体均等分配的重要的顺式元件，因此为了克服 YRP 质粒载体的不稳定性问题，科学工作者便在 YRP 载体的结构基础上，加入一段酵母染色体着丝粒序列 CEN。如此便发展出了新型的酵母着丝粒型质粒载体 YCP。除了酵母染色体着丝粒之外，该载体还含有酵母染色体 DNA 的复制起点 ARS 和选择记号，以及大肠杆菌质粒载体 pBR322 的复制起点和选择记号等 5 种主要的结构成分。因此，YCP 载体既可方便地用于在大肠杆菌寄主细胞中开展基因克隆操作，又能够用于自主地在酵母菌寄主细胞中进行外源基因表达调控的研究。CEN 序列的存在，不仅使 YCP 载体的稳定性得到了很大的提升，而且还降低了它的拷贝数（每个细胞中只有 1～2 个拷贝），同时还能在细胞分裂过程中像微型染色体（minichromosome）一样进行正常的分离。

3. 酵母人工染色体

（1）人工染色体

真核生物的基因含有内含子结构，其总长度可超过数百 kb，因此要克隆如此大型的真核染色体 DNA 区段，显然需要克隆能力超大的特殊的载体分子，而由噬菌体派生的克隆载体的最大克隆能力也仅有百来个千碱基对（见表 12-1）。为了克隆巨大的真核染色体 DNA 区段，分子遗传学家已经开发出了一种特称为"人工染色体"（artificial chomosome）的克隆载体。如此才能满足真核生物基因组的结构分析与基因克隆的需求。

所谓人工染色体系指一类由人工构建的、存在 DNA 复制起点、能够在细胞中独立复制、稳定存留和遗传的重组体 DNA 分子群体。人工染色体在真核生物基因组研究、物理图谱构建及基因定位克隆等方面，均具有重要的用途，是研究真核基因组的一种相当有用的分子遗传学及基因工程技术。常见的人工染色体有酵母人工染色体（yeast

表12-1　若干种不同类型载体的克隆能力

载体类型	最大克隆能力	载体类型	最大克隆能力
多拷贝质粒载体	10kb	PAC（P1人工染色体）	150kb
λ噬菌体替换型载件	20kb	BAC（细菌人工染色体）	300kb
柯斯质粒载体	45kb	YAC（酵母人工染色体）	2000kb
P1质粒载体	100kb		

注：转引自 D. Clark, 2007。

artificial chromosome，YAC）、细菌人工染色体（bacterial artificial chromosome，BAC）和 P1 人工染色体（P1 artificial chromosome，PAC）。本节仅讨论酵母人工染色体一例，其余的在原理方面与之并无原则差别，故不于赘述。

（2）酵母人工染色体的概念与结构

酵母人工染色体，是由 YCP 载体经过线性化处理后，在其两端分别加上一段酵母染色体端粒序列（telomeric sequence，TEL），重新构建成的一种新型的、具高容量克隆能力的大肠杆菌-酵母菌穿梭质粒载体。它含有一对 TEL 序列，能够如同染色体一样以线性化单拷贝形式在酵母菌寄主细胞中正常地复制，并可以克隆大片段的外源真核基因组 DNA，其大小至少可相当于最大的酵母染色体，因此这种质粒载体被特别命名为酵母人工染色体。

酵母人工染色体的分子结构，主要包括如下几个组成元件（图 12-40）：

① 一段酵母染色体的着丝粒序列 CEN，以便提高载体分子在酵母菌寄主细胞分裂过程中的遗传稳定性。

② 一段酵母染色体的自主复制序列 ARS，用来促使载体分子在酵母菌寄主细胞中进行正常的复制。

③ 一对酵母染色体的端粒序列 TEL，但也有的 YAC 载体，如 pYAC4，它的 TEL 序

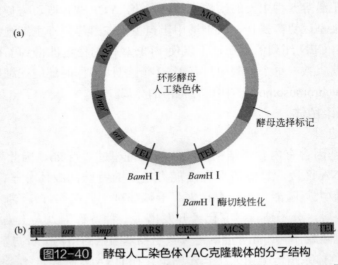

图12-40　酵母人工染色体YAC克隆载体的分子结构

酵母人工染色体 YAC 具有一段着丝粒序列 CEN 和两段四膜虫染色体的端粒序列 TEL。ARS 是一段相当于复制起点的自主复制序列。*ori* 是一种大肠杆菌质粒的复制起点，供在细菌中生长复制时使用。*Amp*^r 是大肠杆菌质粒的氨苄青霉素抗性基因，提供细菌转化子的选择标记。位于两个 *Bam*H I 限制位点之间的区段，叫做线性化区，由此切开便会导致 YAC 载体分子线性化。（a）在细菌细胞内复制的环形的 YAC 质粒载体。（b）经内切限制酶切割后形成的线性形式的 YAC 质粒载体，可在酵母细胞内复制

列则是来自四膜虫（*Tetrahymena*）的染色体。其主要的作用是防止不同染色体分子之间发生末端连接。

④ 一个大肠杆菌质粒分子的复制起点（*ori*）及选择标记基因（*Amp*ʳ），从而能够在大肠杆菌寄主细胞中用 YAC 载体进行基因克隆，并为转化子的选择提供表型特征。

⑤ 若干个酵母菌的选择标记基因，为酵母转化子的选择提供表型特征。

⑥ 一段专供外源 DNA 插入的多克隆位点（MCS）序列区，或单克隆位点。

⑦ 一个线性化位点或线性化区，经此切割 YAC 载体便会被线性化，如此方能接纳外源 DNA 的插入。因此 YAC 实质上是一种线性的载体。这是它不同于其他大肠杆菌-酵母菌穿梭质粒载体的主要地方。

（3）YAC 质粒载体结构元件的功能作用

鉴于 YAC 质粒载体是按照实验要求，由多种具有不同功能作用的必要元件重组而成的，因此具有诸方面的近似天然染色体的特性。长达 2000kb 的巨大的外源 DNA 序列，都可以克隆在此种载体上。细胞分子生物学知识表明，对任何酵母复制子而言，不论其是质粒载体还是染色体载体，为了在插入外源 DNA 片段之后，仍然能够保持存活的能力，就必须具有一个酵母特有的复制起点和一段着丝粒识别序列（CEN 序列）。在已构建的 YAC 质粒载体中都具有这两种元件。此外，所有真核染色体的两端都存在着一段端粒序列。YAC 作为人工染色体，其两端同样也需要安装上这种端粒结构。此外，为了基因克隆实验使用的需要，YAC 还应该包括有一个选择标记和一个适用的多克隆位点区。

分子质量巨大的外源 DNA 序列，当其插入到 YAC 载体的恰当位点上，便应能够在酵母细胞内复制。在高等真核生物中，DNA 复制起点的识别序列、着丝粒及端粒的结构与功能都是类似的，因此带有这些附加结构元件的 YAC 载体，当其转移到小鼠体内，甚至是传递到子代时，都是能够很好存活。这种特性为克隆高等动物基因工程及其基因组测序所需的巨大的 DNA 序列，提供了一条有效的实用途径。

（4）YAC 克隆载体的构型

已知 YAC 载体有两种不同的构型：一种是在细菌细胞中生长的环状质粒构型；另一种是在酵母细胞中生长的线状质粒构型。环状构型的 YAC 质粒，编码有细菌复制起点和一种抗生素抗性基因，因此它可以如同任何其他质粒载体一样，可以在细菌细胞中进行基因克隆操作和生长。为了在酵母基因克隆工作中使用这种 YAC 质粒，首先将从大肠杆菌细胞中分离 YAC 环状质粒 DNA，然后用内切核酸酶 *Bam*H I 作限制性切割，于是由切割产生的线性构型的 YAC 质粒载体，其两端分布着两个端粒序列。这种线性构型的 YAC 质粒，能够克隆分子高达 200kb 的、插入在多克隆位点上的外源 DNA 片段。

（5）YAC 载体克隆外源 DNA 的实验过程

图 12-40 以 pYAC4 载体为例，概述了将外源大分子量 DNA 克隆在 YAC 载体的基本的实验过程。首先，用内切核酸酶 *Bam*H I 消化 pYAC4 载体分子，以便移去位于两个 *Bam*H I 位点之间的小区段，结果生成两端各有一段端粒序列的线性化的载体分子。接着，再用内切核酸酶 *Eco*R I 切割纯化的 pYAC4 线性分子，于是便获得了一端为 *Eco*R I 黏性末端，另一端具端粒序列的两条载体臂分子，其中每一条均带有一个酵母菌寄主细胞的选择标记基因。最后，把经 *Eco*R I 局部消化和脉冲电场凝胶电泳分离的真核基因组

大片段 DNA，同 pYAC4 载体的两条臂连接后转化给酵母菌寄主细胞，并筛选含有两臂的转化子克隆。

4. 酿酒酵母的遗传转化

现已发展出了多种不同方式的，将外源 DNA 导入酵母菌细胞的遗传转化技术。其中主要有原生质体转化法、完整细胞转化法、脂质体介导法和电击法等。在酵母菌细胞的外周，存在着一层相当坚硬的细胞壁结构，阻碍了培养基中游离 DNA 分子的进入，因此，未经任何处理的天然酵母菌细胞是不会被外源 DNA 所转化的。但是人们发现，应用恰当的混合酶处理，便会将细胞壁中的主要组分消化掉而变成原生质体（protoplast）。当等渗缓冲液中补加有钙离子和聚乙二醇（polyethylene glycol，PEG）的情况下，这些酵母菌细胞的原生质体，便能够将周围裸露的 DNA 分子通过原生质体膜摄取进入胞内。不仅如此，通过与大肠杆菌微细胞（mini cell）或是脂质体载体（liposome vector）（图 12-41）融合的途径，同样也可以将大肠杆菌-酵母菌穿梭质粒载体 DNA，有效地导入酵母菌细胞的原生质体中去，而且其转化频率还比较高。

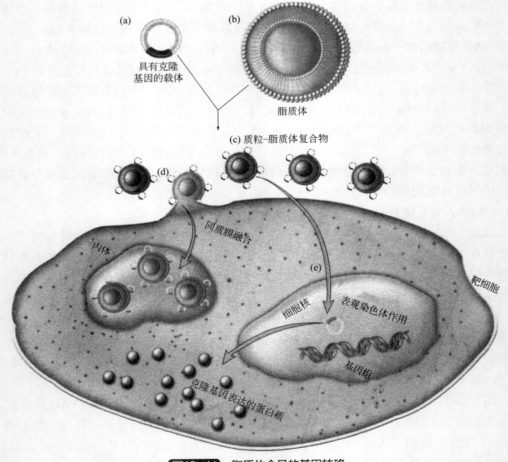

图12-41　脂质体介导的基因转移

（a）带有目的基因的质粒载体；（b）脂质体载体；（c）质粒载体与脂质体载体结合形成的复合物；（d）此复合物同靶细胞的质膜融合后，被释放到靶细胞内；（e）大部分质粒 DNA 降解了，但也有少量的质粒 DNA 进入细胞核

（根据 L. A. Allison, 2012 改绘）

脂质体介导的基因转移法，可有效地将外源基因导入酵母的靶细胞中。脂质体是一种人造的脂质小泡（lipid vesicles），外周是脂双层，内部是水腔。而内部装有重组质粒DNA 的脂质体，特称为脂质体载体。脂质体能够同质膜融合，并将其内含物释放到细胞内。因此脂质体载体通过同酵母菌原生质体一道温育，便可将其内部水腔所携带的穿梭质粒载体 DNA 导入受体细胞，从而实现基因转移（图 12-41）。

在酵母菌基因工程研究的早期，人们广泛地使用原生质体转化法。但该法的缺点也很明显，它不仅实验周期较长，而且转化效率还要受到酵母细胞原生质体再生效率的制约。随后人们发现，完整的酿酒酵母细胞，经过氯化锂（LiCl）或 β- 巯基乙醇（β-mercaptoethanol）的处理之后，转移到含有 PEG 的等渗缓冲液再作热休克反应，便能有效地吸取周围溶液中游离的 DNA 分子。这种向酵母细胞导入外源 DNA 的途径，叫做完整细胞转化法。与原生质体转化法一样，完整的酵母细胞也适用于通过电穿孔作用（electroporation）导入外源 DNA。而且与前者存在高比例的共转化现象相比，后者共转化的情况则相当罕见。

第三节
秀丽隐杆线虫

秀丽隐杆线虫（*Caenorhabditis elegans*）简称秀丽线虫（图 12-42），是一种生活在土壤中以细菌为食的小型线虫（nematode 或 worm），系假体腔动物（pseudocoelomate）的典型代表。成虫体长约为 1.2mm，存活期可达两周左右。在秀丽线虫群体中，99.8%以上的个体是雌雄同体（hermaphrodites），其染色体组由 5 对常染色体和两条 X 染色体组成，常以 XX 表示。雄性个体相当罕见，不到群体总数的 0.2%，其染色体组除了 5对常染色体之外，只有一条 X 染色体而不存在 Y 染色体，故常以 X0 表示（图 12-42）。现代分子遗传学中的许多重要的现象，诸如细胞程序死亡（programmed cell death）及RNA 干扰等，都是首先在秀丽线虫中发现的。此外线虫还被用于寿命（lifespan）和衰老过程（aging process）的研究。

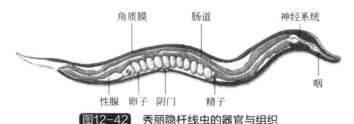

角质膜　　　肠道　　　神经系统

咽

性腺　卵子　阴门　　精子

图12-42　秀丽隐杆线虫的器官与组织

一、一般生物学特性

秀丽线虫具有许多其他真核生物所不具备的生物学特性，因此成为分子遗传学和发育生物学研究的一种良好的模式生物。这些生物学特性概括起来有如下几个方面：

第一，世代周期短，繁殖速度快，可提供大量的子代群体进行遗传学分析。在 25℃ 的培养条件下，一个世代时间大约只需要 3.5 天甚至更短，分为一个胚胎期、4 个幼虫期和 1 个生育的成虫期。雌雄同体的线虫通过自体受精，约经 4 天时间便可产生出 300 多个自身后代，而若与雄性线虫交配便可获得上千条的后代线虫。通常情况下线虫的存活时间只有两个星期，但有些突变体会有较长的存活期。

第二，基因组小，总长度只有 97Mb，约为酿酒酵母的 7 倍。1998 年 12 月完成了全基因组测序，在其编码的 18424 个基因中，有 40% 左右与其他有关生物的存在着同源性关系。所以可为新基因的同源性鉴定和功能研究提供依据。

第三，在整个生命周期中躯体透明，同时结构又十分简单。一条成熟的雌雄同体线虫仅有 959 个体细胞，而一条成熟的雄性线虫也只有 1031 个体细胞。所以容易在装有诺马斯基（Nomarski）干涉相差镜头的显微镜下观察胚胎细胞的迁移，并且据此已经跟踪完成了从受精卵开始的所有细胞的谱系（lineage），以及器官的形成和发育的过程。这些信息在其他多细胞生物中显然是难以获得的。因此线虫确实是研究动物发育的一种十分有用的模式体系。

第四，同样也因为躯体透明这一特点，所以通过体外 DNA 重组技术，把绿色荧光蛋白（green fluorescence protein）的编码基因与线虫的目的基因重组之后，在转基因线虫中便可直接观察到基因表达的具体位置。

第五，个体短小，实验室饲养容易，管理方便，可直接在固体琼脂平板上加入细菌喂养，也可以用液体培养基进行培养。同时秀丽线虫具有很强的抗逆能力，可以如同体外培养的细胞一样，冻存在液氮或 −80℃ 冰柜中，长达数月之后仍可解冻复活。故在实验室中线虫保存工作是相当方便的。

第六，就像拟南芥一样，雌雄同体线虫既可以自体受精繁殖又可与雄性线虫交配的异体受精繁殖。这种兼具自交（selfing）和杂交（crossing）的生殖特性，为线虫的遗传学研究提供了难得的便利条件。

第七，雌雄同体线虫具双拷贝的 X 染色体，而雄性线虫则只有单拷贝的 X 染色体并且没有 Y 染色体。这种特性为研究 X 染色体失活的表观遗传现象提供了绝好的模式体系。

二、生命周期

绝大多数成熟的线虫都是雌雄同体的两性体，既能产生卵子亦可产生精子，并可进行自体受精。雄性线虫的数量十分稀少，它只能产生精子并与两性体线虫交配。两性体线虫具有两条性染色体（XX），而雄性线虫只有一条性染色体（X0）。因此，两性体线虫自体受精的结果，就只能生成雌性的子代和少数例外的雄性线虫，这是由于 X 染色体不分离所致。当两性体线虫与雄性线虫交配时，生下的子代群体中有一半是 XX 两性体，另一半是 X0 雄性体。

在实验室中，一般是将线虫培养在培养皿中。它以细菌为食，在适当的培养温度下，便能得到良好的生长。在 25℃ 的室温下，受精卵经过 12h 的温育，便可孵化成能够自由活动的幼虫。线虫的胚胎发生过程可分成 L1、L2、L3 和 L4 四个幼虫阶段，共计历时 60 多小时方成为性成熟的线虫（图 12-43）。

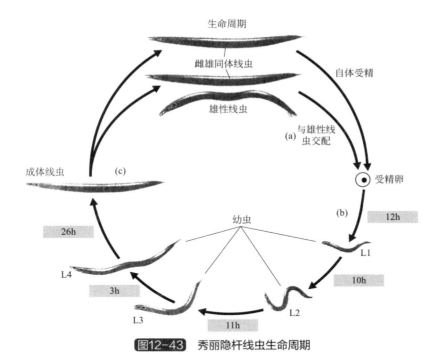

图12-43 秀丽隐杆线虫生命周期

（a）雌雄同体线虫通过自体受精或与雄性交配生成受精卵；（b）受精卵（胚胎）发育历时 60 多小时，
分成（L1、L2、L3 和 L4）4 个阶段；（c）成体的线虫（转引自 B. A. Pierce, 2008）

　　雌雄同体的两性体的线虫，大约在 4 天内就能通过自体受精产生出多达 300 条的自身子代个体，或是与稀有的雄性个体交配产生多达 1000 条杂交子代个体。线虫成虫的存活期约 15 天。在逆境的生长条件下，诸如饲料缺少、温度过高或密度太大等，L1 阶段的幼虫便会进入另一条发育途径，产生出一种叫做持久性幼虫（dauer）。这种幼虫对环境压力具有抵抗能力，能够存活数月之久，以等待环境条件的改善。但另有一类线虫突变体却无法进入持久性幼虫发育期，或不适当地进入持久性幼虫期。有关科学工作者对此类突变体研究发现了如下多种基因：（a）特异性神经中表达的具感知环境条件变化的基因。（b）线虫全身表达的控制虫体生长的基因。（c）控制寿命的基因。在线虫生命体中，控制寿命基因的激活会引起线虫寿命明显地延长。研究表明哺乳动物中与线虫寿命基因同源的基因，其功能也是参与控制哺乳动物寿命的延长。

三、性别决定

1. 生殖方式

　　秀丽线虫不存在其他动物所具有的 Y 染色体，因此它的性别决定方式相当特殊，实际上是由 X 染色体的拷贝数（X）与常染色体组的拷贝数（A）的比值决定的。在二倍体的线虫受精卵，具有双拷贝的 X 染色体和双拷贝的常染色体组，其 X：A=1，最终发育成雌雄同体的线虫。而只有单拷贝的 X 染色体和双拷贝的常染色体组的线虫受精卵，其 X：A=0.5，最终发育成雄性线虫（图 12-44）。雌雄同体的线虫既可以产生精子，也可以产生卵子，所以能够以自体受精的方式繁衍自身后代，同时也能够同雄性线虫交配，按有性繁殖的方式产生后代。

雌雄同体线虫及其受精卵显微照片

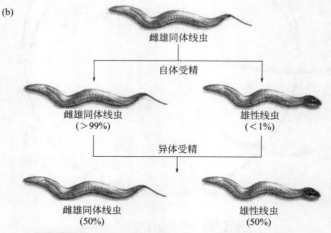

图12-44 雌雄同体线虫和雄性线虫的两种生殖方式

（a）雌雄同体秀丽隐杆线虫的显微照片。（b）雌雄同体秀丽隐杆线虫的生殖方式：自体受精和异体受精

无论是雌雄同体线虫还是雄性线虫都具有许多性别特异的解剖学结构特征。雄性线虫的尾部是用来同雌雄同体线虫进行交配的部位，而雌雄同体线虫的阴门则是接受雄性精子和排卵的地方。雌雄同体线虫前后两端的生殖腺，先产生精子然后产生卵母细胞。雄性线虫只有一个生殖腺，可持续地产生精子。

2. 性别决定机理

秀丽隐杆线虫之体细胞性别决定至少涉及 10 个不同的基因（图 12-45）。例如两个转化基因 *tra-1* 和 *tra-2* 功能丧失突变，便会导致 XX 线虫发育成雄性个体，而雌雄同体基因 *her-1* 功能丧失突变则会使 X0 线虫发育成雌雄同体个体。这些基因突变造成的表型

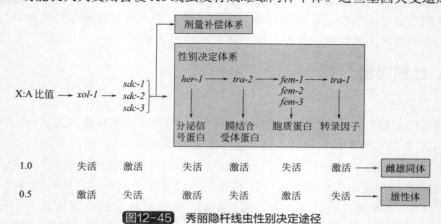

图12-45 秀丽隐杆线虫性别决定途径

在秀丽隐杆线虫性别决定的发育途径中，其个体究竟分化为雄性还是雌雄同体，取决于基因表达的级联系统（cascade），而后者又是取决于 X：A 比值。剂量补偿同样也是取决于 X：A 比值（转引自 D. P. Snustad 和 M. J. Simmons, 2010）

变化说明，*tra-1* 和 *tra-2* 基因编码的产物，是雌雄同体线虫正常发育所必需的营养成分。3 个秀丽隐杆线虫雌性化（forminization）基因 *fem-1*、*fem-2* 和 *fem-3* 的功能丧失，会引起 X0 秀丽隐杆线虫个体发育成无精子的雌雄同体秀丽隐杆线虫。这种雌性化表型特征说明 *fem* 基因的编码产物，是维持正常的雄性发育所必需的物质基础。

四、主要生物学贡献

1. 细胞周期规律的揭示

自从 20 世纪 60 年代秀丽线虫被用作模式生物以来，有关的科学工作者以它为材料，已经在分子遗传学研究领域作出了许多重要的发现。其中著名的有细胞凋亡和 RNA 干扰作用。两项工作分别荣获 2002 年度和 2006 年度诺贝尔生理学及医学奖。

1974 年 S. Brenner 等人发现，秀丽线虫在发育过程中有 131 个细胞发生了生理性死亡。这种现象就是现在人们所熟知的细胞程序性死亡（programmed cell death），或叫细胞凋亡（apoptosis）。它是一种细胞自然死亡的方式，在这个过程中细胞 DNA 降解，核酸发生凝聚作用。一般认为，细胞凋亡是生命体消除已经老化的、损伤的或癌变前的有害细胞，或是生理上不再需要的细胞的一种有效的途径。由于凋亡的细胞及其产生的碎片，会被周围细胞或吞噬细胞所吞没，故不会向周围组织渗漏或外溢。因此细胞凋亡与细胞坏死不同，它不会引起炎症。现在已经发现了十几个控制细胞程序性死亡的基因，并且还已经证明从秀丽线虫到人类本身，细胞程序性死亡的调节机理都是相当保守的。

2. RNA 干扰现象的发现

1998 年，美国华盛顿卡内基研究所的 Andrev Fire 和马萨诸塞大学医学院的 Craig Mello，利用秀丽线虫为材料发现了 RNA 干扰（RNAi）的分子本质是双链的 RNA。他们通过实验证明，当一些纯化的小分子量的外源双链 mRNA 导入线虫卵细胞之后，便可促使与其同源的内源 mRNA 发生特异性的降解作用，从而高效而特异地阻断体内相应基因的表达活性。现已知道，RNAi 是生物界普遍存在的一种在 RNA 水平上调节基因表达的方式。

此外，有关科学工作者还根据 RNAi 的原理，将秀丽线虫全部近 2000 个基因分别克隆在 RNAi 表达载体上，成功地构建成包含全基因组的 RNAi 文库。利用这样的文库可以在全基因组范围内筛选与某种功能相关的一组基因。因此，秀丽线虫也是第一个几乎对所有基因都可进行缺失功能分析的多细胞模式生物。

第四节
黑腹果蝇

最早于 1908 年被摩尔根首先用于遗传学研究的黑腹果蝇（*Drosophila melanogaster*），是一种小型的双翅目（Diptera）果蝇科（Drosophilidae）昆虫，成熟期的体长仅有 3～4mm 左右，存活时间约两个星期。原产自热带或亚热带的野生型的果蝇，有一对深红色的复眼和一双较长的翅膀，在其灰色的躯体上布满了直立的刚毛。

在遗传学及发育生物学研究中，黑腹果蝇被用作模式生物的历史已逾百年，为生命科学的发展作出了诸多方面的杰出贡献。其中最有代表性的工作有摩尔根的遗传连锁交换定律和染色体学说，摩尔根的学生 H. J. Muller 的辐射诱变理论，以及 E. Lewis 等人关于果蝇胚胎早期发育基因调节模型的研究。他们都因各自的科学发现，分别荣获了 1933 年、1946 年和 1995 年的诺贝尔生理学及医学奖。黑腹果蝇在细胞分化、发育调节、信号传导、动物行为，以及基因剂量补偿效应等诸多有关分子遗传学和表观遗传学的研究领域中，仍然是相当有用的实验体系。

近年来有大量研究工作表明，黑腹果蝇不仅是早期的遗传学家探寻经典遗传学问题的良好实验体系，而且时至今日它依然是现代分子遗传学家研究动物发育与行为的首选的模式生物之一。有关的科学工作者们，已经在果蝇的性取向（图 12-46），以及学习与记忆等方面，都取得了令人欣慰的研究结果。人们有理由相信在今后的岁月中，果蝇仍将为生命科学研究作出新的贡献。

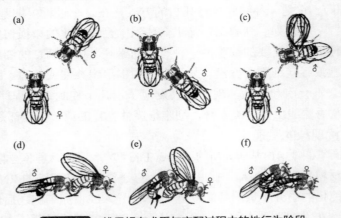

图12-46 雄果蝇在求爱与交配过程中的性行为阶段

（a）雌雄果蝇性取向；（b）雄果蝇对雌果蝇的试探接触；（c）吟咏示好交流感情；（d）雄果蝇舐舔雌果蝇阴门；
（e）雄果蝇试图与雌果蝇进行性交配；（f）交配成功（引自 W. S. Klug et al, 2010）

一、一般生物学特性

黑腹果蝇具有许多重要的生物学特性，特别适合于开展分子遗传学、表观遗传学及发育生物学等有关领域的研究工作。这些特性概括起来主要的有如下几个方面：

第一，个体小，饲养简便。果蝇对饲料无特殊要求，凡能发酵的饲料均可作为它的生长培养基。成体的果蝇体长仅有 3～4mm，一间不大的实验用房即可饲养庞大的群体及大量的种群。

第二，繁殖能力强，产卵数量多。每只雌果蝇一生能产卵数百个，两星期内就能繁殖出足够大额度的子代群体，满足遗传杂交分析的需求。

第三，繁殖速度快，世代时间短。从受精卵开始发育成幼虫，再蛹化成蛹直至最后变态为成体果蝇，前后大约只需 9 天左右的时间。如此快速的繁殖过程，与一年只能繁殖一个世代的豌豆相比，极大地缩短了遗传学研究的实验周期，显著地提高了工作效率。

第四，染色体数目少，且形态各异容易辨认。染色体基因组大小约为 180Mb，便于分析。在雌果蝇的 4 对染色体中，有 1 对很小呈粒状，2 对呈 V 形，另 1 对呈棒状的特称为 XX 染色体；在雄果蝇中，前 3 对同雌果蝇的完全一样，但没有 1 对棒状的 XX 染色体，而是由 1 个棒状的 X 染色体和 1 个 J 形的 Y 染色体组成的 XY 染色体对所取代。

第五，拥有大量的各种不同类型的突变体。诸如体色有灰色（显性）和黑色（隐性）异同，眼睛有红色（显性）和白色（隐性）区别，翅膀有长翅（显性）和残翅（隐性）差异等。这些具有不同性状特征的果蝇突变体，为开展遗传学研究提供了丰富的有用的实验材料。

第六，可作为研究人类基因和疾病的模型。2000 年 3 月公布的黑腹果蝇基因组全测序结果表明，编码的基因总数为 13601 个（种），其中约有一半与哺乳动物存在同源性关系。此外，超过 60% 以上的人类疾病基因，尤其是有关肿瘤、神经退化性疾病、代谢异常及肾脏疾病等基因，均可在黑腹果蝇中找到相应的同源基因。目前利用黑腹果蝇为模型研究人类的疾病主要有：帕金森病（Parkinson's disease）（一种导致人体氨基酸代谢紊乱的非遗传性疾病），阿尔茨海默病（Alzheimer's disease）（一种与大脑皮层硬化有关的老年痴呆症），以及脆性 X（染色体）综合征（fragile X syndrome）（一种最为常见的低智能的遗传性疾病）等多种。

二、果蝇的生命周期

果蝇生命周期的一大特点是历时相当短暂，受精后 24h 内胚胎发育便告形成。置 25℃下经过大约 1 天的培育时间，就可孵化出第一龄幼虫。第一龄幼虫在同样条件下继续生长 24h 便会再次蜕皮，生成个头更大的第二龄幼虫。如此再重复生长 24h，幼虫会继续发生蜕皮，生成个头最大的第三龄幼虫。幼虫经过约 3 天饲养期，其体重上升约 20 倍，最后发育成蛹。

幼虫蜕皮周期是由激素控制的。当幼虫发育到了第三龄末期时，由于缺乏保幼激素（juvenile hormone，JH），脱皮激素（ecdyson）随之发生脉冲式的释放，从而激发了蛹化反应的启动。约经过 5h 后，幼虫再次蜕皮，在蛹壳内化为蛹。此后经过大约 4～5 天的蛹期，便发育成蝇（图 12-47）。

果蝇幼虫发育过程中一个关键的事件是器官芽（imaginal disc）的生长。所谓器官芽又译成虫盘，系指果蝇或其他昆虫中，能分化生成身体各种器官的细胞。果蝇幼虫有 10 对器官芽，分别生成口器、额板和上唇、触角、眼、腿、翅、平衡棒以及生殖器（图 12-48）。在果蝇胚胎中，这些器官芽起初很小，仅含有不到 100 个细胞，但在成熟的幼虫中，器官芽却拥有上万个细胞。

三、黑腹果蝇染色体

在果蝇体细胞核中，共有 4 对 8 条染色体，其中第 1 对为性染色体，其余的 3 对为常染色体。所谓性染色体（sex chromosome），是指其功能与生物个体的性别决定有直接关连的染色体，例如果蝇的 X 染色体和 Y 染色体。而常染色体（autochromosome 或 autosome），则是指除了性染色体之外，不直接参与决定生物个体性别的染色体。果蝇中第 Ⅱ、第 Ⅲ 和第 Ⅳ 对染色体均为常染色体。

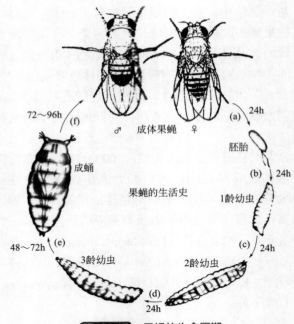

图12-47　果蝇的生命周期

（a）雄果蝇的精子与雌果蝇的卵子完成受精作用形成胚胎；（b）胚胎在25℃下经24h培育，便孵化出第一龄幼虫；（c）在同样的培养条件下再经24h生长幼虫二次蜕皮变成第二龄幼虫；（d）重复（c）的过程变成第三龄幼虫；（e）饲养约3天便形成蛹；（f）经约5天的饲养，最终又发育成蝇（转引自 J. D. Watson et al, 2014）

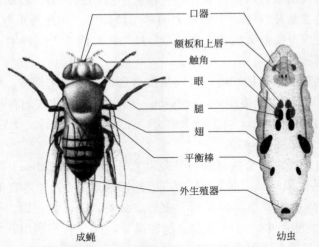

口器
额板和上唇
触角
眼
腿
翅
平衡棒
外生殖器

成蝇　　　　　　　　　　　　　　幼虫

图12-48　果蝇器官芽与成蝇中的对应器官

（转引自 J. D. Watson et al, 2014）

　　果蝇的性染色体有两条，即 X 染色体和 Y 染色体。在 X 染色体上存在着大量的基因，而 Y 染色体上的基因则很少。因此果蝇的性别决定与 Y 染色体存在与否并无太大关系，而是由受精卵中 X 染色体的拷贝数（X）与常染色体组的拷贝数（A）的比值决定的。可见 X 与 Y 不同，它才是参与性别决定的性染色体。雌果蝇体细胞核中的两条性染色体都是 X，即为 XX 型。因此，由此种类型的体细胞经过减数分裂生成的卵子细胞核中，只有一条 X 性染色体。雄性果蝇则不同，它的体细胞核中的两条性染色体，一条是 X 性染色体，另一条是 Y 性染色体，即为 XY 型。由此种类型的体细胞，经减数分裂会生成两种不同类型的精子细胞：其中的一种只含有一条 X 性染色体，称为 X 型；另一种则含有一条 Y 性染色体，称为 Y 型。

卵子和精子统称性细胞。在雌雄果蝇的交配过程中，若卵子同 X 型精子结合，产下的子一代为 XX 型，是雌果蝇；若卵子同 Y 型精子结合，产下的子一代则为 XY 型，是雄果蝇。但需要指出，与小鼠及人类不同，在果蝇中 Y 染色体只是参与精子类型的决定，而不参与性别的决定。

那么 X/A 比值是遵照什么样的分子机理来激活果蝇性别分化途径的呢？为了叙述的方便，我们将由 X 染色体连锁基因编码的相关蛋白质叫做 X，而把常染色体基因编码的相关蛋白质称为 A。这两种蛋白质都是一类具有螺旋-环- 螺旋结构域的转录因子。X 蛋白可以自身结合成同源二聚体，也可以与 A 蛋白结合成异源二聚体，从而影响它们的功能效应。

在 XX 受精卵或胚胎中，因为 X 蛋白含量丰富，数量多于 A 蛋白，所以 X/A 比值大于或等于 1（X/A≥1）。在这种情况下，X 蛋白可自身结合成具功能活性的同源二聚体，从而激活果蝇性别决定途径头一个基因 *sxl* 的表达活性。在 XY 受精卵或胚胎中，X 蛋白表达量较低，X/A 比值小于或等于 0.5（X/A≤0.5）。在这种情况下 X 蛋白则不具相应的功能活性，所以无法激活果蝇性别决定途径 *sxl* 基因的表达活性（图 12-49）。

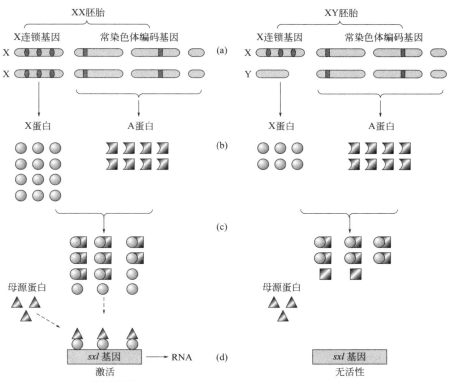

图12-49 X/A比值激活果蝇性别决定途径的分子机理

（a）X 染色体连锁的相关基因和常染色体编码的相关基因。（b）X 连锁基因表达的 X 蛋白和常染色体表达的 A 蛋白。

（c）在 XX 受精卵或胚胎中，X 蛋白多于 A 蛋白，有活性；在 XY 受精卵或胚胎中，X 蛋白含量低没有活性。

（d）在 XX 受精卵或胚胎中，X 蛋白与母源蛋白共同激活 *sxl* 基因表达，而在 XY 受精卵或胚胎中 X 蛋白含量不足以激活 *sxl* 基因表达（引自 D. P. Snustad & M. J. Simmons, 2010）

四、黑腹果蝇性别决定途径

已知果蝇性别决定途径（sex determination pathway）涉及 *sxl*、*tra* 和 *dsx* 等数个基因之间的相互作用。这些基因通过转录后水平的可变剪接，以级联方式调控受精卵或胚胎的发育途径，亦即是向雌性方向发育还是向雄性方向发育。

1. 第一条途径

参与性别决定的第一条途径的基因是性致死基因（sex lethal gene）*sxl*，它编码一种性致死 RNA 结合蛋白 Sxl，其功能是通过与靶基因前体 mRNA 的结合，直接参与后者的转录后剪接加工。*sxl* 基因共有 8 个外显子和 7 个内含子，另有一个早期启动子 P_E 和一个晚期启动子 P_M，而且在第 3 外显子序列中还存在着一个终止密码子。因此，不删除这个第 3 外显子的剪接，实质上是一种无效剪接（default splicing），或者叫做促进雄性发育的剪接。因为在这种情况下只能产生出无功能的短肽，而不会表达出具功能活性的 SXL 蛋白产物。

在 XX 受精卵或胚胎中，X 蛋白的表达量丰富可形成二聚体。它同 *sxl* 基因的早期启动子 P_E 结合，从而激活基因的表达活性，并促使其前体 mRNA 分子发生删除外显子 3 的跳越式的剪接（skips splicing），或者叫做促进形成雌性的剪接，于是便产生出具功能活性的 Sxl 蛋白。在 XY 受精卵或胚胎中的情况则不同，它是由晚期启动子 P_M 驱动 *sx1* 基因表达，并促使其前体 mRNA 分子发生无效剪接。结果生成了包括外显子 3 在内的全部 8 个外显子的 mRNA 分子。因为在其第 3 外显子中有一个终止密码子，所以这样的 mRNA 分子便无法进一步翻译出具功能活性的 Sxl 蛋白，而只能生成一种没有功能活性的短肽分子（图 12-50）。

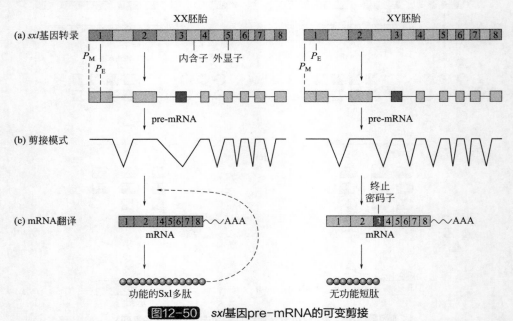

图12-50 *sxl* 基因 pre-mRNA 的可变剪接

（a）在 XX 受精卵或胚胎中，P_E 启动子驱动 *sxl* 基因转录，然而在 XY 受精卵或胚胎中，则是由 P_M 启动子驱动 *sxl* 基因转录。（b）在 XX 受精卵或胚胎中，*sxl* 基因 pre-mRNA 剪接成不含第 3 外显子的 mRNA 分子；在 XY 受精卵或胚胎中，*sxl* 基因 pre-mRNA 剪接生成含第 3 外显子的 mRNA。（c）在 XX 受精卵或胚胎中，*sxl* 基因 mRNA 翻译生成有活性的 Sxl 蛋白；在 XY 受精卵或胚胎中，*sxl* 基因 mRNA 在第 3 外显子的终止密码子处停止翻译，产生出无功能的短肽

（转引自 D. P. Snustad & M. J. Simmons, 2010）

2. 第二条途径

参与果蝇性别决定第二条途径的基因是转化蛋白基因（transformer gene）*tra*，在它的第 2 个外显子中存在着一个终止密码子。在 XX 受精卵或胚胎中由于功能活性的 Sxl 蛋白参与，*tra* 基因之 pre-mRNA 便发生了删除外显子 2 的跳越式剪接，于是由此生成的 mRNA 分子便能进一步翻译出有功能活性的 Tra 蛋白。而在 XY 受精卵或胚胎中，第 2 个外显子中有一个终止密码子，便不能翻译出具功能活性的 Tra 蛋白。因此如同 SXL 蛋白一样，Tra 蛋白也只能在雌性果蝇中表达。除了 *tra* 基因之外，转化蛋白 2 基因（transformer-2 gene）*tra-2*，同样也参与了果蝇的性别决定。该基因转录的 pre-mRNA 同样也是通过可变剪接的方式，在 XX 果蝇受精卵或胚胎中合成出有功能的 Tra-2 蛋白，在 XY 果蝇中则翻译形成无功能的短肽分子。

3. 第三条途径

果蝇性别决定第三途径的成员是双性基因（double sex gene）*dsx*，它具有由 6 个拷贝（每个拷贝的长度均为 13 个核苷酸）组成的顺式调节元件。在 Tra 和 Tra-2 蛋白的调节作用下，*dsx* 基因的前体 mRNA 发生可变剪接。在 XX 受精卵或胚胎中剪接生成的 mRNA 翻译出雌性特异的 Dsx 蛋白，于是便发育成雌性果蝇；而在 XY 受精卵或胚胎中，剪接生成的 mRNA 则翻译出雄性特异的 Dsx 蛋白，结果便发育出雄性果蝇（图 12-51）。

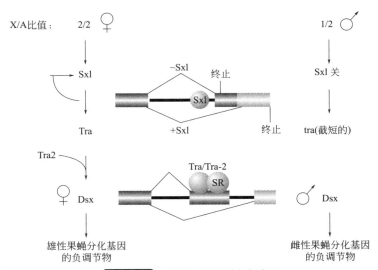

图12-51 黑腹果蝇性别决定途径

在形成雌性果蝇的发育途径中，不同的发育阶段发生了不同的 pre-mRNA 转录后加工剪接事件。如有任何一个阶段的剪接事件被阻断，果蝇的受精卵或胚胎便会转向雄性方向发育。本图说明 *tra* pre-mRNA 的剪接受 Sxl 蛋白调控，因为该蛋白质会阻断可变的 3′ 剪接位点的使用，并且 *dsx* pre-mRNA 的剪接则是受与 SR 蛋白结合的 Tra/Tra-2 两种蛋白质调控的（转引自 J. E. Krebs et al, 2018）

五、P元件与转基因果蝇

1. P元件

P 元件（P element）或叫做 P 因子（P factor），是存在于黑腹果蝇中的一种可导致杂种败育（hybrid dysgenesis）的转位子。一个完整的 P 元件全长为 2907bp，两端有一对

31bp 的反向重复序列，中间存在着 3 个内含子和 4 个外显子（图 12-52）。末端反向重复序列是控制 P 元件的整合与删除作用的必要的结构成分，而中间的核苷酸序列转录出来的前体 mRNA 分子，在不同类型的果蝇细胞中按照不同方式进行可变剪接，产生出不同功能的蛋白质。在体细胞中，P 元件 pre-mRNA 剪接后删去头两个内含子，形成由前三个外显子连续编码的 mRNA 分子。由此翻译产生的分子质量为 66kDa 的阻遏蛋白，其功能是抑制 P 元件的转位活性。在生殖系细胞中 P 元件 pre-mRNA 经剪接加工删去全部 3 个内含子，形成由所有 4 个外显子编码的 mRNA 分子。它的翻译产物是一种分子质量为 87kDa 的转位酶，可促使 P 元件发生活跃的转位作用。由此可知，果蝇 P 元件要能够进行转位作用，就必须既具有完整的一对末端反向重复序列，也要具有全部的中间序列，而且只能局限在生殖细胞精子或卵子中进行。在体细胞中剪接生成的 mRNA，编码的是一种能够抑制 P 元件转位作用的阻遏蛋白；在生殖系细胞卵子或精子中剪接生成的 mRNA，编码的是一种能够促使 P 元件转位作用的转位酶。

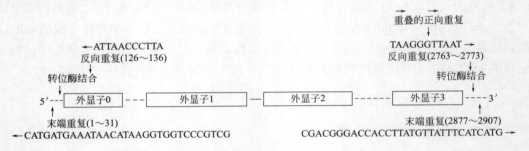

图12-52 果蝇P元件的形体结构及其可变剪接作用

P 元件的两端有一对 31bp 的反向重复序列，两者之间的内部序列含有 3 个内含子和 4 个外显子

具有 P 元件的果蝇称为 P 品系，即父系贡献型（paternal contributing，P）品系；而缺失了 P 元件的果蝇则叫做 M 品系，即母系贡献型（maternal contributing，M）品系。当 P 品系的雄果蝇同 M 品系的雌果蝇交配时，发现 P 元件能够有效地整合到核基因组 DNA 的许多位点上。这说明 P 元件具有高效的转位能力，因此它有可能被发展成为培育转基因果蝇的有效载体系统。

2. 果蝇转基因的实验体系

以 P 元件为媒介的果蝇转基因体系，需要构建两种以 P 元件为基础的大肠杆菌-果蝇生殖细胞的穿梭载体：一种是载体质粒（vector plasmid），另一种是辅助质粒（helper plasmid）。载体质粒是一种专门设计的，用来克隆外源基因的 P 元件穿梭载体（P-element shuttle vector）。它是在 P 元件的一对末端反向重复序列的外侧，连上一个大肠杆菌的复制起点（*E. coli ori*）和一个选择标记基因（如 *amp*^r 或 *ter*^r），并在中间序列区取代上一个果蝇的选择标记基因（通常是 *ry*^+），以及一个或数个供外源基因插入的内切核酸酶的识别位点 ［图 12-53（a）］。

辅助质粒同样也是在 P 元件的一对末端反向重复序列的外侧，连上一个大肠杆菌的复制起点和一个选择标记基因，同时保留着一个末端反向重复序列被截短的、但含有全部 4 个外显子和 3 个内含子的 P 元件序列。此种穿梭载体被形象地叫做"截翅"P 元件辅助质粒（"wings-clipped" P-element helper plasmid），或者也称之为缺陷性的 P 元件辅助质粒［图 12-53（b）］。

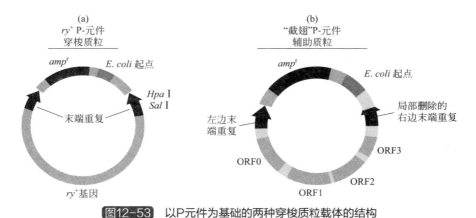

图12-53 以P元件为基础的两种穿梭质粒载体的结构

（a）ry^+P- 元件穿梭质粒载体的结构：氨苄青霉素抗性基因（amp^r），大肠杆菌复制起点（ori），末端反向重复序列，内切核酸酶 HpaI 和 Sal I 的识别位点，果蝇选择标记基因（ry^+）。（b）"截翅" P- 元件辅助质粒的结构：氨苄青霉素抗性基因（amp^r），大肠杆菌复制起点（ori），完整的左侧末端反向重复序列，局部缺失的右侧末端反向重复序列，可编码转位酶的完整的 P- 元件内部序列区

根据上述两种穿梭载体之分子结构特征可知，当它们被单独注射到果蝇生殖系细胞时，都不能够自我整合到染色体基因组上。这是因为载体质粒虽然它的 P 元件仍然保留下一对完整的末端反向重复序列，但其中间序列区已被果蝇的选择标记基因取代，不能表达出转位酶。同样的道理，辅助质粒中的 P 元件虽然保留着完整的中间序列，能够表达转位酶，但其一侧的末端反向重复序列却是局部缺失的。因此，只有当载体质粒和辅助质粒被同时注射到果蝇的早期胚胎的情况下，克隆着外源基因的载体质粒，才会在辅助质粒提供的转位酶的作用下，被整合到果蝇染色体的基因组 DNA 上，从而培育出转基因的果蝇。

1982 年 A. C. Spvadiling 和 G. M. Rubin，应用微量注射法，将带有 P 元件的质粒注射到 M 品系果蝇的胚胎中。结果分析证明，在果蝇中以 P 元件为媒介的基因导入法是相当有效的。注射后的胚胎存活率可达 20%～50%，由此发育成的子代果蝇，P 元件是随机地整合在染色体基因组的不同位置上。但 P 元件的转位作用仅局限于生殖系细胞，因此微量注射必须选用极早期的胚胎（0～90min）进行。

最常用的果蝇选择标记是玫瑰眼色基因（rosy gene，ry）。其编码产物黄嘌呤脱氢酶（xanthine dehydrogenase），是确保接种在含高浓度嘌呤培养基中的果蝇胚胎，能够正常生长发育的一种必要蛋白质。而 ry^- 果蝇的胚胎不能合成黄嘌呤脱氢酶，因此在含嘌呤的培养基中便不能存活到脱壳（eclosion）阶段。

3. 果蝇转基因实验步骤

以 P 元件为媒介培育转基因果蝇的主要实验步骤如图 12-54 所示：

首先将克隆有外源目的基因的 P- 元件 ry^+ 穿梭载体 DNA 和"截翅"P 元件辅助质粒 DNA，通过微量注射器一起导入 ry^- M 品系果蝇的极早期胚胎中。由此发育出来的第一代果蝇，通常具有玫瑰色的眼睛，而且由于 P- 元件 ry^+ 穿梭载体中的 ry^+P- 元件转位子

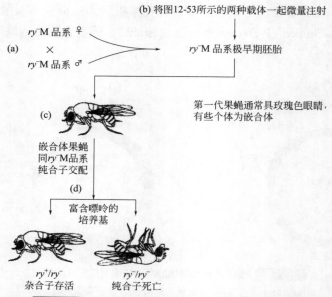

（b）将图12-53所示的两种载体一起微量注射

(a) ry^-M 品系 ♀ × ry^-M 品系 ♂ → ry^-M 品系极早期胚胎

第一代果蝇通常具玫瑰色眼睛，有些个体为嵌合体

(c)

嵌合体果蝇同ry^-M品系纯合子交配

(d)

富含嘌呤的培养基

ry^+/ry^- 杂合子存活　　　ry^-/ry^- 纯合子死亡

图12-54 以P元件介导法培育转基因果蝇的实验步骤

（a）由ry^-M品系雄果蝇同ry^-M品系雌果蝇交配产生的早期胚胎；（b）将实验构建的载体质粒和辅助质粒DNA以微量注射法导入ry^-M品系胚胎；（c）由转基因胚胎发育成的第一代果蝇中有部分个体是遗传嵌合体；（d）将此嵌合体同ry^-M品系纯合子果蝇交配，并在富含嘌呤的培养基中选择第二代果蝇，其中ry^+/ry^-杂合子转基因果蝇存活，ry^-/ry^-纯合子非转基因果蝇死亡

（P-element transposon）插入到某些生殖系细胞的若干染色体位点的缘故，其中有些个体在遗传上是属于嵌合体（mosaic）。

　　然后将这些嵌合体果蝇同ry^-M品系的纯合子果蝇交配，并通过富含嘌呤的选择性培养基筛选ry^+子代转化子。其中从含有ry^+P-元件转位子的生殖系细胞发育而来的第二代转基因果蝇，是ry^+/ry^-杂合子，能够在富含嘌呤的培养基中存活；而没有P-元件转位子的第二代果蝇是ry^-/ry^-纯合子，它无法在富含嘌呤的培养基中存活，在脱壳期之前便已死亡。如此便实现了对转基因果蝇的正选择。

　　此种以P-元件介导的果蝇转基因体系，已被广泛地用于果蝇基因的结构、功能及其调节机理的研究，尤其是适用于控制基因表达的顺式元件的分析。它为果蝇基因组学的研究提供了有效的遗传分析手段。

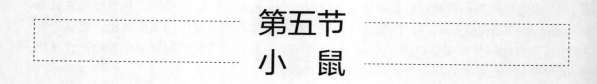

第五节
小　鼠

　　小鼠（*Mus musculus*）又叫做小家鼠或鼷鼠，泛指各种属于鼠科（Muridae）、异鼠科（Heteromyidae）、仓鼠科（Cricetidae）和林跳鼠科（Zapodidae）的啮齿类动物。在生命科学诸多领域中广泛应用的小白鼠，则是野生型小鼠的变种，通常也称小鼠，它在分类地位上属于鼠科中的小鼠属（*Mus*）（图 12-55）。这种小型的哺乳动物与人类之间具有

在实验室饲养长大的小鼠，体长可达 65～85mm 左右，体重为 25 克上下。具 19 对常染色体和 1 对性染色体，染色体总数（n=40）。DNA 总量为 2.7×10^9 bp，基因总数 26762 个

亲缘关系，虽然其密切程度远不如高级灵长类与人类之间的水平，但我们难以使用后者进行各种实验，却可以在小鼠中顺利地开展。因为小鼠与人类之间的亲缘关系比起其他模式生物显然要密切得多，大约在 6 千万年以前二者还拥有共同的祖先。不仅如此，小鼠还具有其他诸多方面的生物学特性，适于作为开展人类发育与疾病机理，以及基因组学、分子遗传学和表观遗传学研究的实验动物模型。

一、一般生物学特性

第一，个体小，体重轻。一只成鼠的躯长仅为 65～85mm 左右（尾长略短于此）。所以饲养十分方便，不必占用太大的饲养房，便可繁育庞大的群体。据统计每平方米饲养房，每年就可提供上千只小鼠进行研究。

第二，繁殖速度快，世代时间短。小鼠一年四季均可繁殖，妊娠期约为 21～26 天，每胎可产幼仔 3～10 只，生长 5～6 周后便达到性成熟阶段，故其生活周期大约是 8～9 周。所以用小鼠为试验材料，取材相当容易，短时间内便可获得大量的子代个体，足可满足遗传实验统计分析的需求。

第三，基因组与人类的相似，基因组成与人类的接近。小鼠有 19 对（人类有 22 对）常染色体和各具一条 X 及 Y 性染色体，并且在二者的染色体之间存在着大量的同线性关系。同时小鼠的基因数量与人类的接近，都大约含有 26762 个基因，其中有 85% 以上的成员是一一对应的。这便是为什么我们可以利用小鼠为动物模型，鉴定并研究人类新基因的功能、以及疾病的发生与治疗的原因所在。

第四，遗传背景清楚，实验体系完整。经过长期的研究积累，如今我们对于小鼠的普通生物学、遗传学及胚胎学等诸多学科，都已经有了相当深入的了解。而且还已经建立了纯系小鼠及 ES 细胞株，发展出了遗传转化和基因打靶等实验技术手段，可供不同目的生命科学研究选择使用。

第五，拥有 400 个以上的近交系和 6000 多个突变品系。这些材料被世界范围内的科学工作者共同使用，因此在不同实验室开展的相关实验的结果，容易得到重复检证，便于交流讨论。

第六，小鼠交配之后，会在母鼠阴道形成阴栓。这种结构为研究者确定发生交配的时间和判断胚胎发育的阶段，提供了易于观察的标记。这是其他哺乳动物所不具备的一种独特的生理特征。

二、小鼠的生命周期

小鼠的交配产子及其个体繁育的过程，同人类的情况是十分类似的（图12-56）。发育到了性成熟期的雄性和雌性小鼠，其二倍体的生殖细胞，在生殖腺中经减数分裂生成单倍体的精子和卵子。青春期的雄性小鼠开始产生精子，并在其后的生命活动中继续产生精子。从青春期开始雌性小鼠便进入大约4天的发情期。如在此期间雌雄小鼠发生交配，释放在阴道中的精子，会游动进入输卵管，并在此处穿过卵子外膜与卵子融合。完成受精作用之后，二倍体胚胎移植到子宫内。在典型的情况下，小鼠的妊娠期大约是21～26天。出生后的幼鼠经过5～6周的生长发育，便进入到青春期，其寿命约为两年。

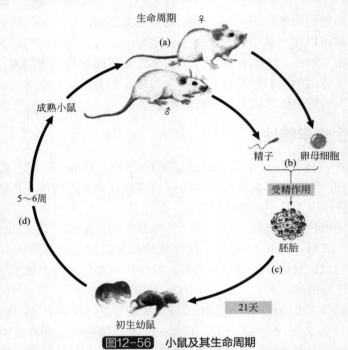

图12-56 小鼠及其生命周期

（a）性成熟的雄性小鼠和雌性小鼠；（b）精子和卵子受精形成胚胎；（c）胚胎发育21天后产出小鼠；
（d）小鼠生长5～6周后进入性成熟期（转引自 B. A. Pierce, 2008）

三、转基因小鼠的构建

小鼠的卵与人类的卵细胞一样，直径都只有100μm左右，实验操作是比较困难的。事实表明如不借助特殊的技术手段，诸如小鼠一类的哺乳动物细胞很难捕获和表达外源的DNA。目前已经发展出许多种可将外源DNA成功导入哺乳动物细胞的方法，主要有磷酸钙转染法、DEAE-葡聚糖转染法、聚阳离子-DSM0转染法、电穿孔法、显微注射法，以及脂质体载体法等。其中显微注射法（microinjection）（图12-57）是较为常用的一种。它是指应用显微注射装置，例如玻璃毛细管微型注射器，在体外人为地将重构的细胞注入胚胎，或是将游离的细胞核注入去核的卵细胞，以及将外源重组DNA注入受体细胞器的一种实验操作技术。这种技术在培养转基因的哺乳动物或是基因剔除（gene knockout）实验中，都十分有用。

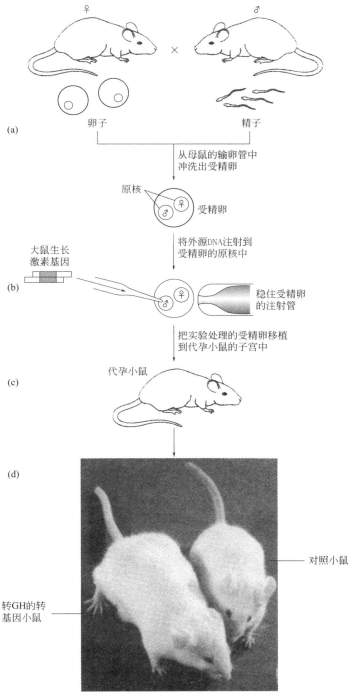

(a)

卵子　　　　　　　精子

从母鼠的输卵管中
冲洗出受精卵

原核　　　　　　♀
　　　　　　　♂　　受精卵

将外源DNA注射到
受精卵的原核中

大鼠生长
激素基因

(b)　　　　　　　　　♀
　　　　　　　　♂　　稳住受精卵
　　　　　　　　　　的注射管

把实验处理的受精卵移植
到代孕小鼠的子宫中

代孕小鼠

(c)

(d)

对照小鼠

转GH的转
基因小鼠

图12-57 应用显微注射法构建转基因小鼠

（a）取自给体母鼠输卵管中的受精卵，注意其中来自卵子和精子的原核尚未融合；（b）将带大鼠生长激素
（GH）基因的重组 DNA 注射到受精卵的原核中；（c）把此注射了外源 DNA 的受精卵移植在代孕母鼠的
子宫中；（d）含有大鼠生长激素基因的转基因小鼠（左）其体形比正常的非转基因小鼠（右）的要大两倍

用来构建转基因小鼠的 DNA 微量注射法已经建立。其基本程序是首先从刚刚受孕的供体小鼠体内取出单细胞胚胎（受精卵）；接着把体外构建的重组 DNA 注射到受精卵的原核（pronucleus）中去（所谓原核是特指受精卵中尚未融合的、但已成熟的卵子或精子的细胞核）；然后再将注射了外源 DNA 的受精卵移植在受体母鼠，亦即代孕母鼠或叫养母（forster mother）的子宫中。经过若干天之后，移植的胚胎便会成功着床，并最终发育成含有外源重组 DNA 的转基因小鼠。使用显微注射法转移外源基因的效率明显地高于其他方法。

四、小鼠的基因打靶技术

1. 基因打靶的分子基础

基因打靶（gene targeting）也叫做基因定点同源重组，是 20 世纪 80 年代后期发展出来的，使外源基因定点地整合到核基因组上的一种特殊的基因工程技术。它的分子基础是通过在转染的细胞中发生的、外源打靶基因与核基因组目标基因之间的 DNA 同源重组反应，使外源打靶基因定点地整合到核基因组的特定位置上，从而达到改变细胞遗传特性的目的。简言之，基因打靶的分子基础是，两条具有同样或类似的核苷酸序列的同源 DNA 序列之间，发生的遗传信息重组事件。这也就是说基因打靶的一个基本条件是，在外源打靶基因和内源目标基因之间，必须存在一段适当长度的同源的 DNA 序列。

在基因打靶实验中，用来取代或阻断内源核基因组上的目标基因的外源基因，叫做打靶基因或外源打靶基因；而位于核基因组上被改造、被失活或被剔除的基因叫做目标基因。不过也有的作者称外源打靶基因为目标基因，叫内源目标基因为目的基因。

在基因打靶过程中，先将外源打靶基因以及位于打靶基因两侧与内源目标基因的 DNA 片段，克隆到具有选择性标记基因的质粒载体分子上。如此构成的基因打靶载体（gene targeting vector），当其导入小鼠 ES 细胞之后，便会促使外源打靶基因与内源目标基因之间发生同源重组。

基因打靶按其分子机理的差异可分为插入型基因打靶和置换型基因打靶［参见图 10-41］两种不同的类型。在插入型基因打靶中，克隆在插入型基因打靶载体上的线性化的外源打靶基因，与内源目标基因之间只发生一次同源重组事件，便插入到目标基因的核苷酸序列中。置换型基因打靶的分子机理比较复杂，它涉及在打靶基因和目标基因之间发生两次紧密连锁的同源重组事件。目前普遍使用的置换型基因打靶的方式是，用完全失活的无效的打靶基因，取代核基因组上的野生型的目标基因。这种基因打靶技术特称为基因剔除（gene-knockout）。

2. 基因打靶的步骤

基因打靶的基本过程包括如下三个步骤。

第一步，将计划用来整合到受体细胞核基因组特定座位或目标基因上的外源打靶基因，以及位于打靶基因两侧与内源目标基因同源的 DNA 片段，克隆在具有选择性标记基因，例如新霉素磷酸转移酶基因 neo（neomycin phosphotransferase gene）的载体分子上，构成专用的基因打靶载体。

第二步，选用适当的限制性内切核酸酶切割基因打靶载体，使之线性化之后再用来转化受体细胞。外源打靶基因的两侧，与内源核基因组上的目标基因或座位之间存在着同源的 DNA 序列，因此当线性化的载体 DNA 被导入受体细胞之后，两者之间便会发生彼此的碱基配对作用。

第三步，在胞内重组酶 RecBCD 的作用下，两条同源 DNA 的相同部位便会相继发生单链断裂、链的交换、磷酸二脂键的形成和缺口重新封闭等一系列生化反应，并最终完成同源重组，实现外源基因在核基因组 DNA 上的定点整合。

基因打靶技术自 20 世纪 80 年代诞生以来，迄今已发展成为基因功能研究的一种相当有用的实验手段。它无论在理论探索还是在实际应用上，都具有重要的价值和广泛的发展空间。其主要的应用有如下几个方面：

第一，应用基因打靶技术，能够将经体外修饰改造的突变基因或某种新的外源基因，取代受体细胞基因组上的目标基因。从而使基因组获得新的遗传信息，以便使科学工作者能够有效地检测基因的功能。

第二，通过基因打靶技术，也可以在核基因组的目标基因序列附近，插入具相同调控序列的同源基因拷贝。如此既可形成重复基因，提高表达效率和相关蛋白质的产量，又可能不会破坏目标基因及其邻近基因的功能活性。

第三，借助基因打靶技术，还可以在受体细胞核基因组内部增加一段外源 DNA 序列，或是造成一段序列缺失，甚至是单碱基定点突变等。从而达到抑制或纠正目标基因功能，为遗传疾病的基因治疗提供技术平台。

五、基因敲除技术

在小鼠中还已建立了 ES 细胞株和基因剔除技术。所谓 ES 细胞乃是胚胎干细胞（embryonic stem cell）的简称，系指哺乳动物囊胚期胚胎（即胚泡）的内细胞团中的一种未分化的细胞。它具有如同癌细胞那样的无限繁殖和多潜能的（pluripotential）发育能力，并且可以在体外培养条件下，长期保持未分化的状态。当将经过体外遗传操作的，例如导入了打靶基因的 ES 细胞，重新转移到胚泡内，并移植在养母的子宫中生长，便可发育成嵌合动物。在这样的动物体内存在着由 ES 细胞发育分化而来的，包括种系细胞在内的各种类型的细胞。

由于小鼠 ES 细胞具有以上所述的诸多方面的优越性，故特别适合于用作基因剔除实验。所谓基因剔除严格地应该叫做哺乳动物基因剔除或基因剔除实验。它是用完全失活的或纠正的外源打靶基因，取代内源核基因组中目标基因的一种置换型基因打靶技术。它要求在体外构建一种具有失活基因或纠正基因的 DNA 片段，由于其两端存在着适当的侧翼序列，因而能够点射到我们期望研究的遗传座位上，于是这个内源基因便可以被取代或纠正，而处于失活或抑制的状态（参见图 10-42）。

应用基因敲除技术，研究者们便能够检测出与某一特定遗传疾病相关的基因座位，判断特定细胞图或生长因子的重要性，以及构建用于研究人类疾病的模式体系，甚至于有可能为遗传疾病的治疗创造美好的前景。

第六节
拟南芥

在遗传学的研究历史中，尽管孟德尔当初开创性的工作是利用高等植物豌豆为材料进行的，但随后的工作却表明，植物的分子生物学与分子遗传学的研究进展，都明显地落后于动物的相应水平。这可能是与在植物研究中长期缺乏像果蝇和线虫一类的优良的模式生物有关。就拿玉米（*Zea mays*）作为例子，它是公认的高等植物中遗传背景知识最清楚的模式生物之一，在分子生物学及分子遗传学研究中，长期以来一直占有相当突出的地位。这一方面是由于玉米在农业经济上具有重要的意义，是世界性的粮食作物之一；另一方面则是由于玉米具有许多有用的生物学特性，为研究工作提供了诸多方便。例如，人们只要用一亩（合 666.67m^2）左右的耕地，就可以种植 4000～5000 株玉米，若按每株长 1～2 个穗子，每穗拥有 500 上下的子粒计算，那么在一年之内便可分析上百万的遗传杂种后代。而且玉米的雄花和雌花分别生长在植株的不同部位，这样便可以有效地控制授粉的方式，自交或杂交均可方便地进行。同时玉米还是二倍体植物，易于进行遗传分析，尤其是减数分裂期的染色体是细胞学研究的良好材料，这一点是多倍体的其他禾谷类作物如小麦、燕麦等所无法比拟的。此外，早已发现在玉米中有转位单元 *Ac* 和 *Ds*，玉米的许多自发突变都是由于它们的插入作用造成的。

然而尽管如此，作为分子遗传学的研究材料，玉米仍然存在着植株高大、基因组庞杂、含有大量散在的重复序列，以及世代时间长等缺点。因此植物分子遗传学的发展显然需要一种更加理想的模式生物，它就是拟南芥（*Arabidopsis thaliana*）（图 12-58）。

一、一般生物学特性

拟南芥又叫鼠耳芥或阿拉伯芥，是一种小型的十字花科双子叶草本植物（图 12-58）。长期以来，这种野草并没有引起分子遗传学家的重视。直到 20 世纪 80 年代，有关科学工作者才发现它具有许多优点，特别适合于开展分子生物学及分子遗传学的研究，于是才被推荐作为高等植物的模式生物，并被誉为植物王国的果蝇（the *Drosophila* of the plant kingdom）。已于 2000 年完成拟南芥的基因组全测序工作，此乃高等植物的头一例，2001 年美国又开始实施"拟南芥功能基因组研究计划"，目标是到 2010 年确定拟南芥所有基因的功能。拟南芥主要的生物学特点有如下几个方面：

第一，植株个体小，实验室常用品系成熟个体株高仅 15～30cm 左右。因此只需一间不大的培

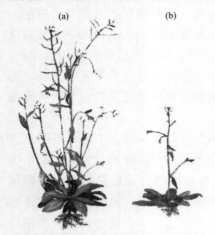

图12-58 小型显花植物拟南芥植株

拟南芥植株大小及表型，与其生长的环境条件有密切的关系。（a）在最适宜的生长条件下，株高可达 15～30cm 上下，株冠的直径也可达 10cm 左右；（b）相反地，如若生长在 15mm×60mm 的培养皿中，其株高仅约 1cm，但仍具有野生状态下的所有表型特征

养室，便可在人为控制的实验条件下种植大量的拟南芥群体。这使得遗传学家可以容易地筛选到具有罕见表型特征的突变体，满足研究的需求（一般说来，每筛选 2000～50000 株 M2 拟南芥，便可成功地鉴定出一个具特定缺失突变的植株）。而这一点对于具较大型植株的农作物，如玉米、高粱、水稻、小麦等，则是难以做到的。

第二，世代时间短，约为 5 周。这样在一年之内便可获得 8～9 个世代的遗传数据。与其他世代时间长的高等植物，特别是具重要经济价值的禾谷类农作物如水稻 、小麦和玉米等相比，拟南芥极大地缩短了实验周期，显著地提高了工作效率，有效地加速了研究工作的进度。

第三，种子数量多，在良好的种植条件下，每个植株可结籽 40000 粒以上。故在一个月内便可获得庞大的遗传杂交后代群体。这一点不仅有利于遗传统计分析，而且也容易扩增所需突变体的种子库。

第四，基因组比较小，总长度仅 119Mb，编码的基因总数为 25498 个（种）。拟南芥的基因组虽然比低等的单细胞真核生物酵母的要大 9 倍左右，但却比任何其他显花植物的都要小得多，只有烟草的 5%、小麦的 1%，不到玉米的 1%。同时拟南芥基因组结构比较简单，散在重复 DNA 序列的含量相当的稀少，平均 120000bp 才出现一次，而玉米的是平均 1000bp 就出现一次，后者比前者高出 120 倍。这一点对于基因定位及染色体步测实验（chromosome walking）无疑是相当方便的。

第五，有良好的转化体系，供作反向遗传学研究。与其他重要的单子叶禾本科农作物相比，拟南芥是双子叶植物，它在天然的状态下就可以被 Ti 质粒有效地感染，并且已经发展出了以该质粒为基础的遗传转化体系。因此可以方便地利用拟南芥为转化受体，分析外源转基因的功能特性。

第六，具有自花和异花授粉的双重功能特性。拟南芥在天然的情况下发生严格的自花授粉作用，是一种典型的自交繁殖的植物。同时在实验过程中通过人为操作又可以进行异花授粉，实现杂交繁殖。拟南芥具有的这种双重功能的生殖特性，为遗传分析提供了极大的方便，特别是对于突变体研究而言尤为重要。它既可方便地保持自交系和遗传稳定性，又可容易地获得杂种后代进行杂交分析。

第七，与酿酒酵母一样能够以单倍体状态生长。拟南芥这一特点，极大地促进了高等植物的遗传分析。我们知道花粉是显花植物的单倍体的雄性生殖细胞。实验观察指出，自然界中包括拟南芥在内的某些植物的花粉，当被放置在组织培养基中培养时，一样能够生长、分裂，并最后发育成具有正常外观形态的植株。只是它们属于单倍体，因此是不育的。将取自两种单倍体细胞系的细胞作融合培养，便可重新获得二倍体的植株。另一方面使用一些化学试剂如秋水仙素（colchicine）诱导单倍体花粉，同样也可获得二倍体的植株。这是因为秋水仙素会干扰细胞的有丝分裂，致使染色体加倍。由此培育而成的二倍体植株，对所有的基因而言都是纯合子。

二、生命周期

1. 花器官的结构

拟南芥是显花植物，它的花器官结构（图 12-59）是按同心圆形式排列：在其外周由 4

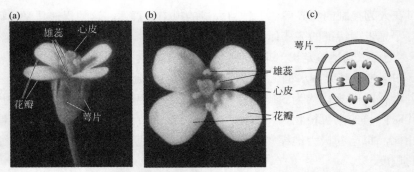

图12-59 拟南芥花器官结构及其模式图

（a）同心圆排列的花器官结构；（b）花器官结构的俯视图；（c）野生型花器官结构图（转引自 B. A. Pierce, 2008）

个萼片组成，它围绕着 4 个花瓣，而位于花瓣和心皮之间的是雄蕊，心皮则是处于花朵的中心部位。俯视拟南芥花的局部结构可以看到最外围是 4 个花瓣，位于花朵中心部位的是心皮，介于此二者之间是 6 个雄蕊。根据盛开的野生型拟南芥花朵绘制的花器官结构模式图，可以清晰地显示其各种器官天然的由外到里的排列顺序：萼片→花瓣→雄蕊→心皮。

2. 拟南芥的发育过程

在绝大多数显花植物中，拟南芥的生命周期是相当典型的一种发育过程（图 12-60）。植株中主要的营养生长部分是二倍体；而单倍体的配子，则是在花粉与子房中产生。当

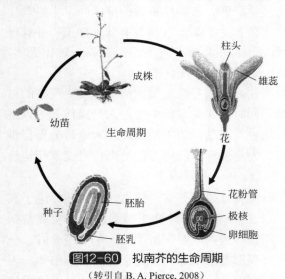

图12-60 拟南芥的生命周期

（转引自 B. A. Pierce, 2008）

花粉粒落在花朵的柱头上，花粉便会萌发成花粉管并进入雌蕊和子房。进入花粉管中的花粉粒，每粒都含有两个单倍体的精核，并进入到胚囊内。在胚囊中，一个单倍体精子细胞与单倍体卵细胞受精，产生出一个二倍体的受精卵（合子）。另一个单倍体精子细胞，同两个单倍体的核融合形成 3n 的胚乳，它为生长中的胚胎提供营养来源。种子中受精卵（合子）的发育会产生出一个长豆荚。

在适当的条件下，种子开始萌发长成小植株。小植株长到一定阶段便会抽苔长出主茎并在叶腋处长出分枝。茎秆和枝条向上生长，而根则向下生长，并

且在光照的条件下，茎延长进而分化出花的结构。成熟的拟南芥植株低矮，具有根系和带有分枝的一条主茎，在分枝顶端会开出一朵白色的小花，最终结出一个长豆荚。

3. 拟南芥发育的不同阶段

拟南芥的发育过程可分为单倍体的配子体（1n）阶段（gametophyte）和二倍体的孢子体（sporophyte）（2n）阶段（图 12-61）。在二倍体时期细胞可发生减数分裂，产生出两种不同性别的配子，即雌配子和雄配子。

拟南芥的配子体阶段相当短暂，一般只经历 2～3 次细胞有丝分裂便告结束。其生殖细

胞是存在于植株的花朵中。如同大多数高等植物一样，拟南芥也是雌雄同体的植物，可从其分化的花朵中或是发生雌雄减数分裂的花器官中，产生出两种性别的单倍体的配子体。

拟南芥花器官中，当花粉粒和胚囊发生受精作用之后，便进入胚胎发生和休眠状态，最终进入以种子形式出现的孢子体阶段。拟南芥的种子实质上便是拟南芥的胚胎，它包括胚和胚乳两个组成部分。在豆科植物的种子中，胚乳含有丰富的贮藏蛋白。这类蛋白质的基本特点是，一般不具有酶活性，专门供作幼苗生长与发育的氮源和碳源。在适当的温度和湿度的土壤等环境条件下，种子便会通过吸收胚乳提供的营养物质，开始萌芽生长出根和子叶、带真叶的小植株。继续长大成株、开花结果，重新进入配子体阶段。如此周而复始，万代不竭。

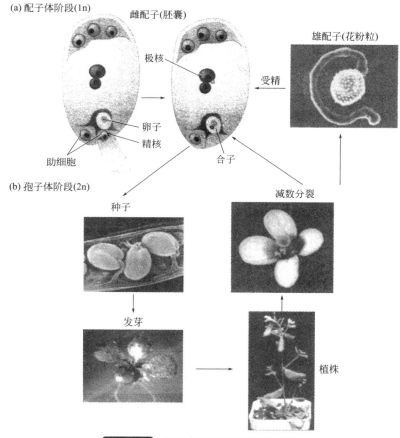

图12-61 拟南芥生命周期的两个阶段

（a）配子体（1n）阶段；（b）孢子体（2n）阶段（转引自 B. A. Pierce, 2008）

三、突变体库的构建

应用物理、化学及 DNA 等诱变剂，处理拟南芥的种子或是在农杆菌介导下转化拟南芥植株，便可容易地诱发其发生随机突变，产生出具各种不同表型特征的突变体库。然后通过对突变体库的筛选，便可获得有关基因的突变体，进而分离到野生型的目的基因；同时突变体库亦可用于遗传互补实验，以便鉴定新基因的功能。由此可见，突变体库的构建对于拟南芥及其相关植物目的基因的分离与研究，都具有相当重要的实用价值。

在实验室中，通常使用化学诱变剂乙基甲磺酸（ethyl methane sulfonate，EMS）处理野生型拟南芥的种子，由此长成的第一代突变体植株 M1 是新突变基因的杂合子。这些 M1 植株可以产生出大量的含 M2 胚胎的种子，而且由同一株 M1 杂合子植株自花授粉产生的 M2 胚胎中，有 1/4 是新突变基因的纯合子。在拟南芥中，自花授粉过程事实上是有严格保障的，这是因为它的花粉释放和授精作用都是在开花之前完成的。因此在天然的状况下，柱头只能接受来自同一花朵产生的花粉，从而确保精确完成自花授粉过程。于是在由 M1 代种子生长的 M2 代植株群体中，便可筛选到具有目的基因突变体表型的植株。考虑到大部分的突变都是隐性的，所以拟南芥具有的严格自花授粉这一特性，是能够快速获得表达目的基因突变体表型植株的一种重要的因素。

DNA 插入突变法，是构建拟南芥突变体库，并在此基础上分离目的基因的有效方法。我们知道当一段特定的 DNA 序列，插入到植物基因组中目的基因的内部或其邻近位点时，便会诱发该基因发生突变，并最终导致表型变异，形成突变体植株。转位子和 T-DNA 的插入作用都是随机的，而且能够整合到基因组的任何位点上，因此可以用来有效地构建随机突变体文库，为新基因的分离与功能的鉴定提供便利。如果所用的转位子或 T-DNA 的序列是已知的，那么它便可作为 DNA 杂交的分子探针，从突变体植株的基因组 DNA 文库中筛选到突变的基因。而后再利用此突变基因的编码序列作探针，就能从野生型植株的基因组 DNA 文库中分离到野生型的目的基因。鉴于插入的 DNA 序列相当于人为地给目的基因加上一段已知的序列标签，所以 DNA 插入突变技术，又叫做 DNA 标签法（DNA-tagging）。

在高等植物中，目前已成功地用于构建突变体文库的 DNA 插入突变技术，主要包括转位子插入法和农杆菌介导的 T-DNA 插入法两种不同的体系。考虑到在拟南芥中尚未发现有内源活性的转位子，因此科学工作者们主要使用 T-DNA 插入法构建突变体文库。所谓 T-DNA 系指 Ti 质粒基因组 DNA 中的一段决定冠瘿瘤形成的序列，因为它可以转移并整合到寄主植株细胞染色体基因组上，所以叫做转移 DNA（transfer DNA），简称 T-DNA。

对于拟南芥而言，T-DNA 是一种十分有效的诱变剂。它可以高效而随机地插入到核基因组的各个部位上，产生的突变率高达 35%～40%，其中 19% 的突变体具有外观可以观察到的表型特征。如果应用体外 DNA 重组技术，在 T-DNA 序列中插入一个报告基因，例如对卡那霉素抗性的新霉素磷酸转移酶（neomycin phosphotransferase Ⅱ，NPT Ⅱ）基因，或是一个增强子序列，这样便有利于对原生质体或培养的细胞转化子进行筛选。因此，T-DNA 插入法目前已成为构建拟南芥突变体文库，进而展开大规模的基因分离与功能鉴定的有效手段之一。

四、基因定位克隆

1. 概念

基因定位克隆（positional cloning）也叫做基因图位克隆（map-based cloning），是用于分离产物未知基因，尤其是发育相关基因的一种比较有效的方法。其具体过程是：先将目的基因的突变定位在染色体上，并在目的基因两侧确定一对紧密连锁的分子标记；

然后利用最紧密连锁的一对分子标记作探针，通过染色体步移技术，将位于这对分子标记之间含目的基因的特定的基因组 DNA 片段克隆分离出来；最后根据其同突变体发生遗传互补的能力，从此克隆中鉴定出目的基因。

成功地应用基因定位克隆技术分离目的基因的一个必要条件是，要有可用的同目的基因紧密连锁的 DNA 探针，理想情况下两者之间的遗传图距应在数百千碱基对之间。如果距离太远，就难以克隆两者之间的全长 DNA，而且从长度为数百千碱基对的 DNA 片段中分离目的基因的工作也是相当艰巨的。正是基于这方面的因素，拟南芥因其基因组较小，也极少存在散在重复序列，而且又可构建高密度的 RFLP 或 RAPD 分子标记图谱，因此特别适合于应用染色体步移（chromosome walking）技术，进行基因定位克隆和目的基因的分离。

2. 克隆重叠群

克隆重叠群（contig）亦称片段重叠群，简称重叠群。它的构建是进行基因组 DNA 全测序的一个重要的基础性工作。所谓克隆重叠群系指由一种载体克隆的、含有某种生物（如本节所讨论的拟南芥）基因组全部 DNA 的、彼此重叠的片段组成的克隆群。这些相邻片段末端之间具有重叠序列，因此可以据此首尾相连的核苷酸碱基的关系，按序连接成与基因组 DNA 固有序列一致的全长的基因组 DNA 序列（图 12-62）。

3. 染色体步移

染色体步移，也有的作者译作染色体步测。它是基因定位克隆中用于鉴定一系列彼此重叠的 DNA 限制片段的一种分子生物学技术，通常用来测定在 DNA 大分子中各个基因的相关位置，并克隆目的基因。其实验过程主要包括如下几步（图 12-63）：

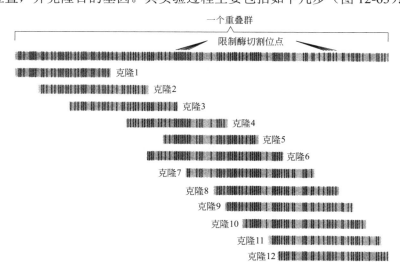

图12-62　根据重叠的基因组克隆构建的克隆重叠群图

以 YAC、PAC 或 BAC 载体构建的大小 200～500kb 的基因组克隆库，用来绘制重叠群图。各个克隆的限制图系用计算机分析搜查它们的重叠关系。然后将彼此重叠的克隆按序连接在一起，如此便构成了一个完整的克隆重叠群图。当一个完整的基因组物理图构建完成之后，每一条染色体，便都可以以单一的克隆重叠群图表示

（根据 D. P. Snustad 和 M. J. Simmons，2010 改绘）

① 起点克隆限制图的构建。该克隆具有一个与待分离的目的基因尽可能靠近的已鉴定的分子标记，如 RFLP，故起点克隆亦称为 RFLP 克隆。

② 一步克隆。根据起点克隆限制图，将其中最靠近目的基因的限制片段（如 B-H）

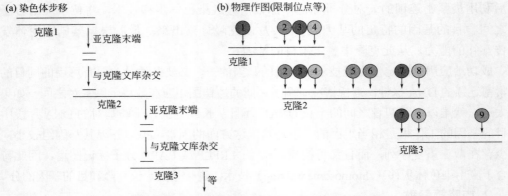

图12-63　染色体步移法克隆目的基因的基本程序

（a）染色体步移。为了起始步移，选择一个克隆的 DNA 片段（克隆1），并亚克隆其中靠近目的基因的一个末端，然后用此亚克隆的末端作探针，鉴定克隆文库中的重叠克隆（克隆2）。重复上述步骤，亚克隆所获得的克隆2 DNA 片段的中最紧靠目的基因的远端，再用此探针从克隆文库中鉴定另一个重叠克隆（克隆3）。如此重复进行，直至获得目的基因。（b）限制位点或序列标记位点（STS）物理作图。由于这些位点散布在每个克隆上，使我们能够将之将重叠的 DNA 连成一线，并构建成一个完整的克隆重叠群（contig）

亚克隆，经放射性标记后作为探针，分离新的重叠克隆。此特称为一步克隆。

③ 二步克隆。在构建一步克隆限制图的基础上，将其中最靠近目的基因的限制片段（如 H-E）亚克隆，然后经同位素标记用作分子探针，以分离新的重叠的克隆。此特称为二步克隆。

④ 重复克隆。如此反复多次重复上述步骤，逐步逼近目的基因，直至得到目的基因克隆。

从理论上讲，应用染色体步移法克隆目的基因是比较简单的过程。但它需要有两个重要的已知条件：第一，需要知道起始克隆与目的基因间的距离；第二，已知起始克隆在遗传图上的取向，否则就要按双向同时进行染色体步移，如此便大大增加了工作量。

4. 染色体跳移

当目的基因与其最靠近的分子标记之间的距离过长的情况下，可以应用另一种叫做染色体跳移技术（chromosome jumping）进行克隆。该技术的优点是可以远距离克隆，每跳移一步便可克隆 100kb 以上的 DNA 片段。因此它是染色体步移的一种简便而有用的替代技术，还可以用来跨越染色体步移技术所无法克服的重复 DNA 序列区。图 12-64 概括了染色体跳移的基本过程。

如同染色体步移一样，染色体跳移也是用一种分子探针如 RFLP 作为起点。但是在染色体跳移实验中，是用一种限制性内切核酸酶局部消化基因组 DNA，以此制备大片段的 DNA。接着再用 DNA 连接酶使此类大片段的基因组 DNA 首尾连接环化起来。随后使用另一种限制性内切核酸酶从环形分子中，把连接片段（junction fragment）删除下来。由于连接片段 DNA 含有环形长片段 DNA 的两个末端，故可通过以起始的分子探针进行 Southen 杂交作用予以鉴定。

实验工作的下一步便是构建鉴定出来的连接片段 DNA 的限制图，并据此将相当于长基因组片段远端的限制片段克隆，用作起始的染色体步移，或是作为二步染色体跳移。在诸如人类染色体基因组的研究工作中，染色体跳移是一种特别有用的技术。它在鉴定人囊性纤维化基因（human cystic fibrosis gene）方面起到关键性的作用。

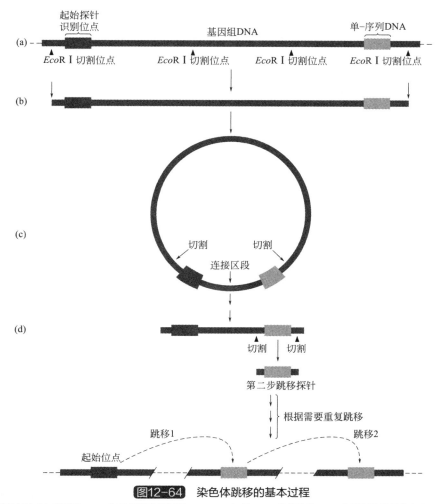

图12-64 染色体跳移的基本过程

（a）用限制性内切核酸酶 *Eco*R I 局部消化基因组 DNA ；（b）用 DNA 连接酶使 *Eco*R I 限制片段环化起来；（c）使用另外两种限制性内切核酸酶切割连接片段的两侧位点，并消化此环形 DNA ；（d）分离连接片段 DNA，并用限制性内切核酸酶对之进行切割消化，获得的单一序列 DNA（unique sequence DNA）作为再一次染色体跳移的分子探针（根据 D. P. Snustad 和 M. J. Simmons, 2010，改绘）

参考文献

Alberts B, Bray D, Lewis J, et al. 1994. Molecular Biology of The Cell. 3rd ed. New York: Garland Publishing, Inc.

Allison L R. 2012. Medical Molecular Biology // Fundamental Molecalar Bidogy. 2nd ed. New Jersey: John Wiley and Sons, Inc. P545-581.

Bewley J D, Hempel F D, McCormick S, et al. 2000. Reproductive Development//Buchanan B B, Gruissem W, Jones R L. Biochemistry and Molecular Biology of Plants. Maryland: American Society of Plants Physiologists. P. 988-1043.

Burke D. Dawson D, Stearns T. 2000. Methods in Yeast Genetics. New York: Cold Spring Harbor Laboratory Press.

Clark D. 2007. Holecular Biology-Understanding of the Genetic Revolution. 2nd ed. New York: McGraw-Hill Campanies, Inc.

Gardner E J , Simmons M J, Snustad D P. 1991. Principles of Genetics. 8th ed. New York: John Wiley and Sons, Inc.

Griffiths A J F, Wessler S R, Lewontin R C, et al. 2005. An Introduction to Genetic Analysis. 8th ed. New York:

W. H. Freeman and Company.

Grunstein M, Gasser S M. 2007. Epigenetics in Saccharomyces cerevisia//Allis C D, Jenuwein T, Reinberg D and Caparros M L. Epigenetics. New York: Cold Spring Harbor Laboratory Press. P. 63-79.

Hartwell L H, Hood L, Goldberg M L, et al. 2011. Genetics: From Genes to Genomes. 4th ed. New York: McGraw-Hill Companies, Inc.

Hartwell L H , Goldberg M L, Fischer J A, Hood L. 2018. Genetics:From Genes to Genomes. 6th ed. New York: McGraw-Hill Companies Inc.

Klug W S, Cummings M R, Spencer C A and Palladino M A. 2010. Developmental Genetics; Genetics and Behavior//Essentials of Genetics. 7th ed. New York: Pearson Education Inc. P433-449; 450-464.

Krebs J E, Goldstein E S and Kilpatrick S T. 2018. RNA Splicing and Processing//Lewin's Genes Ⅻ（影印版）. 北京：高等教育出版社. P503-541.

Lodish H, Berk A, Zipursky S L, et al. 2000. Molecular Cell Biology. 4th ed. New York: W. H. Freeman and Company.

Miller-Fleming L, Giorgini F, Outeiro T F. 2008. Yeast as A Model for Studying Human Neurodegenerative Disorders. Biotechnology Journal, 3:325-338.

Nagy A, Gertsenstein M, Vintersten K, Behringer R. 2003. Manipulating the Mouse Embryo. 3rd ed. New York: Cold Spring Harbor Laboratory Press.

Pierce B A. 2008. Molecular Genetic Analysis and Biotechnology//Genetics: A Conceptual Approach. 3rd ed. New York: W. H. Freeman and Company. P507-546.

Sambrook J, Russell D W. 2001. Molecular cloning: A Laboratory Manual. 3rd ed. New York: Cold Spring Harbor Laboratory Press.

Slack J. 2001. Essential Developmental Biology. Oxford: Backwell Science.

Snustad D P, Simmons M J. 2010. Cellular Reproduction and Medical Genetic Organisms// Principles of Genetics. 5th ed. New York: John Wiley and Sons, Inc. P18-42.

Snyder L, Champness W. 1997. Molecular Genetics of Bcteria. Washington: American Society Microbiology Press.

Sullivan W, Ashburner M, Hawley R S. 2000. *Drosophila* Protocols. New York: Cold Spring Habor Laboratory Press.

Strachan T. and Read A., 2011, Model Organisms, Comparative Genocnics, and Evolution: 10.1 Model Organisms//Human Molecular Genetics. 4th Ed., New York: Garland Science, Tayloe Group. LLC. P297-344.

Teschendorf D, Link C D. 2009. What Have Worm Models Told Us About The Mechanisms of Neuronal Dysfunction in Human Neurodegenerative Diseases? Molecular Neurodegeneration, 4(38): 1-13.

Tortora G. J, Funke B R, Case C L. 1989. Microbiology: An Introduction. 3rd ed. New York: The Benjamin/ Cummings Publishing Company, Inc.

Venken K J T, Bellen H J. 2007. Transgenesis Upgrades for *Drosophila melanogaster*. Development, 134: 3571-3584.

Watson J D, Baker T A, Bell SP, et al. 2014. Moder Organisms/Molecular Biology of the Gene. 7th ed. New York: Cold Spring Harbor Laboratory Press. P. 797-830.

Weaver R F, Hedrick P W, 1992. Transposable Elements// Genetics. 2nd ed. Wm C. Brown Publishers.

Wolpert L, Beddington R, Lawrence P, et al. 2002. Principles of Development. 2nd ed. Oxford: Oxford University Press.

Wood W B. 1988. The nematode *Caenorhabditis elegans*. New York: Cold Spring Harbor Laboratory Press.

B. B. 布坎南，W. 格鲁依森姆，R L琼斯. 2004. 生殖发育//植物生物化学与分子生物学（P810-856）. 瞿礼嘉等译. 北京：科学出版社.

J. D. 沃森，T. A. 贝克，S. P. 贝尔，等. 2015. 模式生物//基因的分子生物学（第七版）（P817-872）. 杨焕明等译. 北京：科学出版社.

索 引